경쟁력 있는
국제
Hub
공항

경쟁력 있는 국제 Hub 공항

2021년도 대한민국학술원 선정 교육부 우수학술도서

양승신 지음

LANDING

GATE

BAGGAGE

TERMINAL

BUS

SERVICE

DUTY FREE

WI-FI

EXIT

KSCE PRESS
KOREAN SOCIETY OF CIVIL ENGINEERS PRESS

머리말

　필자는 1968년부터 2017년 현재까지 건설부, 교통부, 공항공사, 엔지니어링 등에 근무하면서 국내 주요공항의 계획, 설계, 건설 및 운영 등에 참여했으며, 이런 과정에서 습득한 자료와 경험을 남기고자 이 책을 집필하게 되었다.

　국제공항과 같은 대형 인프라는 막대한 재정이 소요되고 모든 국민이 이용하기 때문에 잘되면 경제 및 사회적으로 큰 효과가 있지만 잘못되면 효과는 미흡하고 재정만 낭비하게 된다. 국내의 대다수 공항이 성공적으로 운영되고 있지만 일부 공항은 수요가 부족한 공항도 있으며, 잘된 공항은 타당성이 확인된 후 건설된 공항이고, 경제성이 미흡한 공항은 지역균형발전 등 정치적 논리가 앞선 공항들이다. 특히 수도권 국제공항은 대다수 국제선 여객이 이용함에 따라 국가의 관문이고 또한 경제·사회적 효과가 지대하다.

　제1장에서는 여의도에서 김포공항으로 이전한 후 세계 10대 공항이 되기까지 괄목할 만한 성장을 이룩했으나 소음피해 발생으로 국제선을 인천공항으로 이전할 수밖에 없었던 1969~1990년의 상황을 수록했다. 제2장에서는 인천공항 기본계획, 기본계획 개선 건의, 기본계획 개선을 위한 공청회와 ICAO A 등 전문기관의 자문을 거쳐 기본계획이 개선되기까지 1991~2009년의 상황을 기술했다. 제3장에서는 세계 주요 공항 30여 개를 선정하여 공항의 특성과 개발 상황을 소개했고, 제4장에서는 성공적이고 경쟁력 있는 공항을 개발하고 운영하는 데 필요한 여러 요인을 기술했으며, 주요 아이템으로는 기본계획, 허브공항, 활주로 용량, 접근교통, 차세대항공교통, 지방공항의 국제선 수요 분담 등을 다루었다.

　부록에서는 공항계획의 근간이 되는 시설규모 산출방안이 기술되었다.

　이 책을 집필하기 위해 필자는 최선을 다했지만 미흡한 부분이 없지 않을 것이다. 그런 부분은 독자들께서 개선해주시기를 기대하며, 이 책을 출간할 수 있도록 협조해주신 여러분께 감사를 드립니다.

지은이 양승신

대한민국 모든 구성원은 지난 60년 동안 숨 쉴 틈도 없이 쉬지 않고 달음질쳐왔습니다. 그러한 노력의 결과 지금 대한민국은 세계 10위권 내의 경제 대국에 속하게 되었습니다. 60년 만에 세계 선진국의 대열에 합류할 수 있다는 것은 매우 자랑스러운 일이 아닐 수 없습니다.

불의 발견, 문자의 발명, 철기鐵器의 사용과 증기기관, 컴퓨터의 발명 등 수차례의 산업혁명을 거치는 과정마다 인류는 엄청난 사회적 혼란기를 거쳐야 했습니다. 2020년에 서 있는 대한민국 역시 미래 30년 동안 어떠한 사회적 변화를 겪으면서 인류 문명의 창조에 참여하게 될지 우리 모두 호기심 가득 찬 눈으로 바라보게 됩니다.

바람직한 미래를 창조하려면 먼저 지금까지 우리가 이루어낸 대한민국의 역사에 대한 고찰과 정리가 필요합니다. 발전적인 우리의 미래는 남에게 배운 지식이 아니라 우리의 경험에 의한 독창적인 지식을 바탕으로 해야만 지속가능하게 만들어나갈 수 있기 때문입니다. 건설의 교통시스템 분야도 그 예외일 수는 없습니다.

건설의 교통시스템 분야에는 도로·철도·항만·공항 등 크게 4개의 분야가 속해 있습니다. 그중에서도 공항 분야는 다른 분야보다 시공간적으로 늦게 발달되기 시작은 하였으나 현재 국내 기술진은 세계적 수준의 기술력을 보유하게 되었습니다.

1968년 서독으로 유학을 떠날 때 김포공항에서 일본 국적의 비행기를 타고, 동경에서 사흘을 묵은 후 다시 Luft Hansa로 갈아타고 유럽으로 떠났던 시절과 지금 인천국제공항에서 대한민국 국적기로 몇 시간 만에 유럽으로 여행할 수 있는 것을 비교하면 대한민국 항공산업의 그 발전상을 뚜렷하게 그려볼 수 있습니다.

이와 같은 대한민국 항공건설기술 발전사를 종종 토목학회지와 같은 전문지에서 읽어볼 수 있었으나, 이론과 실무를 두루 갖춘 전문서적을 찾지 못해 안타까운 실정이었습니다. 그러던 차에 故양승신(전 포스코엔지니어링 부사장)의 역작 『경쟁력 있는 국제 Hub 공항』을 만나게 되어 무척 다행이라고 생각합니다.

故양승신 씨는 '인천국제공항의 계획, 설계, 건설 및 운영'에 대한 거의 완벽한 기술記述을 바탕으로 국내 공항건설기술의 발전사를 일목요연一目瞭然하게 잘 정리해주었을 뿐만 아니라, 이를 토대로 대한민국 미래의 공항건설에서 해결해야 할 문제점과 그에 대한 해답을 명쾌하게 제시하고 있습니다.

2020년은 공항건설기술을 포함해서 모든 건설기술 미래의 출발점이라 할 수 있습니다. 故양승신 씨의 저서 『경쟁력 있는 국제 Hub 공항』이 미래 국내 공항건설기술 발전에 큰 주춧돌이 될 것을 확신합니다.

대한토목학회 제33대 회장, 서울대학교 명예교수
장 승 필

CONTENTS

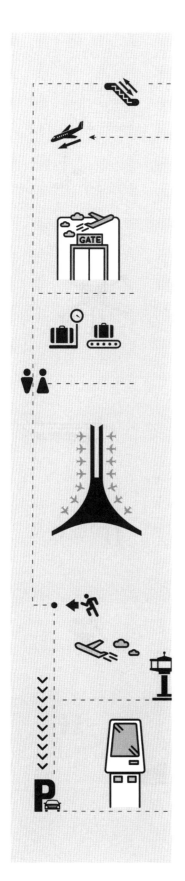

제2장　인천공항 기본계획 수립 및 개선

제3장 주요 공항 계획 및 운영

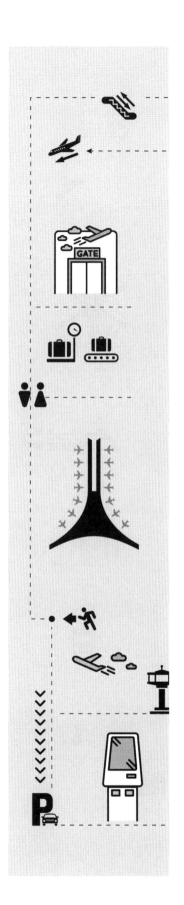

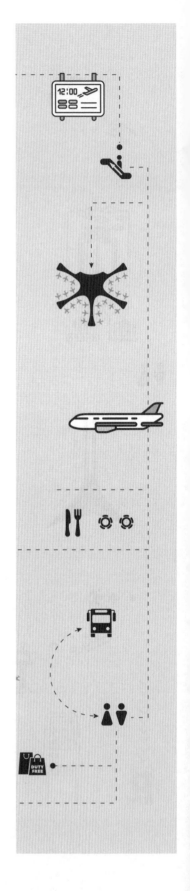

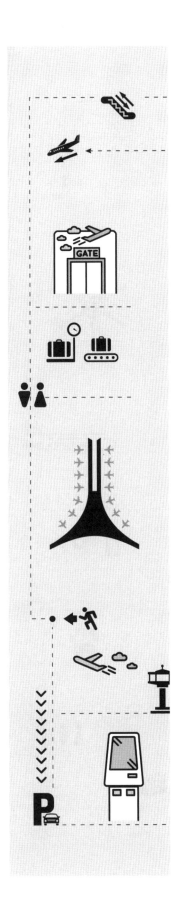

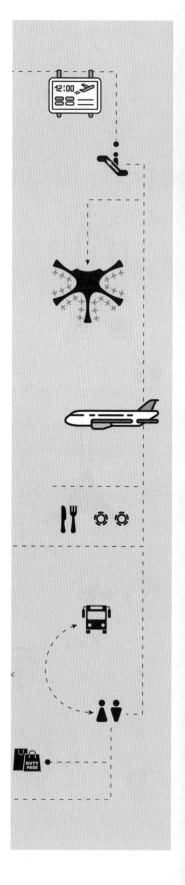

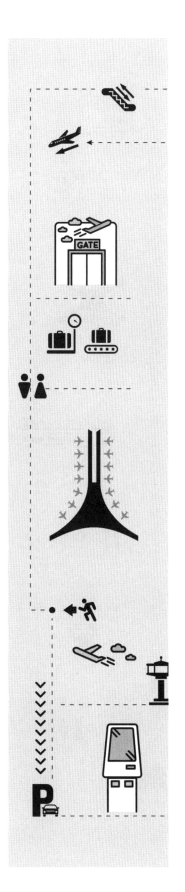

제4장　공항의 경쟁력 제고요인

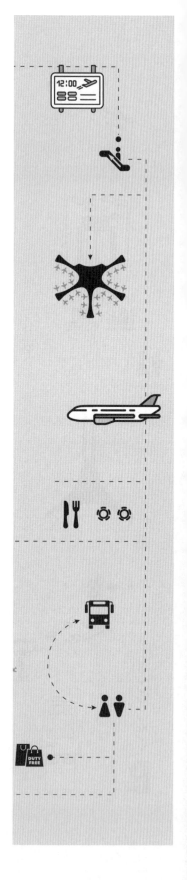

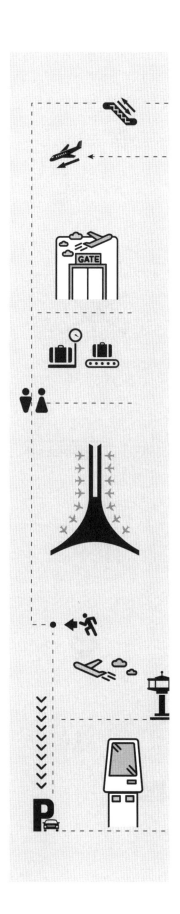

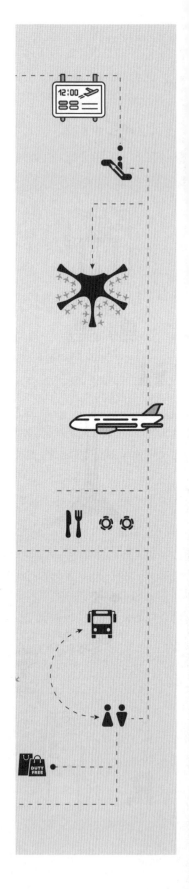

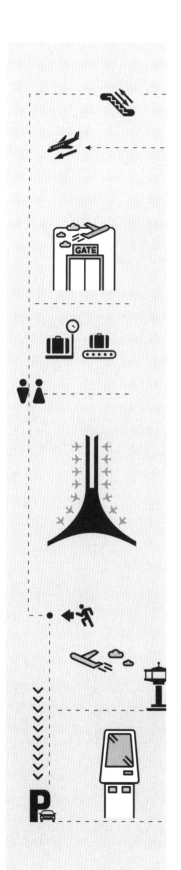

부 록

제1장

김포공항 개발 및 인천공항 입지 결정

제1장 김포공항 개발 및 인천공항 입지 결정

1.1 수도권 공항의 연혁

인류의 날고 싶은 오랜 숙원은 새의 퍼덕거리는 날개가 아니라 양력을 이용하는 날개라는 것을 이해하면서 풀리기 시작했다. 레오나르도 다빈치의 비행기에 대한 기본 구상[1505], 영국 조지 케일리의 고정익Fixed Wing 항공기에 작용하는 양력 등 비행이론[1810], 독일 고트리브 다임러의 자동차용 엔진개발[1885], 독일 오토 릴리엔탈의 사람이 탈 수 있는 글라이더 개발 및 활공비행 성공[1895]에 이어 미국의 라이트 형제는 글라이더에 가솔린엔진을 장착한 플라이어 1호기를 타고 1903년 사상 최초로 동력 비행에 성공했다. 항공기는 제1, 2차 세계대전을 거치면서 급속히 발전했고, 1949년 제트여객기 출현, 1966년 B747 점보기 출현(360인승), 1969년 초음속여객기 출현(콩코드, 마하 2.04), 2007년 A380기 출현(550인승), 2000년대에는 위성과 컴퓨터를 이용한 항공교통이 실현되고 있다.

한국에는 1916~1920년에 일본의 대륙진출 교두보로서 서울(여의도), 울산, 대구, 평양, 신의주, 함흥 청진 등에 간이비행장이 건설되었고, 1929년에는 도쿄~대련 간 정기 항로가 개설되었다. 김포공항은 군용기 훈련비행장으로 사용하기 위해 1942년 개항했으며, 활주로는 그림 1.1-1과 같이 교차활주로 3개를 건설했다(활

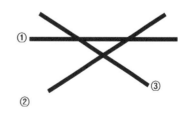

그림 1.1-1 김포공항 초기 활주로

주로 길이＝1,197m, 폭＝16m). 활주로 3개를 여러 방향으로 건설한 사유는 항공기가 소형이어서 10노트(초속 5m) 이상의 측풍이 불면 이륙 또는 착륙할 수 없기 때문에 여러 바람의 방향을 고려한 것이며, 이는 초창기의 공항에 불가피했던 것으로서 외국의 주요 공항도 이와 유사하다. 항공기가 대형화됨에 따라 활주로는 가장 바람이 많이 부는 방향의 ①번 활주로만 남게 되었다.

한국의 민항은 1948년 여의도공항에서 시작되었고, 김포공항은 미군이 이용했다. 1958년 김포공항을 국제공항으로 지정했으나 미군과 관할권 다툼이 있었고, 1961년 관할권이 한국 정부에 인계되었다. 여의도에 있던 한국민항은 1958년 국제선, 1964년 국내선을 김포공항으로 이전했고, 여의도공항은 군이 이용하다가 성남비행장이 개항함으로써 1971년 폐쇄되었다.

1960년대부터는 항공 수요가 급증하여 계획적인 확장이 필요했으므로 1969년 1차 수도권 공항개발 타당성조사 결과에 따라 김포공항 1단계 확장사업을 시행했고, 1979년 2차 수도권 공항개발 타당성조사 결과에 따라 김포공항 2단계 확장사업을 시행했으며, 김포공항은 항공 수요가 급증하여 1990년대 후반에는 세계 10대 공항이 되었다. 행정수도 이전을 전제로 1984년 청주공항을 건설하기로 정치권에서 결정되었고, 1990년 4차 수도권 공항개발 타당성조사 결과에 따라 인천공항을 건설했다. 2001년 3월에 김포의 국제선을 인천공항으로 이전했다. 인천공항은 2단계 및 3단계 확장사업을 시행하여 수도권 국제선 수요에 대비하고 있으며, 2019년 말 기준 국제선 여객 5위, 화물 3위, 서비스 수준은 12년 연속 1위를 유지하고 있다. 수도권 공항개발의 연혁을 요약하면 다음과 같다.

- 1916~1920: 서울(여의도), 평양, 대구, 울산, 신의주 등에 간이비행장 설치
- 1929: 도쿄~후쿠오카~대구~서울~평양~신의주~대련 여객노선 개설
- 1942: 김포 군용 훈련 비행장 개항(활주로 3개: 1,197×16m)
- 1946: 김포 활주로 확장(1,802×40m, 미군), 국제선(김포~도쿄) 취항(Northwest orient)
- 1948: 국적항공사 설립 및 국내노선 취항(대한국민항공사, 서울 여의도~부산 수영)
- 1951: 김포활주로 재건(2,468×45m, 미군), 국적항공사 국제선 첫 취항(여의도~도쿄)
- 1958: 김포공항을 국제공항으로 지정, 국제선을 김포로 이전, 국내선은 1964년 이전
- 1969~1971: 수도권 공항개발 타당성조사 1차(미국 AEC) 및 김포공항 확장방침 결정
- 1972~1980: 김포공항 1단계 확장(연간용량: 운항 97,000회, 국제선 여객 480만, 화물 32만 톤)
  - 활주로 확장: 2,468 → 3,200m

- 국제선터미널 신축: 72,000m^2(현 국내선터미널)

- Airside 포장: 41만m^2

- 화물터미널: 14,000m^2

- 미군시설 이전

- 1979~1980: 수도권 공항개발 타당성조사 2차(KIST) 및 김포공항 확장방침 결정
- 1981~1988: 김포공항 2단계 확장(연간용량: 운항 163,000회, 국제선 여객 965만, 화물 73만 톤)

  - 제1 활주로 확장(3,200 → 3,600m)

  - 제2 활주로 신설(3,200m)

  - 국제선 제2 터미널 신축: 94,000m^2(현 국제선터미널)

  - 계류장 확장: 50만m^2

  - 화물터미널 확장: 22,000m^2

- 1982: 수도권 공항개발 타당성조사 3차(KECC, 신공항 후보지로 평택 및 이천 추천)
- 1984: 신공항 검토 중 행정수도 이전 전제 청주공항 개발 결정(정치권)
- 1987: 김포공항 제2 활주로 개항 및 소음피해 민원 발생
- 1989~1990: 수도권 공항개발 타당성조사 4차(NACO) 및 인천공항 입지 결정
- 1991: 인천공항 기본계획 수립

  - 기능 분담: 인천공항 → 국제선, 김포공항 → 국내선(초기는 근거리 국제선 분담)

  - 최종단계 용량계획: 여객 1억 명, 화물 700만 톤

  - 배후단지 계획: 7.1km^2(인구 10만 명 수용 규모)

- 1992~2000: 인천공항 1단계 건설, 연간용량 = 여객 3,000만 명, 화물 170만 톤

  - 방조제 17.3km

  - 부지 조성(토공 약 1억m^3)

  - 제1 및 제2 활주로(각 3,750×60m)

  - 제1 여객터미널 507,000m^2

  - 전용고속도로 54.5km 및 교통센터 252,000m^2

  - 화물터미널 183,000m^2

- 1995: 인천공항 기본계획 개선: 배후단지 축소 7.07 → 2.16km^2(제5 활주로 부지 확보)
- 1996: 김포공항 여객: 34.700만 명(국제선 15.0, 국내선 19.7) → 세계 9위 busiest 공항
- 2001. 3.: 인천공항 개항, 김포공항 국제선 수요를 인천공항으로 이전
- 2002~2008: 인천공항 2단계 건설, 연간용량: 여객 4,400만 명, 화물 450만 톤

  - 제3 활주로(4,000×60m)

- 탑승동 166,000m^2

- 화물터미널 75,000m^2

• 2009: 인천공항 기본계획 개선: 제5 활주로 기본계획 반영, 터미널 T1/T2 분리 배치, 인천대교 개통: 18.4km

• 2011: 인천공항 철도 개통(61km, 서울역~공항터미널)

• 2012~2017: 인천공항 3단계 건설, 연간용량: 여객 6,200만 명, 화물 580만 톤

- T2 = 387,000m^2

- 교통센터 139,000m^2

- 화물터미널 27,000m^2

- T2 철도연결 6.4km

• 2017

- 인천공항 수요: 여객 = 6,208만 명(국제선 여객 7위), 화물 = 292만 톤(화물 5위)

- 인천공항 서비스: 11년 연속 1위(2005~2016).

1.2 수도권 공항개발 타당성조사 1차(1969)

수도권 공항을 본격적으로 개발하기 위해 규모와 위치를 결정하기 위한 조사가 필요했으나 당시 국내 실정으로는 이런 조사비와 기술이 없었으므로 정부는 AID에 차관을 요청하여 약 9만 달러의 자금을 확보함으로써 수도권 공항개발 타당성조사 용역을 착수하게 되었다.

1969년 3월 조사용역에 참여할 희망자를 등록하도록 공고했던바 30여 개 외국용역사가 등록했고, 그중에서 미국의 AEC가 선정되었다. 당시 용역사를 선정하는 기준은 업체의 실적 30%(최근 5년간 타당성조사 실적), 참여기술진의 경력 및 학력 30%(종합책임자, 토목, 건축, 경제, 항공전문가), 사업집행계획 30%(과업수행계획, 기술진의 구성 및 국내기술자의 활용도) 및 기타 10%(한국 실정 이해도, 회사의 평판 등)을 기준하여 평가했으며, 현재의 평가 기준에 비교해도 손색이 없는 기준이었다.

AEC의 타당성조사 결과가 나오자 1971년 2월 교통부는 경제기획원, 국방부, 건설부, 서울시, 공군본부 관계자가 참여하는 자문위원을 구성하여 이를 심의했으며, 심의에 국방관계자가 참여하게 된 것은 당시는 군정시대이기도 했지만 김포공항에는 한국공군 및 미군이 주둔

하고 있어 군과의 협의가 불가피했고, 당시만 해도 작전이 최우선이었으므로 '공항의 확장 및 이전에는 국방상 어떤 영향을 미칠 것인가?' 또는 '민간공항에서 이착륙하는 항공기는 군용기의 작전에 지장이 없는가?' 하는 것 등이 협의과제였다. AEC는 다음과 같은 3개 대안을 비교 평가하여 수도권 공항개발 대안으로 A안을 추천했다.

- A안: 김포공항을 확장하여 국내선 및 국제선 모두 사용(공군 및 미군은 이전)
- B안: 김포공항은 국내선, 수원공군기지는 국제선 전용(공군일부는 이천지역에 이전)
- C안: 수원공군기지를 민항 전용(국제선 및 국내선)으로 개발(공군은 이천지역에 이전)

이를 국방부와 협의한 결과 "수원은 공군의 주력기지로서 민항이 사용하는 것에 동의할 수 없고, 민·군이 동시에 목적을 달성할 수 있는 방안으로서 김포는 국제선 전용·성남 공군기지(서울공항)는 국내선 전용으로 사용하되 김포 및 성남은 민·군이 공용"하는 대안이 제시되었다. 그러나 민군 공용보다는 김포공항을 민항 전용으로 개발하여 국내선 및 국제선 수요를 전담하는 것으로 1971년 5월 결정했다(그림 1.2-1).

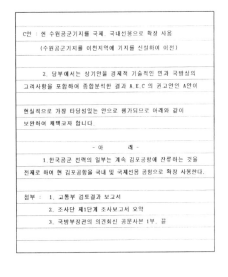

그림 1.2-1 김포공항 확장방침 대통령 결재

공항 후보지로는 김포, 군자, 남양, 오산, 평택, 이천, 수원 등이 조사되었으며, 군자, 남양은 수원 및 오산 공군비행장의 작전공역과 중복되어 부적합한 것으로 평가되었다. 각 대안을 비교한 결과 김포공항을 확장하여 사용하는 대안이 B/C＝3.7로서 가장 우수한 것으로 평가되었다. 공항 확장 효과는 항공기의 운항경비 절감, 여객의 시간 절약, 항공기의 이용효율 증대, 관광에 따른 외환수입 증대, 토지이용가치의 상승, 고용 증대, 공항 운영수입 증대 등이었으며, 투자비용으로는 공항 건설비와 운영비가 감안되었다.

과업의 일환으로 항공 수요를 추정했으며, 그 내용은 표 1.2-1과 같다. AEC가 20년 후의 김포공항 수요를 추정한 것과 20년 후의 실제 수요를 비교하면 실제 수요는 추정치보다 국내선 여객은 2.2배, 국제선 여객은 6배, 국제선 화물은 7배나 더 컸다. 수요는 미국의 공항 및 경제 전문가들이 추정한 것이며, 이렇게 수요 추정이 크게 빗나간 것은 한국의 경제발전이 미국인의 상상을 크게 초월했기 때문이다.

표 1.2-1 수도권 항공 수요 추정(1970, 미국 AEC) 및 실적 ①(출발＋도착)

구분		1970	1980	1990	2000	2005	2010	2015
국제선 여객 (천 명)	추정	-	900	1,420	-	-	-	
	실적	350	2,480	8,440	17,900	27,000	36,110	52,750
국내선 여객 (천 명)	추정	-	2,300	3,860	-	-	-	
	실적	750	1,070	8,370	18,740	12,960	14,930	19,690
국제선 화물 (천 톤)	추정	-	51	105	-	-	-	
	실적	20	178	746	1,891	2,159	2,733	3,397
국내선 화물 (천 톤)	추정	-	8	17	-	-	-	
	실적	4	7	119	306	263	226	204
운항 횟수 (천 회)	추정	-	97	140	-	-	-	
	실적②	32	31	113	233	256	333	448

주: ① 2001년 이후 수도권 수요는 김포＋인천공항 수요이고, 출발＋도착 수요이다.
　　② 수요가 추정보다 대폭 증가했음에도 운항수요가 적은 것은 항공기 대형화에 의한 것이다.

AEC는 1990년의 예측수요에 대비하여 국내선터미널 22,000㎡, 국제선터미널 31,000㎡를 제시했으나 1990년 실제 터미널 면적은 국내선터미널 25,000㎡, 국제선터미널 17만㎡이었으며, 인천공항으로 국제선이 이전된 2001년 현재는 국제선터미널 172,000㎡ 국내선터미널 43,000㎡이었다. FAA의 설계기준에 의하면 2001년 국내선 여객 1,800만 명 기준 국내선터미널 면적은 Reasonable한 수준으로 146,000㎡는 되어야 하나, 신공항 개항이후 시설의 유휴를 방지하기 위해서 확장하지 않았기 때문이다.

1970년 타당성조사 시에 미국의 AEC가 추정한 김포공항의 항공 수요와 실제 이용실적을 비교하면 표 1.2-1과 같다. 이 표에서 보듯이 한국의 경제가 얼마나 경이적인 발전을 했으며, 또한 장기적 항공 수요 추정이 얼마나 어려운지도 보여준다. 김포공항을 확장하여 사용하기로 한 결정은 지금2010의 상황에서 보더라도 아주 잘된 결정이었다.

1.3 김포공항 1단계 확장사업(1972~1980)

1. 기본계획 및 설계

향후 20년간(1990년까지) 김포공항을 확장하여 수도권 항공 수요에 대처하기로 1971년 방침이 결정되었고, 미국 AEC로 하여금 김포공항 확장 기본계획을 작성하게 하여 1972년 10월 1단계 사업 규모가 제시되었다. 당시에 항공 수요는 급증했지만 확장사업 재원을 내자로 확보할 수 없었으므로 교통부 및 경제기획원 관계자들이 노력한 끝에 1973년 1월 미국 수출입은행의 물자차관이 승인되었고, 동년 4월에는 미국 Mantrust 은행의 현금차관이 승인되었다. 물자차관은 용역 및 장비구매 등을 위해 미국회사에게만 사용할 수 있는 차관이었다.

1973년 2월 김포공항 1단계 확장시설 설계자를 선정하기 위해 미국용역회사를 대상으로 제안서를 제출하게 한 결과 18개사가 참여했으며, 이 중에서 6개 사를 선정하여 제의서를 제출받아 평가한 결과 TAMS가 선정되었다. TAMS와는 1974년 1월에 용역계약이 체결되었지만 L/C 개설 및 차관단의 승인을 거쳐 1975년 1월에야 착수되었다. 처음 3개월간 AEC가 작성한 기본계획을 그간의 수요 급증에 맞추어 확대 조정했으며, TAMS가 작성한 김포공항 기본계획 및 토지이용계획은 그림 1.3-1과 같다.

TAMS는 기존 활주로와 360m 간격의 비독립 평행활주로와 1,300m 간격의 독립평행활주로를 계획했으나 비독립 평행활주로만 2단계에 건설되었고 독립평행활주로는 주변의 도시개발로 건설되지 못했다. 이 근접 평행활주로가 완공되면 2개 활주로의 시간당 1FR 운항능력은 고속출구 유도로와 Approach Computer를 갖출 경우에 55회로 분석되었으며, 실제로 2000년 최고 피크시간에 58회, 30th 피크시간에 53회를 운항한 바 있다(연간운항은 233,000회).

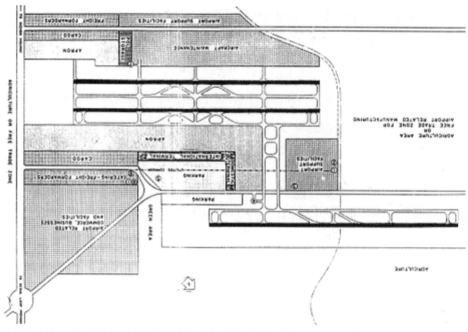

① 활주로 중앙부에 여객터미널, 좌측에 화물지역, 우측에 지원시설 배치
② 활주로 건너편에 항공기 정비, 화물, 지원시설 배치
③ 터미널 및 화물지역 입구에 공항 관련 상업, 업무시설 배치
④ 공항 주변에 공항 관련 제조업의 자유무역지역 배치

그림 1.3-1 김포공항 기본계획(1975년 미국 TAMS사)

실시설계는 1976년 1월부터 1977년 5월까지 시행되었으며, TAMS가 기본계획 검토과정에서 수요 증가분을 반영하여 국제선터미널을 15,000m²에서 25,000m²로 늘려 잡았지만 항공수요가 폭발적으로 계속 증가함에 따라 45,000m²로 실시설계를 하다가 설계를 완료할 때에는 72,000m²로 확대되었다. 필자는 1976년부터 김포공항 확장사업에 참여했으며, 당시에 12억 원을 들여 미국기술자들이 설계하는 것을 보고 돈이 너무 아까운 생각이 들었지만 한국의 공항설계기술이 크게 성장하는 계기가 되었다는 것은 부인할 수 없다.

토지이용계획으로서 소음도 CNR 100 이하는 일반적으로 제한이 없고, CNR 100 이상은 경작, 농업, 쇼핑센터, 레저시설, 방음 장치한 호텔 등으로 한정하고, 주거지역은 제한해야 한다고 제시되어 있었지만 당시만 해도 소음문제는 주요 현안이 되지 못했으며, 이에 대한 대책도 미흡했다.

2. 김포공항 1단계 확장공사

1972년부터 1980년까지 김포공항 1단계 확장공사를 시행했으며, 사업내용은 다음과 같다.

- 활주로 확장: 2,468 → 3,200m
- 평행유도로 및 4개의 고속출구유도로 등 15만m²
- 계류장 확장 26만m²
- 국제선 제1 터미널(T1) 72,000m²(2016년 기준 국내선터미널)
- 화물터미널 14,000m²
- 항행안전시설(레이더 등) 등이다. 1단계 사업비는 약 400억 원이 소요될 것으로 예상했으나 시설 규모 증대와 인플레이션으로 1,100억 원이 투입되었으며, 사업효과로서 운항 97,000회, 국제선 여객 480만, 화물 32만 톤의 연간용량을 기대했다.

김포공항에 주둔하던 한국공군은 다른 기지로 이전했으며(보상비 7억 원), 여객터미널 및 화물터미널지역에 걸쳐 있던 미군시설(부지 296,000m², 건물 103동 23,000m²)은 왜관, 오산, 오정리 등으로 이전했고, 미군 우편시설만 김포공항에 남았다. 확장사업을 위해 부지 678,000m²와 가옥 342동이 보상되었으며, 당시만 해도 현재와 같은 민원은 발생하지 않아 비교적 수월하게 보상할 수 있었다.

김포공항 1단계 확장사업이 완공됨으로써 처음으로 현대적 시설을 갖추게 되었고, 명실공히 국제공항다운 면모를 갖추게 되었다. 그 이전에는 현재의 항공지원센터 건물을 국제선과 국내선이 공동으로 이용했으며, 수요는 급증하고 면적은 비좁아서 수하물을 체크인하고 빠져나오기조차 힘들었던 것을 생각하면 번듯한 국제선터미널은 당시로서는 한국의 국제적 체면을 유지했다. 현재 국내선터미널로 이용되고 있는 당시의 국제선터미널은 도착장으로 내려오는 에스컬레이터가 너무 협소하다고 불평이지만 당시 정부재정이 빈약하여 미국의 차관사업으로 건설된 미제 에스컬레이터이며, 예산 절감을 위해 부득이했다는 것을 이해해야 한다.

1.4 타당성조사 2차 및 김포공항 2단계 확장

1. 수도권 공항개발 타당성조사 2차(1979)

신공항 건설인가? 김포공항 계속 확장인가? 도쿄에서는 하네다공항이 국제선·국내선 항공 수요를 모두 처리하기에는 무리라고 보고, 1960년대 말부터 나리타 신공항 건설을 추진하여 1978년에 개항했으며, 대만에서도 기존 송산공항의 확장 제약 때문에 도원 신공항을 건설하여 1979년 신공항으로 국제선을 이전시켰다. 이런 상황에서 한국도 신공항을 검토하지 않을 수 없었으므로 1979년에 '김포공항을 계속 확장할 것인가?' 아니면 '신공항을 건설할 것인가?', '신공항은 어느 후보지가 적정한가?' 등에 대한 타당성조사를 시행했다.

신공항 후보지는 군자지역(현재 시화산업단지로서 당시는 간사지)과 여주, 이천 지역을 집중 검토했다. 신공항 건설은 약 7,500억 원이 소요되어 당시로서는 예산 부담이 과중할 뿐 아니라 공사기간도 1982년부터 1991년까지 10년이 소요되며, 김포공항을 계속 확장하면 약 2,000억 원으로 제2단계 확장공사를 시행할 수 있고, 공사기간은 1982년부터 1987년까지 6년이면 가능하므로 1981년 5월에 다음과 같이 결정되었다.

> 신공항은 당장 착수하더라도 1992년 이후에나 완공이 가능하므로 1986년 이후의 항공 수요에 대비할 수 없고, 신공항 건설 자금은 재정상 단기간 내 조달이 불가하므로 김포공항을 우선 확장하고 신공항은 김포공항 확장 후에 건설한다.
> 김포공항이 휴전선에 인접함에 따른 보안상 문제는 장비 현대화로 보완하여 운용한다.

2. 김포공항 2단계 확장사업 기본계획

1981~1982년에 기본설계를 시행했으며, 수요 추정과 실제 실적을 비교하면 표 1.4-1과 같다. 국제선 여객, 국제선 화물 및 운항 횟수는 추정치와 실적치가 큰 차이가 없으나, 국내선 여객은 3배 이상 과소 추정되었으며, 그 사유는 육상교통이 불편하고, 대한항공과 아시아나 항공의 경쟁으로 국내선 항공요금이 저렴하여 2000년대 LCC와 같은 효과에서 찾아볼 수 있다.

표 1.4-1 김포공항 항공 수요 예측(1982) 및 실적 (출발＋도착)

구분		1981	1986	1991	1996	2001
국제선 여객 (백만 명)	예측	–	5.4	9.7	17.3	24.9
	실적	2.7	4.2	9.0	15.0	18.6
국내선 여객 (백만 명)	예측	–	2.4	3.5	5.4	7.2
	실적	1.1	3.0	9.5	19.7	18.0
국제선 화물 (만 톤)	예측	–	36	68	134	200
	실적	19	37	76	140	181
운항 횟수 (만 회)	예측	–	8	13	21	28
	실적	3.0	5.4	12	21	24

주: 국내선 여객 수요가 예상보다 크게 증가한 사유는 항공사 간 경쟁으로 요금이 저렴했기 때문이다.

김포공항 2단계 확장사업은 표 1.4-2와 같으며, 1983년 4월까지 설계와 협의를 완료하고, 1988년 4월까지 모든 공사를 완공하여 88 올림픽과 90년대 항공 수요에 대비할 수 있었다.

표 1.4-2 김포공항 2단계 확장사업 기본계획(1982, 사업비: 2,250억 원)

사업명	사업 내용	기대 효과	2000년 실적
신활주로 건설	3,200m×60m	• 연간용량: 97 → 163,000회	
기존 활주로 확장	3,200 → 3,600m	• 시간용량: 34 → 48회	
고속출구유도로	2개소	• 운항조건 개선	• 운항
항행안전시설	1식	– 최소시정: 800 → 400m	– 연간: 233,000회
		– 최저운고: 60 → 30m	– PH: 53회
계류장 확장	50만m²	• 항공기 Gate: 34 → 73	• 여객(만 명)
국제선 T2	94,000m²	• 국제선 여객: 480 → 965만 명	– 국제선: 1,790
국내선터미널	19,000m²	• 국내선 여객: 110 → 350만 명	– 국내선: 1,874
화물터미널	22,000m²	• 32 → 73만 톤	• 화물: 220만 톤
주차장	1식	• 주차대수: 1,180 → 2,065대	• 주차: 6,500대

주: 기대효과와 2000년 실적 간의 차이는 다음 4항의 설명을 참고할 수 있다.

제2 국제선터미널은 국내선터미널, 정비시설 및 급유시설 등을 이전한 후 건설키로 하고 이에 따른 건물이전비도 예산에 반영했다. 국내선터미널은 제1 국제선터미널의 좌측에 나란하게 건설하고, 대한항공의 정비시설 및 급유시설 등은 활주로 건너편으로 이전하는 것으로 계획했다. 그러나 이 계획은 다음과 같은 관점에서 무리한 계획이었다(그림 1.4-1 참고).

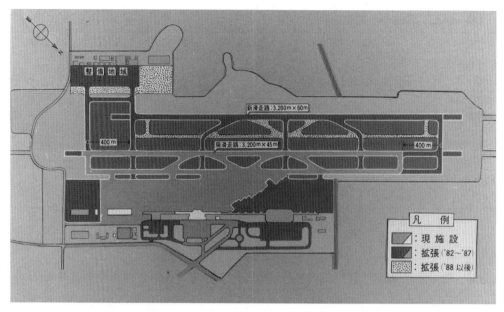

그림 1.4-1 김포공항 2단계 확장 기본계획(1981)

- 국내선터미널 및 대한항공(KE)의 정비시설을 철거한 후에야 제2 국제선터미널을 착수할 수 있기 때문에 88 올림픽 이전에 완공하기는 사실상 불가했다.
- KE의 정비건물 이전비용은 반영되었으나 정비건물 내의 각종 장비는 이전비용만 반영되었으며, 이전 기간 동안의 정비시설 운영문제는 고려되지 않았다. KE에 의하면 정비고 내의 장비 값은 건물 값과 거의 같으며, 이를 이전하는 데는 6개월 이상이 소요되기 때문에 장비도 전부 새로 사서 설치한 후에야 기존시설을 철거할 수 있다는 것이었다.

3. 김포공항 2단계 확장사업 조정 및 시행(1983~1988)

이와 같은 문제로 대한항공은 정비시설의 현상유지를 정부에 건의했고, 당시 오일쇼크로 세수가 예상보다 적어서 국가 재정도 어려운 실정이었으므로, 사업비도 절약하고 또한 88 올림픽에도 대비할 수 있는 대책이 필요했다.

이런 문제를 가지고 항공건설사무소장(박남근)이 항공국에 와서 협의했다. 필자는 국제선 T2를 국제선 T1과 나란히 건설하지 않고, 기존시설을 피해 직각 방향으로 건설하는 것이 좋겠다는 의견을 제시했으며(그림 1.4-2 참고), 이 의견이 채택되어 김포공항 확장공사는 순탄하게 진행되었고, 대한항공도 이 결과에 만족했다. 이런 계획 변경으로 1988년 4월까지 모든 공사를 마무리함으로써 88 올림픽에 국제선 T2를 활용할 수 있었다.

2단계 사업으로 이전하려 했던 대한항공의 정비시설은 12년을 더 사용한 후 1997년 화물터미널 옆으로 이전했으며, 대한항공은 정비시설이 활주로 건너편에

그림 1.4-2 김포공항 2단계 확장사업 완료 후 전경(1988. 4.)

배치되면 활주로횡단에 따른 지연과 안전문제를 우려하여 화물터미널 옆으로 이전한 것이다. 국내선터미널은 인천공항이 개항될 때까지(2001년 3월) 계속 사용하다가 인천공항 개항 후 편의시설로 사용되고 있다. 1988년 4월 2단계 확장공사가 완공된 김포공항의 전경은 그림 1.4-2와 같다.

4. 인천공항 개항 직전의 김포공항 운영

1990년 인천공항 건설이 결정됨에 따라 김포공항을 더 이상 확장하는 것은 인천공항으로 국제선을 이전한 이후 시설 유휴의 문제가 있어 최소한의 시설만 확장함으로써 1990년대 후반에 김포공항의 서비스 수준은 매우 열악한 상태이었다.

국제선이 인천국제공항으로 이전하기 직전의 김포공항 시설 규모와 운영 상황은 다음과 같다.

- 활주로는 360m 간격의 비독립 평행활주 2개를 운영했으며, 터미널에 가까운 활주로는 이륙, 외측 활주로는 착륙 전용으로 사용했다. 설계 시 연간 용량은 163,000회로 예상했으나 2000년에 233,000회를 운항했으며, 이는 활주로 용량의 증대 효과이다.
- 국제선 여객기 Stand는 49개로서 2000년 Stand당 37만 명이 이용했다(여객 1,800만).
- 국내선 여객기 Stand는 12개로서 1997년 여객 2,100만을 고려하면 Stand당 175만 명이 이용한 것으로 나타나지만 실제로는 화물 및 국제선 Stand를 활용한 것으로 이해된다.
- 국제선터미널은 T1, T2 합계 172,000m²이며, 용량은 965만 명으로 계획했으나 2000년에 1,790만 명(30th PH 여객 = 8,000명)이 이용함으로써 PH 여객당 22m²를 이용했다.

- 국내선터미널은 436,000m²로서 1997년 2,127만 명(30th PH 여객=6,652명)이 이용함으로써 PH 여객당 6.6m²를 이용했으며, 국제선 및 국내선터미널 모두 신공항 개항 후 시설유휴를 억제시키기 위해 확장을 억제한 것임을 이해해야 한다.
- 국제선 화물터미널은 121,000m²로서 2000년 189만 톤을 처리했다(m²당 15.6톤).
- 화물전용기의 화물운송 분담비율을 66%로 가정하면 2000년 화물기 stand당 화물 8.3만 톤을 처리했다(=189만 톤×0.66/15Stand=8.3만 톤/Stand).
- 주차장은 1996년 수요 대비 2,060대를 계획했으나 1988년에는 4,960대로 확장되었고, 2000년에는 6,790대로 재확장되었으며, 이는 경제발전에 따라 차량보유대수 증가, 승용차이용률 증가 및 상주직원 주차 수요 급증 등을 고려하지 못한 결과이었다.

표 1.4-3 김포공항 계류장 Stands 현황(2000년 12월 기준)

구분	B747	A300	B727	F28	운송기 계	경항공기
국제선 T1 지역	15	1	5		21	
국제선 T2 지역	18	10			28	
국내선 T 지역		7	4	1	12	
여객기 Stands 계	33	18	9	1	61	
화물터미널지역	14		1		15	
합계	47	18	10	1	76	31

주: 총 여객기 Stand당 여객이용 실적=3500/61=57만 명

표 1.4-4 김포공항 주차장 현황(1988년 4월 기준)

구분	주차장 면적(m²)	주차능력(대)		
		소형	대형	계
국제선터미널(T1+T2)	121,839	3,104	129	3,233
국내선터미널지역	38,621	1,232	–	1,232
화물 터미널지역	3,200	225	223	448
기타	2,323	27	24	51
계	165,983	4,588	376	4,964

1.5 타당성조사 3차 및 청주공항 개발

1982년 김포공항 2단계 확장사업 기본설계 결과 김포공항을 최대한 확장(근접 평행활주로 건설)하더라도 증가된 운항용량 163,000회는 1996년의 운항수요(21만 회)에 미달되어 수도권

신공항에 대한 검토가 시급했으므로 수도권 신공항의 후보지를 조사하기 위해 1983년에 수도권 공항 개발 타당성조사(제3차)를 시행했으며, 조사자KECC는 국토 균형발전 차원에서는 평택지역을, 항공기 운항 차원에서는 여주·이천지역을 건의했다. 이때까지만 해도 국내에서는 소음피해문제가 큰 이슈는 아니었지만 나리타공항은 주민의 반발로 공항 운영에 지장이 컸고, 공항은 평지에 건설해야 하므로 평택이나 여주·이천의 평야지대 농지를 전용해야 하는 부담이 컸다. 또한 여주·이천지역은 수도권 상수원인 남한강의 수질오염문제도 걱정되어 쉽게 결정을 내리지 못하고 1984년 초까지 넘어갔고, 좀 더 검토하여 더 좋은 후보지가 없으면 여주·이천지역을 신공항 후보지로 결정하지 않을 수 없었다.

이런 상황에서 갑자기 청주 신공항을 건설해야 한다는 의견이 정치권에서 나왔으며, 행정수도가 대전 인근으로 이전하게 될 것이니 청주에 신공항을 건설해야 하고, 고속철도가 개통되면 서울에서 청주까지 30분이면 접근할 수 있으니 청주공항을 수도권 국제공항으로 개발해야 한다는 것이었다. 필자가 보기에는 서울도심에서 청주공항까지는 140여 km로서 세계 주요 공항의 대다수가 50km 이내이고, 미국 워싱턴 수도권의 항공 수요는 뉴욕 도시권 항공 수요의 1/3에 불과한 점을 고려할 때 행정수도와 관련하여 공항이 필요하면 중부권 공항으로 개발하는 것이 적정한 것이나 청주공항 건설 계획은 자꾸만 커져 갔다.

청주 신공항 건설은 옛날을 배경으로 하는 연속극에서나 볼 수 있는 상황이 현실로 재현된 것이다. 즉, 기반이 약한 왕권과 지방토호의 Give & Take와 유사하다. 공항실무자는 물론 경제기획원도 청주공항 건설 규모가 커지는 것을 우려하여 예산반영에 소극적이었으나 오히려 청와대와 국회에 가면 규모가 커졌다. 공항실무자는 공군이 사용하는 기존 활주로 옆에 활주로 하나를 더 건설하는 정도로 계획했으나 대통령까지 보고된 결과 청주군비행장은 완전 수도권 공항 개념으로 전용하고 군비행장은 충주로 이전하는 것으로 1984년에 결정되었다.

격변의 80년대는, 1975년 월남 패망, 1979년 박대통령 서거, 1980년 광주민주화운동, 월남 패망 이후 북한의 호전적 반응 등 남북 대치상태에서 보면 김포공항은 휴전선에서 너무 가까우니 신공항은 좀 더 남측에 건설하자는 것이 고위층의 의견이었다. 그러나 1984년 중국민항기의 춘천비행장 불시착을 계기로 중국과 관계 개선, 중국 및 소련과의 국교가 수립되면서 88 올림픽에 참석함으로써 전과 같은 안보불안증은 크게 개선되었다. 1970년대에 박대통령은 우리도 조금만 더 고생하면 쌀밥에 고깃국을 먹고 자동차를 타고 다니는 시절이 올 것이라고 국민을 격려했으나 그런 시기가 언제 올지는 누구도 예측하기 어려웠지만 1980년대 후반에는 명절에 길이 막혀 고향에 가는 데 10시간이 넘게 걸렸다. 이런 교통침체를 고려할 때 신공항의 접근교통이 일반교통과 혼합되면 공항 운영에 큰 지장이 된다는 것도 실감하게 되었다.

1.6 김포공항 소음피해 발생

1. 김포공항 주변의 도시개발

1970년대 초에는 김포공항의 항공기 운항 횟수가 하루에 100회 미만이고, 항공기당 여객 수도 50명을 넘지 않는 소형기이며, 공항 주변의 소음피해도 전혀 문제가 되지 않았으므로 김포공항 주변의 개발은 매력이 있었을 것이다. 이때 서울시는 급증하는 주택 수요에 대비하여 대규모 주택단지를 개발해야 할 입장이었고, 예산도 충분하지 못했으므로 큰돈을 들이지 않고 바로 집을 지을 수 있는 그런 주택단지개발을 원했다. 서울시는 여러 지역을 조사한 끝에 김포공항 남측의 신월동, 화곡동 등에 대규모 주택단지를 개발하기로 계획하고 관계기관에 협의했다. 교통부는 당연히 반대할 수밖에 없었다. 비록 당시는 항공기 운항 횟수가 얼마 되지 않았지만 수요는 계속 늘어날 것이고 나중에 가면 주민들은 소음에 시달리게 될 것이므로 이 지역을 피해 다른 지역에 주택단지를 개발하도록 요청했다.

그러나 서울시는 다른 곳에 주택단지를 건설하려면 매립을 하거나 절토를 해야 하므로 예산이 없다는 사유로 김포공항 주변에 대규모 택지를 개발하고 말았다(그림 1.6-1 참고). 당시만 해도 현재와 같이 많은 항공기가 뜨고 내릴지 서울시나 교통부나 모두 예측하기는 어려웠으며, 현재와 같은 피해가 발생할 줄 알았으면 서울시도 이 지역 개발을 재고했을 것이고, 교통부도 발 벗고 나서서 개발을 반대했을 것이지만 당시에는 소음피해가 큰 이슈가 되지 못했다. 김포공항뿐만 아니라 세계의 주요 공항 대부분이 공항 주변의 소음피해 문제를 가지고 있다. 사람들은 20~30년 후의 일에는 너무나 감각이 둔하다. 그때가 되면 나는 퇴직해서 직장을 떠난 상태거나 아마도 늙어 죽을지도 모르는데, 그때의 일까지 내가 염려할 필요가 있겠는가? 이런 식의 안이한 생각이 나중에는 큰 화근이 되는 것이다.

그림 1.6-1 김포공항 주변의 도시개발(활주로 남서 전방 2~3km 지역)

2. 김포공항 소음피해 발생과 신공항 필요성 부각(1987~1988)

1987년 김포공항의 제2 활주로 개통 및 6·29 선언 등이 계기가 되어 정부가 하는 일에 참아만 오던 국민들의 울분이 터졌다. 소음지역에 거주하는 주민들은 수백 명씩 모여서 김포 공항 진입도로를 가로 막고 출입을 방해하며, 교통부에 대한 항의로 장차관 실에 난입하고, 활주로 인근에 대형풍선을 띄우는 등 소음피해 방지대책을 요구하는 주민의 시위는 거세졌 다. 교통부장관(이범준)은 주민대표와 만나서 그들의 피해내용을 들어보고 교통부 및 공항 직원들로 하여금 소음피해지역에서 보름간 하숙을 한 후 소음피해가 어느 정도인지 보고하 라고 지시했으며, 직원들은 모두 사람이 살 수 있는 환경이 아니라고 보고했다.

선진국에서는 1960년대에 항공기소음문제가 대두되어 「소음피해방지법」, 공항 주변 토 지이용계획, 소음지역 피해보상대책 등이 추진되고 있었으나 한국에서는 국가사업에 반대 하고 나서면 사상부터 의심받았으므로 주민의 행동이 자제되었을 뿐이지 피해가 없는 것은 아니었다. 공항당국은 소음피해 민원은 선진국에서나 있는 것이지 한국에는 이런 문제가 영영 오지 않을 것으로 착각하고 있었지만 한국에도 올 것이 왔을 뿐이었다.

피해주민을 이주시키는 등 보상대책을 강구하고자 「항공기소음피해방지법」을 입안하여 국무회의에 상정했지만 국방부는 절대 반대 입장이었다. 김포공항에서 소음피해를 보상해 주기 시작하면 각 공군비행장은 당장 운영할 수 없게 되고, 이를 보상하려면 수조 원이 들어 가도 해결된다는 보장이 없다는 것이었다. 따라서 하루속히 김포공항의 소음피해를 줄이기 위해 수도권 신공항을 해안이나 해상에 건설하는 것으로 방향을 잡았다.

공항 주변은 국내뿐 아니라 외국에서도 주거지역으로 개발되는 경향인데, 그 사유는 공항이 건설되면 도로 및 철도가 연결되어 교통이 편리하므로 인기가 있고 또한 공항에 근무하는 직원은 공항 가까이에 살고자 한다. 그러나 공항 주변 개발은 장기적으로 공항 확장과 운영에 지장이 됨으로써 공항 발전을 저해한다. 공항 주변 개발 또는 개발억제권한은 공항이 아니고 지방자치단체에 있으며, 지자체가 공항의 성격을 잘 이해하지 못하기 때문에 이런 일이 일어난다. 공항의 입장에서 보면 공항의 권한 밖의 일이지만 잘못되면 공항 발전에 크게 영향을 미치므로 공항 주변 개발은 공항이 관여할 바가 아니라는 자세는 매우 위험하다.

1988년 봄에 장관은 항공기 소음피해를 근본적으로 해결할 수 있는 방안을 보고하도록 지시했으며, 보고 내용을 요약하면 "김포공항의 소음피해를 완화시킬 수 있는 방안으로서 방음시설 설치, 항공기 심야시간 운항 제한, 활주로를 연장하여 주거 밀집지역의 항공기 고도를 높여서 소음피해 완화 등이 있지만 근본대책은 해변이나 해상에 신공항을 건설하는 것이며, 또한 청주 등 내륙에 공항을 건설하면 소음피해가 없다고 보장할 수 없다"라는 것이었다.

이와 같이 김포공항의 소음피해 해소방안과 청주공항이 수도권 공항으로서 부적절한 점을 감안하여 수도권 인근의 해안이나 해상에 신공항을 건설해야 한다는 것을 1989년 1월 신임 대통령에게 보고하고, 신공항 후보지 조사비로 예비비 6억 원을 배정받아 1989년 6월 소음피해 없는 수도권 신공항 후보지 조사(제4차)가 착수되었다.

1.7 타당성조사 4차 및 인천공항 입지 결정

1. 수도권 공항개발 타당성조사 제4차(1989~1990)

조사를 담당할 용역회사로 국내는 Y사, 외국협력사는 화란의 NACO와 프랑스의 ADP가 선정되었으며, 조사내용은 장기적 항공 수요 추정, 시설용량 분석, 시설소요 산정, 후보지 선정 및 시설 배치방안 작성, 신공항 건설·운영 경비 대 편익의 분석 등이었다. 타당성조사를 위해 상정된 최종단계 수요, 시설 규모 및 토지이용계획 등은 다음과 같으며, 이 활주로 시스템은 당시에는 1개 공항에서 운영할 수 있는 최대 규모였다.

공항후보지는 서울도심에서 50km 이내가 적정하지만 이 범위에 적정한 후보지가 없을 경우를 대비하여 100km 이내의 가능성 있는 후보지를 모두 조사했으며(그림 1.7-1), 이 후보지 중 입지여건이 가장 양호한 영종도와 시화 2개 후보지로 압축되었다(그림 1.7-2).

최종 수요: 국제선 여객=9,000만, 국제선 화물=700만 톤 ← 활주로 4개의 유럽공항 운항용량 반영		
부지 규모: 22.94km²(남북=6.2km, 동서=3.7km) ← 활주로 4개 및 최종단계 수요 대비		
활주로 배치		• 내측 활주로 간격=2,500m • 내측~외측 활주로 간격=400m • 계류장 폭=1,744m • 활주로 4개의 용량=시간당 IFR 108회

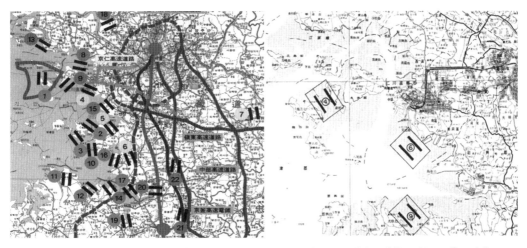

그림 1.7-1 수도권 신공항 후보지   그림 1.7-2 정밀조사(④=영종도, ⑨=시화)

2개 후보지 평가에는 항공기안전운항, 항공기 소음피해, 건설비용, 서울도심 접근성 및 주변 공군비행장의 작전에 미치는 영향 등이 큰 비중을 차지했으며, 영종도는 여러 면에서 시화보다 유리했다. NACO의 후보지평가 결과는 표 1.7-1에서 보는 바와 같이 영종도가 시화보다 항공기 운항(군 공역과의 관계), 건설비, 접근교통, 소음피해 등의 면에서 월등히 유리한 것으로 평가되었으며, 당시 영종도와 시화 후보지 전경은 그림 1.7-3과 같다.

표 1.7-1 수도권 신공항 후보지 평가표

구분	가중치	평가점수 영종도	평가점수 시화
1. 항공기 운항 ❖	40	29.70	27.20
2. 건설비	20	17.33	10.67
a. 부지 조성비		13.33	6.67
b. 접근시설비		4.00	4.00
3. 건설계획	10	9.10	9.10
a. 건설기간		4.55	4.55
b. 계획의 확실성		4.55	4.55
4. 교통관련	15	12.00	9.00
a. 공항의 접근성		5.25	3.75
b. 철도연결 가능성		3.75	2.25
c. 도로연결 가능성		3.00	3.00
5. 토지이용영향	5	3.78	3.63
a. 기존사회 영향		1.36	0.91
b. 지역경제 영향		0.45	1.06
c. 기존 휴양지 영향		0.91	0.21
d. 지역개발 영향		1.06	0.45
6. 환경영향	10	7.14	6.42
a. 소음영향		5.00	3.57
b. 조경에 대한 영향		1.07	1.78
c. Mud 유출 영향		1.07	1.07
합계	100	79.05	66.02

비고: ❖ 항공기 운항 분야 평가표

구분	가중치	평가점수 영종도	평가점수 시화
1. 항공기 운항	100	74.26	67.99
a. ATC 관련	70	55.26	44.33
① 접근·출발 교통 패턴	35	28.00	21.00
② 비상출발 루트	7	5.60	4.48
③ ATC 절차	8.4	6.16	5.04
④ 운영적·기술적 고려	5.6	4.31	3.02
⑤ 기존 공항 영향	14	11.20	10.80
b. 장애물 관련	10	5.00	7.00
① 항공기 운항 영향		5.00	7.00
c. 기상 관련	15	11.67	13.33
① 측풍		4.17	5.83
② 시정		7.50	7.50
d. 시각선회 관련	5	2.33	3.33
① 내부수평표면		0.66	1.00
② 최소 선회고도		1.67	2.33

그림 1.7-3 영종도 및 시화 후보지 전경

후보지 선정 당시에 영종도와 시화후보지 간에 여론이 엇갈린 적이 있어 지금2016까지도 이를 이해하지 못하는 사람들이 있으나 후보지 선정 당시1990만 해도 북한의 공군기지에서 이륙한 전투기는 금방이라도 휴전선을 넘어 남하할 듯이 남측으로 오다가 휴전선 인근에서 다시 북으로 돌아가는 훈련이 계속되었으며, 남한에서도 이에 대응하지 않을 수 없었으므로 북한의 전투기가 남하하기 시작하면 남한의 최전방 공군기지인 수원에서 전투기가 이륙하며, 작전을 수행할 수 있는 고도가 되기까지는 서해 해상으로 이륙하게 되며 바로 그 지역이 시화지역이기 때문에 공군이 작전상 반대한 것이 가장 큰 사유이다.

(1) 토지이용계획 대안검토(NACO)

토지이용계획을 검토한 결과 Combination. 3이 선정되었으며, 이는 여객터미널지역이 상대적으로 중앙에 위치하여 Taxi 거리가 짧고, 3개 주요 그룹 모두가 독립적·점진적 확장이 가능하며, 상대적으로 짧은 내부 수송거리 등의 장점이 있다.

구분	Combination. 1	Combination. 2	Combination. 3
배치도	C P M	P C M	P C M
장단점	○ 터미널지역 중앙 배치 × 터미널지역 확장 제한	○ 터미널지역 확장 무제한 × 화물지역 확장 제한 × 공항중심부 활용 미흡	○ 터미널지역 중앙 배치 가능 ○ 터미널지역 확장 무제한 ○ 화물·정비지역 확장 무제한 ○ 항공기 지상이동거리 최소

주: P＝터미널지역, C＝화물·캐터링 지역, M＝정비·지원시설 지역

(2) 신공항 토지이용계획(NACO)

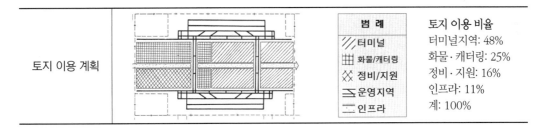

| 토지 이용 계획 | **범 례**
⟋⟋ 터미널
⊞ 화물/캐터링
⤬ 정비/지원
▱ 운영지역
▭ 인프라 | **토지 이용 비율**
터미널지역: 48%
화물·캐터링: 25%
정비·지원: 16%
인프라: 11%
계: 100% |

타당성조사에 참여한 용역사로 하여금 신공항 배치계획을 제출하도록 요청했던바, 외국 용역사는 그림 1.7-4와 같은 배치를 제안했으며, 이를 비교하면 다음과 같다.

(a) NACO 제안   (b) ADP 제안

그림 1.7-4 외국 용역사의 신공항 배치계획(타당성조사 4차)

구분	NACO 배치안	ADP 배치안
활주로 구성	평행활주로 4개(독립 2 + 비독립 2)	좌동(左同)
터미널 배치	터미널 1동, 탑승동 4동	터미널 3동, 탑승동 9동
계류장횡단유도로	7	5
남북 Spine 도로	없음	있음

국내 용역사가 제안한 신공항 배치계획은 그림 1.7-5와 같다.

(a) 집중식 터미널 1동+탑승동 8동   (b) 분산식 터미널 6동+탑승동 6동

그림 1.7-5 국내 용역사의 신공항 배치계획(타당성조사 4차)

2. 인천공항 입지 결정 및 고시(1990. 6.)

인천공항 입지를 결정하기 위해 각부 장관으로 구성된 '신공항 건설위원회'를 소집하여 조사 내용을 보고했다. 대부분의 장관이 동의했으나 2개 부처 장관은 계속 반대했으며, 그 사유는 수도권 과밀문제를 해결하기 위해 인구 10만 명이 집중되는 신공항을 수도권에 두는 것보다는 평택 등 남쪽으로 가야 한다는 것이었다. 대부분 수도권 사람들이 이용하는 수도권 공항을 지방에 분산시키면 인구는 약간 줄어들지 모르지만 하루에 수십만의 여객과 방문객이 신공항까지 오고 가면서 현재도 혼잡한 경부축의 교통문제를 더욱 가중시킬 것이며, 이런 사유로 외국에서도 공항은 대부분 도심에서 40km 이내에 있다고 설명했다. 결국 동의는 받았지만 그런 논리를 이해한 것으로는 보이지 않았다. 1990년 6월 후보지 주변을 토지거래허가지역으로 지정함과 동시에 후보지를 고시했다(그림 1.7-3 참고).

수도권 과밀억제와 수도권 신공항 개발에 대한 의견은 신공항 기본계획수립 및 재검토 과정에서도 계속 거론되었으나 이런 중요한 문제는 상당한 연구와 조사를 바탕으로 결정할 사항이지 수도권이 과밀하니 공항은 도심에서 멀리 떨어진 곳 또는 지방에 분산시켜야 한다는 근거는 없다.

1.8 인천공항 입지에 대한 여론과 해명

1. 인천공항(영종도) 입지 반대 여론

1990년 6월 인천항 입지가 고시되고 교통부에는 신공항 건설을 전담할 '신공항 건설기획단'이 임시기구로 설립되었으며, 신공항기본계획을 수립할 용역사로 미국의 벡텔사와 한국의 Y사를 선정하여 1991년에 기본계획을 수립했다. 1992년에는 실시설계 중 가장 먼저 착공할 방조제와 지반조성 설계를 끝내고, 동년 11월에는 착공할 수 있도록 준비 중에 있었으며, 후보지를 고시한 지도 2년이 지나서 특정기업에게 특혜를 주기 위해 영종도를 신공항 후보지로 선정했다는 소문도 잠잠해졌다. 그런데 갑자기 1992년 7월에 S대학교 환경대학에서 인천공항 입지는 환경뿐 아니라 전반적으로 선정이 잘못되었다고 발표했고, 이를 각 보도기관이 여과 없이 집중 보도함으로써 후보지문제가 다시 사회의 관심거리가 되었다. 또한 국회 교체위원회에서도 이런 보도내용을 거론하며 후보지 선정이 잘 못된 것이 아니냐고 따져 물었다. 인천공항 입지가 잘못 선정되었다는 주장을 요약하면 다음과 같다.

- 인천공항 입지는 전문가의 참여가 배제된 상태에서 심층 분석 없이 결정되었다.
- 인천공항은 국토균형발전에 어긋나고, 수도권인구 및 산업의 집중억제정책에도 어긋난다.

- 경인 간의 교통난을 가중시킬 것이며, 지방에서 인천공항에 가려면 수원~인천지역을 통과해야 하므로, 수원이나 오산이 적합하다.
- 항공운송의 추세는 출발지와 목적지를 직접 연결하므로 Hub 공항의 가능성은 없다.
- 인천공항의 최종단계 용량 1억 명은 터무니없고, 부지 규모도 너무 크다.
- 건설 예정인 고속도로 및 고속철도와의 연계성 부족으로 접근시설 건설비가 엄청나게 높다.
- 해일에 무방비하고 지구온난화에 따른 수면 상승으로 침수될 것이다.
- 인천공항 입지는 안개가 많이 발생한다.
- 영종도는 사회기반시설로부터 고립되어 있다.
- 간석지에 건설함에 따라 침하로 인하여 공항 운영이 어려울 것이다.
- 김포와 영종도가 도시의 같은 쪽에 있어서 반대쪽에 있는 경우보다 비효율적이다.
- 환경피해가 크므로 다른 곳에 공항을 건설해야 한다(철새도래지, 해양오염, 간석지 훼손).

2. 인천공항 입지 반대 여론에 대한 해명

필자는 신공항 후보지 선정을 책임진 주무관의 입장에서 이를 해명하지 않을 수 없었으며, 1992년 토목학회지에 발표된 필자의 해명 내용을 소개하면 다음과 같다.

(1) 서언

1990년 6월 인천공항 입지가 발표된 지 2년이나 경과한 1992년 7월에 인천공항 입지에 대한 반대 의견이 '신공항문제 공동대책협의회' 명의로 발표되었다. 이를 읽어보면 고속전철에 대한 타당성은 활발한 토의가 있었으나 인천공항에 대해서는 누구도 반대하는 사람이 없으므로 토론의 의미에서 반대 의견을 제시한다고 했다. 이 내용이 크게 보도됨으로써 국회에서 공항 관계자들이 곤혹을 치른 바 있으며, 현대건설도 시화지구로 신공항을 건설해야 한다고 가세함으로써 인천공항 입지에 대하여 잘 모르는 대다수 국민을 당혹하게 만들었다. 이에 흥이 난 환경단체는 계속하여 인천공항 입지에 대한 반대 의견을 배포했다. 또한 오산, 수원 및 시화가 영종도보다 유리한 후보지라는 대안까지 제시하고 있다. 20여 년에 걸쳐 신공항 후보지 선정 과정을 지켜보고 또한 직접 참여한 필자로서 늦게나마 그 과정을 소상히 밝혀서 오해의 소지를 없애고자 한다. 세계 공항전문가 의견을 종합해보면 인천공항 입지는 서울과 지방으로부터 접근성만 해결하면 국제공항으로서 조금도 손색이 없으며, 소음의 피해 없이 24시간 운영할 수 있고, 넓은 부지 확보와 주변이 개발되지 않은 처녀지이기 때문에 공항과 연계 개발이 가능한 세계 최고급 공항으로 발전할 수 있다는 것이다.

(2) 반대 의견의 모순

공항 입지는 항공기 안전운항과 관련하여 항공기 운항공역, 장애물, 기상(풍향·풍속, 안개, 연기), 다른 공항과의 관계 등과 밀접한 관계가 있다. 공항 이용자의 편의성 면에서 수요발생지와 공항 간의 접근성, 공항과 주변지역사회와의 공존 가능성(항공기 소음피해, 환경 피해, 토지이용계획 등), 공항 건설비와 건설기간(부지 조성, 접근시설 건설, 항공유 등 공급시설), 천재지변으로부터의 안전, 항공기의 발전 추세, 항공 수요와 이의 특성에 관련된 공항의 규모와 성격 등이 종합적으로 검토되어야 함은 물론, 선진국의 공항 건설과 운영에서 겪어온 문제점을 발췌하여 이를 사전에 예방할 수 있는 후보지를 선정해야 한다.

공항은 이와 같이 종합적인 기술이 총 동원되어 검토되어야 하고 국내뿐 아니라 외국 기술진의 의견도 수렴되어야 한다. 공항 건설에 대하여 잘못된 것을 지적해주고 시정하도록 대안을 제시해주는 것은 고마운 일이다. 그러나 충분한 검토를 거쳐 확실한 근거를 제시하여 시정을 요구하는 것이 바람직하지 않겠는가? 환경전문가라면 환경 분야에 대하여 확신을 갖고 그 피해를 최소화하도록 대안까지 제시해주면 얼마나 좋겠는가? 환경 분야에 대하여는 뚜렷한 대안도 없이 비전문 분야의 여러 부분을 망라하여 신공항을 옮기라고 하면 무슨 근거로 이를 수용할 수 있겠는가? 현대사회는 전문화되어 병원도 여러 분야로 분과되어 있으며, 전문의도 오진 확률이 많다는데, 치과의사가 신경외과 수술이 잘못되었으니 이렇게 저렇게 다시 수술하라면 그 주장을 과연 받아들일 수 있는 것인가?

인천공항 입지 결정을 반대하려면 다음에 대하여 확실히 대답할 수 있어야 한다.

- 국토균형발전을 위해 국토의 중심부에 수도권 공항을 건설하는 나라가 어디 있는가?
- 인천공항은 해일에 무방비하고 지구온난화에 따른 수면 상승으로 공항이 침몰할 것이라 했는데, 인천공항과 유사한 공항은 세계에 수십 개나 되며 그 피해를 예방할 수 있다면 노벨상도 받을 수 있는데, 왜 ICAO 등 국제기구에 그런 의견을 제시하지 못하는가?
- 간석지를 매립함에 따라 활주로가 부등침하하여 운항할 수 없게 될 것이라고 주장하는데, 인천공항 후보지의 지반 여건과 김해공항 활주로의 지반 여건 중 어느 쪽이 더 연약지반이고 침하가 많이 발생할

것이라고 생각하는가?

- 철새와 조개 등 생태계에 미치는 영향이 걱정이 된다면 김포공항 항로 밑에 항공기 소음피해로 저녁에 잠도 제대로 못 자고, 신생아가 굉음에 놀라 경기를 하며, 일상생활에 지장이 큰 지역을 방문하여 그들의 의견을 들어본 적이 있는가?

- 수원이나 오산 군비행장을 조금만 확장하려고 해도 용지 매입에 주민이 전혀 협조하지 않는다는데, 여기에 신공항을 건설한다면 용지를 쉽게 내주고, 민항기가 취항할 경우도 소음피해를 계속 참아줄 수 있느냐고 물어보았는가?

- 몬트리올공항은 공항부지 2,000만 평과 소음 예상지역을 포함 1억 평이나 매입했는데, 그들은 우리보다 기술이 부족하여 실수한 것인가?

- 일본 나리타공항 건설관계자들은 후보지를 내륙에 건설함에 따른 소음피해로 공항 운영에 지장이 크고, 주민의 반대로 더 이상 확장할 수 없으므로 신공항을 건설할 경우에 이런 잘못을 되풀이하지 않도록 권고하고 있는데, 이는 믿을 수 없는 것인가?

- 해상 또는 해안에 공항을 건설 중이거나 이미 건설하여 운영 중에 있는 세계 여러 공항(하네다, 싱가포르 창이, 오사카 간사이, 미국 케네디, 홍콩공항)은 잘못된 것인가? 그렇다면 그들에게도 반대 의견을 제시해보지 않겠는가?

- 수원이나 오산에 신공항을 건설하려면 군비행장을 다른 곳으로 옮겨야 하므로 국방부 및 미국과 협의해야 할 텐데 그들과 의견을 나눠본 적이 있는가?

- 도쿄의 하네다공항(국내선 전용)과 나리타공항(국제선 전용)은 김포와 영종도 같이 도심으로부터 같은 쪽에 있지 않으므로 더 유리하다고 보는가?

- 인천 앞바다의 조개가 떼죽음을 당한 것이 공항방조제 건설 때문이라는 근거가 있는가?

- 런던 수도권은 2000년, 파리 수도권은 2010년경에 1억 명의 항공 수요에 대비하고 있는데, 한국 수도권에는 2040년경에 1억 명의 여객이 없을 것이라고 장담할 수 있는가?

- 오산에 신공항을 건설하면 북한지역의 수요는 수도권을 거치지 않고 육상교통의 불편 없이 오산까지 올 수 있는 방안이 있는가?

- 신공항 매립고가 인천지역 약 최고만조위보다 낮다고 주장하는 것을 보니 신공항 지반고가 평균해면기준 활주로는 7m, 터미널지역은 6.5m라는 것을 모르는 것 아닌가?

- 신공항 건설 1단계 사업비(약 50억 달러)가 무리라면 일본의 409억 달러(나리타공항 129억 달러, 하네다공항 180억 달러, 간사이공항 100억 달러), 홍콩 신공항 166억 달러는 어떻게 이해할 수 있는가?

(3) 반대 의견에 대한 해명

a. "인천공항 후보지 선정은 전문가의 참여가 배제된 상태에서 심층 분석 없이 성급하게 결정되었다"라는 주장에 대하여

인천공항후보지 선정까지는 1969년부터 4차례의 후보지 조사와 외국 주요 공항의 건설 및 운영 사례가 반영된 것이므로 충분히 검토되었으며 그 내용은 다음과 같다.

제1차 후보지 조사는 1969년 미국 AEC가 시행했으며, ① 김포공항 확장과 ② 수원 신공항 건설(군 기지는 이천으로 이전) 대안을 비교하여 김포공항 확장 방안이 기술적으로나 경제적으로 타당성이 크다는 결론에 따라 김포공항을 2차에 걸쳐 확장하여 사용 중에 있다.

제2차 후보지 조사는 1979년에 KIST가 시행했으며, 군자(반월공단 인근해변), 남양(시화간석지 일부와 육지), 이천 등이 가장 양호한 것으로 조사되었다. 2차 조사 시에는 수원 공군기지를 활용하는 방안도 검토되었으나 당시의 주변 정세로 보아 국가의 안보가 가장 우선이었으므로 수원비행장을 이용하는 문제는 쉽게 용납되지 않았다. 군자, 남양, 이천 후보지 중에서 신공항 입지를 결정하고자 관계부처와 협의했다.

국토계획차원에서는 3개 후보지 모두 동의되었으나 군 비행장과의 관계 때문에 군자 및 남양 후보지는 거부되었다. 반대 이유는 공군의 최전방 부대로 운영되고 있는 수원과 오산 비행장에 비상이 걸리면 수원과 오산기지에서 이륙한 전투기는 일정 고도를 유지할 때까지 군자 및 남양 방향으로 상승한 후에 작전에 들어가게 된다. 그럴 수밖에 없는 것은 동쪽은 산악지대이고 북쪽은 인구가 밀집한 서울지역이기 때문이다.

제3차 후보지 조사는 1982년에 재개되었다. 이때도 군자와 남양 지역은 후보지로 거론되기는 했으나 여건은 전과 같았다. 용역을 시행한 한국종합기술개발공사는 국토계획 측면에서는 평택을, 항공기 운항공역이나 공사비 측면에서는 이천을 최종 건의했다. 이 결과를 보고받은 민항당국은 마음이 착잡했다. 외국 주요 공항의 예를 볼 때 도심에서 공항까지 거리는 대부분 40km 이내이고 50km가 넘는 공항은 3~4개에 불과하며, 나리타공항은 66km로서 국제적으로 접근성이 나쁘다는 평을 받고 있는 터이다. 평택은 서울도심에서 80km, 이천은 66km로서 거리상으로도 세계 신기록이 될 가능성이 있고, 외국공항에서 이미 몸살을 앓고 있는 소음문제 등을 감안할 때 신공항 후보지로 쉽게 확정할 수가 없었다.

이 무렵에 행정수도(대전 인근)가 곧 실현될 것 같은 상황이었으며, 행정수도가 이전되면

국제공항이 필요하다는 사유로 1984년 4월에 청주 신공항 건설이 정치권에서 결정되었다. 청주에 신공항을 건설하더라도 대부분의 국제항공 수요는 서울에서 발생하며, 서울에서 청주까지는 140km나 되는 원거리이므로 서울지역 여객이 이용하기에는 접근성이 불량하다.

실무자들은 청주공항을 대전, 청주 및 행정수도 등 중부권 수요에 맞도록 개발하고, 서울을 중심으로 한 수도권 수요는 서울에서 가까운 곳에 건설해야 한다는 생각이었으나 정책은 반대 방향으로 결정되어갔다. 청주 군비행장은 충주에 새로운 비행장을 건설하여 이전하고, 청주는 서울의 수요까지 수용할 수 있는 수도권 공항으로 개발하도록 결정되었으며, 김포공항이 포화되면 항공기는 청주에서 운항할 수밖에 없고, 고속전철이 건설되면 서울에서 청주까지 30분이면 연결되므로 문제가 없다는 것이었다. 만약 '서울의 여객이 청주공항을 이용하게 되면 배후도시에서 가장 먼 공항이 될 것이고, 청주공항 접근이 경부고속전철만으로 해결할 수 있는 문제인가?'에 대한 심층 분석 없이 정책이 앞서갔으므로 실무자들은 속이 탔지만 이를 반대하는 것은 쥐가 고양이 목에 방울을 다는 것만큼이나 어려운 상황이었다.

이와 같이 수도권 신공항 입지는 1988년까지 청주에 머무르고 있었고, 김포공항의 확장사업이 1982년부터 1988년 올림픽을 목표로 추진되었다. 신활주로(길이 3,200m)가 1987년 4월에 개항되었으며, 1987년 6월에 6·29 선언이 발표되었다. 그동안 불만을 참았던 주민들이 항공기 소음피해를 호소하면서 집단소요를 일으킴에 따라 공항 운영에 큰 지장을 초래하게 되었고, 고소음 항공기 운항 금지, 심야시간 운항과 정비가 금지되었다. 당시 이범준 장관은 소음피해 민원을 해소할 수 있는 대책을 보고하도록 지시했으며, 보고내용을 요약하면 "김포공항의 활주로 연장, 활주로 방향 조정, 김포군 고촌지역으로 김포공항을 이전하는 방안 등은 김포공항의 소음피해를 일부 완화할 수 있으나 근본 대책은 되지 못하며, 해안 또는 해상에 신공항을 건설하는 것만이 김포공항 소음문제를 해소할 수 있다"라는 것이었다.

1988년 초 새 정부가 들어서면서 수도권 신공항에 대하여 재론할 수 있었고, 김포공항의 소음피해와 청주공항의 문제점이 재검토되었으며, 국내외 항공기 소음피해와 관련된 외국의 공항 사례 등을 감안할 때 서울에서 가깝고, 소음피해 없이 24시간 운영할 수 있는 해안 또는 해상 공항을 건설해야 한다는 실무자의견이 반영되어 네 번째 조사에 착수하게 되었다.

제4차 후보지 조사는 1989년 6월에 착수되었다. 그간의 상황 변화도 커서 동서 냉전이 사라지고, 러시아 및 중국과 문호가 개방되었다. 자동차가 급격히 증가함에 따라 명절과 연휴기간 중에는 서울에서 불과 1시간 거리인 수원, 시화, 이천, 오산 등의 접근에 3시간이나 소요되는 상황, 그리고 휴일에는 야외로 휴식을 떠나는 자동차 행렬이 꼬리를 물고 있는 등 전에는 예상하지 못했던 육상교통이 심각한 문제를 유발하고 있었다. 후보지는 서울도심에서 100km 반경 이내의 모든 가능성 있는 지역을 조사했으나 역시 해안이나 섬을 끼고 공항을 개발할 수밖에 없었으며, 시화와 영종도가 최종 후보지로 압축되었다. 시화와 영종도 모두 간사지이지만 시화는 다음과 같은 점이 영종도보다 불리했다.

- 영종도는 항로의 양쪽이 모두 바다이지만 시화는 북쪽은 바다, 남쪽은 육지 이다.
- 시화지구는 영종도보다 수심이 2~4m 더 깊어서 지반조성 공사비가 증가한다.
- 시화는 수원과 오산에서 발진하는 군용기와의 충돌 위험성이 크다.
- 시화는 접근교통 건설지역이 이미 개발되어 건설이 어렵지만, 영종도는 접근교통 부지를 쉽게 확보할 수 있다(미개발 지역이고 개발제한 구역임).
- 국제선 전용의 신공항은 국내선 전용의 김포공항과 연계성이 양호해야 한다.
- 시화에 공항과 공장이 같이 건설되면 공장굴뚝은 항공기 안전운항에 지장이 되고, 내뿜는 연기는 안개와 같이 시계를 흐리게 하므로 상충되는 문제가 발생한다.

영종도(인천공항) 입지가 결정되기까지 네 차례 후보지 조사과정에서 지난 20년간의 국제정세, 항공기 소음피해와 이에 관련된 외국공항 건설 사례, 공항 접근 문제와 전용 교통시설, 국제선 공항과 국내선 공항의 연계성, 외국공항의 시행착오, 항공기의 발전, 여객 및 화물 등 항공 수요 특성의 변화 등이 감안되었으며, 공항 건설과 관련된 국제민간항공기구ICAO, 미연방항공청FAA의 규정과 권고에 따라 시행된 것이므로 충분한 검토가 되었다고 볼 수 있다. 청주를 수도권 공항으로 건설하려 했던 것은 큰 시행착오였으나 이는 오히려 새옹지마塞翁之馬가 되었다. 즉, 청주에 신공항이 결정되지 않았으면 이천이나 평택에 신공항을 건설했을 것이고, 그렇게 되었다면 내륙공항의 소음문제와 육상교통의 접근문제로 신공항은 도쿄의 나리타공항과 같이 큰 난관에 부딪치게 되었을 것이다. 또한 수원, 오산 및 시화 후보지가 심층 분석되었으나, 군비행장의 작전, 내륙공항의 소음 및 육상교통문제 때문에 최종 선정되지 못한 것은 후보지 선정 과정을 살펴보면 이해할 수 있을 것이다.

b. "영종도는 국토의 서북쪽 끝에 위치하여 국토균형발전에 어긋나므로 수도권 개발촉진지역인 오산, 수원 또는 시화지구에 신공항을 건설해야 한다"라는 주장에 대하여

국토의 균형발전 측면에서는 제3차 조사 시에[1982] 이미 심층 검토된 바 있다. 남한만의 국토균형발전을 위해서는 경부축과 경호축이 동시에 이용할 수 있는 평택, 오산 등이 유리할 것이나 이것은 남한만을 고려한 것이다. 한국과 국토의 입지조건이 비슷한 영국이나 일본의 국제공항 운영상황을 보면 한국은 통일이 된 후에도 미주나 구주 등의 장거리 항로에 취항할 수 있는 대형 국제공항은 하나만 있으면 충분하고, 부산과 평양에는 아시아 지역 중거리 노선의 국제공항에 적합하며, 광주, 대구, 및 신의주 등은 일본이나 중국 등 근거리 국제노선에 취항할 수 있고, 관광 목적의 국제선은 제주, 금강산 및 백두산 정도이다.

한국의 수도권 국제공항을 국토계획차원에서 이용객이 대부분 모여 있는 수도권을 떠나는 것은 공항상주직원이 수도권에 집중되는 것을 완화할 수 있는 대신에 이보다 더 큰 대가를 치러야 한다. 김포공항과 신공항의 복수공항을 운영해야 할 경우는 양쪽 공항의 연계성이 무엇보다도 중요하다, 신공항 후보지는 국토계획 차원보다는 이용자의 편의성 차원에서 결정되어야 하며, 그렇지 못한 경우 엄청난 양의 육상교통을 유발하거나 불편한 여객이 외국공항을 이용할 것이므로 다른 장점을 모두 상쇄해 버리고 더 큰 문제만 남게 된다.

이와 같은 사유로 세계 주요 공항은 대부분 배후도심에서 40km 이내에 있으며, 이를 무시하고 국토균형발전 차원에서 수도권을 떠나 100km가 넘는 개발촉진지역에 신공항을 건설해야 한다는 주장은 이용자의 편리성을 무시한 안이한 발상이다.

c. "영종도는 서울~인천 간의 교통난을 가중시킬 것이며, 영종도에 가려면 서울을 경유해야 하고, 지방도시에서는 수원~인천의 교통밀집지역을 통과해야 하므로 오산이나 수원이 신공항 후보지로 적당하다"라는 주장에 대하여

수원이나 오산에 신공항을 건설해야 할 경우는 기존 군비행장을 국제공항과 서로 간섭이 없을 만큼 다른 곳으로 이전해야 할 뿐 아니라, 내륙지역의 소음피해를 해결할 방안이 없으며, 활주로 양끝에서 10km까지는 소음에 민감한 시설을 설치할 수 없는 등 좁은 국토를 효율적으로 활용할 수 없다.

수원이나 오산 군비행장을 이전하는 문제는 공군의 주력기지이므로 국가안보차원에서

검토되어야 하고, 겉에서 보는 것처럼 몇 개의 블록건물만 옮기면 된다는 생각은 잘못이다. 현대화된 공군기지를 옮기려면 영종도 신공항 건설비 못지않게 많은 예산이 소요될 것이며, 이전은 작전에 지장이 없도록 장기계획으로 추진할 수밖에 없다.

지방에서 육상교통을 이용하여 영종도에 접근하려면 1992년 기준의 도로체계상으로는 상당히 어려운 것은 사실이지만 앞으로의 도로 및 철도건설 계획이 추진되면 현재보다는 개선될 것이며, 수원~인천 간의 교통밀집 지역을 피하여 영종도에 접근할 수 있는 방안도 있다.

또한 지방에서(부산, 광주, 대구, 여수, 진주 등) 외국여행을 해야 할 경우는 근거리 국제노선은 김해, 대구 및 광주 공항을 이용할 수 있고, 장거리 국제노선은 국내선 항공기를 이용하여 영종도나 김포공항을 이용할 수 있으며, 현재도 지방에서 당일 육상교통을 이용하여 김포공항으로 오는 여객은 전체 여객의 3%에 불과하다.

1993년 8월에 김포공항을 이용하는 국제선 여객을 대상으로 출발지를 조사한 결과 서울 60%, 경기북부 2%, 인천 5% 등 67%를 제외한 나머지 33%가 경기이남지역에 거주하고 있으나 33% 중 24%는 여행 출발일 전에 이미 서울에 도착하며(본사 또는 친척집), 나머지 9%만이 당일에 김포공항을 향하여 출발한다. 이 중에서 6%는 부산, 대구, 광주 등에서 항공편 또는 육상교통을 이용하여 접근하고, 3%는 지방도시를 경유하거나 신공항으로 직접 접근하게 된다. 따라서 국제공항이 영종도로 이전하면 인천공항과 지방공항 간에 국내선 항공편이 많을수록 유리하고 또한 인천공항 육상접근에 편리한 접근로가 개발될 것이므로 너무 우려할 바는 아니다(2012년 기준 외곽순환도로, 서해안고속도로, 제3 경인고속도로, 인천대교 등이 이런 역할을 하고 있다.).

d. "항공노선은 출발지와 목적지를 직접 연결하므로 Hub는 없다"라는 주장에 대하여

Hub 공항이란 대도시의 주 공항main port으로서 주변의 중소형 공항으로부터 여객 및 화물을 모아서 대형기로 장거리 대도시 간에 운송하는 개념이며, 옆의 그림을 참고할 수 있다. Hub 공항은 항공사에게 여객과 화물을 몰아줄 수 있어 수익이 늘어나고, 항공기와 여객의 이용이 증가됨으로써 국가(지역)에는 경제 및 고용효과가 커진다.

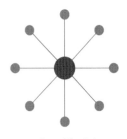

허브공항 개념

세계적 Hub 공항인 애틀랜타공항은 그 공항에서 항공기를 갈아타는 여객 비율이 65%, 독일의 프랑크푸르트공항은 45%이다. Hub 기능이 발생하는 사유는 중소도시에는 국제노선에 항공기를 취항시킬 수 있는 수요가 없으므로 대형 공항을 이용할 수밖에 없고, 그 대형 공항 주변에 중소형 도시가 많을 경우에는 Hub 기능이 더욱 활성화될 수 있다. Hub 공항이 되려면 그 공항의 이용에 불편이 없어야 하고, 경쟁공항에 비해 경제적이어야 하며(사용료 등), 24시간 운영할 수 있어야 한다. 이런 요건을 갖추기 위해서는 소음피해가 없고, 경제적으로 건설할 수 있으며, 충분한 용량을 확보할 수 있어야 한다.

대한항공^{KE}의 화물운송량^{톤,km}은 세계 항공사 중 5위로서 화물의 65%가 환적이며, 이는 아시아지역 중소 도시에서 화물을 모아 운송함으로써 가능했던 것이다.

인천공항의 주된 개발 목적은 김포공항의 용량이 한계에 달함으로써 2000년대의 수도권 항공 수요에 대비한 용량을 확충하는 것이고, 부수목적은 후보지 여건상 Hub 공항으로 개발 가능성이 크다는 것이지, Hub 공항을 만들기 위해 불필요한 예산을 투자하는 것도 아니고 수원이나 오산에 건설할 수 있는 것을 영종도에 건설하는 것이 아니라는 것을 이해해야 한다.

e. "최종 여객목표 1억 명은 터무니없고, 신공항 부지 규모도 너무 크다"라는 주장에 대하여

인천공항의 장기계획은 2040년경에 약 1억 명을 처리할 수 있는 공항으로 개발한다는 것이다. 그러나 인천공항 건설은 단계별로 추진하는 것이므로 그때의 상황에 따라 수요가 발생하면 1억 명까지 처리할 수 있는 공항으로 개발할 수 있다는 것이지 수요도 없는데, 시설을 확장할 공항이 어디 있는가? 앞으로 50년 후의 일은 아무도 정확히 예측할 수 없는 것이며, 다만 미래의 가능성에 경제적으로 대비하면 되는 것이다. 예를 들어, 서울시 강남지역을 처음 개발할 때 한강변을 따라 폭 200m의 부지를 확보했다면 동서 축 교통난 완화와 녹지 확보에 기여했을 것이지만 이미 개발된 서울시에 대규모 신도로를 건설하는 것은 불가하다.

인천공항 건설은 영종도와 용유도의 북단과 남단에 방조제를 건설한 후 표고 6~7m까지 성토하여 부지를 조성하는 것이며, 공항부지 46km²라 함은 방조제를 막은 후에 그 내부의 간석지와 섬의 면적을 말하며, 필요에 따라 조금씩 지반을 조성해나가는 것이므로 필요 없이 지반조성에 경비를 소모하는 일은 없을 것이다.

세계에서 가장 많은 여객이 이용하는 시카고 오헤어공항의 부지면적은 28km²인데, 1억

명에 대비 46km²는 과도하다는 의견을 제시할 수 있겠으나 공항의 성격을 잘 모르기 때문이다. 오헤어공항은 국내선 위주 공항(91%)으로 1955년 개항된 구식 공항이다. 오헤어공항도 이렇게 여객이 늘어날 것을 예상했다면 더 큰 규모로 공항을 건설했을 것이며, 1974년 개항된 DFW 공항 부지는 70km², 1995년 개항된 덴버공항 부지는 1단계 71km², 최종 140km²인 것을 보면 이해할 수 있을 것이다.

공항 부지 규모는 공항의 성격에 따라 크게 좌우된다. 같은 수의 여객을 처리하는 경우에도 국제선의 경우는 국내선의 경우보다 2배 이상의 부지 규모가 소요된다. 인천항은 95% 이상이 국제선 수요이며, 업무지역(사무실, 상가, 회의 및 숙박시설)과 자유무역지대, 육지공항에는 없는 유수지, 항공기 관련 산업을 유치시킬 수 있는 약간의 여유부지 등이 포함되었으며, 최근에 개발되는 신공항은 모두 이런 시설들을 고려하고 있다.

공항여객이 1억 명이라 함은 관광객 1억 명과는 개념이 다르다. 공항시설은 여객이 도착할 때와 출발할 때 각각 사용하기 때문에 관광객 1명이 공항을 통해 입출국을 했다면 공항여객은 2명이 된다. 공항에서 환승하는 여객의 비율을 30%(3,000만 명)로 가정하면 육상교통을 이용하는 출발 및 도착 여객은 7,000만 명(출발 3,500만 명, 도착 3,500만 명)이 되고, 환승여객도 1,500만 명이 신공항에 와서 비행기를 갈아타고 간다는 의미이다. 국제선 여객 중 내국인과 외국인의 비율을 각각 50%로 가정하면 최종단계2040에 내국인 1,750만 명이 해외여행을 하고, 외국인 1,750만 명이 방문한다는 의미이다.

1960년대에 건설된 세계 주요 공항들은 계획 당시에 최종 3,000만 명 이상의 여객은 없을 것으로 보고 공항규모를 계획했으나 여객이 계속 늘어나자 확장에 어려움을 겪고 있으며 (LAX, JFK, LHR, NRT 등), 런던과 파리 등은 2010년에 1억 명의 여객을 목표로 확장계획을 추진 중에 있으므로 이들 선진국보다 30년 후인 2040년경에 약 1억 명의 수요에 대비할 수 있도록 인천공항 장기계획이 수립된 것이다.

f. "기존 및 건설예정인 교통시설(고속도로, 고속철도 등)과 연계성이 부족하여 접근시설 건설비가 엄청나게 추가 소요된다"라는 주장에 대하여

수원, 오산 또는 시화 등에 신공항을 건설하면 기존의 교통시설과 건설 중인 시설(서해안고속도로, 경부고속철도, 외곽순환도로 및 서울~안산 전철 등)을 이용할 수 있으므로 별도의 접근

교통시설 건설비가 들지 않을 것이라는 주장은 소형 공항일 경우는 가능하겠으나 대규모 공항에는 적합하지 않다. 이런 교통시설은 신공항의 수요까지를 포함한 것은 아니다. 신공항의 육상 접근교통량은 최종단계에 시간당 편도여객 67,000명과 화물 1,800톤을 수송하기 위해 10차선 이상의 전용도로와 2.5분 간격의 철도를 운영해야 하므로 기존 교통시설만으로는 해결할 수 없는 것이고, 다만 1단계 교통시설 규모를 조금 줄일 수 있을 뿐이다.

수원, 오산 후보지는 경부 축과 서해안 축의 교통량과 혼합됨으로써 전용도로 설치가 어렵고, 이미 개발된 지역이어서 도로와 철도 용지 확보에 엄청난 예산이 소요되며, 명절과 휴일에는 지역교통량 때문에 신공항 접근이 어렵다. 그러나 인천공항의 접근교통은 명절과 연휴 등의 영향을 받지 않으며, 미개발된 지역으로 전용 교통시설을 운영할 수 있으므로 기존교통의 영향을 최대한 줄일 수 있고, 건설용지 확보가 무난하다는 장점을 갖고 있다.

g. "해일에 무방비하고 해수면 상승으로 공항이 침수될 것이다"라는 주장에 대하여

인천공항의 방조제 높이와 지반조성 높이는 해상도시와 공항의 위험도 분석에 권위 있는 네덜란드 기술진DHV 등이 참여하여 심층 분석하였으며, 참고로 최근에 건설 중인 주요 공항의 방조제 높이와 지반고를 비교해보면 표 1.8-1과 같다.

표 1.8-1 해상 및 해안 공항의 지반 높이(표고기준)

공항 \ 구분		약최고만조위 ①(m)	방조제 높이 ②(m)	지반 높이 ③(m)	주요 공항 표고	
홍콩공항		2.15	6.00	5.5~7.0	AMS: −3m	SFO: 4m
간사이공항		1.60	5.60	4.0~5.0	BKK: 2m	JFK: 4m
인천공항	북	4.56	9.50	6.0~7.0	OKA: 3m	SZX: 4m
	남	4.52	8.40	6.0~7.0	MIA: 3m	EWR: 5m
					NGO: 4m	HND: 6m

지구온난화에 따라 50년마다 해수면이 약 30cm 상승하기 때문에 언젠가는 공항이 침수될 것이라는 우려는 우리나라뿐 아니라 세계 각국이 염려하고 있는 것이다. 그러나 이 문제는 충분히 경제적으로 대비해나갈 수 있는 문제이므로 걱정할 필요는 없다. 이런 주장은 어디까지나 학설이지 얼마의 수면 상승이 될 것인가는 시간을 두고 지켜봐야 한다. 문제가 있다면 방조제 높이를 높이거나 지반 고를 높여서 충분히 대처해나갈 수 있다. 수면 상승이 걱정이

되어 확실하지도 않은 근거에 따라 수백 년의 수면 상승을 가정하여 계획하면 터무니없이 비경제적인 건설이 될 수밖에 없다. 국가 주요시설은 20~30년 사용하면 투자비용을 회수할 수 있는 정도이므로 그때의 상황에 대비해나가는 것이 경제적일 것이다.

h. "인천공항 입지는 안개가 많이 발생한다"라는 주장에 대하여

공항당국이 기상대에 의뢰하여 영종도와 김포공항의 안개 발생현황을 개항 전까지 조사한 결과 표 1.8-2와 같이 영종도는 김포의 약 60%에 해당하는 안개가 발생한다. 인천공항 개항 후 안개가 많은 것으로 보고되고 있으나 결론을 내기 위해서는 최소한 5년 이상의 관측이 필요하다. 항공기가 운항할 수 없는 시정은 현재 400m 정도이나 인천공항을 개항할 무렵에는 200m까지 운항이 가능할 정도로 개선할 계획이므로 연간 30여 시간 운항에 지장을 초래하게 됨으로써 김포공항의 45% 수준으로 개선될 것이다.

표 1.8-2 영종도 및 김포공항의 안개 발생 시간(1991~2000 평균)

구분 \ 시정	시정 1,000m 이하	시정 400m 이하	시정 200m 이하
김포(B)	236	111	84
영종도(A)	147	76	38
비율(B/A)(%)	62	68	45

인천공항이 건설되면 안개가 더 발생할 것이라는 주장은 근거가 없다. 김포공항 주변의 저습지가 안개 발생 원인이라는 것은 누구나 잘 아는 사실이다.

i. "인천공항 입지는 사회기반 시설로부터 고립되어 있다"라는 주장에 대하여

사회기반시설의 인입이 용이하려면 주변에 대도시가 있어야 한다. 수원, 오산 및 시화보다 영종도가 불리하다는 것은 연육교를 이용하거나 해저로 연결해야 하는 경우에 다른 후보지보다 불리하다고 하겠으나 다른 면에서는 인천이라는 대도시가 있기 때문에 유리하다.

상수도는 인천시 상수도 공급계획에 신공항을 위한 용수계획이 포함되어 있으므로 인천까지는 문제없고, 인천에서부터 공항까지는 연육교를 이용하거나 해저를 이용할 수 있어 큰 문제는 없다. 또한 장기적으로는 우수를 유수지에 모아서 활용할 수 있는 장점도 있다.

전기는 자체 발전으로 공항 소요전력의 60%를 충당하고 부수적으로 발생하는 열을 공항의 냉난방용으로 사용할 수 있는 열병합 발전설비를 갖출 계획이며, 이는 에너지 다원화 차원에서 정부에서도 권장하고 있다. 공항에는 단전되는 경우에 항공기 안전운항은 물론 여객의 서비스 면에서도 지장이 되므로 한전의 전기를 사용하더라도 비상 발전시설을 갖추어야 한다. 열병합 발전설비는 경제적이면서도 공항의 안전을 위해 필요한 것이므로 유리하다. 전기의 인입에 다른 후보지보다 불리하다는 근거는 어디에도 없다.

공항에서 공급하는 항공기연료는 그 공항의 서비스 척도를 가름할 수 있을 정도로 중요하다. 점보기 1대가 미국까지 가려면 500드럼이나 되는 항공유를 탑재해야 하므로 연간 항공유 소모는 엄청난 양에 달한다. 항공유 공급방법은 내륙공항은 항만에서 공항까지 급유관로를 이용하고, 해안(해상)공항은 급유선으로 공항까지 직접 수송할 수 있어 내륙공항보다 경제적이다. 도쿄 나리타공항은 이런 사유로 인하여 비싼 항공유를 공급함에 따라 해안공항보다 경쟁력이 저하된다고 자인하고 있다. 영종도의 경우는 바로 용유도 북단에 항공유를 공급할 수 있는 부두를 건설할 수 있어 항공유를 공급하는 데 매우 경제적이다.

j. "간석지에 건설하므로 활주로가 침하되어 운영이 어려울 것이다"라는 주장에 대하여

인천공항 건설지역의 지반조건은 그리 나쁘지는 않다. 영종도와 용유도의 뿌리가 간석지 밑으로 연결되어 있기 때문이다. 간사이공항은 지하 200m에 원지반이 있으므로 이런 경우에 비하면 영종도의 지반조건은 매우 양호한 편이다.

국내에서 연약 층이 가장 두꺼운 곳은 김해공항이 건설된 낙동강 삼각지대이다. 김해공항 터미널건설 시에 강관파일을 시공한 결과 65m까지 인입되었다. 이런 지역에도 활주로를 건설하여 문제없이 운영되고 있는 등 국내에서도 연약지반에 대한 처리기술이 있으며, 최근에 건설 중인 서해안고속도로에도 영종도와 유사한 지반조건이나 기술적으로 문제가 없다. 다만 연약지반에 대하여 소홀히 취급하면 향후 잔류 침하량이 많아져서 구조물과 지반조성의 이음부 등에 단차가 발생할 가능성이 있으므로 철저한 설계와 시공이 요구된다.

k. "김포와 인천공항이 서울의 도심에서 같은 쪽에 있기 때문에 반대쪽에 있는 경우보다 비효율적이다"라는 주장에 대하여

인구가 천만이 넘는 대형도시에는 2~3개의 공항을 갖는 것이 불가피하며, 이런 경우 도심

에서 각각 반대 방향에 있으면 유리한 것은 사실이다. 가까운 쪽에 있는 공항을 이용함으로써 육상교통량을 줄일 수 있고 여객도 편리하기 때문이다. 그러나 이 문제는 조금 더 구체적으로 검토해야 한다. 김포공항이 서측에 있으므로 신공항은 동측에 있으면 이상적이겠으나 서울동측은 대부분 산악지대이고 이천과 여주 중간에 공항을 건설할 수 있는 입지가 있으나 거리가 멀고, 남측으로는 수원 및 오산기지와 간섭되고, 내륙에는 소음문제가 크다.

공항이 도심에서 가까운 곳에 서로 반대 방향에 배치하여 국내선과 국제선을 동시에 운영할 경우는 효과적이나, 하나는 가깝고 하나는 먼 경우에는 육상교통과의 경쟁관계에서 볼 때 국내선 항공기를 먼 공항에서 운영할 수 없으므로 가까운 공항은 국내선 전용공항이 되고 먼 공항은 국제선 전용공항으로 사용할 수밖에 없으며, 도쿄의 2개 공항이 좋은 예이다(하네다(15km): 국내선 위주 ↔ 나리타(66km): 국제선 위주).

공항별 성격이 같은 경우는 서로 반대 방향에 있는 것이 유리하고, 다른 경우는 서로 인접하여 연계성이 있는 것이 더 유리하므로 인천공항(국제선 위주)과 김포공항(국내선 위주)은 연계성 면에서 어느 후보지보다 유리하다. 도쿄 하네다와 나리타의 연계성 부족으로 인하여 일본의 지방도시(오사카, 후쿠오카, 센다이, 나고야 등)에서 직접 김포에 와서 미주 및 구주로 여행하는 일본여객이 증가함에 따라 항공 수요를 한국에 다 빼앗기고 있다는 일본 공항당국의 반성은 신공항을 건설하는 한국에게는 좋은 참고가 될 것이다.

I. "환경피해(철새도래지와 해양생물피해, 해양오염, 간석지 훼손 등)가 크므로 인천공항 입지를 다른 곳(오산, 수원 등)으로 옮겨야 한다"라는 주장에 대하여

신공항 건설과 관련된 환경피해를 ICAO가 제시한 자료에 의거 분석해보면 건설 시에는 준설과 산토매립으로 인한 바닷물의 오탁, 토취장의 토사유출 및 생태계 훼손 등이 있고, 운영 시에는 항공기 소음피해, 생활오수로 인한 주변오염 등이 있으며, 항공기에서 배출되는 유독가스는 지상교통의 피해보다도 적은 것으로 분석되었다. 국내 환경단체에서 주장하는 피해로서는 항공기 운항이 철새의 이동경로와 서식지에 미치는 영향, 갯벌을 매립함에 따른 한강수 자정작용의 축소, 바다매립에 따른 주변야산의 훼손 등을 들 수 있다.

공항의 건설과 운영에 관련되는 환경피해로서 가장 영향이 큰 것은 항공기의 저공비행 지역에서 발생하는 항공기 소음피해가 사람의 주거환경에 미치는 영향과 가끔 발생하는 항공기

사고에 의한 사고지역 주민의 피해라고 볼 수 있으며, 세계주요 공항의 건설과 운영에 가장 우선적인 문제로 다루어지고 있다. 환경단체가 인천공항의 환경문제로 철새의 피해를 거론하여 적지가 아니라는 주장은 사람에 대한 피해는 전혀 고려하지 못한 것이다.

항공기 소음피해는 활주로 끝에서 5km까지는 주거가 불가능할 정도이며, 10km까지는 소음에 민감한 학교, 도서관, 병원 등의 운영에 지장이 크다. 공항 주변에 거주하는 주민의 피해내용을 조사해보면 다음과 같다.

- 수면 방해로 정상생활에 지장이 있고, 어린아이들은 경기를 하는 등의 피해가 있다.
- 청각장애, 학습 방해, 전화통화 지장, TV 시청 곤란 등 일상생활에 지장이 크다.
- 소음피해와 고도 제한에 따라 주택가격이 반 이하로 떨어졌다.

외국의 주요 공항에서도 이런 피해를 줄이고 공항 운영에도 지장이 없도록 소음피해가 없는 지역으로 공항을 이전하고 있으며(간사이, 홍콩, 싱가포르, 몬트리올 미러벨, 뮌헨공항 등), 현재 내륙에 위치한 대형 공항들은 소음피해 때문에 공항 운영에 지장이 커서 소음피해를 완화시키기 위한 노력을 경주하고 있다. 몬트리올 미러벨공항은 공항용지 70km²과 소음피해 예상지역을 포함하여 부지 360km²을 매입했다. 미국 시애틀, 워싱턴 덜레스공항은 주변이 개발되는 것을 방지하기 위해 용지를 계속 매입 중에 있다.

미국의 보스턴, 워싱턴, 댈러스, 탬파, 런던 히스로, 도쿄 나리타공항 등은 심야시간 운항 금지, 소음보상 등으로 공항 운영에 지장을 초래하고 주민과 계속적인 마찰을 빚고 있다. 미국 케네디, 샌프란시스코, 도쿄 하네다공항 등은 해안공항이지만 내륙 방향의 활주로 사용 제한과 소음보상 문제가 있으며, 이런 사유로 하네다공항은 도쿄만을 더 매립하여 소음피해가 적도록 시설을 바다 쪽으로 이전하고 있다(180억 달러↔인천공항 1단계 50억 달러).

환경단체에서 제시한 기타 환경문제는 그들의 전문성을 인정하여 겸허히 받아들일 것이며, 환경피해가 최소화되도록 공항 건설계획 수립과 시공과정을 철저히 관리하고자 한다.

Ⅲ. 결론

이상에서 언급된 바와 같이 환경단체가 주장하는 환경피해는 공항 건설 과정에서 최소화되도록 노력하겠다. 그러나 비전문 분야에 대하여 정확한 근거도 없이 막연한 가정이나 신문

보도만을 참고하여 공항을 이전해야 한다는 것은 설득력이 없다. 충분한 검토도 없이 '인천 공항 건설을 위해 경인지역의 야산은 모두 훼손될 것이다', '영종도에 지반을 조성하면 5m가 침하될 것이다' 등의 막연한 주장을 하는 것은 국론을 분열시킬 뿐 생산적이지 못하다. 국가의 백년대계인 신공항 건설에 대하여 걱정해주는 것은 고맙지만 국민을 설득할 수 있는 확실한 자료와 근거를 토대로 건의해주기 바란다. 결론적으로 일본 나리타공항(1978년 개항)의 계획 오류에 대하여 일본 기술진의 반성내용을 소개한다. 우리는 이를 교훈삼아 이런 잘못을 반복하지 않도록 노력해야 한다.

니껜세키 공항설계부장(나카와베)의 나리타공항 계획에 대한 반성

- 내륙공항이어서 소음피해로 운영 제한, 확장 제한, 항공유 공급가 상승을 초래했다.
- 도심으로부터 원거리여서(66km) 이용자의 접근성이 불량하다.
- 국내선공항(하네다)과 국제선공항(나리타) 간의 연계성이 부족하여 여객이 불편하다.
- 부지면적을 협소하게 계획하여(360만 평) 장기수요에 대비한 확장이 불가하다.
- 시설(활주로, 계류장, 터미널) 간의 용량 불균형으로 서비스 용량이 제한된다.
- 공항 운영 환경변화(단체 여객 증가, Hub 기능 증가, 항공기 대형화 등)에 대한 예측 부족으로 개항 후 10년도 못되어 큰 불편을 초래했다.
- 철도의 건설지연으로 도로 및 Curb의 혼잡을 초래했다.
- 수요 추정치에 집착함으로써 예측하지 못한 상황이 발생하자 속수무책이었다.
- 장기수요에 대비하여 공항기술자는 활주로 5개 건설을 제안했으나 '무슨 근거로 그런 계획을 하느냐?', '터무니없는 계획이다' 등 비전문적 사회여론에 밀려 최종단계 규모를 축소시킨 것이 현재 상황에서 보면 가장 잘못된 결정이었다.

1.9 김포공항 장기계획 실패 및 향후 발전 방향

김포공항은 두 번의 대규모 확장으로서 어느 정도 공항의 틀을 갖추었고, 국가경제발전에 따라 많은 여객과 화물이 이용함으로써 1996년에는 세계 10대 공항이 되었다. 공항 운영의 세계적 추세는 국제선과 국내선의 서비스 수준에 차이가 없고(덴버, 하네다, 뮌헨공항 등), 향후 수요가 국제선 위주로 증가할 전망이며, 고속철도 개통으로 국내선 항공 수요가 침체하는 것에 대한 대비책이 필요하다.

1. 김포공항은 더 이상 확장할 수 없었는가?

(1) 김포공항 확장 기본계획(제3 활주로)

김포공항의 장기계획은 1975년에 미국 TAMS사가 작성했으며, 이는 그림 1.9-1과 같다. 이 계획에 의하면 현재와 같은 근 간격 평행활주로 이외에 원 간격 평행활주로 하나를 더 건설하도록 계획되어 있었다. 당시에는 과연 김포공항의 항공 수요가 그렇게 증가할 것인가에 회의적이었으므로 장기적 확장에 필요한 조치(주변지역 개발 억제 등)에 적극적이지 못했으며, 또한 현재와 같이 법령이 정비되지 않아 기본계획고시 및 소음지역고시 등도 할 수 없었다. 옛날이나 지금이나 장기적 수요 증가에 대한 부정적 견해는 유사하다. 1970년대에 김포공항 제3 활주로는 필요 없다는 생각은 1990년대에 인천공항 제5 활주로는 필요 없다는 생각과 무엇이 다른가?

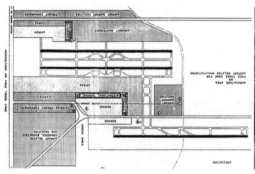 

그림 1.9-1 김포공항 제3 활주로 계획　　　　그림 1.9-2 인천공항 제5 활주로 계획

(2) 김포공항 주변의 도시개발

1970년대 초에는 김포공항의 항공기 운항이 하루에 100회 미만이고, 항공기는 소형이어서 소음피해가 없었으므로 공항 주변 개발은 매력이 있었을 것이다. 서울시는 급증하는 주택 수요에 대비하여 대규모 주택단지를 개발해야 할 입장이었고, 큰돈을 들이지 않고 택지를 조성할 수 있고 예산이 없다는 사유로 김포공항 주변에 대규모 택지를 개발했다.

(3) 김포공항 주변의 소음피해 발생과 대책수립

김포공항 주변에 도시가 개발됨으로써 김포공항의 제3 활주로 건설은 엄두도 내지 못했고, 제2 활주로가 1987년 4월에 개항되자 소음피해로 인한 대규모 민원이 발생하여 확장이 불가하고 운항이 제한됨으로써 신공항을 건설하여 국제선을 이전하지 않을 수 없었다.

(4) 과거의 반성

앞에서 언급된 바와 같은 소음피해 발생으로 김포공항은 더 이상 확장은 물론 운영 자체도 제한되어야 했다. TAMS사가 작성한 기본계획과 같이 김포공항을 확장할 수 있으려면 공항 주변(공항동 등)은 물론 김포공항의 남측항로에 해당하는 지역(신월동, 화곡동, 고강동)의 주택개발을 억제하고, 항공기 소음과 양립할 수 있는 시설(공장, 체육시설, 업무 및 상업시설 등)로 개발했어야 하지만 그렇지 못했다. 지나간 것은 어쩔 수 없지만 신공항에서만큼은 이런 시행착오를 방지하도록 최선을 다해야 할 것이다.

2. 인천공항이 개항되면 김포공항은 없어도 되는가?

인천공항 건설이 확정된 후에 김포공항을 폐쇄하자는 소수 의견이 다음과 같이 있었다.

- 인천공항 부지는 46km^{2}로서 김포공항이 없어도 국제선, 국내선 수요를 모두 감당할 수 있으며, 김포공항 부지를 매각하여 신공항 건설비로 충당할 수 있다. 김포공항은 약 6.6km^2(200만 평)으로서 평당 200만 원이면 4조 원이 된다(1990년대 초 기준).
- 김포공항 남측의 양천구 신월동, 부천시 고강동 등 수천 가구의 소음피해를 해소할 수 있다. 한 공항에서 국내선과 국제선을 동시에 취급하는 것이 환승여객에게 편리하다.

이에 대한 필자의 견해는 김포공항을 계속 보존하자는 것이며, 그 사유는 다음과 같다.

- 수도권의 장기 항공 수요는 1억 명을 초과하지 않을 것이라는 의견도 있으나 막연한 가정일 뿐이지 앞으로 항공 수요가 얼마나 늘어날 것인가는 아무도 예측할 수 없다. 이런 막연한 가정을 전제로 인천공항에서 국내선과 국제선을 모두 처리할 수 있다고 판단할 수 없다(런던 수도권의 2015년 공항여객 실적 = 1억 5,500만 명).

- 고속철도가 개통되더라도 항공기를 이용하고 싶은 사람은 이용할 수 있어야 하며, 고속철도가 전국의 주요 도시에 모두 연결되는 것이 아니므로 국내선항공편을 이용할 여객에게는 김포공항은 매우 편리한 수단이다. 20km의 김포공항 대신에 56km의 인천공항을 이용함에 따른 교통비와 시간이 증가되고, 국가적인 에너지소비도 막대하다.
- 김포공항 부지면적은 약 6.6km^2(200만 평)로서 이를 분양한다면 2~4조 원의 수입이 예상되며, 인천공항 건설비의 일부를 충당할 수 있겠지만 김포공항의 현 시설 규모를 인천공항에 건설하려면 2조 원 이상이 소요되며, 김포공항의 매각대금은 신공항이 개항된 이후에 회수가 가능하다(1990년대 초의 가정임).
- 국제선이 인천공항으로 이전하면 국내선에는 비교적 중·소형기만 운항하기 때문에 김포공항의 소음피해는 현저히 감소될 전망이다. 김포공항에 소음피해가 있는 것은 사실이지만 이런 이유만으로 김포공항을 폐쇄하는 것은 상당한 경제적 손실을 초래할 것이다. 선진국에서도 소음피해가 있지만 소음피해를 점차 줄여가면서 계속 운영하고 있다.
- 국내선과 국제선 모두 인천공항을 이용하면 환승여객이나 항공사 입장에서 보면 아주 편리하고 공항의 허브 기능 활성화에도 도움이 되는 것은 사실이다. 그러나 김포공항 국내선 여객 중 환승여객(약 10%)은 편리하지만 나머지 90%의 여객은 큰 불편을 초래하기 때문에 인천공항의 국내선 운항 비율을 높이고 김포~인천 환승편의를 도모하는 것이 유리할 것이다.
- 김포공항을 현 위치에 지금 건설하려 한다면 사실상 불가능하다. 소음피해, 용지 매입, 주민 이주 등 어려운 문제가 한두 가지가 아니다. 김포공항도 오래전부터 그 위치에 있었기 때문에 공항이 존재할 수 있는 기득권이 있는 것이다. 대도시에는 최소한 2개의 공항이 있는 것이 대체공항 역할도 할 수 있다.

3. 김포공항의 향후 발전 방향

김포공항을 국내선 허브공항 및 일부 국제선 수요를 분담할 공항으로 계속 발전시키기 위한 서비스 개선 방안과 수요 증가를 전제한 용량 증대 계획은 다음과 같다.

- 국내선과 국제선의 콘코스를 연결하여 Contact Stands 용량을 증대하고(그림 1.9-3), 국내선과 국제선터미널을 APM으로 연결하여 서비스 수준을 개선한다(그림 1.9-4).

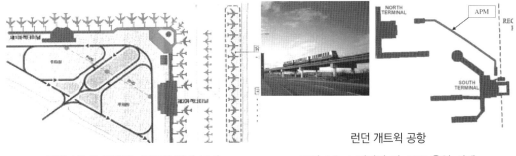

그림 1.9-3 국내선~국제선 연결 구상　　　런던 개트윅 공항

그림 1.9-4 터미널 간 APM 운영 사례

• 평행유도로 및 고속출구유도로를 추가하여 활주로 용량을 증대한다(그림 1.9-5).

(a) 상해홍교공항　　　　　　　　　(b) 프랑크푸르트공항

그림 1.9-5 비독립 평행활주로 사이의 평행유도로 및 고속출구유도로

• End-around taxiway를 건설하여 활주로 용량을 증대한다(그림 1.9-6).

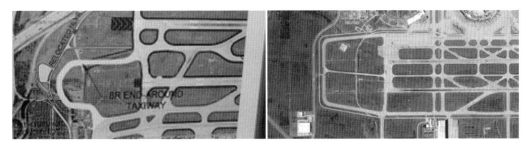

(a) 애틀랜타공항　　　　　　　　　(b) 댈러스포트워즈공항

그림 1.9-6 활주로 횡단을 방지하기 위한 End-around taxiway

• 공항 내외에 Aeropolis를 개발하여 공항수익 증대 및 수요창출을 도모한다.
  - 호메이니 및 알막툼 공항 등의 Aeropolis 계획 참고
  - 창이공항 주변의 토지이용계획 참고(항공기정비, 항공 관련 첨단공장 등)

- 샤를드골공항 내 업무지역 참고(사무실, 쇼핑, 호텔, Air France 본사 건물 등)

• 세계의 장기 항공 수요 전망은 국제선 수요 위주로 증가할 것이 예상된다. 유럽 주요국가의 2015년 국내선 항공여객(터미널여객 = 출발 + 도착) 비율은 영국 18%, 독일 21%, 프랑스 29%, 스페인 30%이며, 한국의 국내선 항공여객 비율도 1997년 76%에서 2016년 46%로 감소되었다. 서울 수도권의 국내선 항공여객 비율도 다음의 표 1.9-1과 같이 계속 감소되고 있으며, 2015년 런던 수도권의 국내선 항공여객 비율이 8%인 점을 고려하면 김포공항은 국내선 수요가 침체되는 것에 대비하여 고속철도 등 육상교통과 경쟁할 수 있는 대책이 필요하다(저가항공사 활성화 등). 또한 김포공항이 도심에서 근거리인 점을 고려하여 인천공항의 Hub 기능에 지장이 없으며, 김포공항의 소음피해가 없는 범위에서 근거리 국제선 수요를 분담할 수 있는 대책이 필요하며, 이와 더불어 국제선터미널의 서비스 개선도 필요하다.

표 1.9-1 서울 수도권 공항의 국내선 여객 비율 감소 추세

연도	1971	1991	2001	2011	2016
국내선 여객(백만)	0.66	9.47	18.0	15.3	21.4
국제선 여객(백만)	0.42	9.00	18.6	38.2	61.4
계(백만)	1.08	18.47	36.6	53.5	82.8
국내선 여객 비율 ①(%)	61	51	49	29	26

주: ① 국내선 여객의 비율이 감소되는 원인은 고속철도 등 육상교통에 비해 국내선 항공교통의 경쟁력이 없고, 내국인의 해외여행 증가 및 중국 등 외국인 관공수요 증가 등에 기인하며, 이런 경향은 유럽 선진국과 같이 더욱 감소될 전망이다.
　② 2015년 런던 수도권의 국내선 여객 비율 = 8%, 파리 수도권의 국내선 여객 비율 = 16%

참고자료

1. 수도권 공항개발 타당성조사(1969, 제1차, 미국 AEC)

2. 김포공항 Master Plan(1974, 미국 TAMS)

3. 수도권 공항개발 타당성조사(1979, 제2차, KIST 도시계획부)

4. 수도권 공항개발 타당성조사(1982, 제3차, KECC)

5. 수도권 공항개발 타당성조사(1989, 제4차, NACO, ADPI)

6. 세계 항공 수요 전망(국내선, 국제선 여객 비율 등), ACI(Airports Council International)

제2장

인천공항
기본계획 수립 및 개선

제2장 인천공항 기본계획 수립 및 개선

경쟁력 있는 국제 Hub 공항

인천공항은 김포공항의 용량포화에 대비하고 소음피해 방지차원에서 1990년에 입지가 결정되었지만 단순한 공항 건설이 아니라 국가경쟁력확보 차원에서 인천공항을 건설해야 할 국제적 상황이었다. 1986년 출범한 '우루과이라운드'는 국경 없는 개방화 및 세계화 시대를 초래했으며, 이런 무한 경쟁시대에 국가경쟁력의 우위를 확보하기 위해서는 물적·인적 흐름의 중심지가 되는 것이고, 물류는 항만 중심의 장대화물에서 경박 단소한 고부가 상품으로 변화되고 서비스산업의 확대에 따라 항공 중심으로 이전되고 있다.

국가는 경쟁력 있는 허브공항을 개발하고 운영함으로써 경제 및 고용 증대효과를 볼 수 있고, 국가경쟁력에 유리하게 작용하여 외국 자본과 기업을 국내에 끌어들인다. 경쟁력 있는 Hub 공항이 되려면 용량이 커서 장기적 공항발전에 지장이 없고, 이용자가 편리하고 경제적이며, 공항이 주변 지역사회와 마찰 없이 공존할 수 있어야 하고(소음피해 방지), 또한 자유화, 정세 변화 등 계속되는 상황 변화에 유연하게 대비할 수 있어야 한다.

필자는 인천공항 후보지 선정, 설계 및 건설을 담당했던 일원으로서 인천공항이 이런 국가적 필요성에 부합되기를 진심으로 바라며, 그런 의미에서 인천공항의 계획 중 개선해야 할 사항을 조사하여 건의했고, 건의 이후 추진내용을 위주로 제2장을 집필했다. 이는 국내공항 계획과 운영에 조그만 도움이라도 되었으면 하는 바람에서 비롯된 것이며, 2장에서 필자가 건의한 내용은 제3장 및 제4장의 내용에 근거한 것이다.

2.1 인천공항 기본계획(1991)

인천공항 기본계획 용역은 한국 Y사＋미국 벡텔 컨소시엄과 한국 D사＋프랑스 ADP 컨소시엄이 경쟁하여 벡텔 컨소시엄에 35억 원으로 낙찰되었으며, 기본계획은 1990년 12월에서 1991년 12월에 수립되었다. 다음 내용은 기본계획 내용을 요약한 것이며, 내용 중 중요하거나 재검토가 필요하다고 생각되는 부분에는 밑줄을 그어 표시했다.

- 항공교통 성장 전망
- 항공교통수요 추정
- 인천공항 시설계획
- 관계부처 협의 및 고시
- 복수공항 전략
- 기본계획의 목표 및 목적
- 시행방안

1. 항공교통 성장 전망

1990년 기준 대한민국은 나라의 경제와 생활의 질을 향상시킬 수 있는 전례 없는 기회를 맞이했으며, 다음 요인들이 이런 기회를 창출할 것이다.

(1) 드라마틱한 경제개발

한국은 지난 20여 년간 경제와 사회개발에서 드라마틱한 발전을 해왔으며, 국민총생산GNP은 1980년에 1,592달러에서 1990년에 5,400달러로 성장했고, 기술과 국제교역에서 세계의 리더가 될 수 있도록 자리를 잡아가고 있다.

(2) 신속한 경제성장

동북아시아 지역은 세계에서 경제가 가장 신속히 성장하는 지역이며, GNP 성장률은 6.3%로서 이런 성장의 선두주자가 되었다.

(3) 중국 및 소비에트유니언과의 관계 개선

이 두 나라는 한국에 엄청난 교역의 기회를 줄 것이며, 그 사유는 그 들의 대규모 인구, 충분한 천연자원 및 지리적 근접성 때문이다.

(4) 남북통일

　양측은 한반도의 전반적 경제 및 사회적 개발을 증진시킬 수 있는 중요한 요인을 제공할 것이며, 이런 기회의 실현은 한국이 세계적 수준의 항공서비스를 갖추는 데 달려 있다. 공항은 국제여객이 그 나라에 대하여 갖는 처음과 마지막의 이미지이며, 서울의 항공시설은 국제업무여객 및 관광객이 한국에 대하여 갖는 이미지에 큰 영향을 미칠 것이다. 매력적이고, 잘 계획되고, 편리한 공항은 또한 국가적 자존심이기도 하다. 이런 기회를 실현하기 위해 한국정부는 인천공항이 세계 수준의 교통과 업무서비스를 제공하기 바라며, 이는 다음을 참고할 수 있다.

- 인천공항은 한국과 세계 사이의 관문으로 역할을 해야 한다.
- 서울에서 3.5시간의 비행거리 내에 인구 100만 명이 넘는 도시가 40개 이상이며, 이는 서울이 이 지역의 Hub 공항이 되기에 아주 좋은 위치이다. 인접 도시의 여객은 장거리 노선이나 다른 아시아 도시로 항공편을 연결하기 위해 서울의 국제공항을 이용할 수 있다. 허브공항의 빈번한 항공편은 업무여행자와 관광객이 서울로 출입하는 데 편리한 스케줄을 제공한다. 국가적으로 서울은 한국의 항공센터이므로 서울의 항공시설 개선은 국가 전체의 항공 시스템에 이익을 준다. 국제시장과 모든 한국의 도시 간 환승서비스 개선은 한국사회 속에 부를 배분하는 결과를 가져올 것이다. 한국이 통일되면 서울은 한반도의 항공교통 허브로서 남북한을 사회 및 경제적으로 결속시키는 역할을 할 것이다.

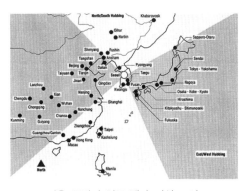

서울 주변의 인구 백만 이상 도시

- 경제적 이익을 최대화하기 위해 신공항에는 사무실, 전시실, 회의센터, 자유무역지대, 호텔, 매점 등과 같은 업무시설을 갖추어 다음과 같은 이익을 창출해야 할 것이다.
  - 다국적기업과 이벤트를 유치함으로써 직장을 만들어내고, 나라에는 명성을 준다.
  - 기업의 경쟁력을 향상시켜 국제 바이어를 유인하고, 판매력을 외부시장으로 확대하게 한다.
  - 추가 수익을 발생시킴으로써 공항 건설 및 운영비를 보충한다.

2. 복수공항 전략

김포공항은 1990년대 중반이 지나면 포화될 것이고, 토지이용의 제약과 주거지역에 대한 소음피해 때문에 일부만 확장이 가능하다. 따라서 정부는 서울지역의 수요에 대응하기 위해 제2 공항을 건설하기로 결정하고, 1990년에 영종도와 용유도 사이의 간석지를 선정했으며 (인천공항), 이는 서울도심에서 서측으로 약 50km, 인천 해안에서 15km의 위치에 있다.

인천공항과 김포공항이 조화되게 운영되도록 교통부는 다음과 같은 전략을 채택했다.

인천공항은 세계적 관문과 동북아지역의 허브로서 국제선을 전담할 것이며, 국제선과 국내선 항공편 사이의 연결이 편리하도록 약간의 국내선을 취급할 것이다.

김포공항은 제1의 국내공항으로 남게 될 것이며, 재통일 후에 한반도 전체의 국내선 허브가 될 것이고, 또한 한정된 단거리 국제노선(약 1시간 비행거리)을 취급할 것이다.

이런 전략은 여객 및 화물 모두에 적용되며, 현재 및 미래의 자원을 가장 효율적으로 이용하는 것이다. 인천공항기본계획은 위와 같이 2개 공항 운영을 전제로 작성되었다.

3. 항공교통수요 추정

한국은 지난 10년간 여객은 연평균 16.8%, 화물은 16.4% 성장하여 1991년 1월 기준 46개 국과 48개의 여객노선 및 9개의 화물노선을 가지고 있으며, 이런 요인들은 한국의 국제여객과 화물수송량이 세계 10위가 되었다. 1990년에 김포공항은 1,680만 명의 여객이 이용했으며 (국제선 844만 명, 국내선 836만 명), 화물은 국제선 위주로 80만 톤을 초과했다. 한국의 항공 수요 전망은 밝다. 2020년까지 서울지역의 국제여객은 무려 10배가 되는 6,000만 명에 달할 것이다.

표 2.1-1은 서울 수도권의 항공 여객과 화물 수요로서 인천공항과 김포공항이 분담할 계획이며, 인천공항이 개항된 이후 얼마 동안은 2개 공항이 국제선 여객을 비슷한 수준으로 분담하고, 국내선 여객의 대부분은 김포공항에서 분담한다. 이는 인천공항의 초기투자를 감소하고, 김포공항의 시설이 유휴화를 방지할 것이다. 시간이 지남에 따라 국제선의 대부분은 인천공항으로 이전되며, 반면에 김포공항은 제1의 국내선 공항으로 남게 될 것이다.

2개 공항이 모두 한계에 도달되는 2040년까지 인천공항은 연간 1억 명의 여객과 700만 톤의 화물을 처리할 것이며, 인천공항은 대부분의 국제선 수요를 담당하게 될 것이다. 인천공항 기본계획의 근거가 되는 수요 추정 내용은 표 2.1-1에서 표 2.1-3까지와 같으며, 여기서 수요는 공항을 이용하는 수요(출발＋도착)의 개념으로서 관광객 또는 방문객과 구분하기 위해 터미널여객이라고도 한다. 즉, 외국관광객 1인은 입국과 출국을 할 때 공항을 두 번 이용하기 때문에 공항에서는 2인의 터미널여객이 되는 것이다.

표 2.1-1 수도권 항공 수요 추정(인천공항기본계획 1991) 및 실적(출발＋도착) ①

구분		1991	2000	2005	2010	2015	2020	최종(2040)
국제선 여객 (백만 명)	추정		20.5	28.2	38.7	48.2	60.1	100.0
	실적	9.0	17.9	26.5	36.1	52.7		
국내선 여객 ② (백만 명)	추정		23.6	27.4	31.6	35.8	40.5	
	실적	9.5	18.7	13.0	14.9	19.7		
국제선 화물 ③ (만 톤)	추정		190	270	370	460	570	700
	실적	74	161	215	270	263		

주: ① 수도권수요＝김포＋인천
② 국내선 여객 침체: 고속철도 영향
③ 화물수요는 수하물을 제외한 화물＋우편물 수요이며, 화물수요 침체는 환적 수요 감소 영향

표 2.1-2 인천공항 운항수요 추정(인천공항기본계획 1991) 및 실적

구분		2005	2010	2015	2020	최종(2040)
운항 횟수 (천 회)	추정	157	253	① 328	424	③ 535
	실적	161	214	② 306		

주: ① 2015 추정: 국제선 여객기＝260, 국내선 여객기＝25, 화물기＝43, 계＝328,000회
② 2015년 실적: 국제선 여객기＝266, 국내선 여객기＝ 5, 화물기＝35, 계＝306 ,000회

표 2.1-3 인천공항 상주직원 및 방문객 교통량 추정(인천공항기본계획, 1991)

구분		2005	2010	2020	2040
연간 (천 명)	1.상주직원(고용인원)	39,100	64,700	87,600	100,000
	2. 환송객	10,967	13,368	21,359	25,144
	3. 환영객	7,780	11,882	18,984	22,349
	4. 기타 방문객	2,882	4,591	7,118	8,380
	5. 승무원	696	1,170	2,093	1,522
설계시간 (천 명)	1. 상주직원	18.8	31.1	42.1	48.0
	2. 환송객	4.7	5.5	7.9	8.9
	3. 환영객	3.3	4.9	7.0	7.9
	4. 기타 방문객	1.2	1.9	2.6	3.0
	5. 승무원	0.3	0.6	1.0	1.3
	계	28.3	44.0	60.6	69.1

4. 기본계획의 목표 및 목적

정부는 인천공항 개발을 지도하기 위해 다음과 같은 계획목표를 채택했다.

- 안전 및 보안: 신공항은 최고수준의 비행안전 및 공항의 보안기준을 갖춘다.
- 이용자 편의: 한국의 국제관문으로서 이용하기 쉽고, 쾌적한 공항을 목표로 한다.
- 운영효율을 보장하기 위해 모든 공항 시스템 간에 용량의 균형을 유지한다.
- 환경적응: 신공항은 자연환경을 보존하고, 주변 지역사회와 양립할 수 있도록 적응한다.
- 재정의 활력: 건설비와 운영비 절감방안을 강구하고, 상업개발과 민자유치를 증진한다.
- 기본계획은 장기간에 걸친 가정이므로 변화에 대응할 수 있는 유연성을 확보한다.

인천공항이 성공하기 위해 기본계획이 갖추어야 할 네 가지 주요 수단은 다음과 같다.

- 초기투자비 감소, 큰 용량 확보, 21세기에 걸 맞는 세련되고, 최신기술을 이용한 여객과 수하물의 수속 및 운송 시스템을 갖춘 진화적인 터미널 개념을 개발한다.
- 접근교통시설에 과도한 투자와 교통 혼잡을 피하기 위해 대중교통을 활성화시켜야 한다. 철도와 버스에 의거 여객의 60%와 상주직원의 90% 수송을 목표로 한다.
- 터미널 주변에 국제업무센터(IBC)를 배치하고, 주변의 아시아공항보다 더 편리한 시설을 제공하여 공항수익을 최대화시키고, 한국에는 새로운 기술, 직업, 명성을 가져다준다.
- 수익창출을 위해 상업용 토지를 최대한 남겨두고, 최소한 토지만 공항시설로 사용한다.

5. 인천공항 시설계획

인천공항의 최종단계 용량은 여객 1억 명과 화물 700만 톤으로 계획한다. 부지면적은 56km²이며, 대부분 매립으로 조성되고, 3억m³의 토석이 소요된다. 공항은 항공기 이용시설, 여객이용시설, 지원시설, 지상교통시설, 공급시설, 상업시설 등 여섯 가지 시스템으로 구성되며, 기본계획(시설 배치계획)은 그림 2.1-1과 같다.

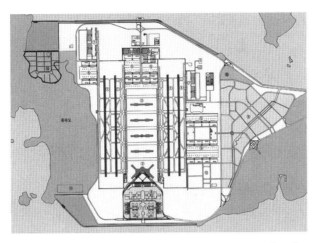

그림 2.1-1 인천공항 기본계획(1991)

(1) 항공기 시스템

항공기 시스템은 공역Airspace, 활주로, 유도로 및 계류장 등 항공기가 이용하는 모든 공간과 시설을 포함한다. 활주로는 2쌍의 근접 평행활주로를 구성하고 길이는 3,750m로 계획하되 필요하면 4,200m 이상으로 연장할 수 있는 토지의 여유를 확보한다.

내측 활주로 간격은 2,100m 분리하며, 근접 평행활주로 간격은 미래항공기의 날개폭 및 항행보조시설을 수용할 수 있도록 430m 분리한다. 이런 배치는 연간 약 70만 회의 운항용량을 갖는 활주로 시스템과 터미널 및 지원시설이 자리 잡기에 충분한 토지를 제공한다.

인천공항의 위치는 김포공항의 서쪽으로 충분히 떨어져서 양 공항을 이용하는 항공교통의 원활한 조화를 허용한다. 활주로 방향은 진북에서 145° 및 325°이며, 이는 풍향, 지형, 김포공항 항로와의 조화 및 인구밀집지역에 대한 소음피해 등을 감안하여 결정된 것이다.

(2) 여객 시스템

여객 시스템은 터미널 및 콘코스는 물론 공항의 국내선 및 국제선 여객을 서비스하기 위해 사용되는 모든 시설을 포함한다. 제1 터미널T1은 46개의 Gates를 제공하며, 국내선 항공기는 양 날개의 끝에, 국제선은 중앙부분에 배치된다. 상층 출발, 하층 도착의 2층 개념이며, 초기단계에는 고가의 여객운송IAT 및 수하물처리DCV가 필요 없는 시스템이다.

여객 수요 증가에 따라 제2 터미널T2이 추가될 것이며, T2는 철도와 버스 등 대중교통수단을 이용하는 여객에게 편리한 수속기능을 제공한다(T2는 대중교통 이용여객 전용).

4개의 원격 콘코스가 2단계부터 단계별로 추가되며, 이는 추가로 128 Gates를 제공하여 T1의 46 Gates를 포함 총 174 Gates를 제공한다. 평행으로 배치된 이런 콘코스는 효율적인 항공기 순환과 토지이용을 가능하게 한다. CIQ 시설이 각 콘코스에 설치된다. T2-T1-4개 콘코스를 연결하는 IAT 시스템이 계류장 지하에 배치되며, 보행거리 최소화를 위해 IAT 역이 각 콘코스마다 2개소에 (외측 1/4지점) 배치된다.

출발 및 도착 여객의 수속절차와 흐름은 다음과 같다.

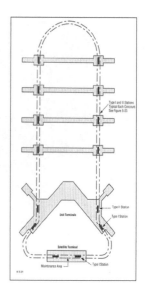

구분＼수속 위치	탑승 및 하기	수하물 체크인	CIQ	수하물 수취	도착수하물 recheck/reclaim
출발여객	T1 원격 콘코스	T1/T2 T1/T2	T1/T2 원격 콘코스	– –	– –
도착여객	T1 원격 콘코스	– –	T1/T2 원격 콘코스	T1/T2 원격 콘코스	– 원격 콘코스, T1/T2

(3) 지원시설 시스템

이는 항공사와 공항 운영을 지원하는 시설로서 비행장시설과 연결되는 3개 지원시설지역으로 구성되며, 북측에는 활주로 내측에, 동서지역은 활주로 외측에 위치한다.

지원시설 중 가장 중요한 것은 3개 지역에 분산 배치된 화물시설이며, 다음 중요한 시설은 동서지역에 배치된 항공기 정비시설이다. 다른 지원시설은 기내식, 우편시설, 지상조업장비정비소, 공항시설정비소 등이며 모두 북측 지원시설지역에 배치되었다.

경항공기 및 공항관리시설은 동측에 배치되고, 구조 및 소방용 항공기는 비상시 즉각적인 출동을 위해 비행장시설의 가장자리에 배치되며, 관제탑은 원격 콘코스 중앙에 배치된다.

다수의 지원시설은 항공사 등이 자비로 개발하여 직접 운영할 것이며, 지원시설은 모듈개념으로 계획함으로써 수요 증가에 따라 시기적절하게 건설한다는 아이디어에 부합된다.

(4) 지상교통 시스템

지상교통시설은 공항과 배후도시를 연결하는 지역교통시설과 공항 내 순환시설로 구성된다.

인천공항의 접근교통시설은 약 50km 거리의 공항 접근 고속도로와 철도에 의거하여 제공되며, 영종도와 육지를 연결하는 2.5km의 2층 구조 교량은 철도와 도로가 같이 사용한다. 철도역은 서울 도심지역에 몇 개가 설치되고(철도 및 지하철 연결), 나머지 지역은 김포공항, 북 인천 및 배후지원단지 등이며 종착역은 공항터미널이다. 이는 이 기본계획의 주요 목표의 하나로서 철도에 의한 접근을 활성화시킬 것이다(그림 2.1-2 참고).

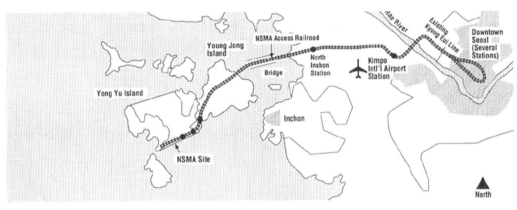

그림 2.1-2 인천공항 철도노선 계획

공항 내 주요 교통시설을 다음과 같이 구성한다.

- 터미널 접근도로는 공항경계선에서 공항 접근 도로와 연결되며, 터미널의 출발·도착 커브 또는 주차장을 거쳐 다시 공항 접근 도로에 연결된다.
- 내곽도로는 공항경계선을 따라 공항을 일주하며, 모든 시설을 연결시킨다. 상주직원 셔틀버스와 서비스 자동차가 이 도로를 이용한다. 별도의 터미널 및 업무센터 순환도로가 위빙의 어려움, 과도한 도로 폭, 복잡한 방향표지 등을 최소화하기 위해 계획되었다. 지원시설을 서브하는 도로는 공항내곽도로에서 Landside 도로가 분기되어 나온다.
- 공항 내 철도역은 2개소이며, 하나는 교통허브(종합주차장)에, 다른 하나는 여객터미널 지하에 설치되어 여객, 상주직원, 일반대중의 편의를 최대화시키도록 계획되었다.

- 교통허브(Transportation Hub)는 공항의 남동코너에 위치하며, 철도역, 일반대중의 장기주차장, 상주직원 주차장, 렌터카 시설, 택시 및 버스 대기소 등을 포함한다. 이는 잦은 빈도의 셔틀버스 서비스로 상주직원을 그들의 근무지까지, 여객을 터미널까지 운송함으로써 공항도로 시스템으로 들어오는 차량의 수를 현저히 감소시킬 것이다.
- 단기주차장은 여객터미널에 인접하여 배치되었으며, 개항 시는 지상 주차장이고, 주차 수요가 증가함에 따라 철도역 위에 주차건물이 설치될 것이다.
- 상주직원 및 장기 주차장은 교통허브에 설치된다.
- Airside 도로는 지상조업장비, 소방차, 경비·보안, 유지보수 장비용 도로를 포함한다.

(5) 인천공항 주변지역 개발

인천공항을 위해 계획된 상업 및 주변시설은 국제업무지역, 자유무역지구, 배후지원단지로 구성되며, 면적은 수 km^2에 달한다. 수만의 상주직원을 수용하기 위해 중급도시 규모의 인구를 위한 주택을 건설한다. 이는 전통적인 공항의 영업시설 및 상업개발을 상당히 초과하는 규모로서 공항의 상업 및 기술적 국제교차로 역할을 강조한 것이다.

국제업무지역은 여객터미널 남측에 인접하여 $1.5km^2$가 배치된다. PMS를 이용하여 여객터미널과 국제업무지역[IBC] 간을 자유로이 왕래한다. IBC에 배치될 시설은 다음과 같다.

- 주요 기술, 교육, 문화, 교역의 이벤트를 서울로 끌어들이는 전시실, 집회, 회의시설 등
- 서울을 동북아의 교역 및 업무 센터로 발전시킬 사무용 건물 및 지원서비스 등
- 신공항을 지역주민과 외국여행자에게 즐거운 장소로 만들어줄 호텔, 매점 및 위락시설(백화점, 식당, 헬스클럽, 영화관, 은행 및 환전센터, 한국문화박물관 또는 예술센터 등)

자유무역지구는 무역과 무역 관련 활동을 위해 공항 북서코너에 $0.69km^2$가 지정되며, 이는 한국의 규제환경을 벗어나서 상품의 조립, 가공, 환적 등이 가능한 영역으로서 관세 등이 면제 또는 감액된다. 이 지구에는 특정사업, 호텔, 사무실집합체, 소매상점 등이 포함된다.

배후단지는 공항의 동측경계선 우측에 총 $7.1km^2$(214만 평)을 개발하되, 1단계는 $2.6km^2$(80만 평)를 개발한다. 배후단지의 토지이용은 공항종사자의 주거시설, 공항이용자의 편의시설, 공항기능의 직간접 지원 및 보완시설, 공항 건설에 따른 주민 이주시설 등이다.

(6) 부지 조성 및 공급시설 시스템

인천공항 건설의 특징은 공항과 배후단지의 부지 조성을 위해 인공섬을 건설하는 것이다. 공급시설 시스템, 방조제, 부지 조성, 배수 시스템 등이 함께 공항의 기반을 형성한다.

인천공항을 위해 효율적인 공급시설이 계획되며, 식수 및 소방수, 냉수 및 온수, 전력, 하수처리, 쓰레기처리, 항공기세척시설, 전자통신, 항공유, 천연가스 등이 포함된다.

부지 조성 높이는 약최고만조위(평균해면+4.857m)로부터 대략 2~3m 위에 있으며, 방조제는 해일과 폭풍을 동반한 파도로부터 부지를 보호하기 위해 평균해면고+8.5m 높이로 건설된다. 2개의 유수지를 남서 및 북서 코너에 배치하여 만조 시에는 우수를 집수했다가 간조 시에 배수문을 열어서 바다로 방류시킨다.

지금까지 설명된 기본계획의 조감도는 그림 2.1-3과 같다.

그림 2.1-3 인천공항 기본계획 조감도(1991)

6. 시행방안

여기서는 인천공항 건설사업의 시행전략을 제시한다. 인천공항 건설사업의 기술적·제도적 복잡성, 고가의 경비, 40년에 걸친 시행기간 등 때문에 시행에 대한 특별한 접근방안이 필요하다. 수년 뒤에 사업에 영향을 미칠 많은 요인에 대하여 현재는 잘 알지 못한다. 따라서 인천공항 시행전략은 유연성이 있어야 하고, 변화되는 조건과 요건에 대응할 수 있어야 한다.

(1) 시행목표

인천공항 건설사업은 교통부, 건설부, 서울시, 인천시, 항공산업 및 기타 공공·개인 그룹 등이 참여하는 협조적인 노력이 필요하다. 따라서 인천공항 건설 전담부서(건교부, 공단)는 신공항 건설사업의 시행과정에서 그들의 참여를 적극적으로 요청해야 한다.

2단계부터의 확장사업은 정해진 시간에 따라 시행되는 것이 아니고 수요에 의거 시행되어야 하며, 그렇게 해야 확장사업이 경제적으로 정당화되고 시장의 파동에 대응할 수 있다. 각 단계의 개발절차는 경제 및 운영 적으로 생존 가능한 공항이 되어야 한다. 각 단계에서 모든 공항시설의 용량은 합리적으로 균형을 유지해야 한다. 민간자본의 투자를 촉진하며, 강력한 공동참여는 인천공항의 경제적 성공을 보장할 것이다.

사업시행에 따른 설계, 구매, 자금관리, 건설 등의 특수 분야에는 선진외국기술이 도입되고 이에 따른 고급기술의 전수가 이루어질 것이다.

(2) 단계별 건설

인천공항 건설은 항상 어떤 부분이 공사 중에 있는 계속사업이며, 건설과정 후반에 가면 초기에 건설된 시설은 20년이 지나서 노후시설이 되거나 기본계획의 조정으로 인해 새로운 시설의 건설과 함께 기존시설의 개조가 동시에 시행될 수도 있다. 계획상 기본계획은 4단계로 구분·시행된다.

- 1단계: 개항까지(1992~2000)
- 2단계: 2010년까지
- 3단계: 2020년까지
- 4단계: 2040년까지

이런 단계는 기본계획 당시의 여건을 고려한 것이므로 수요 증가추세에 따라 앞당겨질 수도, 늦추어질 수도 있다. 개발단계가 미래로 갈수록 변경 범위는 점차 더 커지게 된다.

그림 2.1-4는 기본계획 검토 사이클을 보여주며, 이는 수요와 용량의 관계를 추적하여 새로운 건설을 단계화하는 데 도움을 준다. 5개 항의 계획 사이클을 이용하여 기본계획은 매년 검토되어야 한다. 1항에서 3항까지는 30년 계획기간을 이용하여 매년 점검되며, 이는 현재1991의 기본계획상 2020년의 수요를 기준하듯이 30년 계획기간을 계속 유지시킬 것이다. 4항과 5항은 5년마다 수행되며, 이는 단기사업을 위한 상세 내용이 필요하기 때문이다.

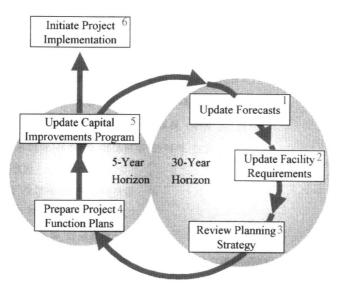

그림 2.1-4 기본계획 검토 사이클

(3) 1단계 사업

1단계 사업은 2001년 초 개항을 목표로 추진되며, 1단계 시설 규모는 2005년의 수요인 여객 2,700만 명과 화물 160만 톤에 대비하며, 이는 김포공항 국제선시설의 약 2배에 해당된다. 1단계 시설은 2개의 근접평행활주로, 46개의 Contact Stands를 갖는 T1, 6개 모듈의 화물 터미널, 2개 모듈의 정비행가 및 1개 모듈의 지원시설이다. 1단계에 포함되지 않는 주요시설은 철도역과 IAT 시설이다. 과중한 건설비 부담 때문에 공항철도는 개항 5년 후에 개통하는 것으로 계획되었다. 인천공항 1단계 및 최종단계 시설 규모를 정리하면 표 2.1-4와 같다.

표 2.1-4 인천공항 시설소요

구분	1단계	최종
수요 활주로 터미널	여객: 2,700만 명, 화물: 150만 톤 동측 비독립 평행 2개 T1 = 24만m²	여객: 1억 명, 화물: 700만 톤 동측 2개 + 서측 2개 = 계 4개 T1, T2, 탑승동 4개, 계 = 73만m²
여객기 stand	Contact 46 + Remote 16 = 계 60 Stand당 여객: 45만 명	Contact 174 + Remote 16 = 계 190 Stand당 여객: 526,000명
IAT/BHS 주차장	1단계 건설지역의 지하시설만 건설 지상주차장	T2-T1-콘코스 4동 연결 건물 주차장 및 지상주차장
공항전용도로	서울(방화대교)~인천공항 54.5km	
공항철도 화물시설	부지만 확보 6 모듈	2단계 도입(철도역 및 철도노선 61km) 26 모듈, 계 = 66만m²

(4) 사업관리(Program Management)

인천공항 건설은 초대형 사업이므로 건설당국에 수많은 기술적·재정적·정책적 과제를 안겨준다. 경제적이고, 시기적절하고, 양질의 품질을 보장하기 위해 인천공항 건설은 사업 관리 시스템을 이용하여 시행되어야 한다. 사업관리는 다음과 같은 9개의 요소로 구성되며, 이는 사업을 효과적으로 추진하는 것을 보장할 것이다. 신공항 건설의 복잡성 때문에 각 요인들은 컴퓨터화될 것이다. 요약하여 말하면 신공항은 한국 역사상 가장 복잡한 시설이므로 사업관리를 이용하여 국가와 여객의 최고 기대를 충족시킬 수 있다.

a. 자원 계획

인천공항 건설에 필요한 장비, 재료, 인력 등의 소요를 파악하고, 이런 자료는 사업기간 중에 시기적절하게 최신화되며, 잔여 업무량 등에 따라 조정된다. 가장 효과적이고 경제적인 자원을 결정하기 위해 국내외 시장이 조사될 것이다. 중요 장비 및 재료의 구매기간이 규명될 것이다. 이런 시장조사는 한국 및 전 세계에 걸친 자원의 경쟁 때문에 아주 중요하다.

b. 건설지원 계획

건설피크에는 하루 2만 명의 인력과 수백 톤의 재료가 매일 취급될 것이고, 이런 인력과 재료는 현지 작업장까지 수송되고, 수급자에게는 혼잡하지 않게 인원을 수용할 가시설과 재료저장지역이 제공되어야 한다. 콘크리트, 철근, 골재 등 주요 자재는 합리적인 가격으로 적기에 사용될 수 있도록 구매, 저장 및 생산되어야 한다. 현장의 보안 유지, 도급자의 임시시설, 현장도로 정비 등 수많은 서비스는 사업 전반에 걸쳐 수급자에 의거 가장 효과적으로 취급되어야 할 것이다. 이런 건설 활동에서 모든 것이 시간 내에 적절한 장소에서 이루어지도록 계획하는 것은 영구공항시설을 계획하는 것만큼 정밀한 계획이 필요하다.

c. 계약패키지 계획

1단계 사업이 완료되기까지는 중요한 것 150개와 사소한 것 수천 개의 계약이 필요하며, 설계, 구매, 건설 등 업무는 계약자의 기술과 재정능력에 맞추어 논리적 패키지로 분류될 것이다. 이런 분류된 항목은 국제경쟁이 가능하도록 결정될 것이다. 더욱이 공사가 가격 효과적인 방법으로 지연 없이 진행되도록 계약은 계속되고 발주시간표가 작성될 것이다.

d. 가격 변동 추세에 근거한 견적

자원계획, 건설 지원계획, 계약패키지계획으로부터 얻은 정보에 근거하여 시장 변동 추세에 근거한 개념적 가격견적이 개발된다. 초기견적은 향후 가격조정을 추적하기 위한 기초를 제공하고, 나중에 이 견적은 설계과정에서 새로운 정보를 이용하여 현실화시킨다. 설계가 15~20% 진행되었을 때 총 사업비가 검토되고 필요하면 현실화된다. 설계공정이 35~55% 정도 진행되었을 때 개선과정이 반복된다. 실제의 구매 및 건설공사에서 얻은 경험이 견적에 반영될 것이다. 건설기간 중 신뢰성 있는 견적을 위해 설계 변경 및 계약자 요구사항이 면밀히 조사될 것이다. 물가변동 추세에 근거한 견적은 사업비변동을 조기에 경고하고, 사업기간에 걸쳐 가격을 통제하는 입증된 기술이다.

e. 최근 동향에 근거한 스케줄

위의 가격견적과 유사하게 최근 동향에 근거한 스케줄이 모든 설계, 구매, 승인, 건설 활동에 적용될 것이다. 주요 공정이 규명되고, 가장 바쁜 공정Critical Path이 작성된다. 면밀한 감시로서 부적절한 자원의 이용, 낮은 생산성 또는 부적절한 건설방법 등에 대하여 신속히 교정하기 위한 조기 경고체제가 제공된다.

f. 문서 및 보고 시스템

인천공항 건설 사업은 이미 수많은 도면, 보고서, 계약서, 공문서, 기술서류 등을 생산하고 있으며, 이런 문서는 쉽게 찾아볼 수 있도록 정리·보관되어야 한다. 이런 자료를 안전하고 신뢰성 있게 보관하기 위한 도서실이 마련되어야 한다. 정확한 정보를 관계인에게 적극적으로 배포하기 위해 정규 월간보고서가 발간된다. 사업기간 중 주요 결정을 지원하기 위해 정밀하고 시기적절한 정보는 필수적이다.

g. 구매 통제 시스템

이 시스템은 구매와 관련된 서류준비, 입찰, 계약, 계약관리, 구매지시서 등을 감시할 것이다. 이 시스템은 변동 추세에 근거한 견적 및 스케줄에 밀접하게 연결되고, 적용할 수 있는 구매 관련 법령과 규정을 확인하기 위해 정부관계인과 협조할 것이다. 사업관리에는 완성된 제품에 대한 현장검사가 시행되고, 공급되는 장비 및 재료의 공장검사도 포함될 수 있다. 이는 경제적으로 공기에 맞추어 재료 및 장비를 제공하기 위해 시행된다.

h. 품질관리 시스템

품질보증 프로그램에는 계약서류와 조화되도록 표준화된 시방규정과 시험절차가 포함될 것이며, 품질관리 프로그램은 계약자의 재료 선정, 직원의 기술 수준, 시험방법, 작업절차 등을 감시할 것이다. 이 프로그램에는 또한 완성된 공사의 현장검사를 시행하고, 제조자가 공급하는 장비 및 자재의 공장검사도 포함된다.

i. 예산 및 회계 시스템

1991년도 사업비견적에 의하면 1단계 사업기간 중 하루에 평균 9억 원(1998년 기준은 하루에 30억 원)을 지출해야 한다. 수천의 청구서와 매달에 필요한 자금을 공급하기 위해 정밀한 예산 및 회계 시스템이 필요하다. 추가적으로 수많은 사업자금이 특수목적으로만 사용 가능하게 될 것이며, 이런 자금은 분리하여 관리되어야 한다.

위에 제시된 사업관리계획은 건설 및 자재구매가 국제입찰에 의거 시행되는 것을 전제로 Bechtel 이 작성한 것이며, Bechtel은 중동 등에서 많은 PM 경험이 있기 때문에 중동에서와 같은 PM을 시행하겠다는 것이나 당시(1991) 국내는 국제입찰이 제한되고 신공항 건설공단이 발족되었기 때문에 이런 타입의 PM은 시행될 수 없었다. Bechtel은 약 2,500억 원(인천공항 1단계 사업비의 약 10%)을 주면 이런 PM을 하겠다고 제안했으나 당시의 실정에 맞지 않아 거절되었다.

7. 관계부처 협의 및 고시

인천공항 기본계획이 1991년 말에 완료되므로 국무회의에 상정하여 심의를 거친 후 1992년 5월 인천공항 건설예정지역의 지정 및 기본계획을 표 2.1-5와 같이 관보에 고시했다. 기본계획보고서와 고시내용은 약간 차이가 있으며, 이는 관계부처 협의과정에서 조정된 것이다.

표 2.1-5 인천공항 기본계획(고시내용)

구분		단위	최종 계획	1단계 계획◆	① 1단계 시행	용량계획
부지면적	총면적 공항지역 공항도시	km²	56.2 47.4 8.8	18.8 15.2 3.6	13.9 11.7 2.2	• 최종단계 - 여객: 1억 명 - 화물: 600만 톤
공항시설	활주로 계류장	개 천m²	4 4,971	1 1,605	② 2 1,172	
공항시설	여객터미널	천m²	731	245	③ 507	• 1단계 - 운항: 17만 - 여객: 2,700만 명 - 화물: 171만 톤 - 여객기 주기: 60 - 화물기 주기: 30 - 서울도심: 45분
공항시설	화물터미널 주차장	천m² 천m²	661 707	198 300	183 839	
공항시설	항공기 정비시설	천m²	152	76	60	
공항시설	교통센터 GSE 정비고	천m² 천m²	1식 1식	- 1식	④ 252 12	
접근시설	도로 철도	km km	54.5 62.0	54.5	54.5	
구분		단위	최종 계획	1단계 계획◆	① 1단계 시행	용량계획
1단계 사업비◆	1단계 사업비로 산출된 예산은 접근교통시설 포함 총 3조 4,165억 원 이다. (내용: 공항 22,199, 공항도시 2,094, 업무지역 419, 접근교통 9,463억 원)					

주: ① 1단계에 실제로 건설된 규모이며, 변경된 주요 내용은 다음과 같다.
② 활주로를 1개만 건설하면 유사시 공항 폐쇄의 우려가 있어 2개를 건설했다.
③ 여객터미널은 기본계획의 터미널 규모가 너무 작아서 36만m²로 확대하고, 개항 직후 2단계 확장을 위해 터미널 주변의 굴착 및 기존시설의 철거를 방지하기 위해 2단계 시설의 일부(136,000m²)를 1단계에 시행한 것이다.
④ 교통센터(철도역 및 주차건물 등)는 2단계 시행 예정이었으나 개항 직후 터미널 주변의 공사로 인한 운영지장을 방지하기 위해 2단계 예정시설을 1단계에 시행한 것이다.

(1) 고시목적

인천공항 건설촉진법 제3조에 의거 신공항 건설을 위해 필요한 지역을 건설예정지역으로 지정하고 인천공항 건설사업의 기본계획을 고시함으로써 이해당사자의 미래상황 예측을 가능하게 하고, 해당지역 주민과 관계자의 이해와 협조하에 원활한 사업 추진을 도모하기 위한 것이다.

(2) 예정지역 지정

인천공항 건설지역은 인천직할시 중구 영종도 및 용유도 사이의 간석지 일대로 하고, 접근교통은 인천 서구와 북구 및 서울 강서구 일원을 통과하는 노선이다.

(3) 인천공항 건설 기본목표

- 2000년대 수도권의 항공 수요에 대비 가능한 공항
- 동북아의 중추(Hub) 공항으로서 24시간 운영이 가능한 공항
- 지구촌 1일 생활권 시대에 부응하는 미래형 공항

(4) 부지 조성 및 공항계획 규모

부지 조성 및 공항계획 규모는 표 2.1-5와 같다. 영종도와 용유도 사이 간석지에 경사사석제식 방조제 약 17.5km를 건설하고, 주변의 장애구릉을 절토하고 인근 해저에서 해사를 준설하여 부지를 조성한다. 공항지역은 저 매립하여 배수문에 의한 유수지 배수, 배후단지는 고 매립하여 자연배수를 적용한다.

(5) 접근교통시설 계획

접근도로는 인천공항 전용고속도로이며, 노선은 배후지원단지 IC~연육교~북인천~노오지~김포공항~개화동~강변북로까지 연결된다. 총연장은 54.5km로서 본선 47.1km, 지선 7.4km이며, 설계속도는 120km, 설계하중은 DB24, 차선폭은 3.6m이다.

철도는 대형 전철방식이며, 노선은 인천공항~인천~김포공항~남가좌~신촌~서울역~공덕~남가좌 선회노선이다. 총연장 62km, 최고속도 110km, 설계하중은 LS-16이다.

(6) 공항 및 주변지역 토지이용계획(단위: km²)

구분	공항지역			공항도시				합계
	계	공항	IBC	계	배후단지	자유무역	도로, 기타	
최종단계	47.4	45.9	1.5	8.8	7.1	0.69	0.98	56.2
1단계	15.2	13.7	1.5	3.63	2.64	–	0.98	18.8

(7) 공급 및 처리시설 규모

구분	1단계(2005)			최종		
	계	공항	공항도시	계	공항	공항도시
전력(천KW)	115	41	74	346	95	251
통신(천 회선)	97	53	44	301	154	149
용수(천m³)	90	34	56	176	74	102
하수도(천m³/일)	80	30	50	152	62	90
저유량(천m³)	46	46	–	124	124	–

(8) 관계부처 의견

인천공항 기본계획(안)에 대한 관계부처, 서울시 및 인천시의 의견은 다음과 같다(1992. 4.).

• 투자재원은 가급적 내자로 조달하기 바라며, 현금성 차관은 억제한다.

• 국제업무지역은 45만 평을 필히 확보한다.

• 자유무역지역은 외국인전용 가공단지, 향토 상품제조 및 기타 가공단지 등으로 개발한다.

• 인천~신공항 간 도로와 연육교에 송유관로 및 송전선로의 공간을 확보해야 한다.

• 공항과 배후도시의 통합하수처리계획을 수립하고, 하수처리장의 유지관리는 인천시가 담당함이 유리하다. 원칙은 맞지만 시행시기가 같아야 성립될 수 있는 의견이다.

• 수도권과밀 억제정책에 부응하기 위해 지원시설은 공항 관련 필수시설로 한정하며, 배후단지 입주자도 공항종사자와 공항 건설로 인한 철거민으로 한정한다.

• 접근교통 건설 시에 경인운하 건설 시 발생하는 굴착토가 효율적으로 이용될 수 있도록 요망한다. 원칙은 맞지만 시행시기가 같아야 성립될 수 있는 의견이다.

• 배후단지는 공항종사자를 위한 최소한의 주거공간 및 편의시설만을 1단계에 조성하고, 나머지는 인천시 도시기본계획에 반영하되, 인천시 단독 및 공동 개발을 요망한다.

- 자유무역지역은 수도권정비계획법상 제한정비권역이어서 공업지역으로 지정이 불가하므로 계획을 취소하거나 수도권 정비계획을 수정해야 한다.
- 인천공항 고속도로와 인천시 도시계획도로가 교차되는 인천시 북구 노오지 J.C는 완전 입체교차로를 건설하여 인천시민이 서울지역으로 접근할 수 있도록 허용해주기 바란다. 인천시 입장은 이해되지만 공항 접근 도로가 혼잡해지면 공항전용도로 건설의미가 없다.
- 영종도를 통과하는 도로 및 철도 주변에 측도 및 녹지공간을 각각 20m씩 확보해주기 바란다(노폭 100m + 2×20m = 140m).
- 인천공항 건설에 수반되는 어민피해보상, 절단되는 도로 및 수로의 연결대책, 주민이주대책, 녹지조성 및 소음피해방지대책 등은 사업시행 단계에 구체적으로 협의하기 바란다.
- 협의 중인 환경영향평가 결과에 따라 환경영향방지대책을 수립하고, 소음도(WECPNL) 70 이상 지역에는 주택건립을 원칙적으로 금지한다.
- 인천공항 접근도로 중 개화터널 및 방화대교 구간은 일방향 2차선을 3차선으로 건설하고, 일반교통의 출입을 허용하기 바란다. 2차선 구간은 3차선으로 개선되었으나 신공항 접근로가 혼잡해지면 전용도로 건설의미가 없으므로 일반교통의 출입은 허용되지 않았다.
- 인천공항 철도와 수도권지하철의 환승지점에서는 승객의 지상교통대책이 수립되어야 한다.
- 인천공항 접근교통시설은 서울시 및 수도권의 장래 교통계획과 연계하여 검토 한다.
- 인천공항 건설비는 막대하므로 정부재정 이외의 자금조달을 강구하고, 공항 주변에 신도시를 건설하는 등 대책을 강구하며, 필요하면 특별법의 제정 등 대책이 수립되어야 한다.

2.2 인천공항 기본계획 검토(1992)

1. 기본계획 검토배경

1990년 6월 인천공항 입지가 선정되고, 1991년 말 기본계획 내용이 알려지면서 당시 여론에서는 ① 인천공항 건설부지가 너무 크다. ② 인천공항 최종수요 1억 명은 너무 과도하다. ③ 인천공항 1단계 건설비(약 3조 원)는 너무 과다하다. 등이 거론되었다. 필자는 1992년 초부터 인천공항 건설본부 임원으로 임명되었기 때문에 인천공항 업무파악을 위해 인천공항의 기본계획부터 검토하지 않을 수 없었다.

2. 인천공항 기본계획 검토 및 내부건의(1992. 4.)

(1) 인천공항 용량의 최대화

'인천공항의 부지가 너무 크고, 수요가 과다 추정된 것이 아닌가?' 하는 여론도 있지만 수도권에 인천공항 이외의 또 다른 신공항을 개발한다면 서울 도심에서 더 원거리가 될 것이고 건설비도 더 많이 소요될 것이므로 수요 추정치에 집착하지 말고 인천공항의 용량은 입지 여건이 허용하는 최대한이어야 한다. 그런 관점에서 인천공항의 입지를 56km^{2}로 크게 계획한 것은 기본계획 내용 중 가장 잘된 계획이라 할 수 있다(타당성조사는 23km^2 제안).

(2) 경제적 건설

국가의 재정형편을 감안할 때 인천공항 건설비는 상당히 부담이 되므로 기본설계 전반에 관하여 예산을 절감할 수 있는 방안이 검토되어야 한다.

(3) 토지이용

인천공항의 부지면적은 김포공항의 7배에 달하지만 활주로 규모는 2배밖에 되지 않고, 기본계획의 토지이용계획은 공항기능 이외의 상업적 토지이용이 너무 크다. 국제업무센터[IBC]는 터미널지역 확장에 지장이 없도록 충분한 간격이 유지하고, 배후단지는 활주로에서 상당히 떨어진 곳에 배치하여 소음피해를 방지해야 한다.

(4) 여객터미널 Concept

T1, T2 및 콘코스 4동을 1개 시스템으로 묶고, T1/T2를 근접 배치하는 것은 IAT/BHS의 과부하 및 접근교통 혼잡 등 여러 문제가 있다.

(5) 접근교통

교통중추지역을 터미널에서 원격 배치하고 이곳에 주차장을 집중시키면 이용이 불편하다. 철도 분담률은 너무 과도하므로 이를 재고하고, 여객터미널 커브 길이를 최대한 확보하며, 철도 및 버스 등 대중교통을 증대시킬 수 있는 대책이 필요하다.

(6) 화물시설

화물의 40%가 여객기에 의해 운송되는 점을 감안하여 화물터미널과 여객터미널 사이에 활주로가 없는 대안이 검토되어야 한다.

(7) 종합 의견

인천공항의 시설 배치계획은 그림 2.2-1의 배치 대신 그림 2.2-2의 배치로 변경하여 활주로, 터미널 등을 배치하는 것이 다음과 같은 여러 면에서 유리하다.

- 제1단계 건설예산을 절감할 수 있고(부지면적 감소) 화물의 운송거리를 단축할 수 있다.
- 1개 시스템으로 국제선 여객 1억을 처리하는 것은 세계적 사례가 없으므로 이런 부담을 해소할 수 있고, 터미널이 집중됨에 따른 혼잡을 감소시킬 수 있다.
- 항공 수요가 추정치에 미달되거나 초과해도 대비가 용이하고, 운송패턴의 변화에 따른 터미널 형태의 변경이 가능한 것 등 미래의 불확실성에 대비한 유연성이 크다.
- 경제적 건설과 용량 증대로 운영효율과 경쟁력을 향상시킨다.
- 배후단지는 활주로의 신설이나 운영에 지장이 없는 지역에 배치함으로써 공항의 장기적 확장성과 소음피해 방지 등 운영성을 확보한다.

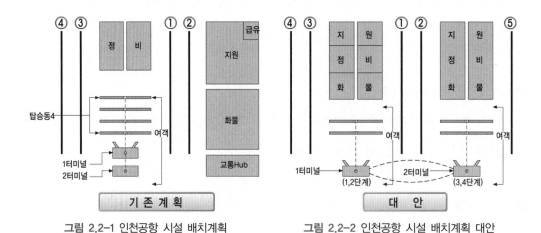

그림 2.2-1 인천공항 시설 배치계획   그림 2.2-2 인천공항 시설 배치계획 대안

(8) 건의 결과

필자가 건의한 내용은 수용되지 않았다. 이런 사항을 결정할 수 있는 고위 임원들은 기본

계획 개선에는 관심이 없었고, 서둘러 공사를 시행해야 할 시점에 기본계획 개선은 사업 추진에 지장이 된다는 것이었다.

간사이공항은 기본계획을 작성한 후에 세계 여러 공항당국에 자문을 받아서 그중에서 가장 훌륭한 ADP 안을 채택하여 1단계 사업의 기본 개념을 확정했고, 쿠알라룸푸르공항은 말레이시아 설계사와 일본의 설계사가 공동 작성한 공항기본계획을 NACO에 자문받아 개선한 후 실시설계를 시행했다.

인천공항도 외국공항과 같이 기본계획을 수립한 후 세계의 주요 공항이나 공항전문가에게 자문을 받는 절차가 필요하다. 공항에 대한 경험이 미흡한 한국 입장에서는 선진국 이상의 노력이 필요하지만 잘 하겠다는 생각보다는 빨리 하겠다는 생각이 앞서는 것이 문제인 것 같다.

2.3 인천공항 기본계획 개선 국민제안(1993)

1993년 5월 정부는 국정 전반에 대한 의견을 청취하여 타당성이 있는 것은 정책에 반영하겠다는 취지로 총리실에서 국민제안을 받고 있었으며, 필자도 교통부장관으로부터 국민제안에 참여하라는 서신을 받았다(당시 한국공항공사 신공항 건설본부 설계이사). 필자는 '국민제안'을 하면 총리실에서 직접 검토할 것을 기대하고 인천공항 기본계획 개선에 대한 '국민제안'을 했으며, 다음은 필자가 제출했던 '국민제안'의 내용이다.

1. 서 문

인천공항은 규모가 방대하고 향후 40년 이상 장기간에 걸쳐 건설되고 100년이 지나도 계속 운영되어야 하므로 이런 분야에 대하여 국내는 물론 세계적으로 기술과 경험이 부족하다. 인천공항 기본계획은 미국 벡텔사가 작성했으나 벡텔도 이런 공항은 처음 계획한 것이며, 세계 주요 공항의 사례를 감안할 때 문제점이 노출되고 있다. 따라서 기본계획을 그대로 받아들이기보다는 선진공항의 자문을 받도록 건의한다. 기대효과로서 건설 및 운영 경비를 수천억 원 절감할 수 있고, 시행착오를 예방한다면 수조 원의 효과도 기대할 수 있을 것이다.

정부의 주요 정책과 사업은 철저한 사전조사와 이를 근거로 한 계획수립에 의하여 시행착오를 최소화시킬 수 있다. 장기간에 걸친 계획은 장래의 상황을 모두 예측할 수 없으므로 미래의 불확실성에 대비할 수 있도록 유연성 있고 여유 있는 계획이 필요하다. 지난 20년 전에는 예측할 수 없었으나 현실로 다가온 사항들은 다음과 같다.

- 동서냉전의 종식으로 중국과 러시아에도 국적항공기가 취항하고 있다.
- 국적항공사가 복수화되었으며, 2010년대 기준은 LCC의 역할이 커지고 있다.
- 국민의식이 변화되고 민주화되어 항공기 소음피해에 대한 민원이 증대하고 있다.
- 단체여객이 급증했으며, 관광여행이 증가하고 있다.
- 600명이 탈 수 있는 초대형기의 출현을 눈앞에 두고 있다.
- 선진국은 항공사 간 경쟁이 치열하여 탑승률(Load Factor)이 낮고, 중·소형기 위주로 운항됨에 따라 운항 수요가 증가되고 있다(항공기당 구미 = 100, 아시아 = 200명).

위와 같은 변화는 모두 공항계획에 중요한 영향을 미치고, 또한 이를 모두 예측할 수 없으므로 변화에 어떻게 대처한다는 대책이 필요하며, 더욱이 장기계획에는 더욱 그렇다. 앞으로 일어날 수 있는 상황 중 항공 수요에 크게 영향을 미칠 요인은 중국의 경제 발전과 해외여행 자유화, 저비용항공사의 역할 증대, 신기술 개발, 남북통일 등으로 이런 변화에 대비할 수 있는 경우와 없는 경우는 공항의 경쟁력에 큰 영향을 미칠 것이다.

모든 사업의 시행착오는 계획단계에서 바로잡는 것이 가장 효과적이고 경제적이며, 주요 사업은 계획단계에서 철저한 사전조사가 필요하다. 미래의 불확실성과 경험이 부족한 사업 추진에 수반되는 문제는 선진국의 기술도입과 선진국이 겪었던 시행착오를 감안함으로써 최소화시킬 수 있다. 인천공항 부지는 $56km^2$으로써 부지 규모나 입지여건으로 보아 세계 5대 공항의 하나로 개발할 수 있는 충분한 여건을 갖추고 있으며, 신공항 건설을 마무리하기 까지는 앞으로 40년 이상이 걸리고, 항공교통을 대체할 경제성 있는 신교통 시스템이 개발되지 않는 한 100년이 지나도 계속 사용하게 될 것이며, 인천공항은 통일한국의 관문으로서 국가위상은 물론 경제발전에 크게 기여할 것이다.

2. 기본계획 개선 건의 배경

(1) 기본계획의 중요성 및 유연성

모든 주요사업에서 기본계획의 중요성은 아무리 강조해도 지나친 것이 아니다. 왜냐하면 기본계획은 경제적 건설과 효율적 운영은 물론 장·단기적 시행착오를 예방함으로써 사업을 성공적으로 이끌 수 있는 방향을 제시하는 것이기 때문이다. 속담에 첫 단추가 잘 끼워져야 다음일이 잘 된다는 말과 같이 기본계획은 첫 단추를 끼우는 것과 같다.

인천공항과 같은 국가 백년대계사업은 계획단계에서 사업의 효과를 70% 이상 좌우하게 되므로 공사를 잘해야 한다. 또는 조속히 건설해야 한다는 것 이상의 정성과 검토가 필요한 것이 바로 기본계획이라고 할 수 있다.

기본계획은 초기단계의 개발로부터 단계별개발 및 최종단계까지의 모든 것에 영향을 주므로 단기계획은 물론 장기계획에 크게 영향을 미치게 된다. 그러나 기본계획은 장기간에 걸친 계획이므로 모든 상황 변화를 처음부터 예측할 수 없기 때문에 처음에 완벽한 기본계획을 만들었다 하더라도 시간이 지남에 따라 현실에 맞지 않게 된다. 이것이 장기간에 걸친 기본계획의 문제이므로 상황변경에 신속히 대응하는 자세와 유연성 있는 계획이 필요한 것이다.

(2) 공항의 경쟁력

인천공항이 주변 국가의 공항보다 경쟁력이 있으려면 목적지로 출발하는 항공편이 빈번하여 여객과 화주가 편리하게 이용할 수 있어야 하고, 공항시설을 이용하는 데 경제적이고, 편리하고, 쾌적해야 한다. 공항은 많은 항공사, 여객, 화주가 이용하게 되므로 항공산업의 발전, 고용효과의 증대, 관광산업의 발전, 항공 유관산업의 발전 등 그 효과는 지대하고 또한 통일 한국의 관문으로서 국가 위상을 높이는 데도 일익을 담당할 것이다.

a. 공항의 경쟁력 제고 요인

- 필요하면 언제라도 시설을 확장하여 수요에 대비할 수 있는 확장성이 중요하다. 인천공항 부지는 56km^{2}로서 덴버공항 138km^2, 사우디 King Abdulaziz 공항 80km^2, 댈러스~포트워스공항 77km^2, 몬트리올공항 70km^2, 오랜도공항 59km^{2}에 이어 세계 6위급이며, 외국의 공항전문가들도

인천국제공항 현장을 보고는 세계 5대 공항으로 발전할 수 있는 입지조건을 갖추고 있다고 찬사를 아끼지 않는다.

- 공항을 운영하는 데 지장이 없어야 한다. 가장 중요한 사항으로서 주변의 지역사회와 공생할 수 있어야 하는 바 항공기소음이 주변에 거주하는 주민에게 피해를 준다면 그 공항은 정상적인 운영을 할 수 없다. 내륙에 건설된 공항과 해안에 건설되었다 하더라도 활주로방향이 육지방향으로 건설된 세계 주요 공항은 항공기 소음에 의한 주민의 피해를 줄이기 위해 심야운항을 금지하고, 이착륙 항로를 제한하며, 취항기종을 제한하는 등 정상적 운영을 하지 못하는 공항이 많다. 다행히 인천공항의 활주로 방향은 양쪽이 모두 바다이어서 소음문제를 해소하면서도 넓은 부지를 확보했으므로 소음문제 없이 24시간 운영할 수 있는 것은 주변 국가는 물론 세계 어느 공항 못지않은 경쟁력을 갖추고 있다.
- 경제적 건설이 가능하도록 입지여건이 좋아야 한다. 신공항의 입지조건은 해상이지만 약최고만조위를 기준하여 수심은 3~7m(간사이: 20m, 홍콩: 15m)이고, 간조 시는 육지 상태가 된다. 연약지반의 두께도 평균 5m 정도여서 다른 해상공항보다 월등히 유리하며(간사이 20m), 부지 조성 공사비는 간사이 및 홍콩공항의 절반 수준에 불과하다
- 시설 배치가 항공기와 여객 및 화물이 이용하기에 편리하고, 운영효율이 높아야 한다.

(3) 건의 배경

앞에서 언급된 바와 같이 기본계획의 중요성을 감안하여 충분한 검토와 더불어 지금까지 다른 공항의 시행착오와 운영 사례가 구체적으로 조사되어야 하나 과연 충분한 검토가 되었는지 의문시된다. 한국보다 20년 이상 앞서가는 구미 선진국에서도 대형사업의 기본계획수립에 3~5년의 장시간을 할애하여 심층 검토하고 있으며, 또한 그렇게 장시간에 걸쳐 상세한 검토를 거친 공항도 십년이 지나면 상당수가 시행착오를 일으키고 있다.

인천공항은 국제선 여객 위주로 1억이 이용할 계획이고 부지여건상 가능한 목표이다. 그러나 이런 공항은 세계적으로 운영 사례가 없으며, 국내선 여객 1억 명을 목표로 하는 공항은 몇 개가 있으나 국내선공항과 국제선공항은 너무나 다른 점이 많다. 이런 사유로 인천공항이 추구하는 공항은 세계의 어느 누구도 이것이 정도라고 말할 수는 없으나 그래도 공항 분야에 전문지식이 있고, 과거의 시행착오를 겪어본 전문가들의 의견을 중요시해야 한다. 세계 공항전문가들은 인천공항의 기본계획에 의문을 제기하는 사람들이 많다.

인천공항 기본계획은 약 35억 원을 투입하여 미국 벡텔사와 국내 용역사가 공동 수행한 것이나, 국내 용역사는 김포공항 확장 설계, 벡텔사는 사우디 킹 압둘아지즈 및 오스트레일

리아 시드니공항을 설계한 실적이 있으나 미국 주요 공항은 참여한 실적이 없어(부분적으로 참여한 실적은 있음) 미국 내에서 조차 공항계획에는 인정받지 못하고 있다.

이와 같이 설계경험이 풍부하지 못한 설계자가 1년의 단기간에 세계적으로 사례가 없는 1억 명 규모의 국제공항을 완벽하게 계획할 수 없으며, 기본계획은 계획 당시의 상황을 감안하여 장기적 가정을 전제로 한 것이므로 벡텔사의 보고서에도 상황 변경을 5년 단위로 점검하도록 요구하고 있다.

인천국제공항은 활용가능한 부지가 56km²이고, 이착륙방향이 모두 해상이어서 장기적으로 소음문제 없이 운영할 수 있는 공항 중에서는 세계 최고의 입지여건을 갖추고 있는바, 이런 천혜의 입지여건을 갖춘 부지의 잠재력을 최대한 활용할 수 있는 기본계획이어야 한다.

수도권에 새로운 신공항을 건설할 후보지가 적절하지 않으며, 수도권에 여러 공항을 운영하는 것보다는 도심에서 가까운 지역에 대규모공항을 운영하는 것이 건설비와 운영효율 면에서 더 경제적이다. 공항의 규모가 계속 커지면 지상접근교통의 제약을 받을 수 있으므로 대중교통 위주이어야 하고, 또한 지상접근이 없는 환승여객(화물)의 유치에 적합해야 한다.

21세기에는 아시아지역의 경제성장이 세계 다른 지역보다 활성화될 것이며, 세계의 무역 자유화에 따른 국제경쟁의 전초기지와 관문으로서 공항의 중요성이 더욱 부각되고, 이런 관점에서 아시아 각국은 공항개발을 경쟁적으로 추진하고 있다. 대표적인 사례로서 일본의 간사이공항, 도쿄 제3의 Global 허브공항, 상해 푸동공항, 홍콩 첵랍콕공항, 말레시아 쿠알라룸푸르공항, 태국의 방콕 신공항 등이 대규모로 개발되고 있으며, 이 중에서도 인천공항과 가장 경쟁관계가 심한 공항은 일본과 중국의 신공항이 될 것이다.

성공적인 국제공항 개발은 국가의 경제발전과 경쟁력 향상에 크게 기여하지만 공항의 기본계획이 잘못되면 항공교통이 침체되고, 이에 따른 손실이 커진다. 예를 들어, 나리타공항은 기본계획 시 공항 규모를 여유 있게 계획했으나(활주로 5개) 반대 의견이 많아 축소되었으며, 현재는 확장이 불가하여 수요가 다음과 같이 침체되고 있다.

구분		1976	1986	1996	2006	2011	2015
국제선 여객 (백만 명)	NRT ①	6.3	11.9	24.6	30.9	27.7	30.5
	ICN ②	1.7	4.2	14.7	27.7	34.5	48.7
	②/①(%)	27	35	60	90	125	160
국제선 화물 (만 톤)	NRT ③	31	88	156	222	181	212
	ICN ④	10	37	140	234	268	260
	④/③(%)	32	42	90	105	148	123

미국에서는 활주로 용량 부족으로 인한 항공기 운항지연의 경제적 손실이 막대하여 주요 공항의 활주로를 대폭 증설할 계획을 갖고 있으며, 더욱이 덴버공항은 개항 초부터 독립활주로 3개를 건설할 계획이나, 벡텔이 검토한 인천공항 기본계획에는 이런 제3 독립활주로의 검토가 없었다. 즉, 항공기 운항지연과 활주로 용량에 대한 분석이 현재 미국에서 시행되고 있는 것과 같이 상세히 검토되지 못했다.

위와 같은 여러 가지 요인을 검토할 때 인천공항 기본계획을 재검토하여 문제가 있으면 하루 빨리 바로 잡아야 한다. 즉, 첫 번째 단추가 잘못 끼워져 있으면 다음 단추를 끼우기 전에 다시 바로 잡아야 한다.

3. 기본계획 중 개선이 필요한 사항

(1) 인천공항 시설 규모

일반적으로 공항의 최종 시설 규모를 결정할 때 향후 20~30년의 수요를 추정하여 이에 맞는 규모로 결정하는 것이 일반적이나 이는 그 공항 말고도 다른 곳에 신공항을 건설할 수 있고, 그렇게 하는 것이 경제적·사회적으로 타당한 경우에 해당되는 논리이다. 따라서 한국과 같이 수도권에 다른 후보지가 없는 경우 또는 있다 하여도 현 위치보다는 여러 가지 조건이 불리한 경우에는 20~30년뿐 아니라 좀 더 장기적으로 고려해야 한다. 즉, 공항은 현재 의 항공교통체계가 크게 바뀌지 않는 한 100년이 지나도 계속 사용해야 하므로 좀 더 장기적 인 대책이 필요하다. 또한 서울지역에 공항을 건설할 수 없으면 지방에 대규모 공항을 건설 하여 수요를 분담시키면 된다는 안이한 생각을 하는 사람도 있지만 그것은 이미 영국이나 일본에서 충분히 검토된 것으로서 수요가 발생하는 장소에 공항을 건설해야 하는 것으로 결론이 나와 있다. 또한 국내에서도 청주공항을 건설한 후 이용실적이 저조한 것을 보면 이해할 수 있으며, 강제적으로 수요를 분산시킨다는 것은 실효가 없다.

특히 공항의 부지를 가장 많이 사용하는 활주로는 부지 규모에 적합하게 계획하고, 여유가 있으면 장기개발과 미래의 불확실성에 대비하여 일부지역의 개발을 유보하는 지혜가 필요하다. 이런 유보는 개발 지향적 국가에서 더욱 필요한 것이고, 한국과 같이 국제교역 의존도가 높은 경우는 더욱 그렇다. 유보지역에는 20~30년 후에 그때의 상황과 기술에 맞게 지금보다 더욱 훌륭하게 개발할 수 있을 것이며, 그런 기회가 있어야 장기적인 경쟁력 확보에 유리하다. 말레이시아는 사방 10km(약 3,000만 평)를 공항개발 예정지역으로 묶어놓고 우선 1,000만 평에 공항을 개발하며, 나머지 부지는 공항 확장과 공항 관련 산업의 유치를 위해 다른 목적의 개발을 유보하고 있으며, 이는 일본기술진의 조언을 받아 지도자급에서 결정했다고 한다.

세계 주요 공항의 계획 사례에 의하면 항공 수요 추정 등 미래에 대한 추정은 맞는 것보다는 틀리는 경우가 더 많다는 것이다. 이는 김포공항의 수요 추정 등 국내에서도 마찬가지이다. 따라서 공항의 최종 시설 규모는 수요 추정치를 근거로 시설 규모를 확정하기보다는 미래의 상황을 모두 예측할 수 없다는 것을 현실로 받아들이고, 장기계획은 미래의 불확실성에 대비할 수 있는 여유를 갖는 것이 최선책이라는 것이다. 미국의 댈러스~포트워스공항은 1969년에 기본계획을 수립하면서 71km²(2,146만 평)의 거대한 부지를 공항부지로 확정하고 나머지 부지는 더 이상의 확장이 없을 것이라는 가정 하에 주변개발을 허용해주었지만, 1989년에 기본계획을 재검토한 결과 활주로를 추가로 건설할 필요성이 있으나 이미 개발되어 지장이 되고 있다. 공항 주변에 얼마의 여유 부지를 남겨두었다 하여 주택이나 다른 시설을 건설할 부지가 없는 것도 아닌데 왜 이런 부담을 가지고 공항 주변을 모두 개발하려 하는가?

인천공항의 기본계획은 장기수요, 항공기 혼합률, 터미널 Concept 및 시설 규모 등을 고정시키고 조금의 여유부지도 없이 주변을 배후단지로 개발하겠다는 것이므로 상황이 조금만 바뀌어도 심각한 문제에 봉착하게 되며, 이런 사례는 뉴욕 케네디국제공항 등 세계 여러 공항에서 이미 겪어온 시행착오이므로 이를 간과하지 않아야 한다.

(2) 항공 수요와 시설 규모

기본계획에 의하면 2020년의 신공항 여객 수요를 6,000만 명으로 추정하고 최종단계까지 약 1억 명의 수요를 상정했다. 장기적 수요예측은 어차피 불확실하기 때문에 최종단계 수요가

1억 명이 '되고/안 되고'를 지금 거론하는 것은 무의미하다. 1억 명 이상의 수요를 상정한 공항도 세계적으로 수 개의 공항에 불과하지만 그렇다고 1억 명 이상 여객이 증가하지 않는다고 확정짓는 것도 곤란하다. 또한 같은 1억 명이라고 해도 아시아 국가들은 중·대형기 위주로 운송하여 연간 항공기 운항 횟수는 50만 회 정도라고 생각하고 있지만 미국에서는 대·중·소형기가 혼합되어 1억 명 수요에 연간 100만 회 이상의 운항 횟수가 필요하다고 생각하고 있다. 이런 가정들이 40~50년 후에 어떻게 될 것이라고 현재 상황에서 단정하고 시설 규모를 결정할 수 있단 말인가? 즉, 가정대로 되지 않을 경우의 대책이 필요하지 않겠는가?

1960년대 이전에 개발한 세계 주요 공항들은 항공 수요가 얼마나 증가될지 또는 어떤 항공기가 출현될지 모르는 상황에서 공항의 기본계획을 수립했으며, 1개 공항에서 3~5,000만 명 이상으로 여객이 증가하지 않을 것이라고 보았다. 이 당시에 개발한 대부분의 공항들은 현재는 부지면적과 시설 규모가 부족하여 큰 혼잡을 겪고 있으며, 확장하는 것도 어렵다. 예를 들면 JFK[1948], LAX[1930], LHR[1946] 공항 등이 그런 상황에 있다. 1960년대 B747기가 출현한 후에 기본계획을 수립한 공항들은 비교적 넓은 부지를 확보했고, 그중에서도 CDG(1974년 개항, 940만 평), DFW(1974년 개항, 2,146만 평) 공항은 확장성이 커서 부러움을 사고 있지만 이들 공항조차도 좀 더 여유 있는 부지를 확보했으면 하고 아쉬움을 남기고 있다. 일본 나리타공항은 1960년대 말 기본계획 수립 당시에 공항계획자는 활주로 5개를 계획했지만 당시 수요를 감안할 때(국제선 여객 약 200만) 그런 시설이 필요 없다는 여론에 밀려 활주로 2개와 12.7km^{2}의 부지로 축소된 것을 후회하고 있으며, 제3의 신공항을 구상하고 있지만 아직도 (2017년 말 기준) 적지를 찾지 못하고 있다.

이와 같은 점을 고려할 때 인천공항도 여객 1억 명에 대형기를 기준하여 활주로 4개를 건설하면 된다는 안이한 생각보다는 항공교통수단이 바뀔 때까지는 100년이 지나도 계속 사용해야 하므로 부지 규모를 최대한 활용할 수 있는 시설 규모를 상정하고 이를 수요 증가 추세와 건설 당시의 상황과 기술에 맞게 단계적 개발을 할 수 있도록 계획하는 것이 정도이다.

일본의 인구는 한국의 3배이고, 경제 규모는 10배에 가까운데 국제선 여객은 한국의 3배 (1993년 실적 기준)에 불과한 점을 감안할 때 한국의 국제선 여객 수요는 한국경제가 더 발전된다 하더라도 그렇게 낙관적이지 못하다는 견해도 있지만 일본보다 인구도 적고 경제 규모도 적은 영국은 왜 일본보다 국제선 여객 수요가 더 많은 것일까? 국제선 여객 수요는 이렇듯 인구나 경제 규모에 비례하는 것은 아닌 것 같다. 국토가 넓으면 국내에서 거의 모든 경제활동과 관광이 가능하나 국토가 좁은 나라는 해외의존도가 높아 외국과 빈번한 교류가 불가피하고, 국토가 넓은 나라만큼 관광지가 충분하지 못하므로 당연히 외국관광이 늘어날 수밖에 없는 것이다. 따라서 국토가 넓은 나라는 인구당 국제선 여객이 적은 대신 국내선 여객이 많고, 국토가 좁고 섬나라일수록 인구당 국제선 여객이 많은 것으로 나타나고 있다(표 2.3-1 참고). 또한 국제선 여객의 수는 자국의 인구나 경제 규모는 물론 주변 국가의 인구와 경제 규모에 크게 영향을 받는다. 즉, 국제선 여객의 절반은 내국인의 해외나들이 수요이고 절반은 외국인이 관광이나 업무 차 방문하는 수요이다. 즉, 아시아 국가들이 유럽 수준으로 경제 발전이 되면 자국의 인구와 경제 규모에 상관없이 상당히 늘어날 것이고, 중국이 경제발전을 계속하여 해외여행이 자유화되고 한국인과 같은 추세로 해외여행을 하는 시기가 되면 인천공항의 국제선 여객은 국내의 인구와 경제 규모에 상관없이 상당히 늘어날 것이다. 또한 싱가포르와 같이 외국 관광객 유치에 성공한다면 수요는 더욱 늘어날 것이다.

표 2.3-1 국가별 공항여객 실적(2015) (출발＋도착)

국명	인구① (백만 명)	공항여객(백만 명)		인구당 공항여객④		국제선 여객비율 ②/③(%)
		국제선②	총 여객③	국제선 여객 ②/①	총 여객 ③/①	
미국	319	201	1,591	0.6	5.0	13
중국	1,356	81	915	0.06	0.7	9
일본	127	76	280	0.6	2.2	27
영국	64	211	256	3.3	4.0	82
독일	81	171	217	2.1	2.7	79
스페인	48	144	207	3.0	4.3	70
터키	82	84	182	1.0	2.2	46
프랑스	66	116	163	1.8	2.5	71
이탈리아	62	98	158	1.6	2.6	62
한국	52	62	119	1.2	2.3	52

주: ④ 공항여객은 출발＋도착 여객의 합계이고, 또한 내국인＋외국인 여객의 합계이다.

(3) 항공기 혼합률(Fleet Mix)

항공 수요 다음으로 부지와 시설 규모를 좌우하는 것은 항공기의 혼합비율이라고 볼 수 있다. 항공기가 대형기 위주로 운항될 경우에는 운항 횟수가 줄어들게 되어 활주로 소요가 감소한다. 인천공항 기본계획은 취항기종을 B747급 대형기 위주로 가정하여(항공기 1대당 219명 기준) 여객 1억 명과 화물 600만 톤을 처리하기 위한 연간운항 횟수를 53만 회로 추정하고,

이를 처리하기 위한 활주로는 독립 평행활주로 2개와 비독립 평행활주로 2개 총 4개의 평행활주로를 계획하고, 여객기 Stands를 174개로 계획했으며, 어떤 여유도 없이 나머지 공간을 다른 시설들로 채웠다(지원시설 및 배후지원단지 등).

항공기 구성이 기본계획에서 가정한 바와 같이 대형기 위주로 운항된다 하더라도 활주로 IFR 용량은 부족하며, 용량이 부족하게 되면 안전성의 침해와 지연으로 인한 경제적 손실이 활주로 건설비보다 배에 달한다는 것이 미국공항들의 독립활주로 추가건설 사유이다. 이런 문제를 해소하기 위해 독립활주로의 수는 2개에서 3개로 늘려야 한다.

더욱이 문제가 되는 것은 항공기 혼합률이 기본계획에서 가정한 대로만 되겠느냐 하는 데 있다. 현재의 취항기종은 점점 대형화되고 있지만 30~40년 후에까지 현재의 대형화가 계속될 것인가 하는 것은 아무도 예측할 수 없다.

외국의 주요 공항 사례를 보면 1968년에 기본계획을 수립한 댈러스~포트워스공항은 인천공항과 같이 B747기 등 대형기 위주로 운항할 것을 전제로 인천국제공항과 같은 활주로 체계로 1억 명 이상을 처리하고자 계획했으나 20년이 지난 1989년의 상황은 기본계획과는 너무 큰 차이가 나고 있다. 대형기 위주로 계획했던 항공기들은 '미국의 규제철폐정책으로 공항이 Hub: Spoke 공항으로 재편됨에 따라' B737 등 중형기 위주로 운항되고, 중소도시에서 소형 Feeder 항공기 운항이 증가됨으로써 예상보다 운항수요가 증가하여 독립 평행활주로 2개를 추가 건설해야 당초 목표의 1억 명을 수용할 수 있다.

반대의 경우로서 1960년대 말에 기본계획을 수립한 도쿄 나리타공항은 예상보다 더 빨리 항공기가 대형화됨으로써 터미널의 탑승시설과 Gate의 크기를 모두 개조하지 않을 수 없게 되었다. 이와 같이 선진국에서 아무리 치밀한 계획으로 미래를 예측했다 하더라도 20여 년이 지나면 거의 예측과는 다른 방향으로 진행되고 있어 세계적 공항전문가도 20년 정도의 장기계획은 맞는 것보다 틀리는 것이 더 많다고 말할 정도이다.

이와 같은 불확실성에 대하여 어떤 경우에도 대비할 수 있도록 기본계획을 수립한 공항 또는 여유 부지를 확보한 공항과 어떤 경우에만 맞도록 계획을 고정시키고 그에 따른 시설과 부지를 확정시키고 더 이상의 여유를 두지 않은 공항이 있다면 20년 후에 어느 공항이 더 효율적 운영을 할 수 있으며 변화에 대비할 수 있겠는가 하는 것은 너무나 자명한 것이다.

(4) 활주로 체계

인천공항 활주로계획은 터미널을 사이에 두고 양측에 근접평행활주로를 배치했다(그림 2.3-1). 이와 같은 활주로배치는 이미 20년 전에 개발되어 로스앤젤레스 및 애틀랜타공항 등에서 운영 중에 있어 새로운 것은 아니며, 독립활주로의 간격에 따라서 15~25km² 부지 내에서 건설이 가능하다.

그림 2.3-1 ICN 활주로 계획

독립활주로 2개를 건설하면 1개만 있을 때보다 2배의 운항이 가능하지만 비독립활주로의 IFR 용량은 독립활주로의 30% 정도에 불과하다. 또한 운송용 항공기는 계기비행을 해야 하므로 시정이 나쁜 경우에는 용량이 떨어져서 항공기 운항이 지체된다. 활주로 용량이 부족하면 하늘에서 항공기가 장시간 체공해야 하며, 이것이 심화되면 가까운 공항에서는 그 공항을 향하여 출발할 수 없게 됨으로써 당해 공항은 물론 다른 공항에까지 피해를 주게 된다. 미국공항에서 15분 이상 항공기 지연 원인은 50% 이상이 계기비행 용량 부족에 있으므로 미국의 주요 공항들은 3독립 평행활주로건설을 추진 중에 있다.

공항의 용량은 활주로－계류장－터미널－육상접근교통 등의 용량이 균형을 이뤄야 하며, 그 공항의 용량은 이들 중 가장 작은 용량으로 제한될 수밖에 없다. 세계 주요 공항의 용량은 활주로 용량에 의하여 좌우되는 것이 보통이다. 이런 활주로의 중요성이 있고, 소음피해 없이 공항을 운영할 수 있는 광활한 부지를 갖추고 있음에도 장기적인 수요를 고려치 않고 대형기만 취항한다는 전제하에 활주로 4개만 건설하고 나머지는 다른 시설들로 공간을 메워 버리려는 인천공항의 기본계획은 미래상황에 대한 대책이 너무나 부족한 것으로 보인다.

공항시설 중 부지를 가장 많이 소요하는 것은 활주로이고 공항의 처리용량을 가장 크게 좌우하는 것도 활주로이므로 활주로 용량은 수요 추정에 의한 활주로 소요는 물론 예비수요, 미래의 불확실성, 서비스의 향상 측면에서 최대한의 용량을 확보해야 한다. 이런 사유로 덴버공항은 부지 130km²를 확보하여 12개의 활주로를 건설할 계획이고, 댈러스~포트워스공항은 44km²의 부지를 확보하고 있음에도 불구하고 용지를 더 확보하여 기존 6개의 활주로에서 2개를 추가하여 8개의 활주로를 운영할 계획이다.

김포공항은 부지 7km²에 활주로 2개로 운항 횟수 25만 회와 여객 3,500만 명을 처리한 바 있다. 인천공항의 부지 47km²에 활주로를 4개만 건설한다면 부지 규모는 김포공항의 7배이지만 항공기 운항용량은 2배에 불과하다. 이는 넓은 부지면적을 활주로 등 공항기능에 충분히 사용하지 않고, 다른 용도로 사용하기 때문이다(그림 2.3-2 참고).

그림 2.3-2 인천공항과 김포공항 비교

현재의 기본계획(활주로 4개)에 의한 시간당 1FR 운항용량은 120회 정도이나 최종단계에는 대형기 위주로 운항하더라도 148회의 운항수요가 발생한다. PH 운항수요에 알맞은 IFR 운항용량을 확보하고, 상황 변경에도 대비해야 한다(항공기 혼합률의 변화). 또한 활주로 주변에 소음피해가 없어야 하므로 신공항의 부지여건을 최대한 활용할 수 있는 계획을 수립하고, 주거지역 등 소음에 민감한 시설은 활주로 운영에 지장이 없는 지역에 배치되어야 한다. 국내선의 경우는 기상이 불량하여 결항되어도 대체 교통수단(버스, 철도, 승용차)이 있지만, 국제선의 경우 대체수단이 없으며, 따라서 국제선의 경우는 결항은 없다고 보고 기상불량 시에도 운항이 가능한 독립활주로의 추가 확보가 필수적이다.

(5) 여객터미널 Concept

여객터미널은 300m 간격의 터미널 T1/T2, 600m 간격으로 배치되는 4동의 원격 탑승동 Ca, Cb, Cc, Cd로 구성되며, 1개 시스템의 IAT/BHS로 6개의 건물을 연결하도록 계획되었다(그림 2.3-3 참고). 이런 터미널 시스템은 다음과 같은 문제가 노출되고 있다.

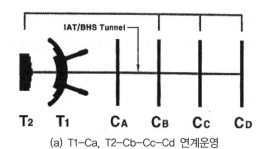

(a) T1-Ca, T2-Cb-Cc-Cd 연계운영   (b) IAT/BHS 터널의 운송량(단위: Gate)

그림 2.3-3 여객터미널 IAT/BHS 운영 개념도(현상설계 시 개선, 그림 2.1-2와 비교)

터미널 접근교통이 1개소에 집중됨으로써 교통량이 포화되어 터미널 주변이 혼잡하게 될 가능성이 크다. 자동차교통의 혼잡을 억제하고자 철도가 50% 이상 분담하는 것으로 계획 했으나 이는 너무나 불확실성이 크며, 하네다 및 간사이공항의 철도분담률은 상당히 크지만 세계적으로 50% 이상 되는 공항은 희소하다.

터미널과 탑승동이 1개 시스템의 IAT/BHS로 연결됨에 따라 T1~Ca 사이는 128 Gate 상당의 여객과 수하물이 집중됨으로써 IAT/BHS에 과부하가 걸리며, 신기술이 개발되어도 기존 시설 운영과 관련하여 이를 교체하기가 어렵다. T1을 이용하는 여객은 비교적 짧은 거리를 이동하지만, T2 여객은 원거리 이동이 불가피하여 불편하므로 항공사가 기피할 것이다.

1억 명의 국제선 여객을 1개 시스템의 IAT/BHS로 처리하고자 하는 공항은 인천공항이 처음이기 때문에 인천공항이 시험장소가 될 가능성이 크다. 미국 ATL 공항이 이런 시스템으로 1억 명을 수용할 계획이지만 이 공항은 국내선 위주이고, 환승여객이 60% 이상이어서 다르다. 이런 시스템을 국제선에 적용할 경우는 OD 여객과 환승객, 잘못 찾아온 여객, 출발 및 도착여객의 분리에 매우 복잡하고 불편한 절차가 수반되기 마련이다. 국내선일 경우는 안내방송과 문자식별이 용이하고 아무나 붙잡고 물어보면 되지만 국제선의 경우는 그럴 수가 없다.

출발/도착 여객의 분리를 전제로 IAT가 탑승동 방향으로 갈 때는 출발여객이 타고, 터미널 방향으로 올 때는 도착여객이 타게 되므로 출발여객이 내려야 할 역에 내리지 못하면 다음 역에 내려서 도착 IAT를 타기 위해 출발지역에서 도착지역으로 가야 하고, 도착 IAT를 타고 가다가 여객이 가야 할 탑승동 도착지역에 내려서 다시 출발지역으로 가야 여객이 원하는 탑승 Gate를 찾아갈 수 있으며, 이는 출발/도착여객의 분리 목적인 보안유지에도 불리하다. 이런 번거로움이 없으려면 도착여객과 출발여객을 분리하지 않고 혼합시켜야 하나 공항의 보안유지상 예전에 혼합시키던 공항도 최근에는 분리시키는 경향임을 감안할 때 출발/도착여객을 혼합시키는 것은 정부의 방침으로써 결정할 사항으로 쉬운 문제가 아니다.

특히 세계 여러 나라에서 오는 국제선 여객은 의사소통이 어렵고 문자식별도 용이하지 못한 경우에는 안내를 받지 않고는 여객 혼자서 찾아가기 어려운 시스템이다.

철도이용률을 증대하기 위해서는 공항역에서 터미널까지 단거리이어야 하나 2개 터미널을 300m 간격으로 배치하다 보니 철도곡선반경이 부족하여 터미널 바로 앞까지 철도를 배치할 수 없고, 부득이 2개 터미널 중간을 통과할 수밖에 없어 철도역~T1은 150m, 철도역~T2는

250m의 원거리가 되었으며, NRT 20m, HKG 20m에 비하여 매우 불편하고, 1개 역에서 연간 1억 명이 이용함에 따른 혼잡과 불편이 추가된다. 또한 공항이용객이 많은 지역을 철도노선이 통과해야 하나 계획된 철도노선은 서울역~김포공항~인천공항으로서 이런 노선을 가지고는 50%를 분담하기 어렵다. 일본 간사이공항 철도는 교토~오사카~신오사카~공항을 연결하고 있으며, 이를 서울에 비유하면 분당~강남~강북~인천~공항의 노선과 비슷하다. 인천국제공항과 나리타공항의 철도역 위치를 비교하면 그림 2.3-4와 같다.

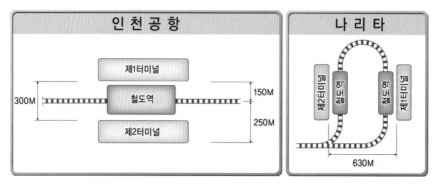

그림 2.3-4 ICN과 NRT의 철도역 배치

T2는 개항 후 15~20년이 지난 후에 그때의 기술과 자재를 활용하여 T1보다 우수하게 건설될 것이므로 당연히 국적항공사가 이용하도록 배정되어야 하나 T2에는 국내선항공기를 수용할 Stands가 없고 T1보다 불편하여 국적항공사가 사용할 수 없는 문제가 있다. T2는 간사이공항처럼 국내선과 국제선을 공동 운영할 수 있고 철도역을 근접배치할 수 있도록 조정되어야 국적항공사가 사용할 수 있고 또한 국적항공사의 경쟁에도 유리하다.

여객기 Stands도 대형기 위주로 계획하고 여유 부지를 확보하지 않았기 때문에 운항기종이 소형화될 경우 계류장면적이 부족하게 된다. 장기간의 변동 가능성에 대비가 없는 것이다.

T1, T2가 너무 근접 배치되어 터미널 사이 공간(300m)에 주차장을 충분히 배치할 수 없고, T2 바로 뒤편에는 업무지역이 있어 원격주차장도 충분히 배치할 수 없으므로 기본계획에서는 활주로 건너편에 교통허브(원격주차장)를 설치하고, 터미널까지는 셔틀버스를 운행한다는 개념이나 이는 이용자에게 불편하기 짝이 없는 방안이다.

이상에서 언급된 바와 같이 터미널 주변의 자동차교통 혼잡, 철도역에서 터미널까지의 접근 불편, 세계적으로 운영 사례가 없는 1개 시스템의 IAT/BHS로 국세선 여객 1억 명 처리, 가까운 주차장의 부족, Stands의 여유분 미확보 등 여러 가지 문제를 가지고 있어 공항 운영상의 장애와 이용자의 불편을 초래할 가

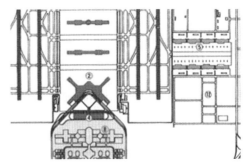

②=T1 ④=T2 ⑧=업무지역 ⑫=교통허브

능성이 매우 크다. 이런 모든 문제는 T2를 너무 근접배치(300m)시킴에 따른 문제이므로 외국 공항의 사례(표 2.3-2)를 감안하여 시정되어야 한다.

표 2.3-2 주요 국제공항의 터미널 배치 개념(최근 건설공항 위주)

공항	터미널 동수	터미널 간격(m)	터미널 순환 도로 시스템	IAT/BHS 시스템	철도역
인천공항	2	300	1	1	1
간사이공항	2	800	2	2	2
쿠알라룸푸르공항	2	1,000	2	2	2
방콕공항	2	2,000	2	2	2
DFW 공항 개선안	2	3,000	2	2	2

(6) 주요시설 배치계획(여객터미널, 화물, 정비, 지원시설)

인천공항 기본계획은 1억의 여객시설을 한곳에 집중 시키고, 700만 톤의 화물시설을 다른 한곳에 집중시키고 또한 정비지역도 한곳에 집중시키다 보니 활주로 내측에는 여객터미널과 정비시설만 배치되고 화물과 지원시설은 활주로 건너편에 배치되었다. 따라서 여객지역과 화물지역이 활주로를 사이에 두고 분리됨으로써 여객기가 운송하는 화물(약 40%)을 화물지역에서 여객지역까지 3,000m를 운송함에 따른 불편이 크다. 최근에 건설된 세계 주요 공항은 대부분 여객, 화물, 정비, 지원 시설을 2개 시스템으로 나누어 2개 공항 개념으로 계획함으로써 화물운반거리가 인천공항의 1/3밖에 되지 않는다. 이런 과도한 거리는 공항 건설비와 운영비를 증가시킴으로써 경쟁공항보다 불리하게 된다(그림 2.3-5 참고). 이는 여객터미널을 1개 시스템으로 배치함에 따른 문제로서 운영편의성이 고려되지 못한 배치이다.

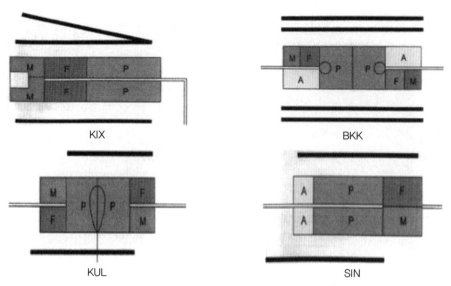

그림 2.3-5 주요 공항 시설 배치계획(신공항 터미널 배치는 그림 2.5-4 참고)

활주로를 제외한 나머지 시설 중에는 여객터미널이 핵심시설이다. 따라서 주요국제공항의 사례를 보면 활주로 시스템을 제외한 나머지 부지 중 50% 이상은 여객터미널지역으로(계류장 및 순환교통 포함), 나머지는 화물, 정비, 지원시설 등이 차지하고 있다. 또한 이런 균형을 유지하지 못한 공항들은 터미널지역이 협소하여 확장계획을 추진 중에 있다(표 2.3-3 및 그림 2.3-6 참고). 인천공항의 터미널지역은 5.5km^{2}이고, 나머지지역은 12km^{2}이다.

표 2.3-3 주요 공항의 토지이용 현황(활주로 및 유도로 제외)

공항	터미널지역(%)	개선 계획
인천국제공항	35	터미널지역 확대 필요
나리타공항	50 이상	ATL 공항은 터미널지역이 부족하여 확장계획 추진 중(탑승동 및 항공기 Stands 등)
애틀랜타공항	50 이상	
쿠알라룸푸르공항	50 이상	
방콕 공항	50 이상	
로스앤젤레스공항	40 이하	LAX, LHR, HKG 공항 등은 터미널지역을 60% 이상으로 확장계획 추진 중
히스로공항	40 이하	
케네디공항	40 이하	
홍콩공항	40 이하	

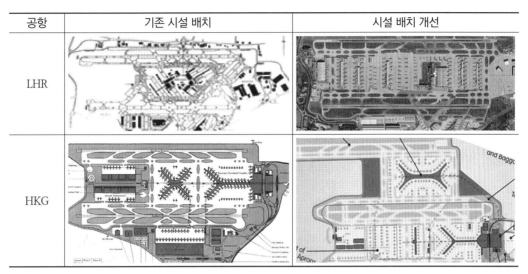

공항	기존 시설 배치	시설 배치 개선
LHR		
HKG		

그림 2.3-6 여객터미널지역이 협소한 공항의 터미널지역 확장계획

(7) 배후지원단지의 위치

인천공항 기본계획은 활주로 4개를 건설하고, 활주로에서 1.7km 떨어진 지점부터 7.1km² (214만 평)의 배후단지를 개발하여 10만 명이 거주하는 도시를 건설할 계획이며, 이 지역은 항공기소음도WECPNL 70 이하 지역이라고 하지만 간사이공항은 소음피해가 없도록 해변에서 5km 떨어진 곳에 공항을 건설하였는바 인천공항에서는 1.7km만 떨어져도 소음피해가 없다는 것은 소음피해를 과소 추정한 것으로 보인다. 김포공항을 비롯한 세계주요 공항들이 공항을 건설할 때는 대부분 녹지대에 건설하게 되나 주거시설을 공항 가까이에 신축함으로써 결국은 공항 운영에 지장을 주고 있으며, 또한 공항을 더 이상 확장하지 못하도록 가두고 있다. 이런 일이 반복되지 않도록 예방책을 강구해야 함에도 활주로에서 불과 1.7km 떨어진 곳에 10만 명이 거주하는 주거지를 개발하는 것은 말도 안 되는 구상이라 할 수 있다.

인천공항은 김포공항의 소음피해를 감안하여 원거리에 바다를 매립하는 등 많은 건설비가 소요됨에도 해상에 공항을 건설하는 것이며, 24시간 소음피해 없는 신공항이라고 자랑하면서 한편으로는 공항 건설비를 충당한다는 명분하에 대규모 주거지를 공항에 근접시켜 개발한다는 것은 앞뒤가 맞지 않는 논리이다.

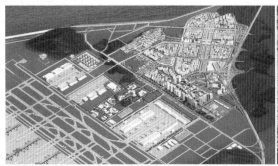

인천공항에 근접 배치된 공항도시　　　　　　　해안에서 5km 떨어진 KIX 공항

인천공항 부지 56km²를 잘못 사용한다면 다시는 이런 후보지를 서울 인근에서 찾아볼 수 없으며, 이렇게 훌륭한 공항 입지를 확보하게 된 한국으로서는 큰 행운이다. 앞서 논의된 바와 같이 공항의 가장 핵심시설인 활주로와 터미널 등의 부지는 수요에도 부족하게 계획하고 또한 장기적인 유보지역도 없이 공항에 인접하여 주거지역을 개발하는 것은 공항의 장기적 발전성을 저해하는 것이다. 이 배후지원단지에는 시설능력이 부족한 활주로가 배치되는 것이 당연하며, 이 활주로에서 적어도 2km 이내에는 대규모 주택지역을 건설하지 않는 것이 인천공항의 운영과 확장을 보장하는 것이다.

(8) 업무지역의 위치

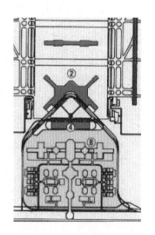

인천공항 기본계획은 T2(그림④)의 주차장도 확보하지 않은 채 1.5km²의 업무지역을 건설하여 여객의 편의를 도모하고자 한다. 업무지역IBC 내에는 호텔, 쇼핑센터 등 터미널에 근접시킬 필요가 있는 시설도 있으나 회의실, 전시실, 체육시설, 사무실 등 터미널에 꼭 근접시키지 않아도 큰 문제가 없는 시설도 있다. IBC는 여객의 편의를 도모함으로써 공항기능 활성화에 필요한 시설이기는 하나 터미널과 너무 근접 배치함으로써 터미널 확장이 필요한 경우에 IBC가 지장이 될 수도 있다.

외국 주요 공항의 IBC 및 배후지원시설의 건설 사례를 보면 DFW 공항 주변의 라스콜리나스, 덴버공항 입구의 Gateway, 간사이공항 입구의 Ringu Town 등은 공항 외곽에 충분한 거리를 두고 배치되었으며, 샤를드골공항은 개발 규모를 축소하여 터미널의 확장에 지장이 없고 터미널순환교통에도 관련이 없는 지역에 배치했다.

공항 지원 기능인 IBC가 공항의 핵심시설인 터미널의 확장과 접근교통에 지장을 주면 득보다 실이 크다. 인천공항의 터미널 개념은 집중식 터미널이어서 피크시간의 혼잡이 우려되는 상황에서 대규모 IBC를 터미널에 근접 배치시키는 것은 문제다. 따라서 꼭 터미널 주변에 필요한 IBC 시설은 터미널 확장에 지장이 없을 정도의 간격을 띄워서 배치하고 나머지 IBC 시설은 터미널에서 원격 배치되어야 한다. 또한 터미널 이용여객의 장기주차장을 2km 이상 떨어진 교통허브에 배치하면서 IBC를 터미널에 근접시키는 것은 주객이 전도된 것이다. 터미널에 근접한 지역은 주차장으로 활용하면서 향후 확장에 대비하는 것이 정도로 보인다.

(9) 수도권 항공 수요 분담계획

인천공항의 기본계획에 의하면 국제선 여객 및 국제선 화물을 김포공항과 인천공항에 분담시킬 계획이며, 그 사유는 국제선 수요가 모두 인천공항으로 이전되면 김포공항의 국제선시설(여객터미널 및 화물터미널)이 유휴되기 때문에 이를 억제하기 위한 것이며, 약 1시간 정도 단거리 국제노선은 김포공항에 두고, 중장거리 국제노선은 인천국제공항으로 이전한다는 것이다. 이런 발상은 언뜻 보면 경제적인 방안이라고 볼 수 있으나 간단한 문제가 아니다. 국제선 여객의 분포를 보면 40% 이상이 중국과 일본을 오고 가는 여객이므로 두 시간 정도의 비행거리 여객을 김포에서 처리한다면 다음과 같은 몇 가지 문제가 대두된다.

어떤 항공사는 김포에 남고 어떤 항공사는 인천공항으로 가야 하는바, 접근의 편리성 때문에 가까운 김포공항으로 여객이 몰려 인천공항에 있는 항공사는 상대적으로 손실을 보게 되므로 강제적으로 배분할 수 있는 문제가 아니다. 국적항공사는 가까운 일본이나 중국 노선을 운영하면서 구미 등 장거리노선에 탑승할 환승 또는 통과여객을 30% 정도 확보하며, 더욱이 국제선 화물은 50%가 넘는 화물이 통과화물이고, 이런 수요에 힘입어 김포공항은 세계 10대 공항이 되었으나 단거리와 중장거리 노선을 분리한다면 환승 불편 때문에 이런 수요는 더 편리한 공항으로 이전되고, 더욱이 국적항공사는 양 공항에 인원과 장비를 중복 배치함에 따른 손실도 크다. 인천공항은 허브공항을 강조하면서 국제선 수요를 분담시킨다면 주변 공항에 대한 경쟁력은 크게 손상될 것이고, 허브 기능은 기대할 수 없을 것이다. 뉴욕의 JFK/EWR, 런던의 LHR/LGW, 파리의 CDG/ORY 공항은 국제선을 분담하나 분담정책이 실패한 것으로 평가됨에 따라 최근의 신공항BKK, KUL, TPE, NRT등은 모두 신공항에서 국제선을 전담시키고 있다.

(10) 인천공항과 외국 주요 공항의 계획상 차이점

a. 운항수요와 활주로 체계

인천공항의 활주로 용량계획은 다른 공항에 비하여 과다 계획되었고(표 2.3-4), 인천공항의 최종단계 운항수요(연간 50~60만 회)와 비슷한 수요를 갖고 있는 미국의 피츠버그, 휴스턴 공항은 3독립 평행활주로를 건설할 계획이나 인천공항은 그런 계획이 없다. 인천공항의 최종단계 운항수요는 대형기 위주로 운항되는 것을 전제로 연간 535,000회, 피크시간 148회이며, 피크시간 도착횟수는 89회(피크시간의 60% 적용)를 예상하고 있으며, 이와 유사한 미국공항의 활주로 배치계획과 비교하면 표 2.3-5와 같다.

표 2.3-4 활주로구성 및 운항용량 계획(1991년 기준)   (출발＋도착)

활주로 구성		공항별 용량계획	
2 독립 ＋ 2 비독립	‖ ▯ ‖	‒인천공항: 148회 ‒샤를드골: 120회	‒BKK: 112회 ‒PVG: 80~100회

표 2.3-5 인천공항과 미국공항의 활주로구성 및 IFR 도착용량(1991년 기준)

공항	운항수요 (천 회)	활주로 구성계획과 처리용량		
		활주로 배치	시간 IFR 도착용량	활주로 구성
인천공항	535	‖ ▯ ‖	56회	독립평행: 2 비독립평행: 2
피츠버그공항	618	‖ ▯ ‖ ▯ ‖	86회	독립평행: 3 비독립평행: 3

b. 터미널 시스템

최종 여객용량(약 1억 명)이 인천공항과 비슷한 주요 공항의 터미널 시스템을 비교하면 표 2.3-6과 같이 터미널 시스템은 2개 이상으로 구성되어 있으며, 비교적 작은 공항(나리타, 간사이, 하네다, KUL, BKK 등)도 대부분 2개 시스템 이상으로 구성되어 있다. 홍콩공항이 1개 시스템이나 이는 부지가 협소하여(12.5km²) 부득이한 것이기 때문에 참고할 가치가 없다.

표 2.3-6 주요 공항 터미널 시스템

공항	터미널 배치도	여객용량	IAT/BHS 시스템	터미널지역 활주로 간격	터미널 순환도로	국제선 2010
		백만 명	개	m	개	%
ICN		100	1	2,100	1.5	98
BKK		80~100	2	2,200	2	73
KUL		100	2	2,535	2	68
DFW 재개발 계획		105	2	2,100	2	5

주: 시스템 수는 터미널, IAT/BHS 등을 독립적으로 운영할 수 있는 수를 말한다.

4. 기본계획 종합평가

이상에서 언급된 기본계획 개선사항을 요약하면 다음과 같다.

- 인천공항 입지여건은 소음피해 없이 장기적으로 확장이 가능한 세계 최고급의 양호한 조건이며, 또한 서울 수도권에는 새로운 공항 건설 후보지가 없다. 이런 점을 감안하여 신공항의 최종 용량은 불투명한 수요예측에 근거할 것이 아니라 인천공항 입지여건을 최대한 활용할 수 있는 용량(최대 활주로 용량)에 맞추고, 단계별 건설과 운영이 용이하도록 계획한다.

- 항공기 취항기종과 혼합률은 언제, 어떻게 바뀔지 예측이 불가함으로 기본계획에서 가정한 것보다 중·소형기의 비율이 늘어나는 경우에도 대비 가능한 활주로와 계류장 시설을 확보해야 한다(활주로, Stand 및 터미널 등의 충분한 용량 확보).

- 김포공항은 7km² 부지에 활주로 2개를 운영하고 있으나, 인천공항은 47km² 부지에 활주로 4개만 계획하는 것은 입지여건을 고려하지 못한 것이므로 핵심시설인 활주로를 추가 건설할 수 있도록 계획을 조정하고, 배후단지는 소음피해가 없는 지역으로 배치한다.

- 여객터미널을 한곳에 집중 배치함에 따른 접근도로, 커브, 주차장 등의 혼잡문제, 1개 시스템의 IAT 와 BHS에 의존하여 최종단계까지 확장 및 운영해야 하는 문제, IAT역을 6개소 운영하면서 도착·출 발을 분리해야 하는 어려운 문제 등을 해결해야 한다.
- 기본계획의 T2는 근접 Stands가 없어 국내선을 배치할 수 없고, 이용이 불편하여 국적항공사에 배 정할 수 없다. 따라서 T1보다 20년 후에 신기술과 현대식으로 건설될 T2는 국적항공사에게 배정할 수 있도록 T2의 위치와 Stands 계획이 재고되어야 한다.
- 철도이용객의 편의를 증진하여 철도분담률을 향상시킴으로써 도로교통의 혼잡을 억제할 수 있도록 철도역~터미널의 거리를 단축시키고, 공항철도는 서울 강남지역까지 연결한다.
- 터미널, 화물, 정비시설을 활주로 내측에 배치하여 시설 간 연결성을 개선하며, 주요시설을 1개 시스 템으로 묶어 활주로 좌우측을 1단계부터 모두 개발할 것이 아니라, 한쪽에 1~2단계를 집중개발하고 나머지 부지를 3~4단계에 그때의 상황과 기술에 맞게 개발한다.
- IBC는 꼭 필요한 시설만 터미널 주변에 배치하고, 터미널 주변은 터미널의 확장, 도로 및 주차장의 용도로 계획한다. IBC 때문에 주차장을 더 먼 곳에 배치해서는 아니 된다.
- 기본계획상 활주로 4개의 시간당 IFR 용량은 120회 정도이고, 최종단계의 운항수요는 대형기를 기 준하더라도 148회에 달하며, 항공기가 소형화되면 운항수요는 더욱 증가하게 될 것이므로 공항의 부지 여건에 맞게 활주로 2개를 추가 건설하는 계획으로 조정한다.
- 인천공항 계획에 참고할 외국공항은 미국의 국내선 위주 공항이 아니라 유럽 및 아시아의 국제선 위 주 공항이다. 국내선과 국제선은 시설소요, 보안, CIQ 등 여러 측면에서 다르다.
- 공항의 지상접근교통시설은 공항담당부서의 관할이 아니기 때문에 접근교통의 중요성을 간과하는 사례가 국내뿐 아니라 외국에서도 많으나, 여객의 입장에서 보면 지상교통 혼잡은 공항혼잡이나 마 찬가지여서 접근교통에 문제가 생긴다면 공항의 경쟁력은 떨어진다.

5. 기본계획 대안 검토

(1) 인천공항의 전망

인천공항은 남북통일과 거대한 중국시장을 눈앞에 두고 있어 동북아의 허브공항을 꿈꾸 게 한다. 한국은 국토가 좁고 자원이 빈약하여 수출 지향적 경제발전은 계속될 것이고, 경박 단소한 고급상품의 수출에 역점을 두어야 할 것이므로 신속하고 안전한 항공물류의 중요성 이 증대할 전망이다. 특히 외국인의 투자를 유치하기 위해서는 규제의 해소와 더불어 편리하 고 쾌적한 교통이 선결되어야 하며, 관광객 유치에도 신공항은 큰 몫을 하게 될 것이다.

(2) 신공항의 개발전략

한국은 국토와 인구의 규모로 보아 통일이 된 후에도 구미 등 장거리 항공노선에 취항할 국제공항은 1개소로 충분하며, 이런 국제공항을 2개 운영하는 것보다 하나를 거점공항으로 키우는 것이 빈번한 항공편을 제공할 수 있어 여객이 편리하고 공항 운영도 경제적이며, 공항의 허브 기능도 커진다. 또한 수도권에서 안 되면 수요를 지방에 분산시키면 된다는 막연한 생각은 금물이다. 이미 영국에서 지방으로 분산을 시도했다가 실패한 사례가 있으며, 공항은 필요한 장소와 시기에 건설해야 한다는 결론이 나와 있다. 따라서 인천공항은 무한한 가능성과 좋은 기회를 십분 활용할 수 있도록 최대한의 용량과 필요시 확장할 수 있는 여건을 갖추어야 한다. 인천공항만큼 경제효과가 크고, 외국인의 투자 및 관광유치 등 다목적 인프라가 어디 있는가.

인천공항과 같이 이착륙지역이 모두 바다이고 공항 주변도 미개발된 촌락지대로서 항공기 소음피해 없이 운영할 수 있는 세계 최고의 입지를 공항의 용량 확보를 위하여 제대로 활용하지 못한다면 한국은 좋은 기회를 상실하는 것이다. 자기의 역량을 최대한 키워서 다가올 미래에 대비하는 사람이 성공하듯이 공항도 마찬가지이다. 김포공항을 운영하면서 항공기 소음피해로 주민의 생활에 지장이 될 것이라는 예측을 하지 못하고 공항 주변을 주거지역으로 개발함으로써 김포공항을 더 확장할 수 없었던 과거의 시행착오를 반복하지 않아야 한다.

인천공항은 현재 Type의 항공교통이 바뀔 때까지는 100년이 지나도 계속 사용할 수밖에 없다. 수직이착륙기와 같은 공항 입지조건을 완화시킬 수 있는 항공기는 기술은 가능하지만 경제성이 없어 대중화되기는 어렵다. 따라서 20~30년 후의 항공 수요에 근거하여 개발 규모를 한정할 것이 아니라 신공항 부지를 최대한 활용할 수 있는 개발 규모를 상정하여 항공 수요의 증가 추이에 따라 단계별로 개발할 수 있어야 한다.

아시아지역 국제공항은 대형기 위주로 운항되고 있지만 유럽과 미국은 중·소형기 위주이므로 이를 고려하면 인천공항도 장기적으로는 항공기가 소형화될 수 있으며, 이는 활주로 증설이 필요하다는 것을 의미한다. 인천공항 계획은 대형기 운항이 계속될 것이라는 전제하에 활주로 규모를 결정했으나 40~50년 이후까지 대형기만 운항한다는 보장이 없으므로 중·소형기의 운항이 늘어날 경우에도 대비할 수 있도록 3독립 평행활주로 체계를 도입해야 한다.

(3) 인천공항 기본계획 대안

항공 수요가 1억 명이 '된다/안 된다' 하는 논쟁은 비생산적이다. 신공항 입지여건을 최대한 활용하도록 공항시설 규모를 계획하고 이의 확장과 운용에 지장이 없도록 공항 주변의 난개발을 제한하며, 항공 수요 증가에 따라 단계적으로 건설할 수 있는 경제적 개발방안을 수립한다.

활주로 규모는 부지여건을 최대한 활용하여 최종단계의 수요를 경제적이고 효율적으로 처리할 수 있도록 2독립 2근접 체계에서 3독립 3근접 체계로 조정한다.

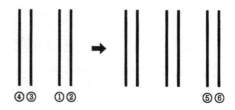

1단계 공항시설을 여기저기에 분산할 것이 아니라 향후 약 20년간 사용할 부분을 1개 공항 개념으로 한쪽부터 집중 개발하고, 그 이후에 필요한 시설은 그때의 상황과 기술에 맞게 개발할 수 있도록 필요한 부지를 유보함으로써 건설 및 운영의 경제성과 효율성을 제고한다. 즉, 1, 2단계 주요시설은 독립활주로 내측에 건설함으로써 주요시설 간의 거리를 단축시키고, 활주로를 횡단함에 따른 비효율적 운영이 없도록 조정한다.

T1 및 T2를 한곳에 근접 배치하는 대신 2개소로 분리함으로써 접근교통의 혼잡, 1개 시스템에 의한 IAT 및 BHS의 이용불편과 용량 제약, 상황 변화에 대한 유연성 부족 및 토지이용의 불균형 등을 해소하고, 수요가 예상보다 적을 때 또는 많을 때에도 유연하게 대비할 수 있도록 대처한다. 기본계획과 필자가 제안한 배치대안을 비교하면 그림 2.3-7과 같다.

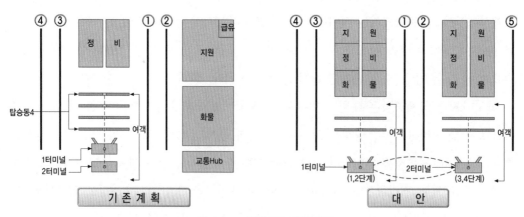

그림 2.3-7 인천공항 배치 대안

IBC는 터미널 확장에 지장이 없고 터미널 주변의 혼잡을 가중시키지 않도록 꼭 필요한 시설만 터미널 주변에 배치하고, 터미널 주변에 꼭 필요하지 않은 IBC는 터미널에서 원격 배치한다.

배후단지는 항공기 소음피해로 인한 공항 확장 및 운영에 지장이 없도록 타 지역에 배치하고, 그 지역은 제5 및 제6 활주로 부지로 활용한다. 또한 제6 활주로 외측으로 최소한 2km 까지는 소음에 민감하지 않은 체육시설, 물류, 공항 관련 산업 및 상업시설 등을 배치한다.

(4) 인천공항 접근교통계획 개선

공항을 효율적으로 운영하려면 출발지에서 공항까지 1시간 이내에 접근이 가능해야 하고, 대중교통 위주이어야 혼잡을 최소화할 수 있다. 이에 대비한 접근교통계획이 필요하다.

6. 결론 및 건의

전례가 없는 인천공항의 기본계획, 미래의 불확실성, 대형 공항 건설의 경험 부족, 인천공항이 국가경제에 미치는 영향, 주변 국가와의 경쟁, 막대한 예산소요 등을 감안할 때 벡텔사가 작성한 기본계획을 그대로 수용하기보다는 외국 선진기술진의 자문을 받아 문제가 있으면 늦기 전에 시정하도록 건의한다. 간사이공항, 방콕공항 및 쿠알라룸푸르 신공항도 기본계획 작성 후 자문을 거쳐 상당히 많은 부분을 개선한 사례가 있다.

기본계획을 재검토하고 외국기술을 활용하자면 예산과 시간이 소요되는 것은 사실이지만 수많은 공항들이 변화에 대응하지 못하고 도태되는 것을 감안하면 기술검토에 소요되는 시간과 비용은 너무나 경제적이고 당연한 것으로 판단되어 건의를 하는 것이다. 시행착오 없는 신공항 건설을 충심으로 기원한다. 현재 인천공항의 성패를 좌우하는 가장 큰 요소는 인천공항 기본계획의 조정(활주로 및 터미널)과 인천공항 주변의 주거지역 개발을 억제하는 것이다.

1993. 5. 제안자 **양승신**

이상과 같은 건의는 제3장 및 제4장에 제시된 세계 주요 공항의 계획 사례와 경쟁요인 및 외국공항전문가의 의견에 근거한 것이며, 동료직원이나 관련 용역사를 비판하기 위한 것은 전혀 아니다. 건의내용은 다음의 2.5절에 제시된 공청회 및 외국전문기관의 의견과 비교할 수 있다.

2.4 인천공항 기본계획 개선 1차(1994~1995)

1. 추진배경

1993년 국정감사와 언론기관에서도 인천공항 기본계획의 개선 필요성이 거론되었으며, 1994년 1월 감사원은 필자가 작성한 기본계획 개선안(국민제안)을 검토한 후 다음과 같은 감사의견을 통보해왔다.

"공항의 토지이용 계획을 보면 인천공항과 마찬가지로 해면매립으로 건설되는 간사이공항과 첵랍콕공항의 부지면적을 볼 때 최종단계를 기준하여 활주로 1개당 부지면적은 간사이공항 $4km^2$, 첵랍콕공항 $6km^2$인 데 비하여 인천공항은 $12km^2$로서 2~3배인 점을 볼 때 인천공항은 장래 확장에 필요한 여유부지의 고려도 없이 전체 부지를 사용하는 것으로 계획하여 부지의 활용 면에서 비효율적이다. 공항 운영 측면에서 검토하면 세계 주요 공항의 일반적인 시설 배치는 여객터미널, 화물터미널, 항공기정비시설 및 지원시설 등 공항의 주요시설이 활주로 사이에 집중 배치되어 있는 데 비하여, 인천공항은 여객터미널, 항공기정비시설, 화물시설 및 지원시설이 활주로를 사이에 두고 분산되어 항공기의 활주로횡단으로 인한 사고위험뿐 아니라 활주로 운영의 제약요소가 되며, 시설 간 거리가 필요이상 멀고, 연계성이 떨어져서 운용의 편리성과 경제성이 저하될 것이다. 2010년 정도까지의 항공 수요를 근거로 산출된 독립평행활주로 2개를 공항부지의 한쪽에 건설하고, 활주로 사이에 주요시설을 집중 배치하며, 나머지 부지는 확장 예정부지로 남겨두는 등의 방법으로 장래 항공 수요 변화와 기술발전에 대한 탄력성과 수용능력을 제고할 수 있고, 공항부지 활용도 및 확장성을 증대시킬 수 있으며, 대규모 터미널 건설에 따른 위험성 감소 및 공항시설 집중배치로 인한 안전성 및 효율성 저하를 개선할 수 있는 방안이 있으므로 신공항의 전체 시설 규모, 단계별 건설계획 및 시설 배치 등에 대한 재검토가 필요하다."

이런 과정에서 신공항 건설조직이 변경되었다. '한국공항공단'이 신공항 건설과 운영을 전담하고 있었으나 모든 임직원이 신공항보다는 우선 눈앞에 보이는 공항 운영에 더 관심을 갖지 않을 수 없는 여건 때문에 신공항 건설이 효율적이지 못하다 하여 '신공항 건설공단'이

1994년 9월 1일에 창설되었으며, 필자는 '신공항 건설공단' 건설이사로 참여하게 되었다. 신임 이사장에게 인천공항 기본계획의 문제점을 보고하고, 그간의 상황을 보고하자 기본계획을 재검토하는 것이 좋겠다고 동의했고, 이에 따라 내국인 중심의 공청회와 외국기술진 중심의 기술자문이 시작되었다. 필자가 신공항 기본계획에 대하여 건의하기 시작한 때부터 이미 2년 반이 지나서야 어렵게 그런 건의를 받아들인 것이다.

2. 공청회(1994. 11.)

인천공항 기본계획 재검토 공청회는 1994년 11월 17~19일에 여의도 전경련회관 대회의실에서 열렸으며, 오명 장관은 다음과 같은 격려사를 발표했다.

> "인천공항 건설은 한민족의 역사에 유례가 없는 국가적 대사업으로서 최첨단기술이 총 망라되어 결집되어질 미래의 꿈을 담은 사업이며, 인천공항은 단순한 교통중계지가 아닌 무역, 금융, 정보통신 등의 복합적 경제활동과 정치, 문화, 국제외교 활동이 유기적으로 이루어지는 공간이 되어야 한다. 다가올 21세기는 동북아가 중심이 되고 무한경쟁과 협력이 상존하는 지구촌사회가 될 것이며, 이런 사회에서 누가 세계의 중심이 되느냐 하는 것은 누가 중추적 역할을 할 수 있는 최첨단 미래형 공항을 확보하느냐에 달려 있다. 좋은 의견을 많이 도출하여 인천공항을 초일류의 공항으로 만들도록 간곡히 당부한다."

위와 같은 교통부장관 격려사의 진지함에 상반되게 기본계획 추진경위 설명에서는 기본계획에 별 문제가 없으며, 기본계획을 조정하려면 준공기한이 연장되어야 하고, 기한 내 준공하지 못하면 Hub 공항이 될 수 없다는 변명조의 설명이 기본계획을 담당했던 관계자들에 의해 발표되었다. 토론이 시작되자 기본계획 개선안을 제시한 필자에게는 토론할 자격이 주어지지 않았고, 주로 외부인사로 구성되었다. 그 사유는 공단임원이 토의에 참여하면 외부의견 청취에 지장이 된다는 것이었다. 공청회에서 토론자들은 활주로와 터미널 등 주요시설의 배치계획 개선과 기타 쟁점사항에 대한 의견을 다음과 같이 발표했다.

(1) 한화갑(국회의원)
• 탑승동이 여러 동이면 여객이 찾아가기에 혼란하므로 단일 탑승동이 유리하다(피츠버그공항 참고).

독립활주로 수가 적으니 기상불량 시에도 동시에 이착륙할 수 있는 독립활주로를 더 건설해야 한다.

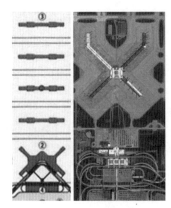

- 뉴욕 3개 공항의 Stands 수가 300개나 되는 점을 감안 인천공항의 Stands 수(174개)는 더 늘려야 한다.
- 인천공항의 항공유 공급은 성남~신공항 간 송유관 대신 선박에 의한 급유가 경제적이다.
- 주변 공항(푸동, 간사이, 홍콩, 창이공항 등)과 경쟁할 수 있는 충분한 검토가 필요하다.

인천공항　　피츠버그공항

(2) 김형오(국회의원)

- 항공환경이 세계화되고, 물류중심이 중화학 임해단지에서 경박 단소하고 고가의 임공단지로 변하고 있으므로 이에 대비하고, 각종 편의시설을 갖춘 편리한 공항을 건설해야 한다.
- 공항 주변에 자유무역지대를 설치해야 한다.
- 육상접근교통을 다양화하고, 철도의 조기도입과 중부이남권의 접근성을 개선해야 한다.
- 터미널 규모를 확장하여 공항의 편리성과 수익성을 증대시켜야 한다.
- 채산성이 있는 사업에 민간자금을 과감히 유치해야 한다.

(3) 한광희(항공대학 교수)

- 허브공항 경쟁에서 이기려면 각종 비용을 줄이는 방안이 강구되어야 한다. 여객뿐 아니라 항공화물의 물류비용 절감이 국가경쟁력에 중요하다.
- 항공유는 송유관 대신 영종도까지 직접 급유선박으로 공급해야 한다.

(4) 박오화(항공대학 교수)

- 신공항이 빨리 건설되어야만 허브공항이 되는 것은 아니므로 충분한 검토 없이 서둘러 공사를 시행해야 한다. 또는 시간이 없다는 등의 주장은 설득력이 없다.
- 두 번째 활주로의 건설은 동시에 이착륙이 가능한 독립활주로를 건설하는 것이 좋다.
  (사례: 나리타, 간사이, 하네다, 도원, 홍콩, 뮌헨, 샤를드골, 히스로 등)

(5) 국제항공운송협회(IATA) 대표

- 인천공항은 허브공항으로 발전할 수 있는 충분한 잠재력이 있다. 서울에서 반경 2,000km 이내에 세계 인구의 1/4이 살고 있다.
- 제2단계 활주로는 간격이 충분히 떨어진 독립활주로를 건설한다.
- 국제선 여객을 김포와 인천공항에 분담하는 계획은 항공사의 운영 및 공항의 허브 기능에 지장이 되므로 국제선 여객은 모두 인천공항에서 전담해야 한다.

(6) 미국 DMJM 강미주 박사

- 기본계획의 활주로(독립 2개, 비독립 2개)는 연간 42~45만 회 운항이 적절함으로 인천공항 운항목표인 53만 회는 3개의 독립 평행활주로가 필요하며, 간격은 1,300m 이상이다.
- 활주로 끝을 어긋나게 배치하면 항공기의 지상이동시간을 단축할 수 있으나 활주로의 수용능력이 크게 늘어나는 것은 아니다.
- 여객기로 수송할 화물운반을 위해 화물터미널과 여객기계류장은 가까워야 하고, 공항에 출입하는 화물차의 출입이 간편해야 하며, 화물터미널 주변에 최첨단 제조공장을 설치하여 제품을 곧바로 항공기로 수송함으로써 물류비용을 줄일 수 있는 시스템이 필요하다.
- 향후 여객터미널 확장에 대비하여 업무지역은 다른 장소로 옮기는 것이 좋겠다.

(7) 필자

필자에게는 정식으로 토론의 자격이 주어지지 않았지만 방청인의 입장에서 의견을 발표했다.

- 사회자가 공청회를 진행하는 과정에서 "어떤 발표자가 3독립 평행활주로를 제안했지만 세계적으로 그런 활주로는 없고, 단지 이론상으로 가능하다는 것이기 때문에 현 단계에서 이를 논의하는 것은 문제가 있다"라는 의견을 제시했다. 4명의 발표자가 3독립 평행활주로의 필요성을 주장한 후에 사회자가 그런 의견을 발표한 것은 사회자의 역할에도 어긋나고, 기본계획 수립당시에 참여했으나 3독립 평행활주로를 검토하지 못한 변명에 불과한 것이었다. 필자는 방청석에서 발언권을 얻어 "3독립 평행활주로는 이미 덴버공항에서 건설 중에 있는데, 사회자가 이론상으로나 가능하다는 의견은 무엇을 의미하는 것이냐?"라고 설명해주기를 요청했으나, 사회자는 답변을 회피했다. 그러자 발표자인 강미주 박사가 "이미 3독립활주로는 FAA의 승인을 얻어 시행단계에 있다"라고 답변해주었다.

- 서울과의 접근철도가 서울역까지만 노선이 계획되었으나 강남지역까지 연결되어야 대다수 여객의 공항 접근 시간을 단축할 수 있다는 의견도 제시했다. 당장에 강남지역까지 철도를 연결하기 어려우면 계획에라도 반영해야 한다. 그래야 서울지하철 9호선(김포공항~잠실)을 계획할 때 철도를 2층으로 건설하든지 아니면 더 경제적 대안을 검토할 수 있을 것이다.
- 기본계획에 참여했던 용역사 관계자는 "앞으로 서울지역에 1억 명의 여객 수요는 없을 것이므로 4개의 활주로만으로 장기 수요에 문제가 없다"라는 의견을 제시했다. 필자는 이에 대해서도 반박했다. 즉, "여객 수요는 1억 명이 넘을 수도 있고, 1억 명이 안 될 수도 있다. 그러나 향후 100년까지라도 신공항을 계속 사용해야 하는데, 50년 후의 수요가 '얼마가 된다 또는 안 된다'는 것은 의미 없는 논쟁에 불과하다. 앞으로 50년 후의 수요는 불투명하지만 세계 주요 공항들이 1억 명 이상을 목표로 공항을 계획하고 있는 만큼 신공항은 입지여건을 최대한 활용할 수 있는 용량을 갖추어야 한다"라는 의견을 발표했다.

이와 같이 신공항 기본계획에 참여한 관계자들은 신공항 기본계획에 대하여 거론하는 것 자체를 못마땅하게 생각했다. 신공항 계획이 개선되어 가는 것은 한없는 기쁨이었으나 의견이 다른 직원이나 용역사와 적대관계가 되는 것 같아서 마음이 편치 못했다.

3. 전문기관 자문(1995. 2.)

국내 전문가 및 관련자의 공청회에 이어 세계적으로 공항계획에 전문 지식과 경험을 갖고 있는 기관이나 컨설턴트에게 인천공항 기본계획 개선에 대한 자문을 요청했다. UN 산하의 국제민간항공기구ICAO 기술지원국에 자문을 요청 했던바 영국 Loughborough 대학의 세계적으로 권위 있는 Norman Ashford 교수를 추천했으며, 교수는 직접 서울에 와서 공단 실무자들과 의견을 나누고 자기 의견을 ICAO를 경유하여 제출했다. Ashford 교수는 Airport Engineering 및 Airport Operations 등 공항서적을 다수 저술했으며, 필자도 Ashford 교수를 만나보았는데, 공항에 대한 경험과 지식이 탁월하다고 느꼈다.

또한 미국연방항공청FAA에 자문을 요청했던바 담당자들이 한국에 올 수 없으니 미국에 와서 협의하자는 연락이 와서 교통부 및 공단 관계자들이 직접 미국에 가서 그들의 의견을 들어보았다. 또한 IATA와 신공항사업관리 담당 Parsons사의 의견도 받았다.

자문요청 내용은 주로 필자가 건의한 내용을 확인하기 위한 것으로서 다음과 같다.

- 최종단계에 적절한 활주로 시스템은 무엇인가(제5 평행활주로가 필요한가)?
- 터미널은 T1/T2를 근접 배치할 것인가(1개 시스템)? 아니면 분리하여 원격 배치할 것인가(2개 시스템)?
- IBC와 배후단지의 위치와 규모는 적절한가? 등이었다.

(1) ICAO 자문의견(Ashford 교수, 1995. 2.)

a. 인천공항 Master plan의 일반적 가정

최종단계의 수요분석에서 국내선 운항 횟수를 7.7%만 반영했는바, 이는 인천공항의 국내선 여객, 즉 지방의 국제선 여객이 환승하기 위해 국내선을 타고 오는 여객을 과소평가한 것이다. 인천공항의 국내선 운항편수가 적으면 지방의 국제선 여객은 김포공항을 경유하여 인천공항으로 가야 하는데, 김포공항~인천공항의 환승은 3시간이나 소요되므로 지방의 국제선 여객은 시간이 많이 걸리는 김포~인천공항을 이용하기보다는 비교적 환승하기 쉬운 중국 또는 일본의 공항을 선택할 가능성이 크며, 파리의 CDG와 ORY 공항에서 보듯이 실패할 가능성이 크다.

Master Plan에서 시설 배치는 시설의 중요도에 따라야 한다. 즉, 활주로 배치와 구성은 안전운항, 최대의 용량제공 및 항공기의 지상이동거리 최소화를 목표로 하고, 터미널 배치는 터미널 내와 터미널에 접근하는 육상교통에 최대한의 편의를 도모하고 출발, 도착, 환승 여객에게 적절해야 한다. 화물지역은 여객계류장과 가까워야 하는 반면, 화물육상교통은 터미널교통과 분리되어야 한다. 즉, 공항 최종접근에서 트럭과 승용차는 분리되어야 한다. 접근교통은 승용차와 대중교통으로 분리되어 운영상 단순한 도로 및 철도 노선을 갖추어야 한다.

b. 활주로 용량

인천공항의 최종목표인 국제선 여객 위주의 1억 명과 화물 700만 톤을 처리하기 위해 대형기 위주로 운영할 경우 PH 운항 횟수는 148회이다. 인천공항 Master plan에 제시된 평행활주로 4개(독립 2개, 비독립 2개)의 운항용량은 현재 동일 규모의 활주로 운영 실적을 볼 때 IFR 120~130회이므로 항공기 혼합률이 기본계획에서 가정한 바와 같이 항공기 1대당 200명이 넘는 대형기만 운항하는 것으로 가정하더라도 평행활주로는 5개를 건설해야 하고, 그중에서 3개는 IFR 독립운항이 가능한 평행활주로를 건설해야 한다. 1개의 독립활주로를 추가 건설하면 시간당 약 40회의 운항 횟수가 증가되어 시간당 160~170회 정도가 되므로 소요되는 운항 횟수를 감당할 수 있을 것이다. Master plan의 4개 활주로 용량 검토에서 항공기 평균지연시간을 5.5분으로 가정했는데, 이 경우 최장 지체시간은 55분이 될 수도 있다.

c. 터미널 및 활주로 배치

인천공항은 여객이 핵심이므로 터미널지역에 가장 큰 비중을 두어야 하고, 최종단계의 여객이 많기 때문에 터미널지역을 아주 넓게 확보해야 한다. 계류장에서 이착륙지점까지 이동거리를 최소화시키고, 기능적인 육상접근교통을 제공해야 한다. 즉, 기본계획과 같이 터미널을 1개 시스템으로 근접 배치하는 것보다는 분리시켜야 한다.

활주로와 터미널의 배치는 그림 2.4-1과 같이 2개 대안이 가능한데, 1안의 장점이 많아서 추천할 만하다. 1안의 장점은 항공기의 지상이동거리 최소화, 여객터미널의 육상접근노선 단순화, 터미널에 잘못 들어선 여객의 문제해결 용이, 개항 초기부터 효율적인 화물터미널 배치, 화물과 정비지역의 접근교통을 여객교통과 분리 가능, 필요에 따라 유연성 있게 확장할 수 있는 부지 확보 등이다. 1안의 단점은 최종단계에 국내선-국제선 환승여객의 불편인데, 이는 창이공항에 설치된 터미널 간 PMS를 이용하면 환승편의를 도모할 수 있고, 국적항공사가 운영하는 터미널에 국내선을 배치하면 환승여객이 PMS를 이용하는 비율을 줄일 수 있다.

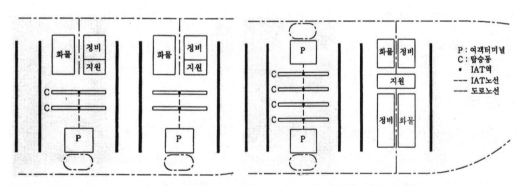

대안 1: (터미널 동서분리)-ICAO 추천안   대안 2: (터미널 남북분리)

그림 2.4-1 기본계획의 시설 배치 대안

d. 활주로 배치와 단계별 건설

　　인천공항과 같은 대형 공항에서 이상적인 활주로배치는 그 시설의 수명기간에 걸쳐 최선
의 조화가 되도록 주요 요건을 만족시켜야 한다. 5개 활주로 배치는 다음과 같이 제안한다.
활주로 3개는 간격이 1,300m 이상인 독립활주로, 활주로 2개는 그 이하인 비독립활주로이다.
어떤 배치이든 모든 단계의 개발에서 경제적 건설, 양호한 운영조건, 여객 및 항공사에게
양호한 서비스 수준 제공 등의 요건을 만족시켜야 한다.

　　활주로는 다음과 같은 단계별 개발이 가장 이상적인 것으로 보인다(그림 2.4-2).

- 1단계: 현재 준설공사가 진행되고 있는 지역에 활주로 ①을 건설한다.
- 2단계: 두 번째 독립 평행활주로 ②를 건설한다. 이는 어떤 활주로의 보수가 필요하거나 또는 사용하
  지 못할 상황이 있을 때 다른 것을 사용할 수 있도록 보장한다.
- 3단계: 두 개의 독립활주로에 비독립활주로 ③을 추가한다. 이는 적절한 용량을 증가시키고, 보수 중
  이거나 사고 시에도 한 쌍의 독립 평행활주로를 운영할 수 있다.
- 4단계: 3rd 독립활주로 ④를 건설하며, 이는 T2지역에도 2개의 독립활주로를 제공한다.
- 최종단계: 두 번째 비독립 평행활주로 ⑤를 건설한다.

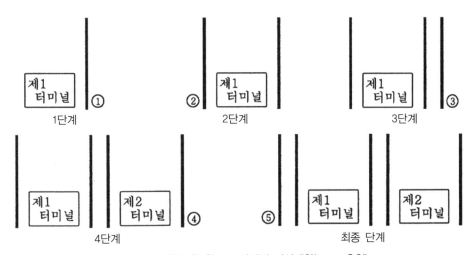

그림 2.4-2 인천공항 활주로 단계별 건설계획(ICAO 추천)

e. 육상접근교통

　　기본계획은 여객의 45%와 상주직원의 75%가 철도를 이용하는 것으로 가정했으나 철도가

40% 이상 분담하는 것은 가능성이 희박하며, 20% 이상을 철도에 분담시킨다 해도 공항철도와 국내 주요도시를 연결하는 간선철도 시스템을 연결해야 하며, 수준 높은 서비스, 적정한 가격, 규칙적이고 신뢰성 있는 스케줄 운행을 제공해야 가능하다.

최종단계 철도운행간격 80~240초는 실현성이 희박하다. 종사원의 75%가 철도를 이용하고 교통중추지역에 내려서 상주직원 10만 명을 대상으로 400대의 셔틀버스를 운행한다는 것은 비경제적일 뿐만 아니라 서비스 수준이 저하될 것이므로 공항 북측에도 철도지선 또는 순환 Loop를 연결해야 한다. 교통허브지역에 집중된 주차장은 종사원이 많은 곳으로 분산 배치하고, 예상대로 철도 분담이 되지 않을 경우에 대비하여 충분한 주차공간을 마련해야 한다.

공항 개항 시부터 항공사와 여객에게 공항 접근 교통이 편리하다는 인상을 심어주도록 육상접근교통에 대한 전략이 필요하다. 따라서 이런 고지식한 육상접근 교통계획은 매우 위험한 발상이므로 어떻게 해서든 막아야 한다.

최종단계 터미널에 6,000~7,000m의 승하차 공간Curb을 확보하도록 권고하며, 이는 구미공항에서 여객 100만당 100m의 승하차 공간을 두고 있으나 인천공항의 철도 분담률이 높을 것으로 보고 60~70m만 계상한 것이다.

연간 여객 1억과 화물 700만 톤을 처리해야 한다면 접근교통시설이 제한요소가 될 수도 있다. 따라서 지상접근이 필요 없는 연결 여객과 화물을 늘리도록 노력해야 하고, 접근도로는 1개만으로 부족하므로 제2의 접근도로가 필요하다.

f. 화물터미널

화물터미널에서 취급하는 화물의 40% 이상은 여객기로 수송됨으로 Airside 내 화물수송의 비효율성을 줄이기 위해 화물터미널과 여객터미널의 Airside가 근접 배치되어야 한다. 따라서 화물터미널은 여객터미널의 북측에 마주보고 건설하도록 제안한다. 그렇게 하면 화물이 활주로를 지하 또는 지상으로 통과하지 않고 직접 접근이 가능할 뿐만 아니라 화물 관련 화주, 선적인, 수령자, 종사원, 화물트럭 등은 여객터미널 교통과 분리될 수 있다. 화물 700만 톤의 교통량은 관련자(직원, 화주 등)를 포함하여 여객 7,000만 명의 교통량과 비슷하므로 화물 관련 교통을 여객교통과 완전 분리함으로써 접근교통의 혼잡을 예방할 수 있다.

g. 정비시설

가능하다면 활주로 내측에 배치하되 부득이 활주로 내측 배치가 곤란하다면 화물지역보다 우선순위가 떨어지므로 활주로 외측에 배치하는 것도 불가피하다(필자 의견: 항공사는 활주로 건너편에 정비시설 배치를 반대하며, 이는 활주로 횡단에 따른 지연과 안전문제 때문이다. 활주로 횡단 횟수를 줄이는 방안으로 ① 경정비시설은 활주로 내측에 배치하고, 중정비시설은 활주로 외측에 배치하는 방안이 있으며, ② 활주로를 우회하는 유도로를 설치하면 활주로횡단에 따른 지연을 방지할 수 있다. ①은 CDG, ②는 ATL공항 참고). 정비시설을 여객터미널 근처에 배치하는 것은 여객터미널에 비해 미관이 떨어지므로 불합리하고, 정비지역 종사원과 터미널 교통이 혼합되는 문제가 있으므로 여객터미널과 정비시설은 분리하는 것이 바람직하다.

h. 업무지역

개항 초기에는 터미널 근처에 이런 시설들이 매력적일 수도 있으나 교통 혼잡을 가중시키고, 장기적으로는 터미널 확장에 지장이 된다. FRA 공항의 호텔, 전시장은 공항수입을 증대시키는 효과는 있으나 교통체증을 일으키는 좋은 사례이다. IBC는 배후지원단지에서 흡수하고 이 지역에는 장단기 주차공간의 확보를 위해 사용하도록 제안한다.

i. 배후지원 단지(=공항도시)

활주로 5개가 아니고 현재와 같이 4개만 건설한다 하더라도 공항에 근접한 지역을 주거지로 개발하는 것은 장기적으로 볼 때 거주민과 공항 간에 갈등을 야기할 수 있다. 현재의 배후지원단지에는 제3 독립활주로를 우선 배치하고 잔여지역은 소음피해가 적은 경공업지구, 상업지구, 사무실 등의 용도로 활용 한다. 제3 독립활주로 건설 시에 이에 따른 소음도가 65~70 WECPNL인 지역의 주민으로부터 강한 민원을 야기할 수도 있다.

배후지원단지에 공항상주직원이 100% 입주할지라도 공항 확장(활주로건설)이 필요한 20년 후에는 대부분 바뀌게 되고, 활주로건설을 반대할 것이므로, 이 지역에 주거지 개발은 절대로 하지 않도록 권고한다. 이 지역은 사무실, 업무, 상업용 공간으로 사용하도록 제한하고 또한 강력한 소음방지시설 기준이 적용되도록 대책을 강구해야 한다. 즉, 주거지역 개발은 금지하고 충분한 방음시설을 갖춘 업무 및 상업용 건물만 건설해야 한다.

j. DMZ

DMZ이 계속 존재한다면 김포 및 인천공항의 활주로 용량은 심각하게 제한될 것이므로 DMZ가 있을 때와 없을 때의 김포 및 인천공항의 통합적 용량이 얼마이고, 언제부터 제한을 받게 되는지 공역 전문가의 검토가 필요하다.

(2) FAA 자문의견(1995. 2.)

인천공항 관계자 6명이 FAA를 방문하여 관계직원 17명과 질의―답변 형식으로 진행되었고, FAA는 공식의견이 아닌 개인 입장에서 의견을 개진했으며, 이를 요약하면 다음과 같다. FAA가 공식의견을 유보한 것은 기본계획을 시행한 Bechtel사의 입장을 고려한 것으로 보인다.

a. 최종단계의 활주로 체계

아시아 유사 공항의(예: 홍콩, 방콕) 항공기 혼합률이나 피크시간 수요특성을 감안할 때 2개의 독립 ILS 접근은 1억 명의 여객처리에 충분하지 못한 것으로 보인다. 미국 허브공항들은 공항의 최종 여객 수요가 1억 명에 미치지 못함에도 최종단계 활주로는 IMC 제3 독립 및 제4 독립 평행활주로 체계로 계획한다(DFW, 덴버, 시카고 오헤어, 휴스턴, 애틀랜타, 워싱턴 덜레스 등). 이런 경향에 비추어 인천공항은 세계 공항 중에서 초대형이므로 제3 독립 체계를 갖추는 것은 당연하다. 활주로구성은 2-2-1 체계를 권고하며, 이는 터미널 위치에 관계없이 가장 효과적인 항공교통관제를 허용한다. 제3 독립활주로는 기존 활주로에서 1,500m 이상을 띄어야 하며, 이는 별도의 항행보조시설(최신 레이더 및 감시장비) 없이 3독립 평행활주로를 운영할 수 있도록 FAA가 승인한 최소규격이며, 또한 1,500m 이하는 여객터미널 등 시설을 배치하기 어렵기 때문이다. 2 독립＋2 비독립활주로 체계의 실용용량은 착륙: 이륙을 50 : 50으로 볼 때, 시간당 VFR 1＝182회, VFR2＝162회, IFR1＝128회, IFR2＝110회이며, 착륙 : 이륙이 60 : 40이면 용량이 10% 정도 감소하고, 피크시간을 10~15분으로 세분하면 도착비율이 70%인 경우도 있다. ATL 공항의 기상조건은 다음과 같다.

	ATL 공항 기상조건			ICAO		
	VFR 1	VFR2	IFR1	IFR2	CAT I	CAT II
운고(피트)	3,600 이상	3,600~1,000	1,000~500	500 미만	500~180	180~90
시정(마일)	7 이상	7~3	3~1	1 미만	1~0.5	RVR 300~550m

b. 활주로 배치

최초의 활주로 2개를 독립 평행활주로의 형태로 건설하면 2011년까지, 비독립 평행활주로의 형태로 건설하면 2007년까지의 수요를 충족할 수 있으므로 건설비용의 차이와 지연경비의 차이 등을 검토하여 결론을 내려야 한다. 비독립활주로의 간격을 760m 이상으로 늘리면 1.5nm의 대각선 간격으로 접근을 시도할 수 있으나, 다음과 같은 사유로 권고하지 않는다.

- 비독립활주로 간격을 넓히려면 추가의 부지가 필요하다.
- 최종단계에는 이런 대각선 접근이 활주로 체계상 허용되지 않는다.

1단계 및 최종단계에 활주로 끝을 어긋나게 배치하는 것은 권고하지 않는다. 이는 Wake Turbulence에 의한 항공기 간격을 줄일 수 있고, 150m 어긋난 길이마다 30m의 활주로 간격을 줄일 수 있는 이점은 있지만 소요경비에 비하여 효과적이지 못하다.

c. 항공기 크기 및 탑승자 수

취항 항공기의 크기와 탑승률 면에서 미국에 비하여 너무 대형기 위주로 계획되어 있다. 항공기 1대당 평균 탑승자 수는 케네디공항이 100명, 히스로공항이 118명이나, 인천국제공항은 214명으로 계획하고 있다. 미국에서는 Commuter(10~100석의 소형기)의 수요가 증가하고 있으며, 대형 공항일수록 Commuter기를 기피하는 경향이 있었으나 이를 수용하는 쪽으로 전환되고 있다. 미국 허브공항인 경우 Commuter기의 운항비율은 20~30%이다. 경제가 발전되면 소형기의 운항이 증가되고, Hub 공항이 되어 항공사 간의 경쟁이 치열하게 되면 현재의 탑승률은 유지하기가 어려워 항공기당 여객 수는 감소할 수도 있다.

d. 터미널 배치

터미널은 현재의 근접배치보다는 분리배치가 혼잡 방지 차원에서 유리하다. 동서분리는 지하구조물의 건설비, 진입교통체계의 거리단축 등 여객편의, 확장성, 유연성 등의 측면에서 유리하고, 남북분리는 항공기 지상이동거리, 항공관제 단순화 등의 측면에서 유리하다. 동서 또는 남북의 터미널분리가 현시점에서 결정하기 어려우면 우선 1단계 건설에 전념하고, T2의 위치는 향후의 기술발전과 운영여건 변화 등을 점검한 후에 결정하는 것이 좋다.

터미널 구성에 대하여, 미국공항들은 환승여객비율이 DFW 70%, 애틀랜타 70%, 시카고 오헤어 60%, 덴버 60%, 피츠버그 60%임을 감안할 때 인천국제공항의 환승여객은 20~30%이므로 미국의 공항에 비하여 더 넓은 Landside 시설이 필요하며, 이는 터미널의 체크인 카운터 및 수하물 환수지역, 지상접근시설로서 도로, 주차장 및 커브 등이다.

e. 화물 및 기내식 시설

화물 및 기내식 지역을 현재와 같이 남동코너에 건설하면 1단계 운영은 효율적이지만 향후에 터미널이 동서분리의 형태로 되면 이를 옮겨야 하는 문제가 있다. 화물 및 기내식을 북동코너에 배치하면 1단계의 운영효율이 저하되지만 장래에 시설을 이전할 필요가 없다. 또한 현재와 같이 기내식 및 화물을 남동코너에 배치할 경우에 화물과 기내식이 활주로를 우회하거나 지하차도를 이용하여 운송될 경우의 문제도 고려되어야 한다.

f. 유도로 체계

너무 과도한 유도로 수는 조종사에게 혼돈을 초래할 수 있으므로 직각 연결유도로의 수를 대폭 줄이고, 고속출구 유도로는 2개로 권고하며, 계류장까지 non-stop으로 접근할 수 있는 유도로체계가 필요하다. 출발항공기의 줄서기에 대비하여 출발활주로 시점부에 충분한 Holding Pads와 Staging Areas를 제공하고, Bypass 유도로를 마련해주어야 한다.

g. 상세분석

인천공항의 기본계획에는 상당한 분석이 되었지만 몇 개의 주요 인자에 대한 분석이 미흡하다. 이는 Landside와 Airside 시설의 각 단계마다 용량과 서비스 수준에 대한 분석이다. 또한 피츠버그공항의 기본계획에서와 같이 주요 결정을 하기 위해서는 지연시간과 건설비용 등에 대한 상세분석이 필요하다.

(3) 국제항공운송협회(IATA) 자문의견(1994. 11.)

국제선 수요를 김포와 인천공항에 분담시키면 연결여객 감소에 따른 항공사의 수입 감소, 환승시간의 증가 및 국적항공사의 경비추가 문제가 있으므로 신공항에서 전담 처리해야 한다.

성공적 허브공항이 되기 위해서는 연결교통(환승여객, 환적화물)을 유인할 수 있는 스케줄, 마케팅, 예약 시스템을 의도적으로 시도할 수 있는 모기지 항공사가 있어야 하고, 환승여객 및 수하물을 최단시간에 연결할 수 있어야 하며, 빈번한 운항 횟수로 항공기간 연결이 용이 해야 한다. 허브공항에 쇼핑, 관광 등이 있으면 유리하고, 다양한 요금체계가 필요하다. 터미 널 T1/T2는 분산하고, 탑승동은 피츠버그공항과 같이 터미널 하나에 하나씩만 배치하면 DEN 공항에서 실패한 DCV를 사용하지 않고 Tilt-Tray 방식(시카고, 뮌헨, 간사이)이나 Multy- Bag DCV 방식(창이, 애틀랜타)을 채택할 수 있어 유리하다.

주변 공항의 예를 참고하여 1단계의 터미널 면적이 너무 작지 않아야 한다.

공항	터미널 용량 (백만 명)	PH 여객	터미널 면적(m²)②	PH 여객당 면적 ②/①(m²)
창이 T2	12	5,400	245,000	45
덴버	34	11,900	485,000	41
쿠알라룸푸르	25.4	10,160	345,910	34
홍콩	35	12,250	487,000	40
인천공항 1단계	27	10,800	245,000	23

(4) 사업관리팀(Parsons) 자문의견

활주로는 독립평행활주로 1개를 추가 건설하고, 여객터미널은 분리되어야 한다.

인천공항 배치 4개안 중 3안과 4안의 타당성이 크며, 4안이 터미널과 탑승동운영 및 Landside 운영에 유리하여 이를 추천한다. 각 대안별 배치는 그림 2.4-3과 같다.

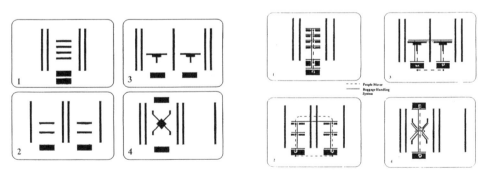

그림 2.4-3 기본계획의 터미널 배치대안 및 IAT/BHS 노선

4. 개선안 작성 및 상부기관 승인요청

기본계획 검토가 마무리되자 1995년 2월 기본계획 개선안을 표 2.4-1과 같이 작성했다(활주로 2개 추가건설, T1/T2 분리배치, 공항도시와 업무지역의 규모를 대폭 축소, 접근도로 1개 노선 추가건설 등). 터미널, 화물시설, 정비시설 등 주요시설은 1개 공항 개념 대신 2개 공항 개념으로 배치했다. T1은 1단계 37만m² 대신 최종규모 53만m²를 설계한다.

표 2.4-1 인천공항 기본계획 개선방안 및 효과

구분	기본계획 개선방안		개선 효과
	당초 계획	개선 계획	
활주로 배치	4개(2 독립, 2 근접)	6개(3 독립, 3근 접)	연간용량: 45만 → 60만 회 시간용량: 120 → 160회
터미널 배치	T1, T2 근접 배치 (간격 300m)	T1, T2 분산 배치 (간격 2,000m)	교통 혼잡 완화 확장성 증대, IAT/BHS 용량 확보
화물, 정비 시설 배치	활주로 내외에 분산 배치	활주로 내측에 집중 배치	시설간 거리 축소: 운영효율 개선
접근교통시설	고속도로 1개 노선 교통센터: 2단계	제2 접근로 추가 교통센터:1단계	접근도로 1개 노선 추가 T1, T2 분리: 접근교통 혼잡 방지
업무지역	1.5km²	0.5km²	터미널지역 확장성 확보
공항도시	7.1km²	2.6km²	소음피해 방지 및 유보지 확보

활주로와 터미널 등 개선계획을 1995년 3월 오명 장관에게 보고했고, 장관은 이를 대통령VS에게 보고하여 좋은 반응을 얻었다. 그러나 장관은 총선내각 개편 시 경질됨으로써 기본계획 개선의 확정은 다음 장관의 몫이 되었다. 또한 교통부와 건설부가 통합되어 건설교통부가 되었으며, 신임 차관에게 인천공항기본계획 개선안을 보고하게 되었다. 차관에게 보고하기를 "활주로 4개의 용량은 최종 운항목표 54만 회를 처리하기에 부족하여 6개를 건설하고, 여객 1억 명 처리를 위해 T1, T2를 300m로 근접시키면 교통이 혼잡하므로 터미널을 분리하는 것이 좋겠다"라고 설명하기 시작했다. 보고를 받던 차관은 "신공항 기본계획이 엉망이구먼, 누가 봐도 터미널 주변이 혼잡하게 될 저런 계획을 한 사람은 책임져야 해" 하고 강경하게 비판했다. 기본계획을 작성할 때 참여했던 직원들도 기본계획 개선을 어느 정도는 수긍했으나 이런 일이 있은 후부터 건교부 관계직원은 기존계획을 유지하는 쪽으로 방향을 잡았다.

(1) 기본계획 개선에 대한 보고와 최종결정(1995. 5.)

모든 절차가 완료되었기 때문에 기본계획 개선안을 건교부에 보고하고, 건교부가 이를 승인하면 계획조정은 끝나는 것이었으나 건교부는 당초 교통부 주관하에 벡텔사가 작성한 기본계획을 제1안으로 하고, 공청회와 전문기관의 자문을 받아 공단이 작성한 것을 제2안으로 건교부에 보고하되 어느 안을 추천하지 말고, 공청회나 전문기관으로부터 받은 내용도 첨부하지 말라는 것이었다. 사유는 기본계획은 건교부 권한이니 공단은 기본계획에 대하여 왈가왈부하지 말라는 것이었다. 건교부는 공단이 (1안)과 (2안)을 모두 건의했으니 아무(안)이나 택일하면 된다며 공단이 작성한 (2안) 중에서 활주로와 터미널계획은 그대로 두고 배후단지와 IBC만 표 2.4-2 및 그림 2.4-4와 같이 축소했다. 계획을 수정할 수 없는 사유는 계획을 수정하면 공기 내에 끝낼 수 없다는 것이나 그것은 핑계에 불과했다.

표 2.4-2 기본계획 개선결과

구분	당초 안(1991. 12.)	개선 안(1995. 2.)	최종 결정(1995. 5.)
활주로 배치	4개(2독립, 2근접)	6개(3독립, 3근접)	
주요시설 배치	M M / M M / T T / T T / T T / T T (MM TT CC 도시)	M M C C C S T T T T (MM CC CS TT TT)	M M / M M / T T / T T / T T / T T (SS CC CC 도시유보)
접근교통시설	전용고속도로 1개 교통센터 2단계 건설	전용고속도로 2개 교통센터 1단계 건설	전용고속도로 2개 교통센터 1단계 건설
업무지역(km²)	1.5	0.5	0.5
공항도시(km²)	7.1	2.6	2.6

주: T = 여객터미널지역, C=화물지역, M=정비지역, S=지원시설지역

(a) 당초 계획: 공항도시 및 업무지역   (b) 개선 결과: 배후단지 및 업무지역 축소

그림 2.4-4 인천공항 기본계획 개선 전후 비교

5. 기본계획 개선 좌절과 경과

(1) 용두사미가 된 기본계획 개선

기본계획의 개선이 용두사미처럼 흐지부지 끝난 것에 대한 필자의 견해는 다음과 같다.

기본계획은 장기 계획이므로 처음부터 모든 상황을 예측할 수 있는 것이 아니라는 것을 전제로 하는 계획이 되어야 한다. 즉, 처음부터 완벽한 계획은 불가하다. 따라서 상황 변화에 따라 궤도수정을 할 수 있는 유연성이 필요하다. 특히 상황 변화가 심한 공항계획에는 더욱 그렇다. 그러나 우리나라는 기본계획 등 당초 계획을 조정하거나 개선할 경우에 당초 계획에 관여했던 담당자의 책임부터 거론된다. 이런 풍조는 무슨 수단을 써서라도 당초 계획이 타당하다고 방어하게 만든다. 이는 결과적으로 국가에 큰 손실이다. 즉, 과거에 어떤 계획이나 조치를 했는데, 그것이 시간이 지나고 보니 잘못된 것으로 인정되거나 아니면 그간의 상황 변화를 감안할 때 개선할 필요가 있으면 언제나 개선할 수 있는 국민적 공감대가 형성되어야 한다. 현재도 잘못된 것을 알면서도 책임추궁이 우려되어 입을 다물고 있는 경우가 허다하다. 공항계획을 비롯한 모든 장기계획은 상황 변화나 더 좋은 방안이 있으면 개선하는 것은 당연한 이치이며, 이것이 바로 선진적 사고이다. 기본계획의 개선이 좌절된 가장 큰 사유는 개선에 따른 책임론 때문에 당초 계획에 참여했던 관계자들이 만들어낸 개선불가론에 있다.

기본계획 개선불가론은 계획을 바꾸면 1단계 준공목표인 2000년 말까지 공사를 끝낼 수 없고, 그렇게 되면 허브공항을 외국에 빼앗기므로 인천공항 건설효과가 반감된다는 것이지만 이에 대하여 곰곰이 생각해보면 하나도 신빙성이 없으며, 단지 그렇게 말할 수 있을 뿐이다. 싱가포르는 인구 300만 명에 불과한 도시국가가 다른 아시아국가의 계획에 없는 제3 독립활주로를 이미 건설하고 있는 것을 어떻게 설명할 수 있는가? 화물지역 부지 조성을 다시하면 2000년까지 끝낼 수 없다고 주장해 놓고 1995년 봄부터 1998년 봄까지 3년에 걸쳐 화물지역에서 아무것도 한 일이 없는 것을 보면 그것은 엄포에 불과함을 알 수 있다.

(2) 기본계획이 개선되어야 하는 사유

인천공항이 후배, 후손들에게 물려줄 수 있는 최고의 공항이 되기를 진심으로 바라는 마음에서 기본계획이 개선되지 않고 현재와 같이 계속되었을 경우에 대한 문제를 다시 한 번 제시하고자 하며, 하루속히 이에 대한 좋은 방안이 강구되기를 바란다.

제5 활주로를 향후에 필요하면 건설하겠다 하여 부지 5.1km²(150만 평)을 유보했으나 이것만 가지고는 필요할 때에 제5 활주로를 건설할 수 없다. 왜냐하면 기본계획으로 고시되어야 법적 근거가 되어 제5 활주로 관련 장애물제한구역 및 소음지역을 고시할 수 있으며, 이런 고시가 없으면 항공기 운항에 지장이 되는 장애물이나 소음피해가 있는 주택 등을 건설하더라도 이를 통제할 수 있는 법적 근거가 없으며, 결국 제5 활주로는 건설할 수 없게 될 것이다.

활주로를 4개만 건설하는 경우의 문제점은 다음과 같다.

- 김포공항은 7km²에 활주로 2개를 운영하고 있는바, 인천공항은 47km²에 활주로 4개만 건설한다면 과연 효율적인 토지이용계획이라고 볼 수 있는가?
- 미국에서는 여객용량이 1억 명이 미달되는 공항에서도 IFR 제3 독립 및 제4 독립 평행활주로를 계획하는 등 장기적 수요에 대비하고 있는바, 한국에 하나밖에 없는 인천공항이 미국의 피츠버그, 휴스턴 등의 공항보다 더 발전될 수 없다고 보는가?
- 신공항 최종단계의 운항수요는 연간 53만 회, 시간 148회이며, 현 기본계획의 처리능력은 120회 정도에 불과한바, 향후 필요시에 건설하겠다는 것은 너무 안이한 생각이며, 기본계획의 고시 없이 향후에 활주로건설이 가능하다고 볼 수 있는가?
- 항공기 1대당 탑승자 수는 케네디공항 100명, 히스로공항 118명인바, 인천국제공항에서 적용한 항공기 1대당 214명은 바뀔 가능성이 없다고 보는가?

T1/T2를 300m 간격으로 근접 배치하고, 터미널 순환도로 시스템과 IAT/BHS 등을 1개 시스템으로 배치하는 경우의 문제점은 다음과 같다.

- 여객이 1억 명이 되면 피크시간 여객은 약 3만 명이고 환송객, 환영객, 상주직원(항공사, 공단, 각종 사업장 등), 기타 방문객 등의 설계시간 교통량은 69,000명이다. 따라서 연간여객이 1억 명이 되면 터미널 주변의 교통량은 말할 것도 없거니와 장기주차장과 상주직원 주차장을 배치할 공간이 없어 교통허브(화물터미널역 인근)에 장기주차장과 상주직원 주차장을 배치하는 것이 편리한 공항이라 볼 수 있는가?
- 덴버공항에서 여객터미널 1개 시스템으로 1억을 처리할 계획이므로 인천공항도 1억을 처리할 수 있다는 생각이라면 문제가 풀리지 않는다. 덴버공항은 환승여객이 60% 이상이고, 95%가 국내선 여객이기 때문에 98% 이상이 국제선 여객인 인천공항과는 다르다. 즉, 국내선은 터미널에서 머무는

시간이 국제선의 1/3에 불과하고 국내선에는 없는 CIQ 등 시설이 추가되며, 국내선은 5% 정도가 외국인이지만 국제선은 50% 정도가 외국인이다. 또한 국제선은 수하물이 국내선의 3~5배 이상이다. 따라서 국내선에 성공한 시스템이 국제선에도 성공할 수 있다고 볼 수 있는가? Landside 접근교통을 덴버공항은 40%만 사용하나 인천공항은 75%가 사용하는 차이를 어떻게 극복할 것인가?

- T1에는 76개의 Gates가 배정되며 이 중 44개는 T1 자체에서 처리하고 32개는 원격탑승동 Ca에서 처리한다. T2에는 96개의 Gates가 배정되며 이는 원격탑승동 Cb, Cc, Cd에서 처리하며, 각 탑승동마다 32개의 Gates가 배정된다. 따라서 IAT/BHS는 그림 2.4-5의 b와 같이 T1~CA 사이는 128 Gates에 상응하는 수하물과 여객이 이용하게 됨으로써 과부하가 걸리며, T2에서 Cd까지는 3,150m의 장거리를 수하물과 여객이 이용해야 하는 불편이 있다. 이런 시스템은 미국 ATL 공항과 같이 OD 여객보다 환승여객이 많은 경우는 이런 과부하가 분산되고, 국내선인 경우는 수하물의 량이 적어서 시도해볼만 하지만 국제선 위주이고 OD 여객 위주인 경우는 너무 큰 부담이 되는 방안이다.

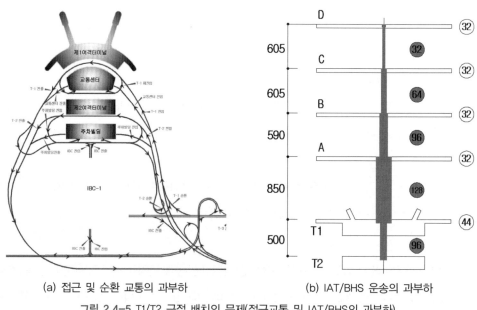

(a) 접근 및 순환 교통의 과부하   (b) IAT/BHS 운송의 과부하

그림 2.4-5 T1/T2 근접 배치의 문제(접근교통 및 IAT/BHS의 과부하)

- T1/T2의 간격이 좁아서(300m) 철도역을 양 터미널 중간에 1개소만 건설할 수 있다. 철도역에서 터미널까지 거리는 T1까지 150m, T2까지 250m 이상이 될 것인바, 철도역에서 불과 20m 거리에 터미널이 배치된 나리타 및 홍콩공항 등과 비교할 때 서비스가 크게 뒤질 것이므로 그들과의 경쟁에서 불리한 점은 무엇으로 보상할 수 있는가? 철도이용이 이렇게 불편해지면 철도이용률이 줄어들어 도로교통의 혼잡을 초래할 것 아닌가? 철도이용 수요를 1개 역에서 처리하게 되면 혼잡할 것 아닌가?

- 여러 원격 탑승동을 국제선에는 인천공항이 처음 도입하는 것임으로 시행착오의 우려가 있는바, 터미널이 2개 시스템이라면 설령 1개 시스템의 운영 중 문제가 발견된다 하여도 제2 시스템 건설 시에 이를 해결할 수 있고, T2 건설 후에 T1도 개선하기가 용이하나 인천국제공항과 같이 1개 시스템인 경우는 문제 발생 시에 어떤 해결방안이 있는가?

- T1/T2의 건물주차장만으로는 주차능력이 부족할 것인바, 이 경우에 대비한 편리한 장기주차장과 필요시 확장할 수 있는 충분한 공간은 어디에서 확보할 것인가? 이런 경우에도 2개 시스템으로 건설하면 현재 T2 건설예정지역을 T1의 이런 공간으로 활용할 수 있지 않은가? 현 계획상으로는 T2 주변에 약간의 원격주차장을 배치할 수 있지만 이것으로 충분하다고 보는가? 또한 교통허브지역을 원격주차장으로 사용할 계획이라면 주변 공항에 비하여 서비스 수준이 현저히 떨어지는 문제는 어떻게 해결할 것인가? T1의 원격주차장 위치에 T2가 건설되면 원격주차장(교통중추지역)을 이용하여 T1에 도착하려면 그 거리는 얼마이고 이렇게 멀리 주차장이 배치된 공항이 어디에 있는가?

- 개항 후 15~20년 후에 T2는 T1보다 운영에 더 편리하고 고급의 터미널을 건축하게 될 것인바, 이 터미널을 어느 항공사에게 배정할 것인가? 즉, 근접 Stands가 없고 이용에 불편한 T2를 국적항공사에게 사용하도록 배정할 수 있는가?

- 나리타, 간사이, 쿠알라룸푸르, 방콕 등 최근에 건설된 공항은 모두 터미널을 2개 시스템으로 나누어 T2는 제2 공항 개념으로 계획했으나 인천공항은 1개 시스템으로 계획함으로써 얻어지는 효과는 무엇인가? 홍콩공항이 1개 시스템이라 하여 ICN이 HKG를 따라갈 이유가 있는가? 홍콩은 부지 규모가 인천국제공항의 30%에 불과하지 않은가?

- 1개 시스템으로 터미널을 묶을 경우에 더 좋은 기술이 개발되면 어떻게 도입할 것인가? 바꾼다 하더라도 사용 중인 시스템을 교체하려면 이용여객이 불편하지 않은가?

- 신공항 여객 수요가 한국의 인구수나 경제 규모로 보아 1억 명이 안 될 것을 전제로 하여 터미널 개념을 개선하지 않아도 문제가 없다고 생각한다면, 인구수보다 더 많은 여객을 처리하고 있는 싱가포르, 홍콩, 화란, 영국 등의 상황을 어떻게 해명할 것인가?

- 수도권수요를 지방에 분산시켜서 해결할 생각이라면 세계 어느 나라가 그런 정책을 도입하여 성공한 사례가 있는가?

여객터미널, 화물 및 정비시설 등의 분산배치에 따른 문제점은 다음과 같다.

- 주요시설의 간격이 멀어져서 발생하는 문제를 분석해보고 그렇게 배치한 것인가? 덴버공항은 계획 시에 항공기, 여객, 화물의 이동거리를 계산하여 효율성을 감안한 시설 배치계획을 작성했으며, FAA는 기본계획에서 이런 검토를 해야 한다고 지적하지 않았는가?

- 터미널을 남측에, 화물 및 정비시설을 북측에 배치하면 지상교통량도 균형이 유지되도록 배분할 수 있고 여객교통과 화물 및 정비교통을 분리할 수 있어 효과적이지 않은가?
- 활주로 및 유도로지역을 제외한 나머지의 토지이용계획상 공항의 핵심시설인 터미널지역은 35%, 나머지는 기타 시설(화물, 정비, 지원, IBC 등)로 계획했으나(65%), 외국의 주요 공항은 거의가 여객 터미널지역이 50% 이상, 기타지역이 50% 이하로 균형을 유지하고 있는바, 인천국제공항은 부지 면적만 컸지 공항의 가장 핵심시설인 활주로와 터미널지역의 부지는 너무 작다는 평가에 대하여 어떻게 해명할 수 있는가?

(3) 1996~2006년의 경과

1995년 5월 기본계획 개선이 좌절된 이후 2001년 3월 개항까지는 1단계 건설공사에 전념할 수밖에 없었고, 2008년 6월에는 제3 활주로와 탑승동 Ca 등 2단계 사업을 완공했으며, 민자 사업으로 공항철도와 인천대교도 시행되었다. 2006년 제3단계 사업, 즉 제2 터미널을 어디에 건설할지 검토하기 전까지는 기본계획 개선은 누구나 거론하지 않았으나 개항 후 인천공항을 운영하면서 필자가 지적한 여러 문제점이 다음과 같이 부각되고 있다.

- 철도 분담률이 예상보다 저조하고, PH에 커브 및 주차장이 혼잡하다.
- IAT/BHS 용량이 설계수요를 처리할 수 있을지 불투명하다.
- 출발·도착을 분리하면 IAT에서 여객이 잘못 내릴 경우의 문제점이 많다.
- 인천공항의 T2와 같은 개념인 홍콩공항 T2의 운영상 애로사항이 노출되고 있다.

필자가 1993년 5월에 제안한 터미널의 동서 또는 남북 분리 배치 개념은 두바이 및 베이징 신공항, 런던신공항 계획에 도입되는 등 시간이 경과할수록 타당성이 입증되고 있다(그림 2.5-4 참고).

2.5 인천공항 기본계획 개선 2차(2006~2009)

1. 기본계획 Review

2006년 기준 인천공항은 제2단계 사업이 마무리 단계에 있었으므로 제3단계 사업을 착수하기에 앞서 기본계획 Review를 하게 되었으며, 주요 내용은 '제2 터미널을 어디에 건설할 것인가?', '제5 활주로 건설계획을 기본계획에 반영할 것인가, 아닌가?' 등이었다. 최초 기본계획1992의 추정수요와 기본계획 Review2006의 추정수요를 비교하면 표 2.5-1과 같다.

표 2.5-1 인천공항 장기수요 추정(1992년 추정/2006년 추정 비교)

구분	추정연도	05	10	15	20	25	30	35	40	비고
여객 (백만 명)	1992	27.2	36.1		62.8				100.0	
	2006	26.1	34.3	45.4	62.2	78.3	98.5	109.9		
환승여객 비율 (%)	1992		38		39			44		
	2006	12	13	13	16	22	23	25		
30th PH 여객	2006	8.4	9.7	11.3	14.2	17.0	20.9	23.2		천 명
화물 (백만 톤)	1992	1.8	3.0		5.3				8.9	
	2006	2.1	3.0	3.8	4.9	6.2	7.9	10.0		
운항 (천 회)	1992	157	253		424				535	
	2006	161	234	317	433	526	643	725		
1st PH 운항 (2006)	계 ①	46	60	75	96	110	129	140		
	여객기	43	56	69	88	100	117	129		
	화물기	12	14	18	22	25	29	0		

주: 연간 화물기 운항비율은 16%이지만 여객기와 화물기의 PH가 달라서 1st PH(여객기 PH)에 화물기 운항 횟수는 1st PH 운항 횟수의 7~9%만 발생한다.

3단계 핵심 사업은 T2 건설이므로 T2 위치를 결정하는 것이 가장 큰 이슈이었다. 필자가 건의했던 T2의 동측배치는 이미 화물터미널이 자리 잡고 있어 이의 이전을 전제한 T2의 동측배치는 공항공사가 수용할 수 없다함으로 설계사는 T2를 북측에 배치할 것을 건의했다. 그러나 1995년 국토부의 T2 위치변경 반대를 고려하여 공항공사는 이해당사자와 협의도 없이 당초 계획과 같이 T2를 T1에 근접 배치하는 것으로 국토부에 건의했으나 국토부는 내부의견 및 외부자문 결과를 종합하여 재협의하도록 지시했다.

이와 같이 국토부 담당자가 기존의 터미널 배치계획에 연연하지 않고 가장 이상적인 배치를 추구할 수 있었던 것은 기존계획에 관여했던 직원들이 대다수 퇴직했기 때문이다. 내부의견 및 외부자문결과는 T2의 북측 배치가 대다수이었으므로 인천공항공사는 T2를 북측에 배치하는 것으로 보고하여 국토부의 승인을 받았다. 외부자문에 참여한 기관은 상주기관(세관 등), 항공사(대한항공 등), 업계(설계사 등), 학계(항공대 등)이었다.

제5 활주로는 필요하면 그때에 가서 건설한다는 가정하에 '골프장으로 임대되고 있었으므로 현재와 같은 상황을 계속 유지할 것인가?' 또는 '제5 활주로를 공항기본계획으로 정식 채택할 것인가?'를 결정하는 것이 또 하나의 주요 이슈이었다. 검토결과 활주로 4개(독립 2, 비독립 2)만으로는 장기수요에 대비할 수 없으므로 제5 활주로를 공항기본계획으로 반영하는 데 큰 이의가 없었다. 싱가포르, 베이징 등이 이미 제3 독립활주로를 건설했고, 많은 공항이 제3 독립활주로를 계획에 반영하고 있었기 때문에 1995년의 상황과는 완전히 달라졌으며, 10년이 지나면 강산이 변한다는 말이 실감이 났다.

2. 기본계획 변경고시(2009)

기본계획 Review 결과를 반영하여 표 2.5-2 및 그림 2.5-1과 같이 기본계획이 변경 고시되었으며, 주요 내용은 제5 활주로를 추가하고, T2를 북측에 배치하며(정비시설 남측), LCC 터미널은 화물지역 남측에 배치하는 것 등이었다. 기본계획 Review 결과 최종단계 용량은 조정하지 않았으나(1억 명) 활주로 용량(5개)에 조화되는 여객용량으로 조정되어야 한다.

표 2.5-2 기본계획 변경 고시내용

구분	기존 기본계획	기본계획 변경고시
평행활주로	4개(독립 2, 비독립 2)	5개(독립 3, 비독립 2)
여객터미널	T1/T2: 남측에 근접 배치 IAT/BHS: 1개 시스템	T1/T2: 남북 분리 배치, LCCT: 별도 배치, IAT/BHS: 3개 시스템
IBC	IBC-1 집중개발	IBC-1, IBC-2 분산 개발

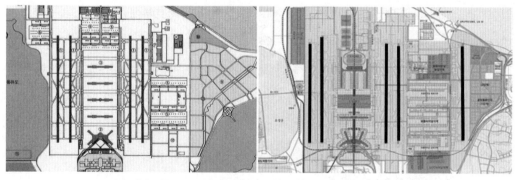

1992년 기본계획   2009년 기본계획 조정

그림 2.5-1 인천공항 기본계획 개선

3. 기본계획 개선 지연에 따른 손실

인천공항의 기본계획이 늦게나마 개선됨으로써 장래에 큰 효과를 가져다줄 것은 확실하지만 초기1995에 개선되었으면 더 큰 효과가 있었을 것이다. 기본계획 개선이 지연됨으로써 인천공항 건설 및 운영에 미친 영향은 다음과 같다.

T2를 정비시설 남측에 배치했지만 이는 최선이 아니다. 즉, T1 이 활주로 남단에 가까이 배치된 것과 같이 T2도 활주로 북단에 가까이 배치되는 것이 공항의 가장 핵심시설인 터미널지역을 가장 좋은 곳에 더 넓게 확보할 수 있는 최선책이다. 이미 건설된 정비시설을 존치한다면 주 활주로 내측에 확보된 터미널지역 면적은 BKK 및 KUL 공항보다 작으므로 기존 정비시설의 이전을 전제로 그림 2.5-2와 같이 활주로 끝부분까지 터미널을 배치하는 것이 바람직하며, 이는 두바이 및 베이징 신공항의 배치를 참고할 수 있다(그림 2.5-4).

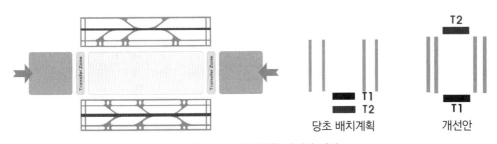

그림 2.5-2 바람직한 터미널 배치

T2 건설 위치가 필자의 건의안과 같이 처음부터 동서배치 또는 남북배치로 검토되었다면 다음과 같은 사항이 개선되었을 것이다. 동서배치로 결정되었다면 T1~T2 사이가 가까워서 여객이 터미널을 찾아가기 쉽고, 수십 km에 달하는 철도 및 도로 건설비를 절약할 수 있었으며, 여객터미널지역도 가장 편리한 장소에 충분한 면적을 확보할 수 있었다. 이런 동서 분리 배치는 장점이 많아서 최근 영국의 신공항에서도 검토되고 있다(그림 2.5-3 참고).

T2가 처음부터 남북에 배치되었다면 T1~T2 사이에 미리 철도와 도로를 연결하고, T2도 최근에 계획된 신공항의 배치계획과 같이(그림 2.5-4) T2를 최적위치, 즉 활주로 북측의 말단에 배치할 수 있었고, 여객이용, 공항 운영, 건설비 등 모든 면에서 더 좋은 배치가 되었을 것이나 기존시설(정비시설) 때문에 그림 2.5-5의 L3안으로 T2가 어중간하게 배치되었다.

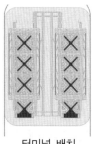  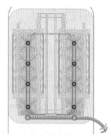 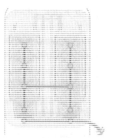

터미널 배치   대중접근교통   IAT 노선   BHS 노선

그림 2.5-3 런던 신공항 터미널 배치(동서 분리배치 개념)-Airports Commission

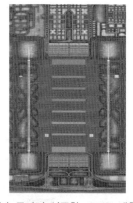 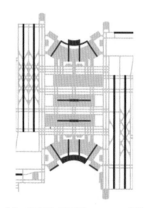 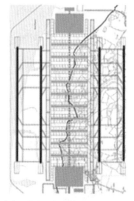

(a) 두바이 신공항-2006 계획   (b) 베이징 신공항-2013 계획   (c) 런던 신공항-2013 계획
용량: 1억 6,000만 명   용량: 1억 2,000~2억 명   용량: 1억 5,000만 명

그림 2.5-4 활주로 양단에 T1/T2를 배치한 최근 계획공항의 사례

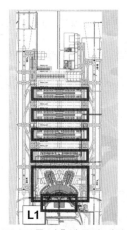 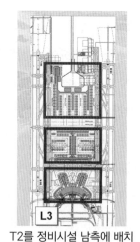

T1/T2를 남측에 근접 배치   T1/T2를 활주로 양단에 배치   T2를 정비시설 남측에 배치

(a) 기본계획   (b) 개선 최적안   (c) 기존시설을 고려한 배치

그림 2.5-5 인천공항 여객터미널(T1/T2) 배치대안

4. 기본계획에 대한 이해

기본계획은 첫 단추를 끼우는 것과 같이 매우 중요하며, 미국 토목협회가 발표한 계획의 중요성이 그림 4.1-5에 제시되었다. 이는 계획단계에 소요되는 경비는 총 LCC의 5%에 불과하지만 경제성 및 효율에 미치는 영향은 70% 정도임을 보여준다.

공항의 기본계획은 공항 계획, 건설, 운영 등에 경험이 많은 자의 의견을 참고해야 하며, 경험이 적은 사람도 의견은 제시할 수 있으나 보다 전문적 경험과 식견을 갖은 사람의 의견을 존중해야 한다. 예를 들어, "수도권에만 국제선 수요를 집중시킬 것이 아니라 지방으로 분산시켜 지역균형발전을 도모해야 한다"라고 비전문가가 주장하면 그럴 듯한 의견 같지만 수도권에 발생하는 수요를 강제로 지방에 분산시킨다 해도 항공사나 여객이 지방공항으로 가는 것은 아니라는 것을 아는 사람은 많지 않다. 이는 우리보다 수도권 과밀문제를 먼저 경험한 영국 등 선진국에서 지방으로 국제선 수요 분산을 시도했다가 실패한 사례가 있다는 것을 안다면 그런 주장을 함부로 할 수 없기 때문이다.

인천공항 여객 수요가 최종단계에 연간 1억 명이라고 하면 "무슨 수요가 그렇게 많은가?" 하며 부정적으로 말하는 사람이 많다. 그러나 이런 수요가 어떤 근거로 추정되었는지를 이해한다면 그런 거부감은 없어질 것이며, 다음의 내용을 참고할 수 있다.

- 공항의 여객 수요는 관광객 1명이 2명으로 계산되며, 이는 공항의 여객 수요 = 출발여객 + 도착여객 + 환승여객 x 2의 개념이기 때문이다. 외국에서 관광객 1명이 비행기를 타고 오거나 내국인이 해외출장을 다녀오는 경우 각각 공항의 여객 수는 2명으로 계산되며, 이는 활주로와 터미널 등 공항시설을 입국할 때 한 번, 출국할 때 한 번 총 2회 이용하기 때문이다. 환승여객 1명도 항공여객 2명으로 계산된다. 이런 공항의 여객 수요 개념은 세계적인 공통 개념이며, 혼돈을 방지하기 위해 공항의 여객 수요를 터미널 여객 수요라고 부르기도 한다.
- 항공편이 증가할수록 환승이 편리하고 경제적이어서 환승여객의 비율은 증가한다. 환승여객은 입국여객은 아닐지라도 항공사 및 공항의 서비스를 받기 때문에 공항의 수입을 늘리고 일자리를 창출하므로 항공사 및 공항 간에 환승여객 유치를 위한 경쟁이 치열하다. 유럽 주요 공항의 여객 수요가 42~67m일 때 환승여객 비율은 30~54%이었다(ICN은 2010년-33.5m-15%). 미국의 국내 허브 공항인 ATL, ORD, DEN, DFW 등의 환승여객 비율은 60~70%이다. 인천공항의 최종단계 환승여객 비율은 예측하기 어렵지만 외국 주요 공항의 사례를 감안할 때 25~40% 범위일 것으로 예상된다.

- 런던 수도권 공항의 2030년 국제선 여객 수요는 2억 명을 예상하고 있으며, 런던은 서울보다 경제 규모가 크고, 관광객이 많고, 주변 국가의 경제가 발전된 것 등의 사유로 이런 수요가 발생하는 것이며, 아 - 태지역도 장기적으로는 유럽 이상일 수도 있다. 서울수도권에는 1억 명 이상의 국제선 여객은 없을 것이라고 가정하고 인천공항의 용량을 1억 명으로 묶어버린다면 큰 실수를 하는 것이다. 현재 1억 명으로 묶었다가 20~30년이 지나서 수요가 더 늘어나니 공항을 다시 확장하겠다고 한다면 기존시설이 지장되어 쉽지 않을 것이며, 이는 현재 NRT 공항을 확장할 수 없는 것과 마찬가지이다. NRT 공항도 계획 당시에(1960년대 말) 활주로 5개를 입안했으나 너무 크다는 반발로 활주로 2개로 축소되었으며, 현재는 확장이 불가한 공항이 되었다는 것을 참고해야 한다.
- 인천공항의 최종단계 여객 1억 명을 풀어 본다면 최종단계 환승여객 비율을 30%로 가정하면 국제선 O/D 여객은 7,000만 명이고, 출발 · 도착여객은 각각 3,500만 명이며, 외국인과 내국인의 비율이 같다면 연간 내국인 1억 7,500만 명이 업무 또는 관광 목적으로 인천공항을 거쳐 외국에 다녀오며, 연간 외국인 1억 7,500만 명이 한국에 왔다 간다는 의미이므로 1억 명을 묶어서 생각하는 것보다는 쉽게 이해할 수 있을 것이다. 또한 환승여객비율을 50%로 가정하면 내국인/외국인 O/D 여객은 각각 1억 2,500만 명이 된다.

(1) 기본계획은 계약인가?

기본계획이 계약이라면 기본계획을 바꾸려면 위약금을 물어야 하겠지만 다행이 계약이 아니므로 바꾸어야 할 타당성만 있으면 얼마든 바꿀 수 있다. 공항계획은 장기적 가정을 전제로 작성된 것이므로 시간이 지나면서 가정과 현실에 차이가 발생하는 것이 당연하며, 지구에서 발사된 위성이 달에 가기까지 몇 차례 궤도 수정이 불가피한 것과 같이 공항계획도 변화되는 현실에 적응해나가야 하며, 과거의 계획이 잘못된 것에 대하여 책임론이나 주장하면서 궤도수정을 소홀이 하면 위성은 달에 가지 못하고 우주미아가 될 것이다.

인천공항 기본계획 개선 유감

인천공항의 기본계획 개선은 필자가 국민제안(1993)을 한 지 16년이 지난 2009년에야 개선되었으며, 이렇게 지연된 사유는 기본계획을 관장했던 상부기관의 반대 때문이었다. 관계직원들이 퇴직함에 따라 조정이 가능했으며, 2009년에도 바꾸지 말라는 압력이 있었지만 퇴직한 고위관료는 현직의 말단보다 힘이 없다는 시세 말처럼 영향력이 없었다.

필자는 인천공항의 기본계획 개선이 국가적으로나 인천공항 자체적으로 꼭 필요하다는 신념하에 기본계획 개선을 건의한 것이며, 건의 핵심은 제5 활주로를 기본계획에 반영할 것과 T1/T2를 근접시키지 말고 분리하는 것이었다. 건의 당시로서는 다소 생소한 것이었으나 2017년 현 시점에서 보면 세계 여러 공항이 필자의 건의와 같은 개념으로 공항을 계획한다. 그러나 당시는 그런 개념을 이해하지 못하는 상부기관의 미움을 사서 1997년에 타의로 퇴직하게 되었다. "상급자의 말은 항상 옳고, 간혹 하급자의 말이 옳다고 하더라도 결과는 상급자의 의견으로 결정된다"라는 말이 있는데, 이는 사실인 것 같다. 늦게라도 기본계획이 개선되어 감사할 따름이다. 인천공항의 기본계획 개선에 관한 필자의 의견을 이제야 발간하는 것은 혹시나 기본계획 관련자에 대한 영향을 우려했기 때문이며, 이제는 모든 담당자가 퇴직했으므로 자유롭게 발표할 수 있게 되었고, 인천공항의 기본계획 개선과정은 향후 국내 주요 인프라 계획에 좋은 참고가 될 것이다.

2.6 인천공항 개발과정 요약(1989~2017)

1. 타당성조사 및 인천공항 입지 결정(교통부, NACO, 1989~1990)

(1) 수도권 신공항 수요 및 부지 규모

- 최종 수요: 국제선 여객 = 9,000만, 국제선 화물 = 700만 톤 ← 활주로 4개의 유럽공항 운항용량 고려
- 부지 규모: 22.94km^2(남북 = 6.2km, 동서 = 3.7km) ← 활주로 4개 및 최종단계 수요 대비
- 활주로 배치

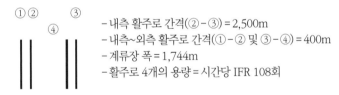

- 내측 활주로 간격(② - ③) = 2,500m
- 내측~외측 활주로 간격(① - ② 및 ③ - ④) = 400m
- 계류장 폭 = 1,744m
- 활주로 4개의 용량 = 시간당 IFR 108회

(2) 신공항 후보지 및 인천공항 입지

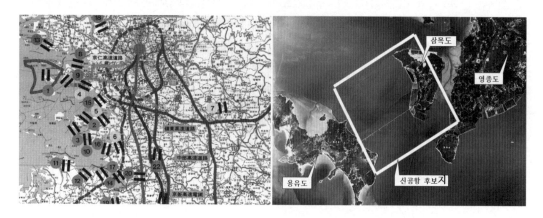

(3) 신공항 후보지 평가

구분	영종도 간석지	시화 간석지
1. 항공기 운항(항공기 관제, 장애물, 기상 등)	29.70	27.20
2. 건설비(부지 조성비, 접근교통 건설비)	17.33	10.67
3. 건설계획(건설기간, 건설의 확실성)	9.10	9.10
4. 접근교통(접근성, 도로 및 철도 연결 가능성)	12.00	9.00
5. 토지이용영향(기존사회. 지역경제 및 개발 등에 대한 영향)	3.78	3.63
6. 환경영향(소음, 조경, Mud 유출 등의 영향)	7.14	6.42
합계	79.05	66.02

(4) 신공항 배치구상

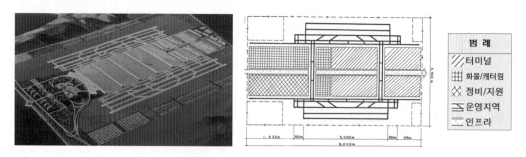

2. 인천공항 기본계획(교통부, 미국 Bectel, 1990~1991)

(1) 기본계획

- 최종 수요: 여객 = 1억 명, 화물 = 700만 톤 ← 활주로 4개의 미국 운항용량 고려

- 총 부지면적: 56.2km^2(공항 = 47.4 + 공항도시 = 8.8) ← 장기 확장성 고려 여유부지 확보

- 활주로 배치: 4개(open 활주로 간격 = 2,100m, close 활주로 간격 = 430m), 용량 = 535,000회

- 여객기 Stand: 최종단계 근접 = 174, 원격 = 16, 계 = 190(Stand당 연간여객 = 526,000명)

- 여객터미널 구성: T1/T2 근접배치(300m 간격), 직선형 원격 탑승동 4동, 총면적 = 73만m^2

- 화물터미널 구성: 24modules, 총면적 = 66만m^2

- 공항도시개발: 도시 7.07km^2(인구 11만 명) + 자유무역 등 1.7km^2

- 업무지역 개발: 1.50km^2 - 호텔, 사무실, 전시장 등

(2) 활주로 및 터미널 배치대안 검토

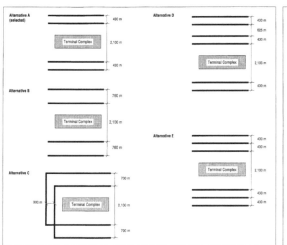
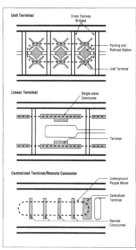

(3) 시설 배치계획

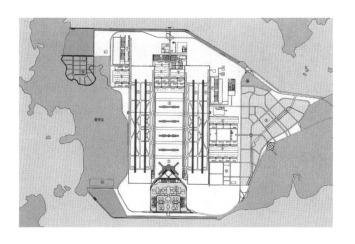

범 례

① 활주로
② 터미널1(T1)
③ 탑승동
④ 터미널2(T2)
⑤ 화물터미널
⑥ 기내식
⑦ 정비시설
⑧ 국제업무지역
⑨ 배후지원단지
⑩ 자유무역지역
⑪ 철도차량기지
⑫ 교통중추지역

3. 인천공항 기본계획 개선 1차(1992~1995)

(1) 관계자

- 공항공사 내부검토(1992~1994) 및 감사원 지적(1994. 1.)
- 이해당사자 공청회(1994. 11.): 한화갑, 김형오, 강미주(DMJM), 한광희, 박오화
- 외부기관 자문(1995. 2.): IACO, FAA, IATA, 사업관리자(Parsons) 등
- 공항공사: 국토교통부에 보고, 국토교통부: 보고내용 중 일부만 승인

(2) 기본계획 개선 건의내용

- 활주로는 4개 대신 5개 건설
- 터미널 T1, T2는 근접 배치대신 동서 또는 남북으로 분리 배치
- 배후단지는 취소하고 공항 확장용지로 활용, 업무지역(IBC)은 꼭 필요한 것만 선정하여 축소
- 제2 접근도로 건설 필요(교통 혼잡예방 및 남부지역의 여객 접근성 확보)

(3) 주요 개선 내용

- 배후단지 축소: 7.07 → 2.16km^2(제5 활주로 및 물류단지 부지 확보, 20년간 골프장으로 사용)
- 업무지역 축소: 1.5 → 0.5만km^2(터미널 확장부지 확보, 교통중추지역의 기능 일부 흡수)
- 제2 접근도로 건설: 인천대교(18.4km) 및 연결도로

(4) 개선 전후 배치계획(배후지원단지 축소, 제2 연육교 건설)

배후지원단지 축소(좌＝변경 전, 우＝변경 후)   제2 연육교 계획

4. 인천공항 1단계 사업(1992~2000)

- 방조제: 17.3km(남, 북, 동)
- 부지 조성:13.9km^2

- 제1/제2 활주로: 414m 간격, 3,750×60m
- 여객터미널(T1): 496,000m^2
- 교통센터: 25만m^2, 전용도로 54.5km
- 화물터미널: 183,000m^2 및 정비시설

| 1단계 사업 완공 후 전경(2000) | 2단계 사업 완공 후 전경(2010) |

5. 인천공항 2단계 사업(2002~2010)

- 제3 활주로: 간격 = 2,074, 4000×60m
- 여객터미널(탑승동Ca): 166,000m^2
- 화물터미널: 75,000m^2
- 장애구릉 제거 및 부지 조성: 7.4km^2
- 인천대교: 18.4km(2009), 철도: 61km(2011)
- 유보지역에 골프장 및 물류단지 개발

6. 인천공항 기본계획 개선 2차(2006~2009)

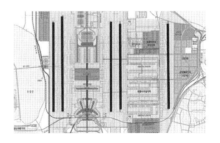

- 활주로: 4 → 5개(제5 활주로 추가)
- 터미널: T2를 북측에 분리 배치, LCCT를 별도 건설
- IAT/BHS: 1개 시스템 → 3개 시스템(T1, T2, LCCT)
- IBC: IBC-1 집중 개발 → IBC-1, IBC-2 분산개발
- 관계자: 용역사: NACO

  외부자문: 상주기관, 항공사, 전문 업계 및 학계, 공항공사 승인 요청, 국토교통부 승인

7. 인천공항 3단계 사업

구분	1~2단계	3단계	계	구분	1~2단계	3단계	계
공항시설				교통센터(천m²)	250	139	389
활주로	3	–	3	화물터미널(천m²)	258	27	285
여객기스탠드	114	56	170	**접근교통시설**			
－Contact	74	37	111	고속도로(km)	54.5	–	
－Remote	40	19	59	인천대교	18.4		
화물기스탠드	36	13	49	철도(km)	61.0	6.4	67.4
제빙패드	21	2	23	**용량**			
정비스탠드	14	1	15	여객용량(백만 명)	44	18	62
터미널(천m²)	507	387	894	화물용량(만 톤)	450	130	580
탑승동(천m²)	166	1.5	166	주차용량(대)	4,722	2,721	7,443
IAT/BHS 터널(km)	0.9		2.4	**사업비**(천억 원)	87	49	136

주: 공항 부지면적=3단계 완료 후 22.7km²

(a) T1/T2 배치도   (b) T2 조감도

3단계 사업 완공 후 전경(2017)

2.7 인천공항 기본계획 장기 발전 방향

1. 인천공항 기본계획이 계속 발전되어야 하는 이유

인천공항은 최종단계 개발까지 약 30조 원이 투자되는 단군 이래 최대 사업이라 할 수 있는 복합 인프라이며, 수요 증가에 따라 경제적·사회적 효과 또한 지대하다.

연간 여객 수요(백만 명)	50	100	200
연간 화물수요(백만 톤)	3	6	12
연간 Work Load(백만)	80	160	320
연간 경제효과, 억 달러(조 원)	240(26)	480(53)	960(106)
연간 고용효과(천 명)	240	480	960

주: 연간 Work Load 백만당 경제효과=3억 달러, 고용효과=3,000명 기준

인천공항의 용량, 운영효율 및 위와 같은 효과에 가장 크게 영향을 미치는 것은 기본계획이며(용량계획, 시설 배치계획 및 토지이용계획 등), 이는 개발대안을 비교 검토하고 계속 발전시킴으로써 최적대안을 찾을 수 있다.

공항의 최종단계 용량계획 사례

계획시기(연대)	1970	1980	1990	2000~2010
최종 용량(명)	3,000만	6,000먼	1억	130만~2억
해당 공항	NRT, TPE, SIN	KIX	BKK, KUL, ICN	SIN, KUL, DWC, LHR, PEK(신)

공항의 최종단계 용량은 기술발전에 따른 활주로 용량 증가, 1개 공항에서 운영 가능한 활주로 수의 증가, 복수공항보다는 단일공항의 운영효율 향상 등 여러 요인에 의거 계속 증가되고 있으므로 이런 추세에 대비해야 한다.

공항기본계획의 계획기간은 통상 30년 이상을 내다보지 못한 것이 현재까지의 추세이었으나 과거의 추세로 보아 신기술·신교통이 개발되더라도 대중화되고, 경제성이 확보되기까지는 현재와 유사한 공항이 계속될 것이므로 좀 더 장기적인 공항계획이 필요하다. 즉, 1960년대 초음속 여객기 및 우주탐험 등 신기술 개발로 항공교통의 획기적인 발전을 기대했지만 실용적인 항공교통이 되도록 발전하는 데는 상당한 기간이 소요된다는 것을 감안해야 한다.

공항의 최대용량은 용량 중 가장 작은 용량으로 제한되므로 계속적인 기본계획 Review를 통해 용량이 조화되도록 개선되어야 한다. 활주로 용량은 기술발전으로 계속 증가하고 있으므로 타 용량을 활주로 용량에 조화되도록 증대할 수 있어야 한다.

동일지역의 수요에 대비 복수공항보다 단일공항을 운영하는 것이 공항의 운영효율 향상, 허브 기능 증대, 접근교통시설 투자비 절감 등 여러 면에서 유리하므로 인천공항의 용량이 최대화되도록 발전시켜야 한다. 세계 및 국내의 항공 수요가 국내선 위주에서 국제선 위주로

변화되고 있으므로 인천공항의 향후 역할이 더욱 커진다. 또한 수도권에 발생하는 국제선 수요는 강제로 지방에 분산할 수 있는 것이 아니므로 수도권수요는 수도권에서 대비한다.

공항이 대형화되면 접근교통이 혼잡하게 되므로 대중교통 이용을 장려하며, 이는 교통밀도에 따라 적절한 접근교통을 개발할 수 있다. Hub 기능이 활성화되면 접근교통의 부담 없이 수요가 늘어나서 경제 및 고용효과가 증대함으로 Hub 기능을 강화할 정책이 필요하다.

2. 인천공항 기본계획 발전 방향

(1) 용량의 조화

인천 및 김포공항의 활주로 용량은 DMZ에 의거 상당히 제약되므로 DMZ의 유무에 따른 용량을 비교하고, 이에 조화되는 기타 시설의 용량계획을 수립하여 대비해야 한다.

활주로 용량은 기술발전에 따라 증가하며, 이런 활주로 용량의 증가효과를 보려면 계류장 및 터미널 등의 용량을 활주로 용량에 비례하여 증대시킬 수 있어야 한다.

(2) 최종단계 용량계획의 상향 조정

인천공항의 최종단계 여객용량 1억 명은 1991년 기본계획 용량을 26년이 지난 2017년까지 유지하고 있으나 그 간의 상황 변화를 고려하여 상향 조정되어야 하며, 이는 세계 주요 공항이 최종단계 용량계획을 증대하고 있는 상황을 고려해야 한다. 공항의 최종단계 용량이 증가되는 사유는 수요가 계속 증가했고, 기술발전으로 1개 공항에서 3 독립 및 4 독립평행활 주로 운영이 가능하게 되었으며, 수요를 여러 공항이 분담하는 것보다 대형 공항 하나를 운영하는 것이 운영효율이 크기 때문이다.

서울수도권의 국제선 여객 수요는 1991년 900만, 2006년 2,900만, 2016년 6,100만으로, 최근 수요가 2배로 증가하는 데 10년밖에 걸리지 않았다. 이를 고려하면 인천공항의 최종단계 여객용량 1억 명이 포화되는 문제는 먼 장래의 문제가 아니고 당면한 과제가 되었다.

인천공항의 장래 활주로 용량을 현재의 구미 선진국 수준으로 가정하면 인천공항의 여객 용량은 15,000만 명 이상도 가능하며, 이는 런던의 공항계획을 참고할 수 있다. 인천공항의 최종단계 용량을 상향 조정하고 이에 꾸준히 대비하는 경우와 그러지 않을 경우에 약 20년이 지나면 최종단계 용량에 큰 차이가 발생할 것이다.

(3) 토지이용계획 최적화

인천공항은 제5 활주로가 기본계획에 추
가되었고, T2가 북측에 배치되는 등 기본계
획이 개선되었다. 인천공항의 최종단계 용
량을 증대하고 운영효율을 제고하기 위해서
는 다음과 같이 토지이용계획이 최적화되도
록 조정되어야 하며, 조정이 지연되면 개선
가능성은 감소된다.

현재의 최종단계 배치계획

a. 정비시설 이전

활주로 내측에 배치된 정비시설은 활주로 외측으로 이전하고, 활주로 북측 말단까지 여객
터미널 및 항공기 Stands 용도로 사용함이 항공기의 이동거리 단축 및 최종단계 용량 증대에
유리하다. 항공기 정비시설이 활주로 외측으로 이전되면 정비항공기의 활주로 횡단 문제가
있으므로 정비 빈도가 낮은 중 정비시설을 활주로 외측에 배치하고, 정비 빈도가 높은 경정
비는 Remote Stands를 활용하게 하며, 활주로를 횡단하는 중 정비 항공기가 이용할 수 있도록
활주로 말단을 우회하는 End-around 유도로를 설치함으로써 활주로 횡단 문제를 완화한다.

b. 지원시설 재배치

제2 활주로와 제5 활주로 사이에 배치된 지원시설은 활주로 외측으로 이전하고, 동지역은
여객 및 화물 등 활주로를 이용하는 시설을 배치함으로써 물류비용 절감, 운영효율 향상
및 최종단계의 용량을 증대시킬 수 있으며, 이는 런던 신공항 구상의 토지이용계획을 참고할
수 있다.

c. LCCT 재배치 및 T3 대안 검토

LCCT는 활주로 말단을 상당이 벗어나 있어 활주로 이용이 불편하므로 재배치 검토가
필요하다. 또한 KUL 및 SIN의 LCCT를 고려하면 LCCT 대신 T3 개념의 터미널이 바람직할
수 있으므로 이에 대한 대안 검토가 필요하다.

d. 화물지역 재배치 검토

화물수요 침체, KE의 제2 터미널 이용 및 T3 대안검토와 연계한 화물지역 재배치 검토가 필요하다.

e. 원격주기장 정비

4열로 집중 배치된 Remote Stands는 탑승동을 개발하고, Remote Stands는 Contact Stands 주변에 골고루 분산 배치하여 이용자에게 편리하고, 물류비용을 절감할 수 있게 한다. 이는 허브공항(애틀랜타공항 등) 및 서비스가 좋은 공항(SIN, AMS 등)의 Remote Stands를 참고할 수 있다.

f. 장기 토지이용계획 구상

운영효율 개선과 용량 증대를 위해 위에서 논의한 정비시설 이전, 지원시설 재배치, LCCT 재배치 및 T3 대안 검토, 화물지역 재배치 등을 고려한 토지이용계획은 다음 그림과 같이 구상해볼 수 있는바, 세계적으로 권위 있는 전문가의 검토를 받아볼 필요가 있다. 인천공항의 운영효율 향상과 최종단계 용량 증대를 위한 최적의 토지이용계획은 무엇인가?

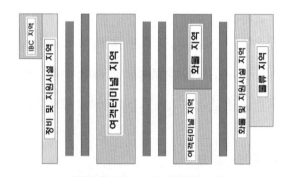

인천공항 장기 토지이용계획 구상

(4) 제5 활주로의 장애구릉 제거와 주변개발 공조

제5 활주로의 북측 진입표면 및 수평표면에 신도의 구봉산(178m)이 장애가 되며, 이를 제거하는 데는 상당한 경비가 소요되고, 제거된 토석을 공항에 활용하는 것도 비경제적이므로 주변 개발사업과 연계하여 경제적 수행방안을 찾아야 한다.

(5) 탑승동 Ca-Cb 간 항공기 배치계획 검토

인천공항 및 홍콩공항의 계류장계획은 미국 용역사가 국내선 위주이고, 중·소형기 위주의 덴버공항을 벤치마킹하여 복수의 Taxilane 이외에 Push-back 공간을 배치했으나 국제선 위주이고, 중·대형기 위주로 운영되는 인천공항 및 홍콩공항에는 Push-back 공간이 미국의 공항만큼 필요치 않다. 따라서 홍콩공항은 이미 Push-back 공간을 원격 주기장으로 활용하고 있으므로 인천공항도 이를 재검토할 필요가 있다.

기본계획상 탑승동 Ca-Cb 간 항공기 배치는 탑승동 Ca-F급 주기-E급 Push back-F급 유도로-F급 유도로-E급 Push back-F급 주기－탑승동 Cb이나 Push back 공간이 필요치 않다면 이를 E급 원격주기로 활용이 가능하며, 최근 개정된 유도로－장애물 간격을 적용하면 총 간격은 더 축소할 수 있다.

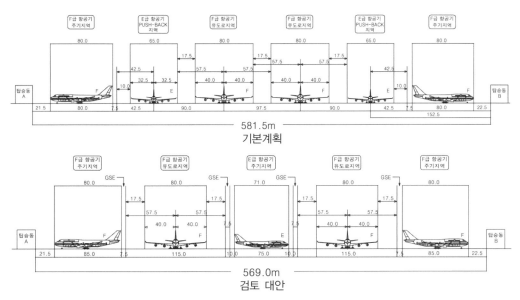

탑스동 Ca-Cb 간 항공기 배치계획 검토

(6) 안내표지판 개선

공항이용자는 공항을 자주 이용하지 않는(연 4회 이하) 이용자가 대다수이므로 공항 내 주요시설(터미널, 기타 주요시설)의 안내표지, 공항 내 순환도로의 방향표지, 터미널 내 방향안내표지 등은 초행자가 쉽게 이해할 수 있도록 개선한다. 이는 공항 상주직원의 입장이 아니고 독일의 고속도로 안내표지와 같이 초행자의 입장에서 재검토할 필요가 있다.

(7) 공항도시(Aeropolis) 개발

국제공항 인근에 공항의 접근성을 활용할 수 있는 물류시설, 상업시설, 업무시설, 편의시설, 전시시설, 항공 관련 산업 등을 주축으로 하는 공항도시^{Aeropolis}를 개발함으로써 그 나라의 제일가는 진열장 역할과 더불어 지역경제를 활성화시키고, 수요창출을 있으며, 이는 3.18절(두바이 신공항), 3.19절(간사이공항), 3.21절(도원공항), 3.26절(주부공항)의 공항도시 개발계획을 참고할 수 있다.

제3장

주요 공항
계획 및 운영

제3장 주요 공항 계획 및 운영

세계 주요 공항의 계획 및 운영상황을 검토하는 목적은 최첨단 기술의 활용과 최근의 공항계획 동향 등을 조사 분석함으로써 선진국이 겪었던 시행착오를 사전에 방지하고, 우리 공항을 경제적이고 효과적으로 건설 및 운영하기 위한 것이다.

세계 주요 공항에서 가장 문제가 되고 있는 것은 최종단계 용량 부족이다. 녹지에 건설된 공항도 20여 년이 지나면 공항 주변이 도시로 개발되거나 기존 공항시설 때문에 확장이 불가한 공항이 많으며, 이런 공항은 지연과 혼잡의 증가로 지역경제발전에 장애요인이 되고 있다. 기본계획 수립 시 공항의 최종규모는 20~30년 후의 수요에 대비했으나 공항의 수요는 20~30년이 지나도 계속 증가하고, 기본계획수립 시 공한지였던 공항 주변 및 신공항 건설가능지역은 20~30년 후에는 이미 개발되어 공항을 확장하거나 신공항을 건설할 수 없게 되는 것이 대도시의 일반적 상황이므로 좀 더 장기적인 대책이 필요하다.

공항계획의 주요 인자는 국내선, 국제선의 구분, 수요의 다소, 항공기 혼합률, 서비스 수준, 터미널 개념(집중식·분신식, 출발·도착 분리 또는 혼합), 환승여객의 비율, LCC 분담비율, 여객기로 운송되는 항공화물의 비율 등이며, 미국은 국내선 및 중·소형기 위주이고, 유럽은 국제선 및 중형기 위주이며, 아시아는 중국을 제외하고는 국제선 및 중·대형기 위주이므로 아시아의 국제선 위주공항은 유럽의 주요 국제공항과 여건이 유사하다고 볼 수 있다.

제3장에서는 수요가 많은 공항, 최근에 계획된 공항, 최소한의 시설로 최대한의 이용실적

이 있는 공항, 서비스가 좋은 공항 등 국내공항 개발에 참고할 수 있는 공항을 선정하여 검토했다. 3장에 소개된 미국의 공항들은 운항 횟수가 많은 경우의 활주로, 승용차 이용비율이 높은 경우의 육상교통(도로, 주차장, 커브 등), 오래된 공항의 Remodeling 계획 등에 참고할 수 있다. NRT 및 JFK 공항은 기본계획이 잘못되었을 경우의 문제점에 대하여, KUL, BKK 공항 등은 소음피해를 방지하기 위한 공항 주변의 토지이용계획과 국제선 위주의 터미널 개념에 대하여, CDG 및 DFW 공항은 단위터미널의 문제점에 대하여, 두바이 신공항(알목담)은 공항도시Aeropolis 계획에 참고할 수 있다.

영국은 인구, 국토면적, 수도권의 인구집중, 대륙과 분리 등 여러 면에서 한국과 입지여건이 유사하며, 한국이 통일되고 경제가 더 발전되면 영국과 같은 항공 수요가 발생할 가능성이 크므로 영국의 공항자료를 제4장에서 보충했다. 2015년 기준 런던 수도권의 공항여객은 15,500만 명(국제선 여객=92%)이고, 서울수도권의 공항여객은 7,200만 명(국제선 여객=73%)으로서 런던의 공항여객은 서울의 2.2(국제선 여객=2.7)배에 달한다.

제3장에 소개된 주요 공항의 자료원은 Wikipedia에 소개된 각 공항의 개요, 각 공항의 기본계획 및 ACI 공항자료 등을 인용한 것이다.

3.1 애틀랜타공항(ATL)

Atlanta는 미국 동남부 조지아 주의 주도主都로서 주 인구는 약 4,200만 명, 도시권 인구는 약 220만 명이다. 1961년에 기업 유치 대캠페인을 전개하여 다운타운에는 코카콜라/CNN의 본사, 호텔, 국제회의장, 오피스빌딩 등 고층빌딩이 군집하고, 1996년에 올림픽을 개최했다.

1. ATL 공항 연혁 및 개요

ATL 공항은 1920년대에 William B. Hartfield를 위원장으로 하는 공항조사위원회가 Atlanta 도심에서 반경 40km 이내의 후보지를 조사하여 선정되었으며, 미국 동부-중부-남부의 중계지라는 지리적 여건 때문에 델타 및 이스턴 항공의 Hub 공항으로 급속 성장함으로써 1998년 이후 여객은 세계 1위가 되었고, 65% 이상이 환승여객이어서 미국사람은 죽어서 천국에 가든 지옥에 가든 ATL 공항에 가서 한 번은 갈아타야 한다는 조크가 생겼다.

핑거형 콘코스의 항공기순환이 불편한 점을 고려하여 1980년 세계 최초로 직선형 콘코스 및 대형 터미널을 도입했으며, 운영효과가 좋아서 여러 공항의 벤치마킹의 대상이 되고 있다.

ATL 공항의 연혁은 다음과 같다.

- 1925: 자동차 경주트랙을 비행장으로 개발
- 1957: Finger type 터미널 건설
- 1980: Mid Field 터미널 완공
- 1998: 여객 7,350만, 여객 수요 1위 공항
- 2000: 2015년 대비 확장계획
- 2014: 2030년 대비 확장계획(용량: 1억 2,100만 명)

ATL 공항 개요는 다음과 같다(2016년 말 기준).

명칭: Atlanta International Airport 운영자: 애틀랜타 시 항공국 거리: 남측 16.2km, 면적: 19.02km² 　　　고도, 좌표: 해발 316m, 33°N/084°W 효과: 경제 = $23.7billion, 고용 = 197,000명	활주로: 평행 5개(독립평행 3개) 길이 및 간격 → 제5항 참고 Stands: 199(J.B 188) 터미널: 539,000m² 2016 수요: 104.200만 명/898,000회

주: 수요 증가 추세: ① 여객: 1992 = 4,200만 명, 2006 = 8,600만 명, 2016 = 1억 400만 명
　　　　　　　　　② 운항: 1992 = 621,000회, 2006 = 98만 회, 2016 = 89만 8,000회

1960

1972

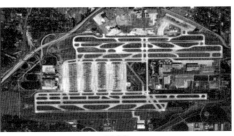

1988

2012

2. ATL 공항 시설현황(2016년 12월)

활주로 시스템은 3 독립+2 비독립 평행활주로의 조합이다. 활주로 ①, ④는 도착용, ②, ③은 출발용, ⑤는 혼용이며, 활주로 길이, 운영등급 및 시간용량은 다음과 같다.

구분	활주로	길이(m)	운영등급	용량(회/시)	비고
도착	8L-26R ①	2,743	Cat III	2014 기준 • VMC: 216 • IMC: 175	① ② ③ ④ ⑤
도착	9R-27L ④	2,743	Cat III		
도착	10-28 ⑤	2,743	Cat II		
출발	8R-26L ②	3,048	Cat II	개선 후 • VMC: 233 • IMC: 186	
출발	9L-27R ③	3,624	Cat I		
출발	10-28 ⑤	2,743	Cat II		

 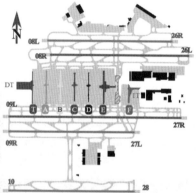

활주로 8L-26R(①)에 착륙한 항공기가 계류장으로 진입 시 활주로 8R-26L(②)에서 이륙하는 항공기 때문에 지연이 발생됨에 따라 착륙항공기가 우회할 수 있는 End-around 유도로를 건설하여 활주로시간용량이 약 15% 증가되었으며, 안전을 고려하여 이 유도로 높이는 이륙활주로보다 최대 9m를 낮추었다.

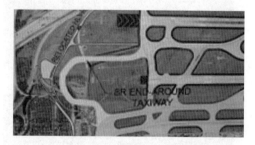

ATL 공항 End-around 유도로

여객기 계류장에 Remote Stand는 거의 없고, 탑승동별 Stand는 다음과 같이 구성되었다.

Concourse	T	A	B	C	D	E	F	계
Stand 수	17	29	32	48	43	28	12	209
국내선/국제선	국내선 159					국제선 40		

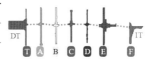

주: 2016 여객＝104.2mn(국제선 11%), Stand당 50만 명

터미널과 탑승동 총 면적은 539,000m²이며, 남 터미널(Delta 항공)과 북 터미널(기타 항공사)로 구성되고, 국제선＋국내선 공동 이용이다. Curbside check-in, Kiosk 및 Baggage Drop을 운영한다. Concourse E, F는 국제선용이며 탑승동에서 Immigration, 수하물 수취 후 재탁송, 보안검색, IAT 탑승, 터미널 도착 및 수하물을 재수취한다.

3. 확장 Master Plan(2000 계획, 2015 Vision)

(1) 사업 개요

12,100만 명을 처리할 수 있는 ATL공항 확장 기본계획은 그림 3.1-1과 같다.

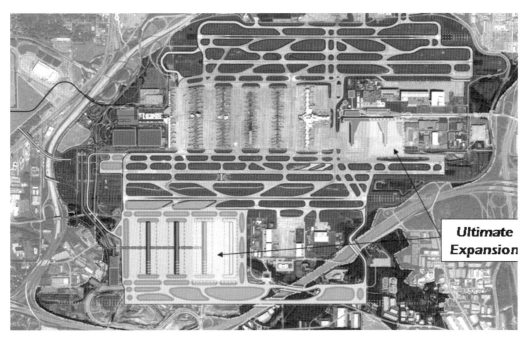

그림 3.1-1 ATL 공항 확장 Master Plan(2000 계획, 2015 Vision)

- 수요 추정
  - 2020년: 11,000만 명
  - 2030년: 14,000만 명
- 사업내용
  - 제5 활주로 신설
  - 남측 탑승동 신축(70Gate)
  - 국제선 여객터미널 건설
  - 기존 여객터미널 개량
  - 렌터카 통합주차장 건설
- 사업비: 54억 달러

(2) 사업 추진내용 및 효과

2006년 5월 제5 활주로 운항 개시, 이로 인한 FAA의 용량평가는 다음과 같다.

- 시계비행(VFR) 시간당 용량: 216회로 증가(2013년 이후는 233회로 증가)
- 계기비행(IFR) 시간당 용량: 175회로 증가(2013년 이후는 186회로 증가)

기존 고속도로에 암거를 설치하고 활주로 및 유도로를 건설했으며, 고속도로는 10차선이지만 장래 수요 증가를 감안 8차선을 추가 건설했다. 암거지역 착륙대 폭은 150여m로서 이는 FAA의 활주로 안전지역 폭 및 ICAO의 strip 내 정지 폭(비정밀)과 같다. 유도로 Safety Area 폭 69m는 FAA VI급 80m보다 작지만 ICAO F급 정지 폭(60m)보다는 크다.

그림 3.1-2 고속도로상의 제5 활주로

그림 3.1-3 렌터카 통합주차장(APM 연결)

제5 활주로와 더불어 102m 높이의 신관제탑을 건설했다. 이는 미국에서 가장 높은 관제탑으로서 5개 활주로 표면의 시야가 확보된다. 구 관제탑은 신축 관제탑 건설 후 철거했다.

렌터카 통합주차장(7,500대 주차건물과 1,200대 지상주차장), 주유소 140개, 세차장 30개 설치, APM이 터미널－컨벤션센터－CONRAC(통합렌터카시설) 3개 역을 연결한다(그림 3.1-3).

4. 확장 Master Plan(2014, 2030 Vision)

2030년 수요 여객＝1억 2,100만, 운항PMAWD＝3,252회(연간≒110만 회)에 대비한 기본계획은 ① 제6 활주로 건설, ② End-around taxiway 건설, ③ 터미널 현대화 및 탑승동 확장, ④ 탑승동 G 건설, ⑤ 활주로 및 유도로 재포장, ⑥ 화물, 정비, 소방 시설 이전 등이며, 사업비는 $6bn이고, 주요 내용은 그림 3.1-4와 같다.

| (a) 제6 활주로 건설 | (b) 활주로 9L End-around taxiway 건설 |

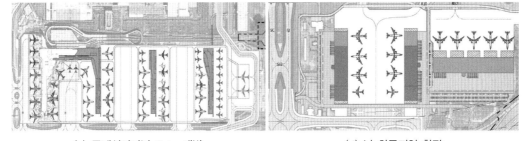

(c) 국제선터미널 Gate 개발   (d) 남 화물지역 확장

그림 3.1-4 ATL 확장 기본계획(2014, 2030 Vision)

5. ATL 공항의 특징

ATL 공항부지 19km²(576만 평)에서 1억이 넘는 여객을 수용하고 있는바, 이는 ① 수요가 대부분 국내선이어서 계류장면적 소요가 작은 것, ② 환승여객이 68%로서 Landside 시설소요가 작은 것, ③ 터미널 Concept가 대용량에 적합한 집중식 터미널이고, 항공기운영효율이 큰 직선형 탑승동인 것, ④ 풍향이 일정하여 교차활주로가 필요 없는 것 등으로 가능하다.

ATL 활주로 용량과 ICN 활주로 용량을 비교하면 다음과 같으며, ATL의 용량을 감안하면 ICN의 장기 활주로 용량은 상당히 증가할 것으로 보인다.

구분	ATL					ICN				
활주로 구성	①	②	③	④	⑤	①	②	③	④	⑤
활주로 간격(m)	① 305 ② 1340 ③ 305 ④ 1280 ⑤					① 414 ② 2075 ③ 414 ④ 2075 ⑤				
활주로 길이(m)	① 2743 ② 3048 ③ 3624 ④ 2743 ⑤ 2743					① 3750 ② 4000 ③ 3750 ④ 3750 ⑤ 3750				
활주로 용량(IMC)◆	2014년 평가 175 → 개선 후 186★					2013 기준 평가용량: 150회				

주: ① IMC는 운고=1,000피트(300m) 미만, 시정=3마일(4.8km) 미만
　② 용량 증대는 TMA 및 RNAV(지역항법) 절차에 의한 항공기 정렬 정밀도 개선으로 가능하다.

직선형 위성 탑승동은 ATL이 처음 도입한 이래 그 효과가 인정되어 DEN, LHR T5, MUC, DXB, NRT T2 등이 도입했고, 당초 문자형 탑승동을 도입했던 KUL, BKK, HKG 등도 직선형 탑승동으로 변경하고 있으며, 이는 그림 3.1-5를 참고할 수 있다.

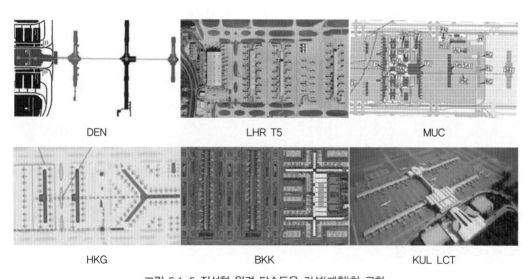

DEN　　　　　　　　LHR T5　　　　　　　　MUC

HKG　　　　　　　　BKK　　　　　　　　KUL LCT

그림 3.1-5 직선형 원격 탑승동을 건설(계획)한 공항

접근교통이 승용차 위주이어서 터미널지역의 Landside 시설소요가 매우 크므로 터미널을 세로로 배치하고 그 좌우를 커브로 활용하며, 커브에 인접하여 주차건물을 배치했다. 그 후

방에 평면주차장을 대규모로 확보하고, APM이 터미널과 연결한다.

　　Stand당 여객은 2016년 50만 명이며, 이는 항공기의 평균 크기를 고려해야 한다(기당 평균 여객: ATL＝115명, 인천공항＝190명). ATL의 10대 국내노선은 MCO, LGA, FLL, LAX, TPA, ORD, DCA, DFW, DEN, MIA이다.

6. 미국 30대 공항

그림 3.1-6 미국 30대 공항 위치

표 3.1-1 미국 30대 공항의 이용실적(출발＋도착)

공항명			2016 여객		2015		J.B당 여객 수	
			여객 (백만)	국제선 (%)	운항 (천 회)	기당 여객	J. B 수 ①	여객 (만)
1.	Atlanta	ATL	104.2	11	882	115	188	55
2.	Los Angeles	LAX	80.9	27	656	114	111	73
3.	Chicago O'Hare	ORD	78.0	15	875	88	170	46
4.	Dallas/Fort Worth	DFW	65.7	12	681	96	144	46
5.	John F. Kennedy	JFK	59.0	53	439	129	126	47
6.	Denver	DEN	58.3	4	541	100	99	59
7.	San Francisco	SFO	53.1	22	430	117	82	65

표 3.1-1 미국 30대 공항의 이용실적(출발＋도착)(계속)

공항명			2016 여객		2015		J.B당 여객 수	
			여객 (백만)	국제선 (%)	운항 (천 회)	기당 여객	J. B 수 ①	여객 (만)
8.	Las Vegas McCarran	LAS	47.4	7	530	86	113	42
9.	Miami	MIA	44.9	44	413	108	133	34
10.	Charlotte	CLT	44.4	7	545	82	93	48
	평균					104	126	51
11.	Phoenix Sky Harbor	PHX	43.4	5	441	100	99	44
12.	Houston, George Bush	IAH	41.6	25	503	85	134	31
13.	Seattle-Tacoma	SEA	45.7	10	381	111	69	66
14.	Orlando	MCO	41.9	13	308	127	104	40
15.	Newark Liberty	EWR	40.6	29	416	90	114	36
16.	Minneapolis	MSP	37.5	7	405	90	104	36
17.	Logan(EL＝6m)	BOS	36.3	16	373	90	97	37
18.	Detroit	DTW	34.4	10	379	88	141	24
19.	Philadelphia	PHL	31.1	12	411	76	111	28
20.	LaGuardia	LGA	29.8	6	360	87	58	51
	평균					94	104	39
21.	Fort Lauderdale	FLL	29.2	19	278	97	59	50
22.	Baltimore-Washington	BWI	25.1	5	246	97	74	34
23.	Washington National	DCA	23.6	2	293	78	59	40
24.	Chicago Midway	MDW	22.7	4	254	87	43	53
25.	Salt Lake City	SLC	23.2	3	312	71	56	41
26.	Washington Dulles	IAD	22.0	32	269	80	34	65
27.	San Diego(EL＝5m)	SAN	20.7	3	194	104	54	38
28.	Honolulu(EL＝4 m)	HNL	19.9	26	313	64	41	49
29.	Tampa	TPA	18.9	4	191	98	58	33
30.	Portland	PDX	18.4	4	218	8	46	40
	평균					85	52	44
Memphis(화물최대 공항)		MEM	화물 429만 톤					

주: J.B＝Jet Bridge(탑승교)

3.2 런던 히스로국제공항(LHR)

런던은 영국의 수도로서 업무 및 금융의 세계적 중심이며, 인구는 런던시 9,800만, 수도권 1억 8,900만이다.

런던 수도권에는 5개의 공항이 있다. 영국(런던)은 세계 국가(도시) 중에서 국제선 항공여객이 가장 많으며, 그 사유는 대륙과 떨어져 있는 섬나라이어서 육상교통의 이용이 적기 때문이다.

1. 히스로 연혁 및 개요

1930년대에 시골마을이었던 히스로는 제2차 세계대전 당시 군용비행장이었고, 1946년부터 민항기가 취항했다. 1947년에는 그림 3.2-1의 a와 같이 소형기의 Wind Coverage를 확보하기 위해 ✿형으로 6개의 소형 활주로가 구성되었다. 개항 당시는 여객 수요가 미미했으므로 아주 협소한 터미널지역으로 시작했으나 수요 증가 및 항공기 대형화에 따라 활주로는 평행 활주로 2개만 남았고, 공항시설지역은 대폭 확대되었다(그림 3.2-1의 b 및 그림 3.2-2).

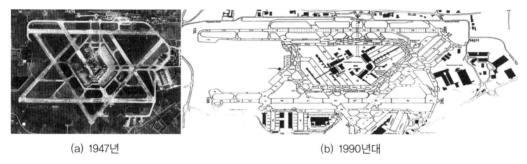

(a) 1947년   (b) 1990년대

그림 3.2-1 LHR 공항 배치현황(그림 3.2-7 및 그림 3.2-8 참고)

항공기 안전운항을 위해 Airside 포장지역을 철저히 관리하고자 지역별 일련번호를 부여했으며, 쓰레기 관리, 오탁물 방지, 제설 등에 활용되고 있다(그림 3.2-1의 b).

(1) 터미널 배치

터미널 T1, T2, T3는 중앙부에 배치되었으나 T4는 활주로 건너편에, T5는 활주로 말단주변에 배치되어 터미널 간 연결이 매우 불편하다(그림 3.2-2). T1~T3는 1955~1969, T4는 1986, T5 및 T5Ca는 2008, T5Cb 및 T5Cc는 2011 개관했다(그림 3.2-3). T1~T3는 그림 3.2-7과 같이 직선형으로 개조 중이다.

그림 3.2-2 LHR 공항 배치현황(2015)　　　　그림 3.2-3 LHR T5 및 탑승동 배치현황

(2) 접근교통

터미널의 Airside 간 환승은 램프버스가 연결하고, Landside 간은 Heathrow Express 및 Local bus가 연결하며 무료이다. 접근교통문제를 해소하고자 도심에서 히스로까지 고속지하 철을 연결시켰으며, 시내에서 16~20분이 소요되고, 건설비 2.8억 파운드는 공항과 국철이 분담했다(80 : 20%). 대중교통을 장려한 결과 이용비율이 증가하고 있다.

(3) 토지이용

2013년 기준 그림 3.2-4와 같이 Airfield를 제외한 잔여지역 중 여객터미널지역이 60% 이 상이고, 활주로 양단 내측은 모두 터미널지역으로 사용하며, 이는 히스로공항 정비계획(그림 3.2-7) 및 런던 수도권 공항용량 확충방안에서도 마찬가지이다. 정비시설은 활주로 말단을 지난 활주로 내측에 배치되었으며, 이는 정비항공기가 활주로를 횡단함에 따른 지연과 위험 을 방지하기 위한 것이다. 화물시설은 활주로 건너편에 배치되었다.

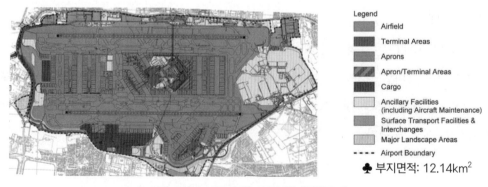

Legend
- Airfield
- Terminal Areas
- Aprons
- Apron/Terminal Areas
- Cargo
- Ancillary Facilities (including Aircraft Maintenance)
- Surface Transport Facilities & Interchanges
- Major Landscape Areas
- ---- Airport Boundary
- ♣ 부지면적: 12.14km^2

그림 3.2-4 LHR 공항 토지이용 현황(2013)

연도	여객(백만)	화물(만 톤)	운항(천 회)
1986	31.7	54	316
1996	56.0	104	440
2006	67.5	126	477
2011	69.4	148	481
2016	75.7	154	475

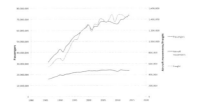

LHR 공항의 활주로 용량은 1980년대는 34만 회(시간 72회)로 평가했지만 2000년대는 관제 기술 발전으로 48만 회(103회)로 평가하며, 최근 용량이 포화되어 수요가 침체되고 있다.

(4) 2016년 말 기준 LHR 공항 개요

명칭: London Heathrow Airport	활주로: 평행 2개, 3,902 및 3,660m
운영자: Heathrow Airport Limited	Stand: 166개 – 72mn, 199개 – 90mn
거리/고도: 서측 22km/해발 25m	Jet Bridge: 115
좌표: 51°N/00°W	터미널: T1–T5, 657,000m²
면적: 12.14km²(368만 평)	2016년 실적: 7,570만 명, 154만 톤, 475,000회
주 항공사: British Airways, 43% 분담	효과: 경제 $16.2bn, 고용 217,000명

2. 히스로공항의 문제점

• 장기적인 Master Plan 없이 수요 증가에 따라 용량을 계속 확대해왔다.

계획연도(년)	계획 시 수요	계획용량	비고
1970	17	36	T1, T2, T3
1991	38	80	T5 계획
2007	68	120	T6 및 제3 활주로 계획(히스로공항)
2015	75	132~149	T6 및 제3 활주로 계획(Airports Commision)

• 공항 주변에 도시가 개발되어 소음피해가 발생함으로써(그림 3.2-5) 운항시간을 제한하고 있다. 초음속 Concorde 기는 공항 주변의 소음피해와 비경제적 사유로 더 이상 운항하지 못하고 2003년 완전 퇴역했으며, 하나를 기념으로 전시하고 있다(그림 3.2-6).

• 터미널(T1~T5)이 여러 곳에 분산되어 터미널 간 환승이 불편하고, 철도연결도 복잡하다.

• 활주로 용량(48만 회)이 포화되어 최근에는 수요가 침체되고 있다.

그림 3.2-5 LHR에 접근하는 B747   그림 3.2-6 LHR에 전시된 Concorde 기

3. T5 개항 시의 문제와 대책

T5는 2008년 3월 개항 시에 수속지연, 수천 개 수하물의 행방불명went missing, 환승지연에 따른 여객감소(1일 7→3만 명), 많은 항공편 취소에 따른 경제적 손실(BA의 손실은 2,400만 달러(US)), BA 명성실추 등의 문제가 있었다. T5 개항 준비를 위해 40만 명·시간의 소프트웨어기술자 동원, 6개월의 직원훈련과 시스템 테스트, 수하물시험 66회, 탑승시험 32회 및 15,000명 동원, BHS full-load 테스트 20회 등을 거쳤으므로 개항 준비는 충분했다는 견해도 있으나 개항 시 문제발생으로 이용자에게 큰 고통을 준 것은 사실이다.

덴버와 홍콩에서 터미널 개항의 문제가 있었지만 히스로 T5 개항 시 문제는 관련자를 다시 한 번 놀라게 했다. 조사결과 과거에 발생한 유사문제의 대책이 부족했던 것으로 보인다. 개항 준비는 최고 책임자의 적극적인 관심이 필요하며, 모든 관계자는 과거의 문제에 대한 해결책을 강구하고, 충분한 시운전기간이 필요하다. 성공적 개항수단은 다음과 같다. 주요설비는 설계 및 공사 시 운영 팀이 공동 참여하고, 시험, 훈련 및 commissioning program 을 프로젝트의 필수로 간주한다. 개항 시 운영에 대한 상세계획이 필요하며, 운영개시 규모 는 고객의 서비스에 영향을 주지 않을 정도로 점진적이어야 한다.

4. LHR 정비 및 확장계획(제3 평행활주로 및 T6 건설)

LHR 공항이 유럽 주요 공항과 경쟁하면서 허브 기능을 유지하기 위해 기존시설 개선, 제3 활주로 및 T6 건설 필요성이 오랫동안 논의되어 왔으나 LHR 공항 확장, 테임스강 어귀 신공항 건설에 대한 정치권, 지역주민, 환경그룹의 의견이 상충되어 결정이 지연되던 중에 히스로공항을 확장하는 것으로 방향을 잡았다. LHR 정비계획, 확장계획 및 필요성을 요약하면 다음과 같다.

(1) 히스로공항 정비계획

피어형 T1, T2, T3를 1개 터미널 및 직선 형 탑승동으로 재건축하고, 활주로 양단 사이를 모두 여객터미널지역으로 이용한다. 이에 따른 효과는 연간 여객용량이 80에서 9,000~9,500만으로 증가할 것으로 기대한다(그림 3.2-7 참고).

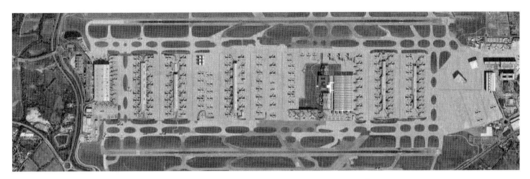

그림 3.2-7 히스로공항 터미널지역 정비계획

(2) 히스로공항 확장 기본계획(2016. 12. 기준)

확장계획은 다음 내용 및 그림 3.2-8과 같고, 건설 복잡성은 Medium으로 평가되었다.

사업내용(사업비: £16.9bn)	효과 및 역효과
• 제3 평행활주로(길이 = 3,500m, 간격 = 1,045m) • T6 및 탑승동 건설 • 매입 대상: 863ha, 가옥 783세대	• 여객용량: 90~95 → 132~149mn • 운항용량: 48만 → 74만 회 • 홍수 조절량 손실: 116,000m³

그림 3.2-8 히스로공항 확장 기본계획

(3) 히스로공항 확장 필요성

런던 수도권의 항공 수요는 2030년 2억 명을 예상한다. 히스로가 현재 상태로 운영된다면 8,000만 명을 수용할 수 있고, 그 이후는 그림 3.2-7과 같이 기존시설 개수, 운항 48만 회, A380 취항, 주차장 42,000대 확보를 전제로 9,000~9,500만 명을 수용할 수 있다.

히스로공항의 경제적 중요성이 크다. 현재 10만 명의 직접고용과 14만 5,000명의 간접고용효과가 있으며, 제3 R/W는 60억 파운드의 직접효과가 있다. 매년 외국인 업무여행자 350만 명은 영국의 경쟁력을 향상시킨다. 외국회사가 런던에 자리 잡은 사유는 50% 이상이 시장에 대한 접근성이고, 25%는 국제여행의 편리성이라고 조사되었다. LHR을 이용하는 외국관광객(900만)은 영국 GDP의 1.5%를 분담한다.

항공사들이 히스로공항을 중요하게 보는 여건은 강력한 O/D 수요가 있고, 이의 83%는 런던 수도권에서 발생하며, 광대한 노선망이 있어 다른 공항에 비해 유리하다. 활주로 용량 부족으로 허브 기능에 지장이 되지만 운항수요와 네트워크가 커서 아직도 환승여객이 많다.

a. 히스로공항 확장을 위한 근거자료(히스로공항당국 제시)

- 런던 수도권의 여객 수요 전망: 2030년 2억 명(2015년 실적 = 154)
- 유럽 주요 공항의 여객 수요 및 분담비율 추세(1992~2015)

연도	여객(백만 명)					분담률(%)			
	LHR	FRA	CDG	AMS	계	LHR	FRA	CDG	AMS
1992	45	31	25	19	120	37	26	21	16
2002	63	49	48	41	201	32	24	24	20
2015	75	61	66	58	260	29	24	25	22

- 유럽 주요 공항의 운항수요 및 활주로 용량평가

공항	운항수요(년)		2010년 용량평가		활주로 구성	
	2005	2015	활주로	평가용량	CDG	LHR
CDG	522,600	497,800	4	710,000	‖ □ ‖	□ □
AMS	420,700	438,300	5	600,000		
FRA	490,100	468,200	4	660,000		
LHR	477,900	472,800	2	★480,000		

★ 1990년 평가한 LHR 공항 활주로 용량은 34만 회(72회)이었다. ↔ 48만 회(105회)

- 히스로공항 여객기 Stands 현황 및 계획

Stands size	2005 Stands(6,800만)			Stands 계획(8,700만)		좌석 수
	Cont	Rem	total	1안	2안	
Jumbo Extra(F)	0	1	1	35	37	525
Jumbo Wide(E)	50	50	100	84	80	253~416
Large(D)	17	0	17	31	42	253~304
Medium(C2)	37	9	46	37	30	134~215
Small(C1)	1	1	2	–		82~134
Total	105	61	166	187	189	–
EQA Index	2.058			2.360		

주: Stand당 연간여객: 2005년=41만 명, 계획=46만 명(EQA Index 참고)

5. LHR 공항 참고사항

LHR 공항은 운영효율을 개선하기 위해 기존 Pier Type 탑승동을 모두 직선형 탑승동으로 개조하고, T6도 직선형으로 계획 했으며, T1-T3는 1동으로 대형화하고 있다. LHR 공항의 화물전용기 비율은 0.5%, 런던 수도권의 국내선 항공여객 비율은 8%이다.

공항 확장(매립)에 따라 발생하는 홍수조절 량의 손실을 고려했으며, 이는 국내 공항계획에도 고려되어어야 한다. 저지대 매립공항(김포, 김해 등), 고 성토 공항(양양, 울진공항 등).

히스로공항은 상업적 개발에 성공했으며, 그들의 조언을 들어보면 다음과 같다.

- 고객 수요에 부응하고 공항 수익 증대를 위해 심층조사가 필요하다.
- 매점운영 전문가를 다수 고용하여 고객욕구를 반영해야 한다.
- 항공사별 구매취향이 다른 점에 유의하고, 제품의 보증이 필요하다.
- 처음에는 시도해보려는 의욕이 부족하므로 Leading Retailer의 설득이 필요하다.
- 성공적 판매를 위해 공항당국과 업체 간 협조가 필요하다.
- 임대료는 상점마다, 품목마다 다르게 결정해야 한다. 즉, 이익발생 기준에 따라야 한다.

(1) 서울과 런던의 항공 수요

2015년 영국의 총 국제선 항공여객 수요는 2억 1,100만 명, 런던 수도권은 1억 4,300만 명으로서 세계 최대 국가 및 도시이며, 그 사유는 영국이 섬나라이기 때문에 국제선 수요가 많고, 또한 영국과 주변 국가의 대다수가 선진국이어서 국제선 수요가 많다. 영국의 국토면적이나 인구는 한국의 남북한을 합친 것과 비슷하고, 한국의 입지여건도 영국과 유사하므로 아시아지역이 고도로 발전하면 한국의 국제선 항공 수요도 상당히 증가할 가능성이 있다.

한국의 인구와 경제 규모로 보아 국제선 여객 수요는 크지 않을 것이라는 소극적 생각보다는 아시아지역도 경제가 발전되면 미국이나 유럽의 공항 못지않은 항공 수요가 발생할 수도 있다는 전제하에 장기수요에 대비하는 것이 현명한 처사로 보인다.

3.3 싱가포르 창이국제공항(SIN)

Singapore는 말레이시아 반도 남단에 위치한 섬 도시로서 Lion City, Garden City 등의 별명이 있으며, 면적은 719km²(서울 605), 인구는 550만 명이다. 영국의 식민지이었던 말레이시아 연방 소속이었다가 1963년 독립했으며, 세계적 상업, 금융, 교통의 허브이며, 사업하기 좋은 도시, 회의하기 좋은 도시의 명성이 있고, Lee Kuan Yew 前 수상의 3C 정책으로 잘 정돈된 도시국가이다Republic of Singapore, 新加坡共和国.

1. 창이공항의 연혁 및 개요

1937년에 Kallang 공항을 개항했으나 항공 수요 급증과 항공기 대형화에 따라 1955년에 Paya Levar 공항으로 이전했으며, 1963年 독립한 이래 자유무역도시로서 적극적인 항공정책을 추진했다. 1960년대 말에 B707 등 대형 제트기 취항으로 도심상공을 비행하는 Paya Levar 공항 운영에 문제가 있었으므로 이를 대체할 신공항을 1973년부터 조사하여 1975년 창이공항 건설방침을 결정하고, 동해안 군용 비행장 주변의 해상 8.7km²(264만 평)을 매립하여 합계 13km²(394만 평)의 용지를 가지고 1981年 창이공항을 개항했다. 개항 후 계속 확장하여 제3 활주로와 제3 터미널이 완료되었다.

지리적으로 유리한 위치, 장애물이 적은 공항입지, 완비된 공항시설 등은 가보고 싶은 공항의 배경이 되고 있으며, 기종점 여객은 70%, 환승여객은 30% 정도이다. 창이공항의 수요는 적극적인 항공사 유치의 결과이며, 국제항공화물의 집산지 및 교류기지로서의 지위를 확립하여 경제발전에 기여하고 있다. 최근 주변에 대규모 공항이 건설되고 있지만 시설만 가지고 창이공항의 우위를 간단히 추적하기는 어려울 것으로 보고 있다.

창이공항은 서비스 수준 세계1 또는 2위 공항으로 계속 선정되고 있으며, 이는 공항시설이 완비되고, 서비스 수준이 높고, 잘 훈련되고, 생산적이고, 팀워크가 좋은 직원들에 의거 효율적으로 건설 및 운영되고, 최신 기술로 고품질 운영이 되도록 계속적으로 노력하기 때문이다. 창이공항과 서울 수도권의 국제선 수요를 비교하면 표 3.3-1과 같다.

표 3.3-1 창이공항과 서울수도권의 국제선 수요 비교(백만 명, 만 톤)

구분		1976	1986	1996	2006	2016	서울 수도권/창이공항 수요		
							연도	여객(%)	화물(%)
창이	여객	4.0	10.1	23.1	35.0	58.7	1976	43	152
	화물	6.4	35	119	183	197	1996	64	118
김포+ 인천	여객	1.7	4.2	14.7	29.8	61.4	2016	105	139
	화물	9.7	37	140	236	274			

2016년 말 기준 창이공항 개요

운영자: Changi Airport Group Ltd 거리, 고도: 東 17.2km, 해발 6.7m 좌표: 01°N/103°E 면적: 기존 13 + 확장 27 = 계 40km² 항공사: 100, 연결 국가: 90, 연결도시: 380	활주로: 평행 3개, 4,000m-2개, 2,750m 간격: 1640, 1,880m Stand: 134개(J.B 97)(Stand당 49만 명) 터미널: 1,265,000m²(T1~T4) 2016년 실적: 5,870만 명, 197만 톤, 36만 회

2. 창이공항 기본계획(1975)

창이공항은 1975년에 계획되었으며, 부지면적은 13km²(394만 평), 활주로는 독립평행활주로 2개(간격: 1,640m), 터미널은 3동, 최종단계용량은 3,600만 명이었다. 창이공항이 내륙에 위치해 있다면 주변의 토지이용계획 때문에 더 이상의 확장이 곤란했을 것이나 해변공항이어서 매립에 건설비가 증가되는 문제는 있지만 확장 자체가 불가능한 것은 아니다. 인천공항은 해상공항이지만 영종도와 용유도가 둘러싸고 있어 확장 면에서는 내륙공항과 유사하므로 더 이상의 확장이 곤란한 점을 고려하여 계획에 신중을 기해야 한다. 창이공항의 최초 기본계획[1975]을 요약하면 그림 3.3-1 및 표 3.3-2과 같다.

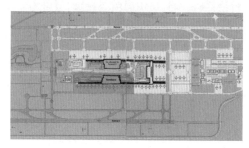

그림 3.3-1 창이공항 기본계획(1975)

표 3.3-2 창이공항 최초 기본계획(1975)

시설	규모	용량	
		시간	연간
부지면적	13km²(394만 평), 1단계에 완성		
활주로	평행활주로 2개(간격 1,643m) - 1단계: 4,000×60m 건설 - 2단계: 3,355×60m 건설	66회	
여객터미널	T1: 22만m²(Contact Stand: 19개) T2: 285,000m²(Contact Stand: 19개) T3: 285,000m²(Contact Stand: 19개)	5,000명 5,000명 5,000명	1,200만 명 1,200만 명 1,200만 명
	계: 79만m²(Contact Stand: 57개)	15,000명	3,600만 명

3. 기본계획 조정(2017 기준)

당초 기본계획[1975]에서는 최종단계 용량을 3,600만 명으로 계획했으나 기본계획 조정[1996]에서는 T1, T2, T3의 용량을 확대하고, 당초 계획에 없던 T4 (Budget 터미널) 및 CIP 터미널을 추가

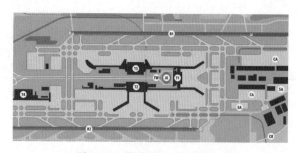

그림 3.3-2 창이공항 기본계획 조정

하여 표 3.3-3과 같이 8,200만 명으로 조정했으며, 배치도는 그림 3.3-2와 같다. 2017년 기준으로 제3 활주로를 민항이 사용할 수 있도록 확장하고, T5를 건설하는 것으로 기본계획을 조정했으며, T5가 건설되면 용량은 1억 3,200만 명이 된다.

표 3.3-3 기본계획 조정(터미널 용량 증대)

터미널	1975 기본계획				2017 기준			
	면적 (천m²)	Stands (C+R)	용량 (백만 명)	Stand당 여객(만)	면적 (천m²)	stands (C+R)	용량 (백만 명)	Stand당 여객(만)
T1	220	19	12		308	29+16=45	21	
T2	285	19	12		358	35+11=46	23	
T3	285	19	12		380	28+15=43	22	
T4 Budget	–	–	–		195	21+8=29	16	
CIP 터미널	–	–	–		2	–	–	
소계	790	57	36	63	1,243	113+50=163	82	50
T5 계획	2020년대 중반 개항 예정						50	

주: 최종단계 여객용량 계획(자료원: Wikipedia): 1억 3,500만 명(=82+50+T1 확장분 3)

(1) 제3 활주로 건설 및 확장지역 부지 조성

독립 평행활주로 2개의 용량이 한계에 도달하려면 2020년경이지만(2015년 운항수요=346,000회) 용량이 부족하면 그때 가서 공기를 걱정하며 허겁지겁 공사를 시행하는 것보다는 사전에 필요한 시설을 확보한다는 원칙에 따라 1990년대 초부터 당초 기본계획에 없던 제3 활주로 및 T5 건설계획을 수립하고, 건설지역의 매립공사를 착수했다. 제3 활주로는 2006년에 개항했으며, 군용으로 사용하기 위해 우선 2,750m로 건설되었지만 민항이 이용하기 위해 길이를 4,000m로 연장하고, 항행안전시설, 비행장 등화 등을 보강할 예정이다.

매립지역의 수심은 5~6m, 준설두께(성토고)는 8~10m, 총 침하량은 1.2~1.8m이었다. 1995년 인천공항의 기본계획에 제3 독립활주로(제5 활주로)를 건설할 필요가 '있다/없다'를 논쟁하고 있을 때에 싱가포르는 제3 활주로 건설지역의 부지를 매립하고 있었다.

4. 터미널 현황

(1) 제1 터미널(1981년 개항)

T1은 메인터미널에 Finger가 H자형으로 배치되었으며, Curb Side는 2층 출발, 1층 도착이고, 반지하에는 주차장의 Pick-up Curb, 터미널 측면에는 단체코치 승차장 등이 배치되었다. 통관 후 2층 콘코스는 발착 양방향의 려객이 공용하며, 보안검사는 Gate Lounge 입구에서 한다(분산식). T1은 1999년에 2개의 Finger 연장, 1995년 및 2011년에 리모델링했다.

(2) 제2 터미널(1990년 개항)

터미널은 수와 녹으로 실내를 장식하고, 환승객을 위한 수면실, 사우나, 퍼터골프, 풀, 아로마 TV, 노래방 등을 완비했으며, 4시간 이상 체류 여객에게는 무료 시내관광을 제공하며, 이런 서비스와 종업원의 친절은 서비스 수준을 높게 평가받는 요인이다.

(3) 제3 터미널(2008년 개항)

1996年 T3 건설을 결정하고 2000년대 중반에 개항할 계획이었으나, 2000년대 초 이 지역의 경제불황으로 2008년에 개항되었다. T3는 28개의 Stands를 배치하고, 이 중 8개 Stands는 A380의 주기가 가능하다. 3개 터미널 간에는 고성능 APM이 연결되었고, 시내와는 MRT가 연결한다. T3 건설비는 8억 8,000만 달러이다. T3에 대한 Idea를 공모했던바, 1억 2,000명이 응모했으며, 평가결과 입상된 5개 Idea는 ① 녹과 향과 음으로 오감을 즐겁게 하는 실내정원, ② 터미널 내 개인의 위치가 표시되는 안내장치, ③ Gate마다의 Mini 박물관, ④ 수, 조, 식물로 구성된 vital clean room, ⑤ 각 Gate마다 모티브를 부여한 내진설계 등이다.

(4) JetQuay(CIP) 터미널

T2 옆에 있고, 2006년부터 민자로 운영 중이며, 개인적으로 체크인, 출입국검사를 하고, FRA의 1등 터미널에 이어 2nd Luxury 한 터미널이다. JetQuay는 어떤 등급, 항공사, 터미널에 상관없이 이용할 수 있다. 연면적은 2,000m², 항공기 주기장parking bay은 없다.

(5) Budget 터미널＝LCCT

Budget 터미널은 KUL 공항 다음으로 2006년 개항했으며, Budget 터미널 명칭은 작명경쟁에 의거 결정되었다. 로딩부리지, 환승시설 등을 생략했으나 환승여객은 입국수속^{CIQ}을 마친후 해당 터미널로 가서 다시 체크인해야 하는 불편 때문에 제4 터미널^{LCCT}로 대체되었다.

(6) 제4 터미널(LCCT, 2017년 개항)

저가항공사 전용의 T4는 대다수 시설을 자동화하고, 신속 무중단 여행을 목표로 하며, 셀프서비스 체크인, 자동 수하물 Drop 및 출입국체크를 목표로 한다. 2층 구조, h＝25m, 연 면적＝195,000m², 탑승교＝28개이다.

(7) 제5 터미널

제2/제3 활주로 사이에 건설하며(그림 3.3-3), 용량은 5,000만 명이다. T5가 완공되면 총용량은 1억 3,500만 명이며, 이는 최초 기본계획(그림 3.3-1) 용량(36mn)의 4배에 달한다.

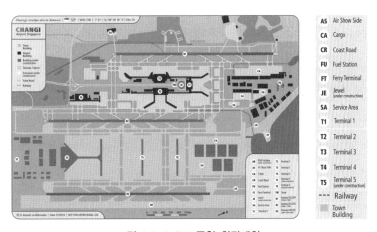

그림 3.3-3 SIN 공항 확장계획

5. 창이공항의 특징

싱가포르는 면적 719km²(인구 557만)의 조그만 섬이지만 동남아의 국제물류, 금융기지로 발전했으며, 2016년 창이공항의 여객은 5,870만 명으로서 자국의 인구와 상관없이 항로 상 요충지 및 수요창출노력으로 공항의 수요가 상당히 증가할 수 있다는 좋은 사례가 되고 있다 (참고: 서울시 면적＝605km², 인구＝1,040만 명).

창이공항은 서비스가 좋은 공항으로 계속 선정되고 있으며, 최고의 서비스 정책은 다음과 같다.

- 공항시설이 포화되기 전에 확장
- 여객당 터미널 면적은 세계 최고급
- 터미널에 첨단기술 이용
- 각종 편의시설을 두어 여객의 안락한 여행 지원
- 항공기 착륙부터 이륙하기까지 모든 절차를 빈틈없는 규정에 의거 관리하는 것

제3 활주로 및 향후 개발지역의 부지매립은 창이공항에서 27km 떨어진 인도네시아 해안의 모래를 m³당 800원을 보상하고, 준설 및 해상 운반하여 창이공항 인근해상에 투기한 다음 이를 공항부지로 다시 준설했다. 매립지의 연약지반처리, 준설, 다짐, 모래보상비 및 각종 시험비를 포함하여 m³당 약 4,000원의 저렴한 가격으로 한국의 현대건설이 시공했다. 이 단가는 인천공항의 준설비와 비교하면 절반에 불과하며, 이렇게 저렴한 가격은 공사 규모를 크게 하고 국제입찰에 의거 경쟁을 유도한 효과이다.

활주로 09R(제1 활주로)은 길이가 4,000m이지만 Threshold를 760m 이전하여 09방향 착륙은 3,260m만 이용하며, 이륙 및 반대 방향의 착륙 후 rolling은 제한 없이 사용할 수 있다. Threshold 이전은 장애물 회피 및 소음피해 완화 목적이다.

T3는 38만m²에 연간 2,200만 명을 처리할 계획이므로 PH 여객을 0.04%＝8,800명으로 보면 PH 여객당 터미널 면적은 43m²로서 홍콩 37m², BKK T1 36m²보다 상당히 크다. 이런 여유 있는 터미널공간은 여객에게 편리하고 편안한 공간을 제공하고, 환승여객 등 공항 내에서 시간을 많이 보내는 여객을 위한 각종 편의시설을 제공하며, 항공사에게도 여유 있는 사무실 공간을 제공함으로써 세계에서 가장 서비스 좋은 공항의 기반을 마련했다.

싱가포르 정부는 공항의 서비스 수준을 향상시킴으로써 여객과 항공사가 가보고 싶은 공항으로 만들었으며, 이것이 자기들의 국익에 도움이 된다는 것을 충분히 이해하고 있으나 한국은 인천공항의 1단계 터미널 면적을 PH 여객당 $22m^2$로 계획했으며1992, 이를 아시아 평균인 $33m^2$로 건설하도록 상부기관을 설득하는 데 3년이나 소요되었다.

김포공항 국제선터미널의 측면은 VIP 및 직원주차장으로 사용하고 있으나 창이공항은 호텔버스 및 택시전용 커브로 사용함으로써 터미널 전면 커브의 혼잡을 완화하고 여객편의를 도모하며, 이 커브를 이용하는 여객이 머물 수 있는 공간도 터미널 내에 마련되어 있다.

창이공항은 1970년대에 계획 및 건설되었지만 장기적 안목을 가지고 여유 있고 유연성 있게 계획했기 때문에 활주로와 유도로의 간격 및 포장강도는 A-380 취항에 큰 어려움 없이 대비할 수 있었다. A-380 취항에 대비 항공기 선회지역의 덧붙임 포장fillet, 터미널 출발라운지의 좌석 추가공급, 수하물 수취대길이 연장(70→90m), 세 번째 탑승교를 설치했다.

2013년 12월 기준 A-380기는 주당 200회 이상 운항하고, 취항도시는 두바이, FRA, 홍콩, 런던, 멜버른, LA, 뉴욕, 상하이, 시드니 및 주리히 등이다. A-380 Stand는 T1/T2에 11개소, T3에 8개소를 갖추었으며, T3의 A-380 Stand는 그림과 같이 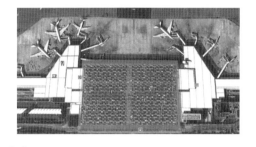 터미널 중앙부에 배치하여 이용자 편의를 도모했다.

창이공항은 1975년 기본계획 당시에 공항 부지면적을 $13km^2$로 계획했으나 장기적인 확장성을 고려하여 해상매립으로 기존부지의 약 3배인 $40.13km^2$로 확장했으며, 공항용량도 최초 기본계획용량=3,600만 명에서 2017년 기준 계획용량은 13,500만 명으로 조정되었다.

평면주차장으로 사용 중인 T1 전면 3.5ha에 'Project Jewel'을 건설하여 지하주차장 2,500대 등 교통 관련 시설과 더불어 광범한 매점을 제공할 예정이며, 이는 도로나 하늘에서 보기에 상징적 경관이 될 것이다(그림 3.3-4). 특징은 유리와 철조, 멋진 실내정원과 폭포 등이 될 것이며, T1, T2, T3의 연결을 개선하고, T1의 도착대합실, 수하물수취지역, 택시대기소 등을 확장하여 T1의 용량을 2,100~2,400만 명으로 증대하며, 2019년에 개장하였다.

그림 3.3-4 창이공항 Project Jewel 구상도

　　창이공항의 수요가 많은 국가는 Indonesia, Malaysia, China, Thailand, Australia, India, Hong Kong, Philippines, Japan 및 Vietnam 순이며, 수요가 많은 도시는 Kuala Lumpur, Jakarta, Bangkok, Hong Kong, Manila, Tokyo, Bali, Ho Chi Minh City, Taipei 및 Sydney 순이고, 연결도시가 많은 국가는 China, India, Indonesia, Australia, US, Malaysia 순이다. 창이공항과 연결되는 국가 수 및 취항 항공사 수는 다음과 같다.

구분	1981	1990	2010	2015	2016	2017
연결 국가 수	43	53	>60	>80	>80	90
연결 도시 수	67	111	>200	>320	>380	400
정기항공사 수	34	52	>100	>100	>100	>100

　　창이공항에는 23ha의 물류지역을 2003년 개장했으며, 이는 창이공항의 화물 관련 활동을 지원하기 위한 인더스트리얼파크로서 이는 국가의 경쟁력 제고를 위한 국가와 기업체간 협동체이다. 이는 자유무역지역으로서 통관이 간편하여 싱가포르 및 주변 국가로 화물

분배를 원활하게 한다. 창이공항 진입도로의 가로수는 관리가 잘 되어 경관이 좋다. 가로수마다 족보가 있어 이식, 시비, 전지, 약제 살포 등 상세한 기록을 유지하고 있다.

　말레이시아의 조그만 섬에 불과했던 싱가포르가 1965년 독립한 이후 공항과 항만 등을 이용하여 훌륭한 무역도시로 발전하자 이에 가장 자극을 받은 말레이시아는 1998년 신쿠알라룸푸르공항을 대규모로 개발했으며, 이는 3.11절에 소개되었다.

싱가포르가 말레이시아에서 독립하게 된 배경

싱가포르와 말레이시아는 지리적으로는 폭 2km의 조흐르 해협을 사이에 둔 아주 가까운 나라이지만 인종, 문화, 종교 등에서 많은 차이가 있었다. 말레이시아는 대다수가 말레이족이며, 지하자원은 매우 많았지만 개발이 더딘 지역이었다. 반대로, 말레이 반도 끝자락에 위치한 싱가포르 섬은 부존자원은 전혀 없지만 말래카 해협이라는 교통요충지를 끼고 있었기에 중계무역항이자 영국의 동남아 식민지 개척의 거점으로 집중 개발되기 시작했다. 이곳은 늪지대의 어촌이었기에 원주민은 거의 없고 결국 중국계를 중심으로 하는 외부 이민을 대거 받아들였으며, 그러다 보니 인구 구성에서 볼 때 싱가포르는 말레이반도와는 정반대에 가까운 상황이 되었다.

1957년에 말레이 연방은 영국으로부터 독립했으며, 리콴유 싱가포르 총리는 싱가포르를 이미 독립한 말레이 연방과 합병하려는 계획을 추진한다. 부존자원이 부족한 싱가포르는 합병만이 살길이라고 판단했기 때문이었다. 합병 여부를 묻는 국민투표에 공산주의자들이 합병을 방해하려고 갖은 책동을 부렸지만 결국은 합병 쪽으로 투표 결과가 나왔다.

1963년 9월에 말레이 - 싱가포르 - 사라와크 - 사바로 구성된 말레이시아 연방이 창설되었고 비록 지리적으로는 가깝지만 인종, 문화, 종교가 전혀 다른 두 나라가 제대로 공존하기란 쉬운 일이 아니었다. 중국인들은 돼지고기를 즐겨먹지만 말레이인들은 이슬람 신도이기에 돼지고기 냄새만 맡아도 혐오감을 느낀다. 부유한 화교가 많이 사는 싱가포르에서 세금을 거두어 말레이 개발에 투자하는 식이었으니 싱가포르 입장에서는 불만이 많을 수밖에 없었다. 결국 싱가포르를 탐탁치 않아하던 말레이 극우 민족주의자들이 주도하는 인종폭동이 2차례나 일어나 상호 간 수백 명의 사상자가 발생했다(1964년 7월, 1964년 9월). 게다가 말레이시아 연방의 결성에 따라 싱가포르의 중계무역에 큰 비중을 차지하고 있던 인도네시아와 대립이 일어나 싱가포르는 커다란 타격을 입게 되었고, 따라서 인도네시아와의 관계를 둘러싸고 싱가포르 주정부와 말레이시아 연방정부 사이에도 견해 차를 빚게 되었다. 이밖에도 여러 가지 현안 때문에 사사건건 충돌하는 일이 잦았다. 결국 싱가포르는 1965년 8월 말레이시아 연방에서 자의반 타의반으로 탈퇴, 같은 해 9월 영국연방 가맹국으로서 독립했고, 싱가포르 주정부는 그대로 싱가포르 공화국 정부가 되었다.

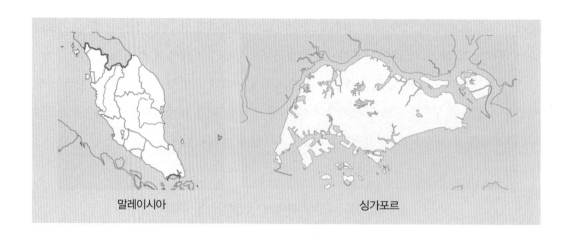

말레이시아   싱가포르

3.4-1 하네다공항(羽田空港=東京國際空港)

　Tokyo는 1868년 이래 일본의 수도이며, 세계 3위 금융도시, 1위 Overall Experience 도시 Night life(쇼핑, 거리청결 등), 생활비가 가장 비싼 도시, 가장 살기 좋은 도시 등의 기록을 갖고 있다. 도쿄 수도권은 인구 3,780만 명으로서 세계 최대이다.

　하네다공항HND은 1931년 도쿄만 해안에 개항하고, 국내선/국제선 수요를 전담했으나 부지 협소와 소음피해 문제로 1978년 나리타공항을 개항하여 국제선 수요를 이전했다. 1983~2010에는 하네다공항 재개발사업을 시행하여 활주로 A, B, C, D, 국내선터미널 T1, T2, 국제선터미널을 건설했다. 공항위치는 그림 3.4-1을 참고한다.

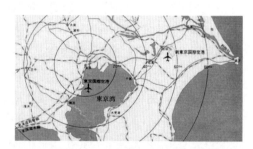

그림 3.4-1 하네다공항, 나리타공항 위치

　하네다공항은 수요 증가에 대비하고 소음피해를 완화하기 위해 하네다공항 재개발계획(그림 3.4-2)에 따라 활주로를 모두 재배치하여 이전하고, 연안부에 있던 공항시설도 1993년까지 모두 이전하고 기존시설은 폐쇄했다.

　하네다공항은 국제선 수요가 모두 나리타공항으로 이전해가고, 국내선 수요만 분담하고 있었기 때문에 국내선 공항이지만 국제공항이라는 명칭을 계속 사용하고 있으며, 또한 하네다공항의 서비스 수준은 일본의 여타 국제공항과 비교해 손색이 없다. 이는 일본 항공정책에

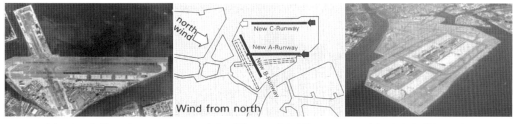

| (a) 기존시설(1983) | (b) 신활주로 배치계획 | (c) 재개발계획 완료(2004) |

그림 3.4-2 하네다공항 재개발 계획(1983)

의한 것으로서 하네다는 일본의 국내선 허브공항이므로 하네다의 서비스 수준을 높이는 것은 전국적인 서비스 향상을 도모한다는 논리이다. 이런 논리는 세계화되고 있으며, 덴버, 푸동, 베이징 공항 등의 국내선 서비스 수준은 국제선과 차이가 없다.

하네다에는 Keihin Kyuko Railway 및 Tokyo Monorail 2개 철도가 연결되었으며, 후자는 T1, T2 및 국제선터미널에 역이 있고, 전자는 T1-T2 사이와 국제선터미널에 역이 있다.

하네다의 주 노선은 관광지와 원거리 도시로서 Sapporo, Fukuoka, Osaka, Okinawa 순이다. 하네다에는 특별 VIP 터미널이 2개의 spot 와 함께 운영되고 있으며, 주로 외국의 국가수반, 공군 1호기, 정부고관 등이 이용하며, 서울공항(성남비행장)과 같은 기능이다.

도쿄 수도권의 장기수요에 대비하기 위해 국토교통부는 2002년 '수도권 제3 공항 조사위원회'를 구성하고 신공항 후보지 조사 및 도쿄만 해상에 부체활주로 건설(그림 4.16-7) 및 시험운항 등 신공항 건설을 추진했으나 신공항 건설은 장기간이 소요되므로 신공항 개항까지 도쿄 수도권의 국제선 항공 수요에 대비한 단기대책이 필요했다.

따라서 하네다공항에 D 활주로와 국제선터미널을 건설하여 2010년에 개항했으며, 확장 후 여객용량은 6,200→9,000만, 운항용량은 285,000→407,000회를 예상했으나 2015년에 이미 439,000회 운항했다.

하네다공항은 나리타공항의 확장제한으로 국제선 수요가 증가하고 있으며(그림 3.4-3), 이는 활주로 D 및 국제선터미널이 2010년 완공됨에 따라 더 많은 국제선이 운항된 결과이다 (2015년 HND 여객 중 국제선 여객 비율=17%, 도쿄 국제선 항공여객 중 HND 분담=32%).

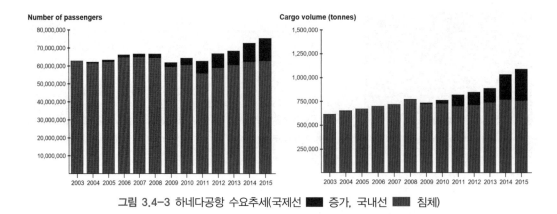

그림 3.4-3 하네다공항 수요추세(국제선 ■ 증가, 국내선 ■ 침체)

2020년 도쿄하계올림픽에 대비하여 하네다~도쿄역 간 신철도를 건설하여 18분에 연결하고, 국내선터미널~국제선터미널의 도로접근성을 개선하기 위해 지하터널을 건설할 계획이다. 2016년 말 기준 하네다공항의 개요는 다음 내용 및 그림 3.4-4와 같다.

① 활주로: A 및 C=3,000/3,360m(간격=1,700m, 방향=16/34): 주 활주로 B 및 D=2,500/ 2,500m(간격=4,700~5,000m, 방향=04/22, 05/23)

② 계류장: 1,865,000m²(Stands: 150개, J.B 64)

③ 여객터미널: 국내선 T1: 292,700m²(용량 4,300만 명) – 1993개 항
  국내선 T2: 18만m²(용량 3,200만 명) – 2004개 항
  국제선 T: 159,000m² – 2010개 항, 2014 확장(Gate, 카운터 등)

④ 화물터미널: 국내선 43,900m², 국제선 10,428m²

⑤ 하네다공항 접근교통 및 하네다 – 나리타 연결교통: 4.15절 제5항 참고

⑥ 거리: 14km, 고도: EL=6m, 면적: 12.7km²(385만 평), 운영자: 도쿄 항공국

⑦ 2016년 실적: 여객 7,950만, 운항 439,000회, 경제효과: $18.5bn, 고용효과: 193,000명

하네다공항 및 관련 연혁

1931: 개항	1994: 關西공항 개항
1945~1952: 미군 점령	1997: 평행활주로 C 개항
1963: 일본인 해외여행 자유화	1998: 철도역을 T1에 연결
고속도로 하네다선 개통	2000: 교차활주로 B 개항
1964: 도쿄 모노레일 하네다선 개통	2001: 국제선 차타 운항 개시
도쿄 하계올림픽	2003: 하네다~김포 차타운항 개시
1969: B747 기 취항, 콩코드기 최초 비행	2004: 국내선 T2 개관(확장계획 완료)
月面 착륙 성공(아폴로 11호기)	2005: 중부공항 개항
1970: 만국박람회(大阪), 日中 국교정상화	2007: 하네다~상해(虹橋) 차타운항 개시
1978: 나리타공항 개항(국제선 수요 이전)	2008: 하네다~홍콩 차타운항 개시
1983: 확장계획 수립(활주로 A/B/C, T1/T2)	2009: 하네다~베이징 차타운항 개시
1988: 신활주로(A) 개항	2010: D 활주로 및 국제선터미널 개항
1993: 신국내선 여객터미널(T1) 개관	2020: 도쿄 하계올림픽 예정

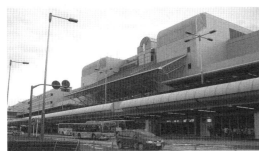

국내선터미널 T1　　　　　　　　　　　　국내선터미널 T2

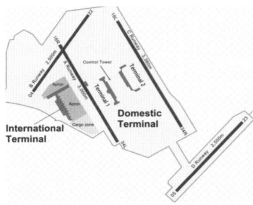

활주로 및 터미널 배치　　　　　　　　　　국제선터미널

그림 3.4-4 하네다공항 주요시설

3.4-2 나리타국제공항(NRT, 成田國際空港)

1. 기본계획 및 1단계 건설(1967~1976)

전후 하네다공항의 수요가 급증하고, 소음피해가 발생함으로써 1962년부터 신공항을 검토하여 1966년 동방 66km 위치에 나리타공항을 건설키로 결정했다(하네다는 남방 14km).

1967~1968년 나리타공항의 기본계획을 수립했으며, 이는 다음 내용 및 그림 3.4-5와 같고, 기본계획을 수립하던 1968년의 하네다공항 국제선 여객은 약 170만 명이었다.

- 하네다는 국내선 전용으로, 나리타는 국제선 전용으로 사용한다.
- 나리타공항의 최종용량은 1,600만 명, 1단계 용량은 540만 명으로 계획한다.
- 부지는 총 10.7km²(323만 평)을 개발하되 1단계는 5.5km²(167만 평)을 건설한다.
- 활주로는 평행활주로(간격 2,500m)와 1개의 교차활주로를 건설한다.
- Stands는 여객기용 96개, 화물기용 18개, 야간계류 및 정비용 46개를 계획한다.
- 급유시설을 제외한 모든 시설은 활주로 내측에 배치한다.
- 화물터미널은 여객터미널 바로 옆에 배치하여 Belly Cargo의 이동거리를 단축한다.
- 여객 터미널은 T1과 T2를 건설하되, 1,500m 간격으로 분리하여 건설한다.

사회주의자들이 나리타공항 건설을 반대했으며, 그 사유는 공항 건설이 자본주의를 조장하고 소련과 전쟁이 나면 미군이 군용시설로 이용한다는 것이고, 나중에는 토지소유주도 동참했으며, 이런 문제로 1976년 제1단계 공사를 완공했으나 1978년 5월에야 개항할 수 있었다.

소음피해 방지대책으로서 WECPNL 75 이상을 1종 구역, 90 이상을 2종 구역, 95 이상을 3종 구역으로 관리한다(그림 3.4-6 참고). 3종 구역은 활주로 말단에서 3,660m, 2종 구역은 5,615m, 1종 구역은 13,000m까지 해당된다. 소음피해 방지대책으로서 학교 방음 96건, 공공시설 방음 115건, 개인주택 방음 3,833건, 가옥이전 보상 492동, 토지매입 4.83km², 방음뚝 및 방음림 조성 22만m², 소음측정 시설 17개, TV 시청 장애방지용 안테나 28,185건과 중개소 4개소 설치 등 1992년 5월까지 총 1,025억 엔을 사용했다.

NRT 공항의 기본계획 전체 구상 및 1단계 주요건물 계획은 표 3.4-1과 같고, 최근까지 이용실적은 표 3.4-2와 같다

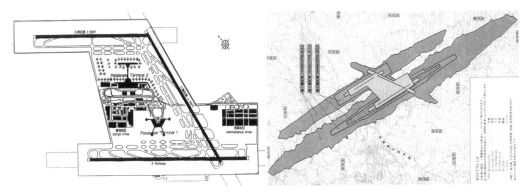

| 그림 3.4-5 나리타공항 배치계획도 | 그림 3.4-6 나리타공항 소음 관리도 |

표 3.4-1 나리타공항 기본계획 전체 구상 및 1단계 건설 주요건물

기본계획 전체 구상(1968)	1단계 건설 주요건물 연면적(1976)	
전체 용량: 여객 1,600만 명 　　　　　화물 140만 톤 부지면적: 10.65km² 활주로: 평행 4,000×60m 　　　　　2,500×60m 교차: 3,200×60m Stands: 여객기 96, 야간대기 46 　　　　화물기 18	여객터미널: 174,000m² 화물터미널: 74,000m² 정비시설: 48,000m² 기내식: 25,000m² 공항관리청사: 20,000m² JAL 운영센터: 13,000m² 전화/우편: 8.1,000m² 중앙수배전소: 7.6,000m²	서비스빌딩: 3.7,000m² 화물합동청사: 3.7,000m² 중앙냉난방: 3.2,000m² 램프지휘소: 2.5,000m² 보세/통관: 1.8,000m² 소방서: 1.8,000m²

표 3.4-2 나리타공항 국제선 수요(인천공항과 비교)

구분		1976	1986	1996	2006	2011	2015
국제선 여객 (백만 명)	NRT	6.3	11.9	24.6	30.9	27.7	30.5
	ICN	1.7	4.2	14.7	27.7	34.5	48.7
국제선 화물 (만 톤)	NRT	31	88	156	222	181	212
	ICN	10	37	140	234	268	260

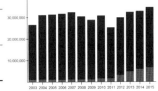

나리타공항 국내선 여객 증가 추세

① NRT 국제선 여객의 일본인 비율: 1985년 - 52%, 2010년대 - 70%.
② NRT 국내선 여객 비율: 2010년 이전 3~4%, 2015년 17%.

2. 나리타공항 기본계획의 문제점

　　나리타공항 기본계획수립 당시(1960년대 말) 일본은 개발도상국으로서 항공교통이 현재와 같이 발전되지 못한 상태였고 경험도 부족해서 당시로서는 최선을 다해 세계 주요 공항을 답사하고 그 내용을 토대로 계획했으나 개항 후 얼마 되지 않아 일본인조차도 No.10 공항이라고 비하했다. 그 사유가 무엇인지 알아보는 것은 타산지석他山之石의 의미가 있다. 다음은 일본 공항전문가가 나리타공항에 대하여 평가한 내용1992을 필자가 보충한 것이다.

- 소음피해 발생으로 가옥이주, 토지보상, 방음시설 등의 피해방지 대책을 추진했으나, 예산사정으로 주민요구를 모두 받아 주는 것은 사실상 불가했으며, 이에 따라 야간 비행금지 등 운항이 제한되었고, 주민의 반대로 공항 확장에 지장이 크다.

- 도심에서 66km의 원거리(직선거리＝57.5km)에 공항을 건설하고도 전용 고속도로를 확보하지 못했으며, 철도인입이 늦어지는 등의 문제로 도심터미널에서 출발한 버스가 연착되어 항공기 출발이 지연되는 등의 문제가 있었고, 자동차만으로 접근교통이 집중됨에 따라 도로의 혼잡은 물론 터미널 주변의 커브, 도로, 주차장 등이 포화되어 혼잡하게 되었다.

- HND와 NRT의 연결성이 부족하여 지방의 국제선 여객이 지방공항 → HND → NRT로 환승하기 위해서는 몇 시간을 기다리거나 하루 밤을 자야 항공편이 연결되므로 불편이 대단히 크다. 따라서 한국이나 홍콩에 국제노선이 연결된 일본지방도시에서는 하네다를 경유하여 나리타로 가는 대신 김포나 홍콩공항을 이용하는 여객이 증가하고 있다.

- NRT는 국제선 전용으로 계획하고, 지방도시의 국제선 여객을 위해 5%의 국내선을 운항할 계획이었으나 이 5%를 국내 각 지방공항에 분산시키다 보니 지방공항에서는 나리타행 운항편수가 부족하고, 또한 국제선 연결여객만으로는 국내선운항수요가 부족하다. 이는 나리타공항에 국내선 수요가 있어야 지방의 국제선 여객이 편리하다는 의미이다.

- 부지면적(최종 10.65km²)을 너무 협소하게 계획하여 확장이 불가하고, 최종단계용량을 너무 과소하게 계획했다(1,600만 명). 그 당시 국제선 여객 수요가 170만 명이었으므로 공항을 대규모로 계획하는 것은 어려웠겠지만 비슷한 시기에 개항된 CDG 공항(1974년 개항)의 부지 31km²와 비교하면 1/3에 불과하다. 당시의 기록을 보면 공항계획자는 활주로 5개 등 넓은 부지를 계획했으나 공항 반대 민원과 여론에 밀려 축소되었다고 한다.

- 현재 부지 규모로는 2010년 이후의 국제선 수요에 대비할 수 없으므로 도쿄 시 주변에 제3 공항 건설을 모색하고 있으나 쉬운 문제가 아니다. 또다시 공항을 내륙에 건설할 수도 없고, 동해안의 구십구리 등 후보지가 있으나 이는 도쿄 도심에서 90km 이상의 원거리이며, 도쿄만에 공항을 건설하자니 환경피해 문제를 제외하더라도 수심이 50m나 되어 경제적으로 건설하기도 어렵고, 선박통행과 항공기 이착륙이 상충된다.

- 주요시설 간의 용량이 균형을 이루지 못해 시설용량을 최대한 발휘하지 못한다. 활주로는 독립 평행 활주로 2개를 계획했으므로 계획 당시의 활주로 용량(연간 30만 회, 시간 70회)에 조화되는 Stands와

터미널을 배치할 수 있어야 하고, 활주로 용량이 증가되는 경우에 대비하여 여유 부지를 확보했어야 하나 이런 계획이 전혀 없다. 독립 평행활주로 2개의 용량은 2012년 FAA는 연간 45만 회, 시간 96회로 평가하고, LHR은 48만 회로 평가하고 있다. 나리타공항의 국제선 여객은 세계 6위, 국제선 화물은 세계 1위를 자랑했지만 확장이 불가하고, 경제가 침체되어 2015년 국제선 여객은 17위, 국제선 화물은 8위로 밀려나고 있다.

- 수요 추정치에 너무 집착하고 여유 부지를 확보하지 못한 결과 장기대책이 전무하다. 향후 20~30년 후의 항공 수요를 추정하고, 그 수요에 맞추어 부지와 활주로 규모 등을 결정했던바, '20~30년이 지나서 그 공항의 수용능력이 부족하면 어떻게 하겠는가?'에 대한 대비가 부족했다. 그때 가서 시설이 부족하면 기존 공항을 확장하거나 신공항을 건설하면 된다는 생각을 할 수도 있지만 한국이나 일본과 같이 인구밀도가 높은 대도시권 주변에서 20~30년이 지난 다음 확장 또는 신공항 건설이 자유롭지 못한 것이 사실이다. 공항은 20~30년만 사용하는 것이 아니고 다른 타입의 더 편리한 교통수단이 개발되기 전까지는 100년 또는 200년이 지나도 현재와 같은 공항은 계속될 수밖에 없으며, 어느 정도의 여유 부지를 확보하는 것이 불확실성에 대비할 수 있는 유일한 방법이다. 미국에서도 대도시 인근 공항은 위와 같은 논리가 적용되어야 하며, 그렇지 못한 경우 확장 제약이 크고, 이용하기 편리한 공항을 계속 유지하는 것이 불가능하게 된다(예: 케네디공항, LA공항 등).

- 여객의 여행 패턴 변화, 공항의 운영특성 변화, 기술발전 및 항공기 대형화 등의 예측 부족으로 개항 후 10년도 못되어 매우 큰 불편을 초래했다. 일본에서도 나리타공항을 계획하던 1960년대 후반에는 부자들이나 해외여행을 하던 시절이었으며, 그런 상황에서 터미널을 계획했으므로 다음과 같이 예상하지 못한 많은 상황 변경이 발생했다.

  - 단체여객이 급증하여 개별여객 위주로 설계된 터미널이 혼잡하게 되었다.
  - 예상보다 빨리 항공기가 대형화됨으로써 Stands와 탑승 대기실이 혼잡하게 되었다.
  - 미국항공사는 NRT를 이지역의 허브공항으로 활용함으로써 미국 항공사의 환승여객 비율은 40%에 달했으며, 이런 환승여객에 대비하지 못하여 큰 불편을 초래했다.
  - 경제적 건설을 위해 도착·출발 여객동선을 분리하지 않고 혼합했으나, 공항의 보안사고가 자주 발행함으로써 T2는 분리했고, T1도 개수 시에 분리했다.
  - 터미널 규모는 꼭 필요한 시설만 고려했으나 여객의 취향이 편리한 서비스를 원하므로 편의시설이 부족했고, 새로 취항하기를 희망하는 항공사 사무실도 부족했다.

- 단체여객의 특성을 터미널계획에 반영하지 못했다. 즉, 단체여객은 공항에 더 일찍 나오고, 더 오래 체류한다. 터미널 이용시간은 개별여객은 1.5시간, 단체여객은 2.5시간 정도이다. 여행사는 단체여객을 한 번에 체크인 하므로 터미널공간을 장시간 점유한다. 도착한 후에도 그룹으로 남는 경향이 있고, 입국수속 및 수하물을 환수한 후에도 서성거리는 습관 때문에 공항이 혼잡하게 된다. 여행사가

제공하는 버스를 이용하므로 커브를 혼잡하게 한다. 따라서 전반적으로 터미널의 혼잡도에 크게 영향을 준다.

- 항공연료는 항구에서 44km의 급유관로를 통하여 공급함으로써 항공유 단가 상승으로 다른 공항과의 경쟁에서 불리하다. 인천국제공항은 성남~인천~공항 간 송유관로를 이용하고 있는바, 이런 논리라면 부두를 건설하여 선박으로 항공유를 공급하는 것이 경제적이다.

3. 나리타공항 2단계 확장사업

(1) 기본계획 Review(1986)

1968년 기본계획의 최종용량은 1,600만 명(T1=540, T2=1,060)으로 계획되었으나 1986년 최종용량을 3,300만 명(T2=2,000만, T1=1,3000만)으로 조정했다. 기본계획을 조정한지 28년이 지난 2014년의 수요는 3,560만 명으로서 계획용량을 초과했으나 용량을 대폭 증대할 방안이 없다. 히스로공항은 활주로 2개를 가지고 연간 48만 회 및 9,000만 명을 수용할 예정인바, 나리타공항도 이런 활주로 용량에 조화되는 Stand^{Gate} 및 터미널을 확장할 수 있어야 하나 나리타공항은 기본계획에서 활주로 2개의 용량을 30만 회로 설정하고, 여유 부지를 확보하지 못함으로써 과거보다 활주로 용량이 증가되었으나 이런 효과를 활용할 수 없게 되었다.

(2) 제2 활주로

활주로 2,500×60m를 1992년까지 건설하고자 했으나 지주의 동의를 얻지 못해 건설이 중단되었다가 2002년에 2,180m, 2010년에 2,500m를 개항했으며, 유도로는 민가를 우회하여 건설되었다(그림 3.4-7). 또한 공항반대 집단이 활주로 주변에 철탑을 세웠으며, 정부가 이를 철거하지 못하고 있다.

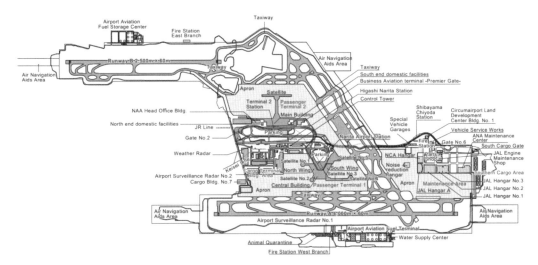

그림 3.4-7 나리타공항 배치도(제2 활주로 및 연결유도로)

(3) 제2 여객터미널

T2의 용량은 2,000만 명, 연 면적은 40만m²이며, 설계목표는 다음과 같다.

- 여객의 안전성, 편리성, 유동성 배려
- 장래 수요와 변화에 대비한 유연성 고려
- 보안 및 에너지 절약을 고려한 intelligent building
- 운영 및 유지관리상 신뢰성 고려
- 안전에 효율적인 건물환경 조성

탑승교를 이용하여 터미널에 항공기를 직접 연결하는 것이 세계적 경향이므로 T2 stands 는 터미널에 접속되는 Contact stands를 최대한 배치한다. 각 Stand는 B747-400급을 대상으로 하되, 장래에 B747-400급의 20% 할증 규모에 대비하여 계류장 유도로 및 Stand를 배치한다. Stand 수는 48개를 건설하며, T2가 40만m²로 확장되면 Remote stand는 거의 Contact stand로 변경된다. Stand당 연간여객은 42만 명이다(20/48).

T2는 원활한 증축이 가능하도록 본관 및 위성동 모두 직선형으로 구성한다. 철도역은 도착커브 지하에(그림 3.4-9), 1층은 도착커브, 2층은 주차건물~터미널 연결 고가도로, 3층은 출발커브로 구성한다. 본관에서 위성동까지(300m) IAT 통로는 고가로 설치한다.

T2의 커브는 출발(3층)과 도착(1층)에 각 400m의 직선 승강장을 설치하고, 출발층에는 2열, 도착 층에는 3열의 커브를 설치하여 커브의 혼잡 완화를 도모했다(그림 3.4-9). 총 커브 길이＝400×(2＋3)＝2,000m이며, 이는 선진국 공항에서 적용하는 기준(여객 백만 명당 커브 길이 100m)에 부합된다. T2 전면에 2동의 주차건물(1,800대)과 평면주차장(2,300대)을 두어 총 4,100대를 수용하며, 이것 또한 선진국 기준(여객 백만 명당 200대)을 충족한다. 입체주차장과 터미널 사이 90m는 고가교량(2층)과 지하통로로 연결되었다.

T2의 좌우측에는 터미널과 연결된 남측운영센터(일본항공, 연면적 49,400m^2)와 북측 운영센터(전일본항공, 일본에어 시스템, 연면적 27,472m^2)가 배치되어 있다.

화물터미널이 부족하여 T2의 좌측에 화물터미널(2단계 시설)을 배치했으나 T2의 Wing이 화물지역의 Airside를 가로 막는 등 부지협소로 인한 토지이용의 비효율성을 보이고 있다.

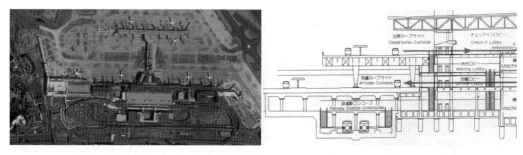

그림 3.4-8 T2/T3 전경　　　　　　　　　　그림 3.4-9 T2 철도역 및 커브

4. 나리타공항의 문제점 개선(2단계 사업과 병행추진)

(1) T2 계획

- T2는 향후 불확실성에 대비한 유연성을 확보하기 위해 T1(위성타입)과 전혀 다른 직선형으로 계획했으며, T1은 여객 1,000명당 13.4m^{2}를 기준했으나, T2는 20.0m^{2}를 기준함으로써 편의시설을 충분히 확보하는 등 서비스 수준을 향상시켰다.
- 항공기 대형화에 대비 T2 지역 Stands는 모두 B747-400급으로 계획했고, 미래형 항공기에 대비하여 Airside를 배치했다. 출발 · 도착 여객동선을 완전 분리하여 보안을 강화시켰다.
- 국제선 도착로비 근처에 국내선 환승을 위한 체크인로비를 두어 국제선 → 국내선 환승여객의 편의를 도모했다. T1 ↔ T2 연결은(Airside/Landside) 버스를 이용하는 것으로 계획했다.

- 에스컬레이터에 탑재 가능한 카트를 도입하여 터미널, 입체주차장 및 철도역에 사용하게 함으로써 여객편의를 도모했으며, 여객 및 환승객에 대한 서비스를 향상시키고자 제한구역 내에 충분한 환승 라운지, 식당, 면세매점, 업무센터, 샤워룸 등 서비스시설을 배치했다.
- 3층 출발로비 중앙부에 서비스센터를 두어 질서유지, 환경·위생관리, 여객안내, 방화관리 및 의료 서비스 등을 담당하게 했다. 그룹여행자를 위한 별도의 체크인카운터를 마련했다. T2-위성동 연결 에는 고가교량 위에 공기부양식 APM을 도입했었으나, 2013. 9. Moving Walk Way로 대체되었다.

(2) T1 개수

T1의 개수계획 목표를 다음과 같이 수립했다.

- 터미널 용량 증대(540 → 1,300만 명)
- 법 개정에 따른 내진성 및 방재시설 개선
- 테러방지대책으로 출발·도착 동선 분리
- T2와 서비스격차를 해소하기 위한 대책 등

a. 추진현황

- T2 입주 항공사 결정(일본항공 등, 1987)
- T1 잔류 예정 항공사와 T1 개수협의(1989)
- 여객동선과 보안검색위치 등을 관계기관과 협의(1991~1992)
- IATA와 공정 및 개수방법 협의(1992)
- 기본 및 실시설계(1993~1995)

b. 북 Wing

- 체크인로비의 깊이 확장(30 → 57m)
- 체크인 카운터 Island 대형화(60 → 150position)
- 3층 Finger에 분산된 출발검색시설을 4층에 집중 배치하여 수속 후 면세점 이용 유도
- 3층 출발검사장 깊이 확장(17 → 28m)
- 수하물인도장 캐러셀 대형화(28 → 40m)
- 장애우도 일반여객과 같은 흐름이 되도록 계단과 Escalator 근처에 Elevator 설치
- 수하물 make-up을 확장하여 출발기의 지연 방지와 수취시간 단축 도모 등

c. 중앙동 신관

- 각 위성동에 분산 배치된 Bus Gate를 중앙동에 집중 배치하여 여객편의 도모
- 3층에 통과여객용 라운지를 집중 배치하여 환승대기시간을 유효하게 활용하도록 유도
- T1 에너지공급 설비를 지하에 배치하여 운영효율 향상 등

d. 위성동

- 3층 Gate Lounge 에서 출발·도착 여객 분리를 3층 출발·4층 도착 전용으로 분리
- 충분한 항공사 Lounge와 사무실 공급

그림 3.4-10 나리타공항 T1(개수 전후 비교)

(3) 항공화물 대책

나리타공항 화물지역은 부지협소로 시설을 충분히 확충할 수 없으므로 항공화물의 효율적인 처리를 위해 긴급을 요하는 항공화물(의약품, 동식물, 생선, 냉동식품 등)과 공항 주변 생산화물은 나리타에서 통관하고, 그 이외는 타 지역 통관으로 이관했다. 또한 나리타공항 인접지역에 78ha의 나리타국제물류 기지를 건설하여 화물기능(수출입통관, 검사, 검역), 물류기능(집하, 배송, 보관, 분할, 통관준비), 유통기능(유통가공, 상품취급) 등을 수행하도록 구상했다.

(4) 관제탑 신축

기존 관제탑(H=61.4m)을 대체할 신관제탑(H=92.3m)을 건설했다. T2 위성동이 2층이라면 기존관제탑에서 B 활주로의 유도로를 충분히 감시할 수 있었으나 출발·도착 여객 분리를 위해 위성동을 3층으로 건설함에 따라 B 활주로의 유도로까지 감시할 수 없게 되었고, 개항

이후에 기술발전으로 당초 예상치 못했던 장비가 증설되고, B활주로까지 관제하기 위해 업무가 증가되었으므로 B, C 활주로의 공용 후에도 관제업무에 지장이 없는 높이와 공간을 확보하기 위해 신관제탑을 건설했다. 강풍에 의한 진동을 억제하기 위해 제진장치를 도입했고, 관리청사와 근접시켜 직원의 편리한 접근성을 확보했다.

(5) 접근교통 개선

공항 개항 후 도로가 혼잡하였고, 공항철도역이 터미널에서 멀리 배치되어 상당 거리를 걷거나 버스를 타야 했던 것을 공항터미널까지 철도를 직접 연결시키고, 정기적으로 신간선과 연결시켰으며, 나리타공항 고속철도가 2010년 7월에 개통되어 20분을 절감했다. 이 고속철도Skyliner는 최대 160km/h의 속도로 도쿄 Nippori역에서 T2까지 36분이 소요된다. 신고속도로가 나리타 철도노선을 따라 건설되어 도로접근시간도 단축하게 되었다.

(6) 환경보존 대책

발생원 대책으로서 소음기준 적합증명을 받아야 하며, 23시~익일 6시까지 운항을 규제하고, 운항방법 개선을 위해 비행코스 감시, 소음측정, 소음 경감운항 방식 등을 채택했다. 소음 확산을 방지하기 위해 공항 경계선에 방음제防音堤 및 방음림을 설치했다.

NRT 방음제 및 방음림

(7) 기타 개선사항

- 급유능력은 시간당 28,000배럴(4,450m³)로 증대하고, 송유관은 외벽을 폴리에틸렌으로 피복한 강관 및 Mg를 양극으로 하는 전기방식법을 채택했다.
- 정보통신센터를 건설했으며, 종합통신망(디지털망, 영상망, 전화망)을 갖춘 통신센터, 정보센터, 경비보안센터 및 기술센터로 구성된다(지상 5층, 지하 2층, 연 면적 = 15,340m²).
- 접근시설, 터미널 주변의 여객순환, 수하물이동, Gate 활용도 등을 조사하고자 터미널의 각종 Complex에 Simulation Model을 개발하여 수용능력을 평가했다.
- 철도역을 터미널 바로 앞까지 연결시키고, 도쿄역 등 주요 역에서 체크인 함으로써 자동차 이용률을 크게 낮추어 육상교통 혼잡이 어느 정도 해소되었다.

- 여객 수속시설 설계기준은 출발 25분 전까지 체크인을 허용하고, 이후 45분 이내에 세관지역을 통과하도록 서비스 레벨을 향상시켰다. 신대형기가 50%까지 늘어날 것에 대비하여 확장이 용이한 방안으로 계획했다.
- T3(LCCT) 66,000m²(용량 5만 명)을 T2 북측 500m 지점에 2015년 개관했으며, 사용료를 국제선 40%, 국내선 15%를 감면해준다. 탑승교는 생략되었다(그림 3.4-8 참고).

5. 참고사항

나리타공항 기본계획의 시행착오는 공항계획자에게 경종을 울린다. 나리타공항을 계획하기 위해 관계자들이 세계 주요 공항을 돌아보고 활주로 5개의 기본계획 초안을 작성했으나 당시의 수요(170만 명)로 보아 터무니없이 크다는 여론에 밀려 현재와 같이 축소되었으며, 나리타공항이 좀 더 장기적인 기본계획을 수립하지 못한 것은 전문가의 의견에 따르지 않고 비전문적인 사회여론에 따른 것이다. 나리타공항 건설 시 한국은 경제여건 상 신공항은 엄두도 내지 못했지만 최신기술과 공항의 동향을 이용하여 인천공항을 주변 공항에 손색이 없도록 건설했다. 공항을 조기에 건설하면 수년이 즐겁지만 잘 건설하면 수십 년이 즐겁다.

NRT와 ICN의 기본계획을 비교하면 계획 시의 수요에 따라 다음과 같이 큰 차이가 있다.

구분		단위	나리타 ①	인천 ②	비고②/①
기본계획수립 연도			1968	1991	23년 차이
계획수립 당시 수요	국제선 여객	백만 명	1.7	9.0	5배
	국제선 화물	만 톤	10	139	14배
최종단계 용량	국제선 여객	백만 명	16	100	6배
	국제선 화물	만 톤	140	690	5배
최종단계 시설 규모	활주로	개	3	4 → 5	1.3~1.7배
	여객기스탠드	개	96	190	2배
	부지면적	km²	10.7	56.2	5배
국제선 여객 이용실적	1971	백만 명	2.6	0.42	16%
	1991	백만 명	21.1	9.0	43%
	2015	백만 명	30.5	48.7	160%

나리타공항 2016년 말 기준 개요

명칭: Narita 국제공항 운영자: 나리타공항 Authority 거리: 東 66km, 면적: 10.65km^2 고도/좌표: EL = 41m, 35°N/140°E	활주로: 평행 2개, 길이 = 4,000/2,500m 간격 = 2,500m Stand: 96(J.B 69, Stand당 393,000명) 2016년 실적: 3,910만 명, 209만 톤, 234,000회

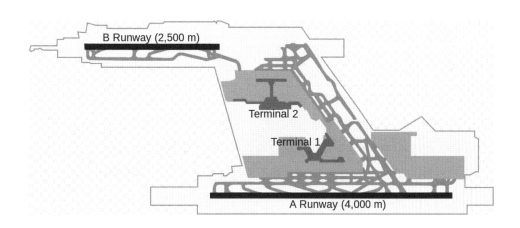

나리타공항 및 관련 연혁

1960년대: 하네다공항 용량 제약 및 소음피해 발생 1966: 나리타공항 입지 결정 1968: 기본계획 수립 및 공항반대 민원 발생 1976: 활주로 A 및 터미널 T1(174,000m^2) 완공 1978: 개항(민원 발생으로 개항 지연) 1992: T2 개항(40만m^2) 1992~2006: T1 개수 및 확장(44만m^2)	1994: 関西공항 개항 2002: 활주로 B 완공(2,180m) 2004: 민영화(Narita Airport Corporation) 착륙료 50% 할인 2009: 활주로 B(2,500m) 개항 2010: 나리타 고속철도 개통(160km/hr) 하네다 D 활주로/국제선터미널 개항 2015: T3(LCCT) 개항(66,000m^2)

3.5 댈러스 - 포트워스공항(DFW)

댈러스는 텍사스주의 제2 도시로서 Dallas-Fort Worth 도시권 인구는 약 700만이고, 산유 및 목화산업의 중심이다. DFW 공항은 Dallas와 Port Worth의 중간에(각 도심에서 27km) 위치하며, 1967년 계획, 1974년 개항했다. 개항 후 17년이 지나면서 상황이 크게 변화됨에 따라 DFW 공항의 당초 기본계획을 전면적으로 수정하는 재개발 계획을 1991년에 수립했으며, 이는 상황 변화가 공항에 미치는 영향을 잘 보여준다.

1. DFW 공항 기본계획(1967)

(1) 기본계획의 가정 및 목표

- 여객은 O/D 여객 위주이고 환승여객은 거의 없을 것임
- 취항기종은 대형기 위주가 될 것임(B-747급). 계획 당시 항공기는 대형화되고 있었음
- 목표: ① 단계별 확장 용이, ② 주차장~항공기 간 거리 단축, ③ 터미널 주변 교통 혼잡 방지

(2) 기본계획 개요

- 용량: 연간 여객용량 = 1억 5,000만 명(출발 + 도착), 시간당 운항용량 = 170회(IFR)
- 시설 규모: 부지: 70.8km²(2,146만 평)

  활주로: 평행활주로 4개(Open 2개, Close 2개), 교차활주로 2개

  터미널: 단위터미널 13동(폭 48m, 반경 480m)

  Stands: 237개소(B747급) → Stand당 연간 63만 명

  접근도로: 터미널지역 중앙을 관통하는 척추 형 간선(Spine) 도로

그림 3.5-1 DFW 공항 최초 기본계획(1967)

개항 후 17년이 경과한 1991년까지 기본계획 실현 결과는 활주로는 100% 완료, 터미널은 4동(31%), Stands는 115개(49%)가 완료되었으며, 주차용량은 19,000대이다.

2. 재개발 필요성

(1) 상황 변화

기본계획 당시1967는 예견하지 못했던 1978년의 규제철폐Deregulation로 수요는 대폭 증가, 취항기종은 소형화, 운항 횟수는 증가 되었다. 이는 DFW 공항의 시설 간에 용량의 부조화를 초래했으며, 규제철폐로 항공사는 정부의 규제 없이 누구나 설립할 수 있고, 어느 곳이든 비행할 수 있으며, 시장기조에 근거하여 요금과 스케줄을 결정할 수 있었다.

(2) 공항의 Hub화

규제철폐 조치로 공항은 Hub & Spoke 시스템으로 변화되었고, DFW 공항은 미국의 Hub 공항이 되었으며, 이에 따라 당초 예상과는 달리 다음과 같은 많은 변화가 발생했다.

- 항공기는 대형기(B747급) 위주에서 중형기(B737급) 위주로 운항되었다(C급 비율 80%).
- 당초 계획한 활주로 시스템(평행활주로 4개, 교차활주로 2개)의 IFR 용량은 170회를 예상했으나 이는 너무 과도하고 122회 정도가 적정한 것으로 확인되었다.
- 여객은 O/D 여객 위주로 계획했으나 환승여객의 비율이 64%까지 증가함으로써 터미널 간 환승과 터미널 내 환승(걷는 거리 증가) 모두 반달형 Unit 터미널은 불편하게 되었다.
- 당초 예상보다 수요가 줄어든 터미널 순환도로 시스템은 필요 없이 시설만 중복되었다.

(3) Hub 공항의 효과와 계획방향

Hub 공항은 그 지역의 경제와 인구에 상응하는 수요보다 더 많은 항공 수요가 발생하여 추가의 고용효과와 상품 및 서비스의 구매형태로 그 지역사회에 직간접의 경제적 효과를 제공하고, 이는 지역사회 발전에 성장촉매처럼 작용한다. DFW 공항은 지역은 물론 전국항공교통을 위한 것이며, Texas 북부지역에 경제적 가치가 큰 자산이다. DFW 공항이 지속적으로 지역사회에 기여할 수 있도록 공항당국은 상황 변화에 대응한 공항재개발계획을 수립했으며, 계획방향은 다음과 같다.

- 항공기 운영효율 향상
- 터미널은 운영에 적합하고, 편리하고 쾌적한 서비스 제공

- 항공사 운영경비 최소화
- 투자비를 상환할 수 있는 경제성 확보

3. DFW 공항 재개발 기본계획(1991)

(1) 수요 추정

항공 수요는 전국 및 공항 주변 도시권의 사회경제적 동향과 항공 수요 실적을 통계적으로 분석하여 2010년까지 추정했으며, 항공 수요 추정 관련 주요가정은 다음과 같다.

- 도시권에 인구와 고용의 강력한 성장 잠재력이 있다.
- 항공사는 더 큰 항공기와 더 높은 탑승률을 추구할 것이다.
- DFW 공항은 계속하여 두 개의 허브항공사를 서브할 것이다.
- 환승여객 비율은 증가할 것이다.
- 항공화물 전용의 허브항공사가 설립될 것이다.
- 소형기 시장의 포화로 commuter 항공사의 성장은 억제될 것이다.

DFW 공항의 항공 수요는 표 3.5-1과 같이 추정되었으나 2010년 실적은 추정치의 절반에 불과하며, 이와 같이 선진국이라 하더라도 장래 수요예측은 매우 어렵다는 교훈을 준다.

표 3.5-1 DFW 공항 수요 추정(추정연도: 1991년)

구분		1987 실적	추정		실적	
			2000	2010	2000	2010
운항 횟수(천 회)		625	938	1,217	838	652
출발여객(백만 명) – Originations – Connections		20.9 7.7 (63%) 13.2	36.5 14.2 22.3	52.1 19.1 33.0	30.3	28.5
PH 수요	운항 횟수 출발여객	149 6,040	237 10,600	307 15,100		
PHF	운항 여객	2.38×10^{-4} 2.89×10^{-4}	2.53×10^{-4} 2.90×10^{-4}	2.52×10^{-4} 2.90×10^{-4}		

(2) Airside 용량 확보(DFW 재개발계획, 1991)

DFW 공항의 2010년 운항수요 120만 회(PH=307회)에 대비하여 활주로 용량을 확보하고, 활주로와 Stands 사이 남북 이중 평행유도로의 혼잡과 Holding 지역 부족을 해소한다.

a. 신공역 확보

DFW 공항과 주변 위성공항의 운항용량을 확보하기 위해 DFW 공항권의 '신항공교통시스템'을 개발하며, 이는 추가의 항법시설과 수정된 항공교통 관제절차로 구성된다.

- 터미널공역 확장: 현 공역 경계선을 형성하는 4개 코너의 VORTACs(Corner Posts)는 터미널공역의 중심으로부터 42~52 노티컬 마일 위치로 각각 재배치한다.
- 항법시설 추가: 공역중앙부(공항의 동측 및 서측)에 두 개의 신 VORTACs(Center Posts)를 설치하며, 또한 신기술의 레이더 시스템을 한 쌍의 신관제탑과 함께 추가한다.
- 터보제트기와 피스톤기용으로 지정된 고도 사이에 터보프로를 위한 3rd 고도를 지정한다.
- 출발루트의 추가 배치를 위해 출발공역의 Gates 수를 10개에서 16개로 증가한다.
- DFW 공항의 동시 IFR 착륙흐름이 2개에서 4개로 증가한다.

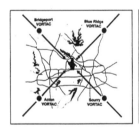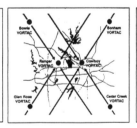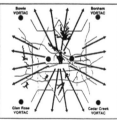

(a) 터미널공역 현황　　　　　　　　　(b) 터미널공역 개선계획

그림 3.5-2 DFW 공항 터미널공역 개선계획

b. Air Carrier용 2개의 신평행활주로 건설

- Airside 시설 용량분석 결과 장래수요에 대응하기 위해 추가 활주로 용량이 필요하므로 2개 신활주로의 용도를 Air Carrier용 또는 Commuter용으로 구분하여 FAA의 SIMMOD를 이용한 시뮬레이션분석을 시행하고, 활주로의 지연시간을 분석했다(그림 3.5-3 참고).

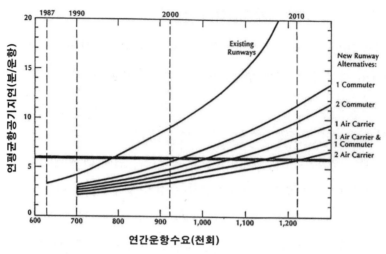

그림 3.5-3 DFW 공항의 활주로건설 대안별 항공기 평균 지연시간

- 공항당국은 항공기 서비스 수준으로 6분의 평균지연을 설정했으며, 분석결과 두 개의 Commuter
  용 활주로보다 하나의 Air Carrier용 활주로 건설이 향후 평균지연시간을 감소시키는 것으로 나타났
  다. Air Carrier용 두 개의 신활주로를 건설하면 2010년에 항공기 평균지연은 6분 이하로 감소될 전
  망이다. 따라서 두 개의 Carrier용 신활주로를 기존 남북 방향 활주로에 평행하게 건설하되, 기존 평
  행활주로와의 분리간격은 IMC에서 4개의 동시접근이 가능하도록 배치한다. 즉, 동측 신활주로는
  1,524m 분리하고 길이는 2,590m, 서측 신활주로는 1,768m 분리하고 길이는 2,975m로 건설한다.

c. 기존 남북방향 활주로 연장

기존 남북방향 활주로와 평행유도로를 北측으로 610m 연장하며, 그 효과는 출발항공기의
줄서기가 터미널지역에서 떨어진 곳으로 이전됨에 따라 터미널 전면의 혼잡이 감소되고,
늘어난 활주로 길이는 국제선 출발항공기의 유상탑재중량을 증가시킨다. 기존의 남북방향
활주로 4개는 모두 3,471×61m이고, 각 활주로가 610m씩 연장되면 4,081×61m가 된다.

d. 삼중(3) 평행유도로 설치

기존 2중 평행유도로 간격은 114.3m로서 기준을 초과하므로(V급=81.0m) 이를 조정하면
활주로와 Stands 사이에 3rd 평행유도로 공간이 확보된다. 3중 평행 T/W는 출발교통은 외측
T/W, 도착교통은 내측 T/W, 통과교통은 중앙 T/W를 사용함으로써 항공기 흐름을 개선한다.

e. 대기계류장(Holding Apron) 건설

2개의 독립활주로 양단에 대기 계류장을 설치하여 출발항공기의 줄서기와 도착항공기의 대기공간으로 사용하며, 이는 3중 평행유도로 사이를 모두 포장함으로써 설치된다. 이 대기계류장은 터미널지역의 혼잡을 완화하며, 또한 관제사가 출발항공기를 출발루트를 따라 줄서게 함으로써 활주로의 출발용량을 최대화하는 데 도움이 된다.

개선계획은 그림 3.5-4의 a와 같으며, 2017년 말 기준 추진현황은 그림 3.5-4의 b와 같다.

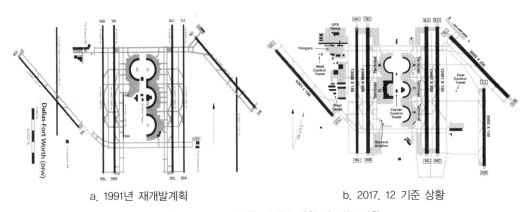

| a. 1991년 재개발계획 | b. 2017. 12 기준 상황 |

그림 3.5-4 DFW 공항 재개발 계획 및 기준 상황

(3) 터미널지역의 문제점 및 개선방안(DFW 재개발계획, 1991)

터미널지역의 주 용량은 항공기 Stands 용량이며, 다른 용량(여객, 수하물, 도로, 커브, 주차장 등)은 이주 용량을 지원할 수 있어야 한다. 1967년의 기본계획은 13동의 단위터미널을 중앙터미널지역에 6개, 그 외측에 7개를 배치하고, 각 단위터미널에는 25개의 Stands 및 이와 조화되는 시설이 배치되며, 단위터미널 개념은 그림 3.5-5와 같다.

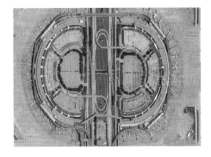

그림 3.5-5 DFW 공항 단위터미널

2010년의 5,200만 Enplane 여객(연결＋출발)에 대비한 시설소요 및 문제점은 다음과 같다.

- Air Carrier를 수용할 수 있는 170~200개의 Stands가 필요하다(Stand당 52~61만 명).
- 기존 터미널 개념은 O/D 여객에게는 편리하지만 환승여객에게는 불편하다.

- 각 단위터미널은 대형 항공사의 Hub 운영에 터미널 및 Stands 용량이 부족하다.
- 계류장 횡단유도로 외측의 터미널은 장거리 이동을 초래하며, 횡단유도로 내측의 터미널에 배치 가능한 Stands 수는 약 150개로서 충분하지 못하다. Stands로 사용하기에 적합한 중앙지역의 40%는 도로 및 주차장이 점유하여 토지이용이 비효율적이다.
- 2010년 PH 도착 10,100대의 자동차 접근도로와 62,700대의 주차공간이 필요하다.

a. 터미널 개념 개선

중앙터미널지역의 Landside를 외측으로 이전하여 이 지역의 Stands 용량을 최대화시킨다. 양측에 주기할 수 있는 콘코스 개발이 가능하고, 각 100개의 스탠드를 확보할 수 있다(그림 3.5-6). 이런 터미널 개념은 LHR T6 계획에 반영되었다(그림 3.2-8).

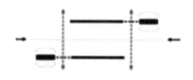

그림 3.5-6 DFW 신터미널 개념

b. 신터미널 및 도로 건설

여객 중 65%는 환승여객이므로 접근교통시설, 터미널의 발권 및 수하물 환수지역을 이용하지 않음으로 터미널을 Airside와 Landside로 분리하여 효과적 운영을 도모한다. 계류장횡단유도로 외측은 여객-항공기 간의 인터페이스가 직접 필요 없는 Landside 시설(여객터미널 및 주차장 등)을 배치한다. 신 Landside 터미널을 횡단유도로 외측에 배치하는 데 다음 사항을 고려하여 T1, T2를 남북에 엇갈리게 배치한다(그림 3.5-6 참고).

- 중앙 Spine 도로에서 Landside 터미널 접근에 필요한 도로 공간을 더 많이 허용한다.
- Landside 터미널과 Airside concourse 의 근접배치가 가능하다.
- 남북 공항 입구에서 편리한 도로접근이 가능하다.

c. 신지하 APM(IAT) 건설

신기술의 APM이 Landside 터미널과 Airside 콘코스를 연결하여 빈번하고, 신속하고, 신뢰할 수 있는 서비스를 제공한다. 기존 APM 개념(Unit 터미널 간 연결)을 신개념(메인터미널과 콘코스 연결)으로 대체하여 OD 및 환승여객의 이동거리를 단축한다.

d. 터미널접근 도로망 및 주차장 확장

신 Landside 터미널에 접근하기 위한 신도로망을 설치하며, 이 도로망에는 충분한 길이의 curbside, 순환도로, 장기 및 단기 주차장까지의 접근로 및 상용버스, 택시, 리무진, 렌터카 서비스를 위한 분리된 루트 등이 제공된다. 신터미널지역의 주차장 계획은 다음과 같다.

여객주차장 단기: 14,640대(40%) 　　　　　장기: 21,960대(60%) 호텔용: 1,500 대	렌터카: 6,300대(소계＝44,400대) 상주 직원용: 18,300대(여객용의 41%) 계: 62,700대

(4) 지상교통 용량 확보(DFW 재개발계획, 1991)

2010년의 피크시간 중 공항에 들어오는 10,100대의 자동차에 대비하며, 이는 현재 교통량 4,200대의 두 배 이상이다. 교통량분포는 현재조건(댈러스에서 60%, 포트워스에서 40%)과 유사할 것이며, 따라서 현재의 남북 교통수요 50 : 50의 분포는 계속 유지될 것이다.

a. 남북 Spine 도로를 각 4차선으로 확장

1967년 기본계획은 터미널까지 고속접근을 위해 중앙 Spine 도로를 채택했으나 편도3차선으로 계획되고, 터미널 방향 출구는 좌측차선에, 입구는 우측차선에 배치된 결과 각 방향 3차선 중 2차선은 속도가 감소되며, 터미널 간 교통량이 증가함에 따른 위빙을 예견하지 못했다. 재개발 계획에서 터미널 접근은 우측차선, Spine 도로에서 나갈 때 적절한 안내표지와 원격주차장, 렌터카 주차장, 단기주차장, 도착 및 출발 커브에 연속적으로 접근할 수 있는 감속거리가 제공될 것이다. 각 방향에 1차선을 추가하고, 개선된 우측 터미널출구를 이용함으로써 Spine 도로는 당초 의도했던 고속으로 서브할 수 있고, 2010년 피크 교통수요에 대비할 수 있다.

b. 주차관리실 확장

Spine 도로를 이용하여 DFW 공항으로 들어오는 모든 자동차는 주차료 징수 및 통제목적으로 주차관리실을 통하여 전산 처리된다. PH 도착차량 10,100대의 주차 수요(62,700대)에 대응하기 위해 주차관리실 및 시스템 확장이 필요하며, 2010년의 자동차 수요에 대비 기존

37개 대신에 60개의 booth가 필요하다. 주차관리실 확장은 Spine 도로 확장과 통합하여 계획한다.

c. 철도인입

재개발계획은 DFW 공항과 도심 및 인구밀집 지역 간에 철도연결계획을 즉시 수립하도록 권고한다. 철도노선은 댈러스 및 포트워스의 도심과 DFW 공항을 연결한다.

d. APM(AIRTRANS) 및 서비스도로 교체

재개발계획은 당초의 단위터미널을 포기함에 따라 단위터미널 간에 운행하던 APM과 각 단위터미널 접근에 이용하던 도로는 필요 없게 되었다. 1974년 이래 환승여객과 상주직원을 위해 이용하던 APM은 수요 대비 용량이 부족하고 속도가 낮아 신터미널에 사용할 수 없으므로 Landside 터미널과 Airside 콘코스 간에는 신 APM이 이용될 것이다.

(5) 환경영향(DFW 재개발계획, 1991)

1971년 DFW 공항의 소음도 분석결과 1985년에 소음도 65L-dn 등고선 내의 면적은 191km²로 나타났으나 1989년 조사결과는 116km²로 감소되었다. 운항 횟수가 증가되고 신활주로가 건설되면 65Ldn 등고선 내의 면적은 1992년보다 약간 증가되겠지만 2010년까지 DFW 공항에 운항하는 항공기는 소음적합증명 3단계 항공기로 구성될 것이므로 65Ldn 등고선 내의 면적은 감소하여 49km²로 되며, 이 지역은 대부분 공항경계선 내가 될 것이다.

소음대책은 2개의 신활주로건설 영향이 최소화되도록 다음과 같이 고려되었고, 또한 영구적 소음감시 시스템이 제안되었으며, 이는 항공기소음을 계속적으로 측정·감시하는 데 이용된다.

70 Ldn 등고선 내: 토지 매입 65 Ldn 등고선 내: 방음 설비	60 Ldn 등고선 내: 지역권 매입 55 Ldn 등고선 내: Sales Guarantee

4. 참고사항

(1) 2016년 기준 상황

국제선터미널을 2005년 개관했으며(그림 3.5-7), 면적은 186,000m², 용량은 1,170만 명이고, PH 여객(출발+도착)당 터미널 면적은 35.3m²이다(PH 여객=0.045%=5,265명).

터미널은 기능상 면적은 넓고 높이는 낮아 경관이 답답하므로 DFW 국제선터미널과 같이 고층 호텔 및 사무실과 결합하면 경관을 개선할 수 있다.

2016년 말 기준 Airside 재개발계획은 평행 활주로 1개만 제외하고 모두 완료되었으며, 또

그림 3.5-7 DFW 공항 국제선터미널

한 재개발계획에 없던 활주로말단 우회유도로End-around taxiway가 설치되었다. 여객터미널은 Concept 개선을 포기하고, \$2.7bn을 들여 기존 터미널 A, B, C, E를 2018까지 개조Renovation할 예정이다. 터미널 Concept 개선을 포기한 사유는 항공사 등 이해당사자의 동의를 받지 못한 것으로 보인다. 터미널 Concept 개선을 위한 재정확보와 터미널의 항공사별 독립운영을 공동운영으로 바꾸는 것에 대한 항공사의 동의가 필요하지만 당사자의 이해관계에 따라 의견이 상충되어 기본계획 개선이 어려울 수도 있기 때문에 초기 기본계획이 중요하다는 것을 시사한다. 2016년 말 기준 DFW 공항 개요는 다음과 같다.

운영자: DFW Board 거리/고도: 27km/EL=185m 좌표: 32°N/97°W 면적: 69.63km²(2,110만 평) 경제효과: \$16.8bn	활주로: 평행 5개, 교차 2개, 2,590~4,085m Stand: 156(J.B 144, Stand당 388,000명) 터미널: 328,000m²(국내선 90%) 2016년 실적: 6,570만 명, 673,000회 고용효과: 57,000명

(2) DFW 공항당국의 자문(1994)

'기본계획을 조정하게 된 것은 당초 기본계획에 무엇이 잘못되었는가?'의 질문에 대한 답변은 다음과 같다. "계획 당시에 모든 것을 다 예측할 수 있는 것이 아니고, 예측능력에는 한계가 있는 것이다. 기본계획은 계약이 아니며, 계속 현실화시켜야 한다. 활주로가 더 필요

하게 된 것은 규제 완화조치에 따라 소형 항공사가 다수 설립되고, 경제발전에 따라 지방 소형도시에서 DFW 공항까지 소형기 운항이 증가되어 예상보다 운항수요가 증가했기 때문이다.”

(3) 공항 배후도시(라스콜리나스)

DFW 공항에서 10km 지점에 Airport city를 1974년부터 개발 중에 있다. 부지는 48km²이고, 업무시설 15%, 산업시설 12%, 숙박·판매시설 3%, 주거지역 26% 및 녹지 44%이다.

제너럴 모터스 등 대기업 본부 및 지사 1,000개가 유치되었고, 쏘니 등 고급 경공업시설 30여 개가 19만 평을 사용한다. 메리어트 등 호텔(1,365실), 전문점 100여 개, 레스토랑 50여 개, 주거시설 11,000세대, 골프코스 4개소가 건설되었고, 호텔과 주거시설이 녹지 사이에 배치되어 있다.

라스콜리나스 전경 → 공항까지는 북서고속도로를 이용하여 8분, 댈러스 도심까지는 15분 내 접근한다.

3.6 북경 수도공항(PEK)

북경은 중국수도이고 제2 도시로서 인구는 2,100만(1953년 300만)이며, 정치, 문화, 교육의 중심지이다. 오랜 역사가 있어 유네스코 세계문화유산에 만리장성 등 7개소가 등록되었다.

1. PEK 공항 개요

북경수도공항Beijing Capital Airport은 1958년 3월 개항, 2008년 올림픽에 대비하여 T3와 제3 활주로를 개항하고 철도를 연결했다. 북경수도공항은 수요가 급증하여 2010년부터 여객 수요는 세계 2위가 되었으며, 2016년 2월 말 기준 개요는 다음과 같다.

명칭: Beijing Capital 국제공항	활주로: 3개, 3,200m, 3,810m, 3,810m
운영자: 북경수도국제공항공사	활주로 간격: 1,950m, 1,500m
거리: 北東 32km	Stand: 178(J.B 115, Stand당 438,000명)
고도: EL = 35m	여객터미널: 1,382,000m², 용량 = 9,000만 명
좌표: 40°N/116°E	❖ PH 여객당 터미널 면적 = 43/51m²(PH = 32/27,000명)
면적: 14.8km²(약 448만 평)	2016년 실적: 9,440만 명, 183만 톤, 606,000회
순위: 총 여객 2위	효과: 경제 = $6.5bn, 고용 = 572,000명

2. PEK 공항 주요시설

(1) 활주로

3개의 IFR 독립 평행활주로를 구성하고 있으며, 그림 3.6-1의 아래부터 ① 3,200m, ② 3,810m, ③ 3,810m이고, 활주로 간격은 ①-② 1,950m, ②-③ 1,500m이며, ②/③ 활주로는 끝이 거의 나란하지만 ①/②는 끝이 1,600m 어긋나 있다. ①②는 아스팔트포장, ③은 콘크리트포장이다.

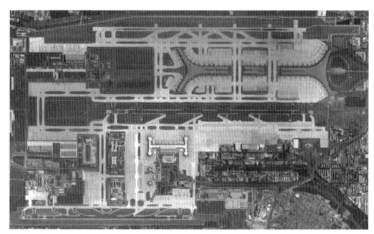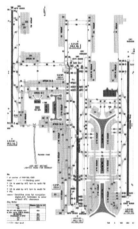

그림 3.6-1 PEK 공항 배치현황

(2) T1, T2의 배치

베이징공항의 T1, T2는 김포공항의 국내선터미널/국제선터미널과 같이 직각으로 배치되었으며, 복도 연결 및 도로망 연결 등을 참고할 수 있다(그림3.6-2 참고).

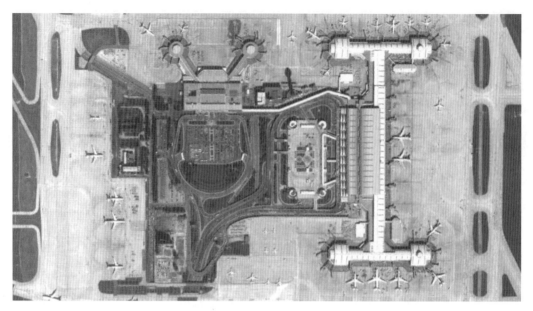

그림 3.6-2 PEK 공항 T1, T2 배치도

(3) T3 및 관련 시설

T3는 2004년 착공하여 2008년 단계별로 항공사가 이전했다. 개항 시 터미널 면적은 986,000㎡로서 세계 최대였으며, 메인터미널(3C)과 탑승동(3D 및 3E)으로 구성되며, T1/T2 와 혼돈을 피하기 위해 문자 A와 B를 사용치 않는다. 지상 5층, 지하 2층 구조이며, T3 지붕은 적색Chinese color for good luck이고, 천정에는 White stripe을 사용했으며, 이는 장식과 방향안내를 위한 것이다. T3의 남측에 신관제탑을 배치했으며 높이는 98.3m이다.

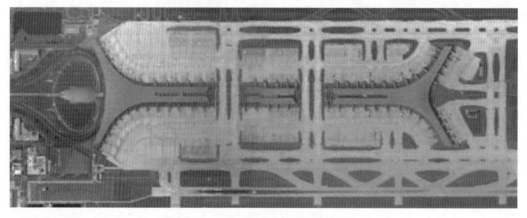

그림 3.6-3 PEK T3 배치도(설계자: Foster)

- T3 전방에 30만m²의 교통센터가 있으며, 이에는 7,000대의 주차장, 버스, 택시, 승용차의 커브차선을 분리하여 원활한 교통흐름을 도모하고, 경전철이 도심까지 18분에 연결한다.
- T3의 BHS는 24,000만 달러의 고가로서 시간당 19,200개의 수하물을 처리하고 초속 10m로 운송하여 여객이 하기한 후 4.5분 이내에 수하물을 찾기 시작할 수 있다.
- T3C에서 터미널 말단까지(T3E)는 IAT를 타고 2분이 걸리며, IAT는 유도로지역을 통과할 때만 지하를 통과함으로써 IAT 노선이 모두 지하인 경우보다 여객의 층 변경이 적다.
- 터미널 연결교통 및 잘못 찾아온 여객의 터미널 재접근을 위해 T1~T2~T3 간에 6~22시에 셔틀버스가 운행되며, 8~20시는 10분, 기타 시간은 20분 간격이다.

(4) 공항용량

T3와 제3 활주로가 2008년 개항됨으로써 PEK의 총용량은 4,300만에서 7,800만 명으로 증가되었고, 수요 증가(여객 9,000만 명, 화물 600만 톤)에 대비하고 있다(2016년 실적: 9억 4,400만 명, 183만 톤, 606,000회). T3에는 66개의 탑승교 Stands를 포함 총 120 stands가 있고, T1과 T2를 포함하여 178개의 Stands가 있으며, Stand당 50만 명을 처리한다(=9,000만 명/178).

3. 베이징 신공항(Daxing)

베이징수도공항의 용량포화로 2008년 Daxing을 신공항 후보지로 선정했으나 군비행장 Nanyuan과 공역이 상충되어 결정이 지연되다가 2012년 군사위원회의 승인을 받고 2013년 신공항 건설이 확정되었으며, 2014년 착공 2019년 개항 예정이다. Daxing 신공항은 베이징 중심부에서 남측 46km에 위치하며(그림 3.6-4), 부지면적은 26.8km²이다. 베이징 남부 철도역과 신공항을 30분에 연결하기 위해 37km의 고속철도가 연결된다.

신공항은 2011년 NACO가 1억 2,000~2억 명의 용량으로 계획했으며(그림 3.6-5), T1은 ADPI가 설계했다(그림 3.6-6). 양 공항의 역할분담을 검토하던 중 중국남방항공, 중국동방항공 및 샤먼항공 등이 다른 SkyTeam 항공사와 함께 신공항으로 이전하기로 2016년 7월에 결정되었다. 1단계 건설비는 $11.2bn으로 추정되었다.

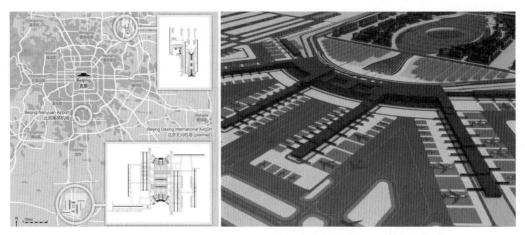

(a) 신공항 위치: 도심 남방 46km   (b) 터미널 Concept: 대형 Finger Type

그림 3.6-4 베이징 Daxing 신공항 위치 및 터미널 Concept

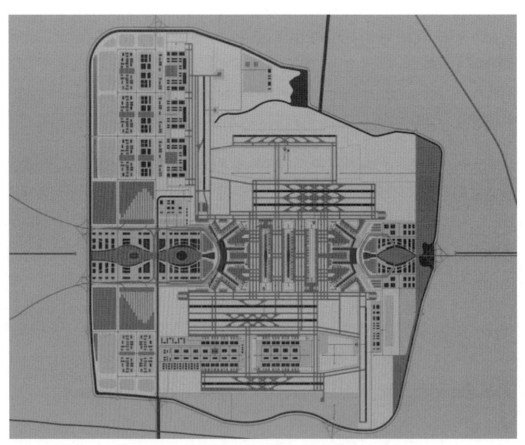

주: ① 부지면적 26.8km², ② 활주로 8개(평행 6개＋직각 2개), ③ 터미널 2개, ④ 용량 120~200mppa

그림 3.6-5 베이징 Daxing 신공항 마스터플랜(설계자: NACO)

설계자＝ADPI, 면적＝697,000m², 용량＝4,500만 명

그림 3.6-6 베이징 Daxing 신공항 T1 설계

3.7 홍콩국제공항(HKG)

홍콩은 1898~1997년[99년] 동안 영국의 식민지이었으며, 현재는 중국의 '특별행정구'이다. 면적은 1,104km², 인구는 720만 명, 국민소득은 42,000달러이고, 뉴욕, 런던에 이어 3대 금융도시로서 경제, 무역, 해운, 관광, 문화, 스포츠 등의 중심도시이며, 영토가 좁아 고밀도 개발되었다.

1. 신공항 건설 추진경위

Kai Tack 공항은 시가지 중심부에 위치하여 주변의 소음피해, 건물고도 제한, 확장 불가, 장애물을 피해 최종진입 path에 들어가기 위해 급선회(6th 위험한 공항) 등 여러 문제 때문에 신공항 후보지를 1974년부터 조사하여 1979년 첵랍콕으로 선정했으나 경제불황으로 신공항 건설이 백지화되었다가 1989년 10월 신공항을 건설하기로 결정되었다. 이와 같이 10년이나 지연된 것은 경제 불황도 문제지만 홍콩도의 반환시기가 가까워짐에 따라 막대한 건설비를 누가 부담할 것인가를 두고 영국과 중국 간에 협의가 지연된 것도 주요 요인이다.

1991년 기본계획 수립, 1993년 착공, 1998년 개항했으며, 기존 공항은 도시재개발용지로 이용할 계획이다. 홍콩 신공항 Project의 특징은 공항보다 접근교통(고속도로 및 철도)과 공항 배후도시 등에 더 많은 사업비가 투입되었으며, 이는 공항의 접근성이 공항기능 못지않게 중요하다는 것을 의미한다. 신공항을 비롯한 10대 사업은 ① 첵랍콕 신공항, ② 공항철도, ③ Lantau 연결교량, ④ Western Harbour 횡단터널, ⑤ North Lantau 고속도로, ⑥ Route 3(터널), ⑦ West Kowloon 고속도로, ⑧ West Kowloon 부지 조성, ⑨ Central 부지 조성, ⑩ Tung Chung 신도시건설 등이며, 총사업비는 US$21billion, 공항사업비는 9billion이다.

2. 기본계획 개요(1991)

- 공항 기본계획은 그림 3.7-1과 같이 면적 12.48km²(378만 평)의 인공도 위에 평행활주로 2개(길이 3,800m, 간격 1,525m), 그 내측에 여객터미널과 정비시설 배치, 남측 활주로 건너편에 화물터미널, 항공기연료기지, 기내식 제조시설 등을 배치했으며, 이런 배치는 기존 섬의 활용, 공항부지 및 활주로 간격이 협소한 여건 때문에 부득이한 것이었다.
- 활주로는 Lantau 섬과 평행한 동서방향으로 배치했으며, 이는 항공기의 출입 항로를 해상에 배치함으로써 장애물을 회피하고, 항공기 소음문제를 방지하고자 한 것이다.
- 여객터미널은 평행활주로 사이의 동단에 배치했으며, 이는 Check Lap Kok 섬을 활용함으로써 매립지에 건설할 경우의 침하를 방지하고, 진입도로 접속을 편리하게하기 위한 것이다.
- 정비지구는 항공기가 활주로를 횡단하지 않도록 평행활주로의 내측 서단에 배치했다.
- 화물지구는 활주로 내측부지가 협소한 점과 공항용지의 형태를 유효하게 활용하고, 홍콩도심부 및 중국본토로부터 화물의 지상수송 편리성을 고려하여 공항 입구에 배치되었다.
- 관제탑은 공항 전체의 시야를 확보하고 터미널중앙부를 볼 수 있는 위치에 건설했다(H = 83m).
- 기본계획상 단계별 시설 규모와 용량은 표 3.7-1과 같다.

표 3.7-1 홍콩공항 기본계획 개요(1991)

구분		최종단계(2040)	1단계(2010)
항공 수요	운항(천 회)	376	154
	여객(백만 명)	87	35
	화물(만 톤)	890	110
기본시설	공항부지(km^2)	12.48	12.48
	활주로	IFR 독립 평행 2개	1개 3,800×60m
	여객기 Stand	Fixed 90 + open 30 = 120	Fixed 42 + open 18 = 60
	화물기 Stand	28	10
터미널지역	터미널(m^2)	890,000	455,000
	주차시설(대)	7,400	2,600
	화물시설(m^2)	737,000	297,000
커브 길이	출발커브(m)	1,430	600
	도착커브(m)	1,760	920
Stand당 연간용량	여객기	72만 명	58만 명
	화물기	32만 톤	11만 톤

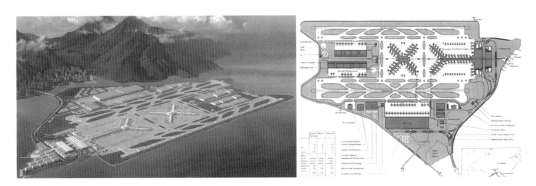

그림 3.7-1 홍콩공항 기본계획(1991)

- 공항당국은 지연과 혼잡 방지, 편리하고 쾌적한 서비스를 위해 다음의 설계목표를 제시했다.
  - 출입국심사, 세관검사, 보안검사 등에 긴 줄서기를 억제한다.
  - 체크인 및 BHS 등 주요시설은 효율적이고 시간 단축이 가능한 시스템을 개발한다.
  - 지상조업서비스 등 항공사 서비스를 일정 시간 내 완료하여 항공기 정시운항을 도모한다.
  - 혼잡을 억제할 수 있는 접근교통체계를 확보한다(철도·도로, 순환도로, 커브, 주차장 등).
  - 항공기 지상이동이 원활한 시설체계를 확보한다(활주로·유도로, 계류장, 터미널 개념 등).
  - 터미널에 충분한 편의시설을 확보한다(매점·식당, 미용, 호텔, 사우나, 의료, 휴게실).
  - 신속한 서비스와 오류 최소화를 위해 최신기기를 도입한다(BHS, 안내정보 자동화 등).
  - 계속적인 관리요원의 훈련시행, 외국전문가를 통한 운영체계 개선을 도모한다.

- 활주로 1개 용량은 34회(관제사숙련 후는 38회), 제2 활주로가 개통되면 50회로 계획한다. → 이는 용량을 과소 평가한 것으로서 2015년 실적은 406,000회, 시간은 90회이다.
- 활주로 및 유도로는 아스팔트포장, 계류장은 콘크리트포장이며, 계류장 콘크리트포장은 매립지의 침하와 온도변화에 의한 균열 발생을 억제하기 위해 Pannel 구조로 설계했다.
- F급 항공기에 대비했고, 남측 활주로는 CAT-II, 북측 활주로는 CAT-IIIa로 계획했다.

3. 여객터미널

(1) 터미널 Concept 결정

여객터미널 Concept를 결정하기 위해 많은 Concept 대안을 검토했으며, 터미널 Concept 대안을 평가하기 위해 다음과 같은 목표를 설정했다.

- 활주로를 연결하는 Cross Taxiway는 최소한 2개소 이상
- 도로와 철도의 Curbside 접근 편리
- 활주로 내측부지의 80%는 여객용, 20%는 정비용으로 사용

터미널 Concept 대안을 평가하기 위해 공항당국, 설계자, IATA 등이 표 3.7-2와 같이 평가 기준을 작성하고, 표 3.7-3과 같이 평가했다.

표 3.7-2 평가자별평가 기준

평가자	용역사(Greiner 등)		IATA		공항당국	
평가 배점	민영화	25%	여객편의성	48.0%	민영화	28.6%
	여객편의성	20%	접근성	18.7%	건설경비	23.8%
	토지이용 유연성	20%	토지이용 유연성	7.3%	Gate 확장성	19.0%
	건설경비	15%	건설경비	7.0%	항공기순환성	19.0%
	접근성	10%	항공기 순환성	6.7%	접근성	9.5%
	항공기 순환성	5%	민영화	6.3%	여객편의성	9.5%
	Gate 확장성	5%	Gate 확장성	6.0%	토지이용 유연성	4.8%
	계	100%	계	100.0%	계	100.0%

표 3.7-3 평가자별 평가내용

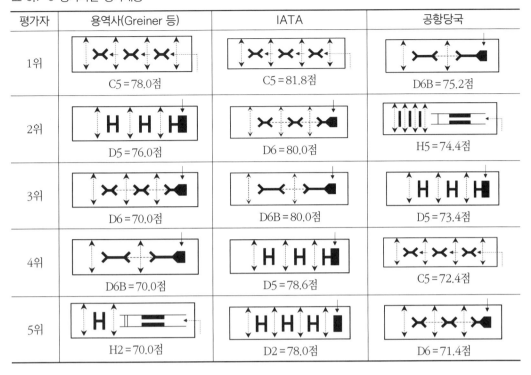

평가자	용역사(Greiner 등)	IATA	공항당국
1위	C5 = 78.0점	C5 = 81.8점	D6B = 75.2점
2위	D5 = 76.0점	D6 = 80.0점	H5 = 74.4점
3위	D6 = 70.0점	D6B = 80.0점	D5 = 73.4점
4위	D6B = 70.0점	D5 = 78.6점	C5 = 72.4점
5위	H2 = 70.0점	D2 = 78.0점	D6 = 71.4점

설계자는 C5 등 상위 6개 Concept를 홍콩정부 및 사업관리팀PMT에게 건의한 결과, 홍콩정부는 C5가 좋기는 하나 평행활주로 간격(1,525m)이 협소하여 현실적으로 이를 수용하기가 어렵다고 판단하고, D6의 변형인 현재의 터미널 Concept를 채택했다. ICN의 터미널 Concept는 HKG 공항 평가에서는 좋은 점수를 받지 못했다.

(2) 터미널지역 교통시설계획

터미널 전면에 철도역을 포함한 교통센터를 배치했으며, 평면 및 입체 주차장은 터미널의 옆에 배치했다. Curb Side 도로상에서 자동차의 혼잡을 방지하고자 공공버스, 택시, 투어버스의 승하차 및 주차지역과 호텔버스 및 여행대리점 버스의 Pick-up 지역은 자동차의 종류와 사용목적에 따라 배치했다. 여객의 편리성확보, 보행거리 단축 등의 노력을 했으며, 21세기 공항은 승용차 이용을 소외시킴으로써 대중교통 이용을 유도한다는 것이 홍콩공항의 방침이다.

주차장 1, 2, 3은 임시적인 평면주차장이며, 장래 여객터미널 증축 시에 2, 3은 폐지되고 1은 입체화될 것이다. 입체 주차장을 포함한 주차대수는 약 3,100대이며, 타 공항에 비해 주차대수가 적은 것은 관광객이 많은 홍콩공항의 특성을 반영한 것으로 보인다.

그림 3.7-2 여객터미널지역 교통시설 배치계획

(3) 여객터미널 T1의 구성

여객터미널은 노만 훠스터의 설계이며, 지하 3층 지상 3층(일부 4층)이고, 연 면적은 57만㎡, 세계 3위이었다(1위: DXB T3 = 1,713,000㎡, 2위: PEK T3 = 986,000㎡).

여객터미널은 메인터미널, 동 건물에 접속되는 Y자형 탑승동, 접속되지 않는 X자형 탑승동, 및 교통센터 등으로 구성된다. 메인터미널과 탑승동은 36×36m 단위의 모듈로 구성되며, 메인터미널의 횡폭은 9모듈(324m)이다. 교통센터는 메인터미널에 근접되고, 모든 지상교통의 접속지로서 철도의 플랫폼, 더블 덱의 도로(1층: 도착용, 4층: 출발용), 리무진 및 일반버스 터미널, 택시 풀, 페리터미널 연락용 버스터미널 등이 복합된 교통센터이다.

(4) 여객터미널 T1의 계획목표

공항당국이 제시한 여객터미널의 계획목표는 다음과 같다.

- 방향 시인성을 양호하게 단순한 Layout
- 신속, 용이한 이동(MSW APM 등)
- 도착여객 동선은 층 변경이 없고, 출발여객 동선은 1층의 층 변경만을 허용한다.
- 넓고, 밝으며, 통풍이 잘되게 한다(특히 출발 층).
- 항공사 라운지를 넓게 한다.
- 환경친화적 Intelligent 건물로 한다(에너지효율이 큰 특수구조, 태양광과 반사광으로 照明 등).

(5) 여객터미널 T1의 구조 및 각 층의 구성

여객의 입장에서 볼 때 자동차이용 출발여객은 Level 8의 Curb Side 도로에, 철도이용 출발여객은 Level 7(실제로는 반층 정도의 아래층)의 공항 역에서 경사로를 이용 Level 7의 Check-in 로비로 접근하며, check-in 후 출국검사를 거쳐 한층 아래 Level 6의 출발 콘코스로 향하고, 같은 층에서 항공기에 탑승한다. APM을 이용하는 여객은 Level 6에서 El 또는 Es를 타고 지하 Level 1의 플랫폼으로 향한다. 출발여객과 도착여객의 동선은 완전히 분리되고, 항공기에서 내린 도착여객은 탑승교의 경사로를 이용 반 층을 내려가서 Level 5의 도착 콘코스→CIQ 검사→수하물 환수→도착 로비→공항역으로 진행하면서 1회 층 변경이 발생한다.

(6) 터미널 T1 내 특수기기

- 탑승교는 항공기당 2대이며, 고정교 기부에서 출발과 도착여객의 층을 분리하는 구조이다.
- 수하물처리 시스템(BHS)은 20km의 컨베이어로 구성되고, 평균 10~15분에 처리 가능하며, 시간 당 19,200개를 처리한다. Baggage Hall은 지하 Level 2에 있고, 면적은 5ha이다.
- APM(Automated People Mover)는 메인터미널 지하 3층(Level 1) 역과 Y자형 V기부의 지하역 사이 700m에 운영되며, 2단계에는 X자형 탑승동까지 연장된다. 이 APM은 일본의 삼릉중공업이 제작한 것으로서 2차량 1조로 150명이 탑승하며, 제원은 표 3.7-4와 같다.

표 3.7-4 APM 차량의 제원

편성: 2차량 고정 편성 자중: 11.8톤/량 안내방식: 측방안내 2축 4륜 steering 방식 궤도간격: 궤간 1,700(안내면 간격 2,800mm) 부레이크: 전기 지령식 공기 부레이크 　　　　(보안 및 주차 부레이크)	정원: 76명(좌석 50)/량×2량 차량규격: 길이 9,850×폭 2,700×높이 3,510(mm) 전기방식: 3상 교류 600V, 50HZ 제어: 가역식 자일레탈 오나드 제어 차량성능: 최고속도 70km/hr, 가속도 3.5km/(h·s), 　　　　감속도 상용 최대 3.6km/(h·s), 비상 5.4 km/(h·s)

(7) 기타 터미널

- T2는 연면적 14만m²로서 2007년 2월 Skyplaza와 함께 개관했으며, T2에는 출발여객을 위한 체크인 및 수속시설만 있고 수속 후에는 지하 IAT를 이용하여 T1의 gate로 연결된다. 저가항공사와 일부 Full service 항공사가 T2를 이용한다(그림 3.7-3 참고).

- Y자 콘코스의 우측 Remote stands 지역에 위성콘코스를 2009년 개관했으며, 소형기만 이요하며(Jet bridge 10대), 연간용량은 500만 명, T1과 이 북측 위성 콘코스(NSC) 간에는 셔틀버스가 4분마다 운행한다(그림 3.7-3 참고).

- Midfield 콘코스는 당초 X자형 대신 직선형으로 2015년 말 개관했으며, Stands는 20개이고, 이 중 3대는 A380을 서브할 수 있으며, 연간용량은 1,000만 명이다(그림 3.7-4). T1, T2 및 Sky Pier Ferry 터미널(중국본토 연결)과는 현재의 IAT를 연장하여 연결된다.

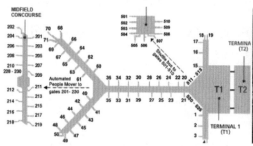

그림 3.7-3 터미널 및 콘코스 배치

그림 3.7-4 Midfield 직선형 콘코스

4. 홍콩공항 화물시설

- 홍콩공항의 항공화물은 2010년부터 세계 제1위가 되었다. 화물지역은 남측활주로 건너편에 있으며, 이는 홍콩공항의 협소한 부지여건과 지상접근의 편의를 고려한 것이다. 주요시설로는 제1 Cargo, 제2 Cargo, DHL Asia Hub, Air Mail Centre 등이 있으며, 현재(2015)의 용량은 410만 톤이고, 최종단계용량은 740만 톤을 상정했다(그림 3.7-5 참고).

- 제1 Cargo는 연면적 = 328,000m²로서 세계 2위이며(1st는 푸동공항), 설계용량은 260만 톤이고, 투자비는 US$1billion이다. ① Airside 시설은 Airside 접속면 1,940 m/Pallet Dolly 보관소 938, ② Landside 시설은 Truck Docks 353개소, ③ 특수시설은 특급·냉동·가축 센터, 위험물 및 방사능물품보관소, 고가 화물센터 등이 있다.
- 제2 Cargo는 연면적 = 8만m²(부지면적 = 166,000m²), 용량 = 150만 톤이며, 창고는 4층이고, 층마다 다른 화물을 처리하도록 특수 설계되고, 최신 시설을 갖추었다.
- DHL은 시간당 4만 packages, 홍콩우편국은 일당 70만 packages를 처리한다.

오른쪽부터 제1 Cargo, 화물대리점, 제2 Cargo

그림 3.7-5 화물지역 배치도

5. 홍콩공항 지상접근교통

(1) 철도

철도는 시티터미널에서 8분마다, 최고 135km/h로 운영하며, 구룡 및 청의의 2개소만 정차한다. 공항까지 소요시간은 23분, 20분, 12분이고, 운임은 19,000원, 17,000원, 11,000원이다. 좌석 뒷면의 액정 TV는 비행정보와 기상 등을 안내한다. 차내에는 수하물보관소가 있고, 용량은 64개로서 승차정원수와 같다. 또한 공항도 연안의 Tung chung 뉴타운 역에는 고속철도와 병행하여 란타오 철도가 정차하며, 공항종업원은 이 철도를 이용하여 뉴타운 역에서 버스로 공항도에 연결된다. 이 철도의 운임은 홍콩도에서 Tung chung까지 3,800원 정도이다.

(2) 도로 및 해상 Access

도로는 고속철도와 거의 같은 루트로서 편도 3차선이고, 도로거리 30km에 약 30분이 소요된다(제한속도 80km/h). 여러 루트의 공항버스가 12~20분 간격으로 운행되며, 약 60분이 소요된다. 2006년 조사결과 철도는 28%, 버스는 35% 분담한다.

공항에서 구룡반도의 연안까지 Ferry가 운행되며, 여객터미널에서 Ferry 터미널까지는 버스로 연결된다. 장래에는 공항과 중국본토를 연결하는 신루트가 개설될 예정이다.

6. 홍콩공항 기본계획 Review(2005, 2025 Vision)

(1) 현황 분석

홍콩공항의 경제적 영향은 홍콩 GDP의 3%를 분담하며, 간접효과를 포함하면 8%에 달한다. 고용인원은 약 6만 명이며, 공항 관련 회사에 대한 서비스와 납품을 포함하면 3배 이상이 된다(2013년 HKG 발표: 경제효과＝$28.3bn, 고용효과＝316,000명).

중국의 인구당 국제여행자는 2004년 2%로서 미국의 15%를 고려하면 성장 가능성이 매우 크다. 중국의 수요 예측결과 2020년 여객은 14억 명, 화물은 3,000만 톤이다. 중국 공항개발계획에는 3 Mega Hubs(베이징, 푸동, 광조우), 24 중형 공항, 124 소형 공항이 있으며, 2020년까지 베이징, 푸동, 광저우공항은 2005년의 세계 톱 공항에 버금갈 것이다.

아시아의 Hub 공항 경쟁이 치열하다. ICN은 세계 Top 5 Global Hub를 주창하고, 싱가포르와 방콕은 저가항공사 육성, 환승여객 개발, 중국 및 인도와의 수요 성장을 도모하고 있다.

중국에 반환된 이후 중국본토와의 수요가 급증하여 당초 예상수요를 크게 상회하고 있다. 변화된 여건을 고려하여 2005년에 재 추정한 수요와 기본계획에서 추정한 수요를 비교하면 다음과 같이 수요는 급증했고, 항공기는 소형화되었으며, 환승여객이 증가하고 있다.

- 1992년 추정(2040 수요): 여객＝8,700만 명, 화물＝900만 톤, 운항＝38만 회
- 2005년 추정(2025 수요): 여객＝8,000만 명, 화물＝800만 톤, 운항＝49만 회

항공 수요 증가에 대비 홍콩공항의 용량 개발이 필요하며, 공항용량은 공역, 지형, 관제 및 접근 절차, 항공기 혼합률, 접근교통, 환경조건 등의 영향을 받는다. 주요 Hub로서 홍콩

공항은 소형기부터 신대형기까지 모두 수용할 수 있어야 하고, 홍콩 주변에 광조우, 마카오, 주하이, 센젠 등 공항이 밀집하여 공역이 제한되는 문제를 해결해야 한다.

(2) 홍콩공항의 성장 전략

홍콩공항이 성장하기 위해서는 담당구역 확장, 노선망 개선, 이해당사자와의 협조가 필요하며, 홍콩공항의 Hub 역할을 증대하기 위한 전략은 다음과 같다.

- 담당구역 확장을 위해 홍콩과 본토 간 국경 통제 절차의 간편화 및 지상교통을 연결한다.
- 홍콩의 본토연결망을 강화하여 본토의 목적지를 확대한다.
- 국제노선망 확충 및 운항편을 늘려서 경쟁적인 가격과 광범한 서비스를 이용하도록 한다.
- 공항당국은 모기지 항공사의 Network 확장과 새로운 서비스 개발을 지원한다.
- 홍콩공항의 화물 및 물류기능 증진을 위해 화물 시스템과 인프라의 지속적 개선, 화물운영자에게 경쟁력 있는 환경조성, Air to air 및 교통수단간 환적 확대 도모, 본토선적에 합리화된 Software 및 Systems 사용, 세관통관 간편화, Common e-platform 도입, 정부와 운영자 간 협조 도모, 인근의 물류단지 개발을 지원한다.
- 이용자에 대한 서비스 향상을 위해 24시간 운영 및 활기 있는 Sky city를 개발한다. 이는 홍콩 및 주변의 경제성장과 무역 및 관광 증진, 항공 수요 창출, 여객에 대한 추가 서비스제공 등을 목표로 한다. 1단계 사업은 Asia world expo, 공항세계무역센터, 공항당국 본사건물, Hotel, Sky pier, Golf course 등이다.

공항 운영을 효과적이고 신뢰성 있고 경제적으로 개선하기 위해 E-Airport를 구현한다. 관리원칙은 ① Business 수요에 부응하여 현재보다 약간 앞선 기술을 이용하고, ② 주요 공항 시스템에 문제가 없도록 확실히 관리하며, ③ 문제가 서비스에 영향을 미치기 전에 해결한다. 2003년 세계 최대 공항무선 Lan network 설치, 2004년 전파식별 BHS를 개발했으며, 장래에는 통합신분증 및 생체신원확인을 활용한 상주직원 및 여객확인 시스템을 개선하며, 업무 절차를 단순, 표준화된 Hardware 및 Software를 사용 홍콩공항의 능력을 강화한다.

(3) 홍콩공항의 상황 변화 대응

기본계획[1992]은 2040년의 운항수요 38만 회에 대비하여 2개의 평행활주로를 계획했으나 2025년에 49만 회의 운항이 예상되므로, 제3 평행활주로를 건설하고 Stand당 여객용량은 73만 명으로 계획했으나 53만 명이 적정하므로 Stands를 추가 확보한다(그림 3.7-6).

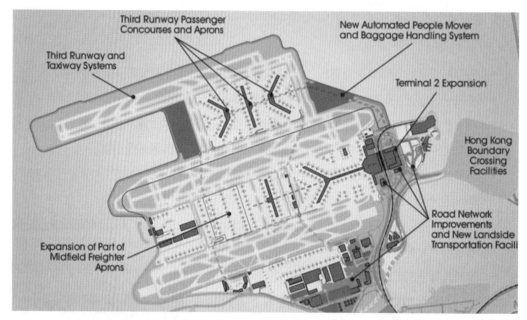

그림 3.7-6 2025 Vision

7. 홍콩공항 기본계획 Review(2010, 2030 Vision)

1992년 기본계획은 활주로 2개를 가지고 2040년의 수요에 대비하고자 했으나 Review 결과 활주로 2개의 용량은 운항 42만 회, 여객 7,400만 명, 화물 600만 톤이 적정하므로 2030년 수요에 대비 제3 평행활주로가 필요하며, 개발구상은 그림 3.7-7과 같다.

- 1992년 추정(2040 수요): 여객 = 8,700만 명, 화물 = 900만 톤, 운항 = 38만 회
- 2010년 추정(2030 수요): 여객 = 9,700만 명, 화물 = 890만 톤, 운항 = 62만 회

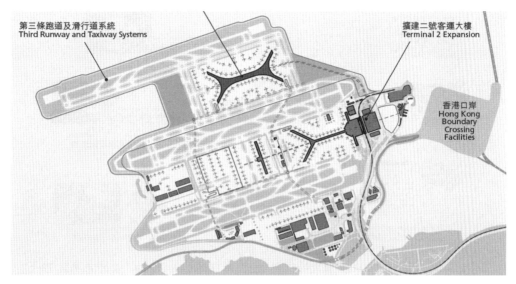

그림 3.7-7 제3 활주로 개발계획

2030년에 대비한 확장 기본계획이 그림 3.7-8 및 3.7-9와 같이 구체화되었으며, 개발효과는 운항용량 증가(42→62만 회), 여객용량 증가(7,400→1억 400만) 및 경제효과 $58bn이다. 탑승동과 Stands를 추가로 확장할 수 있으며, 이로 인한 용량 증가를 약 2,000만으로 보면 제3 활주로 건설에 따른 홍콩공항의 최종단계 용량은 1억 2,400만이 된다(=104+20).

그림 3.7-8 2030년 Vision

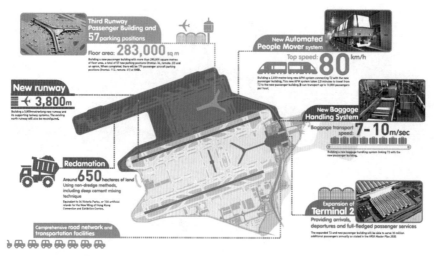

부지 조성 6.50km², 신활주로 3,800m, 제3 활주로지역 탑승동 283,000m² 및 Stands 57개소, T2 확장, T2-신탑승동 간 APM 및 BHS, 센터 활주로의 유도로 재구성, 활주로지하 터널

그림 3.7-9 2030년 대비 확장 Master Plan

8. 기타 사항

(1) 홍콩공항의 CNS/ATM 시스템 계획(Satellite-based Communications, Navigation, Surveillance/Air Traffic Management Systems)

비행안전과 효율을 증진하고자 위성이용 CNS/ATM에 대한 조사를 2000년부터 시작했으며, 이는 시스템의 복잡성 때문에 활용 전 상세한 조사가 필요하기 때문이다. 디지털자동정보, 비행 중인 항공기에 대한 디지털기상정보, Data links를 이용한 사전 출발 허가, 비행장에서 항공기와 자동차의 정밀감시 시스템을 포함한 CNS/ATM 서비스를 추진하고 있다.

2009년 12월 CAD는 ICAO가 규정한 신항공 교통관리 시스템을 이용하여 Global 고속 항공종합통신망 서비스 개발에 착수했으며, 이를 운영하기 전에 홍콩공항의 운영환경에 적응하기 위해 시스템 최적화가 진행되고 있다.

(2) 홍콩공항도시 개발계획

공항의 배후지원단지인 공항도시를 공항도의 연안부에 개발하며, 토지이용계획은 표 3.7-5과 같이 인천공항의 IBC 및 물류지역과 유사하며, 공항 관련 산업지역도 추가되었다.

표 3.7-5 공항도시 토지이용계획(2011년 최종단계 기준)

구분	부지 규모	건물연면적	용도
사무실, 호텔	2ha	37,000m²	사무실, 수출·수입회사, 서비스회사, 항공사호텔, 여객용 호텔
화물Village	28ha	309,000m²	컨테이너장치장, 화물대리점, 수송회사, ULD 보수, 정부시설
산업지역	52ha	573,000m²	공항 관련 산업, 저장·창고 기능
업무지역	27ha	268,000m²	고급사무실, 상업공간, 식당, 매점, 호텔, 레크리에이션 시설 등
공항호텔	1ha	8,000m²	
파킹	8.5ha	6,000m²	정부 시설부지 0.5ha 및 건물 6,000m² 포함
합계	118 ha		인천공항: 배후지원단지는 216ha(주거지역 위주)

(3) 개항 시 문제점

항공화물 및 수하물 취급에 문제가 발생하여 잠시 항공화물 접수가 중단되는 사태가 발생했으며, 이 문제는 2주간에 해소되었다. 항공화물은 구 공항에서는 항공화물 취급자가 1개사였으나 신공항에서는 2개사로 변경됨에 따른 컴퓨터 인식의 문제였고, BHS는 개항 준비기간이 절대 부족했던 것으로 지적되었다. 약 2개월의 준비기간이 있었지만, 숙련기간이 부족했고, 숙련된 직원이 반발하여 사직함에 따라 후임자의 숙련시간이 더욱 부족했다.

(4) 홍콩공항 2016년 말 기준 개요

거리: 서 28km, 고도: EL=9m	터미널: T1 및 T2: 710m²
좌표: 22°N/113°E	Stand: 96(J.B 80, Stand당 714,000명)
면적: 12.48km²(378만 평)	화물Stand: 34(Stand당 129,000톤)
활주로: 2개, L=3,800m, 간격=1,525m	2016년 실적: 여객 70.5mn, 화물 452만 톤, 운항 412,000회
항공사: 85사	효과: 경제=$28.3bn, 고용=316,000명
목적지: 150 공항	

3.8 파리 샤를드골국제공항(CDG)

파리는 프랑스의 수도이고 제1 도시이며, B.C. 2세기부터 건설되었다. 12C까지 서부 최대 도시이었고, 18C부터 재정, 상업, 과학, 패션, 예술의 중심지이었으며, 그 명맥을 현재까지 유지하고 있다. 시계 내 인구는 220만 명(면적=105km²), 수도권 인구는 1,200만 명이다. 루브르박물관, 로테르담사원, 에펠탑 등 수많은 관광 명소가 있으며, 2014년 2,240만 명이 방문했다. 파리 수도권의 항공 수요는 CDG와 ORY 공항이 분담한다.

1. Charles De Gaulle 공항 개요

- 독립평행활주로 2개를 운영하다가 평행활주로 2개를 추가로 건설하여 4개를 운영한다.

- 터미널은 T1, T2(A, B, C, D, E, F, G)와 T2(E, F)의 위성동(S3, S4) 및 T3를 운영한다.

- 철도는 지하철과 구주 전역에 연결되는 TGV 역을 T2 지역에 건설했으며, TGV 역과 T1은 APM이 연결한다. 공항과 A고속도로 간의 도로 확장, 수도권외곽 환상도로를 공항과 연결, 오를리공항 간에 AGT(＝APM)를 운영하는 등 접근교통을 계속 개선 중에 있다.

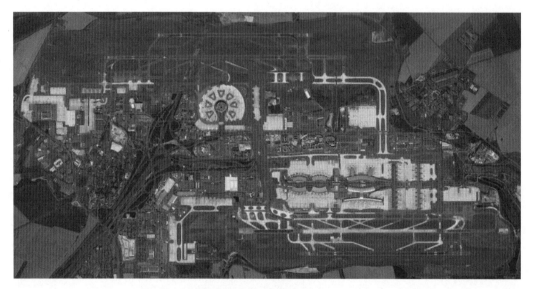

그림 3.8-1 CDG 공항(2016. 12.)

CDG 공항 개요(2016년 말 기준)(총 여객 9위, 국제선 여객 4위)

운영자: ADP(aeroports de Paris) 좌표: 49°N/002°E 거리: 북동 25km 표고: EL＝119m 면적: 34.70km²(1,052만 평)	활주로: 4개, 2,700~4,215m 간격: 독립＝3000, 비독립＝390m Stand: 224(J.B 127)(Stand당 294,000명) 2016년 실적: 65.9mn(국내선 8.2%), 473,000회, 총 여객 9위, 　　　　　국제선 여객 4위 효과: 경제＝$29.0bn, 고용＝251,000명

2. CDG 공항 터미널

T1은 메인터미널과 위성 탑승동 7개로 구성되며, 이는 문어Octopus를 형상화한 **Paul Andreu**의 설계로서 1974년 개항 당시에는 획기적인 개념으로 세계가 주목했으나 확장성 제한과

이용자 불편 때문에 CDG 공항도 이런 개념을 다시는 사용하지 않았다. 메인터미널은 직경 192m의 원형이고, 상부 4개 층은 주차장이다(용량=4,000대). 이는 Landside 최소화·Airside 최대화 개념으로서 그림 3.8-2와 같다.

출발여객은 수속 후 길이=170m의 지하터널Moving Walk을 이용하여 위성 탑승동에 가며, 커브에서 탑승동까지 거리는 250m이다. 총 주기용량은 B707급 25대(B747급은 15대)이고, 여객용량은 800~1,000만 명이다. 원형이므로 증축이 어렵고, 지하통로를 이용함에 따라 방향성이 불량하고, 탑승동에 도착하기까지는 항공기를 볼 수 없어 답답하다는 것이 여객의 가장 큰 불만이다.

그림 3.8-2 CDG 터미널 1(T1)

T2는 T1의 이런 문제를 개선하고자 체크인지역에서 항공기가 보이는 소형 단위터미널 8동을 건설하고자 계획했으나 T2-A, B, C, D 4동을 건설한 후 T2-E, F는 터미널 4동을 합쳐서 2동으로 건설했으며, 2동의 위성 탑승동과 조합된다.

이는 소형 단위터미널의 단점을 보완하기 위해 소형에서 대형 터미널로 개념이 바뀐 것이다(그림 3.8-3).

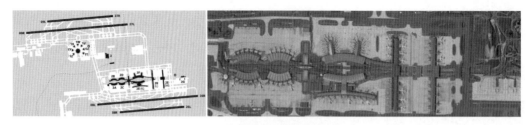

그림 3.8-3 CDG 공항 활주로 및 T2 구성

터미널 2A, 2B, 2C, 2D는 반원형 단위터미널을 2개씩 마주보고 짝을 지어 배치하는 개념이며, 각 module의 stands는 6~8대, 용량은 500만 명이다. 이 개념은 ADP와 Air France 공동으로 결정한 것으로서 여객절차의 단순화, 항공사 운영효율화, 서비스 수준 개선, 여객의 보행거리 단축 등을 목표로 했다. 출발·도착 여객은 모두 2층을 이용하며, Curb에서 항공기까지는 70m에 불과하다. 1층은 수하물 등 서비스시설, 지하 1~2층은 기계실과 유지관리실로 이용된다. 양 터미널(A-B, C-D)의 사이에는 4개 층의 주차장을 두어(연면적: 145,000m²) 5,350대가 주차할 수 있다. 각 터미널의 길이는 220m, 폭은 60m이며, 마주보는 2개 모듈과 다음 모듈의 사이에는 사무실, 매점, 식당 등의 공간으로 활용한다.

- 철도역에서 2A/2B까지는 500m를 초과하며, T1까지는 더 멀어서 APM이 연결한다. 이와 같이 분산식 터미널은 철도 등 대중교통을 이용하기가 어렵다는 것을 잘 보여주고 있다.
- 위성동 S3(L), S4(M)는 터미널 2E, 2F와 연결되고, 장거리노선에 이용된다.
- 터미널 2A/2C와 2E/2F 사이의 환승편의를 위해 연결통로가 제한구역 내에 설치되었다.
- 터미널 2G는 지역의 소형 항공사용이며, 150석 이하의 소형기만 이용한다(2008 개항).
- T3는 T1에서 1km 거리에 있으며, T3에는 제트부리지가 없고, 모두 버스를 이용한다.

3. CDG 공항 특징

- CDG 공항은 1974년 개항했지만 당시로서는 매우 큰 부지(31.04km²)를 확보했고, 1990년 34.7km²로 확장했으며, 주변지역의 관리가 잘되어 용지매수에 어려움이 없었다.
- 평행활주로 간격이 충분하여(3,000m) 활주로 내측에 모든 시설을 배치할 수 있으므로 활주로를 횡단하거나 지하통로를 이용하는 등의 불편이 없다(ICN의 활주로 간격 = 2,075m).
- 국제선이 CDG와 Orly로 양분되어 양 공항 간에는 연간 약 20만의 연결여객이 발생하며, 버스로 40~90분이 소요된다(Orly의 국제선 여객은 58%).

- 1990년대에는 2조의 비독립 평행활주로 용량을 연간 60만 회로 평가했으나 2000년대에는 71만 회로 평가하며, 여객용량은 1억 1,700만 명을 기대한다.
- 터미널 2A, 2B, 2C, 2D는 소형 단위터미널이어서(용량: 500만) 단계별 확장이 용이하고 복잡한 시설이 필요 없는 등 장점이 많으나 대중교통이용의 불편, 시설 및 인원의 중복 등 문제점이 많아서 최근에는 터미널 규모가 커지고, 형태는 직선화되고 있다.
- 도심과의 접근교통 및 오를리공항과의 연계성 확보를 위해 고속도로를 연결하고 고속철도와 고속지하철을 공항까지 연결했으며, AGT를 오를리공항까지 연결하는 등 세계 최고급 육상접근 시설을 갖춤으로써 주변 공항에 비하여 월등한 경쟁력을 갖추고 있다.
- 공항부지의 효과적 이용, 편리성 향상, 공항의 수익 증대를 위해 '로이시폴'이라는 업무지역을 터미널 접근교통의 혼잡을 피해 T1/T2 사이에 개발했으며, 에어프랑스 본사건물, 전시장, 회의센터, 상업시설, 호텔, 로이시테크, 화물촌 및 항공기정비센터 등이 유치되었다.
- T1과 철도역을 시속 30km의 APM(CDGVAL)으로 연결시켰다(320억 원, 1대당 30명 탑승).
- 단거리노선 여객의 단위 터미널 면적이 1.0이라면 장거리노선 여객은 1.85를 배정하며, 이는 여객의 터미널 이용시간, 송영객수 및 수속절차 등의 차이로 인한 것이다.
- ADP의 직원 수는 6,000명이고, 이 중 450명이 국내외 공항의 설계를 수행한다.
- ILS는 CATIIIc 시설이 완비되어 있으나 조종사가 요구할 경우에만 IIIc로 운영한다.
- 고가(2,000만 달러)의 X-ray로 화물을 단층 촬영하여 폭약과 마약을 식별한다. 또한 여객터미널지역~화물지역 간을 자동 transfer하는 환적 시스템을 도입했다. 점보기 화물을 50분 내에 Loading 또는 Unloading하는 화물 Loading Bridge를 운영하고 있다.
- 정비지역 - 터미널 간 원거리 불편을 해소하고자 Remote Stands를 경정비지역으로 활용한다.
- 항공기 노선, 고도, Power 등을 체크할 수 있는 '소음환경분석연구소'를 운영 중이다.
- 파리 수도권 항공 수요(CDG + ORY)의 국내선 여객 비율은 1992년 35%에서 2015년 16%로 감소했으며, 이런 추세는 영국, 일본 및 한국도 유사하다.

4. 기 타

(1) T2-E 붕괴사고

T2-E는 2004년 5월 Gate E50 근처의 지붕이 무너지는 사고가 발생했다(4명 사망). 2005년 2월 조사결과 사고원인은 단순한 문제가 아니라 여러 원인이

복합된 것으로서 설계는 안전마진이 너무 적었고, 둥근 철근콘크리트 지붕은 충분히 탄력적이지 못하여 메탈기둥이 이를 관통했으며, Opening은 구조를 약하게 했다.

(2) FedEx의 Hub 운영

FedEx는 CDG를 유럽의 Hub로 선정하고 1999년 개항했으며, FedEx가 CDG를 선정한 사유는 매력적인 목적지, 유럽의 5억 명 소비자에 대한 쉬운 접근성, 프랑스정부·공항당국·세관당국의 협조, 양질의 기술인력 및 인프라, 프랑스와 미국 간 견고한 유대관계, 정부 및 지자체의 지원, 공항 내 및 주변의 단지개발 가능성, 안정된 기후조건, FedEx 자체 관제탑을 이용하여 자체 항공기를 관제할 수 있는 조건 등이며, FedEx의 시설은 다음과 같다.

구분	규모	구분	규모
총 연면적	77,000m^2	Sorting 면적	72,000m^2
Truck area	1,000m^2	Sorting Capacity	61,500패키지
Feeder 항공기 주기장	13stand	Daily 처리용량	1,200톤

(3) 프랑스 5대 공항 2016 이용실적

	Airport	IATA	여객 (백만)	국제선 여객 비율(%)	화물 (만 톤)	운항 (천 회)	편당여객 (명)
1	Charles de Gaulle	CDG	65.9	92	12	473	139
2	Paris Orly	ORY	31.2	58		234	133
3	Nice	NCE	11.7	59		170	
4	Lyon St Exupery	LYS	9.6		6		
5	Marseille	MRS	8.5		6		

주: 2015년 파리 수도권의 국제선 여객=8,400만 명 ↔ 서울 수도권의 국제선 여객=5,300만 명

3.9 덴버공항(DEN)

덴버는 콜로라도의 주도이며, 로키 산기슭 해발 1,610m에 있고, 도시권 인구는 270만이며, 1850년대 광산타운으로 시작되었다. 덴버공항은 1995년 2월 기존 공항을 대체하여 개항했다.

1. 신공항 건설 경위

1920년대 덴버시장 Stapleton의 영단으로 6.3km²의 토지를 매입하여 1929년 기존 공항을 개항했고, 이후 계속 발전하여 1990년대 초에는 공항부지 18.8km², 활주로 4개(3,658~2,416m), Stands 35개, 주차장 6,000대를 갖추어 용량은 여객 5,800만, 화물 237만 톤이 되었다. 이 공항에는 United 및 Continental 항공사가 허브공항으로 운영함으로써 수요는 증가되었으나 기존 공항의 여건상 운영이 어렵고 확장에도 한계가 있었다.

기존 공항은 평행활주로 간격이 협소하여 독립적인 IFR 운항이 불가하고, 북측지역을 가로지르는 철도 때문에 확장이 제한되며, 기본계획의 오류와 공항 주변에 핵폐기물을 매립하는 등 관리 미흡으로 소음피해와 공항의 확장 및 개량이 불가능했다. 또한 덴버는 시카고, ATL, DFW 및 LAX 공항 등과 함께 미국의 주요 허브공항이므로 덴버공항의 지연은 다른 허브공항의 지연을 초래함으로써 미국 내 항공운송 시스템의 문제로 비약하게 되었다.

2. 기본계획(1989) 및 1단계 건설

덴버공항은 덴버 도심에서 북동쪽으로 약 37km 떨어진 농지에 1989년 착공, 1995년에 개항했으며, 주요 계획내용은 다음과 같다.

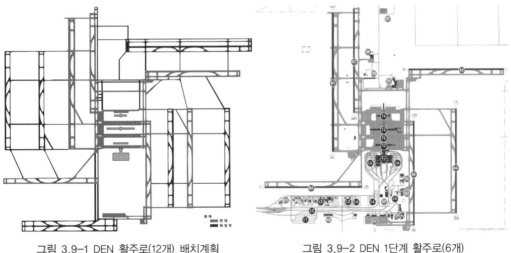

그림 3.9-1 DEN 활주로(12개) 배치계획   그림 3.9-2 DEN 1단계 활주로(6개)

- 부지면적은 137.30km² (4,160만 평)로서 세계 최대급이다.
- 활주로는 총 12개를 남북방향으로 8개, 동서방향으로 4개를 서로 교차되지 않게 배치하여 출발·도착 항공기가 지상 이동하는 동안 서로 지장이 없도록 했으며, 용량은 120만 회를 상정했다(그림 3.9-1 참고). 1단계는 남북방향 활주로 4개와 동서방향 활주로 2개를 건설했으며, 평행활주로 3개의 간격은 1,310m 이상으로서 독립 계기비행이 가능하고, 용량은 65만 회이다(그림 3.9-2 참고).

여객터미널은 동서터미널 2동을 합병한 개념의 메인터 미널 1동과 5개의 일자형 탑승동으로 구성되며(용량: 1억 1,000만 명), 1단계는 메인터미널 일부와 콘코스 3동(용량: 5,000만 명, 연면적은 2015년 기준 750,000m²)을 건설했다. 메인터미널에서 탑승동까지는 지하터널에서 APM이 연결하며, 1량당 100명이 탑승하는 차량을 2량 1조로 운영하여 시간당 6,545명을 수송한다. 주 터미널에서 탑승동 C까지 운행 시간은 4.3분이 소요된다.

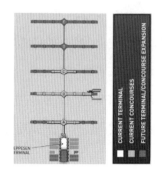

Stands는 최종 206개를 계획하고, 1단계에는 94개를 건설했으며 이와는 별도로 소형기 Stands 36개를 확보했다(Stand당 연간여객은 최종단계 53만 명, 1단계 36만 명).

신공항 개항효과는 다음과 같고, 기존 공항에는 연구·산업단지, 교육·문화센터를 조성한다.

- 15분 이상 지연 운항 횟수 감소: 3,772 → 487건
- 운항 횟수 1,000회당 지연건수 감소: 28 → 4건
- IFR 기상조건의 시간당 착륙용량 증가: 32 → 개항 시 86회, 최종단계 114회

DEN 공항의 2016년 말 기준 개요는 다음과 같다.

명칭: Denver 국제공항	활주로: 6개, 3,658m – 5개, 4,877m – 1개
운영자: Denver시 항공국	터미널: 75만m²
거리: 북동 37km	Stand: 142(J.B 99)(Stand당 37만 명)
좌표: 39°N/104°W	(Commuter Stands 포함)
고도: EL＝1,655m	2016: 5,830만 명(국제선 4%), 573,000회
면적: 140km²	효과: 경제＝$26.3.0bn, 고용＝147,000명

3. 덴버공항 계획의 특징

활주로배치는 20개 대안 작성 → 10개 대안으로 압축 → 최종 3개 대안을 비교·평가하여 최적 배치안을 선정했다. 비교항목은 기상조건에 따른 평균 지연시간, 평균유도시간, 활주로 횡단횟수, 이착륙 공역(항로길이) 및 항공기 소음영향 등이며, 이 중 소음영향이 가장 컸다.

착륙 피크시간의 용량이 중요하므로 IFR 기상상태에서 항공기 4대가 동시에 착륙할 수 있도록 세계 최초로 4독립 평행활주로를 계획하고, 1단계에 3독립 평행활주로를 건설했다.

세계 최초로 완전 자동식 BHS^{DCV}를 건설했으나($186mn), 제대로 작동되지 않아 재래식으로 교체한 후 개항함으로써 큰 손실을 초래했으며(하루당 $1mn), 이에 따라 신기술의 도입은 신중을 기해야 한다는 사례가 되었다(개항목표 1993. 10., 개항 1995. 2.).

덴버공항은 미국의 최신공항으로서 공항계획의 표본이 되고 있지만 환승여객이 많고, 국내선 여객이 96%이므로 덴버공항을 Bench marking하려면 이런 특성을 고려해야 한다.

덴버공항의 최장 활주로 길이는 4,876m이며, 덴버공항의 고도는 해발 1,655m이고, 표준온도는 27.3℃이므로 활주로 길이 4,876m를 인천공항 환경으로 환산하면 3,075m로 감소한다.

터미널 지붕은 로키산맥을 상징하는 텐트 식 Tensile Fiberglass Roof로서, 간접조명 효과도 있다(그림 3.9-3). 이 터미널은 Fentress의 설계이며, 그는 ICN T1도 설계했다.

Curb side를 3개 층으로 구성하고, 중간층은 대중교통이 이용한다(그림 3.9-4 참고).

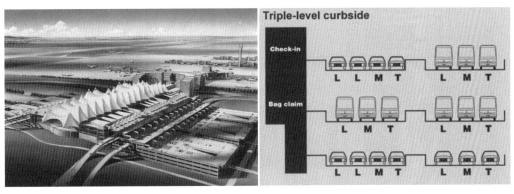

그림 3.9-3 덴버공항 터미널 및 주차건물   그림 3.9-4 덴버공항 커브

계류장에 Push back 공간을 두었으며, 이 개념이 ICN에 도입되었으나 DEN과 여건이 달라서 효과는 미흡하다(DEN은 국내선 및 중·소형기, ICN은 국제선 및 중·대형기 위주).

덴버공항은 2014년 2,600만 달러를 투입하여 1,610만KWH/년의 태양광 발전을 하고 있으며, 이는 덴버공항 소요전력의 6%를 공급한다.

4. 덴버공항 Master Plan Update(2009 계획, 2030 Vision)

Master Plan Update 내용은 그림 3.9-7과 같이 기존 터미널체계를 바꾸어 터미널은 남북터미널 대신 동서 터미널로, 탑승동은 D/E 대신 동서 탑승동으로 대체했다. 탑승동 D/E는 탑승동 A/B보다 서비스 수준이 떨어져서 항공사가 이용을 기피하므로 항공사 간 비슷한 서비스 수준이 되도록 개선하는 것으로서 인천공항 기본계획 검토에서도 고려된 바 있다.

• 2030년 수요: 여객 9,410만 명, 연결여객 = 37%, 운항 1,109,000회(PMAD = 3,311 회)

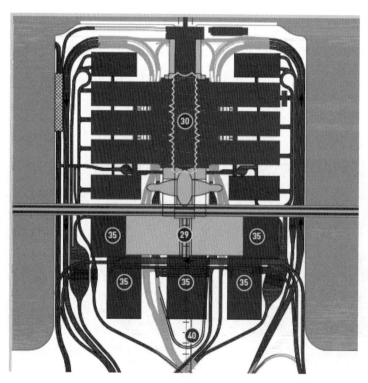

29 = 동서 터미널
30 = 기존터미널 개량
35 = 공용주차장
40 = APM

그림 3.9-5 Master Plan Update(터미널 및 주차장지역)

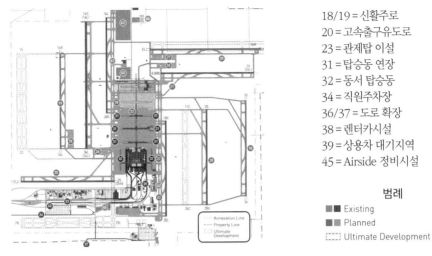

18/19 = 신활주로
20 = 고속출구유도로
23 = 관제탑 이설
31 = 탑승동 연장
32 = 동서 탑승동
34 = 직원주차장
36/37 = 도로 확장
38 = 렌터카시설
39 = 상용차 대기지역
45 = Airside 정비시설

범례
■■ Existing
■■ Planned
┊┊┊┊ Ultimate Development

그림 3.9-6 Master Plan Update(2030 Vision)(전체 배치도)

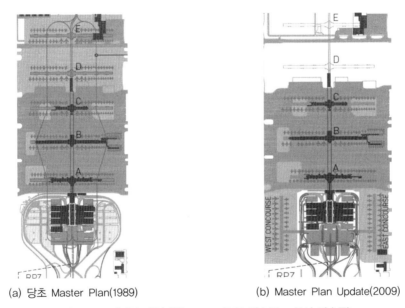

(a) 당초 Master Plan(1989)   (b) Master Plan Update(2009)

그림 3.9-7 터미널 배치계획 Update(D/E 탑승동 → 동서 탑승동)

3.10 시카고 오헤어공항(ORD)

시카고는 미국의 세 번째 도시이고, 19세기 중반부터 급성장했으며, 현재 도시권 인구는 1,000만 명으로서 금융, 상업, 공업, 통신, 교통 등의 중심이다. 시카고의 항공 수요는 오헤어와 미드웨이공항MDW이 분담한다. 태평양전쟁 당시 일본 전투기를 가장 많이 격추시킨 시카고 출신 해군 소령Edward O'Hare을 기념하기 위해 1949년 시카고공항에 오헤어 명칭을 붙였다. 1963년 뉴욕공항에 케네디, 1997년 Houston 공항에 George Bush, 1998년 Washington National 공항에 Ronald Reagan의 명칭을 붙였다.

1. 오헤어공항 현황, 문제점 및 현대화 필요성(2005년 기준)

1930년대에 미드웨이공항을 운영하다가 확장이 불가하여 오헤어공항을 개발했으며, 초기 활주로구성은 옆의 그림과 같고, 이들은 최근까지 유지되었다. 초기 명칭은 Orchard이며, 공항코드 ORD는 여기서 유래되었다. 시카고는 교통요충지이므로 수요가 급증하여 1990년대 중반까지 수요는 세계 1위였으며, 현대화사업 이전의 ORD 공항 시설현황2005은 다음과 같다.

활주로는 7개가 평행, 교차 또는 벌어진 V자 형태로 4개 방향으로 배치되었으며, 이와 같이 여러 방향의 활주로가 필요한 것은 연중 우세풍향이 없고, 50석 이하의 소형기 운항비율이 크기 때문이다(2005년 26%). 활주로 길이는 2,286~3,963m이고, 여객기 Stands는 182개이다. 터미널은 국내선 3동(T1-T3)과 국제선 1동(T5)으로 구성되며(그림 3.10-4), 개념은 Finger와 직선형 혼용이다. T4는 주차장지역을 임시 국제선터미널로 사용하다가 T5 개관 후 버스터미널로 사용한다. 그림의 ATS＝Airport Transit System＝APM, CTA＝공항철도이다.

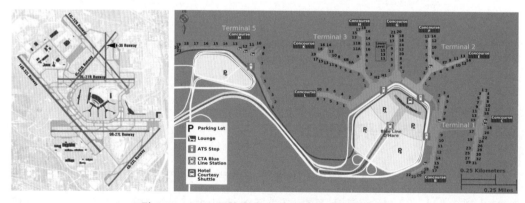

그림 3.10-1 ORD 공항 활주로 및 터미널 배치현황(2005)

여객은 국내선 위주(90%)이고, 환승여객은 국내선 50%, 국제선 60%이며, 1975년 Deregulation 조치 이후 'Hub and spoke' 운영을 하게 된 선두공항이다.

여러 활주로에 의거 터미널지역이 둘러싸여 터미널을 확장할 가용부지가 없다.

활주로 7개가 4개 방향으로 서로 교차되므로 항공기 흐름이 교차하며, 이런 활주로 시스템은 기상불량 시에 착륙대기를 위한 체공이나 지상의 출발지연을 초래하고 있다. 1985~1991년에 15분 이상 지연비율은 4.1~10.3%로서 항공기 지연손실이 매우 크다.

기존 활주로배치는 IMC에서는 항공기 2대의 동시접근(착륙)만 가능하고, VMC에서도 활주로가 젖은 상태에서는 3대의 동시접근이 불가하다. IMC 및 WET 상태에서는 현재의 수요에서도 항공기 지연이 과도하게 발생하며, 장래 항공 수요에 대응할 수 없다.

오헤어공항은 시카고와 미국 전체에 경제적 엔진역할을 하며, 1971년 이후 확장은 거의 없었지만 운항수요는 크게 증가하여 오헤어공항은 물론 이 공항과 연결되는 전국 주요 공항에 심각한 지연을 초래하고 있다. 국가적 항공 시스템으로서 항공 수요에 대응하기 위해 오헤어공항의 현대화가 필요하며, 이는 지역적 및 국가적으로 경제를 활성화시키고, 일자리를 창출할 것이다.

2. 오헤어공항 현대화 계획(2005) 및 추진현황(2017)

(1) 수요 추정

	구분		국제선	국내선
여객 수요	연간 출발여객 (천 명)	2001	4,229	29,079
		2018	9,427	43,567
	PH 여객 (출발＋도착)	2001	4,563(PHF = 5.39×10^{-4})	15,397(PHF = 2.65×10^{-4})
		2018	9,126(PHF = 4.84×10^{-4})	21,195(PHF = 2.43×10^{-4})
	구분		2001	2018
운항 수요	연간 출발운항		400,748＋26,086＝426,834	492,206＋55,273＝547,479
	PH 운항	출발	118(DF = 62%)	133(DF = 57%)
		도착	114(DF = 60%)	133(DF = 57%)
		출발＋도착	191(PHF = 2.24×10^{-4})	235(PHF = 2.15×10^{-4})

(2) 활주로계획

주방향으로 독립평행활주로 2개와 비독립평행활주로 2개를 신설하고, 기존 활주로 2개는 길이를 연장하며, 3개는 폐쇄하여 활주로 8개를 독립평행활주로 4개, 비독립 평행활주로 2개, 교차활주로 2개의 형태로 개발한다.

(3) Stands 수 및 크기 계획

a. Stands 수 조정

구분	T1	T2	T3	T4	T5	T6	T7	계
기존	50	45	73	0	21	0	0	189
개선	45	26	56	12	17	16	60	232
증감	-5	-19	-17	12	-4	16	60	43

b. Stands 크기 조정

구분	Comm	RJ	NB	LNB	WB	Jumbo	NLA	계
기존	13	32	87	10	27	27	0	189
개선	0	45	18	83	42	42	2	232
증감	-13	13	-69	73	15	22	2	43

(4) 여객터미널 면적 및 계류장(Stands) 접면길이 계획

구분	터미널 면적(천m^2)			Gate 접면길이(m)		
	기존	계획	증감	기존	계획	증감
중심지역(T1-T4)	328	383	55	6,571	7,070	499
동터미널지역(T5-T6)	114	172	58	1,210	2,001	791
서터미널지역	0	142	142	0	2,652	2,652
계	442	697	255-58% 증	7,781	11,723	3,942-51% 증

(5) 공용주차장 계획(대)

구분	기존 2001	계획 2018	증감
단기	12,640	19,160	6,520
장기	10,340	15,680	5,340
계	22,980	34,840	11,860-52% 증

신 터미널 접근도로를 건설하고, 신터미널과 기존터미널 간에 APM을 연결한다.

터미널 개발계획은 그림 3.10-5와 같고, 장래 토지이용계획은 그림 3.10-6과 같다.

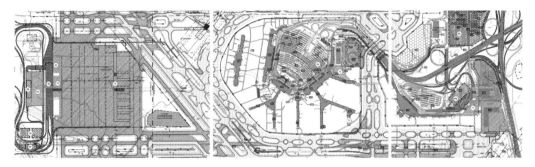

그림 3.10-2 터미널 개발계획

▨▨▨ 터미널지역	▨▨▨ 접근교통	▨▨▨ 장래빌딩	▨▨▨ 장래주차건물
▨▨▨ 비행장시설	▨▨▨ 정비	▨▨▨ 장래터미널	▨▨▨ 장래항공개발
▨▨▨ 지원시설	▨▨▨ open, 기타	----- 활주로보호구역	▨▨▨ 장래도로
▨▨▨ 화물시설	▨▨▨ 유수지	─ ─ ─ 장래부지경계	
▨▨▨ GA	▨▨▨ 기존빌딩	▨▨▨ 장래평면주차	

그림 3.10-3 ORD 공항 토지이용계획

2017년 12말 기준 ORD 공항의 현대화 추진현황은 다음과 같이 활주로는 평행활주로 1개 신설과 1개 연장 및 교차활주로 2개 폐쇄만 남았으며, 터미널은 아직 미착공 상태이다. 2016년 실적은 수요 추정치보다 침체되고 있으며, 여객 수요는 추정치의 78%, 운항수요는 81%이다.

ORD 공항 개요
고도: EL = 204m
거리: 北西 37km
면적: 28.35km²(859 만 평)
활주로: 2017 기준 9개, 1개 신설, 2개 폐쇄 예정
최종: 8개(4독립)
Stands: 182(J.B 170)
터미널: 50만m²
2016년 실적: 7,800만 명, 868,000회, 173만 톤
효과: 경제 = $14.1bn, 고용 = 131,000명

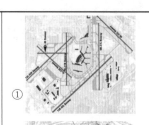

① 2005 년 기준
② 2017 년 기준
③ 최종 계획

3.11 쿠알라룸푸르국제공항(KUL)

Kuala Lumpur는 말레이시아의 수도로서 면적은 243km², 수도권 인구는 750만 명이며, 1850년대 개발된 신흥도시이다. Kuala Lumpur의 어원은 Muddy confluence(진흙탕 합류점)이며, 실제로 Kuala Lumpur의 중심을 가로지르는 Klang 강은 뿌연 진흙탕 물이다

1. 신공항 건설경위

최초공항은 Sungai Besi에 1952년 개항했으나 도시개발을 위해 1965년 Subang 공항으로 이전했다. 1980년대 말에 수방공항 제2 활주로 건설용지 매입에 착수했으나 확장지역에 이미 주택이 개발되어 용지매입이 어렵고, 소음피해가 예상되어 수방공항 확장을 단념하고 신공항을 건설하기로 1991년 7월 결정했다. 당시 수방공항의 시설은 활주로 1개(3,780×45m), 터미널 2동(48,000m²), Stands 19개 등이고, 도심에서 22km 거리이다.

신공항 후보지 선정기준이 다음과 같이 적용되었다.

- 개항 후 100년의 항공 수요 대비 100km^2 부지 확보
- 기존 생활권에 대한 영향 최소화
- 45분 내 도달 가능한 위치
- 공역, 비행루트 및 공항 접근 등에 문제가 없는 위치
- 부지 조성이 용이하고, 공사시행에 큰 지장이 없는 위치

적지로서 KUL 도심에서 남방 50km에 위치한 Sepang 지구가 선정되었으며, 후보지는 10km의 정사각형인 국가소유 보호림지대이다. 이 지역에는 말레이시아 원주민 85세대가 있었으며, 인근지역에 신거주지와 직장을 제공함으로써 원활하게 이전했다.

1992년 2월부터 기본계획이 착수되었으며, 1993년 5월 KUL 공항공사가 설립되었다. 회사 조직으로 건설하게 한 사유는 "공항은 교통부, 건설부, 주정부 등 여러 기관에 관계되는 사업이고, 1998년 개항을 위해 시급하므로 관계 정부기관으로 구성된 신공항특별위원회의 감시하에 자유기업 활동이 가능한 조직이 건설하는 것이 바람직하다"라는 것이다.

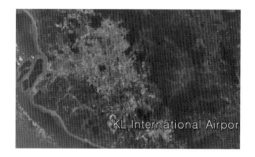

2. KUL 공항 기본계획(1992)

신공항특별위원회는 1992년 2월 일본컨소시움^AJAC^에 CM을 맡기고, AJAC는 BAA Consortium 에 기본계획을 위탁하여 1992년 12월 완성되었다. 신공항특별위원회는 NACO의 검토결과에 따라 수정하는 조건으로 1993년 2월 기본계획을 승인했다.

(1) 기본계획의 목표

- 주변 국가의 공항과 경쟁할 수 있는 Hub 공항으로서 25시간 운영이 가능한 공항
- 확장이 용이하고 수요 및 항공기의 변화에 유연하게 대응할 수 있는 공항
- 최첨단 기술과 자동화를 도입하여 운영경비를 절감할 수 있는 공항
- Airside 시설은 항공기의 주행거리를 단축할 수 있고, 단순·명료한 공항
- 자연환경과 공생하는 공항

(2) 활주로 및 터미널(1992년 기본계획)

이와 같은 목표에 따라 작성한 공항배치계획은 그림 3.11-1과 같다. 기본계획은 연간여객 용량 1억 명을 상정했으며, 비교적 지반조건이 양호한 북동 구릉지에 기본시설을 배치했다. 우세풍향에 맞추어 4개의 평행활주로를 배치하고(3 독립＋1 비독립), 제5 활주로는 우세풍향에 직각으로 배치하여 측풍 및 Singapore shuttle 출발 전용으로 계획했다. 1동의 터미널과 2동의 원격 탑승동을 기본 모듈로 하는 2세트의 터미널 시스템을 평행활주로 사이에 대칭으로 배치했으며(그림 3.11-2), 하나의 모듈은 연간 5,000만 명을 수용할 계획이다.

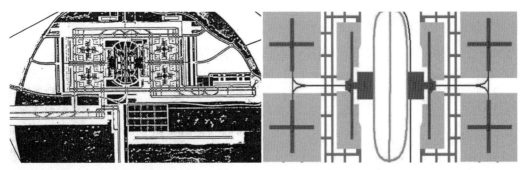

그림 3.11-1 KUL 공항 배치계획도   그림 3.11-2 KUL 공항 터미널 개념도

KUL 공항의 단계별 개발계획은 표 3.11-1과 같다.

표 3.11-1 단계별 용량 및 시설 계획

단계	용량		시설계획
	여객	화물	
1단계	3,500만 명	100만 톤	• 활주로: 4,000m급 평행활주로 2개 • 여객터미널: T1 일부 및 위성동 A: 연면적 48만m² • Stands: 고정 47, 원격 35(건설은 고정 60, 원격 20)
2단계	4,500만 명	220만 톤	• 여객터미널: T1 확장 및 위성동 B • 고정 및 원격 Stand 추가
최종	1억 명	600~800	• 활주로: 평행활주로 4개 및 측방 출발 전용 1개 추가 • 터미널 등: 제1 활주로의 중심을 축으로 하여 여객, 화물, 기타 지역을 대칭으로 증설

(3) 접근교통(1992년 기본계획)

KUL 공항은 수도 쿠알라룸푸르의 정남방으로 직선거리 50km에 위치하며, 도로는 기존 고속도로와 신설되는 남북 고속도로를 이용하고, 도심에서 약 45분이 소요된다. 또한 장래계획으로서 KL-Putra-KUL 공항을 연결하는 고속도로가 건설될 예정이다.

쿠알라룸푸르의 브릭필드에 신철도역을 건설하고, 이 역과 공항 터미널을 연결하는 신노선(50km)의 철도가 BOT 방식으로 건설되어, 논스톱 특급으로 30분에 운행한다. 건설은 국내사, 차량과 기타의 공급은 독일의 Siemens 담당으로 설계와 공사가 시행되었다.

(4) 주변개발(1992년 기본계획)

a. 신행정도시(Putra Jaya)

신공항과 쿠알라룸푸르의 중간에 위치한 말레이시아판 워싱턴이라고 말할 수 있는 신행정도시를 건설할 계획이다(인구는 33만 명).

b. 배후도시

공항 북측에 인접한 Nirai 지구에 Bandar Baru Nirai 개발이 진행되고 있다. 이는 하이테크 공업지구, 대학, 각종 연구소, 리조트, 주거지를 개발하며, KL~Putra Jaya~신공항을 연결하는 슈퍼 정보네트워크가 도입될 예정이다.

(5) 부지 내 상업시설(1992년 기본계획)

신공항 완성 후에 공항 운영을 담당할 말레이시아 공항(주)가 공항부지 내에 Formula1에 대응하는 자동차 경기장을 건설한다. 신공항과 관련되는 상업 및 업무시설을 개발코자, 공항부지 내 약 1km²의 Retail park를 계획했으며, 호텔, 쇼핑센터, 테마파크, 자연습지보존지역, 하이킹코스, 골프코스 등을 개발할 계획이다.

(6) 기존 공항 처리(1992년 기본계획)

최초 공항이었던 Sungai Besi 공항을 이용하는 경항공기, 경찰기 등을 Subang 공항으로 이전하고, 용지를 민간에 매각하여 신공항 건설자금의 일부를 충당한다. 수방공항에 있는

Malaysian Air System의 중^{heavy} 정비시설, 말레이시아 공군의 보급기지와 이와 관련된 역할은 계속 잔류한다. 수방공항 운영을 담당하는 Malaysia Airports Bhd가 유휴시설의 효율적 이용을 위해 상업시설 및 Convention 등 업무시설을 개발한다. LCC는 수방공항 이용을 희망했지만 소음피해를 우려하는 주민의 반대로 실현되지 못하고, 소음피해가 적은 경항공기와 국내선 및 국제선 Turboprop기만 운항하기로 결정되었다.

(7) NACO의 기본계획 검토의견

- 활주로 밑을 통과하는 도로 및 철도가 없는 것이 향후 운영상 문제를 예방하는 것이다.
- 여객의 층 변경이 최소화되도록 IAT 역은 지하보다는 1층에 두는 것이 좋다.
- 다음 단계에 여러 가지 확장대안이 있는 것이 유연성 있는 개발을 위해 필요하다.

건설 후 IAT 괘도

3. KUL 공항 1단계 사업(1992~1998)

(1) 1단계 사업 개요 및 용량

KUL 공항의 1단계 사업개요는 표 3.11-2와 같으며, 그림 3.11-3을 참고할 수 있다. 기본계획부터 1단계 사업 개항까지 7년 내 완공을 목표로 했다.

표 3.11-2 제1단계 사업개요

구분	내용
위치 및 부지면적	02°N/101°E, 도심에서 남방 약 50km, 100km²
연간 여객용량	1단계 용량 = 3,500만 명, 2020년 용량 = 6,000만 명
피크시간 여객용량	1단계 12,250명(= 3,500만 명×0.035%)
설계기종의 제원	전장 = 90m, 날개폭 = 90m, 꼬리날개의 높이 = 30m
활주로	• 1단계: 4,000m 평행활주로 2개(간격 2,530m, Stagger 2,940m) • 최종단계: 5개 = 평행 4 + 직각 1(싱가포르 셔틀 출발 전용)
Gate	• 건물 내 Gate: 국내선 10, 싱가포르선 10, 국제선 27, 계 47개 • Stands: Contact 64개, Remote 44개, 계 110개

표 3.11-2 제1단계 사업개요(계속)

구분		내용
여객터미널	단위면적	피크시간 1인당 39m²(쾌적한 수준)
	구성	메인터미널: 241,000m² Contact 탑승동: 95,000m²　　　계: 479,000m² 위성 탑승동: 143,000m²
	체크인	체크인 아일랜드 6개소(카운터 수: 216개)
	카운터	출입국: 입국-58개, 출국-48개, 환승-16개, 계 122개, 세관: 26개
	BHS	고속 벨트 컨베이어를 이용한 전자동 최신 시스템
	IAT 노선	메인터미널-위성동 연결, IAT는 지상출발-지하통과-지상도착
접근 도로		2개 고속도로 이용. 양자 공히 75km 거리이고, 45분 소요

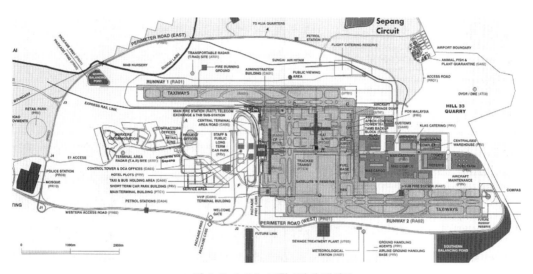

그림 3.11-3 KUL 공항 1단계 배치도

1단계 사업의 용량은 여객 2,500만, 화물 100만 톤이다. 활주로는 독립평행활주로를 계획했으며, 시간 최대용량은 84회, 실용용량은 72회로 설정했고, 이는 연간 여객 4,500만 명과 화물 220만 톤을 처리할 수 있을 것으로 본다.

1단계 사업비는 총 35억 달러이며, 이는 상업시설, 급유시설, 지상조업, 정비시설, 화물터미널, 주차장 등 민영화부분 경비가 포함되었다. 공항은 수익성이 큰 사업이어서 건설자금 상환이 가능하므로 각종 금융기관으로부터 차입에 의한 자금조달이 가능했다.

신공항 부지 규모를 크게 계획했는바 이는 CM을 담당했던 일본의 Consult가 건의한 것으로 보이며, 일본은 기존 공항의 확장 제약이 가장 심한 나라로서 공항 확장성이 절실했기 때문에 이런 건의를 했을 것으로 보인다. KUL이 확보한 부지 100km² 중 공항부지로 44km²를 편입하고, 기타는 공항 관련 산업 및 유보지로 보존되고 있다.

(2) 1단계 사업 공정

신공항 개발공정은 7년 이내에 4,000m급 활주로 2개를 갖춘 국제공항을 개항하도록 각의 결정에 따른 것이며, 단기간에 성공적으로 완공할 수 있었던 것은 마하텔 수상을 정점으로 한 거국적 결의와 실시체제에 있다. 여객터미널은 설계와 시공을 병행하는 Fast-Track 방식 (설계가 공사보다 다소 선행)을 채택함으로써 공기를 단축했다. 건설공사 피크에는 150개 업체, 50국적을 초과하는 2만여 명이 참여했고, 공구 및 사업자간 Interface가 가장 어렵고 많은 노력이 소요되었다. 신공항 건설은 기본시설, 민영화시설, 터미널 및 관련 시설로 분류하고, 계약패키지는 총 135건으로 나누어 수행되었다.

(3) 부지 조성(1단계)

부지의 북동부는 표고 10~100m의 구릉지이고, 표토는 열대성 풍화토이며, 남서부는 피트 층의 연약 습지대로서 제2 활주로와 주 접근도로에는 치환과 Paper Drain으로 개량했다.

부지 조성 공사는 1994년 2월에 개시하여 1995년 12월에 주요부분의 토공사를 완료했다. 1994년 중반의 피크시기에는 주 200만m³의 토공사를 시행했으며, 300대의 절토장비와 덤프 트럭 1,500대가 투입되었고, 토공사에는 일본의 건설사가 참여했다.

(4) 기본시설(1단계)

공항표고는 10.0~21.15m, 활주로 길이/폭은 4,000/60m, 평행활주로 간격은 2,530m stagger 는 2,940m, 유도로/갓길 폭은 24.2/10.5m이다.

Stands는 Contact 47＋Remote 34＝계 81개이고, CMRS는 최대 103Stands이다.

Airside 배치는 F급 대형기에 대비했다.

(5) 터미널, 관제탑, 항공보안시설 등 1단계)

터미널 건설에는 Fast Track을 도입했으며, 그 사유는 다음과 같다.

- 사업주의 요구를 망라한 기본설계를 가지고 입찰 및 계약함으로써 실시설계 기간을 단축할 수 있어 공기를 단축할 수 있다.
- 설계 및 시공에 대한 일관된 책임을 건설사에 지움으로써 설계미스 등에 따른 리스크와 Claim을 최소화했으며, 건설사의 경험을 살리고, 재량을 주어 공사비 절감을 도모했다.
- 터미널 건물에는 BHS, 정보관리 및 IAT 등 복잡한 시스템이 많으므로 시간적 제약을 극복하고, 예정된 개항시기에 맞추기 위해서는 설계 및 시공에 많은 재량을 건설사에 부여하는 동시에 경험 있는 Consultants로 하여금 관리가 필요했다.
- 타이트한 스케줄에 맞추기 위해 사업주의 승인도 단기간 내에 이루어져야 했다.

관제탑에서 5개 활주로의 시야를 모두 확보할 수 있는 위치는 각 활주로의 말단에서 다른 활주로의 말단까지 사선을 그어 형성되는 일정범위가 된다. 또한 관제탑은 공항에서 가장 높은 Landmarker의 기능도 기대할 수 있어 관제탑의 위치검토는 터미널지역 계획의 중요사항이다. 일반적으로 계류장 관제탑은 별도 설치하는 것이 관례이므로 관제탑에서 감시가 곤란한 위성동의 남서쪽 계류장과 화물계류장의 감시목적으로 계류장관제탑을 건설했다.

장애물제한표면^{CAT-III}을 ICAO 부속서 14에 따라 평가한 결과 내부수평표면에 동측구릉이 장애되나 이를 제거했으므로 이 공항의 진입, 출발, 선회지역에 장애물은 없다.

KUL의 항행안전무선시설은 활주로 14L-14R, 32L-32R의 4개 착륙방향 모두에 CAT-II 운영을 전제로 ILS가 설치되었다. 항공등화는 ICAO 부속서 14의 CAT-II 조건을 만족하는 등화를 전 활주로에 배치했다. 항공등화는 등화마다 점멸상태를 감시할 수 있는 시스템을 도입했고, 유도로 중심선등의 점멸을 조정하여 목표 Gate로 항공기를 유도할 수 있다.

(6) 개항 준비(1단계)

원만한 개항을 위해 공항공사는 건설 초기단계부터 기술자를 KUL 공항 건설에 파견하여 계획, 설계, 시공 과정에서 운영 관련 각종 코멘트를 했으며, 특히 건설 최종단계인 1997년 9월부터는 공항공사가 중심이 되고 뮌헨의 시운전 전문 Consultants의 도움을 받아 시운전을 시행했다. 이에 따라 수많은 직원을 건설현장에 참여시킨 Operation Readiness for Airport Transfer^{ORAT}라 칭하는 조직을 구성하여 각종 시설의 숙련운전과 훈련을 시행했다. ORAT 시험운영에는 수하물과 체크인 서비스를 시행하는데, 말레이시아 에어라인과 KUL 공항서비스 등의 Handler 등이 협력했다. 또한 공항 운영에 불가피한 세관, 출입국관리사무소, 검역소 등도 참여했다. 이런 노력의 결과로 가장 신속하게 공항을 건설한(4년 반) 기록을 세웠으며, 1998년 6월 30일 개항했다. 1단계 사업비는 US$3.5billion이다.

개항 시에 로딩부리지 및 Bay allocation system과 BHS에 문제가 있어 Lost bags가 발생하고 5시간 이상 대기하는 등의 문제가 있었으며, 대다수가 일시적인 것으로서 개선되었으나 BHS는 계속 문제가 되어 2007년에 완전 새것으로 교체되었다(3.9절 DEN 참고).

4. KUL 공항 계획의 특징

KUL 공항은 100년을 내다보고 공항용지 100km²(3,000만 평)을 확보했다. 인천공항의 부지가(56km²) 너무 크다는 국내여론이 있었지만 KUL 공항에 비하면 절반에 불과하다. Fast Track과 Turn-Key 제도를 도입하여 부족한 공기 내 완공하고[1992~1998], 설계미스에 따른 리스크를 줄였으며, 건설사의 경쟁을 유도하여 공사비를 절감했다. 3개 고속도로를 연결할 예정이고, 철도는 도심과 57km 거리를 특급으로 28분에 연결한다.

신공항과 도심 중간에 행정수도[Putra Taya]를 개발하고(인구 33만 명), 공항북측 Nirai 지구에는 배후도시를 개발한다(하이테크공업지구, 대학, 연구소, 리조트, 주거지구 등). 신공항부지 내에는 자동차경기장, 상업 및 업무시설, 1km²의 Retail Park, 골프장 등이 추진된다.

2개 공항 개념으로 개발함으로써 초기단계의 운영효율이 향상되고(터미널-화물-정비-지원시설 등의 거리 단축), 장기적으로 상황변경과 신기술 개발에 유연하게 대처할 수 있다.

여객터미널과 기타 시설(화물, 정비, 지원)의 접근로를 완전 분리함으로써 터미널지역 접근교통의 혼잡을 예방하고, 이들 교통이 혼합됨에 따른 여객교통의 불편도 해소했다. 메인터미널-위성동 A 간 APM은 지상출발(터미널) → 지하통과(계류장유도로) → 지상도착(탑승동)함으로써 여객의 층 변경을 줄이고, 방향성을 개선했다. 여객터미널 지붕은 확장성을 고려하여 39개의 square units로 했으며, 이는 인천공항터미널 경기설계 시[1992]에 니껜쩨끼의 설계와 같은 개념이다.

평행활주로 말단을 3km 어긋나게 배치하여 터미널에서 활주로까지 항공기의 지상이동거리를 단축시켰다. 이와 같이 도착·출발 활주로를 분리할 경우 활주로 용량은 약간 감소한다.

공항기본계획은 영국 BAA사가 작성했으며, 이를 NACO가 검토했다. 사업관리는 일본 및 자국의 용역사가 공동 수행했다.

5. KUL 공항 기본계획 조정(2010) 및 추진현황

당초 기본계획(1992)은 터미널 2동(T1+T2)과 +자형 탑승동 4동(A, B, C, D)을 건설하여 최종단계 1억 명을 수용할 계획이었으나 최종단계용량을 증대하기 위해 T3를 추가하고, T2 및 T3의 탑승동은 운영효율을 증대하기 위해 +자형 대신 −자형으로 조정했다.

저가항공사로 여객이 집중됨에 따라 Contact pier의 일부를 사용하던 저가항공사 터미널 LCCT을 확대하기 위해 화물지역에 임시로 LCCT를 건설 및 확장했지만 LCC 여객이 계속 증가함에 따라 2014년 5월 용량 4,500만 명의 신 LCCT를 개항하고, 이 터미널 인근에 LCCT를 확장할 예정이며, 기존 LCCT는 화물용으로 전용했다.

초기의 LCCT는 사용료(착륙료, 조업비, 공항세 등)를 저가로 적용하기 위해 탑승교, 철도, 우아한 물리적 구조, 실내장식, 환승시설 등을 생략했던바, 환승하려면 수하물을 찾아 세관검사를 받은 후 Recheck해야 했고, LCCT는 메인터미널의 계류장 반대편에 있기 때문에 메인터미널에서 LCCT까지 직선거리는 2.5km이지만 도로거리는 20km가 되었다.

신 LCCT는 서비스 수준을 높여서 보딩부 리지(80개)와 자동화된 BHS도 설치했다. LCCT와 위성탑승동은 Sky Bridge가 연결한다. 메인터미널에 직결된 콘코스는 국내선, Sky Bridge로 연결된 콘코스는 국제선용이며, 양 콘코스 중간에는 환승 Hall을 갖추었다. KUL은 AirAsia와 공항당국의 협조로 LCC의 Hub 공항이 되었다.

2014 개항된 KUL 공항 LCCT

최종단계 용량은 T3 및 탑승동이 추가되고, LCCT의 용량이 대폭 증가함에 따라 표 3.11-3과 같이 70+125=1억 9,500만 명이 될 것이다. 조정된 터미널 배치계획은 그림 3.11-4와 같고 0, 제3 활주로 간격은 그림 3.11-5와 같이 2,190m로 조정되었다.

표 3.11-3 KUL 공항 터미널 용량(2015) 및 향후 계획

2015년 현황				향후 계획		
터미널 구분	면적(천m²)	터미널 용량(백만 명)		터미널 구분	터미널 용량(백만 명)	
T1/contact pier	336	5		T1 확장 및 위성동 B	25	
위성동 A	143	737	20	70	T2, T3 및 위성동	70	125
LCCT	258	45		LCCT 확장	30	

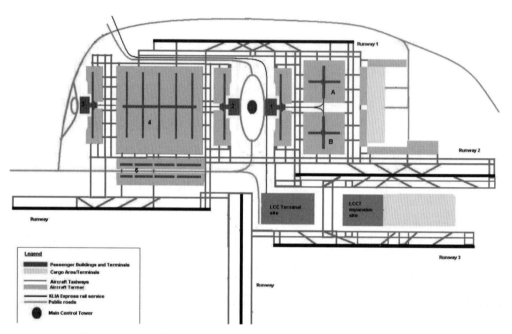

그림 3.11-4 KUL 공항 기본계획 조정(T3 및 LCCT 추가, 탑승동은 직선형-2015)

제3 활주로는 기본계획상 1,520m 간격으로 건설예정이었으나(그림 3.11-1) 실제는 2,190m 간격으로 건설되었다(그림 3.11-5). 제1~제2 활주로 간격은 2,535m이다. 2016 말 기준 KUL 공항 개요는 다음과 같다(총 여객 20위, 국제선 여객 13위).

KUL 공항 개요

운영자: 말레이시아 공항공사
거리: 남 50km , 고도: EL = 21m
총 면적: 100km², 공항부지: 44km²
좌표: 02°N/101°E
활주로: 3개, 4,056~4,124m
Stand: 162(J.B 114)(Stand당 43만 명)
터미널: MTB 479 + LCCT 258계 737,000m²
용량: 7,000만 명(MTB = 25, LCCT = 45)
2016년 실적: 5,260만 명(국제선 70%), 88만 톤, 372,000회

그림 3.11-5 KUL 공항(2016)

3.12 상하이 푸동국제공항(PVG)

1. Pudong 공항 건설배경

상해는 중국 동부연안의 양자강 하구에 위치하며, 수세기 동안 행정, 해상교통, 무역의 중심지이었다. 도시권 인구는 2,400만 명이고, 중국 인구의 1/3(4억 명)이 거주하는 양자강 류역과 해외를 연결하는 요충지이다. 중국은 개혁개방정책의 일환으로 1990년부터 양자강의 두부에 해당하는 상해 푸동지구와 양자강 유역을 개발하여 상해를 세계의 경제, 금융, 무역의 중심으로 성장시키고자 하며, 이런 지위구축에는 세계 주요 도시와의 교류가 불가피하다.

1990년 이후 상해지구 항공 수요는 연평균 20%의 고도성장을 했으며, 1995년 홍교공항SHA은 매우 혼잡한 상황이었고, 주변 도시와 공역제한으로 더 이상의 대규모 확장이 곤란했으므로 1999년 10월 푸동공항을 개항했다. 홍교 및 푸동공항의 위치는 그림 3.12-1과 같고, 홍교공항 개요는 그림 3.12-2와 같다.

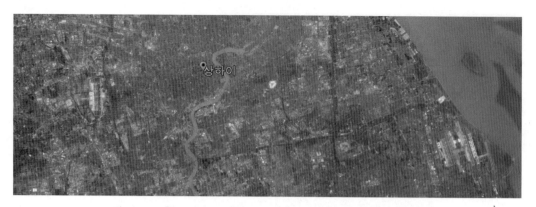

그림 3.12-1 홍교 및 푸동 공항의 위치(홍교: 서 13km, 푸동: 동 30km)

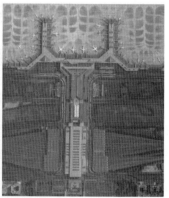

좌표/고도: 31°N, 121°E, EL＝3m
면적: 약 16km²
❖ 교통센터, 상업시설, 터미널의 복합개발

활주로: 3,400m 2개(간격＝360m)
터미널: 445,000m², Stands 159(J.B 44)
2016년 실적: 4,050만 명, 257,000회, 43만 톤

그림 3.12-2 홍교공항(SHA) 개요

2. 푸동공항 기본계획(1996)

푸동공항은 상해시 중심에서 30km, 홍교공항에서 40km 거리에 있으며, 남북 8km, 동서 5km의 광대한 부지를 확보했다. 이 지대는 양자강이 배출하는 토사의 퇴적으로 형성된 Delta 지대로써 공항부지의 서측 절반은 간척지(전답), 동측 절반은 간석지tideland(간석지)이며, 제방을 축조하여 토사를 침전시키는 자연매립 공법으로 부지를 조성한다.

공항을 남북으로 관통하는 영빈대도는 공항 서측에 있는 원동대도를 경유하여 상해의 외부 및 내부 순환도로와 접속됨으로써 양호한 접근로를 확보하고, 상해 도심지를 동서로 관통하는 지하철 2호선을 동서로 연장하여 홍교공항과 푸동공항을 연결한다.

공항부지의 동측 해안부에는 양자강 연안부의 각 도시 및 상해 주변의 도서를 연결하는 수상 접근 기지인 항만시설을 건설한다. 따라서 푸동공항은 도로, 철도, 선박 등 육상 및 수상 접근시설을 갖추어 교통이 매우 편리한 공항으로 발전시키고자 한다.

상해시 도시계획은 푸동공항의 서측 지구를 임공산업지구로, 항공기 이착륙 코스하의 남북지대는 농업지구로 유지한다. 이와 같이 지역과 조화되고, 환경을 배려함으로써 항공기는 주변에 피해 없이 24시간 운항이 보장된다.

푸동공항의 기본구상은 '북경민항건설총국'이 관장하고, 기본계획을 국제현상설계로 공모한 결과 13국의 전문 용역사로 구성된 6개 컨소시엄 중에서 프랑스 ADP 설계안이 채택되었으며, 교통, 환경 및 조경 등의 계획이 우수한 것으로 평가되었다(그림 3.12-3 참고).

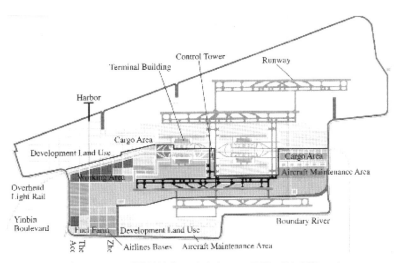

그림 3.12-3 국제현상설계로 결정된 PVG 공항 기본계획(ADP)

기본계획으로서 Airside에는 4개의 활주로(4,000×60m)를 배치하되 내측 2개 활주로 간격은 2,200m로 하고(인천공항=2,075m), 공항전체에는 200여 개 이상의 Spots를 제공하며, 이에 필요한 용지는 초기에 확보할 계획이다. 여객터미널 지구에는 대규모 터미널건물 4동을 계획하며, 각 터미널의 연면적은 약 30만m²이고, 최종 여객용량은 합계 8,000만 명이다. 화물지구는 여객터미널의 남북방향에 배치하며, 연면적은 40만m²에 달한다. 정비지구는 2개소로 나누어 여객터미널지구의 남측과 활주로 건너 서측에 배치된다. 이런 정비지구의 배치는 수시로 시행하는 경정비는 터미널 가까이에 있는 경정비지구를 이용하고, 중정비는 활주로 건너편의 정비지구를 이용함으로써 항공기의 활주로횡단 부담을 최소화한다. 공항관리시설과 지원시설은 여객터미널지구의 북측에 배치한다.

1단계는 4개의 터미널 중 1개와 이와 인접한 활주로 1개를 건설하며, 실시설계는 중국의 다수 용역사가 ADP의 기본계획에 따라 중국의 문화와 전통양식에 입각하여 설계했다.최종 4개의 활주로는 독립 2개와 비독립 2개의 평행활주로를 설계하되, 끝이 서로 나란하지 않고 어긋나게 배치하여 항공기의 지상이동거리 단축을 도모했고, 비독립 1개는 760m를 이격시켰다. 푸동공항의 기본계획 개요는 표 3.12-1과 같고, 기본계획 방침은 다음과 같다.

표 3.12-1 푸동공항 기본계획(1996)

구분		제1단계				장기계획			
		연간	PD	PH	PHF(%)	연간	PD	PH	PHF(%)
처리 목표	여객(명)	2,000만	6.7만	7,120	0.036	8,000만	24만	2만	0.025
	화물(톤)	75만	0.25만	–	–	500만	1.68만	–	–
	운항(회)	12.6만	420	35	0.028	32만	1000	84	0.026
시설 규모	활주로 수	1				② 4(독립2, 비독립2)			
	여객기 Stands	③ 34				③ 140			
	여객터미널(m²)	① 28만				80만			
	화물터미널(m²)	5만				40만			
	부지면적 (km²)	비행장지역		3.20		16.00			
		터미널지역		1.81		5.10			
		화물 지역		0.52		2.10			
		정비 지역		0.75		2.20			
		지원/기타		3.80		6.60			
		합계		10.08		32.00			

주: ① PH 여객당 터미널 면적 = 39m²(= 280,000/7.120)
　　② 활주로 4개의 시간용량 = 80~100회
　　③ Stand당 연간 여객 = 1단계: 59만 명, 장기계획: 57만 명

• 고급 시설계획을 통하여 인사람 항공, 환경의 조화와 지속적 발전을 테마로 하며, 상해에 21세기의 Land-Mark 창조를 목표로 한다.
• 공항시설 전체의 Balance와 조화, 각 시설의 고기능화, 편리한 사람과 차의 동선 구성, 여객에게 쾌적성과 편리성 제공, 기능의 합리화, 환경 친화 등을 제일로 추구한다.
• 푸동공항 주변의 물체가 제한표면에 저촉되거나 항행보조시설에 미치는 전파장애 등 항공기 이착륙에 영향이 없도록 토지이용계획에 반영하여 장래에 필요한 공간을 확보한다.
• 공항의 안전성과 신뢰성을 제고함으로써 효율을 향상시킨 공항관리체제를 형성한다.

3. 푸동공항 1단계 사업(1999년 10월 개항, 1.67bn USD)

(1) Airside 시설

4,000×60m 활주로 1개, Double 평행유도로, 약 80만m²의 여객기계류장 및 정비계류장 등이 포함된다. 계류장은 B747급 대형기 및 장래 항공기 대형화를 고려했다. 계기착륙장치, 항공등화, 계류장관제, 통신시설 등은 Cat-II로 설계했고, 또한 장래에 Cat-III로 등급 상향이 용이하도록 고려했다. 소방구조시설은 활주로 북측에 소방구조 Center, 활주로 중간부분에 소방구급 Station이 배치되었다. 따라서 2분 이내에 소방차와 구급차는 활주로상 어디도 도달이 가능하다.

(2) 여객터미널 지구

여객터미널 27.7만m², 주차장 13만m², 관제탑 및 기타 시설이 건설되었다. 설계는 21세기의 '사람, 건축, 환경'이 공존하는 것을 메인 테마로 했다. 광대한 녹지, 맑은 연못, 날렵한 터미널(비상하는 날개)은 발전하는 상해를 상징한다(그림 3.12-4 참고).

여객터미널은 메인터미널과 Wing으로 구성되며, 그 사이는 폭 54m인 통로 2개로 연결한다. 가로 402m, 세로 128m의 메인터미널은 상층에는 출발, 하층에는 도착, 중간층에는 도착통로로 사용된다. 길이 1,374m, 폭 37m의 Wing 상층에는 출발통로와 Gate Lounge, 중간층에는 도착통로, Lounge, VIP실, 하층에는 계류장서비스시설이 배치되었다.

여객터미널은 장 Span의 철골구조를 채용하고 대형 유리를 사용함으로써 밝은 실내와 대공간을 구성한다. 메인터미널의 출발층에는 6만m² 매점과 식당 등이 배치되었으며, 환승여객이 이용할 수 있는 대규모 호텔도 갖추고 있다.

(3) 철도

2002년에 Maglev식 고속철도를 개통하여 공항과 도시 간 30km를 최고시속 431km로, 7분 20초에 주파한다(그림 3.12-5).또한 지하철이 푸동~홍교 공항 간을 연결한다.

그림 3.12-4 PVG 공항 T1   그림 3.12-5 PVG maglev 고속철도

4. 푸동공항 2단계 사업

제2 활주로(3800×60m)는 2005년 3월에 개항했고, 3rd 활주로(3400×60m) 및 T2(면적＝540,000m², 용량＝4,000만 명)는 2008년 3월에 개항했다. 이에 따라 총 여객용량은 6,000만 명이 되었다.

West cargo 지역에 41만m²의 Cargo 터미널 (세계 최대)을 1.67km²의 광대한 지역에 건설하며, 이 지역에는 화물기 38대가 주기할 수 있다. 또한 UPS 및 DHL의 Asian Hub로서 2008년 말에 UPS 1단계 96,000m², 2010년 10월에 DHL 1단계 88,000m²가 완공되었다.

5. 푸동공항 기본계획 개선(2004) 및 3단계 사업

상해지역 항공 수요 2010년 실적치는 기본계획 추정치의 137%(여객) 및 149%(화물)에 달하고, UPS는 푸동공항을 아시아지역 화물 허브공항으로 운영키로 결정하는 등 상황 변화를 고려하여 다음과 같이 기본계획을 개선했다(그림 3.12-6).

- 활주로는 평행활주로 4개(독립2, 비독립2) 이외에 독립평행활주로 1개를 추가 건설한다.
- 터미널은 4동 대신 2동(T1, T2)만 건설하고, 위성동을 건설하여 T1 및 T2에 연결한다.
- 3단계 사업으로서 활주로 2개(4th, 5th)와 위성동(83Gates)을 건설하며(그림 3.12-7), 3단계 사업이 완료되면 운항용량은 65만 회로 증가하고(당초 기본계획은 32만 회), 여객용량은 9,800만 명이 된다(당초 기본계획은 8,000만 명).

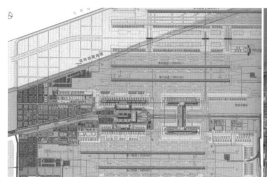

평행활주로 5개, 터미널 2동 및 H자형 탑승동 | 제5 활주로건설 완료 및 H자형 탑승동 건설 중
그림 3.12-6 기본계획 개선(2004) | 그림 3.12-7 PVG 공항 전경(2017. 12.)

6. 푸동공항 계획의 특징

기본계획상 활주로 시스템(독립 2, 비독립 2)은 인천공항과 푸동공항이 같으나 활주로 용량은 인천공항은 시간당 148회(1991년 기본계획), 푸동공항은 시간당 80~100회(1996년 기본계획)로 다르며, 이런 차이는 인천공항은 미국 벡텔사가, 푸동공항은 프랑스 ADP가 계획함에 따라 각각 설계사 본국의 당시(90년대 초) 운영상황이 반영된 것으로 추정된다.

기본계획상 활주로 ③④의 간격을 760m로 계획했으나 기본계획 개선 시 440m로 축소하고, 제⑤활주로를 추가로 반영했다.

외국 설계용역사 및 건설사를 참여시켜 경쟁을 통한 비용절감과 기술이전 효과를 도모했으며, 사업비의 51%는 상해시 및 중국정부가 부담하고, 나머지 49%는 외자를 유치했다.

푸동공항은 타 공항의 간제점을 타산지석으로 삼아 계획과 건설효율을 최대한 높이고 있다. 인천공항은 용역사가 제시한 기본계획을 여과 없이 수용하고 터미널의 미관만을 대상으로 경기설계를 시행한 반면 푸동공항은 공항당국이 개략적인 기본구상을 계획한 다음 공항기본계획 자체를 현상 공모한 것이 특이하다.

푸동공항 개요(2016년 12월 말 기준)

명칭: Shanghai Pudong 국제공항	활주로: 5개, 3,400~4,000m
운영자: 상하이공항공사	Stand: 98(J.B 71, Stand당 528,000명)
거리/고도: 동 30km/EL = 4m	터미널: T1 = 28만, T2 = 54만m²
좌표: 31°N/121°E	2016년 실적: 6,600만 명, 344만 톤, 449,000회
면적: 계획 40, 현재 34km²	여객구성: 국내선 65%, 국제선 35%

3.13 케네디국제공항(JFK)

뉴욕은 상업, 금융, 유흥, 국제외교 등의 세계 중심지로서 뉴욕시는 인구 850만 명, 면적 790km²(서울 605)이며, 뉴욕 도시권의 인구는 2억 10만 명이다. 2014년 이 지역의 생산액은 US$ 1조 3,900억이며, 4,600만 명이 방문했다. 뉴욕은 1624년 네덜란드 식민지(교역소 설치), 1626년 New Amsterdam으로 명명, 1664년 영국 지배, 1785~1790년 미국의 수도, 1790년 이래 미국 최대도시이며, 자유의 여신상은 미국과 민주주의를 상징해왔다.

1. 뉴욕의 공항

뉴욕 도시권에는 케네디, 뉴어크, 라가디아 및 Teteboro 4개 공항이 항공 수요를 분담하며, Port Authority가 관리한다. 케네디와 뉴어크는 국내선/국제선을 분담하며, 맨해튼도심에서 LGA는 13, JFK는 24, EWR는 26km이다.

2. 케네디공항 개요

케네디공항은 해안의 습지대를 매립하고 Idlewild Golf Course를 편입하여 1948년 7월 개항했다. 개항 시에는 뉴욕국제공항이었으며, 케네디 대통령 서거 후 1963년 12월 뉴욕시 의회에서 J.F. Kennedy 국제공항이라고 개명했다. 2016년 말 기준 JFK 공항 개요는 다음과 같다.

공항위치(① JFK, ② LGA, ③ EWR)

명칭: John F. Kennedy 국제공항 운영자: 뉴욕 및 뉴저지 Port Authority 좌표: 40°N/073°W 거리: 남동 24km, 고도: EL=4m 면적: 19.95km²(605만 평)	활주로: 4개, 2,560~4,423m Stands: 151(J.B 126, Stand당 39만 명) 2016년 실적: 5,900만 명, 449,000회 효과: 경제=$30.1bn, 고용=229,000명

(1) 활주로 배치

개항 시에는 소형기에 대비 여러 방향으로 6개의 활주로가 있었으나 현재는 독립평행활주로 2개와 이와 교차되는 비독립 평행활주로 2개가 있다. 독립평행활주로는 길이 4,423,3,048m이고, 간격 2,050m이며, 비독립 평행활주로는 길이 3,682, 2,560m이고 간격 890m이며, 착륙대 폭은 180m이다. 폭은 모두 61m이다.

그림 3.13-1 JFK 공항 배치도

(2) 터미널 배치

활주로와 화물 및 정비지역으로 둘러싸인 중앙부에 터미널지역이 배치되었으며, Port Authority는 당초 55gates를 가진 단일터미널을 구상했으나 장래 항공 수요 대비 너무 작다는 사유로 항공사가 반대함으로써 항공사별로 터미널을 운영하는 개념의 기본계획을 1955년 항공사와 합의하여 1957년부터 1970년대까지 단위터미널 10개 동이 건설되었다.

각 터미널은 항공사가 전용 또는 공동 사용하며, 2000년대 초 9동의 터미널 배치는 그림 3.13-2와 같다. 각 단위터미널의 용량은 300~500만 정도로서 수요가 증가함에 따라 협소하므로 최근에는 기존터미널을 철거하고 대형화하고 있다(1990년대 말 10동→2011년 8동→2014년 6동).

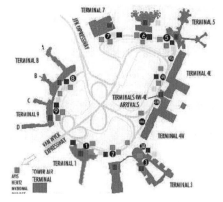

그림 3.13-2 JFK 단위 터미널(9동)

(3) 화물 및 정비지구 배치

여객터미널 진입도로 좌우측에 수많은 화물시설과 정비건물이 분산 배치되어 있으며, 이는 여러 항공사 및 회사가 각자의 정비 및 화물시설을 운영하기 때문이다. 화물시설은 총 29개로서 국내외 항공사 38사와 대리점 57개 사가 사용한다. Lufthansa 화물터미널에는 점보기까지 연결되는 Loading Bridge가 있고, 내부에는 ETV가 자동으로 운반하여 저장한다. 카고 건물의 높이는 약 20m이다. 정비행가는 13개가 여러 곳에 분산 배치되어 있다.

3. 케네디공항의 문제점 및 개선대책

(1) 터미널 재건축

1960년대부터 건설된 케네디공항의 터미널은 1990년 기준 20~30년이 경과되어 시설 노후화는 물론 여객 수요 증가에 대비하여 Renovation이 불가피하므로 터미널 개조 또는 재건축이 진행되고 있다. 2015년 기준 터미널은 6개동으로 감소되었고, Stands는 140→151개로 증가되었다. 개선현황은 다음과 같고, 터미널 배치는 그림 3.13-3과 같다.

T1: JAL, KE, Air France, 루프탄자 공동으로 구 터미널을 철거하고 1998년 신터미널을 개관했다. 연면적 59,000m², 용량=360만 명, Stands=11개소이다(2개소는 신대형기).

T4: T4를 1997년 5월 스키폴 USA에 장기 임대했으며, 스키폴 USA는 신국제선터미널을 건설했다. 연면적=14만m², Stands=16개이다(장래 20개로 증설 예정).

T8: American 항공사는 T8과 T9를 철거하고 신터미널 일부를 2005년에 완공했으며, T8이 모두 완공되면 그림 3.13-4와 같다. 연면적은 177,000m², 체크인 카운터 220개소(커브에 20개소 설치), Stands 56개소(37개는 대형 제트기용) 등이다.

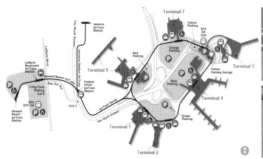

그림 3.13-3 JFK 터미널 배치(2015)　　　　　　　그림 3.13-4 T8 신축계획

(2) 공역 유효활용을 위한 항법기술 개발

뉴욕 도시권의 4개 공항은 모두 세계무역센터에서 16km 반경 이내에 있어 한 공항의 이착륙은 다른 공항에 영향을 준다. 이를 개선하기 위해 개발된 새로운 비행절차는 FMS와 GPS 항법기술을 이용하여 더 정밀하게 운항할 수 있으므로 항로의 분산이 매우 적어지고 보호해야 할 공역의 크기와 상호 간섭이 감소된다.

(3) 터미널지역 접근교통 개선

터미널, 도로 및 주차장이 분산 배치됨으로써 터미널 상호 간의 연결교통이 혼잡하고 불편하며, 용량이 저하되는 등의 문제가 있어 이를 개선하고자 터미널지역에 6개의 APM 역을 건설하여 주변의 철도역, 렌터카 및 장기주차장과 연결했다(그림 3.13-3 참고).

(4) 기타 개선사항

- 활주로 종단안전구역이 부족한 4R 말단에 항공기 Arrestor Bed를 1997년 설치하여(폭 45m, 길이 150m) Over-run하는 항공기를 안전하게 정지시키는 역할을 한다. 이는 경량소재의 다공성 시멘트포장이다.
- 하이잭 대책시설로서 높이 3m의 강제울타리가 2개 방향으로 설치되어 있으며, 하이잭 항공기를 이 지역으로 유도하여 경관이 감시, 발포 및 돌격할 수 있는 여건을 조성했다.
- 케네디공항 주변에는 3만 수 이상의 많은 조류가 서식하고 있으며, 조류가 많은 3월부터 8월까지 독수리와 매를 이용 조류를 위협하여 공항 외부로 쫓아내는 대책을 사용 중에 있다.

- 터미널 4의 램프사이드에 신관제탑이 1994년 10월 개관되었으며, 높이는 97.8m이다.
- 활주로 말단에 By-pass 유도로와 Holding Bay를 설치하여 항공기 지연을 방지한다.

4. 케네디공항 참고사항

케네디공항은 소형 프로펠러기만 운항하던 1948년에 개항되었으므로 당시에는 항공기의 대형화 및 제트기 출현을 예측할 수 없었을 것이고, 또한 수요가 어느 정도까지 늘어날 것인가를 알지도 못했을 것이다. 현 시점에서 보는 당시의 계획상 문제는 다음과 같이 지적되고 있다.

공항부지면적은 21km^{2}로서 비교적 넓은 부지를 확보했으나(LHR=12, HND=13), 공항의 핵심시설인 터미널지역의 장기 확장을 고려하지 못한 것이 문제이다. 즉, 터미널지역의 장기 확장에 대비한 여유 부지를 보존하지 못하고 다른 시설들로 개발함으로써 필요시에 터미널을 확장할 수 없게 되었다. LHR 공항은 터미널지역을 최대한 확장할 수 있다.

JFKJ 공항 터미널지역 배치현황   LHR 공항 터미널지역 정비계획

- 터미널이 분산식이어서 접근교통이 혼잡하고, 대중교통 수단을 도입하기가 어려우며, 주차장과 도로에 많은 부지가 사용됨으로써 확보된 토지도 효과적으로 사용하지 못하고 있다.
- 케네디공항은 해변에 건설했음에도 불구하고 주변의 도시개발을 억제하지 못하여 밤 10시부터 아침 7시까지 운항을 제한함에 따라 공항의 운영효율이 저하되고 있다.
- 케네디공항당국의 조언(1994. 12.): '공항의 항공 수요는 얼마나 늘어날 것인가?'를 아무도 정확히 예측할 수 없으므로 장기적 확장성을 최대한 확보해야 한다. 케네디공항에도 1970년대에는 소형기(10~100인승) 운항이 거의 없었으나 현재는 17%에 달하고 있다.

JFK 공항 이용실적(1960~2015)							(단위: 백만 명)
연도	1960	1970	1980	1990	2000	2010	2015
여객	8.8	19.1	26.8	29.8	32.8	46.5	56.8

주: 국제선 여객의 비율은 감소 추세에 있다(90년대 55% → 2000년대 47%).

뉴욕의 무역센터와 Port Authority

2001년 9.11 테러로 파괴된 세계 무역센터는 2014년 재건되었다(H = 541m). 이 무역센터와 뉴욕의 4개 공항, 항만터미널 7개, 버스터미널 2개를 Port Authority가 운영한다. 이는 납세자의 부담을 완화시킬 목적으로 1921년 독립채산의 공기업을 설립한 것이며, 자금조달은 주로 운영수입을 담보로 하는 채권발행에 의한다.

2001년 9월 파괴된 110층 World Trade Center

2014년 11월 개관된 104층 One World Trade Center

3.14 방콕국제공항(BKK)

1. 신공항 건설 경위

방콕은 태국의 수도로서 인구는 820만 명이고, 항공노선의 요충지이다. 방콕 신공항을 건설하고자 1961년 방콕 동방 약 30km에 위치한 농구하오 지구를 최적지로 선정하고 1973년까지 약 32km²의 토지를 매입했으나, 정변 등의 문제로 사업시행이 지연되었다.

방콕의 항공 수요가 급증하여 제2 공항 사업이 제6차 개발계획에 채택되었고, 농구하오 후보지는 용지가 확보된 점 등 유리한 조건을 고려하여 1991년에 신공항 개발지로 결정되었다. 위치는 기존 공항에서 30km 떨어진 4×8km의 광활한 부지이다. 후보지평가 인자는 ① 건설비(기본시설, 터미널 및 접근교통), ② 공항과 도시 간 교통비, ③ 후보지를 이용함에 따른 경제적 효과, ④ 토지수용비, ⑤ 소음피해 및 기타 환경영향, ⑥ 항공교통관제 등이었다.

1992년 3월 Consultant로 NACO가 선정되었고, 신공항 건설 및 운영을 위해 1996년 4월 100% 정부 출자한 신방콕국제공항공사가 설립되어 사업이 본격 추진되었으며, 2002년 1월 착공, 2006년 9월에 개항했다. 신공항명칭은 Suvarnabhumi＝Golden Land로 결정되었다.

2. 기본계획(1992)

(1) 활주로

활주로방위는 01/19로서 돈무앙 활주로 03/21과 약간 다르게 설정하여 양 공항 항공관제에 미치는 영향을 완화했다. 활주로배치는 CDG와 같은 근접평행활주로 2조로서 도합 4개의 활주로를 배치하고, 내측활주로 간격은 IFR 독립운항과 토지이용을 고려하여 2,200m로 결정하고, 근접평행활주로 간격은 양 활주로 사이에 평행유도로 설치를 고려하여 400m로 결정했다. 활주로 길이는 4개 모두 3,700m로서 미래형 항공기를 충분히 고려했으며, 마스터플랜에는 4,000m로 확장할 수 있도록 고려되었다. 이런 4개 활주로 시스템의 IFR 이착륙 용량을 시간당 112회로 상정하고, 이를 이용하여 여객 1억 명, 화물 640만 톤을 처리할 수 있을 것으로 기대한다. 1단계에 내측 2개 활주로를 건설하며, 용량은 76회로 설정했으며, 운영효율과 그 주변에 대한 소음피해 방지목적으로 끝을 800m 어긋나게 배치했다. 2세트의 활주로 사이에는 여객, 화물, 정비 및 지원시설을 2개 공항 개념으로 배치했다.

(2) 유도로, 계류장

내측활주로와 계류장 사이에는 일방통행을 위해 2열의 평행유도로를 배치하고, 근접평행활주로 사이에는 외측활주로의 이착륙 유연성을 높이도록 평행유도로 1열을 배치한다.

고속출구유도로는 1방향에 각 3개를 배치하며, 계류장 내 유도로는 항공기 순환을 고려하여 이중double으로 배치한다. 각 시설간의 거리는 장래 항공기에 대비하여 활주로－평행유도로＝200m, 유도로－유도로＝106m(계류장 유도로 포함), 유도로－장애물＝67m로 계획했다(F급 간격기준). 방콕공항의 최종단계 시설 배치도는 그림 3.14-1과 같다.

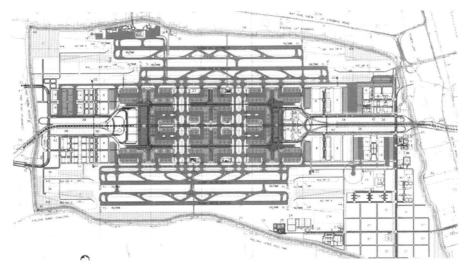

그림 3.14-1 방콕공항 기본계획(1992)

(3) 여객터미널지역

여객터미널 Concept은 항공기 지상주행 효율성과 장래 확장성에 대비 2개 시스템으로
계획하되 터미널 복합체는 지상교통의 접근이 가능한 남과 북의 2개 Main 터미널과 이와
People Mover로 연결되는 위성동으로 구성된다. Main 터미널에는 여객 수속시설, 탑승대기
실 및 사무실 등이 배치되고, 위성동에는 탑승대기실 및 환승라운지 등이 배치된다. 단계별
여객기 Stands 소요는 다음과 같고, 1단계는 북 터미널을 개발한다.

- 1단계: F급 = 2, E급 = 29, D급 = 38, C급 = 6, 계 = 75(3,000만 명)
- 장기: F급 = 26, E급 = 60, D급 = 86, C급 = 20, 계 = 192(1억 명)

1단계 및 장기 Stands 구성의 EQA Index는 2.235 및 2.355이며, ICN의 3단계 EQA Index(=
2.151)로 환산하면 1단계 Stands 수 = 78개, 장기 = 210개가 되고, Stand당 연간여객은 1단계 =
385, 장기 = 476,000명이다. 화물, 정비, 지원 시설을 터미널 주변에 배치했다.

(4) 화물지구

화물지구는 2개소의 Main 터미널 주변에 분산 배치되며, Main 터미널의 용량과 Balance를 고려하여 확장 용지를 계획했다. 1단계는 연간 220만 톤, 장기는 연간 640만 톤을 계획했으며, 화물기용 Stands는 42개를 계획했으며, 이는 Stand당 15만 톤을 적용한 것이다.

(5) 정비지구

화물지구의 북측과 남측에 장래 확장용지를 포함한 정비지구를 배치했으며, 1단계 정비지구는 여객터미널 및 화물지구와 마찬가지로 북측에 건설한다.

(6) 접근시설

공항 접근 도로는 공항 북측과 남측의 2계통으로 배치했으며, 1단계에는 공항 접근 편리성을 고려하여 북측에 건설한다.

3. BKK 여객터미널 기본계획(1992)

(1) 개념 설계(Conceptual Design)

터미널 개념은 개발 및 운영의 유연성을 확보하고, 여객에 대한 최고의 서비스를 제공하는 데 중점을 두었다. 기본계획도에 예시된 바와 같이 최종단계 여객터미널 시스템은 Landside 접근이 가능한 2동의 메인터미널(남과 북에 분리배치)과 Landside와는 연결되지 않고 IAT로 터미널과 연결되는 탑승 전용의 위성동으로 구성된다(그림 3.14-2).

남북 메인터미널에는 교통시설(주차 및 Curb), 수속시설(발권, 체크인, 보안, 출입국심사, 세관검사, 수하물환수 등), 대합실, 환승여객 및 BHS 시설 등과 함께 적절한 상업시설(매점, 식당 등)과 사무실을 갖춘다. 또한 유연성을 확보하기 위해 예비공간을 두었다.

터미널공간을 경제적으로 이용하기 위해 항공기 Gates와 대합실 일부는 국제선 및 국내선 각각의 피크시간 동안에 서로 병용할 수 있는 Swing Gates를 갖추었다.

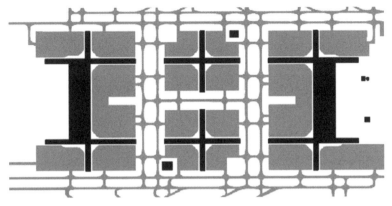

그림 3.14-2 여객터미널 concept

1단계 여객터미널은 약 50만m²가 될 것이며, 이는 연간 3,000만 명에 대응하는 면적으로서 PH 여객 10,500명(0.035%) 기준 여객당 47.6m²이다. 5,000대를 수용할 수 있는 2동의 주차건물이 터미널에 연결되며, 주차건물의 하부에는 지하철역이 들어선다. 최종단계 여객용량은 연간 1억 명과 PH 27,000명(PHF=2.7×10⁻⁴)으로 계획하며, 터미널은 2세트로서 1세트당 5,000~6,000만 명을 처리한다.

(2) 주요 고려사항

- 승용차 및 대중교통의 편리한 접근
- 환승여객의 연결시간은 45분 이내
- Airside 콘코스에서 국제선·국내선 여객 분리
- Airside 콘코스에서 국제선 도착·출발 분리
- Airside 셔틀(IAT)은 2단계에 도입
- 최적의 건설기간 고려 넓은 지하실 회피

(3) 여객터미널 설계자 선정

PQ 절차에 의거 세계적으로 공항설계기술과 경험을 갖춘 6개 팀이 통과되었고, 기술 및 가격제안서를 검토하여 1995년 Murphy Jahn Inc 콘소시움TAMS, Act Consultant Co. Ltd이 선정되었으며, 설계자는 태국식의 화사한 장식을 갖춘 현대식 건물로 설계하도록 요청받았다.

4. 방콕공항 1단계 사업(2006년 개항)

독립평행활주로의 용량은 시간당 76회로 계획하고, 활주로 길이는 3,700m 및 4,000m 이며, 간격은 2,200m이다. 여객기 계류장은 대형기 Contact Stand 51＋Remote Stand 22＝계 73개이며, 이 중 5개는 F급이고, Stand당 연간 여객은 41만 명이다.

여객터미널 용량은 연간 3,000만으로 계획하고, 터미널 182,000＋콘코스 381,000m²로 구성되며(합계＝563,000m²), 탑승동의 폭＝45m, 길이＝3,200m, 높이＝25m이다. 주 구조는 강재이고, 지붕은 테플론Teflon과 유리구조이다. 관제탑의 높이는 132m로서 KUL 관제탑(133.8m) 건설 전에는 세계 최고이었다. 1단계 주요시설 배치는 그림 3.14-3과 같다.

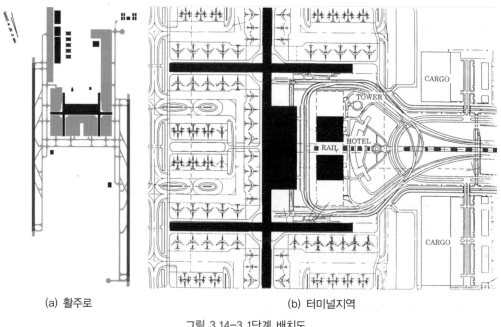

(a) 활주로　　　　　　　　　　　(b) 터미널지역

그림 3.14-3 1단계 배치도

- 주차건물은 터미널건물과 연결되는 2동의 5층 건물이며, 5000대를 수용할 수 있다.
- 화물터미널은 터미널 전면에 2개 동으로 구성되며, 총면적은 19만m², 용량은 300만 톤(m²당 15.8톤)이고, 15대의 대형기 Stand를 갖추고 있다(Stand당 20만 톤).
- 기내식 시설: 1일 용량 65,000식 생산
- 긴급 화물계류장: Stands 12대 확보
- 항공기정비시설은 4동의 행거로 구성되며, 12대의 항공기를 동시에 서비스

- 공급시설: 저수조(4만㎡), 하수처리 시스템(1일 처리용량 12,000m³), 주변전소(115kV → 24kV), 고체 쓰레기 수집 시스템(1일 용량 100톤) 등이다.
- 기타 시설: 경찰서, 소방 및 구조, 의료시설, 오락센터, 600실 1등급 호텔, 산업지역 등이다.
- 1단계 투자비는 약 30억 달러이며, 12.5억 달러는 자기자본이고, 17.5억 달러는 차입이다.
- 민간투자시설은 항공기 연료공급 시스템, 기내식시설, 화물터미널 및 지상조업장비(GSE)의 정비 Complex(작업장, 부속품창고, 공장) 등이다.

5. 방콕공항 계획의 특징

터미널 T1, T2 및 접근도로 체계가 양분되는 Single Airside-Dual Landside 개념으로서 수요가 많은 국제선 위주 공항에서 2개 공항 개념으로 운영할 수 있으며, 활주로 양단 내측을 모두 여객터미널지역으로 사용한다. 이런 개념은 BKK에 처음 도입된 후 두바이 신공항, 제다공항, 베이징 신공항 등에 이용되었고, 인천공항도 T2를 북측에 건설함으로써 BKK 공항과 같은 개념이 되었다(그림 3.14-4).

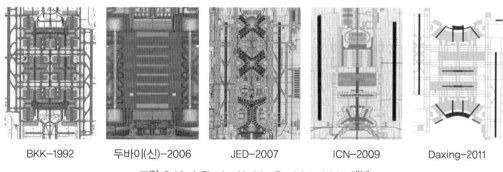

| BKK-1992 | 두바이(신)-2006 | JED-2007 | ICN-2009 | Daxing-2011 |

그림 3.14-4 Single Airside-Dual Landside 개념

여객터미널, 화물시설 및 정비시설을 2개 시스템으로 나누었기 때문에 터미널-화물-정비시설 간의 거리가 단축되어 공항 내 물류비용이 절감된다. 그러나 여객터미널 입구에 정비시설 및 화물시설이 배치됨으로써 터미널 진입부의 미관을 해치고, 여객교통과 화물 및 정비지역 교통이 혼합됨으로써 승용차에게 불편을 주고, 양 터미널 간에 순환도로가 연결되지 않아 T1~T2 간의 연결교통이 불편할 것으로 예상된다.

메인터미널과 원격 콘코스를 연결하는 IAT 노선을 그림 3.14-5와 같이 메인터미널 옥상－콘코스 옥상－고가도－원격 콘코스 옥상으로 구상했으나 최근 계획은 지하노선으로 건설할 계획이다. IAT 노선의 고가도 구상은 고가도 높이, 기둥간격, APM의 중량 등 시행방안이 의문이었으나 2013년 4월 PHX 공항에 H＝30m의 IAT 고가교량이 설치되었다.

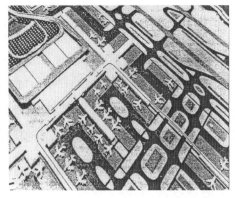

그림 3.14-5 탑승동 연결 고가 IAT 통로

2010년의 용량은 LCCT포함 여객 4,500만, 화물 300만 톤이며, 활주로 4개, 메인터미널 2동, 원격탑승동 2동, LCCT 등을 이용하여 최종단계 용량은 여객 1억 명 대신 1억 2,500만 명(국제선 90＋국내선 35)으로 수정했다(Wikipedia 참고).

여객터미널 Complex 규모는 ① 두바이 T3＝150만, ② 베이징 T3＝97만, ③ 홍콩＝57만, ④ 방콕 T1＝56만m^2 순이다.

원격탑승동은 기본계획상 ＋자형이나 그림 3.14-6과 같이 －자형을 검토하고 있다.

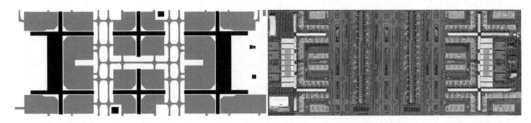

그림 3.14-6 BKK 원격탑승동(＋자형 대안으로 제시된 －자형)

방콕공항은 저지대의 습지에 건설되었으므로(EL＝2m) 홍수범람을 방지하기 위해 공항지역은 H＝3m, L＝23.5km의 제방이 둘러싸고 있으며, 제방 내측을 따라가는 수로를 포함 여러 개의 수로가 6개의 유수지(용량＝400만m^3)로 배수시킨다. 공항 남측에 2개소의 펌프장에서 각 각 초당 12m^3, 하루에 100만m^3를 배출시킬 수 있다.

터미널은 Helmut Jahn 설계로 특이한 경관을 창출했다(그림 3.14-7 및 3.14-8).

| 그림 3.14-7 여객터미널 내부 경관 | 그림 3.14-8 여객터미널 외부 경관 |

개항 시의 문제는 수하물도착지연(최대 4시간), 체크인 시스템 고장, 출발안내 미스, 유도로포장의 Rutting(포장 내 누수로 인하여 골재로부터 AS 바인더 분리) 등이 있었다.

공항철도 개요

운영 Type: 특급 및 보통 종점: BKK 공항–Phaya Thai(역수: 8) 1일 이용자 수: 52,900명 개통일: 2010. 8. 23.	노선길이: 28.4km(계획 48.6km) 궤도간격: 1,435mm 전력: Overhead line, 25 kV AC 속도: 특급 160km/h, 보통 120km/h

BKK 공항 개요(2016년 12월 말 기준)

운영자: 타일랜드공항공사 거리/표고: 동 30km/EL = 2m 좌표: 13°N/100°E 면적: 총 부지: 60km² 　　　공항지역: 32km²	활주로: 2개, 4,000, 3,700m(간격 = 2,200m) Stands: 73개소(J.B 51, Stand당 766,000명) 터미널: 563,000m² 2016년 실적: 여객 5,590만 명(국제선 82%), 　　　　　　　화물 135만 톤, 운항 336,000회

3.15 뮌헨국제공항(MUC)

뮌헨Munich은 Berlin, Hamburg에 이어 독일의 세 번째 도시이며(인구: 150만 명), 정치, 경제, 문화의 중심지이다. 알프스 산의 북측 가장자리에 위치하여 표고가 높다(EL=453m). 1972년 하계올림픽 개최 시 팔레스타인이 이스라엘 선수단을 테러한 사건이 발생한 바 있다.

1. 신공항 건설경위

　기존 공항 Munich-Reim은 1939년 개항하여 제2차 세계대전 말까지 독일 남동지역의 중심 공항이었으며, 전후 항공 수요는 급증하여 1989년 1,050만 명(19만 회)으로 증가했다. 공항을 3면으로 둘러싸고 도시가 개발됨으로써 확장이 불가하고, 항공기 이착륙지역에 밀집된 주거지역이 개발됨으로써 20만 명이 소음에 노출되었으며, 1960년 Pal's Church에 항공기가 추락함으로써 신공항의 필요성이 가중되었다. 소음피해 완화를 위해 운항 제한, 방음공사 등을 시행했으나 근본대책이 없었으므로 신공항을 건설하게 되었으며, 추진경위는 다음과 같다.

- 1967: 후보지 조사 및 결정(북동 28.5km, 해발 453m)
- 1970: 기본계획을 국제경기설계로 선정(그림 3.15-1의 a)
- 1974: 행정재판소에서 5년간 공청회 계속
- 1975: 터미널건축 및 서비스지역 건축 경기설계
- 1979: 활주로 4개 중 3개에 대한 승인 및 착공 허가. 이에 대한 지역주민 제소(5,000명)
- 1981: 법률기준 불비사유로 공사 중지명령(법원)
- 1985: 활주로 2개만 건설하는 조건으로 공사 재개(그림 3.15-1의 b)
- 1992: 5월 개항 → 2003. 7.: T2 개항

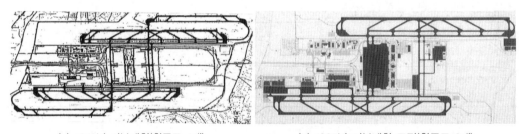

(a) 1979년 기본계획(활주로 4개)　　　　　(b) 1985년 기본계획 조정(활주로 2개)

그림 3.15-1 MUC 공항 기본계획 및 법정조정

2. Munich 공항 기본계획(1970~1973)

(1) 신공항의 모델

- 장래 확장 고려 유연성 있는 토지이용계획
- 모든 주요시설은 평행활주로 내측에 배치

- 접근거리 단축을 위해 단위터미널 채택
- 모듈원칙을 적용 경제적 건설 도모
- 활주로배치는 공항 주변의 환경보호 고려
- ★ 참고: 수요가 증가할수록 단위터미널의 단점이 커서 T2는 집중식으로 건설했다.

(2) 이점이 많은 독립 평행활주로

- 평행활주로 간격은 IFR 독립운항과 활주로 내측의 공간을 고려하여 2,300m로 한다.
- 활주로 길이는 3,500m이면 당시는 충분했지만 향후 장거리노선 항공기의 중량 제한문제와 향후에 확장하는 것보다 초기에 확장하는 것이 경제적이라는 전제로(등화 및 ILS 등의 이전비 및 확장 중 운영 제한 등) 2개 모두 4,000m(폭 60m)로 건설한다.
- 터미널지역을 공항부지 중심부에 배치하여 중심부를 가장 효과적으로 사용하게 한다.
- 소음피해 방지와 이동거리 단축을 위해 평행활주로 끝을 1,500m 어긋나게 배치한다.

(3) 모든 사람에게 짧은 동선 제공

- 접근교통은 승용차 60%, 대중교통 40%(철도 및 버스)로 가정하며, 승용차이용 여객은 분산식, 대중교통이용 여객은 집중식을 선호하기 때문에 분산식과 집중식의 복합형을 채택한다. 즉, 승용차용 단위터미널 및 철도용 중앙터미널을 복합 개발한다.
- 여객은 1개 층에서 처리하며, 바로 눈앞의 항공기를 보면서 수속하기 때문에 최대의 편의를 도모할 수 있다. 또한 대중교통을 이용하는 여객은 교통센터에서 체크인할 수 있다.

(4) 화물터미널

- 화물터미널은 W = 100m, H = 12.5m이며, 이륙하중 750톤에 대비한 Loading bridges를 계획하고, 신속한 선적과 하역을 도모하여 화물기를 45분 이내에 이륙할 수 있게 한다.
- 특수화물을 특별 관리하고(귀중품, 애완동물, 급한 물건), 화물터미널의 접근교통을 위해 화물자동차는 공항에서 1,000km까지 운송하며, 철도 및 도로망의 최적연결을 도모한다.

(5) 주요시설 배치

- 각 활주로에는 2열의 평행유도로, 6개의 고속출구유도로(1방향 3개)를 배치한다.
- 여객터미널은 동서 터미널로 분리하고, 그 사이에 철도역과 중앙터미널을 배치한다.

- 접근도로 북측에는 관리건물, ATC, 경찰서, 기내식공장, 동력플랜트, 보안서비스 등을 배치하고, 접근도로 남측에는 화물, 우편, 정비, 엔진테스트, 루트탄자운영센터 등을 정비고 서측에는 급유탱크를 배치했다. 시설 배치현황은 그림 3.15-3 및 3.15-6과 같다.
- 대형 Light, 물의 가든, 바람의 가든, 조약돌 모자이크, 형형색색의 등을 부착한 기둥, 식당 및 스낵지역의 미화(의자, 창문, 조명, 벽면조각 등) 등 16개의 예술작품을 배치했다.

(6) 신속하고 안전한 정비

항공교통은 모든 것이 신속해야 하며, 이는 정비에도 적용된다. 소음과 불꽃 등을 없애기 위한 엔진테스트 시스템이 있고, 소음방지 구조물의 규모는 105×72m, 높이는 20m이다. 이는 B747을 수용하고, 소음 경감에 적절한 구조이다(그림 3.15-2 참고).

그림 3.15-2 엔진테스트 shell

3. MUC 1단계 사업(1992년 5월 개항)

(1) 시설 규모

- 소요부지는 모두 1난계 확보(15.7km²), 활주로 2개는 모두 1단계 건설
- T1: 연면적 = 198,000m², 용량 = 2,500만 명, 5개의 단위터미널로 구성
- 계류장: 면적 = 60만m², Stands 60개소(MTB 21, 위성동 14, 원격 25)
- BHS: 총길이 = 18km, 용량 = 시간당 19,200개 처리
- 주차장: 용량 = 1만 대(4개 주차장, 3개 주차건물)
- 교통센터: 철도역 및 체크인카운터 32개, 상가시설 등 배치, 총 연 면적 = 46,000m²

(2) 기본계획 및 1단계 사업의 특징

- 개항 2년 전부터 운영 팀을 구성, 장기간의 시운전기간을 확보하여 개항에 만전을 기했다.
- 개항 시 운영절차를 관계기관 및 항공사와 협의를 거쳐 이를 책으로 만들어 관계자가 사용하도록 했다. BHS는 개항 11개월 전에 완공하여 충분한 기간 동안 철저한 시운전을 했다.
- 도심에서 공항까지 철도 2개 노선과 도로 2개 노선이 연결되어 있다. 고속도로 안내표지판은 지명 간격을 충분히 띠워 알아보기 좋고, 도시까지 거리는 10km 간격으로 안내, 출구 전 500m부터는

100m 간격으로 안내, 출구에는 대형 출구표지판을 설치했다.

- ILS는 CAT-IIIb로 계획했다. 신형기의 총중량을 750톤으로 가정하여 설계에 반영했다.

4. MUC 2단계 확장사업(2003년 7월 개항)

- T2: 연면적 = 26만m^2(용량 = 2,500만 명), 집중식 터미널(그림 3.15-3)
- BHS: 총길이 = 40km, 시간당 14,200개 처리, 최소 연결시간 = 30분
- 계류장 76만m^2, Stands 75개(Contact 28, Remote 47향후 위성동 건설지역)
- Airport center: 31,000m^2(6층 구조)에는 서비스, 매점, 식당, 사무실(5~8층), 메디컬센터, 회의실, 기타 대규모 행사장 등을 갖추었으며, T1 및 T2에 연결된다(그림 3.15-4).
- 방문객 조망시설: 식당, 매점 및 조망대를 갖춘 방문객 공원이 2013년 9월에 오픈되었으며, 조망대는 T2 지붕 층에도 무료로 제공되고 있다(그림 3.15-5).

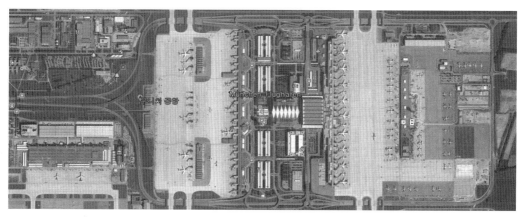

그림 3.15-3 뮌헨공항 터미널지역(2단계 완료 후)

그림 3.15-4 Airport center(=IBC)   그림 3.15-5 방문객 공원 및 조망대

5. MUC 제3 활주로 및 탑승동 건설계획

제3 평행활주로를 건설예정이며, 중심선간격＝1,180m, Stagger＝2,100m, 길이/폭＝4,000/60m이다. 기존 2개 활주로의 용량은 90회/h이고, 제3 활주로 완성 후에는 120회/h를 예상한다. 또한 수요 증가에 따라 원격탑승동을 건설할 계획이며, 제1 원격탑승동을 건설하여 2016년 개항했다(면적＝125,000m², 용량＝1mn, 27Stands; 그림 3.15-6 참고).

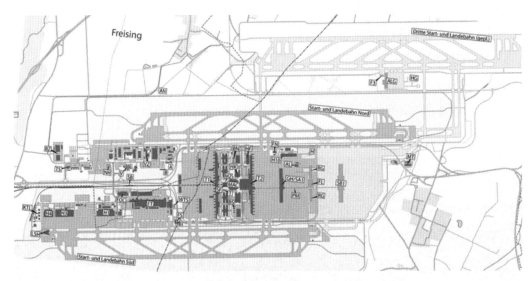

그림 3.15-6 뮌헨공항 제3 활주로 및 원격 탑승동 계획

MUC 공항 개요(2016년 12월 말 기준)

명칭: Munlch 공항 운영자: Flughafen Muchen GmbH 좌표: 48°N/11°E 거리: 28.5km 고도: EL＝453 m 면적: 15.7km²(476만 평)	활주로: 2개, 4,000/4,000m(간격＝2,300m) Stand: 207(Jet Bridge 65) 여객터미널: 47만m² 주차용량: 3만 대(건물주차장＝15,000대) 2016년 실적: 42.3mn(국제선 76%), 394,000회

3.16 암스테르담 스키포르국제공항(AMS)

암스테르담은 네덜란드의 수도이며(인구 240만 명), 17세기 Duch 전성기에 주요 항구, 금융,

다이아몬드의 중심지이었다. 암스테르담의 운하와 방어선은 세계문화유산에 등재되었고, 'Amsterdam'은 이 도시가 Amstel 강의 Dam으로 기원되었다는 어원을 갖고 있다.

1. Amsterdam Schiphol 공항 개요

스키포르공항은 반경 500km 내에 런던, 파리, 프랑크푸르트, 부루셀, 함부르크 등 주요 도시로 둘러싸인 유럽 굴지의 허브공항이며, 수요의 99%가 국제선이다. 공항시설과 서비스 수준은 세계 최고 수준이었으나 시설이 노화되어 최근 개항된 신공항에 밀리고 있다. 서비스가 좋은 공항이라는 이미지는 ① 일류 식당과 bar, ② 면세점(45,000종, 저가), ③ 장애인 대책, ④ VIP 및 보도용 회의실, ⑤ 에어포트 호텔, ⑥ 충분한 주차장 및 렌터카 수용시설, ⑦ First class 라운지 등을 이용한 최고의 서비스 등에서 나온다.

2. AMS 공항 운영전략

AMS 공항의 Mainport 개념은 최대의 공항이 아니라 최고의 공항이 되기를 원하는 것이다. 공항당국의 목표는 품질과 건전한 관리에 중점을 두며, 이런 역할이 가능하도록 최고의 네트워크, 환승시설, 공항 접근 시설 등을 제공하고자 한다. AMS 공항의 경쟁력 제고를 위한 전략은 고객의 관심, 생산성 개선, 기업적 문화에 순응하는 것이다. 강력한 모기지 항공사가 Mainport 전략에 필수적이며, 그런 항공사는 여러 지역의 항공사와 제휴하여 세계적 네트워크를 제공할 수 있는 범세계적 항공노선을 구성해야 한다.

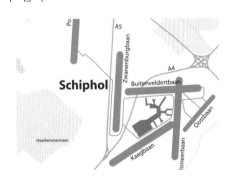

활주로는 2개의 독립 평행활주로와 교차활주로를 운영하다가 제5 활주로(제3독립평행활주로)를 2003년에 개항했으며, 활주로 용량은 60만 회, 여객용량은 9,100만 명으로 보고 있다. 활주로 길이는 3,300~3,800m이며, 제5 활주로는 원격 배치되어(7km) 터미널까지 이동에 20분이 소요된다.

터미널은 Pier type이고, 1층 도착, 2층 출발의 2층 방식이며, 여객 동선이 명쾌하다. 여러 터미널은 서로 연결되어 하나의 지붕 아래에 있으며, Pier H & M은 LCC용이다.

스키포르는 유럽의 중심 공항이 되기에 적절한 위치에 있으며, LHR, CDG, FRA 등의 공항과 서비스 및 용량의 경쟁관계에 있다. AMS 공항의 성장은 환승여객의 증가가 주도하고 있으며, 이는 KLM의 통신 시스템 발전과 더 많은 좌석용량을 제공하는 데서 비롯된 것이며, 또한 미국-화란 간 Open Skies 협정 등 수요증대 노력이 계속되고 있다.

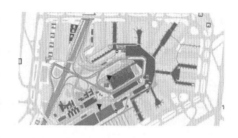

(1) 경제선봉으로서의 공항

AMS 공항을 유럽의 Mainports로 개발하는 것은 고용증대와 국가의 경쟁적 지위를 위해 매우 중요하다. 국가경제에 대한 공항의 기여도는 크며, 네덜란드경제에서 다른 분야는 침체하는 중에도 AMS 공항의 고용은 안정을 유지하고 있다. AMS 공항은 Mainport로서 2015년까지 최소한 55,000의 직장을 제공할 수 있으며, 다른 분야와 비교할 때 새로운 일자리 공급면에서 공항이 가장 희망적이다. 또한 이런 직장은 광범위한 분야가 필요하기 때문에 이용 가능한 노동시장과 잘 조화된다. AMS 공항이 Mainport를 유지하면 경제에 기여하는 가치는 상당히 상승하여 2015년까지 GNP에 2.8%를 기여할 것이다.

(2) 항공과 철도의 제휴

철도시설 개선은 공항 접근성을 보장하고 유럽시장 내 단거리 항로를 고속철도가 대체하게 하는 효과가 있다. 철도역을 터미널지하에 두고, 국철과 국제고속철도가 연결되었다 Brussels, Paris, Hanover, Berlin 등.

(3) 대중교통이용 촉진

AMS는 공항 접근에 대중교통을 이용하도록 유도하고, 공항철도 개선으로 철도이용률이 27%로 증가했다. 스키폴 주변으로 반원을 이루는 고속도로를 건설했다.

(4) 편의시설

터미널에 통신센터, Art museum, 도서관, 공항전망대, 결혼예식장, 영안실 등을 운영한다. A380에 대비 18개의 Double jetway gate를 갖추었다. 주요 Office Building으로는 Transport

Building, World Trade Center^{Sky Team의 본사등}, 공항 운영자 사무실, The Convair Building^{KLM Offices} 등이 있고, 기존 관제탑은 식당으로 운영한다.

3. AMS의 수요 및 개요

AMS의 수요 증가추이는 다음과 같다.

구분	1980	1992	2000	2010	2015	연평균 증가율(%)		
						81~92	93~00	01~15
여객(백만 명)	9.7	19.1	39.6	45.3	58.3	5.79	9.54	1.70
화물(만 톤)	32	72	122	150	163	6.99	6.81	0.56
운항(천 회)	144	239	415	386	451	4.31	7.14	1.04

주: 여객 수요의 지역별 분담비: 유럽 - 67%, 북아메리카 - 12%, 아시아 - 9%(2009)

2016년 12월 말 기준 AMS 공항 개요

명칭: Amsterdam Airport Schiphol 운영자: Schiphol Group 거리: 남서 17.2km 면적: 17.2km²(521만 평) 활주로: 6개, 2,014~3,800m 용량: 60회	좌표/고도: 52°N-004°E/EL = -3.4m Stands: 119개(J.B 83, Stand당 49만 명) 터미널: T1~T3, 60m² 용량: Pier A 완공 후 7,000만 명 2016년 실적: 63.6mn, 170만 톤, 479,000회 경제효과: $27.3bn

♣ Schiphol 공항은 호수를 매립하여 건설했으며, 호수였을 때에 이 지역에서 많은 배가 침몰했다 하여 Schiphol이라는 명칭이 생겨났다.
Schiphol = 영어 ship grave

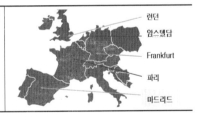

3.17 프랑크푸르트국제공항(FRA)

Frankfurt는 독일의 5대 도시이고(인구: 220만 명), 도시권 인구(550만 명)는 2위이며, 지리상 독일 및 유럽의 중심지이다. 교통이 양호하고, 14세기 이래 상업, 공업, 금융, 문화의 중심지이다.

1. FRA 공항 개요

FRA 공항은 1936년 공항 및 비행선기지로 개항했고, 제2차 세계대전 중에는 군용기지로 사용했으며, 대전 후 1947~2005 미 공군과 공동 이용되었다. 1958년 이후부터 주요 국제공항이 되었으며, 현재의 T1(용량: 3,000만 명)은 1972년 개항했다. 신활주로(교차)는 1973년부터 추진되었으나 주민과 환경단체의 반대로 1984년에 개항했으며 개항 후에도 반대는 계속되었다. 2010년 기준으로 유럽에서 여객 수요는 세 번째, 화물은 두 번째 공항이며, 2007년 기준 항공사 109, 취항도시 304, 취항국가 110 이다. 도심에서 12km 떨어진 숲속에 공항이 있으며, 승용차로 10~15분 거리이다.

2016년 12월 말 기준 FRA 공항 개요

명칭: Frankfurt Airport 운영자: Fraport 거리/고도: 12km/EL=111m 좌표: 50°N/008°E 면적: 21km²(636만 평)	활주로: 4개, 2,800m-1개, 4,000m-3개 여객기 Stand: 150(J.B 65, Stand당 40만 명) 2016년 실적: 6,080만 명(국내선 12%), 215만 톤, 463,000회(화물기 4.7%) 경제효과: $22.3billion

2. 이용 현황

2006년 출발여객의 지상교통 이용현황은 승용차 40.6%(이 중 11%는 여행 중 차를 공항에 주차 함), 철도 27.9%, 택시 20.4%, 버스 5.3%, Rental car 4.6%이다. 철도는 지역철도와 장거리

철도(1999년 Open)가 연결되었으며, 장거리철도는 시속 300km로 운행한다. 장기 휴가용 주차장이 활주로 남측에 있으며, 셔틀버스가 연결한다.

FRA 공항에는 Lufthansa가 운영하는 별도의 First Class Terminal이 있으며, 루프탄자의 1등석 여객과 특정 멤버만 이용할 수 있다. 이용자는 개별 보안체크, 세관검사, Valet 파킹, white-linen 식당, 흡연실, Bubble baths 등의 서비스를 받을 수 있으며, 출국심사를 받은 후 이 터미널에서 항공기로 직접 차를 타고 간다. 이 FCT의 상업적 성공으로 루프탄자는 이와 유사한 시설을 뮌헨공항에도 운영할 계획이다.

FRA와 ICN 공항의 이용실적을 비교하면 표 3.17-1과 같다.

표 3.17-1 FRA 공항의 항공 수요 실적(ICN과 비교)

공항		1971	1992	2002	2007	2012	2016
여객 (백만 명)	FRA	10.5	23.8	40.3	47.1	57.5	60.8
	ICN	(0.42)	(9.8)	20.9	31.2	39.0	57.8
화물 (만 톤)	FRA	36	130	150	200	210	215
	ICN	(3)	(74)	171	256	246	271

주: ① FRA의 국내선 여객 비율: 12~18%
　② ( ) 내는 김포공항 국제선 수요

3. 제4 활주로 및 제3 터미널 건설

제4 활주로(제3 평행활주로)를 1997년 계획했으나 환경문제로 착공이 지연되다가 2007년 승인되었고, 2011년 10월 개항했으며, 기존 평행활주로와는 1,400m 분리되어 동시 IFR 착륙이 가능하다. 주변여건상 길이가 2,800m로 제한되어 착륙위주로 운영되며, 11:00pm~5:00am 은 운항을 제한하도록 주민과 합의되었다. 제4 활주로 개항으로 시간용량은 83 → 121회(연간 용량: 464,000 → 70만 회)로 증가되었고, 연간 여객용량은 5,600 → 8,800만 명을 예상하며, 항공 기당 여객 수에 따라 1억 1,400만 명을 기대한다.

제3 터미널을 미군이 주둔했던 활주로 건너편에 2009년 계획, 2015년 착공, 2022년 개항예 정이며, 용량은 2,500만 명, Stands는 리모트포함 75개(stand당 33만 명)이고, 터미널 Concept은 Finger type이다. 기존 터미널지역과는 Sky Shuttle train으로 연결된다(그림 3.17-1).

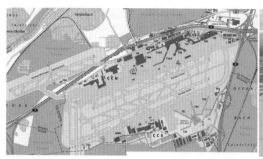

그림 3.17-1 FRA 제4 활주로 및 제3 터미널

3.18 두바이국제공항(DXB)

두바이는 아랍에미리트의 제1 도시로서(인구: 210 만 명) 1966년 석유개발로 중동의 중심도시로 급부상 했으며, 관광, 항공, 부동산, 금융, 대규모 건설, 스포 츠이벤트, 2020 world Expo 등으로 관심이 집중되고 있다. 두바이는 비행거리 8시간 이내에 세계 인구의

2/3가 살고, 유럽, 북아메리카, 아시아, 아프리카를 연결하기에 적절한 위치이나.

1. 두바이공항 개요

1960년 개항. 1990년대부터 강력한 개방정책으로 항공 수요가 급증하여 2014년부터는 국제선 여객이 세계 1위이다.

두바이공항 개요(2016년 12월 말 기준)(순위: 총 여객 6위, 국제선 여객 1위, 화물 6위)

명칭/운영: Dubai 국제공항/공항공사 거리, 고도: 동 4.6km, EL = 19m 좌표: 25°N/055°E 면적: 29.0km²(약 879만 평) 목적지: 240 항공사: 140	활주로: 2개, 4,000m, 4,450m, 간격 = 385m 여객터미널: 1,972,000m², 용량 = 9,000만 명 Stand: 173(J.B 93, Stand당 451,000명) 2016년 실적: 8,370만 명, 253만 톤, 454,000회 경제효과: $26.7billion

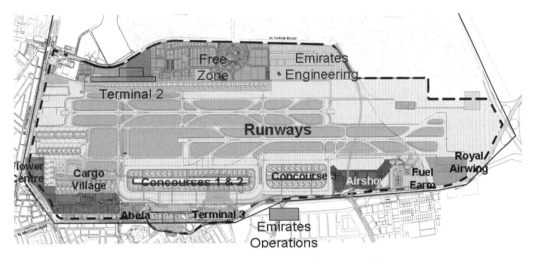

그림 3.18-1 두바이공항 정비계획(2002~2009)

(1) 7.8bn$ 투자계획 추진(2020년까지)

- 용량 증대: 75 → 98.5m, 터미널 675,000m^2 추가, Stands 확장 173 → 230
- 화물용량 증대: 220만 톤(2010) → 410만 톤(2015), 화물터미널 3만m^2 확장

이용 실적

연도	1992	1997	2002	2007	2012	2016	비독립 평행활주로 용량
여객(백만)	5.4	9.1	16.0	34.3	57.7	83.7	FAA-35만 회
화물(만 톤)	10	17	76	167	228	253	IATA-41만 회
운항(천 회)	83	113	148	261	344	454	

2. 두바이공항 활주로 및 여객터미널 구성

활주로는 385m 간격의 근접 평행활주로 2개로 구성되고, 길이는 4,450m 및 4,000m, 폭은 60m이며, 2,788m 어긋나게 배치되었고, ILS는 CAT-III이다.

여객터미널은 T1, T2, T3 및 탑승동 Ca, Cb, Cc, Cd 와 VIP 터미널로 구성되며, 터미널 및 탑승동의 일부를 지하에 건설했다(토지 부족 및 냉방효과). 터미널 구성은 다음과 같다.

터미널+탑승동	연면적(천m^2)	용량(MPPA)	Stands
T1+Cc	246	22	69
Cd	150	18	19
T2(LCCT)	13	10	37
T3+Ca+Cb (세계 최대터미널)	계 1,713 T3=515 Ca=528 Cb=670	계 43 Ca=19 Cb=24	99
계	1,972	90	173

탑승동 단면

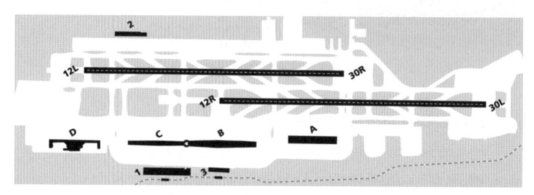

그림 3.18-2 두바이공항 활주로 및 터미널 배치도

3. 두바이공항 Cargo Village

Cargo mega 터미널을 2018년까지 개발 예정이며, 총 용량은 500만 톤이고, 용량 증대를 위해 7개 층으로 저장한다.

화물의 60%는 수입이고, 수입의 80%는 환적하며, 화물60%는 여객기가 운송한다.

Flower center를 2006년 개항했고, 향후 5단계로 확장하여 최종 6만m^{2}를 건설한다(용량: 45만 톤). 신선도 유지를 위한 냉방, 세척 및 빠른 수속시설을 갖추고 있다.

Free Zone을 운영하며, 공업, 창고, 사무실과 14만m^{2}의 화물처리시설을 갖추고 있다.

4. 두바이공항의 특징

비독립 평행활주로의 연간용량은 IATA 41만 회(FAA 35만 회)이지만 2016년 두바이공항의 운항실적은 45만 회를 초과했으며, 이를 지원하는 인자는 충분한 Stands(173개소), 고속출구 유도로, By-pass 유도로, 활주로중심선의 연장선을 통과할 수 있는 End-around 유도로 등이다. DXB의 PH는 밤 12시~02시이며, 이는 낮보다 밤에 활동하는 것이 더위를 피할 수 있고, 이 시간대가 유럽 및 아시아지역에서(으로) 도착(출발)하기에 적절한 것 같다. 또한 이런 사유로 PH 집중률이 일반 공항과 다를 수도 있다.

여객터미널의 상당 부분이 지하에 건설되었는바, 이는 낮의 더운 열기를 피하고 또한 부족한 부지면적을 효과적으로 활용하기 위한 것이다. 항공사 라운지와는 별도로 VIP 및 기업인에게 체크인, 출입국심사, 세관심사 등의 서비스를 유료로 제공한다.

중동의 다른 국가들이 생각지 못한 Hub 공항 실현은 큰 성과이며, 이는 싱가포르의 선견, 선수 정책과 유사하다. DXB 포화에 대비하여 Al Maktoum 신공항을 2010년 6월에 개항했다.

두바이 공항의 성장은 중동지역 비즈니스 및 관광의 허브로 부상하고 있는 두바이를 배경으로 한다. 두바이는 무역 및 외환거래 자유화, 값싼 노동력, 저렴한 에너지비용과 금융이자로 홍콩, 싱가포르에 이어 세계 3대 무역도시가 되었다.

두바이 공항개발은 유럽과 아태지역 중간에 위치한 지리적 이점을 최대한 활용하고자하는 정책으로서 개방적 외교와 확고한 정치적 리더십으로 공항, 관광, 비즈니스가 상호 연결되는 일관된 Branding 전략으로 마케팅효과의 극대화를 도모한다. 두바이는 2030년에 2억 명의 여객을 예상하며, 고용의 3분의 1이 항공과 관련될 것으로 예상한다.

5. Dubai World Central(DWC)

오늘 날의 업무는 신속한 배달과 더 높은 수준의 통신을 요구한다. 이는 항공교통이 가격 기준 세계무역의 35%가 되도록 끌어 올렸으며, 시간이 경과함에 따라 증가할 것이 분명하다. 또한 공항은 경제의 기폭제역할을 하고, Aeropolis를 형성하면서 과거의 전통적인 규모를 넘어 공항 주변에 더 큰 도시를 개발시킨다. DWC는 세계급 공항과 더불어 공항 주변에 업무와 관련된 물류, 항공, 상업, 전시, 인도주의적 편의시설 등을 포함한 다양한 활동을 지원하는 경제 Zone을 창출하기 위한 것으로서 140km^2 면적이다.

DWC 마스터플랜의 핵심은 5개의 평행활주로를 갖춘 Al Maktoum 국제공항과 그 주변에 공항의 접근성을 활용할 수 있는 물류시설, 편의시설, 항공시설, 전시시설 등을 배치하고, DWC 및 잦은 여행이 필요한 업종의 근무인원을 위한 주거, 상업, Leisure 시설(숙박, 편의시설, 사무실, 오락시설 등)을 배치하며(그림 3.18-2 참고), 총 개발비는 $82billion이 예상된다. DWC는 두 개의 기간도로에 연결되며, 신 두바이 중심부, Public beaches, 고급 골프코스, 쇼핑센터 및 다양한 고급취향의 주거지역과 15~30분에 연결된다.

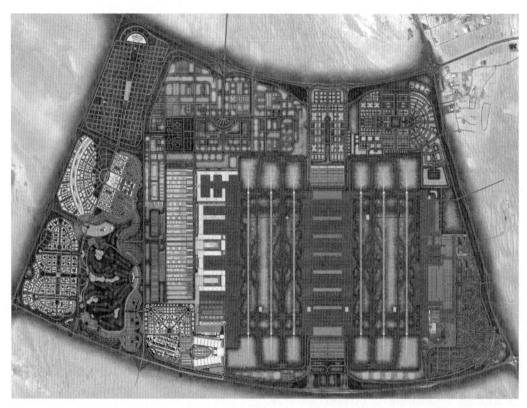

그림 3.18-2 Dubai World Central 구상도

DWC의 전략적 위치와 Al Maktoum 국제공항과의 통합은 우수한 국제전시 및 이벤트 개최지가 되게 한다. DWC는 HQ 건물에 완전한 Conference 시설, 여객터미널과 Airside 시설을

갖춤으로써 이 지역의 항공이벤트를 선도하게 될 것이다. Al Maktoum 국제공항은 Dubai Airshow의 영구기지가 될 것이며, 또한 이 Aeropolis는 World Expo 2020의 주요 신청배경이며, 신청위치는 DWC 내 Exhibition District이고, 전시자, 무역대표부, 방문객 모두가 DWC의 접근성 및 통신의 이점을 활용할 수 있다.

6. 두바이 신공항(Al Maktoum Airport → DWC) Master Plan

Al Maktoum 공항은 DWC의 핵심시설로서 남서 37km에 위치하며, 두바이공항의 10배에 달하는 220km² 부지에 여객 1억 6,000만 명, 화물 1,200만 톤의 용량으로 항공기 4대가 동시에 IFR 착륙, 24시간 운항이 가능하도록 2006년 기본계획을 수립했다. 활주로는 평행활주로 5개(당초 계획은 6개), 길이는 4,500m, 최소간격은 800m이다. 여객터미널은 3동으로 계획하며, 2동은 활주로 양단에 고급 터미널로 개발하고, 1동은 저가항공사용으로 개발하며, 각 터미널은 별도의 접근로를 갖춘다.

그림 3.18-3 DWC 공항 활주로 및 터미널 배치계획

화물터미널은 16개 module로 건설되며, 용량계획은 1,200만 톤이다. 귀빈전용의 항공센터 및 호텔을 갖출 계획이며, DXB와는 고속철도로 연결되고, 도심까지는 두바이 메트로 및 Dubai World Central Light Railway가 서브할 계획이다. DWC는 2010년 활주로 1개(4,500m)와 화물시설만으로 개항했다.

3.19 간사이국제공항(KIX)

오사카는 일본의 제2 도시로서 6~7C에 일본의 수도이었고, 1889년부터 본격적인 산업도시로 발전했다. 인구는 대판 시계 내＝270만 명, 도시권(Kansai 지역)＝1,900만 명이다.

1. 간사이공항 건설필요성 및 추진경위

항공수송은 경제발전, 해외교류 활성화, 고속성을 지향하는 현대 경제구조에 필수적이며, 금후 21세기는 경제, 사회의 고도화가 진행되어 항공 수요는 꾸준히 증가할 것이므로 공항의 용량 증대가 필요하다. 오사카공항(그림 3.19-1)은 소음피해로 운항이 제한되고 확장이 불가하여 항공 수요 증가에 대응하지 못함으로써 관서지역 경제침체 원인의 하나가 되었다. 또한 나리타공항 확장이 중단상태에 있어 일본 전체적으로 신국제공항개발이 필요했으므로 관서지역 지자체 및 경제단체가 관서신공항 건설을 정부에 건의함으로써 건설이 시작되었다. 후보지는 고베지역이 유력했지만 고베시의 반대로 현재 위치로 결정되었다.

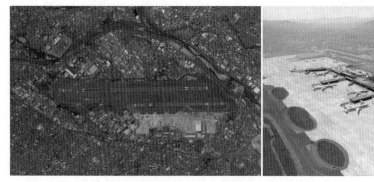

그림 3.19-1 오사카공항(이타미) 주변여건 및 터미널(2017)

간사이공항 건설 추진경위는 다음과 같다.

- 1968: 운수성, 후보지 조사(18개 → 4개 → 천주충)
- 1980: 항공심의회, 관서공항 위치 및 공법보고
- 1981: 운수성, 관서공항 건설 관련 지역정비방안 제시
- 1982: 대판부 등 지자체, 지역정비 구체화에 동의

- 1986~1987: 공항설치허가(운수성), 매립면허 및 착수
- 1988-1993: 1단계 건설
- 1991~1994: 기본계획 구상(정부·공항 분담 이행)
- 1994. 9.: 개항(연간 50cm 침하)
- 1999. 7.: 침하안정, 제2단계 부지 조성공사 착공
- 2001. 4.: Monuments of Millennium으로 선정
- 2006. 2.: Kobe 공항 개항
- 2012. 7.: 간사이, 이타미, 고베 공항 운영합병

관서 신공항 후보지(4개소)

간사이공항 개항(1994. 9.) 이후의 이용실적은 표 3.19-1과 같으며, 1983~2015 관서지역의 국제선 수요는 꾸준히 성장해왔으나(연평균 4.8%) 국내선 수요는 침체되고 있다(1.5%).

표 3.19-1 간사이공항 이용실적 　　　　　　　　　　(단위: 백만 명)

구분	1995	2000	2005	2010	2015	1983 ①	2015 ②	②/①
국제선 여객	9,4	12.9	11.1	10.4	16.3	3.6	16.3	453%
국내선 여객	7.9	7.7	5.3	3.8	6.9	14.5	23.5	162%
합계	17.3	20.6	16.4	14.2	23.2	18.1	39.8	220%

비고: 관서지역 합계

2. 기본계획(1984)

(1) 간사이공항 기본계획의 특징

막대한 건설비에도 불구하고 소음피해를 방지하기 위해 대판만 해안에서 5km 떨어진 해상에 건설하기로 결정했으며(그림 3.19-2), 이는 이타미공항이 소음피해로 심각한 운영문제를 실감했기 때문에 신공항에서는 소음피해가 전혀 없는 공항을 실현하기 위한 것이었다. 국제선과 국내선이 동일 터미널을 이용함으로써 환승여객에게 편리하다. 다종다양한 접근수단(철도, 도로, 해상교통)을 확보하여 관서 각 지역에 연결시켰으며, 도심에서 약 40km 거리이다.

그림 3.19-2 해안에서 5km 떨어진 간사이공항 조감도(1단계)

(2) 기본계획 개요

　간사이공항은 구체적 기본계획을 확정하지 못한 상태에서 길이 4,000m 평행활주로 2개와 3,400m의 교차활주로 1개, 부지면적 12.0km²(364만 평) 등 개략적인 구상만 가지고 1987년 1단계 공사를 착공했고, 구체적 기본계획은 1991년 착수하여 1994년 확정했다. 기본계획 개요는 표 3.19-2와 같으며, 기본구상은 그림 3.19-3을, 최종 확정된 개념은 그림 3.19-10과 같다. 이와 같이 4년간에 걸쳐 차분히 기본계획을 구상하고 기본계획을 공항에 맡겨주는 일본과 기본계획은 정부소관이라며 공항공사는 의견도 내지 못하게 하고, 기본계획을 개선하려는 의지가 없는 1995년 기준의 한국 실정은 너무 큰 차이가 있다.

표 3.19-2 간사이공항 기본계획 개요(1984)

구분	제1단계	제2단계	전체 구상
활주로 구성	활주로 A 3,500×60m	평행활주로 B 4,000×60m	활주로 3개(평행2, 교차1) (교차 활주로 3,500×60m)
부지면적	5.1km²(154만 평)	5.45km²(165만 평)	13km²(394만 평)
처리용량	운항 횟수: 16만 회 여객: 약 3,000만 명 ① 화물: 약 175만 톤 ②	23만 회 미정 미정	26~30만 회 약 6,000만 명 약 350만 톤

주: ① 여객기용 1단계 Stand: 52(근접 41＋원격 11) → Stand당 연간 58만 명)
　② 화물기용 1단계 Stand: 14 → Stand당 연간 12.5만 톤

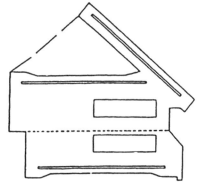

그림 3.19-3 간사이공항 구상(1984)

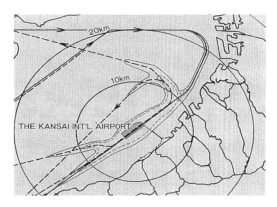

그림 3.19-4 간사이공항 소음등고선

(3) 항공기 소음피해 방지대책

기존 공항은 공항 인근에 주거지역이 개발됨으로써 세계의 공항 중에서 항공기 소음피해가 가장 심각했으며, 이착륙 금지시간도 밤 9시부터 아침 7시까지로 제한이 컸다. 소음피해를 실감했기 때문에 소음피해가 없는 신공항을 계획할 수 있었다. 해안에 가깝게 공항을 건설하면 바다의 수심도 낮고 연약지반의 두께도 얇으며, 연육교 건설 등 경제적으로 유리한 것이 한두 가지가 아닌데도 해안에서 5km 떨어진 해상에 건설함으로써 1단계 건설에 2억m^{3}의 토석을 사용하여 공항섬을 건설했다. 이에 따라 소음도^{WECPNL} 70 등고선이 해안 어디에도 걸리지 않으며, 해안에서 소음도 70선까지는 1~5km의 여유가 있다(그림 3.19-4 참고).

(4) 24시간 운영공항

항공 Network로서 주요 역할을 하려면 24시간 운영이 불가피하며, 이의 이점은 다음과 같다.

- 목적지의 최적시간에 맞추어 출발 및 도착시간을 설정할 수 있다.
- 국제 항공노선의 허브로서 항공 수요를 기대할 수 있다.
- 야간수송이 필요한 화물기의 증가로 물류의 효율화를 도모할 수 있다.
- 수요분산 효과가 있어서 피크시간의 부담을 경감시킬 수 있다.
- 실시간 세계정보의 왕래가 많아져서 국제교류 거점으로서의 역할을 기대할 수 있다.

(5) 1단계 시설용량 및 시설별 용량의 균형 유지

간사이공항이 수요를 전담키로 했던 당초 계획이 이타미공항에 국내선 수요 일부를 분담
키로 변경되고, 상황변경을 고려하여 간사이공항의 1단계 용량계획을 다음과 같이 조정했다.

구분			당초(이타미공항 폐쇄)		조정(이타미공항 유지)	
여객(만 명)	국제선 국내선	계	1,200 1,300	2,500	1,990 1,080	3,070

나리타공항 1단계 계획에서 문제되었던 시설별 용량의 불균형 문제를 해소하고자 활주로
1개의 연간 수용능력 16만 회를 1일 이착륙 횟수로 환산하여 이에 조화되는 공항용량을 다음
과 같이 결정했으며, 이와 같은 용량을 갖춘 1단계 시설 배치는 그림 3.19-5와 같다.

- 이착륙(회/일): 국제선 356 + 국내선 98 = 계 454
- 출입자(인/일): 국제선 여객 44,200 + 국내선 여객 23,800 + 송영객 51,500 + 종업원 58,700 +
  견학 3,800 + 상용자 5,800 = 계 187,800
- 화물량(톤/일): 국제선 화물 2,400 + 국내선화물 600 = 계 3,000

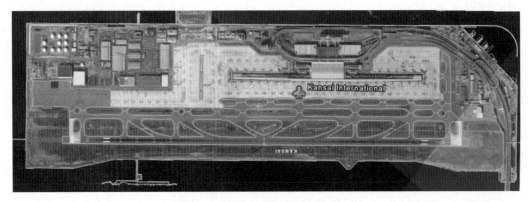

그림 3.19-5 간사이공항 1단계 시설 배치

(6) 공항도시

간사이공항을 마주보는 해안에 3.2km²를 매립하여 공항도시를 건설했다. 토지이용계획은
표 3.19-3과 같으며, 주거지역 위주로 계획된 인천공항도시와 대조된다. 고도의 도시기반

및 도시 시스템을 실현하고자 지역냉난방, 폐기물수집, 정보통신 시스템, 공동구 등을 갖추었다.

표 3.19-3 공항도시 토지이용계획

구분	규모(ha)	주요시설	용적률/건폐율(%)
상업, 업무	30	비스네스, 업무시설, 호텔, 상업, 문화, 위탁, 정보	상업지역 600/800
주택 관련	10	공항 종업원 주택, 커뮤니티 센터 등	200/60
유통, 제조, 가공	25	항공화물 취급시설 등	300/60
공항 관련 산업	15	기내식공장, 크리닝공장, 공항유지보수, 항공기정비	300/60~200/60
공원, 녹지	65	해안녹지, 녹지도로, 인공 해수욕장	–
부두 용지 등	30	해상 접근기지, 어항, 완경사호안 등	–
하수 처리시설	15	하수처리장, 스포츠 및 레크레이션	–
교통시설	60	철도, 도로	–

3. 주요공법 및 1단계 사업개요

(1) 공항도 조성공법(매립공법, 부체공법)

공항 섬을 토석으로 매립할 경우 막대한 매립량(1단계 2억m³)과 연약지반의 침하 등을 고려하여 부체공법이 검토되었다. 부체공법은 공항도 조성 자체는 매립공법보다 경제적이지만 장기적 유지관리비 증가(부식 방지 등)와 항공기 착륙 시 부체의 진동에 의한 ILS의 기능(착륙각도 및 착륙방향 지시)에 문제가 우려되어 1991년 매립공법을 채택했다(하네다공항 제4활주로 검토 시에는 부체공법도 기술상 문제가 없는 것으로 2002년 10월에 결론이 났으며, 공사비는 매립, 교량, 부체 공법이 모두 비슷했으나 실적이 있는 매립공법과 교량공법을 병용했다).

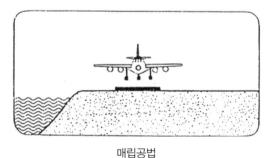

매립공법

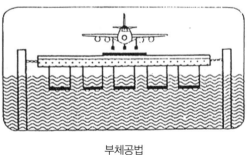

부체공법

(2) 공항도 조성 매립공사

부지여건은 해저(평균수심 18.0m)에 자연함수비 50~120%의 초 연약 충적층이 약 18m, 그 밑에 홍적층은 340m 정도로서 비해성 점토와 홍적 사력층이 교차하고 있다.

약 2억m³에 달하는 매립토석의 토취장은 택지 개발을 전제로 계획적인 절토를 했으며, 대형 크러셔(5,700톤)와 컨베이어를 이용하여 저렴한 가격으로 단시간 내에 시공했다. 매립공사 절차는 절토−운반(덤프트럭)−쇄석−운반(터널+컨베이어)−선적(컨베이어)−운반(선박)−매립(직투 및 컨베이어) 순이며, 선적까지의 절차는 그림 3.19-6과 같다.

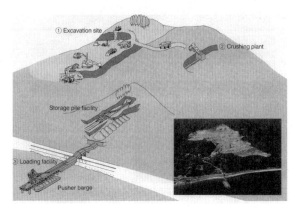

그림 3.19-6 매립토 굴착·운반 개념도

해저지반 개량을 위해 Sand Drain이 시공됐으며, 침하를 정밀히 측정하기 위해(침하속도, 침하거동, 지반강도 등) 높이 33.5 m의 대규모 계측타워를 설치했다. 인공도는 최종 5.7m 침하할 것으로 예측했으나 1999년까지 8.2m 침하했다(매립토 압축을 포함한 총 침하는 11.5m). 계획 당시에는 홍적층의 침하가 크지 않을 것으로 예측했으나 홍적층의 침하가 계속되어 개항연도1994에 50cm가 침하되는 등 공항당국을 긴장시켜왔으나 2008년에는 7cm가 침하됨으로써 지반이 안정된 것으로 보고 있다. 1단계 부지 조성을 위한 연약지반 안정처리 및 매립공사 절차 및 개항 후 침하 추이는 그림 3.19-7과 같다.

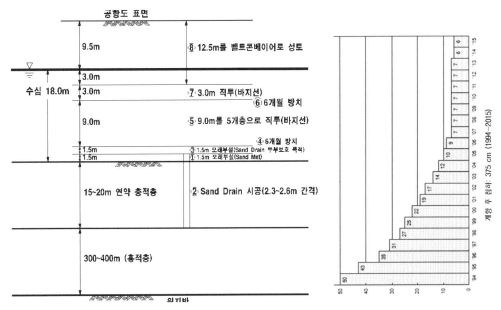

그림 3.19-7 간사이공항 1단계 부지 조성 절차 및 개항 후 침하 추이

간사이공항과 인천공항의 지반여건과 1단계 매립공사 내용을 비교하면 다음과 같다.

구분	간사이공항	인천공항
수심	평균 18.0m(16.5~18.9m)	0~6m(간조~만조)
연약 층 두께	충적층 약 18m + 홍적층 약 340m	충적층 약 5m(3~10)
매립 두께	27.5m	3~6m
침하예측(실제침하)	5.7m(8.2m, 압축침하포함 11.5m)	평균 0.5m(평균 0.5m)

2단계 부지는 침하가 기존시설에 미치는 영향을 고려하여 1단계 부지와 200m 간격을 두고 매립했으며(그림 3.19-9의 b), 1단계와 2단계의 매립공사를 비교하면 다음과 같다.

구분	부지면적(km²)	성토량(백만m³)	평균수심(m)	충적층(m)	홍적층(m)	평균침하(m)
1단계	5.10	180	18.0	18	340	11.5
2단계	5.45	250	19.5	25	580	18.0

(3) 시설용량의 균형 유지 및 주변시설과의 조화

2단계와 관계되는 육상접근 교통시설을 제외하고는 1단계 모든 시설의 용량을 활주로

1개의 용량에 맞추어 경제성과 운영효율을 향상시켰다. 비행장시설을 제외한 건물 등 구조물은 여객터미널지역과 화물지역으로 대별하여 시설간의 조화와 운영효율을 높였다.

a. 여객터미널지역

- 여객터미널: 30만m^2(국내선/국제선 공용, 길이 = 1.7km로서 세계 최장 터미널)
- 여객터미널 전면에 교량으로 터미널과 연결된 건물
  - 철도역(중앙부) 1동: 28,600m^2(건축면적 14,500m^2)
  - 주차건물(양쪽) 2동: 133,400m^2(4,500대): 5단 6층
  - 에어로 프라자: 46,000m^2(확장: 20만m^2까지)
- 여객터미널 측면에 교량으로 터미널에 연결된 건물
  - 항공사 빌딩(2동): 2만m^2×2
  - CIQ 기관 빌딩: 15,000m^2
  - 간사이공항(주) 빌딩: 15,000m^2
- 터미널 순환도로 내부에 있는 시설: 리모트 주차장(2개소), 버스 주차장
- 여객터미널 인근에 배치된 시설
  - CAB 건물, 기상대건물: 17,637m^2
  - 관제탑: 480m^2(GL + 86.4m)
  - 중앙 동력동 및 중앙 냉난방 플랜트
  - 소방서: 1,564m^2

b. 국제선 화물터미널지역(개항 시는 일부만 건축)

- 화물터미널(높이 12.6~16.7m)
  - 수출화물동(2동): 15,247m^2×2
  - 수입화물동(2동): 14,700m^2×2
  - 냉동창고: 4,141m^2
  - 국제화물 대리점: 38,241m^2
  - 세관 및 검역동: 10,778m^2
  - 국제우체국: 19,900m^2
  - 마약견 훈련소: 1,400m^2
- 기내식 센터: 2만m^2(부지 2만m^2) → 용량 = 32,000식/일
- 화물대리점

c. 국내선 화물지역

- 국내선 화물터미널(3동): 5,386m^2
- 국내선 화물대리점, 정비센터, 소방서 등

d. 정비 및 기타 시설지역

- 격납고: 총 90,982m^2(격납고, 부속동, 기타 관련 시설)
- 급유탱크(D = 29.5m, H = 21.1m): 9일분 비축
- 기타: 항공기 세척장(면적 = 7,200m^2), 소각장, 중수도

e. 기타 시설

- 공항 경찰서: 4,626m^2(부지 3,300m^2)
- 해상구조대: 1,352m^2(부지 6,476m^2)
- 항공연료공급 선박 접안부두
    - 4만 톤급 1척(용량: 3,000kL/시간)
    - 5,000톤급 1척(용량: 3,000kL/시간)
    - 3,000톤급 2척(인입유량: 1,500kL/시간)
- 화물지역: CIQ 합동청사 - 화물터미널 - 대리점건물을 Sky-way로 연결하여 화물지역의 차량과 인원교통을 분리함으로써 이용자의 편의를 도모한다.

(4) 활주로 용량계획(1984)

활주로의 용량은 1단계 활주로 하나는 16만 회, 2단계 독립 평행활주로를 건설하면 30만 회로 보며, 이는 나리타공항도 같다. LHR 공항의 활주로 용량은 연간 48만 회로서 아시아지역 활주로 용량보다 상당히 크며, 아시아지역의 활주로 용량도 조만간 증가될 전망이다.

구분	활주로 구성	연간 운항 횟수	1st PH 운항 횟수	30th PH 운항 횟수(SBR)	UK PH 운항	
					1st PH	30th PH
간사이공항 용량 계획	단일 활주로	16만 회	47~51	40~45	51	45
	평행활주로	30만 회	71~78	65~72	78	72

주: LHR 공항 활주로 용량: 1980년대 34만 회(72회) → 2000년대 48만 회(105회)

(5) 기타 참고자료(주요공법 및 1단계 사업 관련)

개항 시 철도를 인입했고, 노선은 공항-신오사카-오사카-교토를 연결하여 기존도시 − 신도시 − 주변도시를 거의 커버했으며(특급, 일반으로 구분), 해상접근교통도 갖추었다. 여객터

미널 측면에 항공사사무실(2동), CIQ 사무실 및 공항(주)사무실을 건설하고 터미널에 고가복도로 연결하여 운영효율을 높였다. 나리타공항의 문제점(후보지 선정 미스, 시설용량의 부조화, 소음피해, 철도 지연 도입, 국내선 연계 부족 등)을 거의 모두 해소하는 방향으로 후보지 선정 및 기본계획을 수립했다.

　연약지반의 심도가 200m 이상이어서 터미널에 파일기초를 적용할 수 없고, 또한 터미널 부위에 따라 배토중량 및 부력의 크기도 달라서 그림 3.19-8과 같은 부등침하가 우려되어 이를 방지하기 위해 연약지반에 미치는 하중이 균등하게 되도록 철광석을 포설했다. 부득이 발생하는 터미널부등침하를 조정하기 위해 잭업 및 철판삽입 공법을 도입했다.

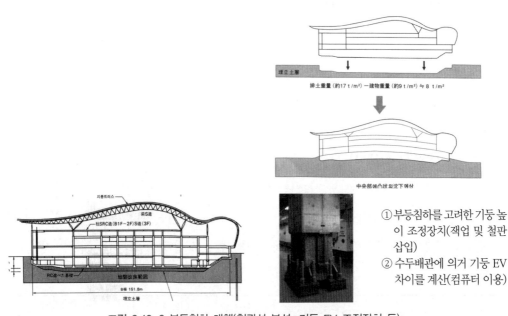

①부등침하를 고려한 기둥 높이 조정장치(잭업 및 철판삽입)
②수두배관에 의거 기둥 EV 차이를 계산(컴퓨터 이용)

그림 3.19-8 부등침하 대책(철광석 부설, 기둥 EV 조절장치 등)

　동일 터미널 내에서 국제선 여객(65%)과 국내선 여객(35%)을 동시에 취급함으로써 국내선 항공편을 이용하는 지방 국제선 여객의 편의를 도모했다.

　기본계획에서 작성한 터미널 Concept 및 규모를 선진공항에 검토하게 하여 ADP가 개선한 Concept로 확정한 다음 건축경기설계를 시행함으로써 건축미만 비교 평가할 수 있었다.

공항 건설효과를 활용하고자 공항 주변 개발을 추진하며, 특히 공항 관련 첨단산업을 가까운 육지부에 배치하고, 항공화물 및 IBC도 유치할 계획이다. 이 계획에는 연육부에 Ringutown, 고속도로 연결지역에 Cosmopolice, 임해부 도심지역에 Techno port 등이 있다.

터미널에 Sliding joint를 사용하여 고베지진과 초속 56m 태풍에도 피해가 없었다. 터미널 길이는 1,672m로서 세계 최장이며, IAT가 터미널 옥상에서 운영함으로써 여객의 층 변경을 최소화했다(본체 318＋677×2).

공항 관제탑은 지진에 대비 다음과 같이 특수구조를 채택했다.

관제탑 제원 및 특징
• Eye level: 82m, 최고 높이: 90m
• 옥상에 ASDE 설치
• 구조적 안정성 확보
– 배토량 balance
– 4개의 기둥을 노출시켜 건물 경량화
– 바람 및 지진에 의한 진동 최소화를 위해 상부에 제진장치 설치
• 항공국 청사와 over bridge로 연결
– 접근성 및 보안성 확보

공항과 육지를 연결하는 연육교량은 경제성, 시공성, 지진 시 변위억제 등을 위해 강관파일 기초와 강제 각주를 사용했으며, 길이는 3,750m, 폭 29.5m, 하층 철도, 상층 도로이다. 여객 터미널 4층(출발 층)에는 공조, 조명 및 미관을 겸한 천정을 설치하였다.

연육교량

공조·조명 겸용 천정

커브의 혼잡을 피하기 위해 출발커브
는 2열, 도착커브는 3열로 계획했으며,
대중교통 이용을 장려하기 위해 버스 등
대중교통 커브를 가장 편리한 터미널 바
로 앞에 배정했다.

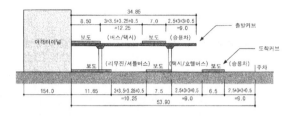

1991~1994에 전체 구상(기본계획)을 했으며(조사비 20억 엔), 정부는 수요, 공역, 경제성 평
가, 사업수행방법 등을, 공항(주)는 공항계획을 분담했다.

4. 간사이공항 2단계 사업 추진현황 및 최근동향

2003년 제2 활주로(L=4,000m)를 착공, 2007년 8월 개항했으며, 2단계 매립은 그림 3.19-9의
a와 같이 1단계와 연결할 계획이었으나 2단계 지역의 침하로 인한 기존시설의 피해가 우려
되어 그림 b와 같이 200m 분리했으며, T2는 그림 b와 같이 독립된 터미널로 계획했으나
수요부진을 감안하여 그림 c와 같이 T1의 탑승동 개념으로 변경했다가 이를 다시 LCCT로
변경하여((그림 d) 2012년 개관(용량: 400만 명＝국제선130＋국내선 270)), T2 인근에 T3도 LCCT를
건설할 예정이다.

(a) 1, 2단계 부지 연결(기본계획)　　　　　(b) 1, 2단계 부지 분리(2단계 계획)

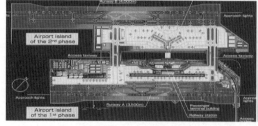
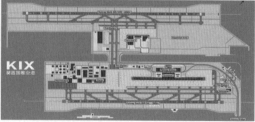

(c) T2를 T1의 탑승동으로 구상　　　　　(d) T2 지역을 LCCT로 개발

그림 3.19-9 간사이공항 개발계획의 변화

1998년에 2015년의 수요를 4,000만 명(국제선 25, 국내선 15)으로 추정했으나 2015년 실적은 23(국제선 16, 국내선 7)로서 수요가 침체되고 있다. 간사이공항은 2008년까지 총 $20bn을 투입, 매년 이자만 $560mn을 부담하며, 이를 공항사용료로 충당하려다 보니 점보기 착륙료가 인천공항의 2배 이상이다($7,500/$3,154). 운영비를 절감하기 위한 방안으로 간사이, 이타미, 고베공항의 운영을 2012년 7월에 통합했다.

2016년 말 기준 간사이공항 개요는 다음과 같다.

명칭: Kansai 국제공항 운영자: Kansai 국제공항 Co. Ltd 거리, 고도: 38km, EL=5m 좌표: 34°N/135°E 면적: 10.55km²(320만 평)	활주로: 2개, 3,500/4,000m, 간격=2,300m Stand: 5(J.B 40, Stand당 45만 명) 터미널: 30만m² 2016년 실적: 2,520만 명(국제선 여객=18.7) 177,000회, 83만 톤

3.20 중국 광저우 바이윈공항(CAN)

1. 개 요

광저우는 중국의 3대 도시(인구=1,300만)로서 광동성의 수도이고, 교통과 무역의 중심이다.

광저우 바이윈Guangzhou Baiyun 공항은 도심에서 28km에 위치하며, 72년간 운영되었던 같은 이름의 기존 공항을 대체하여 2004년 8월 개항했다. 공항이름 '백운'은 기존 공항과 가까운 곳에 있는 백운산에서 비롯되었고, 공항코드CAN도 기존 공항에서 유래되었다.

기존 공항의 5배인 광저우 신공항의 개항으로 기존 공항의 여러 문제가 해소되었으며(확장 제한, 용량 부족, 혼잡, 야간비행 금지 등), 푸동공항에 이어 중국 내 3위의 이용실적을 보이고 있다. 2017년 12월 기준으로 제2 터미널을 건설 중이며 2018년 개항 예정이다.

Subic Bay에 있던 FedEx의 Asia-Pacific Hub가 2009년 2월 바이윈공항으로 이전했다.

2016년 12월 말 기준 CAN 공항의 개요는 다음과 같다.

명칭: Guangzhou Baiyun 국제공항 운영자: 광저우 바이윈공항 Co Ltd 거리: 북 28km 고도: EL=15m 좌표: 23°N/113°E 면적: 약 22km²	활주로: 3,800m, 3,800m, 3,600m 활주로 간격: 2,200m, 400m Stands: 96(J.B 67, Stand당 547,000명) T1: 416,000m², 용량=4,500만 명 T2: 531,000m², (용량=45)–2018년 개항 2016년 실적: 5,970만 명, 165만 톤, 435,000회

주: 터미널 옆 5성급 노보텔은 프랑스 호텔그룹 Accor가 관리한다(객실 460개).

2. CAN 공항 기본계획 조정

최종단계 활주로는 당초 4개(2 독립+2 비독립)를 계획했으나 5개(3 독립+2 비독립)로 변경했으며, 4번째 활주로 분리간격은 760m에서 400m로 축소 조정하고, 5번째 활주로를 4번째 활주로에서 1,530m 이격하여 설치하도록 활주로를 재구성했다(그림 3.20-1).

2단계2025까지 Stands 수는 130개에서 184개로 증설할 예정이다(Contact Stands: 154, Remote Stands: 30, Remote Stands 비율: 16%).

여객터미널은 T1 및 T2에 Finger type 콘코스 10개(130Stands)를 계획했으나 14개(184S tands)로 변경하고, 향후 2개 공항 개념의 운영이 가능하도록 3rd 활주로와 5th 활주로 사이에 터미널 신설 부지를 확보하여 T3를 건설할 예정이다.

진입교통은 남쪽과 북쪽에 2개의 섭근로를 이용하며, 공항의 중앙을 관통하는 Spine도로가 배치되었다. 커브사이드는 터미널의 양면에 배치되었으며, 한쪽은 승용차 및 택시, 다른 한쪽은 버스 위주로 사용하고 있다.

3. CAN 공항 확장계획

2008년 제3단계 확장계획이 수립되었으며, 내용은 제3 활주로를 동측 활주로에서 동측으로 400m 분리하여 건설하고(3,800×60m), T2=53만m²를 건설하며, T2가 완공되면 용량은 8,000만 명으로 증가된다. 향후 확장계획은 제4 및 제5 활주로 건설, 제3 활주로와 제5 활주로 사이에 T3를 건설하며 최종단계 용량은 여객 9,500만 명, 화물 600만 톤을 상정하고 있다.

제2 터미널에는 그림 3.20-1과 같이 8개의 Finger로 계획되었으나 최근 발표된 자료에 의하면 6개의 Finger로 변경되었다(그림 3.20-2 참고).

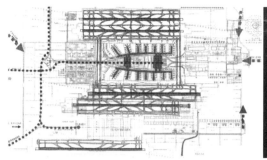

그림 3.20-1 기본계획 조정

그림 3.20-2 제2 터미널 계획

4. FedEx Asia-Pacific Hub

2005년 7월 필리핀 Subic Bay 공항에 있는 FedEx Express의 Asia-Pacific Hub를 배연공항으로 이전하기 위해 배연공항의 63ha 부지에 연면적 82,000m²의 FedEx 시설을 건설했다. 이 Asia-Pacific Hub는 800명 이상을 고용하고, 주간 136편을 운항하며, 아시아 및 세계 주요 도시를 연결한다. 이 FedEx Hub는 개항 시 미국외부 FedEx Hub 중 가장 큰 규모이었으나 CDG 공항 FedEx Hub가 확장됨으로써 배연공항 Hub를 추월했다.

FedEx Hub에는 자체 Ramp control tower를 갖추어 FedEx로 하여금 항공기 지상이동, 주기계획, 선적·하역의 우선순위 등을 통제할 수 있다. 이 Hub에는 16개의 고속분류 시스템, 7대의 원형 Conveyor belts, 90개의 1, 2차 문서분류 Splits를 갖추었으며, 이런 최신 시스템을 이용하여 시간당 24,000 Packages를 분류할 수 있다. 이 Hub는 2006년 착공하여 2009년 2월에 정식 개항했다.

3.21 Taipei Taoyuan 국제공항(TPE)

1. 개 요

Taipei는 Taiwan의 수도로서 정치, 경제, 교육, 문화의 중심이며, 도시권 인구는 850만 명이다. Taoyuan 공항은 기존 Songshan 공항의 확장 제약으로 1979년 개항했다. Songshan 공항은 국내선, 중국행 차타기, 일부 국제선(홍교, 김포, 하네다)을 서브한다.

2016 말 기준 Taoyuan 공항의 개요는 다음과 같다.

고도: EL = 33 m
좌표: 25°N/121°E
거리: 서 40km
면적: 12km², 확장 후 18km²
활주로: 2개(독립평행), 3,660m, 3,800m
터미널: T1 = 17, T2 = 32, 계 = 49만m²
터미널 용량: 3,200만 명(확장 후 4,100만 명)
Jet Bridge: 38
2016년 실적: 42.3 m, 210만 톤, 244,000회

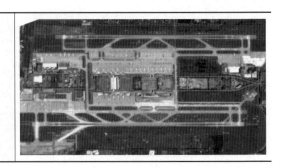

2. 확장 계획

확장 계획은 T3와 위성동, 제3 활주로 및 Aerotropolis 등이며, 2023년 완공 예정이다.

T3는 경기설계 결과 Rogers 설계가 채택되었으며, 터미널 면적은 64만m², 용량은 4,500만 명, 건설비는 $2.3bn이다. T3가 완공되면 총 용량은 8,600만 명이 되며, T3/위성동 및 제3 활주로 건설계획은 오른쪽 그림과 같다.

3. 도원 공항도시(Taoyuan Aerotropolis)

(1) 개발방향: 타이완의 관문, 아시아의 허브

- 전면 - 매장 - 후면 - 작업장 모델을 지원함으로써 도원지역의 타이완 관문기능을 촉진한다.
- 도원지역을 인원, 자금 및 정보가 모이는 아시아의 경제 및 교역의 허브로 육성한다.
- 도원지역의 국제경쟁력을 향상시키고, 타이완의 경제 및 국제위상을 제고한다.

(2) 계획원칙

- 녹색, 저탄소(Green & Low Carbon)
- 생태환경 보존(Ecology)
- 영지 및 지속가능성(Intelligence & Sustainability)
- 탄력성(Resilience)

(3) Aerotropolis 주요 기능(공항포함 총 면적＝68.45km²)

a. 건강한 삶과 환경보존 생활방식의 주거지구(LOHAS Quality Residence)

적정가격의 주택, Smiling Park, 호수공원, 수변주택, 강/청/녹 코리도, MRT 등

❖ 토지이용계획: 주택지구＝370ha, 상업지역＝58ha, MRT역＝2.5ha

b. 물류 및 교역(Logistics and Trading)

국제화물 보관 및 운송센터, 국제물류 및 무역센터, 자유무역항, 교통시설(MRT역, IC).

❖ 토지이용계획: 자유무역＝130ha, 산업＝41ha, 상업＝42ha, 교통＝1.3ha

c. 문화, 창작, 과학, 연구개발(Culture, Creativity, Science and R: D)

쇼핑센터, 의료 및 미용 산업, 다국적 기업본부, 연구개발 센터, 창작·제작·공연 센터

❖ 토지이용계획: 산업＝205ha, 상업＝154ha, 주택지역＝75ha, 교통＝8ha

d. 행정 및 금융 중심(Administrative: Finance)

공항도시 관리센터, 정부기관, 공연센터, 도서관, 상업·금융 센터, 다기능 교통시설

❖ 토지이용계획: 기관용지＝8ha, 상업＝76ha, 주택＝171ha, 교통MRT＝6ha

e. 대만의 관문(Gateway of Taiwan)

회의·전시 센터, 종합휴양공원, 쇼핑·오락지구, 영상문화단지, MIT Showcase

❖ 토지이용계획: 산업Enterprise＝199ha, 상업＝15ha, 교통MRT＝2ha

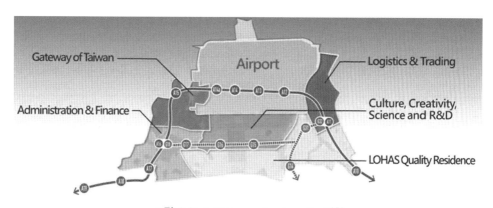

그림 3.21-1 Taoyuan Aerotropolis 계획

(4) 개발 잠재력 및 이점

- 아 - 태지역 내 지리적 이점: 아 - 태지역 내 전략적 위치를 이용하여 도원 Aerotropolis는 개발을 촉진할 것이다. 아시아 주요 도시까지 최단 비행(평균 2.5시간), 동북아 및 동남아의 중심, 타이완의 북측 도시권과 밀접하게 연계, 도원공항 - 타이페이항의 Sea & Air 복합 개발 등
- 교통망: 도원 Aerotropolis는 여객, 교역의 성장과 대교통량에 대비한 포괄적 교통망이 완비되었다. 연결성이 양호한 내부도로 및 외부도로 시스템(6개의 고속도로), 철도 시스템, MRT는 3개 도시(타이페이, 신타이페이, 도원)가 일체화되도록 연결한다.
- 타이완 북측 산업개발 축선: 공항, 항구, 자유무역항과 근접 배치되므로 전면매장 - 후면공장 모델을 증진하기 위해 공항도시는 도원시 및 북측 타이완지역의 자원관리를 통합할 것이다.
- Aeropolis 개발효과: ① 고용효과: 30만 명, ② 경제효과: US$76.7bn
- ❖ Reference: Taoyuan Aerotropolis Introduction. 20 June 2015.

3.22 샌프란시스코 공항(SFO)

1. San Francisco 공항 개요

샌프란시스코는 미국 13th 도시이고(도시권 인구＝460만 명), 1906년 대지진 및 화재, Golden Gate Bridge로 유명하다. 인구밀도는 뉴욕에 이어 두 번째이고, 문화, 상업, 금융의 중심이다.

SFO 공항은 1927년 개항된 이래 아시아의 Gateway가 되었으며, 이용실적은 미국 내 10위, 세계 20위를 유지하고 있다. 2016년 말 기준 SFO 공항의 개요는 다음 내용과 같다.

명칭: San Francisco 국제공항 운영자: San Francisco 공항 Commission 거리: 남 21km 고도: EL＝4 m, 면적: 21.07km² 좌표: 37°N/122°W	주 활주로: 3,618/3,469m(간격＝230m) 교차활주로: 2,635/2,286m(간격＝230m) Stands: 86(J.B 83, Stand당 617,000명) 2016년 실적: 5,310만 명(국제선 여객＝20%), 45만 회, 42만 톤

2. SFO 공항의 특징

평행활주로 간격이 가까워(230m) 기상 불량 시 동시 운항이 불가하므로 San Francisco 만으로 활주로를 신설하고자 하였으나 환경단체의 반발로 무산되었으며, 반대사유는 동물서식지 훼손, 해상레크리에이션 지장, 만의 수질오염 등이다. 이와 같은 이용불편 때문에 일부 항공사(특히 저가 항공사)가 타 공항으로 이전함으로써 SFO 공항이 침체되는 원인이 되었다.

근접평행활주로인 경우 터미널에서 가까운 활주로를 이륙용, 먼 것을 착륙용으로 사용하는 것이 운영에 유리하나 그 반대이어서 운영상 불편하며, 그 사유는 먼 활주로가 더 길기 때문에 이륙용으로 사용하기 위한 것이다(그림 3.22-1 참고).

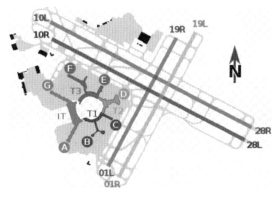

그림 3.22-1 SFO 활주로 배치

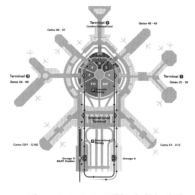

그림 3.22-2 SFO 공항 터미널 배치

SFO 공항은 오래된 공항이기 때문에 터미널 등 기존시설의 개수와 신설이 계속되고 있다.

- T1은 1963년 개관, 1974년 확장, 1988년 $150mn을 들여 Renovation했다.
- T2는 1954년 개관, 1983년 국제선터미널로 재건축, 2000년 국제선 신터미널 개관 후 Renovation 하여 2011년 재개관했으며, 박물관 및 도서관이 배치되었다.
- T3는 1981년 개관, Renovation하여 2014년 1월에 재개관했다(건축미 개선, 구조개선, HAVC 시스템 개조, 지붕개량, 바닥재 교체 등).
- 국제선터미널은 $1bn을 투입하여 2000년에 개관했고, 스키드모어 설계이고, 북아메리카에서 가장 큰 국제선터미널이다. 공동사용방식을 도입했으며, 보안검사 뒤에 의료시설을 배치했다. A380 용 stands 6개를 확보하고, 터미널 건설부지가 없어 터미널(T1, T2, T3)의 진입도로 위에 건설함에 따라 경비가 추가 소요되었다(그림 3.22-2).
- 신속한 보안체크를 위해 Register Traveler Program을 2007년부터 운영한다.
- 관제탑이 지진에 안전하지 못한 것으로 지적됨에 따라 신관제탑을 T1~T2 사이에 건설. 2016년 10월에 개관했다.
- APM이 4개 터미널~2개 장기주차장~철도역~렌터카센터에 운영된다.

3. SFO 공항의 사고 및 시설개선

2013년 7월 아시아나항공 B777-200ER기가 착륙 중 항공기 꼬리가 활주로 종단 주변의 제방에 부딪쳐 항공기가 대파되는 사고가 발생했다(화재 발생으로 항공기 전소, 3명 사망, 168명 부상, 그림 3.22-3). 항공기는 활주로 시단을 약 400m 지난 지점에 착륙하는 것이 정상인데, 제방에 부딪친 것은 정상 고도보다 너무 낮게 진입한 것 같다(약 29m). 사고 원인은 조종사 과실로 확인되었지만 착륙 중에 고도의 오차가 다소 발생할 수 있으므로 이에 대비하여 안전 시설을 확보해야 하는데, SFO 공항은 활주로 시단Threshold에서 제방까지 110m에 불과하여 사고 시 피해가 커지는 원인이 되었다. ICAO 최소기준은 150m, 권고기준은 300m이다(그림 3.22-4). SFO 공항의 활주로 종단에서 제방까지 거리가 ICAO 권고기준인 300m이었다면 사고 기는 약간의 손상은 있었겠으나 이런 대형 사고는 방지할 수 있었을 것이다.

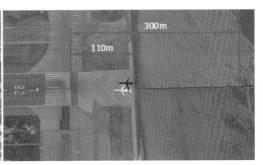

| 그림 3.22-3 아시아나기 사고현황 | 그림 3.22-4 SFO 종단안전구역(사고 시) |

이런 사고 시에도 피해를 최소화하기 위해 활주로 종단안전구역의 확보, 활주로 말단주변의 지형을 경사가 완만하게 정지 및 항공기와 부딪쳤을 때에 항공기의 피해를 최소화할 수 있도록 부서지기 쉬운Frangible 구조물 등 대책이 필요하다.

SFO 공항은 사고를 계기로 2013~2014년에 걸쳐 활주로를 교대로 휴지한 상태에서 착륙활주로 시단 이설, 유도로 정비 및 EMAS를 활주로 1L-19R 및 1R-19L의 양단(4개소)에 설치했으며, 이는 그림 3.22-5를 참고할 수 있다. Threshold를 이설하여 Threshold에서 제방까지 거리는 110m에서 200m로 증가되었다.

▬ EMAS 설치   ▭ 유도로정비   Threshold 90m 이설
그림 3.22-5 SFO 공항 EMAS 설치, 유도로 정비 및 Threshold 이설 등

3.23 런던 개트윅국제공항(LGW)

1. Gatwick 공항 개요

LGW는 도심에서 남측 47.5km에 있으며, 1930년 사설비행장으로 시작하여 1958년 운송용 공항으로 개항되었다. 평행활주로가 있지만(2,566m, 3,316m) 간격이 좁아서(198m) 평상시는 하나만 이용한다. Gatwick 명칭은 gat wic(=goat farm)에서 유래되었다.

북 터미널(98,000m²)과 남 터미널(160,000m²)이 있으며, 터미널 간 1.21km는 APM이 연결한다. 이 APM은 1987년에 개통, 2010년에 Bombardier CX-100으로 교체되었다.

LGW 부지는 6.74km²로서 Airfield=33%, 터미널 및 계류장=27%, 지상접근교통=22%, 화물·정비·지원=10%, 계획조경=8%를 분담하고 있으며, 접근교통시설의 비율이 높다.

북 터미널과 Pier 6를 연결하는 고가교량(H=25m)을 2005년 설치하여 B747(H=20m)이 통과할 수 있으며, 이 고가교량에는 Moving Walk Ways가 설치되었다(그림 3.23-3).

그림 3.23-1 LGW 공항 배치도

그림 3.23-2 LGW 터미널지역 배치도(북 터미널→중하, 남 터미널→좌상)

그림 3.23-3 북터미널-원격탑승동을 연결하는 고가교량 및 MWW

LGW 공항의 여객기 Stands 구성은 총 109 개소이며, 다음과 같다[2006].

	S	M	L	JW	JX	계
Cont	8	14	13	30	0	65
Rem	3	5	15	21	0	44
계	11	19	28	51	0	109
%	10	17	26	47	0	100

S : Small-B737-300/400/500, BAE146
M : Medium-A319/320/321, B737-800/900
L : Large-B767, B787-300, Dc-10

JW: Jumbo Wide-B747, B777, A330, A340
JX: Jumbo Extra Large-A380

항공기 운항비율: S급(B737 및 BAE) = 41%, M급(A319/320) = 28%, L급(B767/B787) = 16%
JW급(B747/B777/A340) = 9%, 소형제트 = 4.5%, 터보프로 = 1.5%

- LGW 공항의 목표
  - 성공적인 Leisure 공항
  - Considerate neighbors
  - 업무여행 Leading 공항
  - Good working place

운영효율 제고를 위해 피크시간이 다른 항공사들이 터미널을 공동 사용하도록 BA 항공사는 남 터미널로 이전하고, EasyJet 항공사는 북 터미널로 2017년 1월에 이전했다.

LGW 공항 개요

명칭: Gatwick 공항 운영자: Gatwick 공항 Limited 거리: 남 47.5km, 고도: EL=62m 좌표: 51°N/00°W 2016년 실적: 4,310만 명(국제선 91%), 281,000회	활주로: 길이 3,316/2,565m, 간격 198m Stands: 109(J.B 54, Stand당 37만 명) 여객터미널: 북 터미널 – 98,000m², 남 터미널 – 16만m² 여객구성: 내국인/외국인 = 79/21%, 업무/관광 = 16/84%

2. LGW 공항 확장대안

런던 수도권 공항의 장기 용량 확충방안으로 LGW 확장대안이 그림 3.23-4와 같이 제안되었다(2013. 12.). 제2 활주로는 기존활주로 남측에 혼합 Mode 운영이 가능하도록 배치하고,

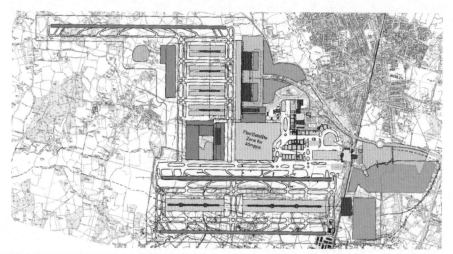

활주로 수	운항용량	여객용량	비고
독립 평행활주로 3	64만 회	1억 2,000만 명	장기 용량 확충 대안
독립 평행활주로 4	88만 회	1억 6,000만 명	장기 용량 확충 대안

그림 3.23-4 런던 수도권 공항 장기용량 확충대안(LGW 확장 방안)

제3 활주로는 기존활주로와 제3 활주로 사이에 터미널을 배치할 수 있고, 필요하면 향후에 제4 활주로를 배치할 수 있도록 충분한 간격을 유지한다. 활주로 3개의 용량은 64만 회 및 1억 2,000만 명, 4개의 용량은 88만 회 및 1억 6,000만 명으로 보고 있다.

런던 수도권 공항의 단기용량 확충대안으로 제안된 LGW 공항 확장 방안은 다음과 같다.

- 확장: 평행활주로 건설(간격:1,045m), T3 및 탑승동 건설
- 용량: 운항＝56만 회, 여객＝9,500만(기존용량＝45)
- 보상: 토지＝6.24km^2, 가옥＝168가구

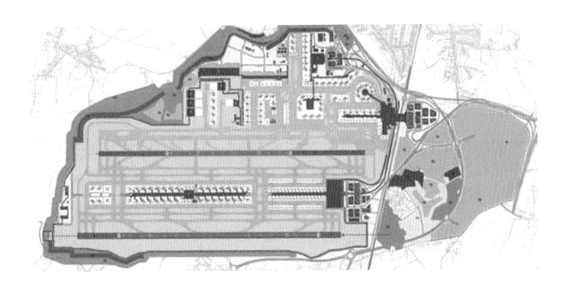

3.24 Houston 공항(IAH) 확장계획

Houston은 Texas에 있는 미국 5대 도시이고, IAH 공항은 1969년 Houston의 제2 공항으로 개항했으며, 공항명칭은 41대 대통령 George Bush를 기념하기 위해 1997년 George Bush, Houston 공항으로 변경되었다. IAH 공항은 국내선 Hub 공항의 하나로서 연결여객＝57%, 국내선 여객＝83%, Commuter 운항비율＝50%, 편당 여객 수＝73명이다.

Houston 공항은 향후 20년2025의 수요에 대비하여 비행장, 터미널, 지상접근교통 및 지원 시설 등에 대한 확장 Master Plan을 2006년에 수립했으며, 그 내용은 다음과 같다.

1. 수요 추정

구분			2005	2015	2025	비고
여객	연간 (백만 명)	계 Carr-Com 국내선 - 국제선 Origin-Conn	37.7 30.2~7.5 31.1~6.6 16.1~21.6	51.8 40.5~11.3 42.0~9.8 22.0~29.8	68.4 53.4~15.0 54.4~14.0 29.0~39.4	- Com: 20~22% - 국제선: 17~20% - Conn: 57~58%
		PH	12,500	16,400	20,800	
		PHF ①	3.3×10^{-4}	3.17×10^{-4}	3.04×10^{-4}	
운항	연간 (천 최)	계 ② Carr-Com 국내선 - 국제선	513 269~244 441~72	678 338~340 576~102	855 428~427 719~136	- Com: 48~50% - 국제선: 14~16%
		PH	173	208	249	
		PHF ①	3.37×10^{-4}	3.07×10^{-4}	2.91×10^{-4}	
	Carrier 기의 Fleet Mix 변경(2005 → 2025): Wide Body 비율 3.9 → 18.5%					
평균 탑승인원	Carrier Commuter		112 31	120 33	125 35	
화물(천 톤)	계 여객기 - 화물기 국내선 - 국제선		902 464~438 601~301	1,425 594~831 968~457	1,936 738~1,198 1,277~659	- 화물기: 49~62% - 국제선: 32~34%

2. 수요·용량 분석

수요·용량 분석의 목적은 수요 증가에 대비할 수 있는 기존시설의 용량을 평가하기 위한 것이다.

(1) 활주로 용량·운항수요

구분		흐름	목표	2005	2015	2025	
기존시설 이용 시 평균지연 (분)	IFR 출발 평균지연	동 서	6.0 6.0	1.6 2.2	7.6 8.9	54.4 67.4	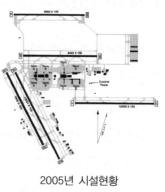
	IFR 도착 평균지연	동 서	3.0 3.0	3.3 2.8	5.1 4.8	50.2 31.7	
최대 줄서기(대)	IFR 출발	서		18	44	194	
	IFR 도착	서		30	44	61	
PH 용량 및 수요	PH 용량 (IFR)	동 서		136 136	155 154	166 177	
	PH 수요			154	205	247	2005년 시설현황
	PH 용량·수요			88%	75%	69%	

(2) 터미널 및 Stands 소요

구분		2005	2015	2025	
여객(백만 명)		37.8	51.8	68.4	Note
Carr		30.3	40.5	53.4	① PH 여객당 터미널 면적
Com		7.5	11.3	15.0	= 28m²
PH 여객		12,500	16,400	20,800	② 2005년 기준 터미널 면적
터미널 소요면적 ①②	천m²	350	459	582	= 381,000m²
Stands 계획	Carr	87	103	116	
	Com	67	76	95	
Stand당 연간여객(천)	Carr	348	393	460	
	Com	112	149	158	

(3) 지원시설부지 소요면적(2025년 수요 대비)

구분	기존 부지면적(ha)	소요 부지면적(ha)	추가소요(ha)	비고(ha)
화물지역	87	174	87	화물 백만 톤당 90
GA 지역	51	102	51	GA 운항 천 회당 4
항공기 정비지역	20	121	101	운항 만 회당 1.4
공항 정비지역	8	18	10	운항 십만 회당 2.1
FAA	8	55	47	
기내식	7	14	7	여객 백만당 0.2
급유시설	45,000m³	7만m³	25,000m³	운항 십만 회당 8.2,000m³

3. 활주로 배치대안 작성 및 최적 대안 선정

활주로 배치대안 13개를 작성하고, 간이평가로 5개 대안을 선정했으며, 선정된 5개 대안에 대해서는 표 3.24-1에 의거 용량 및 지연 분석, 표 3.24-2에 의거 건설비 및 소음영향을 분석했다.

표 3.24-1 Airfield 개발 대안별 용량 및 지연에 대한 평가

구분	대안					
	1.1B	1.1E	1.1F	1.2	2.1A	No build
평점 계	45	52	48	34	46	6
평가 순위	4	1	2	5	3	6

평가항목: ① 시간용량, ② 지연, ③ Taxi time, ④ 도착평균지연, ⑤ 출발평균지연, ⑥ 항공기당 평균지연

표 3.24-2 Airfield 개발 대안별 건설비 및 소음영향에 대한 평가

구분	1.1B	1.1E	1.1F	1.2	2.1A	No build
평점 계	13	5	6	13	7	18
평가 순위	2	6	5	2	4	1

평가항목: ① 건설비, ② 용지매입비, ③ 소음노출인구

주요 Hub 공항의 개발대안은 복잡성 때문에 단순히 성능이나 건설비만으로 최적대안이 선정될 수 없고, 가격과 성능이 균형을 유지해야 한다. 1.1B 대안이 선정되었으며, 이는 증가되는 수요에 가장 가격 효과적이고 주변의 토지이용에 대한 영향이 가장 적기 때문이다.

4. 터미널 배치대안 작성 및 평가

터미널 배치대안의 평가 기준은 다음과 같다.

- 양적 평가 기준
  - Gates의 충분한 수 및 type
  - 충분한 터미널 및 주차장 면적
  - 건설비, 시공성 및 단계별 개발성
  - 지원이 필요 없는 200m 미만의 여객 보행거리
  - 여객터미널에서 합리적인 시간 및 거리 내의 충분한 주차장
- 질적 평가 기준
  - 항공기의 이동 편의성
  - 여객의 이동 편의성
  - 항공사의 운영 효율성
  - 운항 스케줄 및 항공기의 type 변화 대응성
  - 항공사 제휴운영 대응성
  - 터미널과 탑승동 간 편리하고 효율적인 이동성
  - 필요에 따라 시설의 점진적 확장성
  - 기존시설 활용성-기존 터미널지역 최대 활용

터미널 Concept은 다음의 대안을 포함 총 23개 대안을 검토하여 그림 3.24-1의 b와 같이 개발하기로 결정되었다.

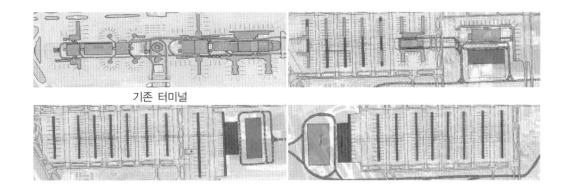

기존 터미널

5. 개발계획

2025년 수요 대비 IAH 공항 개발계획은 그림 3.24-1과 같으며, 활주로는 독립평행활주로 4개를 갖출 계획이고, 여객터미널의 Concept을 조사결과 기존의 Satellite Type보다 Pier Type이, Pier Type보다 Linear Type의 운영효율이 큰 것으로 분석되었다.

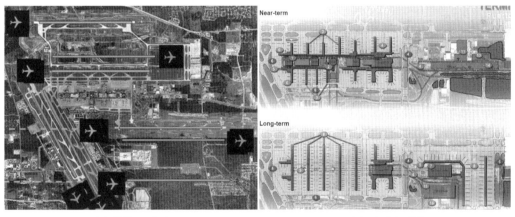

(a) 활주로 배치   (b) 터미널 배치

그림 3.24-1 IAH 공항 개발계획(2005 계획, 2025 Vision)

6. IAH 확장사업 시행계획

2025년의 수요에 대비한 IAH 공항 개발계획을 시행필요성의 완급에 따라 다음과 같이 단계별 시행계획을 수립했다.

긴급단계	1단계	2단계	3단계	4단계
즉시 시행	2006~2010	2011~2015	2016~2020	2021~2025

긴급단계로 시행할 사업은 지연 감소 및 출발 줄서기 용량 증대를 위해 활주로 교차 유도로 2개소, 터미널 A의 계류장 확장을 위한 유도로 재배치, 터미널지역 순환을 위한 Cross field 유도로이다(오른쪽 그림 참고).

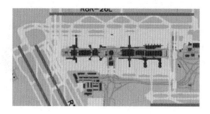

개발계획 시행에 따른 B/C$^{Benefit/Cost}$ 분석 결과는 다음과 같다.

시행계획	현재가치 환산 전 효과(억 달러)			B/C		
1.1B	①	②	③	①	②	③
	326	1,281	2,854	1.35	2.37	4.05

주: ①=항공기 만의 효과, ②=①+지역여객의 효과, ③=②+Down Stream 여객의 효과

7. 예산계획

(1) 소요예산

단계	1단계	2단계	3단계	4단계	계
시행기간 소요예산(억 달러)	2006~2010 12	2011~2015 29	2016~2020 36	2021~2025 16	20년 93
단계별 주요사업	1 단계: 유도로 개선, 연장, 터미널 개량, 지장시설 이전, 도로개선 2 단계: 신활주로, 우회유도로, 부지 조성, 도로, 주차장, APM 등 3 단계: 신활주로(이륙 전용), 동 터미널, APM 4 단계: 터미널 콘코스, 화물, 렌터카 시설, 도로 및 APM				

(2) 자금 확보계획

- 정부·주정부지원
- 시설사용료
- Third Party: Local Funding

8. IAH 공항 확장에 따른 환경영향 완화대책

(1) 소음(Noise) 피해 방지

2025년의 소음도 65DNL 이상에 노출되는 공항 외부 토지는 6.1km²이며, FAA 토지이용지침에 부적합한 것은 가옥 424, 학교 2, 종교시설 1이 있고, 거주인원은 1,150명이다.

2025년의 소음 등고선은 그림 3.24-2, 소음도 65 DNL 이상에 노출되는 공항 외부 토지이용 현황은 표 3.24-3과 같다. 상업시설도 방음이 고려되지 않았으면 부적합할 수 있다.

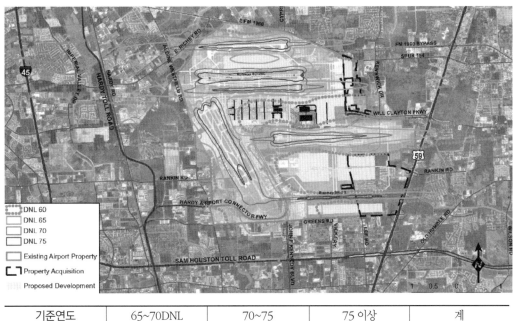

기준연도	65~70DNL	70~75	75 이상	계
2025년(km²)	13.3	5.5	4.1	22.9

그림 3.24-2 IAH 공항의 2025년 소음영향지역

표 3.24-3 IAH 공항의 2025년 소음영향지역(공항 외부) 토지이용 현황

토지이용		소음 영향지역 면적(acre)			
		65-70 DNL	70-75	75 이상	계
주거	단독주택	63	0	0	63
	다세대주택	19	0	0	19
공용시설: 공공기관	학교	167	0	0	167
	종교시설	1	0	0	1
	기타	9	0	0	9
상업, 소매점		50	2	0	52
공업		216	0	0	216
교통·공익시설		22	0	0	22
공원, 개발제한지역		24	0	0	24
공지, 미개발 지역		803	128	0	931
계		1,374	130	0	1,504

주: 1 acre=0.40468ha, 1,504acre=610ha=6.1km^2

(2) 사회적 영향(Social Impacts)

주요 사회적 영향은 공항개발에 따른 주거 또는 업무시설 이전, 지상교통패턴의 변경, 기존 사회의 분열, 기존 도시계획에 상충, 고용기회의 감소 등이다.

활주로 신설과 화물지역 확장을 위해 사유지 매입 288ha(2,100만 달러), 가옥 이전 1,009건 (4,200만 달러), 이주인원은 1,848명이다. 토지매입지역에는 45개의 공용도로가 있으며, 주민 이주에 따라 일부는 필요 없고 일부는 이설해야 한다. 이설되는 도로는 수요 증가에 대비하고, 건설 기간 중 주민의 불편이 없도록 가설도로 등 대책을 강구한다.

주민이주에 따라 학생 수, 교인 수, 사회활동 등의 감소, 경찰 및 소방업무 감소, 시장매출 감소 등의 영향이 있다. 기존의 도시계획은 공항개발계획과 대체로 일치한다.

공항개발로 인해 소수민족 또는 빈곤층이 재산매입 또는 소음피해 등의 환경영향을 받으면 법에 의거 보건 및 환경영향을 피하거나 최소화하도록 보호되고 있다(환경적 공평justice). 이주대상자의 37%는 black, 21%는 라틴아메리카 계열이며, 18%는 빈곤층이다.

(3) 환경영향 최소화

- 공기질: 현재의 방출량을 조사하고, 향후 방출량의 증가를 예측하여 방출기준에 적합하도록 장기적 인 공기질 관리계획을 수립한다.

- 수자원: 공항 건설 및 운영은 지표수 및 지하수의 질과 양에 영향을 미치므로 홍수관리계획, 우수오염 방지, 토사의 침식 및 퇴적방지 등의 대책을 수립한다.

- 저습지: 저습지 훼손을 최소화하되 공항 주변 저습지에 서식하는 야생동물이 항공기 안전에 지장이 없도록 대책을 강구한다.

- 홍수범람원: 공항 건설에 따라 홍수 범람원의 감소, 배출량의 증가 및 배출시간 단축으로 공항 주변의 침수가능성이 있으므로 유수지 등 피해최소화 대책을 강구한다.

9. IAH 공항 확장 Master Plan 개요

- Base 수요: 2005년 - 513,000회, 3,800만 명
- 목표 수요: 2025년 - 855,000회, 6,800만 명
- 운항수요 증가대비 평행활주로 신설: 3 → 6개
- Commuter(50%)의 Wind Coverage 고려. Open Vee 활주로 유지
- 활주로횡단에 따른 지연 방지를 위해 활주로 End around 유도로 계획
- 운영효율을 고려하여 터미널 및 탑승동은 모두 Linear Type로 계획 → 그림 3.24-1의 b

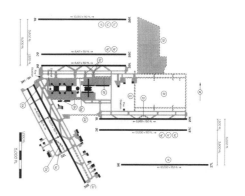

IAH 공항 2016 말 기준 개요

운영자: Houston Airport System 좌표: 29°N/95°W 거리: 북 37km, 고도: EL = 30m 부지면적: 45km²(1,360만 평) 활주로: 독립평행 3, 교차 2 Stands: 131(J.B 102) 터미널 면적: 666,000m² 2015년 실적: 4,300만 명, 503,000회	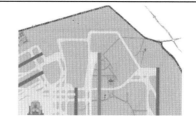 End around 유도로 계획

3.25 이스탄불 아타튀르크국제공항(IST)

Istanbul은 역사적으로 로마제국의 수도Constantinople로 알려진 터키 제1 도시로서 경제, 문화, 역사의 중심이고, 유럽과 아시아 대륙을 연결하는 요충지이다. 도시권 인구는 1,470만 명이며,

세계 7대 도시이다. 이스탄불에는 Ataturk 공항과 Sabiha 공항이 있으며, 신공항을 건설 중에 있다.

1. 이스탄불 IST 공항 개요

2015년 IST 공항의 총 여객은 세계 11위이고, 국제선 여객은 세계 10위로서 최근 13년 2002~2015에 438% 성장했다.

연도	총 여객(백만 명)		국제선 여객(백만 명)		국내선 여객(백만 명)	
2002	11.4	100%	8.5	100%	2.9	100%
2015	61.3	538%	41.9	493%	19.4	669%

활주로는 비독립 평행활주로(간격: 210m)와 Open V 활주로가 터미널을 사이에 두고 서로 마주보고 있다. 평행유도로는 터미널 측 활주로에만 각 1열이 있으며, 비독립활주로에는 없다. IST 공항의 활주로 및 터미널 배치는 그림 3.25-1과 같다.

여객터미널은 국내선터미널(12 Jet Bridges)과 국제선터미널(27 Jet Bridges, 2000년 개항)로 구성되며, 서로 연결되어 있다(그림 3.25-2).

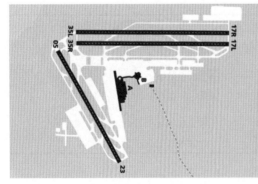

그림 3.25-1 IST 공항 배치도

그림 3.25-2 IST 공항 터미널지역

IST 공항은 주변이 도시로 개발되어 더 이상 확장이 불가하므로 2015년 신공항 건설에 착수했으며, 신공항이 개항되면 기존 공항은 폐쇄 예정이다.

IST 공항 개요(2015년 말 기준)

명칭: Istanbul Ataturk Airport 운영자: TAV Airports 좌표: 40°N/48°E 거리/표고: 남서 24km, EL = 39m 면적: 약 10km²	활주로: 평행 2개, 간격 = 210m, 길이 = 3,000m 교차 1개, 길이 = 2,580m Stand: 62(J.B 39) 터미널: 35만m² 2015년 실적: 6,130만 명, 465,000회

2. 이스탄불 신공항 기본계획

거리: 도심에서 북서 35km, IST 공항에서 45km 면적: 76.5km² 사업비: 222억 유로(약 28 조 원) 용량: 159~200 Mppa, 1단계 = 90 시행방안: BOT 방식(Build-Operate-Transfer)	활주로: 6개(독립평행 5개 + 교차 1개) 　　　　1단계 = 독립 평행 2개(3750×60m) 계류장: 650만m²(301 Stands) 터미널: 최종 150만m² 　　　　1단계 T1 = 68만, 위성동 = 17만m² 기타: 터미널 전방에 Airport City 개발

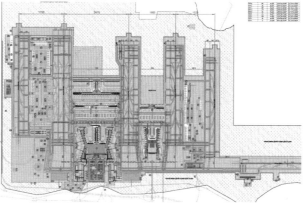

3. 이스탄불 신공항 기본계획에 대한 필자 의견

- IST 기존 공항을 폐쇄하는 대신 국내선 또는 LCC가 이용하면 이용자 편리(근거리: 24km), 투자비 축소 및 공항용량의 증대가 가능하므로 폐쇄·유지 대안의 심층 검토가 요구된다.

- 원 간격 활주로만 배치하는 대신 다음과 같이 근 간격 활주로를 활용한 3독립활주로를 계획하되 4th 활주로지역을 장기계획으로 유보하면 다음과 같은 이점이 있다.

	① 외측 활주로 이용 항공기의 지상이동거리 최소화 ② 비독립활주로 용량 증가 추세, 세계 주요 공항에서 활용 ③ 4독립 운항은 고도의 관제기술 필요, 장기계획으로 반영

- 직각 활주로는 터미널에 가까이 배치하여 항공기의 이동거리 단축을 도모한다(DEN 참고).
- 원활한 항공기 순환을 위해 활주로를 횡단하는 Mid Field 유도로를 적정 위치에 배치한다.
- 여객기 총 Stands 수는 301대, Stands의 평균 EQA Index = 1.523, Stand당 연간 여객용량은 664,000명(EQA Index = 2.0 기준 872,000명)인바 Stand당 여객용량이 과도하므로 Stands 수의 추가 확보가 필요하다.

  여객기 Stands 계획: 여객 = 200mn, Stands 수 = 301(Con = 197, Bus = 44, Ron = 60)
- 국내선과 국제선터미널을 별도로 건설하면 터미널 용량이 불균등하여 활주로 이용효율이 저하되고 1개 터미널에 수요가 집중됨에 따른 혼잡이 예상되므로 국제선과 국내선을 혼합하고 양 터미널의 용량을 같게 하는 것이 공항 운영에 유리하다(국제선 = 70%, 국내선 = 30%).
- 신공항의 용량이 매우 크므로 철도이용률 증대(도로 혼잡 방지), 공항전용 고속도로 건설, 대중교통 (버스, 리무진) 장려, 여객교통과 기타 교통(화물, 정비)의 분리대책이 필요하다.

3.26 일본 주부국제공항(NGO)

1. 신공항 개발 경위

주부Chūbu는 나고야를 중심으로 하는 일본의 중부지역을 의미하며, 일본의 3대 도시권이다(도시권 인구 = 910만 명). 주부공항Chūbu Centrair Airport은 기존 나고야공항의 확장 제약으로 나고야 도심에서 남측으로 35km 떨어진 Ise 만 내 인공 도에 건설하여 2005년 개항했고, 일본 중부지역의 Gateway 역할을 하는 1급 공항으로서 여객 수요는 김해공항보다 10년 정도 앞서 갔으나 최근에는 침체되고 있다. 중부공항은 지자체와 경제계가 신공항 필요성, 후보지 선정, 기본구상 등을 조사하여 중앙정부에 건의하고, 중앙정부는 이를 공항정비 5개년 계획에 반영했으며, 추진경위는 다음과 같다.

- 1985: 3현 1시와 경제계가 '(재) 주부공항조사회' 설립 및 조사 개시
- 1986~1987: 주부공항조사회. 신공항 후보지 조사(18개소 → 7개소 → 4개소)
- 1988: 3현 1시의 기관장 간담회에서 후보지를 'Ise 만 동부해상'으로 합의
- 1990: 주부공항 기본구상 발표 및 정부에 건의(주부공항조사회)
- 1991: '제6차 5개년계획'에 관계자 합동조사공항으로 지정

- 1992~1995: 관계기관이 각종 조사를 분담시행(정부, 지자체, 공항조사회) 및 조정
- 1997: 주부공항계획(안) 중간발표, 지자체 협의조정, 1998 예산에 반영
- 1998: 관계법령공포, 공항계획(최종안) 발표, 주부공항(주)설립, 환경영향 평가방안 공고
- 1999: 환경영향평가서 공고, 비행장 설치 허가 신청, 공유수면매립면허 출원, 어협과 착공 협의
- 2000: 비행장 설치 허가(운수대신), 공유수면매립면허, 관련 어협 착공 동의
- 2001~2004: 공항도 매립, 활주로 및 터미널 등 건설, 완공 검사
- 2005: 철도 및 도로개통, 공항 개항(그림 3.26-1 참고)

2. 주부공항 1단계 사업개요

(1) 계획목표

구분	국제선 여객	국내선 여객	FAA TPHF(%)				
연간여객(백만)	7	10	여객	1~10	10~20	20~30	30~50
PH 여객	3,900	5,000	PHF	0.05	0.045	0.040	0.035
PHF	5.57×10^{-4}	5.0×10^{-4}					

(2) 시설 규모

- 부지면적: 4.7km^2(매립량: 5,200만m^3)
- 활주로: 3,500m 1개(EL = 4.0m)
- Airside 포장: 면적 = 170ha

  단면: 연성 = AS27 + Slag42 = 69, 강성 = Slab45 + 기층15 = 60cm
- 여객터미널: ① 국제선터미널: 116,000m^2(PH 여객당 30m^2)
  - ② 국내선터미널: 103,000m^2(PH 여객당 20m^2)
- Multi Access 터미널(교통센터): 연면적 1만m^2
- CIQ 관리동: 연면적 9,000m^2
- 공항공사 관리동: 연면적 9,000m^2
- 동력동: 연면적 2,000m^2
- 항공국청사 및 관제탑: 연면적 15,000m^2
- 접근교통: 도로, 철도(나고야 역 연결), 도심까지 거리 = 35km, 페리(3개 노선)

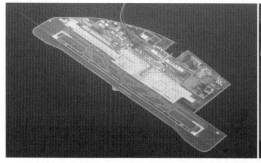

그림 3.26-1 NGO 공항 전경   그림 3.26-2 NGO 터미널 주변

3. 여객터미널 계획

(1) 터미널 Design Concept

여객, 송영객, 견학자 등 여러 계층의 공항이용자가 쾌적하고 편리하게 이용하도록 User Friendly하고 Simple한 터미널을 기본 개념으로 한다. 층 변경을 최소화시켜 연령, 장애 유무에 관계없이 모든 사람이 편리하게 사용할 수 있게 한다. High-tech 기술과 전통문화를 조화시켜 기능적이고 아름다우며 명쾌한 Design, 직선적인 Simple 미를 표현한다.

(2) 터미널 구성

본관은 230×150m, Center pier는 315×55m, Wing은 400×20m×2로 구성한다. 터미널에 연결된 부속시설은 CIQ 관리동, 공항공사 관리동, 설비동이 터미널 측면에 연결되어 있고, 복합교통시설은 본관 전면에 연결되어 있다.

(3) 여객 Handling 시설

- 보안검색 방법은 국제선 및 국내선 모두 중앙집중식을 채택한다.
- 출입국 검사 counter: 출국에 세관-4개, 여권-23개, 입국에 세관-28/여권-25/검역-11(여객-7, 동물-2, 식물-2)개 카운터를 배치한다.
- 수하물 검사방식은 국제선은 In-line 방식, 국내선은 Counter 방식을 채택하고, 수하물 Claim은 국제선＝5기, 국내선＝4기를 배치한다.
- Gates는 다음과 같이 배치한다.

구분	Gate 배치				탑승교 이용 비율		버스 Gate 비율(%)	Gate당 연간여객
	탑승교	버스	swing	계	편수(%)	여객(%)		
국제선	13	2	1	16	85	90	12.5	44만 명=700/16
국내선	9	2	1	12	80	90	17.0	83만 명=1000/12

(4) 서비스 레벨

- 경제성을 고려 위의 표와 같은 이용률을 목표로 Contact Gate를 계획했다.
- 자동보도 설치구간을 제외한 여객보행거리는 출발여객은 Check-in counter에서 가장 먼 Gate까지 300m 이내, 도착여객은 가장 먼 Gate에서 도착로비까지 300m 이내로 한다.
- 최대 소요시간(이동시간+처리시간+대기시간)은 다음과 같이 계획했다.
  - 국제선출발여객: check-in counter에서 가장 먼 gate까지 20분 이내(국내선은 15분)
  - 국제선도착여객: 가장 먼 Gate에서 도착로비까지 45분 이내(국내선은 25분)
- 최단 환승시간(Minimum Connecting Time): 도착 Gate에서 출발 Gate까지 소요시간의 목표는 수하물처리능력 등을 고려하여 항공사가 다음과 같이 계획했다.
  - 국제선도착: 국제선출발=30분 이내, 국내선출발=65분 이내
  - 국내선도착: 국제선출발=60분 이내, 국내선출발=25분 이내

(5) 터미널 Concept

국제선·국내선 일체의 Compact한 시설이다. 본관과 Wing/Center pier의 2개 기본 모듈로 구성하여 확장성이 명쾌한 시스템이다. Gate와 Check-in counter 간의 실 보행거리가 300m 이내가 되도록 배치한다. Swing gate를 도입하여 경제성을 향상시킨다.

사용에 편리한 터미널이 되도록 출발 및 도착 동선을 1개 층에서 해결한다. 여객터미널과 Access 교통을 분리하여 철도역, 버스·택시 승강장, 주차장 등과 터미널 간에 복합교통센터를 배치했으며, 이는 여객터미널 3층(출발층)과 2층(도착층)의 중간 level에 철도역을 두고, 여객터미널과는 완만한 Slope의 자동보도로 연결 했다. 복합교통센터는 각종 접근교통(철도, 버스, 택시, 주차장)과 터미널을 연결하는 시설로서 터미널 전방 약 50m에 배치했고, 터미널 2, 3층의 중간층과 연결된다(그림 3.26-3).

그림 3.26-3 터미널-교통센터-주차빌딩　　　　　그림 3.26-4 터미널 Center pier garden

해상의 인공도를 음미하도록 주변 환경을 배려하고, 자연에너지의 유효활용을 도모한다. 자연광 취입, 태양광발전, 록풍의 자연공간 등 매력적인 상업공간과 환경을 고려하여 송영객과 여객을 시각적으로 연결하는 Center pier garden 및 Airside 측 View-point를 테마로 한다. 이착륙하는 항공기를 볼 수 있는 전망시설, 쾌적한 Shopping과 식사를 즐길 수 있는 상업시설과 Garden 등 광, 록, 풍의 자연 공간을 제공한다(그림 3.26-4).

4. 주부공항 Aeropolis

지자체는 공항개발효과를 지역에 파급하도록 공항도내 및 공항에 근접한 대안부에 Aeropolis 구상안을 학계, 경제계, 관련 행정기관의 자문을 받아 표 3.26-1과 같이 구체화했다.

표 3.26-1 주부공항 Aeropolis 개발계획

구분		공항도	공항 대안부
공사 개요	용지면적(ha)	107	123
	호안(안벽포함) 길이(km)	3.7	3.5
	매립량(만m²)	1,370	1,000
	수심(-m)	2.6~10	1.0~4.0
토지 이용계획 (ha)	부두(안벽, 터미널, 하역시설 등)	4.5	3.8
	유통시설, 도로, 호안, 녹지	32.5	18.2
	상업, 업무, 숙박, 도로, 녹지	5.7	44.7
	제조업, 도로, 녹지	14.3	15.8
	항공기제조, 도로	22.8	-
	교통시설(도로, 철도, 호안)	8.1	26.2
	녹지, 도로, 호안	18.7	14.4

5. 주부공항 이용실적

주부공항 수요는 다음의 표와 같이 신공항 개항 시까지는 고도성장했으나 그 이후에는 침체되고 있다.

구분		1985	1991	1996	2005	2006	2008	2015	김해 2016
여객(만 명)	국제선	49	226	363	개항	510	498	490	778
	국내선	245	445	605		655	583	552	712
화물(천 톤)	국제선	2	44	98		250	124	173	126

주부공항의 수요가 위와 같이 침체될 것을 미리 알았으면 주부 신공항 건설을 보류하거나 지연시키는 방법으로 과잉투자를 억제할 수 있었겠지만 장래 수요를 누가 정확히 알 수 있겠는가? 이런 과잉투자가 우려되어 국내 건설기술진흥법 제47조에서 수요 추정치와 실제 이용실적의 차이가 30% 이상이면 고의 또는 중과실 여부를 조사하여 벌을 주겠다는 것인바 주부공항의 수요 침체는 국내 건설기술진흥법에 의하면 어떤 벌을 받아야 하나?

2015년 말 기준 주부공항 개요

명칭: Chubu Centrair 공항 운영자: 일본 주부공항 Co., Ltd 도심거리: 남 35km 표고: EL = 4m 좌표: 35°N/136°E 도쿄~나고야 직선거리 = 270km(서울~광주: 267)	면적: 4.7km^2(142만 평) 활주로: 1개, 3,500m Stands: 58(J.B 22) 터미널: 22만m^2 2015년 실적: 1,020만 명(국제선 4.9), 20만 톤, 97,000회

3.27 미국 탬파공항(TPA)

1. 탬파공항 개요

탬파는 미국 동부 멕시코만에 돌출된 플로리다 반도의 서해안에 위치하며, 도시권 인구는 430만 명이다. 탬파공항은 국내선 위주 공항이지만 서비스 수준이 양호하고, 운영조건이 쾌적하며, 이용자(여객 및 항공사) 위주의 공항으로서 우리나라의 제주공항에 추천하고 싶은 공항이다. 탬파공항의 Logo는 다음과 같으며, 오히려 한국공항의 Logo로 했으면 좋을 뻔했다. 이 Logo는 Tampa Bay에서 석양에 공항으로 날아오는 jetliner를 상징한다.

탬파공항 Logo

탬파공항 위치

탬파공항은 세계 최초로 APM을 이용한 터미널을 1971년 개항했다. Airside 터미널을 분리함으로써 터미널 4면을 모두 Landside로 이용할 수 있어 커브사이드 혼잡문제를 해소하고, 또한 주차장을 터미널 상층부, 별도의 주차건물, 원격주차장에 확보하고 터미널까지는 APM으로 연결하여 보행거리 단축은 물론 전천후 이용에 불편이 없도록 배려했다. 2015년 말 기준 TPA 공항의 개요는 다음과 같다.

운영자: Hillsbourgh County 항공국
좌표: 27°N/82°W, 거리: 서 11km
고도/면적: EL = 8.23m/13km²
활주로: 3개, 2,133~3,353m(간격 = 1,310m)
터미널: 102,000m²
Stands: 59(J.B 56)
2016년 실적: 1,890만 명
모기지 항공기: 90대

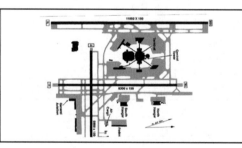

2. 탬파공항 여객터미널 계획

(1) 터미널 Concept 선정

1960년대에 터미널 Concept을 검토하기 위해 20개 주요 공항을 분석한 결과 여객의 편리함과 쾌적한 환경은 터미널의 Airside를 항공기가 사용함에 따라 상당히 손상되는 것으로 나타났으므로 이를 개선하기 위해 Airside 터미널을 분리함으로써 분리 전 Airside 지역에

Landside 기능을 배치하여 터미널 접근성을 향상시키는 완전 새로운 개념을 선정했다.

이 개념의 성공 여부는 Landside 터미널과 Airside 터미널을 연결하는 신뢰할 수 있는 여객 수송 시스템이었으며, 그 당시에 이용 가능한 시스템을 광범하게 평가한 후 웨스팅하우스사가 추천한 APM을 선정했다.

설계기준을 다음과 같이 결정했다.

- 여객의 보행거리(지상교통 - 항공기)는 210m 이내로 한다.
- 기본 개념 및 운영에 지장 없이 확장할 수 있어야 한다.

(2) Airside 터미널(탑승동)

6동의 Airside 터미널로 구성되고, 보안검사 위치는 탑승동의 APM 로비와 탑승라운지 사이에 배치되었다. 2001년 테러 이후에는 walk-thru detection machines을 이용하고 있다.

2010년 기준으로 62개의 탑승교 Stands를 갖추고 있다(Stand당 30만 명).

(3) Landside 터미널

Landside 터미널은 9층 구조로서, 1~3층은 Landside 터미널이고, 4~9층은 주차장이다.

- 1층: 수하물환수, 수하물 Makeup 및 Breakdown, 렌터카-카운터, 지상교통 운영시설
- 2층: 항공사 발권 및 체크인 시설과 렌터카 시설
- 3층: APM의 Landside 탑승로비, 편의시설, 항공사 및 공항당국의 사무실 등

(4) APM

APM은 6개의 각 노선마다 2개의 Car-tracks이 있고, Car는 300m 거리를 약 40초에 운행한다. 각 Tracks에는 단일차량 또는 2개 차량 연결이 가능하다. 폭 5m의 보행로가 2개 트랙 사이에 있으며, 이는 비상시 또는 시스템 고장 시만 이용한다.

APM은 Landside 건물−주차건물 연결에도 이용되었으며, 최근에는 원격 주차장까지 연결되었다(그림 3.27-5).

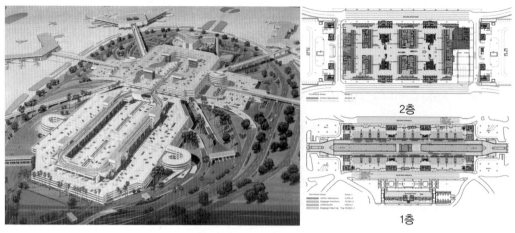

그림 3.27-1 탬파공항 터미널(T1)

3. 탬파공항과 제주공항 비교

양 공항의 2010년 수요가 비슷하지만 시설 규모는 탬파공항이 상당히 크고, 서비스 수준도 탬파공항은 최고급이지만 제주공항은 보통 수준이다. 제주, 탬파공항을 비교하면 표 3.27-1과 같다.

표 3.27-1 탬파공항과 제주공항의 수요 및 시설 비교

구분			제주공항(2016)	탬파공항(2015)
수요	운항(천 회)		173	190
	여객 (백만 명)	국내선	27.0	18.4
		국제선	2.7	0.5
		계	29.7	18.9
시설	Stands 수		33	59
	터미널 면적(m²)		94,744	101,577
	주차용량 (대)	주차건물	0	11,000
		평면주차	2,624	8,000
		계	2,624	19,000
	커브 길이(m)		778	1,524

주: 탬파공항에는 호텔 200실, 골프장 및 기타 서비스시설이 다양하다.

탬파공항에는 피크시즌에 대비 Overflow 주차장(포장 및 비포장)을 운영하고 있다. 이는 제주공항과 같이 연휴와 관광시즌에 여객의 집중도가 큰 공항에 도입하면 유용하게 활용할 수 있다.

커브지역 혼잡 방지를 위해 Remote Overflow 주차장 일부에 125대 분의 Cell Phone 주차장을 두고 여객이 부를 때까지 대기할 수 있다. 이 지역은 CCTV로 감시하고, 경찰이 정기적으로 순찰한다. 공항 입구에 Intermodal 시설을 계획 중이며, 이는 여객이 여러 노선의 버스에 쉽게 연결할 수 있게 해준다. 경전철을 Tampa 도심까지 연결하는 것을 검토 중에 있다.

4. 탬파공항의 Master Plan Update

(1) 2005년의 Master Plan Update

TPA 공항수요가 2010년에 출발여객 1,380만 명이 될 것으로 추정하고 그림 3.27-2와 같은 T2를 2010년에 착공한다고 계획했으나 수요침체로 T2는 착공시기를 정하지 않은 채 연기되고 있다.

(2) 2012년의 Master Plan Update

TPA 공항의 수요가 침체되고 있으며, T2 건설은 막대한 건설비가 소요되는 점을 고려하여 T2 건설시기를 늦출 수 있도록 T1의 서비스 수준을 평가하여 확장 및 개선을 추진하고, T2는 터미널수요가 2,500만 명이 될 때 건설하기로 결정했다.

서비스 수준 평가는 수요 추정, 비행스케줄 작성, 여객순환, 체크인, 보안체크, BHS 등 시설 규모를 결정하기 위한 시뮬레이션 모델을 개발하여 그림 3.27-3과 같이 서비스 수준을 평가했으며, 이결과를 이용하여 T1 및 탑승동을 확장하고(그림 3.27-4), T1~장기주차장을 APM이 연결하는 계획을 수립했다(그림 3.27-5).

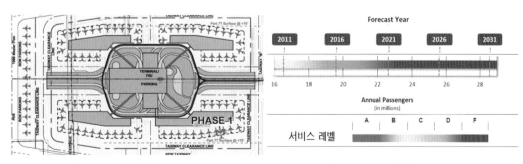

그림 3.27-2 탬파공항 T2 Concept   그림 3.27-3 T1 서비스 수준 평가

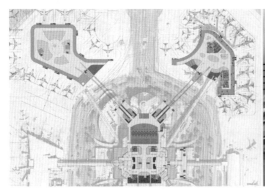
그림 3.27-4 T1 및 탑승동 C/D 확장

그림 3.27-5 장기주차장 APM 역 신설

5. Florida의 공항

Florida주에는 마이애미, 올랜도, 포트로더데일－할리우드, 탬파공항이 있으며, 4개 공항 모두 애틀랜타공항의 10대 국내노선으로서 이 공항들은 애틀랜타공항을 경유하여 미국의 여러 공항으로 연결된다(그림 3.1-6 참고). 4개 공항의 2016년 이용실적은 다음과 같다.

2016년 실적	MIA	MCO	FLL	TPA
여객(백만)	44	42	29	19
운항(천 회)	414	317	290	190

위 4개 공항의 위치는 그림 3.1-6, 최근 수요는 표 3.1-1, 개요는 다음 내용을 참고할 수 있다.

- Miami 공항(MIA)
- Tampa 공항(TPA): 3.27절 참고
  - 거리: 34km
  - 고도: EL = 3m
  - 활주로: 2개, L = 2,743m
  - 터미널: 142,000m^2

- Orlando 공항(MCO)
- Fort Lauderdale 공항(FLL)
  - 면적: 5.6km^2
  - 좌표: 26°N/80°W
  - 제트부리지: 59개

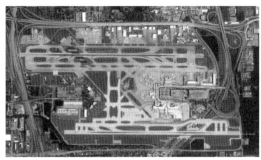
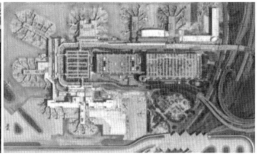

3.28 오키나와 나하공항(OKA)

Okinawa는 면적 1,207km², 인구 130만의 섬이며, Naha那覇시는 Okinawa 현의 주도로서(인구 32만 명) 아열대 해양성 기후에 속하고, 여름에는 남풍, 겨울에는 북풍의 계절풍이 분다. 7~9월에 태풍의 내습이 잦아 Typhoon Ginza라는 별명이 있다.

1. 개 요

나하공항은 해군용으로 1933년에 개항되었고, 1972년 Okinawa가 일본에 반환되면서 일본 남서부의 Gateway로 부상하고 있다. 관광지 공항이라는 관점에서 제주공항과 유사하다.

2015년 12월 기준 OKA 공항 개요

운영자: 국토교통부
거리: 6km
고도: EL = 3m,
좌표: 26°N/127°E
활주로: 3,000m(신평행활주로 건설 중)
Stands: 25(Jet Bridge 18)
터미널: 국내선 – 78,000m², 국제선 – 23,000m²
2015년 실적: 18.3mn, 40만 톤, 156,000회
　　　　　2016년 제주 = 2,970만 명
☆ Okinawa: 일본 및 중국본토에서 640km

2. 국내선터미널계획

국제경기설계 결과 안정설계로 미국 오스틴 콘소시움이 선정되었고, 설계방침은 다음과 같다.

- 일본 남서단의 경제문화 및 국제교류의 거점 지역으로 개발
- 지역현관으로서 공항이미지 부각, 지역사회와의 조화·공존을 도모하고 경관 등을 고려
- 여객의 편리성, 쾌적성, 시설의 안전성 및 기능성 향상
- 지역기후특성과 입지조건 배려
- Life Cycle 동안 운영비, 보수비, 유지비 등의 저감
- 장래 확장성
- 지체장애인, 고령자의 이용 배려
- 터미널 및 Apron을 활주로 중앙에 가깝게 배치
- 용량은 1,300만 명, 연면적은 77,700m²(PH 여객당 15m²)

쾌적한 공간 제공과 각종 Event 전시를 위해 중앙부에 다목적 Hall(1,500m²)를 설치했다. 이는 2~5층이 터져있고, 활주로와 바다를 조망할 수 있는 편의시설을 배치했다. 1층 도착로비에 전면 아크릴의 열대어 수조를 2개 설치했다.

설비계획은 신뢰성, 쾌적성, 에너지 절감, 내구성 등을 고려하여 이종에너지 사용(전력, 유), 축열수조Heat storage tank, 이용(물 및 얼음), 복합 시스템 구축, 단일 Duct 방식 공조, Schedule 외기 도입, VWV 제어, 방식기기 및 관로를 선정했다.

3. 기타 시설

- 국제선터미널 23,000m²를 2014년 개관하고, 2016년까지 3만m²로 확장 예정이다. 4층에 전망대를 배치했으며, 2018까지 국내선~국제선터미널을 연결할 계획이다.
- 격납고는 항공기 2대를 수용할 수 있고(L = 97, D = 51, H = 17m) 초속 80m의 태풍에도 견디게 설계했다. 이는 태풍 시 항공기를 다른 공항으로 대피하지 않기 위한 목적이다.
- 해저터널은 공항, 항만 및 섬 남부 사이의 교통을 개선하기 위한 것으로서 2006년 개통되었다. 공법은 수하 24m까지 미리 굴착한 해저에 공장제작한 PC블록(L = 90, W = 24.2, H = 8.7m)을 가라앉혀

연결시키며, 길이는 722m이다.

- 도심의 13개 역을 연결하는 길이 13km의 모노레일을 공항까지 연결한다.

4. 제주공항과 나하공항의 비교

나하공항은 관광지, 도서 등의 견지에서 제주공항과 매우 유사하다. 제주공항은 활주로 용량이 포화되어 신공항 건설을 추진하는 반면 나하공항은 신활주로 건설을 추진한다. 제주 공항과 나하공항의 시설과 운영개요를 비교하면 다음과 같다.

공항	여객(Mppa)		운항(천 회)		편당여객		활주로 길이(m)	Stands (Contact)	터미널 면적 (m²)
	2005	2015	2005	2015	2005	2015			
제주	11.4	26.2	74	159	154	165	3,180	33(11)	48,000
나하	13.5	18.3	115	155	117	118	3,000	54(15)	101,000

☆ 국제선 여객 비율: 2015년 나하공항=13%, 2016년 제주공항=9%

나하공항의 국내선터미널은 5층으로 계획함으로써 외관이 답답한 문제를 해소하고 충분한 사무실과 매점 등 서비스시설을 확보했다. 3층에 출발커브, 2층에는 주차건물 및 경전철과의 접근통로를 배치함으로써 보행자와 차량의 동선 교차를 방지했다. 주차건물을 도입했다.

5. 나하공항 확장계획

운항수요 증가에 대비하여 기존 활주로와 1,310m 이격된 평행활주로를 2020년까지 건설할 계획이며(길이=2,700m), 신활주로가 건설되면 운항용량은 33회에서 42회로 증가한다.

나하공항 신활주로는 바다를 매립하여 건설할 계획이며, 기존 공항 EL=3m로서 신활주로와 연결에 문제가 없지만 제주공항의 경우는 기존활주로 EL=24m로서 신활주로를 바다 측으로 건설할 경우 기존 시설과의 연결 및 주거지역을 이전함에 따른 사업비 증가 요인이 있다.

3.29 스페인 마드리드국제공항(MAD)

Madrid는 스페인의 수도이고 최대 도시로서 시 인구는 330만 명, 수도권 인구는 650만 명이며, 스페인의 정치, 경제 및 문화의 중심지이다. 마드리드의 인구는 EU 내에서 런던과 파리 다음으로 세 번째이고, GDP도 EU 내 세 번째로서 유럽 남부의 금융 중심이다.

MAD 공항 개요(2016년 말 기준)

명칭: Madrid-Barajas Airport 운영자: Aena 거리: 구도심 13Km, 금융가 9Km 좌표: 40°N/3°W 고도: 해발 610 m	활주로: 4개 길이＝3,500~4,349m Stands: 224(J.B 99) 2016년 실적: 5,040만 명(국제선 72%) 　　　　42만 톤, 378,000회 효과: 경제＝$10.9bn, 고용＝131,000명

MAD 공항 이용실적

구분	1991	2001	2011	2016
여객(백만 명)	16	34	50	50
편당 여객	101	91	118	133

MAD 공항 연혁

1944	활주로 건설(1,400×45m) 3개
1949	장거리 국제노선 취항(아메리카, 필리핀)
2006	T4 개관(연면적: 76만m², 주 터미널－47만m², 위성동－29만m²) (경기설계: Antonio Lamela 및 Richard Rogers 그림 3.29-5 참고)

활주로는 그림 3.29-1과 같고, 간격은 1,800 및 2,500m이며, 용량은 시간 120회이다.

터미널 면적은 총 1,00만m²이고, 용량은 연간 7,000만 명이며, T1~T3는 소형 Unit 터미널로서 그림 3.29-2와 같고, T4는 집중식 터미널로서 주 터미널 및 외에 2.5km 떨어진 위성동으로 구성되며, 그림 3.29-3 및 4와 같다.

APM이 T4-T4S(위성동) 간 2.5km 구간에 2006년부터 운영 중 이며, Bombardier가 지하 토목시설 건설을 포함, 운영 및 유지 보수하는 Full Turnkey로 시행되었다.

평면주차장에도 채양시설을 갖추었다(그림 3.29-6). T4 및 T4S의 지붕을 모듈화했다.

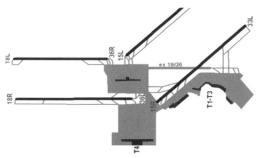

그림 3.29-1 MAD 활주로 및 터미널 배치

그림 3.29-2 MAD 공항 T1, T2, T3

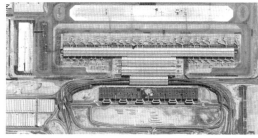

그림 3.29-3 MAD 공항 T4

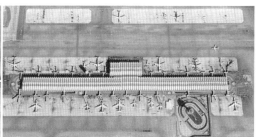

그림 3.29-4 MAD 공항 T4의 위성 탑승동

그림 3.29-5 MAD T4 Check-in hall

그림 3.29-6 MAD 주차장 채양시설

3.30 사우디 제다 킹압둘아지즈 공항(JED)

1. 개요

Jeddah는 홍해의 최대 항구도시로서(인구＝340만 명) 사우디 서부의 주요 상업허브이다. 제다 공항[JED]의 항공 수요는 사우디 내 1위이고, 1981년 5월에 개항했으며, 민항시설 이외에 국왕터미널, 공군물류시설 등이 있다(그림 3.30-1). Mecca 순례자를 위한 Haji 터미널은 연면적 465,000m²로서 동시에 8만 명을 수용할 수 있으며, Skidmore 설계로서 텐트모양의 창의적인

설계로 1983 Aga Khan 건축상을 받았다(그림 3.30-2 참고). 공항명칭은 나라를 건국한 압둘아

지즈 알 사우드Abdulaziz Al Saud 왕의 이름을 딴 것이다

JED 공항 개요(2015 말 기준)

| 명칭: King Abdulazlz 국제공항
운영자: 민항공국
거리: 북 19km, EL = 15m
좌표: 21°N/39°E | 활주로: 3개, 3,299~4,000m
간격 = 2,000/1,700m
면적: 105km²(3,182평)
2015년 실적: 3,000만 명, 208,000회
효과: 경제 = $11.5bn
　　　　고용 = 127,000명 |  |

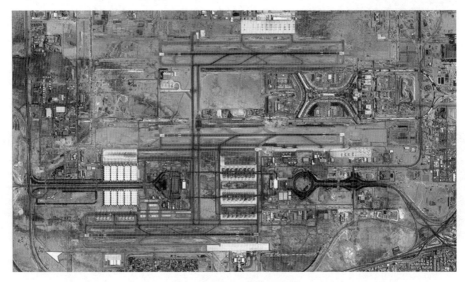

그림 3.30-1 JED 공항 배치도

그림 3.30-2 JED 공항 Haji 터미널 외부, 내부

2. 확장 계획

확장 Master Plan은 그림 3.30-3과 같이 터미널 3동과 고속철도 등이며, 3단계로 추진되고, 1단계는 2014 완공(그림 3.30-4), 3단계는 2035년까지 계속된다.

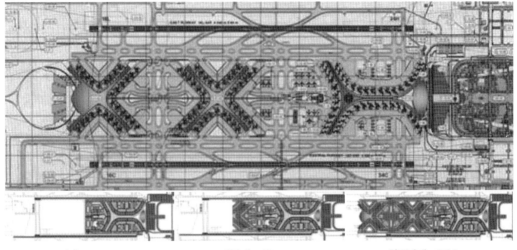

| 1단계＝30Mpax | 2단계＝43Mpax | 최종단계＝80Mpax |

그림 3.30-3 JED 공항 터미널 확장 기본계획

- 활주로는 기존의 3개 독립 평행활주로를 유지한다(간격＝2,100m, 1,700m).
- 1단계 사업: 터미널 67만㎡, Contact Gate 46개, APM, 교통센터, 관제탑(H＝117m) Airport City 1,200 ha 등
- 확장사업 참여자
  - 기본설계: NACO, 실시설계: ADPi 주관
  - 사업관리: Dar Al-Handash: 계획, 설계, 건설, 공정, 예산 등 통제, 설계검토, 건설감독, 운영준비 등
  - 실내마감 설계 및 구매 관리자: Areen Company(천정, 안내표지, 가구 등)
  - 시공자: 사우디 최대 건설사인 Binladin 그룹
  - 마케팅, 광고 및 PR: Focus
- 이해당사자: GACA(공항 운영자), 정부관리부서(CIQ 및 보안), 공군, 항공사, 화물·기내식·지상조업회사, 공급시설 관련자(항공연료, 전기, 통신 상하수 등), 제다 시 등

그림 3.30-4 JED 공항 신여객터미널

3.31 로스앤젤레스 공항(LAX)

1. 개 요

Los Angeles시는 인구 1,200만 명의 미국 제2 도시로서 건조한 여름철 지중해성 기후이며, 인종이 다양하고, 연예, 문화, 미디어, 패션, 과학, 스포츠, 기술, 교육, 의료 및 연구 등의 중심지이다. 1771~1821년은 스페인, 1847년까지는 멕시코 관할이었다.

LAX 공항의 총 여객은 ATL, ORD에 이어 미국 3대 공항이며, 국제선 여객도 JFK, MIA에 이어 3대 공항이고, OD 여객은 세계 2위이다. LAX 공항의 최근 이용실적은 다음과 같다.

연도	여객(백만 명)		운항(천 회)		화물(만 톤)	
1995	53.9	1.00	733	1.00	157	1.00
2016	80.9	1.50	697	0.95	211	1.34

LAX 공항은 국내 허브공항 및 서부지역 국제관문 공항으로서 주요 노선은 다음과 같다.

- 국내선 여객 순: SFO, JFK, ORD, LAS, DFW, DEN, HNL, ATL, DFW, PHX
- 국제선 여객 순: LHR, NRT, ICN, SYD, TPE, YVR, GDL 및 MEX, YYZ, CDG

활주로는 비독립 평행활주로가 터미널을 사이에 두고 마주보고 있다. 독립평행활주로 간격은 1,380m, 비독립 평행활주로 간격은 210 및 244m이며, 210m 간격의 활주로 사이에는 평행유도로가 없고, 244m 간격의 활주로 사이에는 활주로와 122m 간격의 평행유도로가 있다. 표 4.17-2에 의하면 활주로와 122m 간격의 평행유도로는 ICAO 비계기활주로 기준은 F급까지 이용가능하고 계기활주로 기준은 C급 이상 항공기는 부적합하다. FAA 기준은 시정 1/2마일 미만에서도 V급까지 허용되나 VI급 항공기에는 부족하다. LAX 공항의 시설 배치는 그림 3.31-1과 같다.

여객터미널은 국내선 8동(T1~T8)과 국제선 1동으로 구성되며(그림 3.31-2), 국내선터미널은 1960년대에 개항한 후 확장과 Renovation이 계속되었다. 국제선터미널은 1984년 올림픽을 대비하여 개항했고, 2010년 A380 취항에 대비 현대화했다. Stands 수는 T1＝15, T2＝11, T3＝12, T4＝16, T5＝15, T6＝14, T7＝11, T8＝9, 국제선터미널＝18, 계＝121 Stands이고, 모두 Contact Stands이다. 국내선터미널은 항공사별로 독립적으로 이용한다.

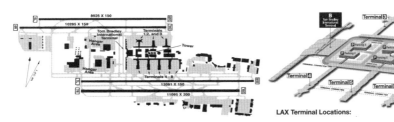

그림 3.31-1 LAX 공항 배치도	그림 3.31-2 LAX 공항 터미널 구성

2016년 말 기준 LAX 공항 개요

명칭: Los Angeles 국제공항 운영자: Los Angeles World airport 고도, 좌표: 해발 39m, 33°N/118°W 거리: 24km 면적: 16km² 2016년 실적: 8,090만 명(국제선 27%), 697,000회	활주로: 평행 4개(2 독립＋2 비독립) 길이＝2,721~3,685m 간격＝1,494m, 227m, 213m Stand: 121(J.B 111, Stand당 62만 명) 효과: 경제＝$14.9bn, 고용＝134,000명

2. LAX 공항 정비계획

A380 취항에 대비하여 국제선터미널의 Stands를 개선했다(그림 3.31-3).

Midfield 연결유도로가 1개소뿐이므로 연결유도로 2개소를 건설하고, 그 사이에 장기 수요에 대비하여 Midfield 탑승동을 건설한다(그림 3.31-4).

터미널~Midfield 탑승동 및 터미널~Metro역~종합 렌터카센터 간에 APM을 연결한다.

터미널의 운영효율을 제고하기 위해 8동의 Unit 국내선터미널을 2동의 대형 집중식 터미널로 교체한다. 북측 Pier 콘코스를 Linear 콘코스로 교체하며, 여기서 발생하는 여유 공간을 이용하여 북측 비독립 평행활주로 사이에 평행유도로를 배치한다(그림 3.31-5).

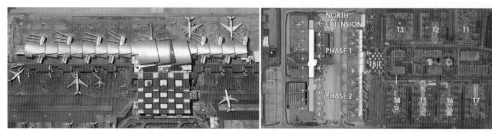

그림 3.31-3 국제선터미널 개축   그림 3.31-4 Midfield 탑승동 건설계획

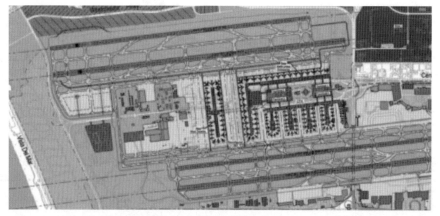

정비내용: ① 북측 평행활주로 간 평행 유도로 건설, ② 8동의 단위 국내선터미널을 2동의 집중식 터미널로 재건축
그림 3.31-5 LAX 공항 정비계획

3.32 미국 멤피스 공항(MEM)

Memphis는 테네시주의 최대도시로서 미국 중남부의 상업, 문화의 중심도시며, 도시권 인구는 134만 명이다. 멤피스공항은 민·군 공용이며, 민항은 1963년에 개항했다. FedEx는 1973년부터 MEM 공항을 모기지로 이용하며, 1981년에는 북측에 화물 Super Hub를 개항했다.

이에 따라 1993년부터 2009년까지 세계 최대 항공화물공항(국내선-95%)이 되었다. MEM 공항은 이 지역에 직간접으로 고용의 1/3과 2007년에 $28.6billion을 기여했다.

> FedEx는 세계에서 가장 큰 긴급운송업체로서 세계 220여 국에 신속하고 신뢰성 있게 배달한다. FedEx는 약속한 배달일자를 맞추지 못하면 보상하는 조건으로 신속한 배달을 위해 세계적 항공 및 지상교통망을 이용한다. 연간 수입은 $39billion에 달하며, 29만 명 이상을 고용하고 있다.

1. 멤피스공항 개요

위치: 남측 11km 부지면적: 16km²(595만 평) 화물기 stands: 145개소 → 다음 그림 참고 활주로 수: 평행 3개, 교차 1개 활주로 길이: 2,727~3,389m 평행활주로 간격: 1,040m 및 280m 모기지 항공기: 93대(FedEx) 2017 실적: 420만 명, 434만 톤, 222,000회

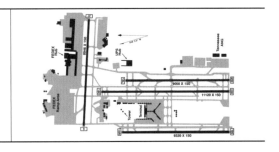

2. 화물기 운영특성

Memphis 공항은 소형 및 특별 화물을 주로 취급하므로(홍콩공항은 일반화물을 위주로 취급) 화물기 운송 패턴이 다음과 같은 특성을 보이고 있다. 즉, 100대 이상의 주기장이 확보되어 있고, 취항기종은 C급, D급 위주로서 약 80대가 90분 내에 출발한다 (100여 대 화물기 동시주기 → 옆 그림 참고).

3. MEM 공항 참고사항

MEM 공항은 특송화물 위주이고 국내선 위주이며, HKG 공항은 일반화물 위주이고 국제선 위주이다. 특송화물은 일반화물보다 계류장 소요가 더 커서 화물처리량은 HKG 공항이 더 많지만 계류장은 MEM 공항이 월등히 크다.

MEM 공항 화물수요

구분	1995	2000	2005	2007	2010	2015	비고(%)
MEM 화물(만 톤)	167	245	359	385	392	429	국내선 96
HKG 화물(만 톤)	146	224	340	377	417	442	국제선 98

3.33 Las Vegus McCarran 공항(LAS)

Las Vegus는 관광과 도박의 도시로서 네바다주 최대 도시이며, 2013년 시 인구는 60만 명, 도시권 인구는 203만 명이다. 에스파냐어語로 '초원'이라는 뜻의 지명은 라스베이거스 계곡을 처음 발견한 에스파냐 인들이 지은 것이다.

19세기 말까지는 소규모 광업과 축산의 마을이었으나, 1905년 철도가 연결됨으로써 현대 도시로 발전하여 1911년에 시가 되었다. 1936년 당시로서는 세계 최대 후버댐이 건설되면서 도박장이 늘어나고 관광·환락지로 각광을 받게 되었다.

연중무휴의 독특한 사막휴양지로서 5개의 다이아몬드 호텔 등 호화스러운 호텔·음식점·공인도박장 등이 즐비하며, 야간에도 관광객으로 불야성을 이루는 대환락가가 되었다. Las Vegus는 세계적 유흥지로서 컨벤션, 비즈니즈, 회의를 위한 미국 내 3대 목적지가 되었으며, 서비스산업의 세계 선두주자가 되었다.

공항개발에 공헌한 상원의원 Pat McCarran을 기념하기 위해 1968년 Las Vegus, McCarran 공항으로 개명했다. LAS 공항 개요는 다음과 같다.

명칭: McCarran 국제공항 고도, 좌표: 해발 665m, 36°N/115°W 운영자: Clark County 항공국 거리: 8km	활주로: 4개(V자형 비독립 평행) 길이 = 2,740~4,423m Stand: 128(J.B 113, Stand당 37만 명) 2016년 실적: 47.4mn, 541,000회, 22만 톤

활주로는 근 간격close 평행활주로가 V자형으로 배치되었으며, FAA의 용량평가2014에 의하면 VC＝105회, IC＝71회로서 2015년 53만 회 운항은 포화용량에 가깝지만 주변이 도시로 개발되어 신활주로 건설은 어려운 실정이다.

터미널은 4동의 탑승동과 연결된 T1(국내선)과 T3(국제선)로 구성되며, 탑승동 C 및 D는 지상에서 출발하는 APM이 연결한다. Stands는 T1에 94개, T3에 13개이다.

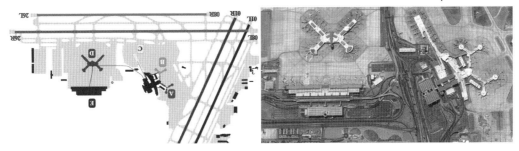

그림 3.33-1 LAS 활주로 및 터미널 구성   그림 3.33-2 LAS 터미널 전경

3.34 Mexico City 공항

1. Mexico City 공항(MEX)

Mexico City는 멕시코의 수도이고, 최대도시 및 금융센터로서 도시권 인구는 2,200만 명이며, 고도 2,240m의 고원지대에 위치해 있다.

Mexico City 공항의 개요는 다음과 같으며(2016년 말 기준), 용량이 포화되었으나 주변이 도시로 개발되어 확장이 불가하므로 신공항 건설을 추진하고 있다.

좌표: 19°N/099°W	T1: 542,000m²(호텔 1,325실 포함), 여객당 17m²
고도: 해발 2,230m, 거리: 5km	T2: 288,000m², 여객당 22m²
활주로: 평행 2개(비독립), 길이＝3,900m 및 2,300m	Stands: Cont 56(T1/33, T2/23)＋Rem 35＝91
	2016년 실적: 41.7mn, 448,000회(남미 제2 공항)

2. 신 Mexico City 공항(CDM) 건설계획

(1) 신 Mexico City 공항 기본계획 개요

거리: 43km	여객터미널: 터미널 2동＋탑승동 2동
면적: 46km²	최종용량: 1억 2,000만 명
활주로: 평행 6개(3독립 ＋ 3비독립)	기본계획: Arup Group Limited(영국)
길이＝4,000~4,500m	건축설계: Foster and Partners

(2) 신 Mexico City 공항 1단계 건설계획 개요

활주로: 평행활주로 3개
여객터미널: 743,000m²(X자형)
건축특징: 100m 이상 장 스판의 철 구조, 궁륭지붕
Stands: Cont 92＋Rem 68＝160
용량: 5,700만 명(1단계 사업비＝$9.4bn)
개항: 2020년 예정

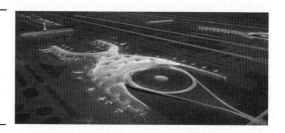

3.35 뉴욕 라가디아 공항(LGA)

LGA는 2개의 교차활주로가 있고, 길이는 각 2,134m로서 장거리노선에 운항하기는 문제가 있으므로 비행거리 1,500마일(2,400km) 이내로 제한되고 있다. LGA는 부지가 협소하고 (2.75km^2), 3면이 바다로서 확장이 제약된다.

뉴욕 도시권에는 JFK, LaGuardia, Newark 등 공항이 조합하여 2015년 1억 2,300만 명이 이용함으로써 여객은 세계 2위이고(1위는 런던, 2015년 155m), 운항은 2015년 1,215,000회로서 세계 1위이다(런던은 1,109,000회). LaGuardia 공항의 최근 이용실적은 다음과 같다.

연도	운항(천 회)	여객(백만 명)	기당 여객(명)	FAA 용량(ACRP 79, 2012)
2015	360	31.4	87	– 시간: IFR 62
2000	385	25.4	66	– ASV: 298,000회

뉴욕지역은 운항수요가 많아서 지역비행절차 개선대책을 강구하고 있다.

활주로는 2개 모두 1967년 교량공법을 이용하여 해상으로 확장했으며, 확장 제약 때문에 그림 3.35-1과 같이 착륙대 및 시설간격이 IV(D)급 기준에도 미달된다. 활주로에는 중심선등을 갖추었고, 터미널은 A, B, C, D의 4개 동으로 구성되었다.

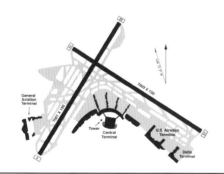

시설 간격	① R/W CL-착륙대 변: 토공구간 90m/교량구간 75m 　(ICAO Strip에 미달/비정밀 정지구역에는 적합, FAA RSA 기준에는 적합) ② R/W CL-1st 평행 T/W CL: 105m(FAA 기준 122m에 미달) ③ 1st T/W CL-2nd T/W CL: 61m(IV급 T/W는 미달, III급 적합)
ICAO: R/W CL-착륙대 변=150m(정지=75~105m) R/W CL-평행T/W CL: D-176, E-182.5m T/W CL-T/W CL: C-44.0, D-66.5m	FAA: R/W CL에서 RSA=75m, OFZ=62, OFA=150 R/W CL-평행T/W CL=122m(I~V) T/W CL-T/W CL=III-46.5, IV-65.5m

그림 3.35-1 LGA 공항 활주로 및 터미널 배치현황

명칭: LaGuardia 공항	면적: 2.75km²(약 83만 평)
운영자: 뉴욕 및 뉴저지 Port Authority	활주로: 2개, 2,134m, 2,135m
거리: 북동 12.8km, EL = 6m	Stands: 74(J.B 67, Stand당 365,000명)
좌표: 40°N/73°W	2015년 실적: 3,140만 명, 36만 회

주: 교차활주로의 운항실적이 가장 크며, 2중 평행유도로, 많은 Gate 수, Holding Bay는 바쁜 공항에 필수

3.36 유럽 국가의 제1 및 제2 지방공항

인구수가 한국과 유사한 유럽 국가의 국제선 여객 기준 제1 및 제2 지방공항 개요는 다음과 같으며, 이는 국내 지방공항의 발전가능성을 살펴보기 위한 것이다.

1. 독일 제1 지방공항: 뮌헨(Munich → MUC)

- 도심거리: 28km(FRA에서 305km)
- 2016년 실적: 42.3mn(국제선 76%), 394,000회

2. 독일 제2 지방공항: 뒤셀도르프(Dusseldorf → DUS)

- 도심거리: 20km(FRA 185km)
- Stands 수: 85(Cont: 28)
- Airport City: 0.25km²
- 활주로: 평행, L = 3,200(S = 500m)
- 터미널: 26만m²
- 2016년 실적: 23.5mn(국제선 77%), 218,000회

3. 스페인 제1 지방공항: 바르셀로나(Barcelona-El Prat → BCN)

- 도심거리: 12km(Madrid 510km)
- 터미널: 675,000m²(TI = 548,000, T2 = 127,000: LCC)
- 도시권 인구: 470만
- 2016년 실적: 여객 44.2mn(국제선 60%), 308,000회

- 활주로: 길이 = 2,528~3743, 간격 = 1,350m
- Stands 수: 149(Cont: 65)

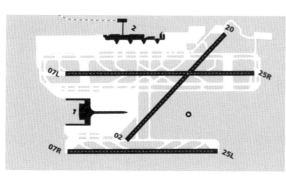

4. 스페인 제2 지방공항: 팔마(Palma de Mallorca → PMI)

- 거리: 8km(Madrid 510km)
- 도시권 인구: 62만 명
- 활주로: 길이 = 3,270m,
          간격 = 1,500m
- Stands 수: 88(Cont: 27)
- 관광지, 도서지역
- 2016년 실적: 26mn(Int 76%), 198,000회

5. 이탈리아 제1 지방공항: 밀라노 말펜사(Milan-Malpensa → MXP)

- 거리: 49km(로마 510km)
- 도시권 인구: 137만, 제2 도시
- 활주로: 길이 = 3,920m, 간격 = 810m
- Stands 수: 124(Cont: 27)
- 터미널: 34만m^2
- 2016년 실적: 19.3mn(Int 79%), 167,000회

6. 프랑스 제1 지방공항: 니스(Nice → NCE)

- 거리: 7km(파리 600km)
- 도시인구: 100만 명, 5th(해양도시)
- 활주로: 평행 2,960m(간격 = 310m)
- Stands 수: 54(Cont: 21)
- 터미널: 11만m²(T1, T2)
- 2017실적: 13mn(Int 58%), 165,000회

7. 터키 제1 지방공항: 안탈리아(Antalya → AYT)

- 거리: 13km(이스탄불 480km)
- 도시권 인구: 120만 명, 5th 도시 , 지중해 여름휴양지
- 활주로: 길이 3,400,
  간격 210/1,530m
- Stands 수: 87(Cont: 20)
- 2015년 실적: 28mn(Int 75%),
  000,000회

8. 영국 제1 지방공항: 맨체스터(Manchester → MAN)

- 거리: 14km(런던 280km)
- 도시권 인구: 250만 명, 1st 지방도시
- 활주로: 길이 = 3,050m,
  간격 = 390m
- Stands 수: 68(Cont: 43)
- 터미널 면적: 21만m²(T1~T3)
- 개발계획: Airport City(제조, 물류)
- 2016년 실적: 25.6mn(Int 87%), 192,000회

9. 영국 제2 지방공항: 버밍엄(BHX)

- 거리: 10km(런던 160km)
- 인구: 240만 명, 2nd 지방도시
- 활주로: 단일 3,052m
- Stands 수: 49(Cont: 22)
- 2016년 실적: 11.6mn, 113,000회(국제선 87%)

10. 국내와 유럽의 지방공항 비교

지방공항	수도에서 거리(km)	2016 여객 (백만 명)	국제선 여객 비율(%)	기당 여객	Cont Stand 수	Cont Stand당 여객(만)	기당 150명 기준 Cont Stand당 여객(만)
김해공항	330	14.9	52	151	11	135	134
제주공항	450	29.7	9	172	11	270	235
유럽 주요 지방공항	160~690	12~44	59~87	79~144	21~65	53~84	68~118

주: ① 국내공항의 서울에서 거리: 청주＝110km, 대구＝235km, 광주＝267km
　　② 수도에서 거리는 지도상 직선거리

제4장

공항의
경쟁력 제고요인

제4장 공항의 경쟁력 제고요인

공항의 경쟁력은 본서의 여러 곳에서 언급된 바와 같이 공항이용자의 편리성, 경제성 및 안전성 확보가 우선이다. 공항당국은 항공사의 영업성 및 발전성을 지원하고 항공사와 공동이익을 추구하며, 정부(정책)는 공항당국이 기업적 마인드로 공항을 운영할 수 있도록 주요 정책위주로 공항을 관리 및 지원해야 한다. 이런 경쟁요인들은 대다수가 공항의 초기계획(후보지 선정 및 기본계획)과 공항 운영부서 설립단계에서 결정되며, 여러 가능성 있는 대안을 개발하고 이를 비교분석함으로써 최선의 대책을 수립할 수 있다.

공항은 다른 산업에 비해 상황 변화가 많고, 그 영향이 크므로 5년 주기로 상황 변화(수요, 시장여건, 기술발전, 항공정책 등)를 조사하여 공항기본계획을 현실에 맞게 개선해야 한다. 현재의 항공교통은 획기적인 신교통수단이 대중화되기까지는 100년 또는 200년이 지나도 계속될 것이므로 장기적인 용량 확보가 필요하며, 인구밀도가 높고 산악지대가 많은 한국의 실정은 더욱 그렇다. 공항주요시설의 배치여하에 따라 용량과 운영효율에 상당한 차이가 발생하므로 경제성 있고 운영효율이 높은 시설 배치가 필요하다.

주요 인프라의 Life Cycle 동안 소요경비 및 효과에 미치는 영향은 초기의 계획단계가 가장 크다. 또한 공항이 성공하기 위해서는 공항당국의 역할이 가장 크지만 정부(주무부서 및 관계기관), 지방자치단체의 적극적인 지원과 더불어 이해당사자의 협조가 필요하다.

경쟁력 있는 국제공항이 필요한 사유는 국제공항의 경제 및 고용 효과는 다른 어떤 산업보다 크므로 국제공항의 경쟁력은 국가의 경쟁력과 직결되고, 또한 국가 간 교역량과 국제선 항공교통량은 비례하므로 경제성장을 위해서는 세계 여러 지역 간에 연결이 필요하다.

공항의 경쟁력을 확보하기 위한 여러 요인, 즉 충분한 용량(확장성), 편리성, 경제성, 안전성 및 상황 변화 대처능력(유연성) 등의 계획과 개선에 관한 사항 위주로 제4장을 구성했으며, 공항기본계획 수립 및 개선, 허브공항, 공항의 용량 확보, 차세대항공교통, 터미널 Complex 계획, 지상접근교통, 공항의 성장대책, 수도권 공항과 지방공항의 국제선 수요 분담 등을 주로 다루었다.

4.1 공항 기본계획

1. 기본계획의 개요

(1) 공항 기본계획의 정의, 목적, 계획기간 등

a. FAA

공항 기본계획Master Plan은 특정 공항을 확장 또는 신설하기 위한 장기적인 개발 개념을 의미하며, 공항 주변의 토지이용계획을 포함한다. 기본계획의 복적은 항공 수요에 대비한 미래의 공항개발을 위해 경제적 타당성이 있고, 주변의 환경, 사회 및 타 교통수단과 함께 양립할 수 있는 지침을 제공하기 위한 것이며, 기본계획은 단기(5년), 중기(10년), 장기(20년)에 대한 시행계획을 작성한다. 이런 FAA의 지침에 따라 공항의 계획기간은 20~30년을 넘지 않았으나 대도시의 공항은 공항 주변이 도시로 개발되어 용량 증대를 위한 공항 확장이 불가하게 됨에 따라 FAA는 기본계획지침서(AC150/5070-6b-chg1)를 다음과 같이 개정했다2007. 일부 공항에서는 양립할 수 없는 토지이용개발로부터 공항을 보호하기 위해 20년의 기간을 넘어 볼 필요가 있을 수 있다At some airports, it may be necessary to look beyond the 20-year time frame to protect the airport from incompatible land use development. 미국에서는 some airports만 해당하지만 한국과 같이 인구밀도가 높고 평지가 30%에 불과한 경우는 모든 공항이 해당된다.

b. IATA

공항기본계획은 공항의 장래 개발가능성에 대한 지표를 제시하고, 논리적이고 입증할 수 있고, 가격효과적인 방법으로 공항의 용량을 확보하고자 하는 것이다. 최종단계 용량계획은 전통적으로 20년을 넘지 않고 있으나 이는 너무 근시안적이므로 공항당국은 공항의 입지여건에 맞는 최종단계 용량을 찾도록 노력해야 하고, 최종단계용량은 기본계획의 핵심이 되어야 한다. 어떤 공항의 최종(최대)용량은 일반적으로 활주로 용량에 의거 좌우되지만 다른 것, 즉 공역, 터미널, 육상접근교통 등이 결정적인 요인이 될 수도 있다.

(2) FAA 기본계획수립 절차(ATL 및 DEN 공항 기본계획 절차 참고)

- 발주준비: 과업내용, 승인절차, 발주절차, 이해당사자 및 대중 참여계획, 자문계획 수립
- 현황조사: 비행장시설 및 공역, 터미널, 지원시설, 접근교통 등
- 수요 추정: 수요영향 인자분석, 수요 시나리오 및 수요 추정 → FAA 승인
- 수요·용량 분석: 기존시설 용량 평가, 장래 시설소요 결정
- 대안검토 및 최적개발계획 수립: 대안개발 및 평가, 의견수렴, 최적 개발계획 수립
- 공항배치계획: 배치도, 공역도, 토지이용도, 장애물제한표면, 보고서 → FAA 승인
- 시행계획: 예산계획, 단계별 및 총 Master Schedule, 주요사항 시행계획 등
- 경제성 분석: 재원확보계획, 재정 타당성분석, 수입증대계획, B/C 분석 등

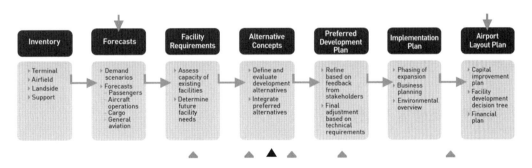

덴버공항 기본계획 절차   범례 ⛊: FAA 승인, ▲: 자문회의, ▲: 공청회

(3) 신공항 후보지 선정 절차(FAA)

a. 기존 공항 확장과 신공항 개발 대안을 분석하여 신공항 개발이 결정되면 후보지 조사 착수
   ❖ 신공항의 규모, 복잡성 및 역할에 따라 후보지 선정 절차는 다양하다.

b. 신공항 후보지 선정 절차
   - 후보지 평가 기준 개발(개발면적, 사업비, 거리 등) → 예비 후보지 선정
   - 단점이 큰 후보지부터 제거(인자는 지형, 장애물, 공역, 접근성, 환경영향, 개발비 등)
   - 잔여 후보지는 다음 사항을 고려하여 상세히 비교
     - 운영성(공역, 기존 비행로에 대한 영향, 장애물, 운항안정성, 기상 등)
     - 용량(용량의 확장성)
     - 개발비용(공항 및 접근시설 건설·유지관리)
     - 지상접근교통(접근 시간 및 비용, 접근성 관련 수요의 대소, 일반화 비용)
     - 환경영향(소음피해, 자연환경 영향)
     - 지역계획 부합성(토지이용 및 교통계획 등)
     - 타활동에 대한 영향(토지이용, 수역, 지역교통, 항만, 해상교통 및 지역경제 영향 등)
   - 평가 기준에 가중치를 적용할 수 있으나 주관성이 크므로 이에 유의한다. 후보지를 잘 알고, 공항 운영을 이해하고, 선입견이 없는 자가 후보지를 평가해야 한다.
   - 최종 후보지는 대중설명회, 정책 및 자문위원회, 공청회 등을 통해 검증받고, 후보지가 선정되면 조속히 정부차원에서 결정 및 고시하는 것이 투기억제와 사업 추진에 중요하다.

c. 상기 절차는 일반 절차이며, 사법·환경·재정 문제 등이 후보지 선정에 영향을 줄 수 있다.

2. 기본계획 조정 및 신공항 기본계획

공항기본계획은 계획 당시의 상황과 가정에 의거 작성된 것이어서 상황이 변하면 기본계획의 조정이 불가피하므로 옆의 그림과 같이 상황 변화를 매년 점검하고, 5년마다 당시의 상황에 맞게 기본계획을 조정하는 것이 불가피하다HATA.

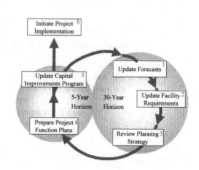

공항기본계획에 영향을 미친 최근의 상황 변화는 다음과 같다.

- 관제기술발전으로 1개 공항의 운항용량이 크게 증가했다(3 및 4독립 평행활주로).
- 소음피해 방지를 위해 해상공항이 증가하고, 공항 주변 토지이용계획이 중요시되고 있다.
- Hub 공항 및 항공사 간 경쟁이 치열하여 소형기의 비율 및 운항수요가 증가되고 있다.
- 소음피해 억제와 공항기능을 활용하기 위해 공항 주변에 공항도시가 개발되고 있다.
- 접근교통 증가 및 도심교통의 혼잡으로 전용고속도로 및 공항철도의 필요성이 커졌다.
- 항공기에 대한 테러가 증가함으로써 공항의 보안이 강화되고 있다.
- 공역 포화로 초대형 항공기(A380)와 위성을 이용한 차세대 항공교통이 도입되고 있다.

(1) 기존 공항 기본계획 조정사례

a. 홍콩공항 기본계획 조정

1991년 작성한 기본계획을 2010년 재검토한 결과 시설용량이 증감되고, 수요가 예상외로 증가함에 따라 기본계획을 조정하여 최종단계 용량을 대폭 증대해야 했다.

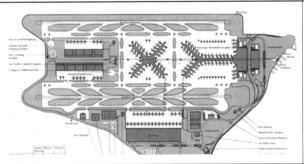

1991 기본계획
- 목표연도: 2040년
- 운항수요: 37만 회
- 여객 수요: 8,700만 명
- 화물수요: 900만 톤

2010 기본계획 용량분석
- 활주로: 42만 회
- 여객용량: 7,400만 명
- 화물용량: 600만 톤

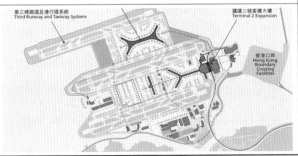

2010 기본계획 조정
- 목표연도: 2030년
- 운항수요: 62만 회 → 제3 활주로 건설
- 여객 수요: 9,700만 명
  → T2 확장 및 탑승동 신설
- 화물수요: 900만 톤 → 화물계류장 확장

b. 시카고 오헤어공항 기본계획 조정

2005년 기존시설을 검토한 결과 교차활주로의 필요성은 감소하고, 활주로 및 터미널의 추가용량 확보가 필요하여 확장 기본계획을 다음과 같이 수립했다.

기존 시설	확장 기본계획
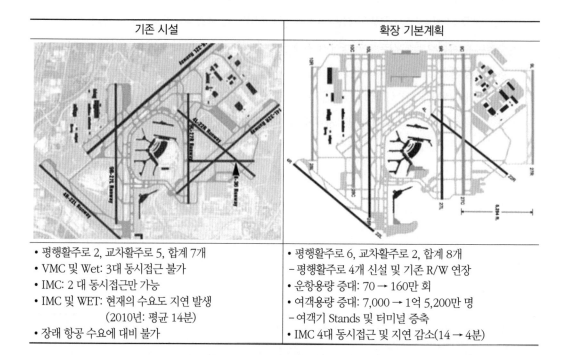	
• 평행활주로 2, 교차활주로 5, 합계 7개 • VMC 및 Wet: 3대 동시접근 불가 • IMC: 2대 동시접근만 가능 • IMC 및 WET: 현재의 수요도 지연 발생 　　　　(2010년: 평균 14분) • 장래 항공 수요에 대비 불가	• 평행활주로 6, 교차활주로 2, 합계 8개 　- 평행활주로 4개 신설 및 기존 R/W 연장 • 운항용량 증대: 70 → 160만 회 • 여객용량 증대: 7,000 → 1억 5,200만 명 　- 여객기 Stands 및 터미널 증축 • IMC 4대 동시접근 및 지연 감소(14 → 4분)

c. 싱가포르 창이공항 기본계획 조정

수요 증가에 대비 기본계획을 조정하여 활주로 1개 추가건설, 기존터미널 확장 및 용량조정, 기본계획에 없는 CIP 터미널 및 T4^{LCCT} 건설, 장기수요에 대비한 T5를 계획했으며, 당초 기본계획과 2017년 기준 기본계획 내용을 비교하면 다음과 같다.

구분	① 기본계획(1975)	② 기본계획 조정(2017)	②/①
활주로	평행 2개	평행 3개	1.5
여객터미널	T1, T2, T3	T1, T2, T3, T4, T5	–
여객용량	3,600만 명	1억 3,500만 명	3.7
부지면적	13km^2	40km^2	3.1

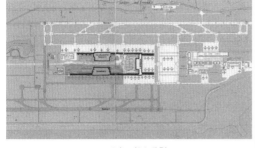
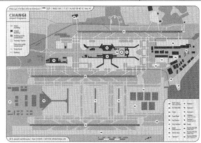

| 1975년 기본계획 | 2017년 기본계획 |

d. 히스로공항 기본계획 조정

장기수요 대비 활주로 및 터미널의 용량 증대가 필요하여 활주로 1개 신설, 기존 터미널 개량(Concept 개선) 및 터미널 T6 등을 계획했다.

- LHR 2016년 실적: 운항 = 476,000회, 여객 = 7,800만 명
- 런던 수도권의 항공 수요: 2015년 실적 = 1억 5,500만 명, 2030년 전망 = 2억 1,500만 명

2012 용량: 운항 = 48만, 여객 = 8,000만

개선계획: 터미널 1, 2, 3 재건축
개선용량: 운항 = 상동, 여객 = 8,000 → 9,000~9,500만

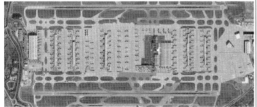

확장계획: 신활주로(길이: 3,500m, 간격: 1,045m) 및 T6 건설
확장계획용량: 운항 = 48 → 74만 회, 여객 = 9,000~9,500 → 1억 3,200~1억 4,900만 명

e. 인천공항 기본계획 조정

1992년 작성한 기본계획을 1995년 및 2007년에 재검토하여 장기용량 증대, 소음피해 방지 및 터미널 운영을 개선하기 위해 기본계획을 다음과 같이 개선했다.

구분	기본계획(1992. 5.)	기본계획 조정(2009. 6.)
활주로	평행 4개(독립 2, 비독립 2)	평행 5개(독립3 , 비독립 2)
여객터미널	T1, T2 남측에 근접 배치	T1, T2 남북에 분산 배치
여객용량	1억 명	확대 가능
배후단지	$7.07km^2$	$2.16km^2$
물류단지	0	$3.04km^2$

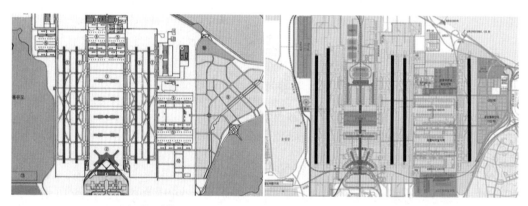

1992년 기본계획   2009년 기본계획 조정

(2) 신공항 기본계획 사례

최근에 계획하는 신공항 기본계획 동향은 기존 공항의 여러 문제점을 고려하여 최종단계 용량을 증대하고, 여객터미널지역을 넓게 확보하며, 해변 및 해상에 건설하여 소음피해를 예방하고, Aeropolis를 개발하여 공항성장을 도모한다.

a. Al Maktoum 두바이 신공항 기본계획(2006년 ADP)

- 세계 최대급 항공허브로 계획(용량: 여객 1억 6,000만 명, 화물 1,200만 톤)
- 공항 주변은 공항 관련 물류, 항공시설, 전시시설, 여객과 근무인원을 위한 시설(주거, 상업, 숙박, 편의시설, 사무실, 오락) 등 배치

- 평행활주로 6개(→ 5개로 조정), 활주로 길이 4,900m, 비독립활주로 간격 800m, 동시에 4대의 항공기가 착륙 가능, 활주로 양단의 End-around 유도로는 활주로횡단에 따른 지연 방지
- 여객터미널은 3동 계획: 2동은 고급 터미널(활주로 양단에 배치), 1동은 LCCT

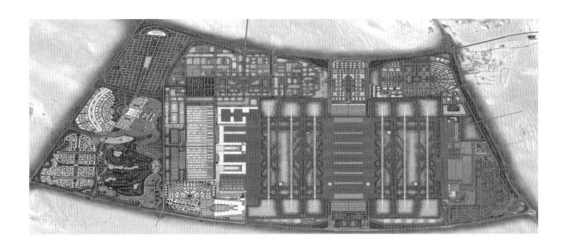

b. 런던 신공항 구상(2013)

- 평행활주로: 4개(용량 = 100만 회)
- 터미널: 2(용량 = 1억 8,000만 명)
- 위 치: Tames 강 하구 간석지
- 제안자: Foster

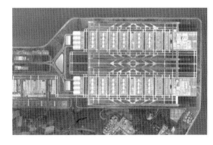

c. 베이징 신공항 기본계획(2013)

- 평행활주로: 6개, 직각활주로: 2개
- 터미널: 2동(용량 = 1억 2,000만~2억 명)
- 위 치: 베이징 도심에서 남측 46km
- 기본계획: NACO

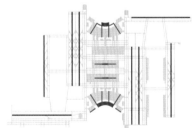

3. 동일 도시권의 단일공항, 복수공항

동일 도시권의 수요 대비 단일공항이 유리한가? 복수공항이 유리한가? 효율적 운영은 단일장소의 필요성을 갖는다. 동일지역의 수요를 운송하기 위해 분산된 여러 공항을 이용하

는 것보다 1개 공항을 이용하는 것이 환승수요 증가, 연간시설용량 증대, 장비 및 직원의 운영효율 향상 및 운영경비 절감, 접근교통시설의 효율을 증대시키므로 세계 주요 공항이 최종단계용량을 증대하고 있다. 도시권의 공항 수와 환승여객비율을 비교하면 다음과 같다.

대도시권	프랑크푸르트	암스테르담	파리	런던	뉴욕	애틀랜타
공항 수	1	1	2	5	3	1
허브공항	FRA	AMS	CDG	LHR	JFK	ATL
2010 환승여객(%)	51.7	41.5	30.2	35.4	14	67.7

1개 도시권에 복수공항과 단일공항의 연간 활주로 운영효율을 비교하면 다음과 같이 단일공항이 월등하게 높으며, 다른 분야(접근교통시설, 장비, 상주직원)도 이와 유사하다.

구분	1개 도시권의 공항		(B)/(A)	
	3개 공항(A)	1개 공항(B)		
활주로 수	▯ ▯ ▯	▯▯▯	일	
시간용량	50 + 50 + 50 = 150	150	동일	시간용량이 증가하면 연간용량은 시간
연간용량	170 + 170 + 170 = 510	68만 회	1.33	용량의 비례보다 더 많이 증가한다.

또한 1개 도시권의 수요를 여러 공항이 분담하면 다음 그림에서 보는 바와 같이 일부 노선에는 수요가 충분하지 못하여 운항노선을 개설할 수 없으며, 이런 예로서 뉴욕은 총 생산액 및 인구의 크기가 애틀랜타 및 프랑크푸르트의 4배에 달하지만 단거리노선은 애틀랜타보다 적고, 장거리노선은 프랑크푸르트보다 적다.

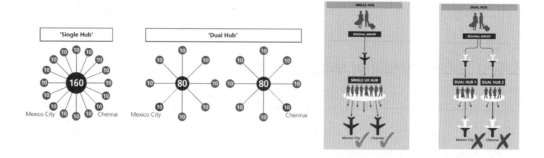

결론적으로 복수공항은 정치적·사회적·경제적으로 단일공항의 운영가능성이 없을 때에만 도입하며, 신공항은 독립적 운영을 보장할 수 있는 교통량이 필요하다(2,000만 명 이상).

4. 수도권 국제선 수요의 지방분산

국토의 균형발전차원에서 지방에 골고루 국제공항이 개발되고 또한 경제 규모에 상응하는 국제선 수요가 발생한다면 이상적이겠으나 지방에는 국제노선을 개발하기에 충분한 수요가 없어 근거리 노선에 국한되고 있으므로 지방공항의 규모를 무작정 크게 건설할 수 있는 것도 아니다. 각 지방에서는 그 지방의 GNP 비율만큼이라도 국제선 수요를 분담하기 원하지만 수요가 불충분한 중장거리 국제노선은 취항이 불가하므로 이런 수요는 수도권 공항을 이용할 수밖에 없다. 또한 지방공항에서 가까운 외국공항에 운항편이 있다하더라도 운항빈도가 충분하지 못하여 수도권 공항을 경유하는 경향이므로 지방의 국제공항개발은 한계가 있다. 더욱이 수도권에 자연적으로 발생하는 수요를 지방공항에 강제 배분한다 하더라도 여객이 지방공항을 이용하는 대신 운항 횟수가 많고 편리한 주변 국가의 공항을 이용할 가능성이 커지기 때문에 내국인 수요를 외국의 공항과 항공사에 빼앗기는 결과를 초래할 수도 있다.

수도권 과밀문제를 먼저 경험한 영국에서 지역균형발전 차원에서 지방의 국제공항에 수요를 분담시키고자 하는 시도가 있었으나 지방에 국제공항을 크게 개발한다 하더라도 충분한 수요가 발생하지 않아서 실패한 정책으로 공인된 바 있다. 간사이공항의 경우도 개항 후의 수요를 도쿄 수도권과 비교해보면 수도권 수요보다 침체하고 있음을 보여준다. 이는 여객의 편의에 따라 취항노선과 운항 횟수가 많은 공항을 이용하는 것이므로 정책으로 수도권의 항공 수요를 지방으로 분산할 수 있는 것이 아니라는 결론이다.

지방공항과 수도권 국제공항 간에 충분한 국내선 항공편을 공급하는 것이 지방여객의 편의도모와 허브공항의 역할을 향상시킬 수 있다[Ashford 교수]. 지방의 국제선 여객 입장에서 공항을 선정하는 두 가지 경우는 다음과 같다.

:: **EX1**: 부산지역에서 미국 또는 유럽으로 여행할 여객의 입장에서 볼 때 직행노선이 없으므로 ① 김해공항~인천공항(또는 김포공항~인천공항)~유럽·미국 공항 ② 김해공항~간사이공항,

유럽·미국 공항의 대안을 비교하여 편리하고 경제적이며 시간을 절약할 수 있는 대안을 선정할 것이다. 만약에 김해공항~인천공항 간 국내선 항공편이 자주 없고 또한 김해공항~김포공항 경유~인천공항 접근이 시간과 경비가 부담이 되는데, 김해~간사이(동일터미널에서 환승)~유럽·미국 공항의 대안이 편리하고 경제적이라면 일본공항과 항공사를 이용하지 말고 인천공항에서 국적항공사를 이용하라고 애국심에 호소한들 효과가 없다는 것이며, 인천공항 개항 직후 김해공항의 국제선 여객 수요가 약간 상승한 것은 인천공항의 접근성이 불편하므로 김해공항에서 외국으로 직접 떠나는 여객이 증가한 결과라고 볼 수 있다.

이런 사례는 일본에서도 마찬가지이다. 1978년 도쿄의 모든 국제선이 나리타공항으로 이전하게 되자 일본의 지방도시에서는 나리타공항에 가기 위해 나리타행 국내선 항공기를 이용하거나, 하네다공항을 경유하여 나리타공항에 접근할 수 있지만 나리타공항으로 직접 연결되는 국내선 운항빈도가 낮아서 나리타공항에서 장시간 체류하거나 1박을 해야 하는 등의 불편이 크고, 하네다를 경유하는 것도 하네다~나리타 간의 접근성이 불량하여 장시간이 소요되므로 지방의 국제선 여객은 연결이 쉽고 경제적인 일본지방공항~김포 또는 홍콩공항~중동·유럽 공항을 이용하는 여객이 상당히 증가한 바 있었다.

:: EX 2: 부산지역에서 홍콩으로 여행할 여객은 김해공항에 홍콩행 운항편이 있고, 운항스케줄이 여행일정에 지장이 없다면 김해공항에서 홍콩으로 직접 여행할 수 있지만 일정에 맞지 않는 다면 운항빈도가 높은 인천공항을 이용하는 경우도 있다.

이와 같은 사유로 지방공항은 그 지역의 인구나 GNP 비율만큼 국제선 여객을 분담하는 것이 어려우며, 외국 지방공항의 국제선 여객 분담사례는 표 4.1-1과 같다.

표 4.1-1 국가별 수도권 및 제1 지방공항의 국제선 항공여객 분담비(2015)

국가	제1 지방공항	수도까지 거리(km)	국제선 여객(백만 명)			국제선 여객 분담비(%)	
			제1 지방공항	수도권	전국	제1 지방공항	수도권
터키	안탈리아	480	21	52	84	25	62
일본	오사카	400	16	43	76	21	57
스페인	바르셀로나	510	29	34	144	20	24
독일	뮌헨	510	30	57	171	17	33
이탈리아	밀라노	510	15	33	98	15	34
한국 2017	부산 김해	328	8.8	65.6	77.5	11	85
영국	맨체스터	280	20	143	211	9	68
프랑스	니스	690	7	84	116	6.3	72

출처: ACI 보고서

영국의 총 국제선 항공여객 중 지방공항이 분담하는 비율은 지난 20년간 약 10% 증가했지만 이는 국제노선이 없던 지방공항에 국제선이 취항함에 따른 증가이고 오히려 제1 지방공항(맨체스터)의 국제선 여객 분담비율은 감소되었다. 한국에서는 수도권으로 국제선 여객이 집중되는 경향이었으나 최근에 지방공항의 분담비가 상승하는 추세이며, 장기적으로 보면 한국의 지방공항도 영국과 같이 국제선 항공여객 분담비가 증가할 수도 있으며, 이는 다음과 같은 영국지방공항의 국제선 항공여객(＝터미널여객) 수요를 참고할 수 있다.

연도	1981	1990	1991	2000	2001	2015	2017
영국 지방공항의 국제선 여객 분담(%)		24		28		32	
한국 지방공항의 국제선 여객 분담(%)	16		13		10		15

국제선 여객 100만 이상 영국 지방공항			국제선 여객 10만 이상 한국 지방공항		
공항	국제선 여객 2012(백만)	런던에서 직선거리(km)	공항	국제선 여객 2017(백만)	서울에서 직선거리(km)
Manchester	18.9	280	부산(김해)	8.8	328
Birmingham	8.2	163	제주	1.3	470
Edinburgh	5.5	540	청주	0.19	110
Bristol	5.1	170	광주(무안)	0.16	267
Glasgow	4.1	555	대구	1.5	235
New Castle	3.4	405			

주: 2015년 영국 총 국제선 여객＝211mn, 2016년 한국 총 국제선 여객＝73.5mn

5. 공항의 최종단계 용량계획

(1) 최종단계 용량 확보 방안

역사적으로 공항부지의 공간이 소진되는 것을 계획 초기부터 배려한 공항은 거의 없었으므로 오래된 대다수 공항은 확장공간이 부족하다. 세계적으로 공항계획의 지침이 되는 FAA의 Master Plan Advisory Circular에 의하면 20~30년 후의 수요를 추정하여 기본계획을 하도록 지침을 주었기 때문에 이를 따른 공항은 20~30년이 지나면 포화되기 마련이다. 공항이 포화되더라도 공항 주변에 확장이 가능한 공간이 있다면 다행이지만 공항은 주로 대도시 주변에 개발되고 도시는 점점 팽창하기 때문에 미리 대비하지 않으면 확장용지를 확보하는 것은 쉽지 않다. 인구밀도가 높고 평지가 적은 지역은 더욱 어렵고, 미국에서도 대도시 주변은 어려운 상황이다. 따라서 좀 더 장기적이고, 여유 있는 다음과 같은 계획이 필요하다.

- 과거의 수요 증가 추세, 경제성장 전망(자국, 주변국, 세계) 및 선진공항의 현재수요 및 수요전망 등을 고려하여 약 30년 후의 연간수요를 추정하고, 이에 따른 피크시간 수요를 구한다(운항, 여객, 화물, 육상 교통량 등).
- 위 ①항의 수요를 처리할 수 있는 신공항 후보지를 선정하되 30년 이후의 확장 가능성을 고려한다. 기존 공항을 확장하는 경우는 그 공항의 현재 여건을 고려하여 가능한 최대용량을 고려한나(시영, 지질, 기상, 환경, 주거지, 접근성, 경제성 등 고려).
- 위 ②항에서 선정된 신공항 후보지에 대한 토지이용계획을 수립하되 입지여건을 고려하여 장기적 확장을 위한 유보지역을 확보한다.
- 유보지역은 공항 확장 및 공항 관련 토지이용을 위하여 다른 용도의 개발을 금지하도록 도시계획에 반영되어야 한다. 특히 소음에 민감한 시설(주거, 학교 등)이 장기적 소음영향권에 배치되지 않도록 철저히 관리한다.

추가용량이 언제 필요한지를 결정하기 위해 장래의 항공 수요 추정이 필요하지만 공항의 최종단계 규모를 결정하는 데 수요 추정치를 사용하지 않아야 한다. 공항은 20~30년만 사용하는 것이 아니고 현재의 항공교통보다 더 편리하고, 경제적이고, 대중적인 교통수단이 나오지 않는 한 계속 사용할 수 있어야 한다. 선정된 후보지의 개발 잠재력을 용량 확보에 최대한 활용한다. 가시적인 20~30년 후의 수요에 맞추어 공항을 계획하면 그 공항은 얼마 가지 못해 확장이 불가능하게 되기 때문이다. 공항의 최대용량은 사업비가 비합리적이거나 정치, 사회, 환경적인 장벽을 극복할 수 없을 때까지 계속되어야 하며, 따라서 장기수요에 대비한 유보지가 필요하다. 당장은 아니지만 먼 훗날의 가능성을 위해 알라스카를 사들인 것처럼.

(2) 최종단계 용량계획의 중요성

세계적으로 대도시권 공항의 용량 부족을 고려할 때 최종단계 용량이 매우 중요하다. 과거에는 수요가 얼마나 증가할지 예측할 수가 없었으므로 그 공항의 최종규모는 계획 당시 수요의 5~20배 규모로(기간으로 보면 20~30년 후의 수요) 결정했으며(히스로, 케네디, 나리타 등), 그 이후의 수요에 대해서는 구체적 계획 없이 신공항을 건설하든지 아니면 획기적인 교통수단이 새로 출현할지도 모르니 너무 큰 규모의 공항을 계획하는 것은 적절치 않다고 본 것 같다. 그러나 공항을 개항한 후 30~40년이 지난 세계 주요 공항의 현상을 보면 도시 규모가 크지 않고(인구 200~300만 명) 주변이 평지인 경우는 여유부지가 남아 있어 신공항 건설이 가능하나 (예: 덴버), 대도시 주변은 이미 개발되어 기존 공항은 소규모 확장만 가능하고 신공항 건설도 쉽지 않아서 용량이 한계에 달하여 서비스는 매우 열악한 실정이다(뉴욕, 도쿄, 런던 등).

이와 같이 선진국의 공항들이 용량포화로 문제가 되자 최근에 건설하는 공항 중에는 향후 100년을 내다보고 계획하는 공항이 늘어나고 있으며(예: KUL 100km^2), 특히 최근에 계획 중인 공항의 최종단계 용량은 1억 5,000만 명을 상회한다(런던 신공항=150~180, 베이징 신공항= 120~200, 두바이 신공항=160).

최종단계 공항용량은 얼마로 하는 것이 좋은가? 1960~1980년대에 계획한 공항은 물론 1990년대에 계획한 공항도 당초에 계획했던 최종단계 용량을 시간이 경과함에 따라 계속 증대하고 있으며, 이는 표 4.1-2와 같다. 이와 같이 세계 주요 공항이 최종단계 용량을 계속 늘려가는 것을 고려할 때 20~30년 후의 수요를 추정하여 이를 최종단계 용량으로 결정하는 것은 아무런 의미가 없다. 장기적인 문제는 누구도 예측 할 수 없는 것이므로 주요 공항의 최종용량은 공항의 입지여건상 가능한 활주로 용량을 설정하고 이와 조화되는 기타 시설을 계획하는 것이다. IATA 10th Manual에 제시된 최근 신공항의 계획규모는 다음과 같다.

'여객용량=1억 6,000만 명, 화물용량=1,200만 톤, 활주로=5-6개, 부지면적=75km^2 등'

표 4.1-2 세계 주요 공항의 최종단계 용량계획 변화사례 (단위: 백만 명)

공항	1960~1980년대			1990년대			2000년 이후		
	계획 연도	계획 시 수요	최종 용량	계획 연도	계획 시 수요	최종 용량	계획 연도	계획 시 수요	최종 용량
LHR	1960	7	36	1991	42	80	2013	70	149
SIN	1970	2	36	1991	18	70	2013	54	135
HKG				1990	21	87	2005	40	120
KUL				1990	9	100	2009	30	195

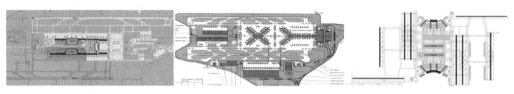

1970년대, SIN: 36mppa   1990년대, HKG: 87mppa   2010년대 Daxing: 200mppa

최종단계의 용량이 큰 내륙공항의 경우에 넓은 부지를 공항용지로 묶으면 지주의 민원이 발생하므로 토지는 개발이전에 매입하는 것이 불가피하며, 사전에 매입한 토지는 시설 확장 시까지는 수익사업(예: 골프코스, 기타 상업시설 등)에 활용함으로써 용지매입에 따른 경비부담을 만회할 대책수립이 필요하다. 해상공항의 경우는 필요한 경우에 단계별로 매립이 가능하기 때문에 육상공항보다 용지 확보에 애로가 적다(예: 창이공항, 인천공항).

수도권 신공항의 기본계획 과정에서 약 30년 후의 수요 추정결과 여객 수요는 약 8,000만 명이고, 표 4.1-3에서 보는 바와 같이 활주로 4개(A안)의 연간여객용량은 약 8,600만 명, 활주로 5개(B안)의 연간여객용량은 약 1억 2,200만 명이며, 공항의 입지여건은 5개의 활주로건설이 가능하다. 이런 경우에 공항계획자의 생각에 따라 A안과 B안이 제시될 수 있다.

a. A안

수도권의 여객 수요가 인구나 경제 규모로 보아 8,000만 명 이상으로 증가하는 것은 가능성이 없어 보이므로 활주로는 4개만 건설하고, 잔여부지는 도시건설 등 수익사업을 시행한다. 신공항이 장기적으로 포화되면 제3 공항을 건설하는 것으로 가정한다.

b. B안

수도권의 여객 수요가 어느 정도까지 증가할 것인지 예측이 불가하고, 단일 허브가 유리하다는 전제로 입지여건상 가능한 활주로 5개를 계획하고, 장기간 후에 사용할 부지는 약 20년간 사용하는 조건으로 상업시설을 개발하여 공항수입을 증대시킨다.

c. 결론

A안은 수요 추정에 의한 최종단계 용량설정이고, B안은 입지여건에 의한 최종단계 용량설정이며, 앞에서 논의된 결론은 B안으로 계획해야 한다는 것이다.

표 4.1-3 활주로 구성별 운항용량(FAA의 1995년 평가) 및 여객용량

활주로 구성	운항용량				연간 여객용량 ⑤
	운항① 시간용량	여객기② 시간용량	여객기 PHF③	연간 여객기 용량④	기당 160명 기준
‖ □ ‖	120	114	2.10×10^{-4}	54만 회	8,600만 명
‖ □ ‖ □	160	152	2.00×10^{-4}	76만 회	1억 2,200만 명

주: ①=FAA 용량, ②=① x 95%, ③= 유사용량 활주로의 실적 적용, ④=②/③, ⑤=④x탑승인원(160명)

공항당국이 B안으로 계획한 경우에 공항기본계획을 승인해주는 정부기관 또는 국회나 언론기관에서 이를 터무니없는 계획이라고 몰아 부친다면 B안으로 계획하는 것은 어려울 수도 있다. 일본 나리타공항의 시설 규모가 작아진 것은 이런 사유인 것으로 알려지고 있다.

수도권 공항의 장기수요가 1억 명은 넘지 않을 것이다, 또는 어느 단계에 가면 수요 증가가 멈출 것이라는 막연한 가정을 전제로 공항을 계획하는 것은 현재 용량이 한계에 달했으나 뚜렷한 대책이 없는 세계 주요 공항의 과거 전철을 밟는 것이다. 세계 주요 공항의 최종단계 용량이 거듭 증가되고 있는 것을 감안할 때 입지여건에 부합되는 최대용량을 기준하여 공항의 최종단계용량을 계획하는 것이 향후에 기존계획을 변경하거나 신공항을 건설하는 것보다 경제성, 운영효율성 등 여러 면에서 월등히 유리하다.

(3) 수요에 영향을 주는 환승여객 및 항공정책

미국의 허브공항은 환승여객의 비율이 60%를 넘으며, 국제선 여객 위주로 운영되는 유럽의 주요 공항도 여객 수요가 증가함에 따라 환승여객의 비율이 커지고 있다(표 4.1-4 참고).

표 4.1-4 주요 허브공항의 환승여객 증가현황

공항		여객 수요(백만 명)		환승여객 비율(%)	
		1992	2012	1992	2012
유럽 국제선 허브공항	FRA, AMS, CDG	20~30	50~60	20	32~54
미국 국내선 허브공항	ATL, DFW, ORD	42~64	52~95	–	50~65

공항 배후지역의 인구와 경제 규모는 항공 수요와 비례한다는 견해도 있으나 인구가 1,700만 명에 불과한 Georgia주의 Atlanta 공항에 1억 명의 여객 수요가 발생하며, 조그만 섬에 불과한 싱가포르의 국제선 여객이 도쿄 및 서울 수도권의 국제선 여객보다 많다는 것은 항공 수요는 배후도시의 인구와 경제에 영향을 받지만 공항의 허브 기능을 이용한 환승여객, 정책적인 관광객 유치 및 항공노선 개발에도 큰 영향을 받는다는 것을 의미한다(표 4.1-5 참고).

표 4.1-5 인구당 국제선 항공여객(2015년 기준)

구분	국제선 여객 (백만 명)①	국가인구 (백만 명)②	①/②	구분	국제선 여객 (백만 명)①	국가인구 (백만 명)②	①/②
싱가포르	55	6	9.2	독일	171	81	2.1
네덜란드	63	17	3.7	프랑스	116	66	1.8
영국	211	64	3.4	이탈리아	98	62	1.6
스페인	144	48	3.0	한국	62	52	1.2

(4) 최근 계획공항의 용량계획

1990년대에 계획된 대도시권 신공항의 최종단계 용량은 약 1억 명(출발+도착)을 상정했으나 항공 수요의 꾸준한 증가, 공항의 허빙으로 연결여객의 증가, 관제기술의 발전으로 활주로 용량의 증가, 여러 개의 소형 공항보다는 대형 공항의 운영효율 향상 등에 따라 최근에 계획된 대도시권 공항의 최종단계용량은 표 4.1-6과 같이 대폭 증가되었다.

표 4.1-6 최근 계획공항의 최종단계 용량계획

최근 계획된 신공항	활주로 수	계획	용량(백만 명)
두바이 Al Maktoum	독립 평행4, 비독립 평행1	2006	160
베이징신공항 Daxing	독립 평행4, 비독립 평행2, 직각2	2011	200
이스탄불 신공항	독립 평행5, 직각1	2016	200

(5) 세계 항공시장 전망

ACI가 집계한 2015년의 세계 항공여객은 70억 명이고, 국제선 여객은 국내선 여객의 73%이다. ACI가 추정한 장래 항공 수요는 14년 후인 2029년에 두 배가 되며 이는 연평균 5.2% 성장을 고려한 것이다. 25년 후인 2040년 항공 수요는 2015년의 3배 이상이고, 국제선 여객은 국내선 여객의 160%가 될 것이며, 이는 항공자유화의 진전, 중~장거리 항공기 효율 향상, 신흥시장의 경제개발에 따른 수요 성장 등에 기인된다(그림 4.1-1 참고). 장래 항공 수요 성장은 신흥시장이 주도할 것이며(중국, 인도, 브라질 등), 세계인구의 85%는 신흥시장에 살고 있다.

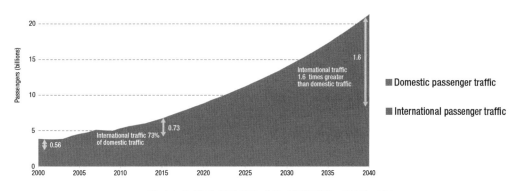

그림 4.1-1 세계 항공여객 수요 전망(2015~2040): ACI

6. 여러 용량의 균형 유지

공항의 용량은 여러 용량의 사슬로 구성되고, 총용량은 가장 약한 사슬의 용량으로 제한되므로 여러 용량이 균형을 유지해야 그 공항의 용량을 최대화할 수 있다(그림 4.1-2 참고).

국가 내 공항 시스템, 국제항공 네트워크, 항공관제 시스템, 국내 및 주변 국가로부터의 항공 수요, 지역 및 배후도시 교통계획 등과 관련 공항의 역할이 거시적으로 균형을 유지한다.

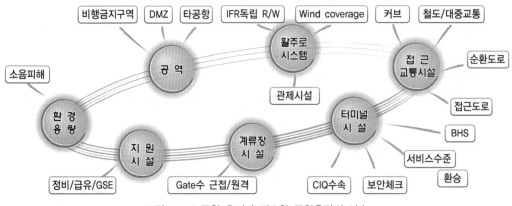

그림 4.1-2 균형 유지가 필요한 공항용량의 사슬

세계 여러 공항에서 용량 제약의 영향이 가장 큰 것은 활주로, 공역, 환경이며, 그 다음은 계류장이다. 터미널 및 접근교통은 경비가 추가되기는 하지만 지하화 또는 입체화로 용량 증대가 가능하지만(예: DXB) 활주로를 비롯한 Airside 시설은 입체화가 불가능하기 때문이다.

활주로 용량은 기술발전에 따라 용량이 증가한다. 이런 활주로 용량의 증가효과를 보려면 계류장이나 터미널 등의 용량을 활주로 용량에 비례하여 증대시킬 수 있어야 한다. 계류장 용량은 항공기가 소형화되면 감소하고, 대형화되면 증가하므로 이런 변화에 대비한다. 또한 대형기 Stand에 소형기 2대를 주기하는 등의 방법으로 용량 감소를 최소화한다.

터미널 용량은 면적이 같더라도 여러 개의 분산식 터미널에 비해 하나의 집중식 터미널의 용량이 크며, 이는 여객 수요가 증가함에 따라 PHF가 감소하기 때문이다. 집중식 대형 터미널에서는 여객 집중에 따른 혼잡을 해소하기 위해 IAT/BHS, 검색시설 등의 자동화가 필요하다. 터미널에서 출발·도착여객을 분리하면 용량이 약 20% 감소하지만 보안상 불가피하다.

접근교통은 대형 공항 및 집중식 대형 터미널에서 대중교통 이용률이 증가할수록 용량이 증대하고, 접근교통의 혼잡과 지연을 방지할 수 있다. 소음피해가 예상되는 지역의 토지이용을 사전에 제한하여 환경용량을 확보하고, 터미널지역 용량의 균형을 유지한다. 즉, Airside (항공기 Gates 및 순환체계), 터미널(여객 및 수하물 처리 시스템), Landside(지상접근교통, 커브, 주차장 등)의 용량 균형을 유지한다. 터미널의 주요 기능(체크인, 수하물 처리, 보안검색, CIQ 검사, Gate 등) 간에 용량이 균형을 유지해야 하며, 컴퓨터 시뮬레이션이 이런 기능의 조화를 체크하는 기구로 이용된다.

공항의 여러 분야 용량을 조화시키기 위해서는 여유 부지 확보 등 유연성 있는 기본계획을 수립하여 상황 변화에 적절히 대처할 수 있어야 한다.

7. 공항시설 배치

부지여건에 적절한 활주로 시스템을 우선 계획하고, 그 다음은 가장 중요한 여객터미널을 가장 편리한 장소에 여유 있게 배치하여 운영효율 향상과 확장성을 확보한다(예: 활주로 시스템 → 터미널 Complex → 화물지역 → 정비지역 → 지원시설 → 상업시설).

장기적으로 수요 증가에 대비한 확장성과 상황 변화에 대비한 유연성을 확보하며, 비필수시설(상업시설, 지원시설 등)이 순환루트나 공항 확장에 지장이 없도록 배치한다. 기술발전에 따른 활주로 용량 증대로 터미널지역(특히 계류장지역)의 용량 증대가 필요하며, 활주로와 유도로를 제외한 토지수요는 터미널지역이 가장 크다(국제선 위주공항 50% 이상).

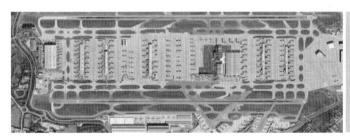
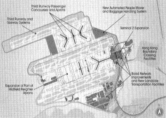

LHR   HKG

계류장은 평행활주로 양단 내측에 배치하고 Landside 시설 및 항공기와 관련 없는 지원시설은 평행활주로의 양단 외측 또는 활주로 건너편에 배치하는 것이 Airside 용량을 최대화하고 항공기 지상이동거리를 최소화하는 효과적인 방안이다(그림 4.1-3). 이 그림에서 ①안은 Landside가 활주로 내측의 토지를 점유하기 때문에 ②③안과 같은 Airside 용량을 확보하기 위해서는 활주로말단을 넘어 계류장을 배치해야 하므로 항공기의 지상이동거리가 증가하여 운영효율이 저하된다.

안	개념도	장단점	공항
①	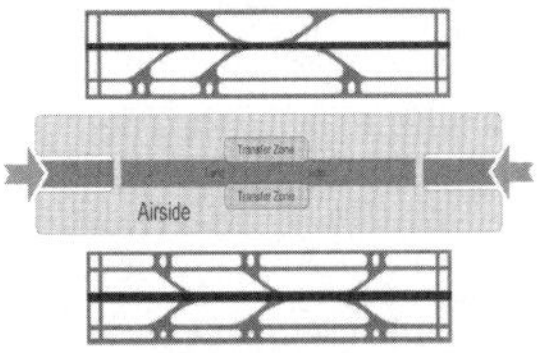	Dual Airside, Single Landside • 활주로 외측까지 계류장 연장 • 항공기 순환 불편(이동거리 증가) • 터미널의 지상접근교통 양호	DFW CDG ORD
②	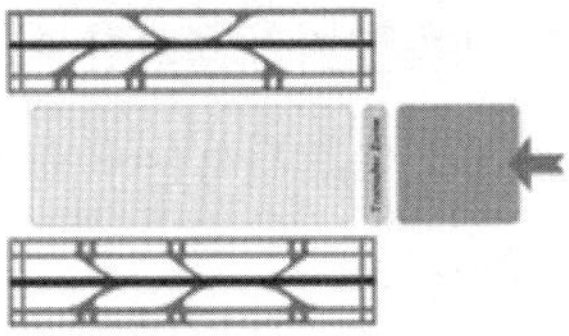	Single Airside, Single Landside • 활주로 양단 사이에 계류장 배치 • 환승 여객이 많은 공항에 유리 • 항공기 순환 양호	ATL DEN HKG PEK T3
③	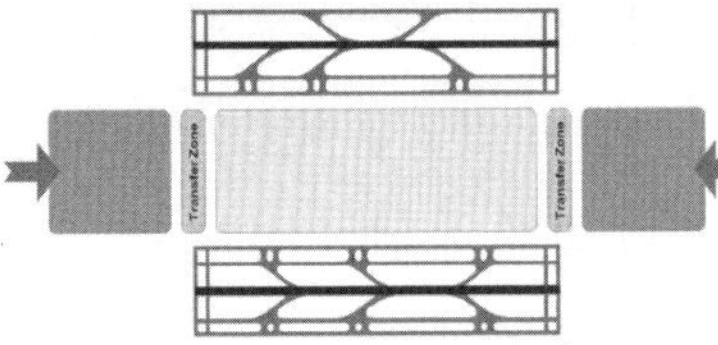	Single Airside, Dual Landside • 활주로 양단 사이에 계류장 배치 • 환승 여객이 적은 공항에 적합 • 항공기 순환 양호	BKK ICN 개선 JED 두바이(신) 베이징(신)

그림 4.1-3 공항시설 배치방안(Landside 및 Airside 구분)

Airside 배치형태별로 공항을 분류하면 그림 4.1-4와 같고, O&D 여객 수요가 많은 대형 공항에는 Single Airside-Dual Landside가 대세이며, 환승여객이 많아 Landside 수요가 적은 공항은 Single Airside-Single Landside 배치도 가능하다.

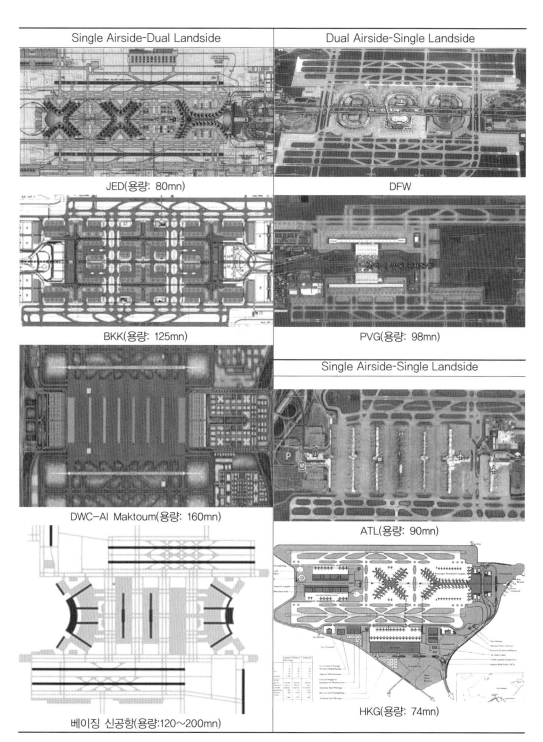

Single Airside-Dual Landside	Dual Airside-Single Landside
JED(용량: 80mn)	DFW
BKK(용량: 125mn)	PVG(용량: 98mn)
DWC-Al Maktoum(용량: 160mn)	Single Airside-Single Landside
베이징 신공항(용량:120~200mn)	ATL(용량: 90mn)
	HKG(용량: 74mn)

그림 4.1-4 Airside/Landside 배치 사례

8. 공항개발의 유연성과 확장성

장기적 공항계획은 대부분 가정을 전제로 하기 때문에 시간이 경과하면 상당부분이 가정한 것과 다르게 되며, 이에 따라 공항계획은 변경이 불가피하므로 이런 변화에 쉽게 적응할 수 있도록 유연성 있는 계획이 필요하다. 과거에 미국의 공항계획에 가장 큰 영향을 미친 것은 항공사에 대한 규제철폐에 따라 공항이 Hub: Spoke화되고, Hub 공항은 거대해졌으며, 소형기의 비율이 증가하여 운항수요가 예상보다 급증한 것이다.

현재 공항계획에 영향을 주는 인자는 항공 수요의 크기(운항, 여객, 화물), 항공기 혼합비율, 항공기당 여객 수, 운항거리, 평균주기시간, 관제기술 및 장비의 발전, 여객의 서비스 수준 및 여행 패턴의 변화, 국제선·국내선 구분, 보안검색의 강화, 환승여객 비율의 증가, 저가항공사의 출현 등이며, 향후에 어떤 인자가 공항계획에 영향을 줄지 정확한 예측이 불가하다.

공항계획의 유연성은 최종단계의 용량 확보, 시설 간 용량의 조화 및 시설 배치 모두에 필수적이다. 예를 들어, 활주로 용량 증대는 활주로를 증설하는 것이 주종을 이루지만 관제기술 및 장비의 발전으로 동일한 활주로를 가지고도 용량이 증가될 수도 있다. 이런 경우에 활주로의 용량 증대에 조화될 수 있도록 다른 용량, 즉 계류장, 접근시설 등의 용량을 증대할 수 있어야 활주로의 용량 증대 효과를 볼 수 있으며, 그렇지 못 하면 활주로 용량이 증가해도 효과를 활용할 수 없다. 표 4.1-7은 관제기술 및 장비의 발전으로 활주로 용량이 증대했음을 보여주고 있다.

표 4.1-7 관제기술 및 장비의 발전에 따른 활주로 용량 증가사례(FAA)

평가기관	활주로 구성	활주로 배치	평가 용량
FAA	평행활주로 4개 (독립 2개, 비독립 2개)	┃┃ ▯ ┃┃	시간용량 - 1995년: 120회 - 2004년: 144회
히스로공항	독립 평행활주로 2개	┃ ▯ ┃	시간/연간용량 - 1990년: 72회/34만 회 - 2010년: 102회/48만 회

여객 수요가 많지 않은 공항에서 초기부터 대형 터미널을 건설하면 비경제적이므로 초기에는 수요 증가에 단계적·경제적으로 대응할 수 있는 소규모 단위터미널이 유리하며, 단위터미널의 용량은 300~1,000만 명 정도이고, 김포 제1/제2 터미널, JFK 공항의 9개 터미널,

CDG 공항의 T2(A, B, C, D) 등이 이에 해당된다. 그러나 공항이 대형화되면 이런 소규모 단위 터미널은 효율이 감소되고(시설 중복, 인원 중복 등), 환승여객은 매우 불편하게 되므로 수요가 적을 때는 단위터미널 개념으로 가다가 어느 정도 수요가 커지면 집중식 터미널로 전이가 가능한 계획이 필요하다. 그러나 기존 공항이 포화되고, 확장이 불가하여 상당한 수요를 가지고 신공항을 건설하는 경우는 처음부터 집중식 터미널이 유리하다(예: ICN, PVG, KUL, BKK, DEN, HKG, 북경 신공항, 두바이 신공항 등).

9. 기본계획의 중요성

주요 인프라의 Life Cycle 동안 총 비용과 효과에 미치는 영향의 약 70%는 계획단계(기획, 타당성조사, 기본설계, 실시설계)에서 결정되며, 이에 대한 영향곡선이 그림 4.1-5에 제시되었다 (미국 토목협회 발표). 국내 각 도시의 경전철이 큰 적자를 보고 있는 것은 타당성조사 등 초기 계획의 실수에 있다. 더욱이 기본계획은 첫 단추를 끼우는 것과 같다. 나리타, 케네디 등 주요 공항의 용량 부족과 이로 인한 서비스 수준 저하를 고려할 때 기본계획의 중요성이 더욱 강조되고 있다. 기본계획에서 가장 중요한 것은 다음과 같다.

- 공항의 입지여건에 조화되는 최종단계 용량설정 이며, 각 시설의 용량은 균형을 유지해야 한다(공역, 활주로, 소음 및 기타 환경영향, Stands, 터미널시설, 접근교통시설 등).
- 활주로를 이용하는 여객, 화물 및 항공기가 활주로를 편리하게 이용할 수 있도록 주요시설을 배치한 다(터미널지역, 화물지역, 정비지역, 등).
- 공항과 배후도시 및 공항 내 시설간의 접근성을 양호하게 한다.
- 공항 내외의 토지이용계획을 적절히 수립하여 효율적인 공항 운영은 물론 공항 수익사업의 개발과 주변지역사회와의 공생(소음 등 환경피해 방지)을 도모한다.

기본계획은 최종단계 계획과 시행단계의 계획이 중요하다. 최종단계 계획은 그 공항의 장기적 발전에 큰 영향을 미치며, 시행단계 사업은 당장 많은 자금이 투입되고, 수년 내에 서비스에 들어가야 하기 때문에 철저한 관리가 필요하다(개항시기 등). 일반적으로 장기적 기본계획보다는 시행단계를 더 중요하게 생각하지만 기본계획이 잘못되면 건설 및 운영단 계에서 혹독한 대가를 치러야 한다는 것을 간과하지 않아야 한다.

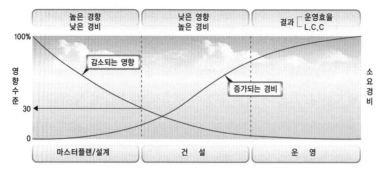

★ 계획단계에 투입되는 비용은 약 10% 이내지만 사업에 미치는 영향은 약 70%이다.

그림 4.1-5 사업 단계별 영향 및 소요경비(미국 토목협회)

10. 공항 기본계획에 대한 자문의견

(1) 인천공항 기본계획에 대한 자문의견(ICAO, FAA 등: 1995)

(2) 홍콩공항 기본계획에 대한 자문의견(IATA-1992)

- Hubbing 운영시설은 항공사 및 공항 운영에 활력소가 된다. 항공기 Stands는 여객의 환승시간과 수하물환적시간을 최소화할 수 있도록 유연성이 있어야 한다. 환승은 동일 항공사의 항공기 이용이 대부분이고, 또한 스케줄에 의한 사전 결정적이므로 Stands의 사전 배정이 가능한 시스템이 필요하다.
- 철도: 철도역을 터미널에 근접 배치하는 등 이용자 편의를 도모해야 철도이용률이 증가한다. 또한 직원의 이용에 편리하도록 지선이 필요하다(정비 및 화물 지역 등).
- Remote stands: 여객기 Stands를 모두 Contact stands로 배치하면 약 20%의 Stands 이용률이 저조하여 비경제적이므로 적정 비율의 Remote stands가 필요하다.
- 대형기 Stands에는 2개 이상의 Boarding Bridges를 배치하는 것이 효과적이다. Turn-round time을 감소시키며, Turn-round time 중에 하나의 bridge

가 고장 나도 항공기를 이동시킬 필요가 없고, 하나가 고장이 나거나 정비 중에도 소형기가 이용할 수 있어 Stand 이용성이 증가하므로 이용효율 증가에 따른 Stands 수를 감소시킬 수 있다.

- 터미널 배치: 수요 성장과 항공기 타입의 변화에 적절하게 또한 독립적으로 Contact Stands와 Bus stands를 확장할 수 있어야 한다. 터미널 배치는 장래 수요 증가와 상황 변화에 대응할 수 있어야 한다. 터미널 대안평가에 단계별 확장성을 고려한다. 터미널 배치대안의 평가항목 및 가중치에 대한 IATA 의견은 표 3.7-3과 같다.
- 시설 배치계획: 화물지역과 정비지역 중 화물지역이 최종 시설 규모 결정이 어렵고, 경제적 영향이 더 크므로 화물지역 확장성이 더 중요하다. 기내식시설은 화물지역보다 터미널지역에 가깝게 배치해야 기내식을 신속히 배달할 수 있다.
- 토지이용: 활주로 전 길이에 걸쳐 복수 평행유도로가 있음에도 계류장 양측에 Taxilane이 있는바, 계류장으로 사용할 면적이 충분하지 않다면 이 Taxilane 공간을 계류장으로 사용할 수 있다. 활주로 사이는 모두 여객기 관련 시설로 사용하는 것이 타당하다.
- 여객 편의성: 터미널의 층 변경 및 Mode 변경 최소화, 층 변경이 불가피하면 완경사로(Shallow ramps)가 최선이다. 출발·도착 여객은 Dual Level로 분리하는 것이 최우선이다. Landside와 항공기 간 거리는 최단거리로 한다. 여러 가지 대합실의 적절한 공간을 확보한다. 줄서는 시간을 단축하기 위해 적절한 수속시설이 필요하다. 부담스럽지 않은 보안검색방안을 강구한다. 명백한 방향성 및 순환성을 확보한다.
- 접근성: 모든 교통수단의 선정 및 확장성에 제약이 없어야 한다. 접근성은 여객은 물론 터미널지역에 배치되는 기타 시설(호텔, 매점 등)의 접근성도 고려되어야 한다.
- IAT/BHS: BHS는 단순하고, 신뢰성 있고, 일부가 고장이 나도 쉽게 대비할 수 있고, 사용실적이 충분하고, 확장 시에 다른 시스템을 채택할 수 있는 호환성이 있어야 한다. IAT는 단순하고, 신뢰성 있고, 건설 및 운영비 최소화, 많은 층 변경을 방지한다.

(3) 기타 자문의견

a. 방콕공항 기본계획에 대한 ACC 자문의견

- 복수공항: 1개 도시권에서 2개 공항을 운영할 경우는 공항 간 연계성이 중요하므로 기존 공항과 신공항 간 연결대책이 필요하다(여객, 화물, 장비 및 인원 등).
- 국제선·국내선터미널 배치: 터미널 중앙부에 국내선을 그 양쪽에 국제선을 배치하는 것보다는 국내선을 한쪽에 배치하고, 국제선도 한쪽에 배치하는 것이 수하물처리, CIQ 검사, 접근교통 등에 유리하다.
- 장기 사무실 수요: 향후 취항예정 항공사 및 공항상주회사 등을 위한 사무실이 터미널 내 및 인근에 필요하다(나리타 및 간사이공항 등 참고).

b. 쿠알라룸푸르공항 기본계획에 대한 NACO 자문의견

- 다음 단계에 여러 가지 확장대안이 있는 것이 유연성 있는 개발을 위해 필요하다.
- 활주로 밑을 통과하는 도로 및 철도는 없는 것이 향후 운영상 문제를 예방하는 것이다.
- 여객의 층 변경이 최소화되도록 IAT역은 지하층보다는 1층에 두는 것이 좋다.

c. IATA 10th Manual

- 내륙에 건설되는 신공항은 용지 확보 및 환경협의 등에 10년 이상이 소요될 수도 있다.
- 신공항의 용지는 여유 있게 확보하는 것이 바람직하다. 대다수 공항들이 용지가 부족하다고 생각하고 있다.

참고자료

1. FAA AC 150/5070-6A 및 6B, Airport Master Plans Date: 6/01/1985~1/27/2015
2. IATA Airports Development Reference Manual, 8th Edition~9th Edition
3. 주요 공항 Master Plan 및 Master Plan Review(LHR, ORD, SIN, HKG, JED, DWC 등)
4. FAA AC 150/5060-5, Airport Capacity And Delay, 9/23/1983 및 최근 자료
5. Airport Passenger Terminal Planning and Design(TRB 2010)

4.2 허브공항

1. Hub 공항의 요건

허브Hub는 자전거 등의 바퀴 중심부를 의미하며, 허브공항이란 항공노선이 많아서 노선망이 자전거의 바퀴와 같은 형태를 이루는 중심공항을 말한다. 허브공항은 주변의 중소 공항으로부터 환승하는 여객을 모아서 다른 허브공항으로 연결함으로써 Hub: spoke라는 용어가 생겨났다.

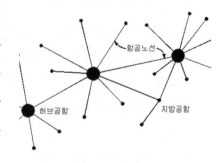

성공적인 허브공항의 필요조건은 무엇인가? 허브Hub라는 용어는 과거에는 단순히 대형 공항 또는 항공사의 모기지를 의미하는 것으로 사용되었지만 미국의 규제철폐 이후부터는 2시간 정도 이내에 많은 환승여객이 발생하는 공항이라는 뜻이 되었다. 대형 허브공항은 대형 항공사에 의거 한 시간에 많은 항공기가 도착하고 이어지는 다음 한 시간에 많은 항공기가 출발하며, 이는 도착~출발 항공편 간 연결시간의 최소화를 도모하기 위한 것이다.

성공적인 국제 허브공항이 되려면 다음의 조건을 만족시켜야 한다.

- 시장을 최대한 연결할 수 있는 지리적 중심지에 위치하며, 그 위치는 동서남북 모든 방향의 연결에 이상적이어야 한다. 예: 두바이: 비행거리 8시간 이내에 세계 인구의 2/3가 산다.
- 허빙기회를 최대화하고 연결여객이 편리하도록 충분한 활주로 용량과 적절한 터미널 환승시설이 필요하다. 1990년대까지는 2개의 독립 평행활주로만 있으면 충분했으나 유럽의 허브공항은 3개, 미국의 허브공항은 4개 이상의 독립 평행활주로가 필요하다.
- 공항은 그 공항에서 허브전략을 수행할 수 있는 모기지 항공사가 필요하며, 이는 피크 출발 및 도착 여객을 수용할 수 있도록 충분히 커야 한다.
- 공항배후도시의 지역수요(O/D 수요)가 커야 한다.

항공사가 Hub and spoke 모델로 운영하는 것은 시장조건과 여객의 필요성에 부응하기 위한 것이다. 예를 들어, 부산, 대구 및 광주 각 도시에서 독립적으로는 호주에 매일 운항할 수요가 없지만 수요를 허브공항으로 모으면 매일 운항이 가능하고, 운임이 저하되어 더 많은 여객이 발생한다. Point-to-point와 Hub and spoke 운영 개념이 그림 4.2-1에 예시되었으며, 각 도시 간 여객이 충분하다면 항공사는 Point-to-point 운영을 하겠지만 여객이 충분하지 못하면 Hub and spoke로 운영할 수 있으며, Hub and spoke는 여객이 집중됨으로써 운항빈도가 많아져 여객이 편리하고 항공사는 대형기를 이용할 수 있어 경제적이다.

2. Hub 공항의 경쟁요인

Hub 공항이 되면 육상교통의 부담 없이 활주로 등 공항시설만 이용하는 환승수요가 늘어나서 공항수익과 고용인원이 증가한다. 국제공항은 관문성격에 추가하여 국가의 이익을 창출하는 하나의 기업체로서 경쟁이 치열하므로 경쟁력이 있어야 하며, 경쟁요인은 다음과 같다.

• 환승이 편리한 집중식 터미널이고, BHS는 용량이 크며, 수하물은 자동 연결되고, 연결시간은 최소화되어야 한다. IATA(10th Manual)가 권고하는 최소연결시간은 다음과 같다.

구분	국내선 → 국내선	국내선 → 국제선	국제선 → 국내선	국제선 → 국제선
최소 연결시간	35~45분	35~45분	45~60분	45~60분

• 운영비 절감으로 운임 저하 등 공항을 이용하는 항공사, 여객 및 화주에게 이점이 있어야 하고, 항공기 지연 및 육상교통의 지체가 없도록 활주로 시스템 및 접근교통 시스템을 갖추며, 활주로 및 Stands의 충분한 용량 확보 등 장기수요에 대비한 확장성이 있어야 한다.

• 활주로-터미널 간 항공기의 순환이 용이하도록 Airside 시설을 구성하고 터미널 개념을 결정하며, 여객이 편리하고 신속하게 출발·도착·환승하도록 능률적으로 배치되어야 한다.

• 공항은 국내외 정세, 경제, 여행 패턴에 따라 쉴 새 없이 변화되고 있으므로 이에 대응할 수 있는 유연성이 필요하며, 이는 공항경쟁의 주요 요건이다. 즉, 공항을 처음 건설할 때에 향후 확장 또는 개조에 유연하게 대비할 수 있는 공간과 대안이 있어야 변화에 대응할 수 있다.

• 지방공항은 장거리항로의 수요가 부족하므로 허브공항을 경유하여 목적지에 갈 수 있다. 따라서 지방공항과 허브공항을 연결하기 위한 국내선 항공편의 운항빈도가 충분해야 하고, 육상교통의 연결도 중요하다(간선철도 및 고속버스의 연결 등).

• 항공정책이 자유화를 추구하면 제한하는 경우보다 항공노선 및 여객 수요가 증가한다.

• 공항 외적인 요인으로서는 다양한 노선과 빈번한 운항수요를 발생시킬 수 있는 지역의 경제발전과 인구가 있어야 한다. 또한 공항은 항로상 중간지점에 위치하여 대형기로 높은 탑승률(load factor)을 유지함으로써 항공사의 생산성이 커야 한다.

• 허브공항의 관점보다는 경제허브의 관점에서 범국가적인 정책방향을 설정하는 것이 필요하며, 국제 허브 기능을 증대하기 위해서는 국내 허브 기능도 중요하다.

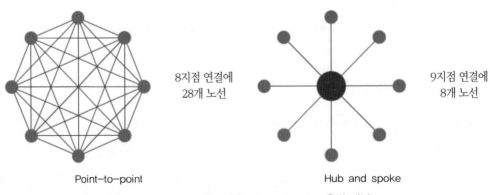

그림 4.2-1 Point-to-point 및 Hub and spoke 운영 개념

3. 일본의 허브공항 정책방향

일본 도쿄에는 국내선 수요를 전담하는 하네다공항과 국제선 수요를 전담하는 나리타공항이 있으나 하네다공항은 국내선 수요를 처리하기에도 바쁜 상황이고 나리타공항은 계획 당시의 미스로 인하여 확장이 용이하지 못하며, 그렇다고 제3의 도쿄 신공항을 건설할 만한 마땅한 후보지도 쉽게 찾을 수 없다. 따라서 일본에서는 주변 국가(한국, 중국, 홍콩, 태국, 말레이시아 등)들이 수요 증가에 대비하여 공항시설을 확충하고 있는 점을 감안하여, 도쿄지역에 허브공항을 건설할 여건이 되지 못하면 이 허브 기능을 일본의 지방도시에 분산해서라도 주변 국가와의 경쟁에 대비해야 한다는 여론이 1980년대에 형성되고 있었다.

한국에서도 인천공항에 국제선 수요를 너무 집중시키지 말고 지방으로 분산시키는 것이 지역발전에 도움이 되고 수도권 과밀을 억제할 수 있다는 의견이 있으나 '수도권에 자연스럽게 발생하는 수요를 지방에 분산시켜도 문제가 없겠는가?' 하는 것은 쉬운 문제가 아니다.

수요를 강제로 분산시키는 것은 무리가 있다는 검토의견이 일본 게이오대학의 우시오 교수에 의거 1993년 발표되었으며, 이 논문은 지방분산 정책과 수도권 과밀문제를 가지고 있는 한국에도 참고가 될 것이므로 이를 요약하여 소개한다. 일본은 수도권 항공 수요를 지방에 분산시킬 수 있는지에 대하여 장기간의 검토 끝에 인위적인 수요 분산은 문제가 있다고 보고 수도권 공항의 용량 확충을 위해 수도권 제3 공항 후보지 조사, 하네다공항 D 활주로 및 국제선터미널 건설 및 도쿄 만에 부체식 해상공항 검토 등을 추진하고 있다.

이하는 우시오 교수의 논문을 요약한 것이다.

(1) 허브공항의 성립요건

공항의 입장에서 허브공항이 되면 환승수요가 증가하여 공항수익을 증대시키며, 국가적으로도 국제 허브공항이 되면 경제 및 고용 효과가 크므로 큰 관심이 있는 것이 사실이지만 허브공항이 되기 위한 요건을 갖춘 공항만이 허브공항이 될 수 있다.

허브공항의 경쟁요인은 ① 수요요인(노선수, 운항편수), ② 지리적 위치, ③ 마케팅 정책(혼잡도, 환승체계, 서비스 수준, 가격체계 등), ④ 제도적 요인(항공정책, 공항 건설 제도) 등이 있으나 이 중에서 가장 중요한 요인은 수요요인이며, 이용자는 다른 조건이 일정하다면 노선과 운항편수가 많은 공항을 선택하고, 항공사도 마찬가지이다. 즉, 허브공항 경쟁에서는 기종점 수요가 많은 공항이 유리하며, 그렇지 못한 공항이 허브경쟁에서 이기려면 다른 요인을 강력하게 활용하지 않으면 승산이 없다.

허브공항 경쟁에서 기종점 수요가 큰 차이가 없는 경우는 다음과 같은 지리적, 경제적, 정책적 요인이 경쟁을 좌우하게 된다.

- 지리적으로 유리한 경우, 즉 항공노선의 중심에 위치하면 허브경쟁에 유리하며, 두바이, 방콕, 프랑크푸르트 등이 이에 해당된다. 그러나 항공기 성능이 개선되어 장거리 운항이 가능하게 되거나 항공시장의 제도변화 등에 따라 이런 여건의 효과는 약화될 수도 있으므로(예: 앵커리지) 환경변화가 되기 전에 다른 요인의 개발노력이 필요하다. 도시 간 직행 편을 운항하면 허브공항을 이용하는 경우보다 환승시간을 절약할 수 있으므로 유리하다. 그러나 충분한 여객이 없으면 소형기를 활용하는 것이 유리하다.
- 공항의 마케팅 정책도 중요하다. 기종점 수요가 적은 SIN, AMS 공항이 허브공항으로 성공한 원인은 항공자유화 정책, 공항사용료의 경쟁성, 환승시설의 충실 등이다. 마케팅 정책은 가격체계와 서비스 수준에 달려 있으며, 이런 것을 자율적으로 결정하고 시행할 수 있는 공항당국의 재량권이 없으면 효과적인 마케팅은 불가능하다. 영국 BAA가 자유로운 경영을 인정받고 있는 것은 경쟁의 중요성을 충분히 인정한 결과이다. 국제 허브 기능을 유지하기 위해 수요에 대응한 투자, 사용료 체계, 환승시설 등 시장 지향적 마케팅이 요구된다. 이를 효과적으로 달성하는 방법은 시장메커니즘을 도입할 수 있는 민영화이며, 민영화가 어려우면 공항당국이 투자 및 운영정책을 자주적으로 결정할 수 있는 독립성이 있어야 한다. 독립이란 정부로부터의 독립뿐 아니라, 다른 공항의 재정으로부터 분리하는 것도 중요하다. 시장메커니즘은 마케팅의 충실, 원가절감, 공항과 주변지역의 일체화 및 접근시설개발에 공헌한다. 상업성이 없는 조직은 이용자편익에 관심이 없고, 불필요한 경비를 지출하는 경향이 있으며, 투자비 환수에 무관심하고, 제도적으로 불가한 것도 있다.
- 공항에 모기지 항공사가 있어야 허브공항으로 발전할 가능성이 크며, 항공사와 공항당국이 일체가 되어 마케팅을 추진하는 것이 유리하다. 또한 국내선과 국제선의 동시취급이 중요하다. 여객과 항공사의 입장에서는 국내선과 국제선의 구별은 의미가 없다.
- 지상접근교통도 중요하다. 샤를드골 및 프랑크푸르트공항의 도시 간 고속철도나, 간사이공항과 고베 간의 해상수송 및 장거리 버스 등은 허브공항의 경쟁력을 높인다.
- 혼잡은 경쟁성을 저하시킨다. 수도권 공항의 혼잡을 방치하고 지방공항으로 수요를 분산시킬 경우에 인접국가의 수도권 공항이 확장정책을 취한다면 수요는 국내지방공항으로 분산되지 않고 더 편리한 인접국가로 이전하게 된다. 서울·홍콩에 항공노선이 연결된 일본 지방도시의 여객은 하네다를

경유하여 나리타로 가기보다는 서울·홍콩에 가서 환승하는 것이 더 편리하기 때문이다. 1978년 영국의 공항백서에 의하면 지방공항으로 수요분산을 도모했으나 이용자의 지지를 얻지 못하고 수도권 공항 확장정책으로 되돌아왔다는 보고가 있고, 유럽의 다른 국가도 지방으로 수요를 분산시키기보다는 수도권에서 적극적인 수요흡수 정책을 취하고 있으며, 그 사유는 여객과 항공사의 니즈에 부응하고, 국적항공사가 국제경쟁에서 승리하려면 국가가 허브공항지위를 향상시켜야 하기 때문이다.

- 국제항공시장의 규제는 허브 기능을 저해한다. 보호주의적 항공협정은 자유화지역에 수요를 빼앗기고 '항공자유협정'이 체결되면 허브 기능은 상승한다. 보호주의적 항공협정은 단기적으로는 자국 항공사의 이익에 기여하나 '주변 국가가 자유화를 지향하면 허브 기능이 쇠퇴하므로' 주변국의 항공정책에 대응이 필요하다. 이원권을 제한하면 허브 기능에 불리하고, 운임규정 완화는 허브화를 촉진한다. 공항 건설 및 운영의 제도상 제약은 공항 용량과 LOS에 영향을 주므로 공항발전을 저해한다.

(2) 국제 허브공항 경쟁과 일본의 공항정책

a. 수도권 공항의 시설확충 필요성

:: **국제 허브공항 경쟁:** 도쿄 수도권의 국제항공 수요는 ① 수도권을 기종점으로 하는 수요, ② 수도권 이외의 지방을 기종점으로 하는 수요, ③ 수도권 공항에서 환승하는 국제선 여객 등 3종으로 구분된다. 지방의 큰 공항을 나리타공항을 대신하여 국제 허브공항으로 개발할 경우에 분담할 수 있는 수요는 ②, ③이 있으며, 우선 ③의 경우는 어떻게 될 것인가 검토해보기로 한다. 1989년 나리타공항의 ③의 비율은 26%이며, 이 수요가 나리타공항에서 일본의 제2 허브공항(간사이 등)으로 이전할 것인가 하는 것은 앞에서 논의된 바와 같이 허브경쟁의 가장 큰 변수인 기종점 수요에 따라 도쿄, 홍콩, 서울, 오사카 순으로 유리하다. 즉, 도쿄이 가장 유리하지만 수도권의 공항시설확충이 없다면 환승여객은 다른 공항으로 분산될 것이며, 일본의 제2 공항보다는 홍콩이나 서울로 이동할 가능성이 높다. 또한 한국 등 주변 국가가 자유화를 진행한다면 운항편수의 증가와 운임규제가 완화될 것이므로 여객을 빼앗길 가능성은 더 크다고 볼 수 있다.

:: **국내선 ↔ 국제선 환승여객에 대한 배려:** 다음은 나리타공항의 수요 중 수도권 이외의 지방도시를 기종점으로 하는 수요에 대한 것으로서 앞에서 언급된 바와 같이 허브 기능은 국제선과 국내선을 분리하여 생각할 수 없으며, 국제공항에는 국내선 수요가 필히 고려되

어야 한다. 지방의 국제선 수요가 국내선 수요와 결합되는 경우에 단위비용도 적고 운항편 수도 많아서 경쟁력이 있게 되므로 결국 기종점 수요의 크기에 따라 배분된다. 일본 수도 권에는 하네다 국내선 전용공항과 나리타 국제선 전용공항으로 나뉘어 있기 때문에 허브 공항 경쟁에 치명적인 약점이 되고 있다. 지방의 국제선 여객 일부는 국내 제2의 허브공항 에서 환승하는 것이 편리한 경우도 있겠으나 기종점 수요의 크기에 따라 여객은 서울이나 홍콩을 선호하게 될 것이며, 이런 것을 막기 위해서는 도쿄 수도권에서 국내선과 국제선 환승을 편리하게 하는 것이 선결 과제이므로 수도권에 제3 공항을 건설하여 국내선과 국 제선을 겸용하는 것이 유리하고, 지상접근 교통시설의 개선도 필요하다.

:: **국제선 항공 수요의 분산정책**: 지방분산 정책의 일환으로 수도권 공항시설을 확충하지 않고 지방공항을 이용하게 하는 것은 여객에게 시간적·경제적으로 커다란 부담을 주게 되므로 이용자의 편익을 무시한 정책이다. 나리타공항의 확장이 불가하다면 그 대체시설 은 지방이 아닌 수도권에 있어야 한다.

:: **허브공항·경제허브의 관점**: 허브공항의 관점보다는 경제허브의 관점으로 보아야 한다. 일본이 수도권 공항시설 확충을 계속 늦추고 지방공항으로 분산정책이나 시도한다면 소 비자의 이익을 해칠 뿐 아니라 항공교통에서 일본의 지위가 저하될 것이며, 항공교통의 쇠퇴는 일본전체에 영향을 미칠 수도 있다. 공항을 포함하여 수도권의 사회간접자본 확충 을 지연시킨다면 정보, 금융 등 다른 네트워크산업을 비롯한 국제 최고수준의 사업·산업 은 항공교통과 마찬가지로 인근 외국도시로 유출될 가능성이 크다. 따라서 수도권 집중현 상을 용인한다면 수도권 교통정책에 최고의 중점을 두어야 한다. 국내 항공교통의 대부분 이 도쿄과 지방을 연결하는 노선으로 집중되어 있는 것을 보면 수도권 제3의 공항이 건설 되지 않을 경우에는 아무리 지방공항을 확장한다 하더라도 지방도시 여객의 항공교통 편 익을 높일 수 없다.

b. 지역 허브공항

일본의 국토가 길게 늘어진 지리적 특성으로 보아 북단과 남단에 가까운 외국도시와 지역 허브공항의 역할은 할 수 있으나 글로벌 허브공항으로서 나리타공항의 기능을 상당히 대체할 수 있는 것은 간사이공항 외에는 매우 어렵고, 간사이공항도 허브공항 경쟁에서 유리하다고 볼 수는 없다. 따라서 지역에 환승수요를 기대하는 대규모 허브공항을 건설한다는 생각은 버리고 기종점 수요에 대비한 용량을 갖추는 것이 바람직하다.

c. 지방 중소공항의 국제화

:: 중소도시의 국제선 취항

1993년 5월 기준 일본에는 나고야, 후쿠오카 등 10개 지방공항에 국제선 정기편이 운항되고 있으며, 국제선 전세기를 운항하는 공항을 포함하면 32개 공항에 이른다. 일본 지방공항의 국제선 수요가 증가한 배경에는 ① 경제성장에 따른 지방도시의 국제항공 수요 성장, ② 지방도시의 국제화 요망, ③ 나리타공항 확장 제약에 따른 항공정책의 일환, ④ 아시아지역 허브공항경쟁 등과 같은 요인이 있다. 그러나 이들 중소공항의 국제선 여객 증가세가 둔화되고 있는바, 가장 큰 요인은 경기침체에 있지만 다른 요인은 제1 요인보다는 제2 요인이 더 크고 국제화에 대한 충분한 전망 없이 수요를 무시하고 시설 확충을 선행한 것이 문제이다.

:: 공항을 활용한 국제화

지방도시가 국제공항을 추진하는 제1 요인은 그 지방의 국제항공 수요에 대응하기 위한 것이지만, 제2의 요인(국제공항을 지위향상의 상징으로 생각하는 것) 및 제3의 요인(공항을 활용하여 그 지역의 국제화를 도모하는 것)도 있다. 국제공항이라는 간판이 문제가 아니라 공항을 활용하여 그 지방의 실제적 국제화를 도모하려 한다면 단순히 국제선터미널만 건설하면 국제선항공기가 취항한다는 안이한 생각보다는 구체적으로 공항의 마케팅에 중점을 두고 공항의 중장기적 전망을 설정하여 이를 달성하기 위한 계획을 추진하는 것이다. 즉, 항공사가 취항할 만큼의 수요가 있다는 것을 마케팅 리서치에 의거하여 보여줘야 하고, 수요개발에 지자체가 주도적으로 대처해야 한다. 지방공항을 기종점으로 하는 국제선 항공 수요는 한정되어 있고, 국제공항의 수가 증가하면 수요가 분산되고 공항 간 경쟁은 한층 더 치열해질 것이다. 그러나 국제선을 어떻게든 취항하고 싶다면 관광수요 개발, 비즈니스수요 개발, 중소공항간의 협력체제 유지 및 대형 공항과의 제휴 등 노력이 필요하다.

4. 런던의 허브공항

(1) 런던 허브공항의 여건

런던의 장래 허브 기능은 런던의 공항들이 허브공항 요건을 얼마나 충족시킬 수 있는가에 달려 있다. Heathrow는 British Airway[BA]를 허브운영자로 하여 허브공항으로 발전하였으나 런던은 다음과 같은 기본요건을 만족시키지 못하고 있다. 런던은 유럽과 미 대륙 사이의 허브로서 또한 유럽의 북대서양 관문으로서는 이상적이지만 아시아 지역과 유럽 내의 허브로서는 너무 서측에 위치하고 있다. Zurich, Frankfurt, Paris가 유럽의 중앙에 위치하여 단거리~단거리 노선 연결에 유리하다.

런던은 미국과 비교하면 Chicago, Atlanta와 같은 주요 허브라기보다는 New York, Los Angeles와 같은 해안도시와 유사하여 단거리~장거리 및 장거리~장거리 노선 허브공항으로는 이상적이지만 유럽 내 단거리~단거리 노선 허브로는 적절치 못하다. 지리적으로 불리한 런던의 위치는 장기적으로 극복해야 할 취약점이다.

시설 면에서 Heathrow 공항은 두 가지 결점이 있는바, ① 활주로는 두개의 원 간격 평행활주로만 있고, ② 터미널은 멀리 분산되어 있다. 이는 유럽의 다른 허브공항보다 단거리~장거리 노선 연결에 더 많은 시간이 필요하다.

반면에 런던은 유럽대륙으로부터 바다로 분리되어 있고, 과거의 식민지 연결 때문에 유럽의 어떤 도시보다 큰 항공 수요가 발생하며, 수요 발생지로서 런던의 이런 여건은 사라질 것으로 보이지는 않는다. 따라서 런던을 허브기지로 운영하고자 하는 항공사에게 매우 강력한 모기지 기능을 제공한다.

결론적으로 말하면 BA는 허브기지인 Heathrow에서 '다른 유럽항공사가 그들의 허브공항에서 하는 것보다' 허빙요건이 미흡하다. BA는 항공편 연결을 Heathrow 및 Gatwick 공항을 이용하고 있지만 KLM이나 Air France처럼 도착, 출발 항공기가 집중되거나 파상이 형성되지 않는다. 따라서 이어지는 2시간 내에 도착·출발 항공편 사이의 연결시간은 다른 공항에 비하여 좋지 못하다. 항공편을 집중시키지 못하는 사유는 Heathrow 공항의 활주로 용량이 부족하고, 가용 운항용량에 대한 BA의 분담비가 낮다(2001년 38%). BA가 Heathrow보다 상당히 큰 공항에서 운영한다면 그가 원하는바에 따라 피크 도착·출발을 파상으로 운영할 수 있을 것이다.

상기와 같은 Heathrow의 단점을 해결하지 않고 유럽 최대허브공항을 유지하기 어려우며, LHR의 허브 기능은 유럽의 다른 허브공항에 의거 점차 침식될 것이다. 2000~2004년 유럽 주요 공항의 환승여객비율은 LHR＝30~35%, CDG＝32~35%, FRA＝42~43%, AMS＝49~54% 이다.

(2) 허브 기능의 경향

a. 유럽에서의 경향

중간 크기의 유럽 항공사 및 그들과 관련된 허브공항은 중요성이 점차 쇠퇴하고 있으며, 이런 경향은 1990년대 늦게 시작되었고, 최근 항공 수요의 주기적 침체에 의거 가속되다가 2001년 9.11 테러이후 더욱 악화되고 있다. 단거리~장거리 허브전략을 시도했던 대다수 중간 크기 유럽국적 항공사들은 그들의 항공망과 장거리노선이 경쟁하기에 너무 빈약하다는 것을 알게 되었다. Air Portugal, Austrian, Swiss, Sn Brussels 등은 세계적 항공사가 되기에는 너무 작다. Brussels, Zurich, Lisbon, Athens, Vienna 등과 같은 2류 유럽 허브공항은 장거리 항로의 상당량을 잃게 되어 허브 기능은 기울게 될 것이다. 이에 따라 유럽 주요허브공항의 중요성은 더 커질 것이지만 적절한 활주로 및 터미널 용량을 확보할 수 있어야 한다.

1995년 이후 유럽에는 저가항공사ᴸᶜᶜ가 출현함으로써 다음과 같은 두 가지 영향을 허브공항에 미치고 있다. ① LCC 노선이 허브공항의 기존 노선과 평행한 경우에 요금인하 압력을 가하기 때문에 기존 정기운송 항공사들은 밀려나게 된다. ② LCC가 허브공항으로 빈도가 낮은 노선에 운항한다면 새로운 교통수요를 발생시킬 뿐만 아니라 기존 항공사로부터 교통량을 흡수하므로 교통량은 새로운 지점을 연결하는 LCC의 point to point 서비스에 의거 허브공항을 우회하게 된다. 허브공항의 몇 개 노선에서는 낮은 수익과 시장잠식의 두 가지 영향 때문에 기존 항공사로 하여금 노선을 포기하거나 지역항공사에게 저가로 양도하게 한다. FRA, CDG, AMS 등 주요 허브공항도 그들 관할구역의 LCC로부터 심각한 침해를 받기 시작했다. 당분간은 유럽에서 가장 빠르게 성장하는 항공시장은 유럽대륙 내의 LCC 노선이 될 것이며, 이는 허브공항의 기존 노선에 악영향을 미치겠지만 단일항공사가 지배적인 허브공항을 LCC가 공략하기는 어려울 수도 있다.

유럽의 주요 항공사들은 그들의 허브전략을 재고하기 시작했으며, BA는 2000년 초에 이런 생각을 하게 된 1st 항공사이다. BA는 1990년대에 전반적으로는 수익성이 있었지만 유럽노선이 총매출고의 35~40%를 분담함에도 불구하고 실질적인 이익을 내지 못했으며, 1998년부터는 유럽노선에서 큰 손실을 보기 시작했다. BA의 전반적인 수익성이 붕괴됨으로써 3개 시장 분야, 즉 단거리~장거리 환승, 유럽 내 단거리 point to point 노선, 단거리~단거리 환승이 주요 손실원이 되었다. 따라서 BA는 모든 시장을 서브하는 허브운영을 축소하고 생산성이 높은 장거리서비스를 강화하기 시작했다. 그러는 동안에 Lufthansa와 Air France는 그들의 장거리노선을 확대시키고 지역항공사를 사들이거나 노선양도의 방법 등을 통하여 그들의 허브수요 공급자를 강화하는 반대 방향으로 진행되었다.

위에서 논의된 경향 때문에 유럽의 주요 항공사들은 장거리노선과 수익성이 높은 유럽단거리 노선에 초점을 맞추고, 더 단거리노선은 손을 떼거나 더 낮은 경비로, 더 작은 항공기로 운영할 수 있는 지역항공사에게 양도될 것이다.

b. 미국에서의 경향

미국은 유럽보다 15년 일찍 '항공사 규제철폐'가 시행되었기 때문에 허빙기능은 더 오랫동안 발전되어 왔으며, 항공사 합병이 더 많이 진행되었고, 미국의 이런 경험은 유럽에서 허브 기능이 어떻게 될지에 대한 방향을 제시한다. 미국에서는 1978년 '규제철폐' 이후 60개가 넘는 항공사가 설립되었지만 거의 다 도산되거나 미국항공여객의 81%를 분담하는 7개 주요 항공사에 합병되었다(유럽의 7개 주요 항공사는 유럽항공교통의 47% 분담). 미국의 주요항공사들은 유럽과는 달리 여러 허브공항을 운영하고 있다. 즉, United는 5개, American 및 Delta는 4개, Continental, Northwest 및 Us Air는 각 3개의 허브공항을 운영한다. 이런 항공사들은 모두 다수의 허브네트워크를 운영하고 또한 지리적으로 다른 위치에서 서브하기에 최적화되어 있으며, 예를 들면 Delta의 허브인 Atlanta, Cincinnati, DFW 및 Lake City는 주요시장을 확보할 수 있도록 잘 분포되어 있다.

어떤 공항은 국내 허브라기보다는 국제관문의 성격이다. 북대서양 관문은 New York JFK/Washington Dulles/Boston, 태평양 관문은 San Francisco/Los Angeles, 라틴아메리카 관문은 Miami 등이 있으며, 반대로 Atlanta 및 Denver 등은 국내 최대 허브로서 국제선 서비스는 아주 적다. 런던은 지리적 위치 때문에 전자 그룹에 속한다.

표 4.2-1은 미국 10대 허브공항의 환승여객 자료이며, 이들은 모두 해안도시가 아닌 내륙 허브이고, 환승여객 비율은 50~75%에 달한다. 이를 해안도시의 공항과 비교하면 New York 의 JFK는 14%, Newark는 22%, Los angeles는 25%, Miami는 34% 이다. 해안도시는 주로 장거리~단거리 노선에 집중되는 반면, 내륙허브는 OD수요가 적은 대신 지역의 광범위한 교통량을 서브할 수 있기 때문에 위와 같은 차이가 난다. 유럽과 비교하면 FRA와 같은 위치가 London보다 더 많은 연결여객을 처리할 수 있을 것으로 보이지만 London은 북대서양 횡단 서비스의 최대량을 계속 분담할 수 있을 것이다.

표 4.2-1 미국 10대 허브공항의 환승여객 비율(2000, 자료원: ACI North America)

허브공항 (주 항공사)	환승여객 (qor만 명) ①	총 여객 (백만 명) ②	환승여객 비율(%) ①/②	운항 (천 회)	2015년 실적			환승여객 비율(%) 2010
					여객	운항	여객/편	
ATL(DL)	51	80	63	686	101.5	882	115	68
ORD(UA, AA)	38	72	53	634	76.9	875	88	-
DFW(AA, DL)	37	61	62	822	64.1	681	94	59
IAH(CO)	21	35	60	451	43.0	503	85	54
DEN(UA)	20	38	53	529	54.0	575	94	47
MSP(NW)	20	37	55	457	36.6	405	90	42
STL(AA)	20	31	65	481	12.8	184	70	-
DTW(NW)	19	36	54	488	33.4	379	88	-
CLT(US)	17	23	74	404	44.9	545	82	77

주: 덴버공항 환승여객비율은 감소되어 2030 Vision(2009)에는 37%로 가정

동일 항공사가 운영하는 2개 허브공항은 서로 가깝지 않다. 주요 항공사가 동일지역 교통을 대상으로 경쟁하는 경우에 이웃하는 공항을 사용하기보다는 동일공항을 허브공항으로 이용한다. 예를 들어, American과 United 항공사는 둘 다 Chicago O'Hare 공항을 허브공항으로 이용하며, Delta와 American 항공사는 DFW 공항을 허브공항으로 이용한다.

미국의 항공사합병은 몇 개 안 되는 대형 허브공항으로 교통이 더 집중됨으로써 소형 허브공항은 쇠퇴했으며(2000년 기준 Dayton, Raleigh-Durham, Nashville 등. 2015년 기준 St Louis, Cincinnati 등), 항공사들이 합병됨에 따라 더 강력한 허브공항에 자원을 집중하는 것이 효과적 이다. 유럽은 각국의 규정 때문에 이런 단계의 합병은 아직 일어나지 않고 있다.

유럽에서 경제와 교통의 하향국면과 적자의 누적은 2001년 9월 테러사건 이전부터 미국의 주요 항공사로 하여금 그들의 허빙정책을 재고하도록 만들었다. 이런 재고는 LCC가 허빙의

경제성을 침식했고, 또한 환승여객으로부터의 저수익과 허브의 고경비를 보상하기에 충분한 고수익이 업무여객 및 지역의 point to point 교통으로부터 발생한다는 것에 근거한다. 매일의 피크시간교통, 야간숙박 항공기, 모기지를 떠난 승무원 등에 대한 서비스와 관리 등 허브 기능 유지에는 예상보다 고가의 경비가 소요된다. 항공기 한편의 지연은 전체 시스템을 통하여 소요경비를 눈덩이 같이 커지게 한다. 인건비 인상 등 늘어나는 경비를 카버하기 위해 업무여행자의 항공요금이 1990년대 후반에 급격히 상승함으로써 2등석, 3등석, 저가운임 사이의 차이가 너무 커졌으므로 2등석 요금은 내렸으며, 이는 허빙의 경제성을 침식한다.

이런 시장의 환경변화에 대응하여 미국의 항공사들은 Hub: Spoke 시스템을 풀기 시작했으며, 이에 따라 피크시간의 도착 및 출발 항공편 집중이 완화되고 있다. 피크시간 교통량을 줄임으로써 필요한 직원 수 및 혼잡과 지연을 줄여서 경비를 감소시키는 방향으로 진행되고 있으며, 더 큰 경비 절감 방안은 하나의 허브를 서로 폐쇄하는 것이지만 허브 기능이 끝날 것으로 보이지는 않으며, 그 시장성은 계속 유지될 것이다. 주요 항공사들은 그들의 네트워크를 보강하는 것이 LCC와 구별 짓는 주요 강점이다. 미국의 주요 항공사들이 그들의 네트워크를 계속 유지할 것은 분명하지만 수익성이 적은 허브공항은 사라질 것이다.

(3) 히스로공항은 세계적 허브공항으로 계속될 수 있는가?

a. 원 간격 평행활주로 두 개만 가지고 경쟁력 있는 허브공항?

원 간격 평행활주로 2개만 있는 공항은 피크시간에 허브항공사가 발생시키는 운항 횟수를 지원하기에 활주로 용량이 부족하여 주요 허브공항으로서는 장기간 생존할 수 없다. 미국의 주요 허브공항은 모두 3개 이상의 원 간격 평행활주로를 갖고 있다(표 4.2-2 참고). 또한 유럽의 허브공항들은 활주로를 증설했거나 그럴 용량 확보계획을 갖추고 있다. CDG는 근 간격 평행활주로 2개를 추가 건설했고, AMS는 용량 증대와 소음 경감 목적의 제5 활주로(3번째 원 간격 평행활주로)를 건설했으며, FRA는 제4의 활주로(원 간격 평행활주로)를 건설했다.

표 4.2-2 미국 10대 허브공항의 활주로구성 현황(2017년 말) 및 향후 계획

허브공항	활주로 현황(2017)				향후 계획				▲증	운항(천)	
	독립	비독립	교차	계	독립	비독립	교차	계		2000	2015
Atlanta	3	2		5	3	3	–	6	1	686	882
Chicago O'Hare	4	1	4	9	4	2	2	8	-1	634	875
Dallas/Fort Worth	3	2	2	7	4	2	2	8	1	822	681
Denver	3	1	2	6	6	2	4	12	6	529	575
Charlotte	3		1	4	3	1	1	4	0	404	545
Houston G Bush	3		2	5	4		2	7	2	451	503
Minneapolis/St Paul	2		2	4	2		2	4	0	457	405
Detroit Wayne County	2	2	2	6	2	2	2	6	0	488	379
St Louis	2	1	1	4	3	1	2	6	2	481	184
Cincinnati	3		1	4	3		1	4	0	461	133

주: 독립＝원 간격 평행활주로, 비독립＝중 간격 또는 근 간격 평행활주로

Heathrow 공항에서 2개의 원 간격 평행활주로만으로는 세계적 허브공항으로 살아남기에 충분한 용량을 제공하지 못하며, 특히 BA는 LHR에서 사용 가능한 활주로 용량의 소수(38%)만 사용하는 반면 KLM은 AMS에서 54%, Lufthansa는 FRA에서 57%, Air France는 CDG에서 55%를 분담하고 있다. Heathrow 이외의 유럽 허브공항에서 주요 항공사의 자회사, 양수회사 및 파트너의 운항편수를 추가하면 이런 비율은 65% 이상이 되며, 예를 들어 KLM 및 관련사의 운항 횟수 합계는 AMS의 70% 정도를 차지하고 있다.

허브항공사 그룹이 활주로 용량의 1/3 정도를 차지한다면 2개의 원 간격 평행활주로만 있는 공항은 단지 주요 허브리그의 일원밖에 될 수 없다. 따라서 Heathrow보다는 Munich가 더 효과적 허브가 될 수 있으며, 이는 Lufthansa 및 그의 파트너들이 60% 가까운 운항용량을 이용할 수 있고, 아직도 운항 횟수를 늘릴 수 있기 때문이다. Heathrow에서 BA는 그들의 파트너를 포함하더라도 45%밖에 사용하지 못하며, 이는 BA가 환승여객의 연결에 편리하도록 운항을 집중시킬 수 있는 능력과 사업 확장능력을 심각하게 제한한다.

Heathrow에서 BA는 여객이 선호하는 좋은 시간대에 항공기 연결 숫자 면에서 주요 경쟁 항공사보다 상당히 뒤지고 있으며(표 4.2-3 참고), 이는 Heathrow의 활주로 용량 부족으로 운항 가능한 단거리 운항 횟수를 경쟁 허브공항보다 감소시키고 여객터미널이 분산 배치되어(5개의 터미널) 환승여객의 연결시간이 증가하기 때문이다.

표 4.2-3 공항별 허브항공사의 1일 운항 횟수 2002. 6. 27.)

공항(항공사)	허브항공사의 단거리 출발횟수	장거리 출발횟수	목표시간 내 연결여객(명)	편당 연결 여객 수
Paris CDG(AF)	374	78	13,349	30★
Frankfurt(LH)	353	70	12,222	29
Amsterdam(KL)	276	55	8,919	27
Heathrow(BA)	237	80	5,260	16

주: 1. 연결시간은 단거리 90분, 장거리 120분을 만족시킨다.
    2. 자료원: Westminster 대학연구소
    ★ 30≒13,349/(374+78)

b. 히스로 제3 원 간격 평행활주로가 중장기 운영에 미치는 영향

이는 제3 원 간격 평행활주로가 용량을 얼마나 추가시키는가에 좌우된다. 길이 2,000m 이상의 활주로는 38~40%의 용량을 증대할 수 있어 다음과 같은 많은 개선이 가능하다.

BA는 Gatwick에서 Heathrow로 더 많은 항공편을 이전시킬 수 있고, 특히 더 양호한 장거리노선을 이전시킬 수 있다. 또한 유리한 장거리노선의 운항 횟수를 증가시킬 수 있고, 따라서 B747을 좀 작은 항공기로 부분적인 대체가 가능하다. 신활주로는 단거리노선 항공기만 사용할 수 있기 때문에 히스로에서 제2의 유럽 point로의 복귀와 관련될 수도 있다.

히스로의 추가용량은 BA가 새로운 서비스 개발 또는 기존노선의 빈도를 증가시키는 데 사용할 수 있으며, 후자의 경우에 BA는 유럽노선의 경쟁적 지위를 강화하게 될 것이다. UK 와 US 사이의 어떤 변화가 큰 영향을 미칠 수 있는바, 현재 Gatwick에 제한되어 있는 미국 항공사에게 히스로를 개방한다면 US의 많은 Gatwick 서비스가 히스로공항으로 전환될 뿐 아니라 히스로에서 미국의 여러 곳으로 새로운 서비스가 신설될 것이다(예: Salt Lake City 또는 Memphis, New York, Boston, Los Angeles 등). 따라서 히스로에 제3 활주로가 건설되면 Gatwick의 장거리노선은 단지 몇 개 노선만 남게 될 것이다(예: 뉴욕서비스 등).

(4) 런던 허브공항을 유지하기 위한 요건

a. 왜 히스로가 성공적이었는가?

히스로는 영국의 유일한 국제 허브공항으로서 지난 50년 이상 영국을 세계시장과 연결하는 중심이었으며, 지금까지 세계의 가장 성공적인 국제선 허브가 된 요인은 다음과 같다.

- 히스로공항을 환승허브로 이용하는 British Airways는 강력한 항공노선망을 갖고 있다.
- 히스로는 넓은 노선망과 빈번히 운항을 할 수 있는 용량을 갖고 있었다.
- 히스로의 시스템은 항공기 간 신속한 환승이 가능하도록 설계되었다.
- 지역의 직행 여객을 유인하는 양호한 지리적 위치이며, 업무여행수요 중심지에 가깝다.
- 도로 및 철도연결이 양호하다. 많은 도로망이 히스로와 연결되도록 계획되었다.
- 히스로는 유럽 및 북아메리카의 큰 국제시장 간에 환승여객을 연결하는 데 양호한 지리적 위치이며, 안전, 충분한 용량, 경쟁력, 상업성 있는 Hub 조건을 갖추고 있다.

b. 왜 1개 도시권에 2개 허브공항보다 1개 허브공항이 유리한가?

런던에서도 히스로-개트윅 2개 허브공항 운영을 시도했다가 실패했으며, 뉴욕 도시권의 인구와 GNP는 Atlanta 및 Frankfurt보다 3배 이상 크지만 3개 공항을 운영함으로써 장거리 노선수는 Frankfurt보다 적고 단거리 노선 수는 Atlanta보다 적다. 도쿄에서는 하네다 및 나리타 2개 허브공항을 시도했으나 환승여객은 하네다~나리타 연결 대신 인천, 홍콩 및 기타 외국 허브공항으로 환승함으로써 나리타공항은 아시아 제1 국제공항에서 7위로 밀려났으며, 일본정부는 정책을 바꾸어 하네다에 국제선을 증편하고 있다. 두바이에서도 기존 공항과 신공항에 수요를 분담할 계획이었으나 2개 허브공항의 문제해결에 나서고 있다(DXB는 LCC 위주 공항 등).

c. 결론: 런던은 단일 허브공항이 필요하다.

지속가능한 수출주도형 경제회복은 영국과 신속하게 성장하고 있는 세계 여러 지역 간에 양호한 직접적 연결이 필요하다. 허브공항의 추가용량 확보는 영국의 경제회복을 지원할 수 있어야 한다. 영국은 전반적인 공항용량이 부족한 것이 아니라 허브공항의 용량이 부족하다. 허브공항만이 영국이 필요로 하는 장거리노선을 유지할 수 있다. 빈약한 연결로 인한 영국경제의 손실은 이미 연간 £14billion에 달하며, 2030년에 이런 손실은 £26billion에 달할 수도 있다.

역사 및 국제경험으로 보아 런던지역에 2개의 허브공항을 갖는 것은 적절하지 않다. 히스로~개트윅과 같은 분리된 허브는 경쟁력 있는 연결시간을 제공하지 못하며, 이는 여객에 매력적이지 못하고 다른 유럽허브와 경쟁적이지 못하다. 런던은 단일 허브공항만이 허브공항으로서 경쟁력이 있으며, 이에 대한 대안은 히스로에 추가 용량을 확보하거나 히스로를 폐쇄하고 신허브로 대체하는 것뿐이다.

참고자료

1. Christopher Blow, 영국
2. 게이오 대학의 우시오 교수 논문
3. Rigas Doganis Associates, 히스로공항. 2002, 10. 20.

4.3 공항 토지이용계획

1. 공항 토지이용계획 개요

공항 토지이용계획의 목적은 공항 내의 토지이용을 최적화하고, 공항 내외의 토지이용을 조화시키기는 것이며, 조화는 공항의 안전하고 효율적인 운영에 지장이 없고 공항 인근에 거주 및 근무하는 주민에게 용인되지 않는 소음피해나 위험을 주지 않는 토지이용을 의미한다. 공항 Master Plan에서 중요하게 다뤄야 할 토지이용계획은 다음과 같다.

- 공항의 통제하에 두어야 할 토지 규명
- 공항 운영에 지장이 없도록 필요지역 보호
- 토지이용의 우선순위 결정
- 상업수익 제고를 위해 공항토지 이용 최적화
- 공항 토지이용계획을 지역계획과 조화
- 공항 운영에 영향을 받는 공항 외부 토지 규명
- 수요 증가에 대비 추가매입이 필요한 토지 규명 등

공항 토지이용의 우선순위는 다음과 같으며, 공항 운영지역으로 사용할 수 있는 지역을 상업지역(호텔 및 업무지구 등)으로 개발함으로써 향후 수요 증가 시에 터미널 등 주요시설을 적절히 확장할 수 없게 되는 것을 방지해야 한다.

- 순위: 현재 및 장래의 항공기 운항에 필요한 구역 및 이를 위해 보호해야 할 구역, 항행 안전무선시설 보호구역(ILS, 레이더, DVOR 등), 터미널 및 접근교통 구역
- 순위: Airside 접근이 필요한 화물, 항공기정비, 연료공급 및 저장, 기내식 등
- 순위: Airside 접근이 필요 없는 공항 관련 상업적 토지로서 렌터카시설, 호텔 등
- 순위: 비항공적 이용으로서 쇼핑센터 등

공항 인근은 항공기사고로 인해 피해가 발생할 수 있고, 이착륙 항로 주변에는 소음피해가 발생할 수 있으며, 또한 항공기 운항에 지장을 줄 수도 있으므로 공항인접지역의 토지이용은 공항 운영과 양립할 수 있어야 한다.

공항 토지이용계획은 현재의 토지이용현황, 향후 5년, 10년, 20년 후에 필요한 토지를 구분하며, 계획기간에 상관없이 최종단계(활주로 용량 포화시기)의 토지이용계획을 작성한다. 토지이용계획은 정기적으로(매 5년 단위) 갱신하여 지역계획 담당부서에 배포한다. 장기적으로 사용되지 않는 토지는 단기임대 등의 방법으로 활용방안을 강구한다.

공항 토지이용계획 도면에는 현재의 토지이용현황과 최종단계 토지이용계획을 포함한 단계별 토지이용계획을 표시하며, 다음 내용을 포함한다.

- 보안울타리 및 출입문 위치
- 공항소유 토지경계선
- 공항시설, 활주로 Clear Zone 및 관련 진입표면
- 항공 관련 토지이용을 위해 보존되는 지역(공업지역, 면세지역 등)
- 철거할 시설
- 주요 지형(수목, 하천, 배수로, 구릉 등)

2. 공항 주변의 토지이용

공항 주변의 토지이용 추세는 ① 소음피해를 사전에 방지하고, 공항 운영과 양립할 수 있는 토지 이용, ② 공항의 역할(인원, 물품 및 정보의 집산)을 활용하는 공항도시 개발이다.

(1) 공항 주변의 토지이용 사례

a. 싱가포르 창이공항

창이공항 주변에 주거지역은 제한되며, 토지이용 계획은 항공기 관련 산업, 물류단지, 골프클럽, 휴양시설 및 호텔 등이 있다. 항공기 관련 산업의 주요 내용은 ① 항공기 및 관련 장비의 보수, 오버홀서비스, 항공기부속품 제조기지 개발, ② 항공전자, 항공탑재장비 등에 대한 연구 및 개발, ③ 싱가포르 회사와 다국적기업 간 제품개발 및 세금 감면 등 지원이다

화물지역 옆에 23ha의 물류지역을 2003년 개장했으며, 이는 화물 관련 활동을 지원하기 위한 자유무역지역으로서 통관이 간편하여 국내외로 화물분배를 원활하게 한다.

b. 나리타공항(NRT)

나리타공항 주변 개발법과「공항주변고소음지역특별조치법」에 의거 공항 주변은 토지이용이 제한되며, 토지이용 현황은 산림 70%, 산업 1%, 주거 및 상업 15% 정도이다.

공항 주변에 공항과 관련된 기능으로서 호텔 7개(2,100실), 장기주차장 50개(1,000㎡ 이하의 소규모), 기내식(4개사), 사무실 및 창고, 항공화물 시티터미널 등이다.

21세기에 대비한 공항 주변 개발계획은 다음과 같다.

- 마크하리지역은 고밀도 사무실과 국제 컨벤션센터 등 업무지역 개발
- 카쿠지 지역은 R: D 시설 개발
- 나리타지역은 제조 및 분배센터 개발
- 공항 주변에 7개의 Industrial Park 개발하고 공황 주변 녹화

c. 케네디공항(JFK)

공항 관련 700개 이상의 회사가 있으며(항공화물대리점, 호텔, 트럭회사, 건물정비, 항공사, 항공기부품판매, 관광회사, 창고, 렌터카 등), 주거지역도 개발되어 소음피해가 있다.

d. 샤를드골공항(CDG)

공항 주변은 원래의 기능인 경작지로 보존되고 있으며, 이는 명확한 토지이용계획에 따른 것이다. 공항 남측에는 다음과 같은 주요 국제산업 및 상업지역으로 개발되었다.

- Trucking 터미널 및 창고센터(국제화물의 수집·분배)
- 국제박람회센터
- Recreational Park
- 전시장
- Industrial Park
- 상업센터(할인매장, 업무센터 등)

e. 몬트리올 미러벨공항(YMX)

360km²를 매입하여 70km²는 공항용지로 사용하고, 나머지는 소음피해 방지를 위해 농업, 임업, 상업, 경공업, 임공산업, 레크리에이션 및 주거지역 등 토지이용계획을 수립했다.

f. 쿠알라룸푸르공항(KUL)

공항 주변의 난개발로 인한 소음피해와 공항 확장에 지장이 없도록 부지 100km²를 확보하고(인천공항=56km²), 45km²는 공항부지로, 55km²는 장래 공항 확장을 위한 유보지 및 공항 관련 시설 용지로 사용할 계획이다(산업기지, 상업시설, 정비행가, 화물유통, 호텔 등).

(2) 공항도시(Aeropolis) 계획 사례

두바이 신공항은 220km² 부지를 확보하여 80km²에는 공항을, 나머지 140km²에는 공항도시를 개발할 계획이다. 공항도시는 공항의 접근성을 활용한 물류, 항공, 산업, 전시, 편의시설(호텔, 쇼핑 등), 국제전시 및 이벤트 유치시설 등으로 구성된다. 이란 호메이니공항은 성장대책으로 공항 주변에 공항도시 47km²를 개발할 계획이며, 토지이용계획은 자유경제통상구역, 특수경제구역, 일반구역 등으로 구성된다. 대만 도원공항은 공항지역 포함 총 68km²의 공항도시를 개발할 계획이며, LOHAS Quality 주거지역, 물류 및 교역지역, 문화·창작·과학·연구 개발지역, 행정 및 금융 중심지역, 대만의 관문역할지역(회의, 전시, 쇼핑) 등으로 구성된다. 노르웨이 오슬로공항은 주변에 약 1km²의 공항도시를 개발하여 호텔, 컨벤션센터, 사무실, 상업, 물류, 산업 및 기타, 서비스, 레크리에이션시설 등을 배치할 계획이며, 목표는 국가경제 촉매역할, 국제협력 증진, 국제경쟁력 강화 등에 두고 있다.

기타 공항도시를 건설한 공항은 DFW, DEN, CDG, HKG, KIX 등이 있다(제3장 참고).

3. 공항 주변의 토지이용 제한

공항 인접지역의 토지이용 제한이 필요한 사항은 다음과 같다(그림 4.3-1 참고).

- 진입·출발 항로를 간섭하는 장애물
- 무선통신 및 항행안전무선시설에 대한 전자적 간섭
- 활주로 진입구역 내 인구밀집
- 연기·연무로 인한 시정 감소, 조종사 눈부심 시설
- 운항에 영향을 주는 야생동물
- 소음영향지역 내 토지이용 등

(a) 항로간섭 장애물   (b) 연무로 인한 시정 감소   (c) 반사로 인한 눈부심

(d) 이착륙 지역의 조류   (e) 소음 및 사고 가능지역에 인구집중

그림 4.3-1 공항 운영에 지장이 되는 토지이용

소음피해 예상지역의 토지이용계획을 이용하여 소음피해를 예방할 수 있으며, 소음도별 공항 주변의 토지이용에 관한 FAA의 지침(FAR PART 150)은 표 4.3-1과 같다.

표 4.3-1 연간 주야 평균 소음도(DNL)에 의한 토지이용 양립 가능성(FAA)

토지 이용		연간 주야평균 소음도(DNL)(단위: dB)					
		65 미만	65~70	70~75	75~80	80~85	85 초과
주거용	거주가옥	Y	N ①	N①	N	N	N
	이동식 주거단지	Y	N	N	N	N	N
	임시거주	Y	N ①	N ①	N ①	N	N
공공용	학교	Y	N ①	N ①	N	N	N
	병원, 요양원	Y	25	30	N	N	N
	교회, 강당, 콘서트홀	Y	25	30	N	N	N
	정부기관시설	Y	Y	25	30	N	N
	교통시설(도로, 철도)	Y	Y	Y ②	Y ③	Y ④	Y ④
	주차장	Y	Y	Y ②	Y ③	Y ④	N
상업용	회사, 영업, 전문	Y	Y	25	30	N	N
	판매장(건자재, 장비)	Y	Y	Y ②	Y ③	Y ④	N
	소매(일반)	Y	Y	N	30	N	N
	공급시설	Y	Y	Y ②	Y ③	Y ④	N
	통신	Y	Y	25	30	N	N
제조 및 생산	제조-일반	Y	Y	Y ②	Y ③	Y ④	N
	사진 및 광학	Y	Y	25	30	N	N
	농업(가축 제외) 및 조림	Y	Y ⑥	Y ⑦	Y ⑧	Y ⑧	Y ⑧
	가축농장 및 사육	Y	Y ⑥	Y ⑦	N	N	N
	광산 및 fishing	Y	Y	Y	Y	Y	Y
오락, 휴양	야외운동 및 관람	Y	Y ⑤	Y ⑤	N	N	N
	야외음악당	Y	N	N	N	N	N
	자연농원, 동물원	Y	Y	N	N	N	N
	오락장, 공원, 캠프	Y	Y	Y	N	N	N
	골프, 승마, 유원지	Y	Y	25	30	N	N

범례: Y = Yes: 토지이용 및 관련 구조물이 제한 없이 양립가능하다.
　　　 N = No: 토지이용 및 관련 구조물이 양립할 수 없으므로 제한되어야 한다.
　　　 25, 30: 일반적으로 양립이 가능하지만 구조물에 25, 30dB의 방음시설을 해야 한다.

주: ① 주거·학교 허용 시 건물에 25/30dB 방음시설, ② 소음 민감 지역 건물에 25dB 방음시설, ③ 30dB 방음시설, ④ 35dB 방음시설, ⑤ 특수 방음 시스템 설치, ⑥ 주거건물 25dB 방음시설, ⑦ 주거건물 30dB 방음시설 ⑧ 주거건물 비허용

소음등고선을 이용하여 소음피해가 없도록 해상공항을 배치한 공항도 있다(KIX, HKG).

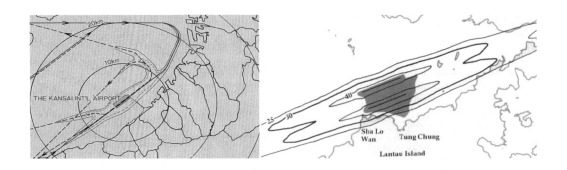

공항 주변의 토지이용이 공항 운영에 미치는 영향에 관한 FAA의 지침은 다음 표와 같다.

토지 이용			소음피해	인구집중	높은 구조물	시각장애물	야생동물
주거 활동	단독 주택		I	PI	NI	PI	PI
	다세대 주택 (연립, 아파트)	저층(1~3)	I	PI	NI	PI	PI
		중층(4~12)	I	I	PI	I	PI
		고층(≥13)	I	I	I	I	PI
	집단주거(요양원, 보호시설)		I	I	PI	I	PI
	조립식 주택단지		I	I	NI	PI	I
상업 활동	식음료 시설		I	I	PI	PI	I
	긴급 자동차 정비		NI	PI	NI	PI	NI
	사무실 (회사, 정부기관 의료, 금융 등)	저층(2~3)	I	PI	NI	PI	PI
		중층(3~12)	I	I	PI	PI	PI
		고층(≥12)	I	I	I	PI	I
	매점(판매, 임대, 수리)		PI	PI	PI	PI	PI
	접대시설 (호텔, 회의/이벤트)	저층(2~3)	I	PI	NI	PI	PI
		중층(3~12)	I	I	PI	PI	PI
		고층(≥12)	I	I	I	I	I
	야외 저장 및 전시		PI	PI	NI	PI	PI
	지상교통역(버스, 철도)		PI	I	PI	PI	PI
	자동차 수리		NI	PI	NI	PI	PI
공업 및 제조 활동	공업서비스(기계 숍, 기구수리)		NI	I	PI	PI	PI
	제조, 생산, 조립	기술, 경 제조	PI	I	PI	I	PI
		일반 제조	NI	I	PI	I	PI
		중 제조	NI	PI	I	I	I
	채광, 추출		NI	PI	NI	I	I
	폐기물 수집, 저장(폐차 등)		NI	NI	PI	PI	PI
공업 및 제조 활동	셀프서비스 저장(소형 창고)		NI	NI	NI	PI	PI
	창고(분배, 저장)		NI	PI	PI	PI	PI
	쓰레기 매립, 재생, 비료화 등		NI	NI	PI	I	I
	도매(생산품 판매, 임대)		NI	NI	NI	PI	PI

토지 이용			소음피해	인구집중	높은 구조물	시각장애물	야생동물
기관 활동		단과대학, 종합대학	I	I	I	I	I
	주민 서비스	도서관, 박물관, 교통센터	I	I	PI	I	I
		주민보호소(단기체류주택)	I	PI	NI	PI	PI
		탁아소, 보육원, 유치원 등	I	I	NI	I	I
		수용시설(감옥, 보호소, 훈련소)	I	I	PI	I	I
	교육 시설	일반교육(초, 중, 고, 기타)	I	I	I	I	I
		전문교육(무역, 경영)	I	I	PI	PI	PI
		병원, 메디컬센터	I	I	I	I	I
		종교시설(교회, 사원, 유태교회)	I	I	I	I	PI
기간 시설		공급시설(변전소, 급수, 하수)	NI	NI	PI	I	I
		통신시설(방송, 무선, 타워)	NI	NI	I	I	PI
		주차시설(지상, 주차건물)	NI	PI	I	PI	PI
		교통시설(고속도로, 일반도로)	NI	PI	NI	PI	NI
		태양광발전, 풍력발전	NI	NI	I	I	NI
경작 및 공한지 활동		식물, 동물 관련	NI	NI	PI	NI	NI
		주거 관련(단독, 이동식)	I	NI	PI	PI	PI
		시설(연료저장, 창고, 판매)	PI	PI	I	PI	PI
		홍수 범람원	NI	NI	NI	NI	NI
		연못, 습지, 호수, 강(자연 및 인공)	NI	NI	NI	I	I
		야생동물보호지역	I	PI	NI	I	I
공원 및 오락 활동	상용	실외(캠핑, 수영, 극장)	I	PI	PI	I	PI
		실내(보링, 헬스, 당구)	PI	I	PI	I	PI
		골프	I	NI	NI	PI	I
		놀이공원, 경기장, 박람회	I	I	I	I	I
		공원(물 관련, 지역, 학교)	I	PI	I	PI	PI
		카지노	NI	I	PI	I	I

주: I = Impact, 영향 있음, PI = Possible Impact, 영향 가능성 있음, NI = No Impact, 영향 없음

공항 운영과 양립할 수 있는 공항 주변의 토지이용계획 시행기법은 표 4.3-2와 같다.

표 4.3-2 토지이용 양립성 확보를 위한 시행기법(FAA)

		활주로 보호구역	진입구역	활주로 인접구역	교통패턴지역
계획 및 지구결정 기법	지역 포괄적 계획	A	A	A	A
	지역 계획	A	A	A	A
	정부기관 상호협의	A	A	A	A
	공항토지이용 양립성 계획 (토지 이용, 고도 제한 기준 포함)	A	A	A	A

표 4.3-2 토지이용 양립성 확보를 위한 시행기법(FAA)(계속)

		활주로 보호구역	진입구역	활주로 인접구역	교통패턴지역
계획 및 지구결정 기법	공항 기본계획 및 배치계획	A	A	A	O
	치외법권적 구역 설정(zoning)	A	A	A	A
	고도 제한 구역설정 조례	A	A	A	A
	배치계획 검토	A	A	A	O
	구획된 토지 검토	O	O	O	O
	소유권 제한	O	O	O	O
자연생태 기법	야생동물 관리계획	A	A	A	O
	자연생태목록작성, 영향완화대책	A	A	A	O
매입 및 공지 기법	소유권 매입	A	O	O	L
	항행 및 소음 지역권	A	A	O	O
	보존 지역권	A	A	O	O
	개발권 양도	A	A	O	O
	개발권 구매	A	A	O	O
	소송취하 및 책임면제 약속	A	A	O	O
	사실 공지(disclosure notice)	A	A	A	A
소음 관련 기법	소음 양립성 계획	A	A	A	A
	건축법규(조례)	A	A	A	A
	보험 권 구매	A	A	O	L
	매출 지원	A	A	O	L
	방음벽 ★	L	L	A	L
	방음시설	A	A	A	O

주: A = Acceptable: 적당, O = Optional: 선택적, L = Limited: 제한
　　★ 방음벽은 소음원이 지상인 경우만 효과적이다.

참고자료

1. 주요공항 Aeropolis 계획(DWC, IKA, TPE, DFW, KIX, DEN, NGO, HKG 등)

2. 주요공항 주변의 토지이용계획(SIN, CDG, NRT, JFK)

3. 주요공항의 Master Plan(YMX, KUL)

4. FAA FAR PART 150

5. FAA AC 150/5020-1, Noise Control and Compatibility Planning for Airports

6. IATA ADRM(10th)

4.4 평행활주로 구성

1. 평행활주로 개요

항공기가 소형이었을 때는 허용 측풍속이 작아서 공항 운영에 필요한 풍극범위^{Wind Coverage}
(연중 95% 이상) 확보를 위해 여러 방향의 활주로를 건설했으나 근래에는 항공기가 대형화됨
에 따라 허용 측풍속이 커져서 교차활주로의 필요성이 감소되고 있다. 예를 들어, LHR와
ORD 공항의 개항 당시 활주로구성은 그림 4.4-1과 같이 여러 방향의 활주로이었으나 현재
LHR은 평행활주로만 있고, ORD는 8개 활주로 중 2개만 교차활주로를 유지할 계획이다.

 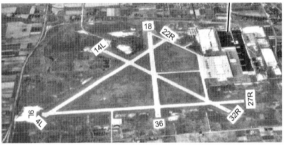

(a) 1947년 히스로공항(활주로 6개)　　　　(b) 1955년 오헤어공항 활주로 4개

그림 4.4-1 초창기 공항의 여러 방향 활주로 구성

한국은 연간 계절풍이 우세하여 교차활주로의 필요성이 적다. 김포공항의 초창기 활주로
구성은 3개 방향으로 건설되었지만 현재는 우세풍향 방향으로 평행활주로만 있다. 여기서는
교차활주로는 제외하고 평행한 활주로만 대상으로 검토했으며, 또한 비교적 운항수요가 많
은 공항을 대상으로 조사했다.

2. 평행활주로의 구분

(1) 평행활주로 간격별 구분

a. 근 간격 평행활주로(Close Parallel Runways, 근 간격 평행활주로)

활주로 간격은 210~759m로서, 계기비행기상조건^{Instrument Meterological Condition, IMC}에서 하나의
활주로는 다른 활주로의 사용 여부에 따라 사용이 제한된다. 시계비행기상조건^{Visual Meterological}

Condition, VMC에서 동시에 하나는 출발 하나는 도착을 허용하지만 동시 이륙이나 동시 착륙은 허용되지 않는다. FAA의 항공기설계그룹 I~IV(날개폭 52m 미만)의 활주로 최소간격은 210m 이고, 설계그룹 V~VI은 360m이며, 이는 활주로에 있는 항공기가 사용 중인 다른 활주로의 OFZ에 저촉되지 않기 위한 것이다.

b. 중 간격 평행활주로(Intermediate Parallel Runways, 중 간격)

활주로 간격은 760~1,299m이며, IMC에서 동시에 이륙·착륙, 이륙·이륙은 허용되지만 동시 착륙·착륙은 허용되지 않는다. 단 1,035~1,299m 간격에서는 PRM이 있으면 동시 착륙· 착륙도 허용된다. VMC에서는 동시 이륙·착륙, 이륙·이륙, 착륙·착륙이 허용된다.

c. 원 간격 평행활주로(Far or Open Parallel Runways, 원 간격)

간격은 1,300m 이상이며, VMC는 물론 IMC에서도 동시에 이륙·착륙, 이륙·이륙, 착륙· 착륙이 가능하다. 평행활주로 간격별 구분은 그림 4.4-2와 같다.

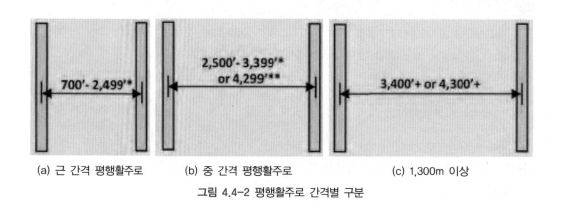

| (a) 근 간격 평행활주로 | (b) 중 간격 평행활주로 | (c) 1,300m 이상 |

그림 4.4-2 평행활주로 간격별 구분

(2) 독립·비독립 평행활주로 구분(Independent/Dependent)

독립 평행활주로는 비행기상조건IMC, VMC 및 동시운항의 구분(착륙·착륙, 이륙·이륙, 이륙· 착륙)에 따라 동시에 운항이 가능한 평행활주로를 말하고, 비독립 평행활주로는 동시 운항이 불가한 평행활주로를 말하며, 평행활주로 간격별 구분은 표 4.4-1과 같다.

표 4.4-1 평행활주로 2개의 간격별 동시 운항능력

구분	활주로 간격	IMC			VMC		
		착륙·착륙	이륙·이륙	이륙·착륙	착륙·착륙	이륙·이륙	이륙·착륙
근 간격 평행 활주로	210~ 759m	비독립	비독립	비독립	비독립	비독립	독립
중 간격 평행활주로	760~ 1,034m	비독립	독립	독립	독립	독립	독립
	1,035~ 1,299m	비독립(PRM 무) 독립(PRM 유)					
원 간격 평행활주로	≥1,300m	독립 (PRM 유무)	독립	독립	독립	독립	독립

주: 주요 공항 평행활주로 간격 및 길이는 표 4.4-3 참고, PRM= Precision Runway Monitor

(3) 활주로 끝이 어긋난 배치(Staggering)

평행활주로 구성에서 활주로 길이가 같음에도 끝이 서로 나란하지 않고 어긋나게 배치된 것을 끝이 어긋난 활주로Staggered Runway라 하며, 활주로 끝을 어긋나게 배치하는 사유는 계획적인 경우와 부지 여건상 불가피한 경우가 있다.

계획상 끝이 어긋나게 배치하는 사유는 착륙 항공기가 터미널까지, 이륙 항공기가 터미널에서 이륙활주로 시단까지 단거리로 접근할 수 있는 이점이 있고, 또한 착륙-이륙 항공기간 분리거리를 증가시키는 효과가 있어 평행활주로 간격을 축소시킬 수 있는 이점이 있다.

끝이 어긋나게 배치된 활주로의 단점은 끝이 나란한 경우보다 부지소요가 크고, 풍향이 변경되어 이착륙 방향을 변경할 때 이착륙 활주로가 혼용되지 않고 고정되기 때문에 용량이 감소하며, 착륙 항공기를 기준하여 착륙항공기가 먼 활주로를 이용하고 이륙항공기가 가까운 활주로를 이용한다면 지상주행거리도 증가되고 활주로 간격기준도 증가한다. 또한 독립활주로 및 비독립활주로의 수가 증가될수록 어긋나게 배치된 효과는 감소된다. 끝이 어긋난 배치는 터미널을 사이에 두고 양측에 배치된 독립 평행활주로 간에 주로 적용된다.

(4) 활주로 길이

활주로 길이는 취항기종, 이륙중량 및 착륙중량에 의거 결정되기 때문에 국제선 위주 공항의 활주로 길이는 길고, 국내선 위주 공항의 활주로 길이는 비교적 짧다. 활주로 길이가 같다 하더라도 표준온도와 해발고도가 높을수록, 활주로 종단경사가 클수록 활주로 길이의

성능은 감소한다. 독립평행활주로는 이륙·착륙 혼용을 전제로 길이를 같게 하며, 비독립
평행활주로는 이륙·착륙 전용을 전제로 활주로 길이를 다르게 건설하는 것이 일반적이다.
또한 교통량이 많은 공항에서는 복수활주로 중 하나를 다소 길게 건설한 사례도 있으며,
이는 강설, 강우, 측풍, 시정 감소 등 기상악화에 대비하고, 최대이륙중량을 보장하기 위한
것이다. 15대 국제공항의 활주로 길이를 인천공항의 환경으로 환산한 길이는 표 4.4-2를 참고
할 수 있다.

표 4.4-2 15대 국제공항 활주로 길이를 인천공항 환경으로 환산한 길이(m)

공항	활주로 길이		표준온도 (°C)	고도 (m)	온도 보정길이		온도·고도 보정길이	
	최장	최단			최장	최단	최장	최단
DOH	4,850	4,250	37.0	4.0	4,423	3,893	4,426	☆3,896
JFK	4,423	3,048	29.0	4.0	4,421	3,036	4,424	☆3,048
CDG	4,215	2,700	23.6	118.0	4,426	2,835	4,311	★2,757
LHR	3,902	3,660	20.9	25.0	4,202	3,942	4,184	☆3,926
AMS	3,800	3,300	20.4	-3.5	4,112	3,571	4,122	☆3,580
FRA	4,000	2,800	24.2	112.0	4,176	2,923	4,074	★2,916
DXB	4,450	4,000	37.7	19.0	4,045	3,636	4,034	☆3,626
KUL	4,124	4,056	32.0	21.0	3,984	3,918	3,972	☆3,906
NRT	4,000	2,500	29.6	43.0	3,960	2,475	3,927	★2,454
BKK	4,000	3,700	31.4	2.0	3,888	3,596	3,893	☆3,601
SIN	4,000	4,000	31.7	6.5	3,880	3,880	3,880	☆3,880
MUC	4,000	4,000	22.8	453.0	4,232	4,232	3,792	☆3,792
HKG	3,800	3,800	30.3	9.0	3,735	3,735	3,733	☆3,733
TPE	3,800	3,660	32.7	33.0	3,644	3,510	3,622	☆3,489
MAD	4,350	3,500	32.8	609.0	4,167	3,353	3,582	★2,882
평균							3,998	3,432
인천	4,000	3,750	28.6	7.0	4,000	3,750	4,000	3,750

주: ① 보정길이 평균: 최장활주로 길이=3,998m, 최단활주로 길이: 총 평균=3,432m, 이륙·착륙 공용☆ 평균=3,680m, 착륙 전용
　★ 평균=2,752m
　② ICN 표준온도 28.6°C와 표고 7.0m 기준 보정
　③ 표준온도 1°C 상승마다 1%, 고도 300m 상승마다 7% 감소

3. 계기비행 관제기술의 발전

(1) 독립 계기비행 관제기술(1990년대 이전)

IMC(시정 3마일 이하)에서 다른 활주로의 이용에 영향을 주지 않고 계기비행으로 동시에
착륙하는 것을 관제할 수 있는 기술은 1990년대 초까지는 2개의 원 간격 평행활주로에 한정

되었으므로 당시의 대형 공항은 대부분 동시에 계기착륙할 수 있는 2개의 원 간격 평행활주로를 갖추고 있었으며, 원 간격 평행활주로를 갖춘 공항은 미국의 ATL, DFW, ORD 공항 등, 유럽의 CDG, LHR, AMS 공항 등, 아시아의 HND, SIN, TPE 공항 등이 있었고, 수요는 많지만 이런 원격 평행활주로를 갖추지 못한 공항도 있었다(SFO, 김포 등).

운항수요가 증가되고, 또한 피크시간에 운항이 집중됨으로써 많은 공항에서 항공기 운항이 지연되어 여객과 항공사에게 큰 손실을 주고 있으며, 지연에 따른 손실은 활주로 건설비용보다 큰 경우가 많다. 미국의 공항에서는 원 간격 평행활주로 2개의 시간당 계기비행 용량은 도착 전용은 57회, 도착 및 출발 혼용은 99회 정도로 보고 있다.

(2) 독립계기비행 관제기술 발전(1990년대 이후)

전자기술의 발전으로 레이더 관제에 의하여 3독립 및 4독립 평행활주로의 운영이 가능하게 됨에 따라 미국의 DEN, DFW 공항을 선두로 하여 ATL, ORD 공항 등은 제3 원 간격 평행활주로를 건설했으며, 다른 공항도 제3 원 간격 평행활주로 건설을 추진 중에 있다(4.5절 참고). 기타 국가에서는 AMS, PEK 공항 등이 제3 원 간격 평행활주로를 운영 중에 있다.

a. 미국 연방항공청(FAA) 및 국제민간항공기구(ICAO)

미국에서는 현행 레이더 관제방법으로 3개의 원 간격 평행활주로에서 동시에 계기착륙할 수 있는 3독립 계기착륙절차를 1993년에 이미 개발했고, 4독립 계기착륙절차도 FAA의 승인을 받으면 가능하다. 또한 정밀 활주로 감시장비Precision Runway Monitor, PRM를 이용하면 2개 평행활주로 간격이 1,035m(최근 900m) 이상이면 동시 계기착륙이 가능하며, PRM이 있어도 3 독립 평행활주로는 착륙실패시의 안전간격을 고려하여 1,300m 이상, 4독립 평행활주로는 1,500m 이상의 간격을 유지한다.

운송용 항공기는 스케줄 비행을 해야 하기 때문에 IMC의 용량이 중요하다. 기상이 나빠지면 활주로 용량은 상당히 감소되고, 항공기 지연은 증가하며, 지연으로 인한 손실은 막대하다. 허브공항이 지연되면 그 공항을 향하여 출발하려는 다른 공항의 운항에도 영향을 준다.

측풍으로 인한 결항률을 5% 이하로 낮추기 위해 교차활주로를 건설하듯이 연간 약 10%의 계기비행 기상조건에 대비하여 평상시와 다름없는 활주로 용량을 갖추는 것이 불가피하며,

기술의 발전으로 3 독립 및 4 독립 계기비행이 가능하기 때문에 이제는 운항용량 증대 대책으로 제3 및 4의 원 간격 및 중 간격 평행활주로를 건설하는 것이 가장 중요한 방법으로 부상하고 있으며, 다음 절을 참고할 수 있다.

4. 주요 공항의 평행활주로 구성

세계 주요 공항의 평행활주로 구성사례를 정리하면 다음과 같고, 교차하거나 벌어진 V자형 활주로는 국내에서는 활용도가 매우 낮으므로 제외했다.

(1) 근 간격 평행활주로(간격: 210 ~759m) 2개

대형기가 개발되기 이전에 이미 건설되었거나 부지나 장애물 여건상 더 넓은 부지를 확보할 수 없는 경우가 많다. 이런 경우가 아니면 대부분 300m 이상이다.

활주로 길이는 대부분 터미널에 가까운 활주로의 길이가 먼 쪽의 활주로보다 길다. 이는 가까운 활주로를 이륙 전용으로 먼 활주로를 착륙 전용으로 사용하기 위한 것이며, 이런 운영이 효율적이기 때문이다. 터미널에서 먼 활주로와 가까운 활주로의 길이를 같게 한 경우는 활주로의 운영효율을 높이거나(프랑크푸르트), 활주로 건너편에도 운항수요(화물터미널 등)가 있는 경우에 해당된다(인천국제공항). 터미널에서 먼 쪽의 활주로 길이가 긴 공항도 있으나 이는 부지여건상 기존의 가까운 활주로를 확장할 수 없기 때문이다.

근 간격 평행활주로는 장기계획의 중간단계, 부지여건상 중 간격·원 간격 평행활주로 건설이 불가능한 경우, 운항수요가 장기적으로 근 간격 평행활주로 만으로도 충분한 경우에 채택되었으며, 이런 구성은 부지소요가 작은 반면 운항용량의 증가도 적지만 기술발전으로 근 간격 평행활주로의 용량이 증가추세에 있다(그림 4.4-3 및 표 4.5-4 참고). 근 간격 평행활주로는 DXB 공항을 제외하고는 활주로 끝을 어긋나게 배치한 경우가 거의 없다.

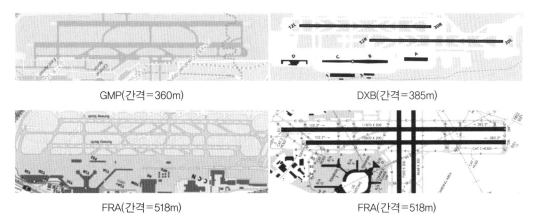

GMP(간격=360m)   DXB(간격=385m)

FRA(간격=518m)   FRA(간격=518m)

그림 4.4-3 근 간격 평행활주로의 예

(2) 중 간격 평행활주로(간격: 760 ~1,299m)

중 간격 평행활주로 2개만 있는 경우는 PRM 등을 이용하여 IMC 독립접근을 도모하고, 또한 활주로 사이에 터미널을 배치하는 경향이다.

중 간격 평행활주로 사이에 터미널을 배치한 공항은 YYZ, PHX, DTW, FLL, PDX, PTY 공항 등이 있고(표 4.4-3 참고), 계획공항은 LHR 제3 평행활주로가 있으며, 이는 그림 4.4-4와

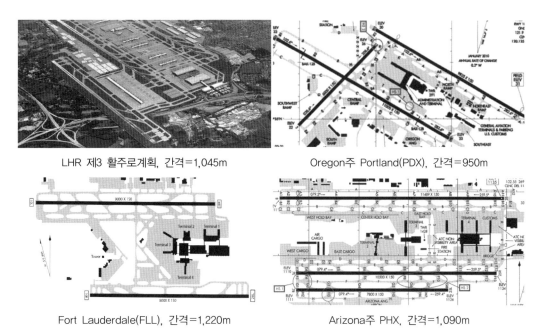

LHR 제3 활주로계획, 간격=1,045m   Oregon주 Portland(PDX), 간격=950m

Fort Lauderdale(FLL), 간격=1,220m   Arizona주 PHX, 간격=1,090m

그림 4.4-4 중 간격 평행활주로 사이에 터미널 배치 사례

같다. 덴버공항과 같이 여러 활주로 조합의 일부로 도입된 것 중에는 간격 평행활주로도 있다.

(3) 원 간격 평행활주로(간격: 1,300m 이상) 2개

이런 구성은 거의 모든 공항이 터미널을 사이에 두고 양측에 활주로가 배치되었으며, 활주로 간격은 1,300m부터 3,800m까지 다양하다. 국내선 위주 공항과 오래전에 계획된 공항은 1,500m 내외가 많고, 국제선 위주공항과 최근에 계획된 공항은 대부분 2,000m 이상이며, 이런 구성은 세계 주요 공항에서 다수 이용되고 있다(그림 4.4-5).

활주로 길이는 양측 활주로 길이가 같은 경우가 많으며, 이는 양 활주로의 혼합사용을 위한 것이다. 두 개의 활주로 중 하나의 길이가 작은 사례도 있는바, 이는 작은 활주로를 착륙 전용으로 사용하기 위한 경우와 장애물이나 소음피해 또는 부지여건 제약으로 활주로 길이를 충분히 건설할 수 없는 경우가 있으며, 이런 공항의 사례는 NRT(4000/2500), JFK (4400/3047) 등이 있다. 분리사용하면(이륙·착륙 전용) 시간용량은 약 25% 감소한다.

두 개의 활주로 중 하나를 4,000m 내외로 길게 건설한 공항도 있는바, 이는 비상시(강설, 강우, 시정 불량, 측풍 등) 항공기 안전운항 확보와 장거리 취항항공기 및 화물전용기의 하중제한을 억제하기 위한 것이며, 운항수요가 많은 대형 공항에 이런 사례가 많다.

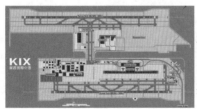 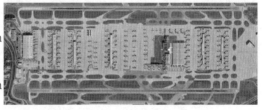

← KIX
간격=2,300m

LHR →
간격=1,420m

그림 4.4-5 원 간격 평행활주로 2개의 예

a. 활주로의 Staggering

주요 공항의 활주로 배치를 보면 끝이 어긋난 공항이 나란한 공항보다 많다. 끝이 어긋난 정도(대, 중, 소)에 따라 분류하면 다음과 같다(R/W 양단 중 어긋난 정도가 작은 쪽 기준).

Stagger 간격	해당 공항
2,000m 이상	DEN, IAH, KUL, CDG, FCO, BUD(부다페스트)
1,000~2,000m	YMX(미러벨), PIT, PVG, MCO, AMS, SIN, MUC, PEK, NRT, IAD
500~1,000m	LAX, MCI(캔자스시티), PVG, MIA, BKK
500m 미만	TPE, ORD, ATL, DFW, HKG, KIX, JFK, HNL, CGK, HND, TPA

(4) 원 간격 평행활주로 2개 + 근 간격 평행활주로 2개

이는 근 간격 평행활주로 구성의 이중double 구성으로서 활주로 이용효율이 크고, 비상시 대처 및 정비 관리가 용이하며, 활주로를 이륙·착륙 전용으로 구분 사용하여 안전운항을 증진하고, 활주로 배치상 계류장 확장이 효율적이다. 단점은 측풍이 심할 경우이다.

활주로 간격은 오래전에 계획된 공항의 원 간격 활주로는 1,500m 내외이고 근 간격 활주로는 210~300m 정도이며, 최근 계획공항은 원 간격 2,000m · 근 간격 400m 이상이다.

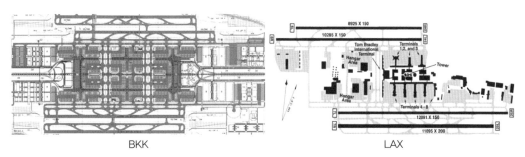

그림 4.4-6 원 간격 평행활주로 2개 + 근 간격 평행활주로 2개의 예

(5) 원 간격 평행활주로 3개

미국의 주요 허브공항은 확장이 제한되는 공항(LAX 등)을 제외하고 거의 원 간격 평행활주로 3개를 건설했으며, 미국 이외의 국가도 AMS, PEK, SIN 공항이 원 간격 평행활주로 3개를 건설했고, HKG, ICN, PVG, CAN 공항 등이 계획에 반영했다(그림 4.4-7 참고).

원 간격 평행활주로 사이 양쪽 모두에 터미널을 배치하는 공항도 있고(PEK, SIN, TPE, KUL 등), 터미널을 한쪽에 기타(화물, 정비 및 지원시설)를 다른 쪽에 배치하기도 한다.

활주로는 Stagger된 공항도 있고(DEN, AMS, KUL), 안 된 공항도 있다(ATL, DFW, ORD).

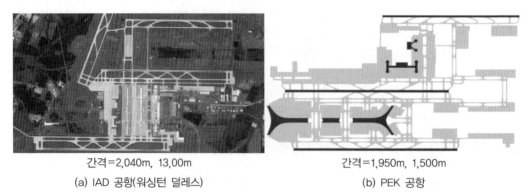

간격=2,040m, 13,00m

(a) IAD 공항(워싱턴 덜레스)

간격=1,950m, 1,500m

(b) PEK 공항

그림 4.4-7 원 간격 평행활주로 3개의 예

(6) 원 간격 평행활주로 3개 + 근 간격 평행활주로 1~3개

원 간격 평행활주로 3개에 근 간격 평행활주로 1~3개가 조합된 구성으로서 PIT(3 원 간격 + 3 근 간격), PVG(3 원 간격 + 2 근 간격), MCO/MCI/KUL(3 원 간격 + 1 근 간격) 등이 있다(그림 4.4-8 참고).

터미널을 사이에 둔 평행활주로의 간격은 1,340~2,530m, 기타 원 간격 평행활주로 간격은 1,280~2,190m이다.

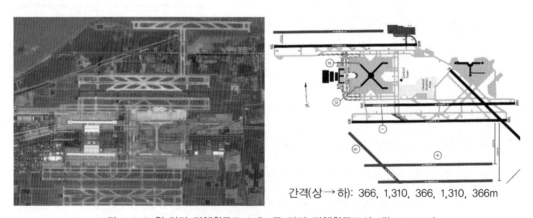

간격(상→하): 366, 1,310, 366, 1,310, 366m

그림 4.4-8 원 간격 평헹활주로 3개 + 근 긴격 평행활주로의 예(PVG, PIT)

(7) 원 간격 평행활주로 4개 + 근 간격 평행활주로

이런 구성은 운항수요가 많은 DEN, DFW, ORD 등 미국의 허브공항에서 먼저 계획되었고 (부지 폭 6~9km, 그림 4.4-9), 이어서 두바이, 북경, 런던 신공항 계획에 반영되었으며, 2015년 말 기준 원 간격 평행활주로 4개를 건설한 공항은 ORD뿐이다. 터미널을 사이에 둔 원 간격 평행활주로의 간격은 1,646~2,310m이고, 기타 원 간격 평행활주로 간격은 1,310~1,768m, 기타의 평행활주로 간격은 366~1,158m 범위이다.

활주로 길이는 터미널을 사이에 둔 IFR 독립활주로의 길이가 긴 편이고, 외측의 근 간격 활주로 길이는 터미널 내측 활주로와 같거나 다소 짧다.

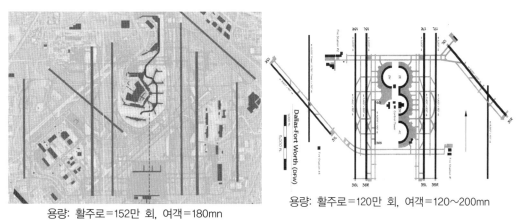

용량: 활주로＝152만 회, 여객＝180mn

(a) ORD 공항 현대화 계획(2005)

용량: 활주로＝120만 회, 여객＝120~200mn

(b) DFW 공항 재개발 계획(1991)

그림 4.4-9 원 간격 평행활주로 4개＋근 간격 평행활주로 2개의 예

앞에서 설명한 주요 공항의 평행활주로 간격 및 길이를 정리하면 표 4.4-3과 같다.

표 4.4-3 주요 공항 평행활주로 간격 및 길이

구분	공항		간격(m)	활주로 길이(m)	
				터미널 측	외측
근 간격 평행활주로 2개	로스앤젤레스	LAX	213/227	3,685/3,318	3,382/2,720
	애틀랜타	ATL	305/305	3,776/3,048	2,743/2,743
	댈러스포트워스	DFW	366/366	4,084/4,084	4,084/4,084
	시카고 오헤어	ORD	366/490	3,962/3,432	3,427/3,230
	두바이	DXB	385	4,450	4,000
	샤를드골	CDG	390	4,215/4,200	2,700/2,700
	방콕	BKK	400	3,700	4,000
	광조우	CAN	400	3,800/3,800	3,600
	인천	ICN	414	3,750/4,000	3,750/3,750

표 4.4-3 주요 공항 평행활주로 간격 및 길이(계속)

구분	공항		간격(m)	활주로 길이(m)	
				터미널 측	외측
중 간격 평행활주로 2개	Detroit	DTW	터미널 배치 1,158	3,659/3048	
	Toronto Pearson	YYZ	시설 배치 1,060	3,368/2,770	
	Phoenix Sky..	PHX	터미널 배치 1,090	3,502/3,139	
	Fort Landerdale	FLL	터미널 배치 1,220	2,743/2,438	
	Panama Tocumen	PTY	터미널 배치 870	3,050/2,682	
	Portland	PDX	터미널 배치 950	3,353/29,95	
원 간격 평행활주로 2개	바르셀로나	BCN	1,350	3,743/2,660	
	히스로	LHR	1,420	3,902/3,658	
	LA	LAX	1,494	3,685/3,135	
	하네다	HND	1,700	3,360/3,000	
	케네디	JFK	2,040	4,423/3,048	
	인천	ICN	2,074	4,000/3,750	3750/3750
	간사이	KIX	2,300	4,000/3,500	
	나리타	NRT	2,500	4,000/2,500	
	콸라룸푸르	KUL	2,540	4,019/4,000	
	샤를드골	CDG	3,000	4,215/4,200	
원 간격 평행활주로 3개	애틀랜타	ATL	1,340/1,280	3,776/3,048	2,743
	창이	SIN	1,640/1,880	4,000/4,000	2,750
	타이페이	TPE	1,700/1,500	3,800/3,660	3,050
	베이징(북경)	PEK	1,960/1,520	3,810/3,810	3,200
	제다	JED	2,000/1,700	3,800/3,300	3,300
	워싱턴덜레스	IAD	2,040/1,313	3,525/3,505	2,865
	인천	ICN	2,074/2,074	4,000/3,750	3,750
	광조우	CAN	2,200/1,530	3,800/3,600	3,800
	푸동	PVG	2,260/1,750	4,000/3,800	3,400/3,400
	뮌헨	MUC	2,300/1,180	4,000/4,000	4,000
	콸라룸푸르	KUL	2,530/2,190	4,000/4,000	4,000
원 간격 평행활주로 4개	시카고오헤어	ORD	1,646/1,614/945	3,962/3,432	2,286~3,427
	휴스턴(계획)	IAH	1,760/1,158/1,158	3,048/2,865	3,048/3,048
	DFW(계획)	DFW	1,951/1,768/1,524	4,084/4,084	2,975/2,972
	덴버(계획)	DEN	2,310/1,439/1,310	3,658/3,658	3,658~4,877

(8) 참고

중 간격(760~1,299m) 평행활주로 사이에 터미널이 배치된 사례이다(그림 4.4-4 참고).

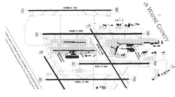  

| Detroit, 간격=1,158m | Toronto, 간격=1,060m | Panama, 간격=870m |

교차활주로는 평행활주로만으로는 Wind Coverage를 95% 이상 확보할 수 없는 경우에 필요하며, 그 사례와 장단점은 다음과 같다.

사례(마이애미 공항)	장단점
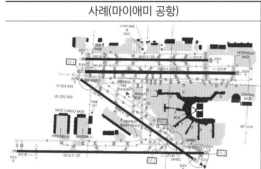	○ 우세 계절풍이 측풍인 경우 대비 가능 × 교차활주로와 다른 활주로의 동시사용 불가 × 단일 또는 평행활주로보다 환경영향이 큼 × 평행활주로 구성보다 계류장 면적이 큼 × 활주로 교차점에 문제가 있으면 2개 활주로 모두 사용 불가

교차활주로가 평행활주로와 교차하는 경우는 위와 같은 문제가 있으므로 이를 해소하기 위해 교차되지 않게 배치하는 공항이 있으며, 그 사례는 덴버 및 북경 신공항 등이 있다.

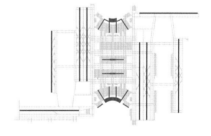

참고자료

1. FAA AC150/5060-5 Airport Capacity and Delay(9/23/83)
2. 주요공항 Master Plan(IAD, PEK, Isle of Grain 신공항 구상, Daxing 신공항 등)
3. Google Earth
4. TRB, ACRP Report 79, Evaluating Airfield Capacity(2012)
5. Wikipedia 공항 Data

4.5 활주로 용량

1. 활주로 용량 확충방안

(1) 미국 공항

a. 지연 현황, 원인 및 해소방안

1991년 미국에서 항공기 운항 지연이 연간 2만 시간이 넘는 공항은 23개 공항에 달하며, 135톤 이상의 항공기가 1시간 지연되면 4,575 달러의 경제적 손실이 있다.

15분 이상 지연원인을 조사한 결과[1986~1991] ① 기상 불량 시 활주로의 계기비행 용량 부족 53~70%, ② 터미널 용량 부족 9~36%, ③ 항공기관제 용량 부족 0~13% 등이며, 운항 상태별 항공기당 평균지연은 ① 탑승지연 1.0~1.1분, ② Taxi-out 지연 6.8~7.2분(이륙용량 및 목적지 착륙용량 부족), ③ Airborne 4.0~4.3분(착륙용량 부족), ④ Taxi-in 2.1~2.3분(활주로 횡단 및 Gate 부족), 합계: 14.0~14.9분으로 조사되었다.

지연을 해소할 수 있는 방법은 공항시설 확장 및 신설, 관제절차의 개선, 공항 접근 공역의 개선 및 신기술 도입 등이며, 활주로의 계기비행 용량을 증대하는 것이 가장 근본대책이라고 분석되었다.

b. 활주로 용량에 영향을 주는 인자

- 활주로 구성: 활주로횡단 최소화, 유도로(평행, 고속, Bypass, End-around)
- ATC 절차 및 장비: 연속되는 항공기 간 분리간격, 관제사 숙련도, PRM 등
- 항행, 감시, 교통관리, 통신 및 정보 등에 관한 기술, 항행안전시설 등
- 도착·출발 속도등급별 항공기 혼합률, 도착·출발 수요의 비율, 운영방식(혼합·분리)
- 항공기 정렬 관제기술(선착순 처리, 우선순위)
- 경제, 환경, 사회적 제약: 소음저감 절차 등
- 활주로 점유시간, 계류장 용량(활주로 용량과 조화), 기상조건 등
- 표준계기출발절차(SID) 및 표준계기도착절차(STAR) 이용 가능성

c. 활주로 용량 확충방안

:: 비행장시설의 신설 및 확장

- 활주로 신설(3rd 및 4th 원 간격 평행활주로)
- 활주로 길이 및 폭 확장
- 유도로체계 개선(평행유도로, 고속출구유도로, End-around 유도로 등)
- Contact Stand 및 Remote Stand 확장
- 활주로중심선등화 및 기타 등화시설 보강
- 터미널 확장 및 신설
- 활주로 종단에 엔진 Run-up pad 설치
- 시설의 재배치 및 포장강도 보강 등

:: 항행안전시설 및 장비의 개선

- 항행안전시설 및 진입등화시설 개선
- RVR System 등급 상향조정
- 항공교통 감시 장비(레이더, PRM)
- 기상레이더 설치 등

:: 운영개선

- 항공기접근 최소간격을 2.5 NM로 감소
- 항공기 관제절차 개선
- 터미널서비스도로 및 교통관리절차 개선
- 공역을 효과적으로 사용하도록 개선
- 관제사 인원보강, 좌석증설, 숙련
- 항공기의 활주로 점유시간 최소화
- 활주로를 신속히 벗어나도록 조종사 교육
- IFR 및 VFR 독립 진입절차의 개선
- 운항스케줄을 피크시간에 너무 집중되지 않도록 분산 유도
- 최신 항공전자 기술(FMS, RNAV, WAAS, TCAS, GPS, ADS-B, CDTI 등; 4.13절 참고)
- 항공기의 활주로 횡단시간 단축 또는 횡단에 따른 영향 최소화방안 개발 등

d. IFR 운항용량 확보를 위한 원 간격 평행활주로 건설계획

운항지연은 항공사에게 막대한 경제적 손실을 주고, 여객에게 불편을 주며, 공항의 서비스 수준이 저하됨에 따라 공항의 경쟁력이 약화된다. 항공기 운항지연에 따른 경제적 손실과 활주로 건설비용을 비교하면 지연손실이 건설비보다 상당히 큰 것으로 분석되고 있다. FAA는 미국 주요 공항의 용량 확충계획을 표 4.5-1 및 그림 4.5-1과 같이 1993년에 수립했으며, 2017년 12월 말 기준 건설된 평행활주로 현황은 표 4.5-1 및 그림 4.5-2와 같다.

표 4.5-1 미국 주요 공항의 원 간격 평행활주로 건설계획(1993) 및 현황(2017)

공항	운항실적(천)		원 간격 평행활주로 계획			2017 말 기준 원격 평행활주로 수
	1992	2015	1993년 현황	건설계획	계	
Atlanta	621	882	2	+1	3	3
Chicago O'Hare(ORD)	841	875	2	+2	4	4
Dallas-Port Worth(DFW)	764	681	2	+2	4	3
Denver(DEN)	485	541	0	+6	6	3
Houston(IAH)	320	503	2	+2	4	3
Orlando(MCO)	304	308	2	+1	3	3
Washington Dulles(IAD)	2000년 456	269	2	+1	3	3
Pittsburgh(PIT)		144	2	+1	3	2
Kansas City(MCI)	2006년 178	123	2	+1	3	2

주: 원 간격 평행활주로 수별 시간당 IFR 착륙용량: ① 2개=57회, ② 3개: 86회

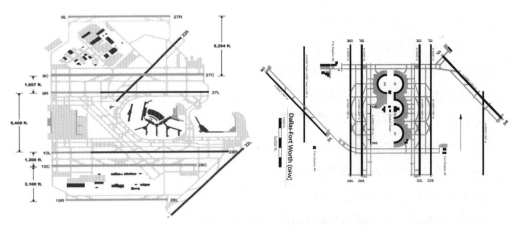

ORD, 간격(상→하): 1,614, 490, 1,606, 366, 945m   DFW, 간격(좌→우): 1,768, 366, 1,951, 366, 1,524m

그림 4.5-1 원 간격 평행활주로 4개 이상 건설계획

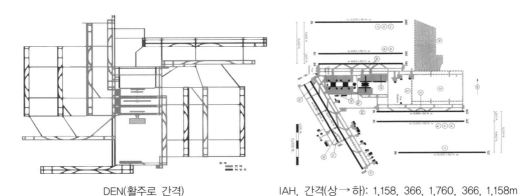

DEN(활주로 간격)　　　　IAH, 간격(상→하): 1,158, 366, 1,760, 366, 1,158m

그림 4.5-1 원 간격 평행활주로 4개 이상 건설계획(계속)

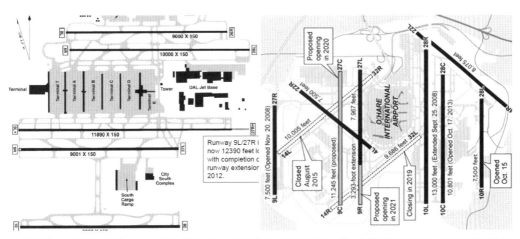

ATL(3독립＋2비독립), 운항 898,000회, 여객 1억 400만 명　ORD(4독립＋2교차), 운항 868,000회, 여객 7,800만 명

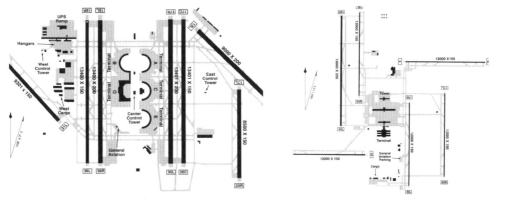

DFW(3독립＋2비독립), 운항 673,000회, 여객 6,600만 명　DEN(3독립＋1비독립), 운항 573,000회, 여객 5,800만 명

그림 4.5-2 미국의 원 간격 평행활주로 3~4개 건설현황 및 운영실적(2016)

(2) 미국 이외의 공항

미국 이외의 국가에서 2017년 말 기준 원 간격 평행활주로 3개를 이미 개항한 공항은 PEK, SIN, AMS, KUL, JED 등이 있고, 계획에 반영한 공항은 ICN, PVG, MUC, CAN, LHR, HKG, TPE, CGK, DWC 및 북경 신공항Daxing 등이 있다(그림 4.5-3 및 4.5-4 참고).

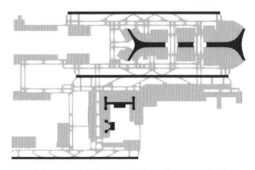

(a) PEK: 실적=96, 용량=1억 3,700만 명   (b) AMS: 실적=69, 용량=1억 1,000만 명
(c) SIN(3독립): 실적=운항 373,000회, 여객 6,200만 명, 용량계획=1억 3,500만 명
(d) JED(3독립): 실적=운항 208,000회, 여객 3,000만 명

그림 4.5-3 미국 이외의 원 간격 평행활주로 3개 건설공항의 실적 및 용량(2017)

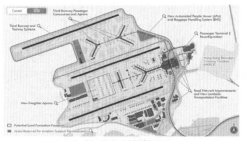

3 원 간격 평행활주로   3 원 간격 평행활주로
HKG 계획(용량: 운항 62만 회, 여객 1억 2,400만 명)   LHR 계획(용량: 운항 74만 회, 여객 1억 4,900만 명)

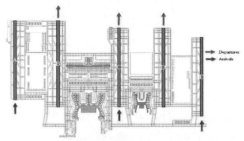
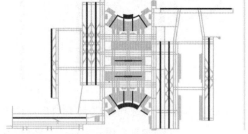

5 원 간격 평행활주로+1 Cross   4 원 간격+2 근 간격+2 Cross
이스탄불 신공항 계획(용량: 1억 5,900만~2억 명)   Daxing 신공항 계획(용량: 1억 2,000만~2억 명)

그림 4.5-4 미국이외 공항의 원 간격 평행활주로 3~5개 건설 및 용량 계획

2. 활주로 구성별 용량평가 및 운항실적

활주로 구성별 용량은 FAA, IATA 및 공항별 평가용량과 실적을 참고할 수 있다. 동일한 활주로 구성임에도 2010년대의 용량이 1990년대의 용량보다 상당히 크게 평가되고 있는바, 이는 기술발전에 따른 관제 장비 및 절차의 개선, 관제사 및 조종사의 숙련 등에 기인한다.

(1) FAA 활주로 용량평가

a. 1995년 평가(AC150/5060-5)

FAA는 장기계획을 위한 지침으로서 활주로 시스템의 시간용량VFR/IFR과 연간서비스용량ASV을 평가했으며, 시간당 VFR 및 IFR 용량평가는 다음의 가정에 근거한 것이다.

- Multiple 도착 streams은 평행활주로 구성에만 있다.
- 항공기 도착: 출발 비율은 같다.
- Touch and Go의 비율은 다음 표를 적용한다.
- 활주로의 전 길이에 걸친 평행유도로와 충분한 활주로 출입 유도로가 있다.
- 공역제한은 없고, IFR 기상조건에서 missed approach의 보호가 보장된다.
- 최소한 하나의 활주로에 ILS가 있고, 필요한 ATC 시설과 RADAR가 있다.
- PRM이 있으면 1,035m, 없으면 1,300m 분리 시 IFR 독립접근이 가능하다.

ASV 산출과 관련된 가정은 다음 표의 내용과 같다.

Mix Index (C+3D) (%)	도착 비율 (%)	Touch & Go (%)	수요 간 비율(Demand Ratio)			
			연간 수요①/ PM 평균일수요②	PM 평균일수요②/ 평균일 PH수요③	연간 수요①/ 평균일 PH수 요③	PHF(10^{-4})③/①
0~20	50	0~50	290	9	2,610	3.83
21~50	50	0~40	300	10	3,000	3.33
51~80	50	0~20	310	11	3,410	2.93
81~120	50	0	320	12	3,840	2.60
121~180	50	0	350	14	4,900	2.04

- IFR 기상조건인 시간의 비율은 대략 10%이다.
- 대략 80%의 시간대에서 시간당 최대용량으로 운영될 수 있다.

- 그 공항의 현재 및 미래에 예상되는 항공기접근등급 C 및 D의 비율을 결정한다.
- 그 공항의 Mix Index(C + 3D)%에 해당되는 시간당 VFR/IFR 용량과 ASV를 찾는다.

b. 2012년 평가

FAA는 TRB로 하여금 활주로 구성별 용량을 2012년 평가했으며, 이는 TRB 보고서 「ACRP REPORT 79: Evaluating Airfield Capacity(2012)」에 제시되었다.

c. 2014년 FAA의 공항별 용량평가

FAA는 2014년 7월 공항별 용량을 평가했으며, 이는 2012년 평가용량과 대동소이하다.

d. FAA 평가용량 및 연간 - 시간 용량의 관계

1995년 및 2012년 평가용량은 표 4.5-2와 같다(Mix Index＝121~180% 적용).

표 4.5-2 FAA 활주로 용량 평가(1995년 평가 및 2012년 평가)

활주로 구성			시간 용량(회)				연간용량(천 회)	
명칭	구성	활주로 간격(m)	1995년		2012년		1995 년	2012년
			VFR	IFR	VFR	IFR		
단일활주로	——	–	51	50	60	48	240	225
교차활주로		–	72	60	82	62	265	298
근 간격 평행활주로	①‖☐	210~759	94	60	88	72	340	353
중 간격 평행활주로	‖☐	760~1,299	103	75	120	76	365	385
원 간격 평행활주로	│☐│	1,300 이상	103	99	120	96	370	450
Double 근 간격 평행활주로	‖☐‖①	210~759 1,300 이상	189	120	176	144	675	701

주: 근 간격 평행활주로의 IFR 용량은 2005년 평가보다 2012년 평가가 증가되었다(60 → 72회).

영국 CAA 자료에 의한 활주로의 시간용량과 연간용량의 관계[PHF], 주요 공항의 운항실적 및 용량계획은 그림 4.5-5와 같다.

연간 운항 (천 회)①	SBR 운항 ②	PHF (10-4) ②/①	
10	6	6.00	
50	19	3.80	
100	32	3.20	
150	43	2.87	
200	53	2.65	
250	63	2.52	
300	72	2.40	
350	81	2.31	
400	90	2.25	
450	98	2.18	
500	106	2.12	
600	122	2.03	
700	135	1.93	

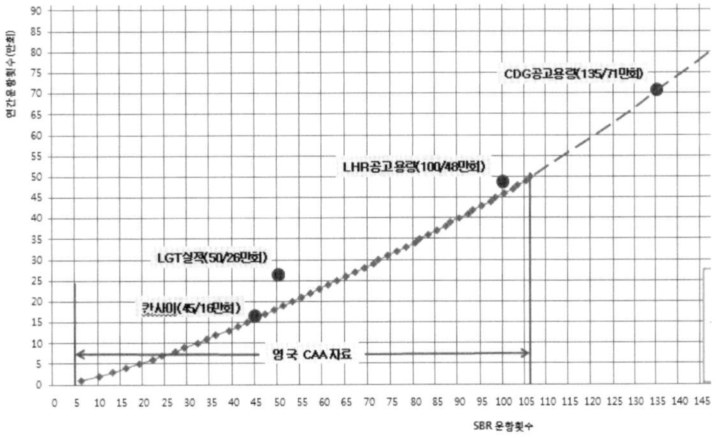

주: 활주로 용량이 포화되면 PD의 여러 시간에 걸쳐 PH가 발생하므로 연간용량은 다소 증가한다(예: LGW 공항).

그림 4.5-5 영국 CAA의 활주로 시간용량과 연간용량의 관계

2014년 FAA의 공항별 평가용량은 표 4.5-3과 같다.

표 4.5-3 FAA의 공항별 평가용량-1(Arrival Priority, Model-Estimated, 2014)

공항	활주로 구성	기상조건①	비율 (%)	절차	시간용량 현재	시간용량 개선	개선내용
ATL	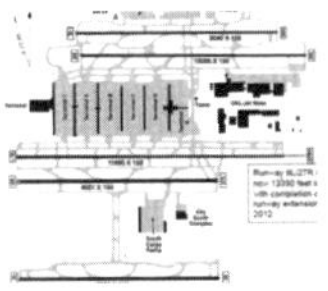	VC: 운고 3600′ 및 시정 7마일 이상	67	시계접근, 시계분리	216	233	② 동일 활주로 출발 Fanning. (출발항공기 간 분리간격 감소) 활주로 Delivery 정밀도 개선
		MC: VC 미만-IC 이상	21	동시3중 계기접근, 시계분리	201	215	
		IC: 운고 1000′ 또는 시정 3마일 미만~LIC 이상	7	동시3중 계기접근, 레이더분리	175	186	
		LIC: 운고 500′ 미만 또는 시정 1마일 미만	5	동시3중 계기접근, 레이더분리	169	181	
DEN	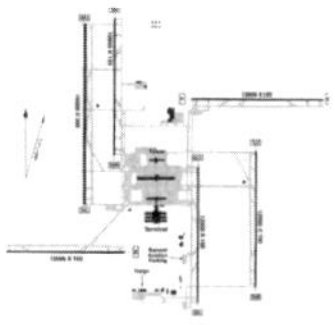	VC: 운고 2000′ 및 시정 3마일 이상	93	시계접근, 시계분리	262	285	② 동일 활주로 출발 Fanning. 활주로 Delivery 정밀도 개선
		MC: VC 미만-IC 이상	2	동시3중 계기접근, 시계분리	279	309	
		IC: 운고 1000′미만 또는 시정 3마일 미만	5	동시3중 계기접근, 레이더분리	243	275	

표 4.5-3 FAA의 공항별 평가용량-1(Arrival Priority, Model-Estimated, 2014)(계속)

공항	활주로 구성	기상조건①	비율 (%)	절차	시간용량		개선내용
					현재	개선	
DFW		VC: 운고 2000′ 및 시정 3마일 이상	82	시계접근, 시계분리	264	280	활주로 Delivery 정밀도 개선
		MC: VC 미만-IC 이상	12	동시3중 계기접근, 시계분리	245	257	
		IC: 운고 1000′미만 또는 시정 3마일 미만	6	동시3중 계기접근, 레이더분리	170	176	
FLL		VC: 운고 2000′ 및 시정 3마일 이상	87	시계접근, 시계분리	115	118	현재용량은 R/W 길이연장 전제 용량임 활주로 Delivery 정밀도 개선 평행운영 개선
		MC: VC 미만-IC 이상	12	계기접근, 시계분리	103	110	
		IC: 운고 1000′미만 또는 시정 3마일 미만	1	계기접근, 레이더분리	93	99	
LAX		VC: 운고 2000′ 및 시정 3마일 이상	81	시계접근, 시계분리	167	174	활주로 Delivery 정밀도 개선.
		MC: VC 미만-IC 이상	11	동시 계기접근, 시계분리	153	158	
		IC: 운고 1000′미만 또는 시정 3마일 미만	8	동시 계기접근, 레이더분리	133	138	
LGA		VC: 운고 3200′ 및 시정 4마일 이상	82	시계접근, 시계분리	86	89	활주로 Delivery 정밀도 개선
		MC: VC 미만-IC 이상	10	계기접근, 시계분리	77	82	
		IC: 운고 1000′미만 또는 시정 3마일 미만	8	계기접근, 레이더분리	74	80	
SAN	San Diego	VC: 운고 2000′ 및 시정 3마일 이상	83	시계접근, 시계분리	57	58	활주로 Delivery 정밀도 개선
		MC: VC 미만-IC 이상	14	비정밀 계기접근, 시계분리	52	53	
		IC: 운고 1000′미만 또는 시정 3마일 미만	3	비정밀 계기접근, 레이더분리	48	48	

주: Improved departure fanning enabled by RNAV routes is expected at several airports.

표 4.5-3 FAA의 공항별 평가용량-2(Arrival Priority, Model-Estimated)(계속)

공항	활주로 구성	기상조건 ①	비율(%)	절차	시간용량 현재	시간용량 개선	개선내용
MCO Orlando		VC: 운고 2500′ 및 시정 3마일 이상	93	시계접근 시계분리	171	177	평행운영개선
		MC: VC 미만-IC 이상	4	동시계기접근 시계분리	161	165	
		IC: 운고 1000′미만 또는 시정 3마일 미만	3	동시계기접근 레이더분리	144	146	
ORD 현대화 완료 후 용량		VC: 운고 1900′ 및 시정 3마일 이상	86	시계접근 시계분리	243	257	OMP 완료 활주로Delivery 정밀도 개선
		MC: VC 미만-IC 이상	7	3중동시계기접근 시계분리	226	246	
		IC: 운고 1000′미만 또는 시정 3마일 미만	7	3중동시계기접근 레이더분리	220	238	
LAS Las Vegas Mccarran		VC: 운고 5000′ 및 시정 5마일 이상	99	시계접근 시계분리	105	106	활주로Delivery 정밀도 개선 Wake Recategoration Phase 1
		MC: VC 미만-IC 이상	1	계기접근 시계분리	84	94	
		IC: 운고 1000′미만 또는 시정 3마일 미만	0	계기접근 레이더분리	71	74	
PHX Phoenix Sky Harbor		VC: 운고 4500′ 및 시정 10마일 이상	99	시계접근 시계분리	145	145	활주로Delivery 정밀도 개선 평행운영 개선
		MC: VC 미만-IC 이상	1	비독립 계기접근 시계분리	109		
				동시 계기접근 시계분리		130	
		IC: 운고 1000′미만 또는 시정 8마일 미만	0	비독립 계기접근 레이더분리	101		
				동시 계기접근 레이더분리		114	
SFO		VC: 운고 5000′ 및 시정 5마일 이상	76	Paired 시계접근 시계분리	100	104	활주로Delivery 정밀도 개선 ③ WTMD
		MC: VC 미만-IC 이상	19	Offset 계기접근 시계분리	90	93	
		IC: 운고 1000′미만 또는 시정 3마일 미만	5	단일흐름계기접근 레이더분리	70		
				비독립 계기접근 레이더분리		72	

주: ① 기상조건: VC=Visual Conditions=시계비행 기상조건, MC=Marginal Conditions=VC/IC 경계범위 기상조건, IC=Instrument Conditions=계기비행 기상조건, LIC=Low IC=저 시정 계기비행 기상조건
② Improved departure fanning enabled by RNAV routes is expected at several airports
③ WTMD: Wake Turbulence Mitigation for Departures
★ 자료원: FAA → Airports → Airport Capacity Profiles

(2) IATA의 활주로 용량평가

IATA의 활주로 평가용량도 1995년 평가용량보다 2004년 평가용량이 표 4.5-4와 같이 증가되었으며, 이는 FAA와 같이 정밀레이더 등 관제장비의 발전에 의한 것이다.

표 4.5-4 IATA의 활주로 IFR 평가용량(1995년 및 2004년 평가)

활주로 구성	개념도	1995년 평가(8th ADRM)		2004년 평가(9th ADRM)			
		시간용량		시간용량①		연간용량(천 회)	
						실용용량②	이론용량③
단일 활주로	P	3.0nm 분리 2.5nm 분리	40 44	분리운영 혼합운영	48 ⓐ55	202 232	289 331
근 간격 평행활주로		3.0nm 분리 2.5nm 분리	54 60	분리운영 혼합운영	ⓑ84 97	354 409	506 584
원 간격 평행활주로		3.0nm 분리 2.5nm 분리	80 88	분리운영 혼합운영	ⓒ105 110	442 461	632 662
3 원 간격 평행활주로		3.0nm 분리 2.5nm 분리	120 132	2개: 분리 1개: 혼합 3개 모두 혼합운영	ⓓ160 ⓔ165	675 696	964 994
한 쌍의 근 간격 평행활주로		3.0nm 분리 2.5nm 분리	108 120	분리운영	ⓕ168	708	1,012

주: ②=①×11.5×365, ③=①×16.5×365, ⓓ=ⓐ+ⓒ, ⓔ=ⓐ×3, ⓕ=ⓑ×2, ③ 이론용량은 지연과 안전을 고려할 때 바람직하지는 않지만 포화된 공항에서는 이론용량에 가깝게 운영되는 공항도 있다.
단일 활주로: Mumbai 305,000회, Gatwick 281,000회, 근 간격 평행활주로: Dubai 418,000회, Mexico City 448,000회

(3) 기관별 및 공항별 활주로 용량평가 요약

평가 기관별 및 공항별 활주로 평가용량 및 운항실적은 표 4.5-5와 같으며, 이 표에서 IATA가 1995년에 평가한 용량은 2010년대의 아시아지역 공항용량과 유사하고, 2004년에 FAA 및 IATA가 평가한 용량은 미국 및 유럽의 바쁜 공항에서 2010년대에 적용되는 용량과 유사하다. 아시아 지역도 20~30년 후에는 기술발전과 관제사의 숙련 등으로 활주로 용량이 증대되어 현재의 선진국 용량에 근접하게 될 것이므로 다른 시설의 용량을 활주로 최종단계 용량, 즉 현재보다 증가된 용량과 균형을 맞출 수 있도록 여유 있는 계획이 필요하다. FAA 및 IATA의 평가용량은 1995년보다 2004년의 용량이 상당히 크다. FAA의 2014년 공항별 용량평가(표 4.5-3)에 의하면 향후 관제기술발전에 따른 용량 증대를 기대하고 있다.

표 4.5-5 활주로 IFR 용량평가 및 운항실적 요약

활주로 구성	IFR 시간용량 평가				연간용량 평가(천 회)					연간 최대 운항실적③ (천 회)
	IATA		FAA		IATA		FAA		공항별 평가	
	1995①	2004	1995	2012②	1995	2004	1995	2012②		
	3.0 2.5	분리 혼합	IFR	IFR		분리 혼합			2011~ 2013	
|□	40 44	48 55	50	48	168	202 232	240	225	STN 213 NCL 226 (Newcastle) LGW 280	BOM 305(2017) LGW 280(2016) LGW 55(시간)
||□	54 60	84 97	60	72	227	354 409	340	353	MAN 306	DXB 418(2016) MEX 448(2017)
|□|	80 88	105 110	99	96	340	442 461	370	450	LHR 480 HKG 420	LHR 481(2007)
||□||	108	168	120	144	455	708	675	701	CDG 710 런던신공항 720~900	ATL 883
|□|□|	120	160 165	150	144	506	675 696	720	675	HKG 620 LHR 740	PEK 606(2016)
||□||□|	148	216 =168 +48	170	③ ATL 175 개선 186	629	918	915	926	CDG 942	ATL 994(2008)
2016 교차활주로 운영실적	LGA 37만 회×81명 =29.8Mppa		EWR 432,000회×95명 =40.4Mppa		IST(2015) 46만 회×133명 =61Mppa			LAS 541,000회×88명 =47.4Mppa		

주: ① 위는 3.0 nm, 아래는 2.5nm 분리, ② TRB ACRP Report 79(비행장용량평가 2012), ③ 포회된 공항의 실적은 FAA/IATA 평가용량보다 크다(LGW, DXB, LHR 등). ④ 표 4.5-4 참고

계기비행기상조건IMC은 연간 약 10%에 해당되지만 운송용 공항은 대부분 스케줄 운항이기 때문에 이 10%를 무시할 수 없고, 또한 주요 운송용 공항은 계기비행이 의무화되어 있기 때문에 계기비행규정IFR에 의한 용량이 중요하다.

활주로 용량은 활주로 간격, 관제시설, 항행안전시설, 유도로 시스템, 관제사 및 조종사의 숙련도, 항공기 혼합비율, 출발·도착 항공기의 활주로 혼합·분리 사용, 착륙항공기간 분리 간격, 공항당국의 총체적 관리능력 등 종합적으로 평가된다. 운항수요가 많은 세계 주요 공항의 활주로 용량평가를 보면 현저히 증가해왔으며, 이는 위에서 언급된 여러 요인의 개선에서 비롯된 것이고, 특히 정밀레이더에 의한 항공기식별능력의 개선(항공기 착륙간격 축소), 컴퓨터에 의한 착륙항공기의 정렬기술 발전, GPS를 이용한 지역항법의 발전 등에 의한 것이다.

3. 활주로 용량과 여객용량의 관계

(1) 활주로 시간용량에서 연간용량 산출

활주로 시간용량을 산출하되, 장기적으로 용량 증가를 고려한다. 시간용량 중 여객기가 이용할 수 있는 용량을 산출한다. 화물이 많은 국제공항의 경우에 연간 화물기운항 횟수 분담은 13% 정도지만 여객기와 화물기의 피크시간^{PH}이 달라서 여객기 PH의 여객기 비율은 약 95%가 된다. 활주로의 시간당 여객기용량이 산출되면 그 공항의 특성에 맞는 PHF를 적용하여 연간여객기 운항용량을 산출한다.

활주로의 시간용량/연간용량의 비율은 공항에 따라 다소 차이는 있지만 상당히 유사하기 때문에 영국 CAB는 그림 4.5-5와 같이 연간-PH 운항 횟수 관계를 조사했으며, 국내공항의 연간-PH 운항 횟수 관계를 조사하여 영국 CAB 자료와 비교한 결과 연도별로는 다소 차이가 있지만 평균하면 유사하므로 조사 자료가 부족하면 영국 CAB 자료를 활용할 수 있다.

활주로 시간용량에서 연간 여객기용량을 산출하려면, ① 우선 PH의 운항수요에 대비할 수 있는 활주로 시스템의 시간용량 결정, ② 여객기 PH에 운항할 수 있는 여객기용량 결정, ③ PH 여객기용량에 적절한 연간 여객기용량을 결정한다. 예를 들어, 활주로 시간용량이 186회이고 여객기 PH의 여객기 운항비율이 95%라면 여객기 시간용량은 177회가 된다. 이 177회에 적절한 PHF$=2.0\times10^{-4}$이라면, ④ 연간 여객기 운항용량은 885,000회가 된다.

PHF는 공항마다 다르지만 어느 정도 유사한 점이 있으며, 운항수요가 적으면 PHF는 크고 (10만 회 시 3.20×10^{-4}), 운항수요가 크면 PHF는 작다(50만 회 시 2.12×10^{-4}). 운항수요는 크지만 단위터미널 위주로 운영되면 PHF는 단위터미널 규모의 영향을 받으며, CDG 공항의 경우는 2.5×10^{-4}에 근접한다.

(2) 연간 활주로 용량을 이용하여 연간 여객용량 산출

연간 여객기 운항용량으로 연간 여객용량을 구하려면, ⑤ 여객기당 평균 여객 수를 결정해야 하며, 현재의 항공기당 평균 여객 수를 증감시켜 가능한 범위를 예측해볼 수 있다. 현재의 여객기당 평균여객 수가 170명이라면 150~190명을 변동 범위로 잡고 이를 앞에서 산출한 885,000회에 적용하면, ⑥ 연간 여객용량은 1억 3,300~1억 6,800만 명이 된다. 2013년 12월 런던공항 용량 확충을 위한 제안에서 ICN과 유사한 활주로 시스템으로 연간여객용량을 1억 5,000~1억 8,000만 명으로 평가했다. 국제선 여객기당 평균여객 수는 유럽 주요 공항의 평균은 118명, 아시아 주요 공항의 평균은 175명이다.

활주로 시간용량(186회)을 이용하여 연간 여객용량을 산출하는 과정은 다음 표와 같다.

① 활주로 시간용량	② 시간당 여객기용량	③ PHF	④ 연간여객기 운항용량	⑤ 항공기당 여객 수	⑥ 연간 여객용량 (백만 명)
186	PH 여객기용량 =177회 (=186×0.95)	$2.0×10^{-4}$	177/PHF =885,000회	ⓐ 150명 ⓑ 170명 ⓒ 190명	133 150 168

주: ①~⑥에 적용된 수는 가정된 것이므로 공항에 적합한 자료를 이용해야 한다.

4. 분석적 기법에 의한 활주로 용량 평가(CATI 기준)

(1) 용량과 서비스

활주로의 시간용량은 일정 서비스 수준으로 시간당 가능한 최대 이륙 및 착륙 횟수(운항횟수)로 수량화한 것이며, 이는 교통량 분포특성을 이용하여 연간용량으로 환산될 수 있다. 활주로의 최대용량을 산정하는 주요 목적은 운항수요를 처리할 수 있는 활주로 및 기타의 시설소요를 구하여 신공항 건설 또는 공항 확장에 필요한 부지소요를 산출하고, 터미널 및 Stands 등 다른 공항시설의 용량을 활주로 용량과 맞추기 위한 것이다.

공항에 접근하는 항공기는 착륙활주로의 상당한 전방에 있는 활주로 입구부터 일직선으로 접근하게 되고, 수요가 이용할 수 있는 용량보다 크면 일정 시간 동안 대기(지연)하게 된다. 여기서 활주로 입구Gate는 활주로 착륙지점에서 8~10NM 전방에 있는 접근항로상의 가상지점을 말한다.

Gate로의 불규칙한 도착행태와 최종접근에서 규칙적인 접근요건 때문에 최대 활주로 용량으로 운영하게 되면 도착항공기에 지연이 발생한다. 최대용량은 활주로를 이용할 항공기가 계속 공급되는 경우이며, 이는 도착·출발 항공기 모두에 적용된다.

지연은 제약이 없을 때와 있을 때의 Gate 도달시간의 차이를 말하며, 서비스 수준의 척도는 평균지연시간이다. 지연에 대한 앞의 정의에서 공항과 관련이 없는 지연은 제외되며, 이는 악기상조건, 항공기성능문제, 다른 공항 또는 항로에서의 지연, 당해 공항의 관제권을 넘어선 지역의 지연 등이다. 지연은 PH의 평균지연(분), 하루에 걸친 평균지연(분), 지연된 항공기 수, 일정 수준(예: 4분)을 초과하여 지연되는 항공기의 백분율 등으로 표현된다.

세계적으로 수용되는 지연기준은 PH에 평균 4분의 지연이며, 이는 목표연도의 30th PH에 이륙 및 착륙하는 모든 항공기 지연의 평균이기 때문에 많은 항공기는 4분을 초과할 것이므로 제2의 기준, 즉 최대지연시간의 제한, 큰 지연을 하게 되는 항공기수의 제한 등이 필요하다(예: 20분 이상 지연 항공기는 2% 이하). 위에서 4분의 지연기준은 2시간 PH의 평균지연 시간을 적용할 수도 있으나 이는 정책적인 사항이다. 세계의 많은 공항들이 이미 5분의 평균지연 또는 2시간보다 많은 PH를 허용하고 있지만(예: 히스로 등), 이는 사실상 용량 부족 때문에 서비스 수준의 감소를 용인한 것이므로 바람직한 것은 아니다.

불규칙한 도착교통량은 활주로 최대용량을 감소시킨다. 활주로 용량은 경제적인 이유로 모든 기상조건을 다 고려할 수는 없지만(예: 안개, 측풍, 태풍 등), 가능한 한 100%에 가까운 시간 동안 보장되는 용량이어야 한다. 모든 조건하에서 PH 운영을 위해 ILS는 필수적이며, 최소한 CAT I이어야 한다. CAT I 조건(수평시정 800m, 운고 60m)보다 더 낮은 기상조건은 연중 약 1%에 해당하며, CATII를 이용하면 운영시간을 약 50시간 추가시킬 수 있다.

활주로 용량은 CATII/III 조건에서 급격히 감소되며, 이는 활주로 점유시간의 증가와 ILS의 요건(항공기간 분리간격 증가) 때문이다. CATII 조건의 활주로 용량은 CATI 조건 용량의 약 70%까지 떨어질 수 있으며, 여기서 활주로 용량 산출은 CATI 조건을 기준한다.

(2) 활주로 용량 관련 인자

활주로 용량 관련 인자는 활주로 구성, 항공기 간 종단분리 거리 및 시간, 항행·감시·관제통신 기술, 항공기 도착·출발 속도, Wake-Vortex 등급별 혼합률, 도착·출발 수요의 비율,

활주로별 항공기 분리 또는 혼합, 유도로 구성, 관제사 및 조종사의 숙련도와 언어소통능력, 운항조건IFR, VFR, 기상, 공항 정책방향, 기타 경제적·환경적·사회적 제약 등이다.

a. 최소 종단분리거리

현재 출발 또는 접근 항로상에서 항공기간에 적용되는 최소 종단분리거리는 IFR 조건과 레이더 관제조건하에서 3NM이다ICAO.

착륙 항공기 간 최소 시간간격을 접근항로에서 3NM의 간격은 접근속도를 144노트로 가정하면 착륙시격은 3÷144×3600＝75초이지만 최종 줄서기 후에 최소 종단분리거리가 위반되지 않도록 관제사는 약간의 여유시간을 추가하며, 이는 접근패턴의 복잡성, 관제사의 경험, 항공기 접근속도의 차이, 관제장비의 현대화 정도 등에 따라 25~40초가 된다. 1990년 기준 접근항공기간 최소시격은 100~110초이다(예: AMS 공항－108, 미국공항－103초).

b. 항공기 혼합

중형기는 Wake Vortex를 발생시키며, 후속 항공기가 소형기일수록 영향이 크다. 선행－후행 항공기의 조합에 따라 분리간격은 안전상 조정되어야 하며, 이런 관점에서 ICAO는 항공기를 3개 등급으로 분류한다(현재는 4등급, Super Heavy 추가).

- H(Heavy-중(重)형): MTOW＞136톤(B767, A300, B747 등)
- M(Medium-중(中)형): 7≤MTOW≤136톤(B737, F100 등)
- L(Light-경형): MTOW＜7톤(20석 이하의 pro)

PH 중의 항공기 혼합률은 다음과 같이 가정한다.

- 중형기: 60%(B747급 중형기 45%＋A300, B767 등 기타 중형기 15%)
- 중형기: 40%(경항공기는 피크시간 중에 운항이 허용되지 않는 것으로 가정)

c. 접근 및 출발 속도

접근속도가 낮으면 높은 속도에 비해 용량이 감소한다. 접근속도는 대기속도Air speed이기 때문에 지상속도Ground speed는 접근 시에 다소의 역풍을 가정하면 대기속도보다 낮다. 접근항공기간 시격계산은 지상속도를 이용하고, 이는 출발 항공기에도 같이 적용된다. 이륙속도는 접근속도보다 10~20% 높고, 기종에 따라 상당히 다르다. PH의 항공기 혼합에 경항공기는 없을 것이므로 접근 및 출발 속도는 비교적 일정할 것이며, 따라서 평균접근(지상) 속도는 제한된 편차만 허용하면서 144노트로 가정한다.

d. 항공기 기종별 분리

모든 중형기를 한 활주로에 기타 항공기는 다른 활주로에 몰아주면 평균 분리거리가 감소되지만 이런 효과가 있으려면 PH 중 중⊕형기·중▥형기 비율이 같아야 하고 또한 복잡한 공역관리의 대가를 치르더라도 용량 증가는 미소하다.

e. 운항조건

운송용 공항의 용량분석에는 IFR이 중요하며, 여기서 활주로 용량은 기상조건이 CATI인 경우를 고려한다. CATII/III 조건은 분리거리와 시간간격이 상당히 증가하여 용량은 크게 감소하며, 그런 조건은 약 1%의 시간만 발생하므로 대표적인 것은 아니다.

f. 항공기 착륙순서 정렬

활주로 용량은 TMA에 도착하는 항공기 순서대로 줄서는 것을 전제로 하며, 이런 절차는 미래에도 변하지 않을 것이다Terminal Management Area, TMA.

g. 활주로 운영방법

교통수요가 낮을 때에는 분리운영이 매력적일 수도 있으나 활주로 최대 용량은 혼합이용을 전제로 하며, 이는 혼합이용의 용량이 분리운영용량보다 크기 때문이다.

:: 유도로 시스템

착륙항공기가 활주로를 신속히 비워주기에 적절한 고속출구유도로와 출발항공기에 적절한 입구유도로가 필요하고, 평행유도로는 도착·출발 항공기 모두에 필수적이다. 활주로 용량 계산에 유도로 배치는 제한요소가 없는 것으로 간주한다.

(3) 활주로 용량 관련 가정

여객 및 화물 시설은 활주로 외측에 배치되지 않는 것으로 가정하며, 이는 어떤 항공기도 사용 중인 활주로를 횡단할 필요가 없다는 것을 의미한다. 항공기 주기시설이 활주로 외측에 배치되면 이 시설에 가장 가까운 활주로 용량은 감소되며, 용량 감소는 PH 중 횡단하는 활주로 수, 활주로 운영타입(착륙·이륙 전용, 혼합사용), 횡단유도로의 수와 위치 등에 좌우된다.

유도로는 최대용량이 되도록 배치된 것으로 가정한다. 이는 유도로 시스템에서 도착·출발 항공기의 지연이 발생하지 않을 것이라는 전제이며, 이는 모든 기상조건과 야간에도 적용된다. 전 터미널지역 주위에 환형의 복수유도로가 필요하며, 이는 반대 방향으로 동시이동을 위한 것이다. 출구유도로는 점유시간 최소화에 충분한 수이고, 최적 위치에 있다고 가정한다.

접근용으로 사용되는 활주로에는 ILS의 사용이 가능하고, 또한 터미널지역 감시레이더를 갖춘 것으로 가정한다. 활주로 동시운영에 필요한 잘 훈련된 관제직원이 있는 것으로 가정하며, 이런 운영에는 각 접근에 대한 분리된 감시관제사를 필요로 한다. 각 관제사는 인접한 접근에서 항공기가 정상코스를 이탈한다면 항공기에 노선을 바꾸도록 지시하는 교정능력이 필요하다. 완전 자동화된 레이더관제절차를 관제서비스에 사용할 수 있는 것으로 가정한다.

공항비행정보구역[FIR] 내의 공역은 용량 제약이 없는 것으로 가정한다. 공항 TMA에는 하나의 공항만 있는 것으로 가정한다. 주변에 공항이 있다면 독립적 운영 여부에 따라 용량이 감소될 수도 있다. 간섭의 정도는 활주로 방향, 위치, 교통량 등이다.

(4) 활주로 시스템의 용량분석(정밀접근 CATI 기준)

a. 일반사항

위의 가정과 장래의 용량개선 가능성을 고려하여 원 간격 평행활주로 및 근 간격 평행활주로 한 쌍의 최대용량을 다음과 같이 산출한다. 관제, 공역에서 독립루트의 설정이 가능하고, 약 2,000m 분리된 2개의 평행활주로 사이에 터미널을 배치한다.

- 이착륙 항공기가 양 활주로를 혼용하는 경우의 원 간격 평행활주로 용량을 산출한다.
- 착륙·이륙 전용으로 분리 운영하는 경우의 원 간격 평행활주로 용량을 산출한다.
- 각 주 활주로에 근 간격 평행활주로를 배치한 경우의 용량을 산출한다.

b. 항공기 간 평균 종단분리

ICAO 기준에 의하면 도착항공기 간 최소 종단분리거리는 표 4.5-6과 같으며, 1노티컬마일의 분리거리당 약 25초가 소요되고(1÷144×3600=25), 또한 중重형 제트기 뒤에 중中형기가 이륙할 경우는 최소한 2분이 분리되어야 한다. 표 4.5-7을 이용하여 항공기간 최소 분리시간이 계산될 수 있다. 추가인자는 최종 일직선 정렬 중에 항공기배치 정밀성 때문에 추가되는 마진이며, 현재의 배치정밀도는 장기적으로 개선될 수 있을 것으로 기대된다.

표 4.5-6 CAT-I 도착항공기 간 최소 종단분리거리(NM)

후행기	선행기			비고: 2013 FRA의 IFR 도착기준				
	H	M	L	후행기	선행기			
					Super Heavy	Heavy	Large	Small
H	4	3	3	Super Heavy	6	4	3	3
M	5	3	3	Heavy	6	4	3	3
L	6	4	3	Large	8	5	4	3
				Small	10	6	4	3

주: FRA 운항기준: 비고 참고 →

최소착륙시격^{MLI}이 90초인 경우와 100초인 경우의 평균 분리시간은 표 4.5-7과 같다.

표 4.5-7 도착에서 평균 분리시간 및 조합가능성 (MLI=90/100초 기준)

후행기		선행기		
		H	M	L
평균분리시간 (단위: 초)	H	115/125	90/100	90/100
	M	140/150	90/100	90/100
	L	165/175	115/125	90/100
조합 확률	H	0.36	0.24	0
	M	0.24	0.16	0
	L	0	0	0

표 4.5-7에서 MLI=90초인 경우에 조합가능성을 적용하여 도착교통에서 예상되는 평균 분리시간이 다음과 같이 계산될 수 있다.

$$T_a = \sum_{n=1}^{n=9} [\text{확률}]_n \times [\text{분리시간}]_n$$

$$T_a = (0.36 \times 115) + (0.24 \times 140) + (0.24 \times 90) + (0.16 \times 90) + (0 \times 165)$$

$$+ (0 \times 115) + (0 \times 90) + (0 \times 90) + (0 \times 90) = 111초$$

위에서 T_a＝평균분리시간, n＝조합의 수이다.

표 4.5-7에서 MLI＝100초인 경우에 조합가능성을 적용하면 도착교통에서 예상되는 평균 분리시간은 121초이며, 이는 장래 기술개선효과가 없는 경우에 사용될 수 있다.

c. 혼합 사용형태의 용량(Capacity in the mixed mode)

표준 PH의 항공기 혼합률을 고려할 때 하나의 항공기가 착륙 후 활주로를 비워주기까지 점유시간은 평균 70~80초가 필요하며, 이 점유시간에는 접근, 활주 및 착륙대를 벗어나는 시간을 포함한다. 활주시간은 활주로 상태(건조 또는 습윤)와 역 추진력 이용의 정도에 따라 영향을 받으며, 착륙대를 벗어나는 유도시간은 출구유도로의 위치와 구성의 영향을 받는다.

활주로는 젖은 상태, 역 추진력 이용, 활주로 출구는 적절히 구성된 것으로 가정할 때 가정된 항공기 혼합률을 전제로 활주로 점유시간은 75초가 된다. ①

도착 항공기가 접지한 직후에 활주로 시단 근처에서 대기 중인 출발항공기는 출발활주로 시점에 정렬하도록 허가받으며, 적절하게 배치된 이륙대기소에서는 관제탑의 허가 후 약 50초 내에 이런 정렬이 완료될 수 있고, 이 기간은 도착항공기의 활주로 점유시간(75초) 범위 내에 잘 부합된다. 그 이후부터 출발 항공기는 '착륙항공기(장애물)가 활주로 및 착륙대에서 벗어날 때까지' 이륙대기 한다.

착륙기가 착륙대를 비우자마자 출발 정렬한 이륙기는 이륙허가를 받으며, 허가부터 이륙 상태가 되기까지는 약 50초가 소요된다. ②

그 순간(이륙항공가 이륙한 상태)에 다음 도착 항공기는 접지 전 약 35초가 되는 것이 좋으며, 이는 출발 항공기가 이륙을 포기한 경우 관제사가 착륙항공기에 착륙을 포기하도록 지시하기에 충분한 시간이다. ③

도착항공기가 중방표지소MM 근처에 있는 실패접근 지점Missed approach point에 도달하기 전까지 약 20초의 여유가 있다.

최종 접근로에서 항공기 배치의 비정밀성 때문에 안전여유가 적용되어야 한다.
1990년 기준의 절차와 장비로는 약 35초(17.5×2)를 추가해야 하고 ④
미래에 더 정교해진 장비로는 이 안전여유가 25~15초까지 감소될 수 있다. ④′

동일 활주로에서 하나의 착륙/이륙 cycle을 완성하는 데에는 1990년 기준 ①+②+③+④= 75+50+35+35＝195초 소요되고, 미래의 접근정렬장비의 정밀성이 개선되면 ①+②+③+ ④′＝75+50+35+25~15＝185~175초 소요된다.

이는 도착항공기와 출발 항공기의 수가 같다면 활주로당－시간당 용량은 다음과 같다.

- 하나의 착륙·이륙 cycle이 195초인 경우＝3,600÷195×2＝36.9회
- 하나의 착륙·이륙 cycle이 185~175초인 경우＝3,600÷(185~175)×2≒39~41회

위 운항 횟수(도착＋출발)는 이론용량이며, 교통량의 불규칙성이나 실패접근 때문에 사실상 이론용량에 도달할 수 없게 되며, 실제용량은 활주로당－시간당 Cycle이 195초인 경우 36.9→35회, cycle이 185/175초인 경우 39~41→37~39회가 된다.

장래에 기술적으로 개선된 장비가 설치될 것으로 가정하면 두 개의 원 간격 평행활주로를 갖는 공항의 최대용량은 두 개의 활주로를 각각 이륙·착륙 혼합 사용형태로 사용하고 50%의 도착항공기를 가정할 때 2×39＝78회가 될 것이다.

출발항공기 간 평균분리간격은 도착교통에서와 같이 175초이며, 이는 도착항공기 교통에서 평균 분리거리 144×175÷3600＝7NM과 최소 분리거리 6.4NM을 의미한다. 이 거리는 위에서 언급된 가장 바람직하지 못한 항공기 타입의 조합에 대한 후방 난기류로 기인되는 최소치이다. 출발교통에서의 분리는 중量형기 뒤를 따르는 2분의 출발 분리시간에 잘 부합된다.

출발교통에서 두 대의 항공기간 최소분리는 거리가 아니고 시간으로 나타낸다. 후방난기류로 기인되는 중형기의 후행기에 대한 2분의 최소분리간격에 근거하여 발생되는 항공기의 여러 출발소합에 대한 평균 분리시간은 표 4.5-8과 같다.

도착교통에서와 같은 항공기 혼합률을 이용하면 출발조합 확률은 도착조합 확률과 같다. 표 4.5-7의 조합확률에 표 4.5-8의 분리시간을 적용하여 출발교통에서 예상되는 평균 분리시간이 계산될 수 있으며, 계산결과 다른 교통에 의한 간섭이 없다면 출발교통에서 예상되는 평균 분리시간은 103초가 된다((0.36×125)＋(0.24×125)＋(0.24×70)＋(0.16×70)＝103초).

표 4.5-8 CAT-I 출발교통에서 평균 분리시간(초)

후행기	선행기			비고: 2013 FRA의 IFR 출발기준				
	H	M	L	후행기	선행기			
					Super Heavy	Heavy	Large	Small
H	125	70	70	Super Heavy	120	90	90	45
M	125	70	70	Heavy	120	90	90	45
L	125	95	70	Large	120	120	90	45
				Small	180	120	120	45

주: 동일 출발루트를 따라 항공기 공중속도의 차이에 의한 증가 소요는 없는 것으로 가정한다.

계산된 용량은 평행활주로의 분리간격이 조정된다 하더라도 어느 정도까지는 변하지 않 겠지만, 분리간격이 1,300m 또는 1,033m 미만이 되어 두 개의 활주로가 서로 비독립이 되거 나 공간이 부족하여 주기장을 갖춘 터미널 기능의 일부가 활주로 시스템의 외측으로 배치되 면 상황이 변하게 된다. 그런 경우에 활주로 용량은 감소되고, 주로 두 활주로 사이와 활주로 시스템 외측에 주기된 항공기의 비율에 따라 10~15% 정도가 감소될 수 있다. 그렇게 되면 활주로 시스템의 용량은 시간당 78×0.9＝70 또는 78×0.85＝66회로 감소한다.

d. 도착·출발 활주로 분리운영 시의 용량

2항에서 계산된 평균분리시간에 근거하여 활주로를 도착활주로와 이륙활주로 전용으로 분리 운영하는 경우의 활주로 용량을 산출하고자 한다. 도착활주로에서 예상되는 평균 분리 시간은 111초이며, 이는 가정된 항공기 혼합률과 항공기 이동정밀도를 감안한 것이다. 이는 32.4회의 이론적 활주로 용량이 산출된다. 두 개의 활주로를 도착 또는 출발로 완전 분리하기 때문에 실용용량은 시간당 32.4→31회의 도착항공기를 처리한다. 출발활주로에서 예상되 는 평균 분리시간은 120초이며, 시간당 30회의 이론용량과 29회의 실용용량이 산출된다.

이는 한 시간당 원 간격 평행활주로 시스템의 최대용량은 31＋29＝60회에 달한다. 도착 및 출발 항공기의 비율이 다른 경우 활주로 시스템의 용량은 감소될 것이다.

e. 근 간격 평행활주로의 용량

2개의 원 간격 평행활주로 외측에 각각 1개의 평행활주로를 근 간격으로 배치한 경우로서 활주로 사이에 항공기가 대기할 수 있는 평행유도로가 배치된다. 이런 근 간격 평행활주로를 주 활주로 외측에 배치하면(예: 400m의 분리간격) 외측 활주로는 도착용, 내측 활주로는 출발용으로 분리 운영형태가 되어야 하며, 그 사유는 그런 배열과 관련된 다음과 같은 이점이 있기 때문이다. 그러나 내측활주로 착륙과 외측활주로 이륙이 불가능한 것은 아니다.

> 외측활주로는 착륙 전용이기 때문에 감소된 길이로 건설할 수도 있으며, 출발항공기는 착륙활주로의 ILS에 간섭하지 않고, 활주로 횡단과 관련하여 운영상 이점이 있다.

2개의 근 간격 평행활주로는 비독립이기 때문에 출발항공기는 다른 활주로에 도착하는 항공기가 앞바퀴의 접지를 완료하고 지상에 머문다는 것이 확실할 때까지 활주로상에서 대기해야 하며, 이는 출발 경로와 도착항공기의 실패접근 경로가 상충되기 때문이다.

도착 항공기간 최소시격은 다음과 같다. 착륙기의 앞바퀴 접지 후 다른 활주로상의 출발항공기는 이륙허가를 받으며, 혼합모드의 용량계산에서와 같이 평균 50초 후에 이륙상태가 되며, 이시간은 이륙 허가－출발－이륙 주행의 경과시간으로 구성된다.　　　　　　①

그 다음에 도착하는 항공기는 그때까지(이륙 완료 시) 접지 35초 전에 있어야 하며, 또 다른 10초가 앞바퀴의 착지완료 시까지 고려되어야 한다.　　　　　　②, ③

도착 항공기 배치의 비정밀성을 위하여 15초의 안전마진이 추가된다.　　　　　　④

따라서 하나의 도착·출발 cycle은 ①＋②＋③＋④＝50＋35＋10＋15＝110초이다.

이는 출발교통과 도착교통의 평균 분리시간보다 작아서 수용할 수 없으므로 둘 중 큰 것, 즉 출발교통에 대한 120초가 적용되는 최소 분리된다. 120초의 출발시격 사이에 도착항공기는 출발활주로를 횡단해야 한다. 두 대의 출발 사이에는 이 횡단에 사용될 수 있는 120-50＝70초가 있으며, 이는 충분하다. 출발 항공기는 도착(횡단)하는 항공기에 대해 우선권을 가지며, 횡단 위치는 이륙 활주로의 종단부분이 될 것이다.

도착·출발 교통량이 같다면 총용량은 도착 30, 출빌 30회가 된다. 2개 활주로는 비독립이고 활주로 횡단이 필요하기 때문에 각 근 간격 평행활주로 조합의 실용용량은 도착 27회, 출발 27회로서 한 쌍의 근 간격 평행활주로 용량은 54회, 총 시스템은 108회가 된다.

f. 활주로 용량 비교(CATI 용량, FAA의 IFR 용량)

위에서 산출된 CATI 용량과 FAA의 IFR 평가용량[2012]을 비교하면 표 4.5-9와 같다.

표 4.5-9 CATI용량과 FAA의 IFR 평가용량 비교

활주로 구성		CATI용량(A)		FAA IFR 용량 2012(B)①		A/B
❘❘		39	상대크기 1.00	48	상대크기 1.00	0.81
❘❘❘❘②		54	1.38	72	1.50	0.75
❘❘❘❘	혼합운영	78	2.00	96	2.00	0.81
	분리운영	60	1.54			
❘❘❘❘❘❘②		108	2.77	144	3.00	0.75

주: ① 표 4.5-2 참고
　　② 근 간격 평행활주로의 IFR 용량은 원 간격 평행활주로 대비 1995년 평가는 20%, 2012년 평가는 50%이다.

5. 근 간격 평행활주로 및 장대활주로의 용량 증대 방안

(1) 근 간격 평행활주로의 접근절차

a. 근 간격 평행활주로 접근절차의 현재, 개선방안 비교

구분		기상 최저치	
		운고	시정
현재 절차	VFR(Paired) 접근	3500ft	6NM
	동시 Offset 독립접근	1600ft	4NM
	Baseline IFR 접근	0ft	0.1NM
개선 절차	FAA/NASA TACEC(2020)	0ft	0.1NM
	고접근 착륙 시스템(HALS), 이중착륙 Threshold(DLT)	0ft	0.1NM
	급경사 접근(SAP)	0ft	0.1NM

b. 근 간격 평행활주로의 접근절차 개선 개념

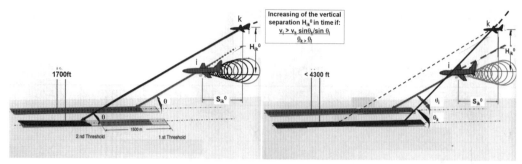

고접근 착륙(HALS)/이중 착륙 Threshold(DLT)   급경사 접근(Steeper Approach → SAP)

(2) HALS/DLT: Baseline IFR을 Frankfurt 공항에 적용

- Frankfurt 공항 활주로 구성자료 입력
- Frankfurt 공항 항공기 혼합률 입력
- Frankfurt 공항 관제규정 입력(HLAS/DLT: Baseline ILS)
- Frankfurt 공항 활주로이용 시나리오 입력(HLAS/DLT: Baseline ILS)
- 결과: HALS/DLT 용량은 기존 ILS에 비해 18% 크다.

(3) Steeper Approach(SAP): Baseline ILS를 SFO 공항에 적용

- SFO 공항 활주로 구성자료 입력
- SFO 공항 항공기 혼합률 입력
- SFO 공항 관제규정 입력(SAP: Baseline ILS)
- SFO 공항 활주로이용 시나리오 입력(SAP: Baseline ILS)
- 결과: SAP 착륙용량은 ILS IMC baseline보다 27% 크다.

(4) 결론 및 시사점

- HLAS/DLT 및 SAP는 IMC에서 근 간격 평행활주로의 용량을 증대시킬 가능성이 있다.
- HLAS/DLT는 추가 ILS와 충분한 활주로 길이가 필요한 것(DLT) 외에는 특수요건이 없다.
- 용량모델은 HLAS/DLT는 좋은 결과를 얻었고, SAP는 확인이 필요하다.
- 런던공항 용량 확충방안으로 DLT가 건의된 것을 보면 실용 가능성이 있다.

6. 단일 활주로의 용량 및 이용실적

(1) 단일 활주로의 IFR 시간용량(시뮬레이션으로 산출한 시간용량, 후류영향 무시)

유도로 구성	개념도	시간용량	연간①
1. 계류장연결 Stub 유도로 활주로 종단 턴닝패드	활주로 Turning Pad / Stub 유도로	10~12회	2만 회
2. 활주로종단 선회유도로 추가		16~20회	4만 회
3. 평행유도로 추가	직각출구유도로 / 입구유도로 우회입구유도로 평행유도로	32~36회	11만 회
4. 고속출구유도로 추가	고속출구유도로 계류장연결유도로	40회	14만 회
5. 복수 평행유도로, 항공기 도착간격 2.5NM, 충분한 Stands 확보, 관제기술 향상 등		50회	185,000회

주: 연간용량은 시간용량에 영국 CAA 자료(그림 4.5-5)의 PHF를 적용하여 환산한 것이다.

(2) 단일 활주로 공항의 이용실적 및 용량 관련 시설(단일 활주로 용량평가)

공항	운항② (천 회)	활주로 길이(m)	평행 유도로	고속출구 유도로	우회 유도로	Stands	여객 (백만)
인도 Mumbai(2016)①	305	3,660	1	2×2	2×1	(41)	45.2
런던 Gatwick(2016)①	281	3,316	2	2×3	2×1	109(68)	43.1
미국 San Diego(2016)	211	2,865	1.5	2×2	2×1	57(51)	20.7
Istanbul Sabiha(2016)	206	3,000	1	2×1	-	67(8)	29.6
런던 Stansted(2016)	180	3,049	2	2×2	2×1	59(51)	24.3
제주공항(2016)①	173	3,180	1	2×1.5	2×1	33(11)	29.7

Mumbai 공항	Stansted 공항

주: ① Mumbai 교차활주로, 제주 교차활주로, Gatwick 평행활주로는 거의 사용하지 않는다.
　② 단일 활주로 평가용량: FAA-202,000회, IATA-실용용량＝24만 회/이론용량＝331,000회

참고자료

1. PIT 공항 활주로용량 확충계획(FAA)

2. 홍콩공항 기본계획 보고서

3. Delft University of Technology, Dr Milan Janic, 네덜란드(비독립 평행활주로의 용량증대)

4. 런던지역의 공항용량 확충을 위한 Airports Commission 보고서

5. ICAO 부속서 제 14권 Aerodrome의 제1권

6. FAA의 활주로 용량평가 ① AC150/5060-5(1995), ② ACRP REPORT 79(2012)-TRB

7. IATA의 Airport Development Reference Manual 8th / 9th / 10th Edition

4.6 런던 수도권 공항의 용량 확충방안

1. 런던 수도권의 공항개발 추진경위

런던지역의 공항용량을 확충하기 위해 5개 공항이 개발되었으며, 2010년대는 히스로 등 기존 공항 확장과 템스강 어귀 신공항 개발을 비교하여 히스로공항 확장으로 방향을 잡았다.

- 1946: 히스로, 본격적인 민항 개항(1929부터 소형기 이용)
- 1958: Gatwick, 운송용 민항공항으로 개항(1930 경마장, 사설비행장)
- 1972: 정부, Maplin 해변 신공항 개발계획 발표, 환경보호단체·보수당: Maplin 개발 반대
- 1978: 공항정책백서, Maplin은 소요경비 과다 및 수요부족으로 포기
- 1991: Stansted, 런던 제3 공항으로 개항(1942년 군용개항, 1957년 유럽지역 차타운항)
- 2006: Town and Country Planning Association, 강어귀 신공항 개발 및 히스로공항 폐쇄 건의
- 2008: 런던시장 선거캠페인(Boris Johnson), 템스강 어귀공항 개발 제안
- 2011: Foster: Partners/Halcrow, Grain 섬에 Thames Hub 공항 제안
- 2012: 공항위원회 설립, 런던의 공항용량 확충방안을 정치적 중립입장에서 강구목적
- 2015: 공항위원회, 최종보고서 발간, 히스로에 제3 평행활주로 건설 건의

2. 템스강 어귀의 신공항

(1) 템스강 어귀의 신공항 후보지

템스강 어귀의 신공항은 1940년대 이후 여러 차례 제안된 바 있으나 해안 또는 해상에 신공항을 건설하는 것은 막대한 건설비, 자연환경훼손 및 접근교통의 문제가 있어 쉽게 결정을 내리지 못하고 있으며, 그동안 거론되었던 신공항 후보지는 그림 4.6-1과 같다.

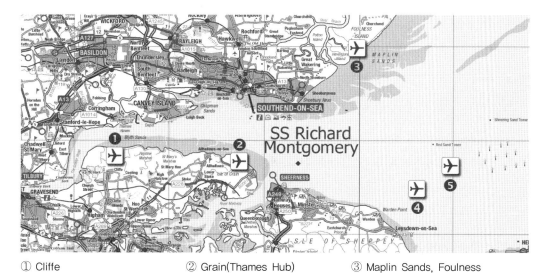

① Cliffe　　　　　② Grain(Thames Hub)　　　　③ Maplin Sands, Foulness
④ Isle of Sheppery 앞의 해상　⑤ Shivering Sands(일명 Boris Island)

그림 4.6-1 런던 템스강 어귀의 신공항 후보지

(2) 템스강 어귀의 신공항 건설 장단점(런던 이해 당사자의 의견)

a. 장점

템스강 어귀의 신공항은 해안 또는 해상에 위치하므로 24시간 운영이 가능하고, 런던 상공의 소음공해와 인구밀집지역에 대한 비상착륙 등의 위험이 감소하고, 내륙공항보다 민원 없이 쉽게 확장할 수 있다. 고속철도 및 도로 M25/M2와 같은 기존 인프라를 이용할 수 있어 히스로공항의 철도 및 도로를 개선하는 것보다 경비소요가 적다. 고속철도에 의거 런던까지 20분에 연결함으로써 대중교통을 이용하는 여객이 편리하다. 히스로에도 고속철도가 건설될 수 있지만 런던 도심지역의 지하터널은 고가이다(£4.5bn). 논쟁 중인 히스로의 제3 활주로 또는 LGW 및 STN의 제2 활주로를 건설하지 않아도 된다. 신방조제로 해수범람을 통제할 수 있어 템스강 주변의 토지를 더 많이 활용할 수 있으며, 조력발전을 위한 템스강 방조제 건설은 공항 건설비를 감소시킬 수 있다. 낙후된 템스강 어귀를 발전시킬 것이며, 히스로공항 및 주변의 토지 100km²를 양호한 주택용지로 개발할 수 있다.

b. 단점

템스강 어귀의 신공항 건설은 해안 및 해상이어서 건설비가 막대할 뿐 아니라 수만의 상주직원을 위한 인프라(도로, 철도, 학교, 병원 등) 건설비도 크며, 런던의 주요 공항을 신공항으로 이전함에 따른 심각한 문제가 발생할 수도 있다. 덴버, 홍콩, 싱가포르, 간사이, 콸라룸 푸르, 인천, 방콕 등은 성공적으로 이전되었지만 Montreal의 신공항은 문제가 있었다(항공사의 원거리공항 이용 기피). 히스로의 일자리 소멸로 런던 서부의 경제에 충격이 클 것이다. 템스강 어귀 공항의 주요 난제는 안개가 될 수도 있으며, 이 지역의 안개는 히스로의 3배가 된다고 2012년에 기상청이 발표한 바 있다. 신공항에 연결되는 도로 및 철도를 건설하는 것은 건설기간이 3~5년이 추가로 소요된다. 해안, 해상에 공항을 건설하면 조류충돌위험이 커지고, 조류서식지가 파괴된다. 국토의 잔여지역에서는 히스로보다 접근이 어렵다.

(3) 템스강 어귀의 신공항 건설 제안

a. Foster가 제안한 Thames Hub Airport

영국의 글로벌 허브위상을 계속 유지하기 위한 방안으로 런던 도심에서 55km 떨어진 템스강 어귀 Grain 섬에 공항과 교통허브 건설계획을 2013년 제안했고, 이의 개선안을 2014년 제안했다. 이에는 강어귀를 가로지르는 방조제, 4개의 활주로를 가진 공항, 화물항 및 런던을 영국의 북부 및 유럽과 연결하는 철도 등을 포함한다. 이 사업에는 £50십억이 소요되고, £1,500억의 경제적 효과가 있다고 본다. 당초에는 독립 2+비독립 2개의 평행활주로를 제안했으나 개선안은 독립 3+ 비독립 1이고, 터미널은 당초 1개 시스템이었으나 2개 시스템으로 조정했다. Stands는 300개, 여객용량은 1억 5,000만 명(활주로 5개는 1억 8,000만 명)을 구상했다. 고속철도로 런던도심에서 30분에 연결되고, 방조제는 런던에 조수유입을 억제하여 더 많은 주택용지를 공급할 수 있다(소요예산=£500억≒72조 원, 1파운드≒1,450원).

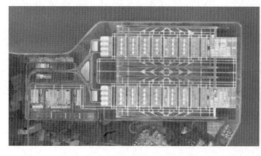

그림 4.6-2 Thames Hub Airport

그림 4.6-3 템스강 어귀 방조제 계획

b. Thames Estuary Research가 제안한 London Britannia Airport

Sheppery 섬 앞 해상에 6개의 활주로를 갖춘 부체식 공항을 제안했으며, 이는 3독립 접근 및 2독립 출발 또는 그 반대의 운항이 가능하다. 신물류단지를 Kent 내 Sheemess에 건설하고, 공항 주변에는 6개 dock를 건설하여 공항과 항만을 겸용한다. Grain 섬 대신 해상공항을 택한 사유는 육지와 가까워짐에 따른 민감한 문제를 피할 수 있다는 장점 때문이다. 신공항이 건설되면 히스로공항은 인구 30만의 주거지로 재개발될 수 있다. 활주로 용량은 1,134,000회, 여객용량은 1억 7,200만 명, 접근교통은 런던도심에서 고속철도로 30분에 연결되고, 소요예산은 £470억이다.

그림 4.6-4 London Britannia Airport   그림 4.6-5 LHR 이전 전제 도시구상

3. 공항위원회(Airports Commission)

공항위원회는 영국정부가 설립한 독립위원회로서, ① 영국이 어떻게 국제항공허브를 유지할 것인가? ② 향후 5년 이내에 활주로 용량을 개선하기 위한 긴급방안은 무엇인가? 에 대한 해답을 얻기 위한 것이다. HS2 건설과 함께 런던 수도권의 '공항용량을 어떻게 확보할 것인가?' 하는 것이 지난 수년에 걸쳐 영국의 기간시설에 대한 중요한 쟁점이 되었다. 기존 공항의 확장이나 신공항 위치를 결정하는 것은 지역주민과 이해당사자 간에 매우 민감하여 기술적·이론적 검토에 앞서 정치쟁점이 됨으로써 런던의 공항용량 확충이 지연됨에 따라 영국정부는 전문가그룹이 검토한 결과를 각 정당이 수용한다는 전제하에 공항위원회를 2012년 9월에 구성했다.

- 위원 명단: Sir Howard Davies(Chairman, 경제전문가)
  - Sir John Armitt: 전 철도공사 CEO 및 Olympic Delivery Authority 위원장
  - Ricky Burdett: 런던 정경대학 교수 및 LSE 도시연구센터 임원
  - Vivienne Cox: 전 CEO 및 BP 대체에너지 부사장
  - Dame Julia King: 과학자 및 Aston 대학 부총장
  - Geoff Murihead: 맨체스터공항그룹의 전 임원-2013년 9월 위원회 사직
- HS2: 런던과 영국중부지역을 연결하는 고속철도사업(총 예산이 70조가 넘는 대형 프로젝트)

(1) 공항위원회 설립배경

a. 런던공항 용량 확충 정책의 표류

런던은 도시권에 5개의 공항으로 세계 최대의 공항 시스템을 갖고 있지만 성장하는 항공수요에 대비하여 어떻게 시스템 용량을 확장할 것인가? 의 대책은 1950년대 이후 정부가 적절히 대비하지 못한 주요 쟁점 사안이다. 정부는 1973년 Maplin 개발법을 통과시켰지만 1974년에 취소되고, Stansted에 제3 공항이 개발되었다.

1980년대 이후 영국의 다른 공항은 모두 point to point 운영이지만 히스로공항은 영국 유일의 허브공항이기 때문에 Gatwick이나 Stansted와 같은 주요 point to point 공항의 용량 증대는 영국의 허브공항 용량 부족문제를 해결하지 못했다. British Airways가 Gatwick 공항을 제2 허브로 이용하도록 1978년에 런던항공교통 분배지침이 도입되었지만 1991년의 심각한 재정위기로 이런 운영은 대다수 중단되었다. 오늘날 Stansted 공항은 매우 저렴한 착륙료에도 불구하고 용량의 50% 이하로 운영되고 있으며, 히스로공항에서 운영하는 항공사와는 다른 저가 항공사의 모기지가 되었다. 히스로는 급성장하는 항공 수요 특히 허브공항에서 발생하는 환승여객 수요에 맞추어 확장할 수 없었으며, 이는 히스로의 우세 풍향상 항로가 도심상공으로 형성되고 공항 주변의 고밀도 도시개발로 히스로 확장에 대한 반대가 크기 때문이었다

공항개발은 지역주민에게 심각한 소음, 공기질 저하 및 안전위협을 초래했으며, 그 결과 많은 지역주민이 고용의 형태로 공항의 혜택을 받고 있지만 공항 확장에 대해 지역의 반대가 크다. 이런 쟁점 때문에 2개의 주요정당(노동당·보수당) 중 하나가 공항 확장을 제안하면 다른 당은 이를 반대함으로써 여러 해에 걸쳐 수많은 제안이 있었지만 정책적 합의가 되지

않아 이런 제안들은 모두 취소되었으며, 히스로공항은 2003년 이후 용량의 98%로 2개 활주로만 운영해왔다. 이런 결과로 히스로는 경쟁관계에 있는 유럽의 허브공항AMS, CDG 및 FRA과 최근에 급성장하는 중동지역 공항Istanbul, Dubai, Abu Dhabi 및 Doha에 비하여 여객 및 목적지의 수에서 세계적 허브공항으로서의 위상이 기울어졌다.

b. 히스로 제3 활주로

노동당정부는 2003년 공항백서(항공교통의 장래)에서 히스로공항 제3 활주로 건설을 제안했으나 정치적 이점을 찾기에 열중인 보수당(야당)은 히스로확장을 강력히 반대했으며, 선거에서 승리하면 이 계획을 취소할 것이라고 공약했고, 선거결과는 보수당이 승리함으로써 제3 활주로 건설은 즉시 취소되었다.

c. 최근의 관심사 '연결성'

2010년 이래로 영국 히스로공항의 활주로 용량 부족으로 영국과 신속히 성장하는 신흥경제국가 간에 추가적인 항공연결이 어려워 경제발전을 저해한다는 것이 관심사가 되었다.

(2) 공항위원회 설립 및 임무

영국정부는 런던의 공항용량을 어떻게 확충할 것인가에 대한 쟁점의 해법으로 정치적으로 독립적인 위원회가 방안을 제시하면 정당 및 이해당사자 간에 합의를 얻을 수 있다고 기대하고, 공항위원회를 설립하여 다음과 같은 임무를 부여했다.

위원회는 영국이 유럽 항공허브를 유지하는 데 필요한 공항용량의 규모와 시기를 조사하여 필요한 추가용량을 중단기 및 장기적으로 어떻게 확보할 것인가를 확인하고 평가한다.

위원회는 어떤 제안에 대한 국가적, 지역적 및 지방적 영향을 적절히 고려함으로써 전－영국적인 관점을 유지하고, 그들의 견해와 제안을 제출할 기회를 제공함으로써 이해당사자 및 사회구성원과 터놓고 교감한다.

위원회는 해결방안 및 권고사항에 대한 합의를 이끌어내기 위해 야권뿐만 아니라 지방 및 중앙 정부를 포함 다양한 이해당사자와 교감하도록 노력한다.

영국이 글로벌 허브위상을 유지하는 데 필요한 수단의 특성, 규모, 시기 등에 대한 평가와 기존활주로의 용량을 개선하기 위한 다음 5년 이내의 긴급조치방안(장기대안과 일치)을 2013년 말 이전에 중간보고서로 제출하며, 이 보고서는 항공 수요와 연결성, 어떻게 발전할 것인가에 대한 전망, 국내~국제 연결성에 대한 예상되는 장래 패턴 등에 관하여 상세 분석한다.

위원회는 2015년 여름까지 영국의 국제연결니즈에 부합시키기 위한 대안평가를 경제, 사회, 환경적 영향을 포함하여 제출하며, 그런 니즈가 소요시기 내에 신속히 시행될 수 있는 최적 접근방안을 제시한다.

(3) 위원회 업무추진

위원회는 ① 중단기적 기존용량 최적 이용방안, ② 장기적 추가용량 확보방안을 위원회에 제안하도록 이해당사자에게 2013년 2월에 요청했으며, 이 제안은 5년 내 시행 가능한 것이어야 한다. 제안자는 2013년 2월 28일까지 제안서 제출의사를 확인하고, 2013년 5월까지 중단기계획, 2013년 7월까지 40쪽 이내의 장기계획을 제출한다. 또한 위원회는 제안서평가 기준을 2013년 3월까지 제안하도록 요청했으며, 2013년 5월 위원회는 제안서 평가 기준을 발표했다. 위원회는 70개의 중단기 계획과 58개의 장기계획을 여러 이해당사자로부터 접수받았으며, 예상보다 많은 제안서가 접수된 것으로 평가되었다.

위원회는 검토보고서를 발간하고, 이 보고서에 대한 이해당사자의 의견(논평)을 요청했으며, 위원회가 접수한 의견에 대해 기술적·비기술적 회신문(응답서)을 발간했다. 위원회는 2013년 7월 런던 및 맨체스터에서 공청회를 개최했으며, 여기서 발표한 내용을 발간하고, 또한 위원회는 추가용량 확보를 위해 제안된 여러 후보지를 방문했다.

위원회의 활동과 관련하여 발간된 도서는 다음과 같다.

- 중간보고서: 중단기 및 장기 대안, 경제분석, 소음분석, 이해당사자 설명 및 발표자료
- 안내서류: 위원회의 보고서 및 제안서 제출 안내서, 장기대안 작성지침
- 검토서류: 수요 추정, 항공과 경제, 항공과 기후변화, 운영모델, 항공소음, 기존용량 활용
- 위원회 조사보고서: 평가 기준, 이해당사자 브리핑, 운영지침, 템스강 어귀공항 타당성조사

(4) 위원회 중간보고서(Interim Report, 2013)

a. 중·단기대책(기존 공항 및 공역의 용량 최대화 방안)

기존 공항의 용량을 최대한 활용하기 위한 중·단기대책은 주로 공항 및 공역의 운영효율을 개선하기 위한 최적화방안을 의미하며, 주요 제안내용은 다음과 같다.

:: 공항위원회 권고사항

- 공항 및 공역의 운영효율을 개선하기 위한 최적화 전략
  - 공항의 협력적 의사결정(Airport Collaborative Decision Making)
  - PBN을 시행하기 위한 공역조정
  - 스케줄에 정밀하게 맞추기 위한 항로 교통관리 향상, 시간기조 분리 등
- 장래 공역전략을 수행할 상위 시행그룹 창설
- 장래 공역운영개선과 소음영향에 대한 공정한 조언을 위해 독립적 소음담당기구 설립
- 여객 및 항공사에게 더 매력적이고 여분의 용량을 확보하도록 지상접근교통 개선
  - 개트윅 공항 역, 도로, 철도 개선
  - 런던도심~스탠스테드공항 간 철도 개선
  - 남부지역-히스로 철도연결
  - 공항 역에 스마트 발권시설 설치 등

:: 기타 제안자 의견

- 공항 운영대안
  - 정보교환을 위해 모든 Airside를 항공교통관제에 연결
  - 전국 및 지방 용량관리 Cells
  - 활주로이용 효율이 최대화되도록 항공등화 시스템 개선
  - 소규모 확장으로 용량 개선
- 운항 및 공역 운영대안
  - 급상승·계속적인 상승출발, 공항에 급경사 접근(4.5절, 제5항 참고)
  - 공역 Slot 관리를 공항 Slot 관리와 연계
  - 최신 항행기술을 이용 출발간격 최적화
  - 알려진 감시환경 생성(Creation of a known-Surveillance environment)
  - 시간기조분리 및 대체 항행기술을 이용하여 악 기상에 대응한 절차 개선

- 공역 재구성, 민항·군항 공역 최적화

- 항공교통 관제규정 재평가

- 정시출발 대신 정시도착 장려

- 저시정 절차의 적용기준 재정립

- 도착 줄서기 관리

- 장대 활주로에 이중 접근, 비독립활주로에 복수 접근

- 신서비스 개념 도입 등

b. 장기대책 제안, 평가, 대안선정

장기대책으로 그림 4.6-6과 같은 여러 방안이 제안되었으며, 이를 표 4.6-1의 평가 기준에 의거 평가하여 장기대책으로 표 4.6-2와 같이 3개 대안을 선정했다.

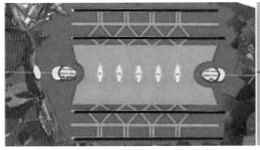

① Luton(중 간격 평행활주로 간격=1km)
용량: 운항=90만 회, 여객=1억 7,000만 명

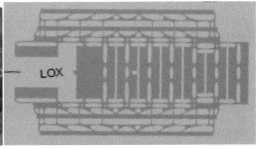

② LOX(근 간격 평행활주로 간격=380m)
용량: 운항=7만 회, 여객=1억 2,500만 명

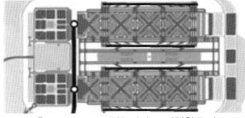

③ Isle of Grain(원 간격 4 평행활주로)
용량: 운항=1,00만 회, 여객=1억 8,000만 명

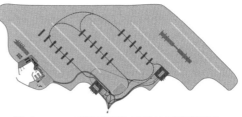

④ Goodwin 해상공항(원 간격 5 평행활주로)
용량: 운항=90만 회, 여객=1억 5,000만 명

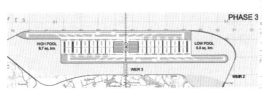

⑤ Thames Reach(활주로 길이=6,800m 이상)
용량: 운항=90만 회, 여객=1억 8,000만 명

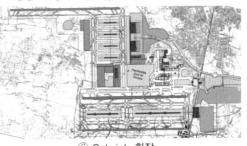

⑥ Gatwick 확장
용량: 운항=64만 회, 여객=1억 2,000만 명

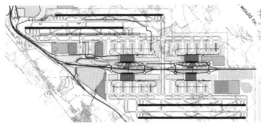

⑦ Stansted 확장
용량: 운항=98만 회, 여객=1억 7,500만 명

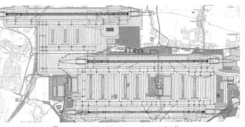

⑧ LHR 확장(제3 R/W 건설)
용량: 운항=74만 회, 여객=1억 3,000만 명

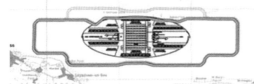

⑨ Britannia 해상공항(활주로 6개)
용량: 운항=1,134,000회, 여객=1억 7,200만 명

⑩ LHR 확장(북 R/W를 6,400m로 연장)
용량: 운항=67만 회, 여객=1억 2,000만 명

그림 4.6-6 런던공항 용량 확충방안 제안내용

런던공항의 장기 용량 확충방안 제안서를 평가하기 위해 위원회가 결정한 평가 기준은 다음의 표 4.6-1과 같다.

표 4.6-1 장기계획 제안서 평가 기준(위원회)

계획의 전략적 적합성	• 장기 수요에 대비한 추가용량을 확보할 수 있는가? • 여객, 항공사 및 기타 이용자의 서비스를 개선할 수 있는가? • 항공 및 전반적 경제의 경쟁효과를 최대화할 수 있는가? • 경제 및 국토개발 장기전략 효과를 최대화할 수 있는가? • 정부의 목적 및 법적요건에 적합한가?(예: 경제성장, 공정경쟁 등)
경제 효과	• 국가의 경제효과를 최대화하고, 국가경제 경쟁성을 지원할 수 있는가? • 지역 및 공항의 주변에 고용 및 경제성장을 증진 하는가? • 다른 공항이 받는 영향이 여객, 다른 이용자, 항공사 및 광역경제에 미치는 영향은?
육상 접근	• 육상접근요건은 어떠한가?(여객 및 상주직원의 대중교통 이용성, 지역의 접근성) • 여객, 업무 및 관련 화물교통을 위해 효과적인 접근교통을 제공하는가? • 접근교통계획이 예상되는 장래 수요에 필요한 용량을 제공할 수 있나? • 지방의 교통 및 혼잡에 어떤 영향을 주는가? • 예상되는 접근교통의 대중교통 및 개인교통의 분담비는 얼마인가? • 업무 및 항공서비스 중심지에서 여행시간이 어떻게 달라지나?
환경	• 소음영향 최소화 및 소음영향 저감 가능(제안으로 인한 소음패턴 변화? 제안의 결과로 다른 공항에 예견되는 소음도 변화? 소음영향인원수 축소·제한 수단) • EU표준 및 지역요건에 맞는 공기의 질을 개선할 수 있는가?(항공기, 에어사이드 및 지역접근교통포함) • 자연환경영향 최소화(서식지, 생태다양성 보호 및 유지, 저습지, 범람원, 수자원 등) • 공항 건설 및 운영에 탄소방출 최소화(다른 대안과 어떤 차이가 있나?) • 표면수 및 지하수의 수질보호, 수자원의 효과적 이용 및 홍수 위험 최소화 • 경관특성 및 자연유산에 대한 영향 최소화(예: 국립자연보호지 또는 특별 보호지역) • 기타 고려해야 할 지방의 심각한 환경영향이 있는가?
지역 사회 영향	• 지역사회의 주택철거 영향 축소, 지역의 토지이용계획 부합성 • 어떤 사회집단에 대한 불균형충격 회피(심각하고 광범위한 사회적 영향이 있는가?) • 제안의 지역적 사회적 영향(지역주민의 생활수준 유지 및 개선 가능성. 제안지역주변의 영향 및 영향을 받는 다른 공항 주변의 영향 포함, 영향의 범주는 고용, 주택공급 및 지역사회, 취약단체, 삶의 질, 보건 등을 포함한다.)
경제성	• 지상접근교통, 보상 및 기타 관련 인프라를 포함한 제안의 소요경비는 얼마인가? • 관련된 가정과 위험요인은 무엇인가? • 사업의 사회, 환경, 경제적 B/C
운영 효율, 리스크	• 제안은 각 공항 및 공항 시스템의 탄력(resilience)을 개선하고, 효율이 확실한가? • 현재의 산업안전 및 보안기준에 부합되는가? • 전략적 설계로 유연성(융통성)을 확보할 수 있는가? • 현재의 안전성능을 유지 및 향상시킬 수 있는가?
시행성	• 제안의 주요 시행위험(delivery risks)은 무엇인가?(사업비적정성, 재정 확보 가능성, 용지 확보 가능성, 사업시행에 따른 해외기술 필요성 등) • 제안은 2030년까지 활주로 1개의 용량을 확보할 수 있는가?

표 4.6-2 선정된 장기대책 대안(중간보고서)

1안: LGW 확장	
• 확장내용: 평행활주로 건설(간격:1,045m), T3 및 탑승동 건설 • 용량: 운항＝56만 회, 여객＝9,500만 명 • 보상: 토지＝624ha, 가옥＝168가구	
2안: LHR 확장-1	
• 북 활주로 연장, 3,000m 활주로 2개로 운영 • 용량: 운항＝70만 회, 여객＝1억 2,600~1억 4,200만 명 • 보상: 토지＝1,054ha, 가옥＝242가구 • 북 활주로 운영: busy time-동시 출발·도착	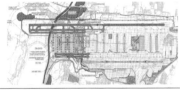
3안: LHR 확장-2	
• 북서에 평행활주로 건설(길이＝3,500m, 간격＝1,045m) 및 신터미널 건설 • 용량: 운항＝74만 회, 여객＝1억 3,200~1억 4,900만 명 • 보상: 토지＝863ha + 가옥＝783가구	

(5) 위원회 최종 보고서

위원회는 2015년 7월 최종 보고서를 발간했으며, 위원회가 추천하는 런던공항 장기용량 확충방안은 표 4.6-2의 중간보고서에 선정된 3개 대안 중 제 3안으로서 히스로의 제3 평행활주로(북측 활주로와 1,045m 이격된 길이 3,500m) 및 T6 건설이며, 이는 그림 4.6-7과 같고, 이로 인한 용량 증대는 운항: 48만 → 74만 회, 여객: 9,000 → 1억 3,200~1억 4,900만 명을 예상한다.

그림 4.6-7 LHR 제3 활주로 및 T6 계획

위원회는 LHR의 제3 활주로 건설 및 운영에 따른 문제를 완화하기 위해 다음과 같은 여러 대책이 시행되도록 권고했다.

- 제3 활주로 건설에 따른 모든 야간 스케줄 비행은 11:30pm~6:00am 에 금지한다.
- LHR의 소음한계를 법으로 정하고, 현재 소음수준을 초과하지 않는다는 조건을 명기한다.
- 제3 활주로는 좀 더 신뢰성 있게 유지되도록 예견되는 휴지기간을 허용해야 한다.
- 가옥매입 시 시장가격에 25%를 추가하여 보상하고, 이를 조속히 실행되도록 조치한다.

- 지역사회에 십 억£ 이상을 보상한다는 약속을 지키며, 공항이용자가 지역사회에 더 많은 보상을 하도록 신항공소음부과금 또는 사용료 도입, 개선된 방음시설을 강구한다.
- 보상, 지역사회지원, 공항 운영에 영향력 있는 독립적 지역사회참여위원회를 설립한다.
- 비행로, 운영절차 등을 협의할 수 있는 권한 있는 독립된 항공기소음기관을 설립한다.
- 지역사회가 일자리의 혜택을 받도록 지역주민을 위한 훈련기회와 견습직을 마련한다.
- 여객과 직원을 위한 신철도 등 교통수단을 강구하고, 자동차에 대한 혼잡세를 고려한다.
- 확장으로 인한 추가운항이 EU 공기질 기준을 초과하지 않는다는 것을 확실히 한다.
- 정부는 제4 활주로 등 히스로공항을 더 이상 확장하지 않는다는 것을 의회에 약속한다.

(6) 템스강 어귀 신공항 건설(안)이 채택되지 않은 사유(위원회 의견)

템스강 어귀의 신공항은 매력적인 점도 있지만 심각한 난제도 있어 2014년 1월 이해당사자가 참여하는 위원회를 구성하여, ① 환경영향, ② 운영적 타당성, ③ 사회적·경제적 영향, ④ 지상접근교통 등을 검토했으며, 템스강 어귀에 신허브공항이 성공하기 위해서는 LHR의 폐쇄가 필요하며, LHR를 폐쇄하고 템스강 하구에 신공항을 개항하면 소음피해 감소와 지역경제에 긍정적인 면도 있지만 다음과 같은 문제가 있어 총괄적으로 득보다 실이 크다. 해결해야 할 여러 난제, 고 경비, 경제 및 전략적 효과에 대한 불확실성 등 때문에 채택할 수가 없었다.

- 보존되고 있는 서식지에 대한 심각한 영향 및 필요한 보정 서식지의 설치 규모
- 항공서비스 및 관련 활동을 히스로에서 런던의 동부로 이전하는 문제
- 공항이 인근의 LNG 저장시설과 공존해야 하는 것에 대한 불확실성
- 막대한 지상교통시설 건설비 소요(보상비 제외 £200~440억 ≒ 29~64조 원)
- 템스강 어귀 신공항의 막대한 건설비 및 이용자의 경비부담 증가
- 대다수 여객은 히스로보다 불편, 항공산업·재계·인근의 지자체로 부터의 지원 제한 등

4. 참고사항

(1) 신공항의 용량

런던공항 장기용량 확충방안의 계획용량은 운항용량＝67만~1,134,000회, 여객용량＝1억

2,000~1억 8,000만 명이며, 두바이 신공항의 용량=1억 6,000만 명, 베이징 신공항의 용량=2억 명 등 공항의 계획용량이 계속 증대되고 있다.

(2) 장대 활주로

런던공항 용량 확충방안(그림 4.6-6)에 제시된 장대활주로(길이=6,400m)는 동시 이륙·착륙 등의 방법으로 활주로 2개와 같은 용량으로 간주하고 있는바, 현재는 공인된 용량은 아니지만 장기적으로는 용량 증대방안으로 검토 대상이 되고 있다.

참고자료

1. Airports Commission
2. 세계 주요공항 최종단계 용량계획
3. 런던 템스강 어귀 신공항 건설 제안
4. 런던수도권 공항용량 확충방안 보고서(중간보고서, 최종보고서)

4.7 여객터미널 Complex 계획

1. 여객터미널 콤플렉스의 정의

여객터미널 이용자는 여객, 항공사, 송영객, 공항관리직원, CIQ 및 보안 관련 직원, 상점운영자 및 기타 영업자 등이며, 여객터미널은 이런 이용자에 대한 양호한 서비스 수준을 제공해야 한다. 터미널은 항공기 운영과 지상 접근교통에 큰 영향을

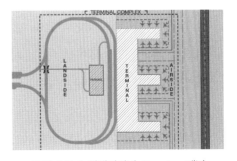

그림 4.7-1 여객터미널 Complex 개념

받으므로 터미널콤플렉스는 Airside, 터미널 및 Landside의 복합체이며, 이 개념은 그림 4.7-1 과 같다.

(1) 터미널 Airside 시설

터미널 내부 및 Landside 계획에 앞서 Gate 소요, 주기위치 및 유도선을 규명하는 등 여객 터미널 계획은 Airside에서 해법을 찾는 것이 중요하다. Airside는 항공기의 안전과 운영효율은 물론 여객 관리에 큰 영향을 미치며, Airside 공간요건(안전간격 등)은 터미널의 여객 관리 또는 Landside 요건보다 터미널의 물리적 기하구조에 더 큰 영향을 미친다.

Airside 고려인자는 다음과 같다.

- 항공기 제한요건(장애물제한, 관제탑시거)
- 이동요건(유도로, 유도선, Push-back)
- 주기요건(Contact, Remote, 안내 시스템)
- 계류장시설(포장, 배수, 급유, GPU)
- 지상조업장비(이동·조작 범위, 저장 공간)
- 항공기서비스(상하수, 기내식, 급유)
- 동절기 운영시설(제빙, 제설)
- 환경시설(연료누출 대응책, 쓰레기 처리)
- 계류장 서비스도로
- 후폭풍 방지시설
- 보안 및 비상 대응시설 등

(2) 터미널 건물

여객터미널 건물은 장래 수요와 여객, 항공사, 항공기의 변화 요구에 부응하여 최소경비로 개선할 수 있도록 유연성 있고, 시설 간 균형 있고, 선견적일 필요가 있다.

터미널계획의 고려인자는 다음과 같다.

- 여객 및 수하물 처리 시스템 계획
- 일상 및 특정 위협에 대응하기 위한 보안계획

- 이용자 편의, 공항수익을 위한 상점계획
- 건물유지관리를 위한 정보·데이터 시스템
- 지속가능성(Sustainability)
- 수요관리 개념
- 각 기능별 용량의 조화 등

터미널 건물구성의 고려인자는 다음과 같다.

- 계획 기본사항(LOS 기준, 수요·용량 평가)
- 터미널시설 요건(발권, 체크인, 여객검색, 대합실, 상업시설, BHS, 순환, 항공사 사무실 및 운영지역, 수하물 검색 및 처리, CIQ시설, 지원시설, 특수요건, 건물 시스템 등)
- 기능적 관련성
- 흐름의 순서(여객, 방문객, 상주직원, 수하물, 공급물품, 쓰레기 등)
- 여객이동(PMS, 여객안내표지 등)
- 터미널 Concept 개발(국제선·국내선, 탑승동 구성, 집중식·분산식, 유연성, 효율성, 공동이용시설, Swing gate 등) 등

(3) 터미널 Landside 시설

Landside 구성요소가 터미널복합체에 큰 영향을 미칠 수도 있으며, Landside의 효율성 부족은 터미널 전반에 대한 여객의 인식에 큰 영향을 주므로 Landside 계획은 신중해야 하고, 도로 및 철도 등에 의한 터미널 접근은 가급적 최소한의 층 변경으로 편리해야 한다. Landside는 수요 증가에 따라 포화되기 쉽고 확장이 어려운 경우가 많으므로 커브 및 도로 시스템은 증가하는 수요에 대응할 수 있는 확장성이 있어야 한다.

Landside 고려인자는 다음과 같다.

- Curb 보행자시설(터미널인접 보행로, Curb 섬, 횡단보도, 커브사이드 수하물체크인 등)
- Curb 자동차 차선(하차선, 승차선, bypass 선, 통과선 등)
- 주차장(근접·원격주차, 공항 외부주차, 주차대행, 직원주차, 임대차주차, 핸드폰주차 등)
- 출입도로(터미널 출입 주 도로, 재순환도로, 서비스도로, 납품 deck 등)

- 상용차량 및 여객 대기소(택시, 버스, 교통센터 등)
- 철도교통(플랫폼, 역위치 결정 등)

2. 여객터미널 계획, 설계 및 건설 과정

(1) 여객터미널 계획의 개요

터미널계획에서 제일 먼저 결정할 것은 터미널의 역할이며, 이는 국내선/국제선의 구분, FSC/LCC의 구분, 시설의 항공사 공동사용 정도, 환승여객 또는 O/D 여객 위주, 집중식 대형 터미널, 복수의 단위터미널 등은 터미널복합체의 구성 및 크기에 큰 영향을 미친다. 이런 여러 Type의 터미널계획은 자료수집 → 계획 기본사항 결정 → 수요 추정에 근거한 시설소요 결정 → 다양한 개념의 대안작성 및 평가 → 개선을 통한 최적대안 선정 등의 과정이 필요하다.

(2) 여객터미널 계획 및 설계 절차

a. 시설 규모계획

- 기본요건: 프로젝트의 목표와 목적 결정, 건설현장과 관련된 기회와 제약의 정의, 전차 계획을 포함한 항공 및 기타 분야의 관련 계획 조사, 주요 이해당사자와 상호교류 등이다.
- 수요·용량 평가: 적절한 LOS를 갖추기 위해 기존시설의 용량 대 여객 수요를 분석하여 터미널을 구성하는 여러 시설의 수요 대비 얼마의 시설이 필요한지를 분석하는 것이다.
- 공간계획: 수요 추정에 근거하여 터미널복합체의 장래 시설소요를 산출하는 것이며, Airside의 Gate 수, 터미널 면적, 터미널 커브 및 주차장 소요 등이다.

b. 개념계획

이는 시설소요를 개념계획으로 전환하는 것으로서 다음과 같다.

- 개념계획은 여러 가지 터미널 개념 작성 및 도식적인 터미널 평면계획을 작성하는 것이다.
- 발전계획(Advanced Plan)은 터미널 개념의 상세계획으로서 터미널 개념을 3개 이내로 선정하고, 각 개념의 특성을 반영한 공간계획에 근거하여 더 상세한 개념을 개발하며, 배치계획, 건물계획 및 건물의 단면 및 볼륨감 있는 투시도를 개발한다. Advanced 계획은 전반적인 건축 및 기술계획에 앞서 경제적 건설이 되도록 더 정밀히 계획하는 것이다.

c. 설계

건축 및 기술 설계는 Schematics, Design development, 세부설계 등 여러 단계를 통해 터미널 건물을 설계하는 과정이다.

d. 특수기술

터미널계획의 특수기술로서 터미널 시뮬레이션, 유발점 분석Trigger point analysis, 항공기 주기 및 이동성, 탑승교, 급유배관 등이 있다. 유발점 분석은 수요·용량 분석과 유사하게 터미널의 특정 기능이 만족할 만한 LOS로 수요를 처리할 수 없는 시점을 분석하는 것이다. 항공기 주기 및 이동성은 주기위치, Lead-in lines 및 날개 끝 간격 등을 분석한다. 특수기술 분야는 컴퓨터 소프트웨어를 이용할 수 있다.

(3) 계획 및 설계 업무의 전형적인 접근방법

터미널 신축, 확장, 개수를 불문하고 최선의 설계를 위하여 철저한 조사를 하는 것이 유익하다.

a. 이해당사자 의견청취

계획자는 터미널계획과 관련이 있거나 특별한 관심이 있는 이해당사자의 의견을 청취해야 하며, 이해당사자는 공항관리기관, 여객, 항공사, 터미널 이용자 등이며, 이에 국한되지 않는다.

여객 및 송영객 등은 터미널의 주된 이해당사자이며, 이에 대한 조사는 일정시기를 정하여 조사하도 하고, 공청회, 공항 web site, 질문서 등을 이용할 수도 있다.

:: **공항관리기관**: 공항터미널은 특정 항공사의 전용 터미널이라도 공항관리기관이 주요 이해당사자가 되며, 다음과 같은 이슈에 주안점을 두어야 한다.

- 공항토지의 신중한 활용
- 터미널복합체(Airside, 터미널, Landside)의 균형개발

- 공항 마스터플랜과의 조화
- 경제적 타당성 및 재정확보 가능성
- 계획과정에서 주요 이해당사자의 대의권(대표역할) 등

:: **항공사**: 터미널 및 공항 관련 특정 필요성을 각 항공사와 협의, 공항과 이해당사자 간의 대화를 위한 공개토론회의(공동), 이해당사자에게 영향을 주는 특정 이슈 또는 요구를 다루는 특정 기술 또는 기타 형태의 위원회 등 항공운송협회IATA가 터미널계획의 항공사대표로 고려될 수 있으며, IATA 및 미국의 ATA는 터미널 및 계류장계획 매뉴얼 작성에 참여했다.

:: **상업시설 운영자**: 상업시설지역은 계획 초기부터 주요 인자로 취급되어야 하며, 상업시설 운영자가 결정되기 전에는 상업시설 전문가의 의견을 청취한다. 상업시설 운영자의 일반적 의견은 다음과 같다.

- 상업시설지역은 여객의 주동선 내 또는 인접하여 배치한다.
- 한 공간에 상조적인(synergistic) 상업시설지역을 배치하여 볼륨감(massing) 있게 한다.
- 최대한 정면진열을 도모하여 전시효과를 최대화하고, 상업시설지역 출입을 편리하게 한다.
- 편리한 위치에 충분한 창고를 확보하고 보안상 신중하게 물품배달 및 쓰레기수거 통로를 확보한다.

:: **기타 이해당사자**: 주로 공항 운영자가 제시하며, 때로는 항공사 등 주요 이해당사자가 제시하기도 한다. 기타 이해당사자는 건축심사위원회, 예술위원회, 공항지원그룹, 특수 관심그룹(장애인협회 등)이 포함될 수 있으며, 이로 한정되는 것은 아니다.

b. 관계기관 협의

터미널계획 과정에서 관계기관의 참여를 독려하고 건설적인 의견을 반영하는 것은 계획팀의 의무이다. 주요 관계기관은 국토교통부(미국: FAA), 안전기획부(미국: 교통보안청), CIQ 및 경찰, 건축 및 소방 허가기관, 환경 및 교통 관할기관 등이다.

(4) 목표 및 목적(Goals and Objective) 설정(여객터미널 계획과정)

터미널계획 초기에 터미널의 역할을 명확히 하고, 터미널의 신설, 확장, 개수가 필요한 동기와 목적을 정의하며, 이에는 과업시행의 주요 사유가 포함되고, 이는 주로 공항당국 또는 허브항공사와 같은 주 이해당사자의 동기부여로 제공된다.

목표와 목적은 과업진행에 따라 조정될 수 있으며, 터미널 계획과정의 여러 평가 기준은 목표와 목적에 부합되어야 한다. 목표와 목적은 5~25개 항으로 작성하되, 각 아이템은 단문으로 간결하게 서술한다. 참고로 Houston 공항 Master Plan의 목표와 목적은 다음과 같다.

① 공항 관련 기관(계획, 개발, 운영 및 인허가), 항공사, 관련 지자체 및 이해당사자와 협의한다.
② 현재 및 예상 수요가 4th 평행활주로가 필요 지 검토하며, 필요하다면 건설일정을 개발한다.
③ 대안분석에 B/C 분석과 재무적 타당성평가(Financial testing)를 도입한다.
④ Airside 개발 관련 환경영향을 검토한다.
⑤ 공항개발에 따라 장래 예상되는 문제와 기존의 순환 및 지상접근에 미치는 문제를 규명한다.
⑥ 터미널지역 주위의 복수 Taxi routes 등에 대한 대안을 개발한다.
⑦ 정부기준에 부합되는 가장 효과적인 수하물 및 여객 검색방안을 결정한다.
⑧ 공항의 장기계획과 항공사 및 기타 이용자의 장기계획이 조화되도록 협의한다.
⑨ 지원시설 확장의 필요성 및 지원시설 개발가능지역을 규명한다.
⑩ 항공 수요 성장을 공항의 장기개발계획에 반영한다.

(5) 수요 추정(여객터미널 계획과정)

수요 추정은 결코 완벽할 수 없으므로 항공기 혼합률, 연간 및 피크시간 교통량 등에 다소의 차이가 있기 마련이다. 수요 추정에는 추세분석방법과 장래의 사회·경제적 활동과 관련된 경제모델링 방법이 있으며, 주로 경제성장의 영향을 받는 항공활동은 공항의 크기와 중요성에 따라 국가적 또는 세계적일 수도 있다. 사회·경제적 관련성은 장기적으로 잘 유지되지만 예상치 못한 쇼크(유가파동, 테러, 보건 등)는 추세를 어긋나게 하므로 계획자는 상황 변화에 적응할 수 있는 유연성 있는 계획을 개발해야 한다.

a. 항공사 network 계획

미국에서 항공사는 하나 이상의 공항에서 허빙운영(연결여객서비스)을 하며, 항공사의 허빙운영 개시, 확장, 폐쇄 등은 지역경제에 상관없이 발생할 수 있다.

b. 지역경제

경제전망에 의한 수요 추정은 항공사나 특정산업에 지배되는 지역공항의 수요전망보다 더 신뢰할 수 있지만 일반적으로 소형 공항은 대형 공항에 비해 이런 영향을 더 받는다.

c. 공항 간 여객유치 경쟁

서비스지역이 겹치는 지역에서 저가항공사는 원거리임에도 여객을 끌어드리며(예: 청주공항), 경쟁공항의 항공사 서비스 개선은 수요에 영향을 줄 수 있다.

(6) 터미널 시설계획(여객터미널 계획과정)

터미널 구성에는 두 가지 접근방법이 있는데, 하나는 분산식·집중식이고, 다른 하나는 터미널 형태이다(선형식, 피어식, 위성식, 무빌 라운지식, 혼합식 등).

시설계획이 마스터플랜 또는 터미널복합체라면 첫 단계는 터미널의 수와 Type를 고려하는 것이다. 여러 동의 unit 터미널은 터미널 각각의 PH 수요에 대비해야 하므로 집중식 터미널보다 총 터미널 규모가 커진다. 또한 국내선/국제선, 소형/대형 터미널은 각각 다른 필요성과 특성을 계획에 반영해야 한다.

터미널 계획에는 이용할 항공사를 고려해야 하며, 어떤 경우는 주요 허빙항공사가 터미널을 단독 사용할 수도 있지만 신항공사가 들어올 경우도 대비한다. 특정 항공사가 자체 터미널을 건설하는 경우는 그 항공사의 필요성에 부합되는 계획이어야 한다. 여러 항공사가 이용할 경우는 항공사 간 서비스 수준LOS이 균형을 유지해야 한다.

(7) 터미널 개념계획(여객터미널 계획과정)

터미널 계획의 목표와 목적이 승인되고, 터미널 면적계획이 완료되면 터미널 개념계획이 시작된다. 목표와 목적은 터미널 개념 개발과정에서 얻은 추가정보에 따라 또는 발주자 및 이해당사자의 검토과정에서 더 명확하게 할 수 있다. 개념계획은 여러 번 반복하여 개발하며, 이런 반복은 발주자 등의 피드백을 받기 위한 수단이다. 전형적 개념 계획과정은 다음과 같다.

a. 1단계 개념계획

- 제약사항: 제약은 부지범위 및 경계선 등 물리적 제약과 정책적 지침과 같은 비물리적 제약이 있으며, 계획과정에서 이를 명확히 조사해야 하고, 조사의 예는 그림 4.7-2와 같다.
- 초기 대안 개발: 계획의 초기단계로서 여러 가지 대안을 개발하며, 발주자와 협의 및 승인을 받는다. 각 대안은 목적비교가 가능하도록 명확하고 일관되어야 한다(그림 4.7-3 참고).

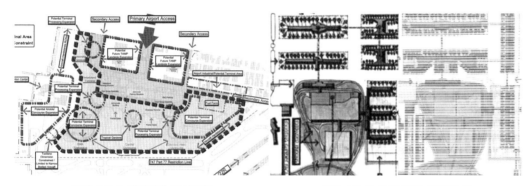

그림 4.7-2 제약지역 조사현황   그림 4.7-3 초기 개념 개발의 예

b. 초기평가

대안개발이 완료되면 초기평가를 하며, 평가 기준은 초기에 설정한 목표와 목적에 부합되고, 단순하고 명확해야 한다. 수많은 초기대안을 3~4개의 대안으로 줄이기 위한 평가 기준에는 터미널기능, 실행 가능성, 유연성, 지속가능성Sustainability, 환경 및 사회적 이슈, 토지이용, 투자금액, 운영경비 등을 포함한다. 평가 기준은 이해당사자와 함께 정의하고 평가하며, 주요 관심사에 따라 그룹지을 수 있다. 초기평가는 단순하게 긍정적(+1), 보통(0), 부정적(-1)으로 평가하며, 단순평가의 예는 표 4.7-1과 같다.

표 4.7-1 단순평가의 예(초기평가)

평가 항목		평가	평가 항목		평가
Airside	항공기 흐름	+1	Landside	계획 충족도	0
	계획 시행성	+1		Blue Line 통합성	+1
	램프 운영	0		커브 접속	0
	확장 가능성	+1		PMS 접속	0
	Gate 이용 유연성	0		주차장접속(Interface)	0
	활주로~Gate 소요시간	0		순환 편의성(단계별)	+1
	소계	+3		소계	+2
터미널	계획 충족도	+1	위치	Airfield 영향	0
	터미널 간 연결성	0		인접시설 영향	+1
	시행 효율성	0		환경평가	+1
	출입구 적절성	0		위치활용의 경제성	0
	시공성	+1		소계	+2
	항공사 변경에 대한 유연성	0	소요경비	건설비	+1
	여객 편의성, 방향성	0		운영비	+1
	수입, 매점 적절성	+1		Phasing/Timing Cost	+1
	소계	+3		소계	+3
				합 계	+13

c. 2단계 개념계획

1차 평가로 선정된 터미널 개념을 개선하고 재정립한 다음 2차 평가를 시행한다. 단면 및 건물의 volume감 등은 각 개념을 더 상세히 정의하는 데 이용되는 방법이며, 목표 예산과 비교되는 투자비 평가를 추가할 수 있다. 이 시기에 이해당사자와 협의할 수 있으며, 터미널 구성인자의 조정 및 재구성이 필요할 수도 있다.

2차 평가에서 1차 평가 기준을 재이용할 수 있지만 평가 기준에 가중치를 적용하는 것도 유용한 수단이다. 후보 개념이 완료됨에 따라 평가 기준도 재정립한다. 개념 선정은 컨설턴 트와 이해당사자가 공동으로 하며, 가중치를 적용한 평가의 예는 표 4.7-2와 같다.

표 4.7-2 개념계획(안) 가중평가의 예(2차 평가)

평가 항목	가중치 (%)	세부가중치 (%)	평가의 예	
			평가	가중평가
1. Airside	20	100		4.40
1.1 주기용량 만족도		20	5	1.00
1.2 항공기 Gate 이용 유연성		25	5	1.25
1.3 계류장, 유도선 효율성		25	5	1.25
1.4 유도거리(활주로 종단, 활주로 도착출구)		30	3	0.90
2. 터미널	25	100		4.90
2.1 터미널 소요용량 부합성		15	5	0.75
2.2 운영변화에 대한 유연성		5	5	0.25
2.3 주 이해당사자(항공사) 업무 부합성		20	5	1.00
2.4 여객 편의, 편안성(O/D 여객, 연결 여객)		30	5	1.50
2.5 보안 효율성		15	5	0.75
2.6 절차에 대한 여객의 방향성		5	5	0.25
2.7 다른 주요시설에 대한 연결성		5	3	0.15
2.8 상업시설 수입 가능성		5	5	0.25
3. Landside	10	100		5.00
3.1 커브용량 부합성		20	5	1.00
3.2 Landside 접근에 충분한 공간제공		30	5	1.50
3.3 출입도로의 효율성		20	5	1.00
3.4 여객의 길 찾기 방향성		20	5	1.00
3.5 철도 접근 용이성(현재 또는 장래)		10	5	0.50
4. 사업시행 가능성	10	100		1.00
4.1 단계별 건설, 개수 가능성		40	3	1.20
4.2 초기단계 운영효율성		40	−3	−1.20
4.3 장기적 터미 널확장 가능성		20	5	1.00
5. 환경 이슈	10	100		4.00
5.1 공기, 수질		0	3	1.50
5.2 Sustainability(친환경 건축물인증제도 Silver Level)		0	5	2.50
6. 토지이용	10	100		3.50
6.1 항공니즈를 위한 토지의 효율적 이용		50	3	1.50
6.2 부차적 개발가능성		50	4	2.00
7. 총사업비	15	100	−3	−3.00
총점	100			19.80

주: Good＝5~3, Average＝2.99~-2, Poor＝-2.01~-5

d. 3단계 개념 개선

개념계획 과정의 마지막인 3단계는 세부설계에 들어가기 전에 이해당사자가 승인한 개념의 성능을 더 개선하며, 이 개선된 개념으로 내부배치를 더 상세히 작성한다. 터미널의 주요 기능지역이 상세히 기술되고, APM, El, Es, BHS와 같은 운송 시스템이 더 상세히 규명된다.

이 시기에 3D 볼륨감 및 상세 견적이 가능한 시설의 길이, 폭, 높이 등의 형태를 갖추기 시작한다. 이때 과업의 필요에 따라 동영상 및 스케일모델 또한 작성할 수 있다. 터미널의 도식적인 평면계획을 더 구체화함으로써 장래 수요를 반영한 운항스케줄에 근거하여 시뮬레이션이 가능하며, 이는 면적계획을 LOS를 만족시키는 평면계획으로 전환하는 데 도움을 준다.

:: **상업시설계획**: 개념 개선 단계에서는 여객의 주동선主動線에 상품이 최대한 전시될 목적으로 초기 상업시설 배치에 적절하며, 이 계획에서는 상품 및 식음료 지역의 크기와 위치뿐 아니라 물품 배달루트 및 창고 등이 포함된다. 계획초기에 상업시설의 방향을 결정하는 것이 터미널의 수입증대와 상품의 배달 및 저장과 쓰레기 배출로 인한 간섭을 최소화할 수 있다.

:: **단계별 계획**: 개념계획 3단계에서는 수요 증가에 따른 단계별 건설계획을 작성하며, 이는 시기별 소요예산에 대한 정보를 제공한다.

:: **계획보고서**: 개념계획의 마지막 성과물은 설계자에게 지침이 될 수 있는 보고서로서 개선된 개념계획, 공간계획, 단계별계획, 상업시설계획 등을 상세히 서술한다. 이의 주요 목적은 목표와 목적을 유지하고, 건축설계를 가능하게 하며, 바람직한 LOS 유지, 단계별 건설의 유연성 제공, 공항상업시설의 수익 최대화 등이다. 개념계획이 완료된 단계의 예는 그림 4.7-4와 같다.

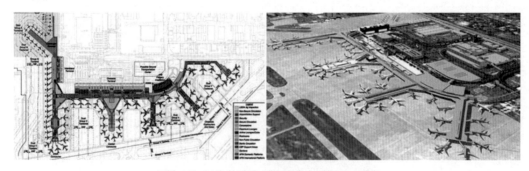

그림 4.7-4 개념 개발 최종단계의 예(HNL 공항)

(8) 터미널 설계공정

계획에서 설계과정으로 전환될 때 설계자는 계획과정을 충분히 이해할 필요가 있다. 설계과정은 기본설계Schematic, 설계개발Design development 및 세부설계의 3단계로 진행된다.

a. Schematic Design(SD)

SD는 개념 수준의 계획으로서 건축설계로 전환되기 전의 단계이며, 이 단계에서는 공간구성 프로그램이 입증되고, 용적 및 구조에 관해 건축적 서술로 정의되고 기둥간격 및 기계시스템이 나타나기 시작한다. 이 단계는 시공성 및 현실적 견적을 위해 건설관리 및 기술전문가를 배치하기에 적절한 단계이며 이 단계 동안 이해당사자 및 안전팀의 검토가 시작된다.

b. Design Development(DD)

구조, 형태 및 지원시설을 현실화하도록 SD를 진전시키며, 이 단계에서 이해당사자 및 관련 정부기관과 협의하고 동시에 건축법 및 소방법 등이 확인된다. 이 단계에서는 세부설계를 시행할 수 있도록 계획이 확정되어야 하며, DD가 완료된 후에는 변경이 거의 없어야 한다.

c. 세부설계(Contract Documents)

이 단계는 신설·확장 터미널을 건설하는 데 사용될 설계도서를 작성하는 것이고, 계획·시방서·건축허가서류·관계규정 준수검토·이해당사자 협의 등을 포함하며, 건설에 필요한 모든 것을 작성해야 한다. 최근에는 빌딩정보모델링BIM 소프트웨어를 이용하여 3D 설계를 한다.

(9) 가치공학(Value Engineering)

이는 터미널설계에 대한 체계적인 검토로서 과업의 목표와 목적에 부합하면서도 건설 및 운영경비를 최소화하기 위해 설계의 변경 가능성을 규명하기 위한 것이며, 통상 SD의 마지막에 시행하지만 발주자의 요청에 의거 다른 시기에 시행할 수도 있다.

(10) 건설과정

공항을 운영하면서 건설하는 경우는 안전과 보안이 중요하며, 좋은 출발은 좋은 결과를 가져온다는 격언은 이런 환경에 잘 들어맞는다. 안전, 보안, 비용효율, 공정 등의 건설관리는 터미널 개발의 성공에 중요하다. 건설관리 책임의 대부분은 공항당국 및 건설관리팀에 있으며, 품질보증에 유의함과 더불어 경험이 중요하다. 정보배분 및 일관되고 잦은 대화 또한 중요하다. 비결은 정확한 계획을 수립하고, 관계자들이 이를 공유하는 것이다.

a. 사업관리(Program Management, PM)

PM의 역할은 여러 공종을 예산범위 내에서 정시에 완료하도록 관리하는 것이며, 요건·시방기준·각 건설공종의 과업범위 등을 명확히 하고, 사업의 성공적 완수를 위해 현실에 맞는 예산과 실행 가능한 공정계획을 수립해야 한다. PM팀은 모든 자원이 사업목적에 맞게 포괄적으로 관리되도록 건설 업무를 선도하고 지원해야 하며, 결론적으로 PM은 설계·공정·예산 수립·자금 확보·건설절차를 통합 관리한다.

b. 건설관리(Construction Management, CM)

CM팀의 임무는 예산범위 내에서 사업이 정시에 완료되도록 건설감독, 공정 및 경비 통제, 협조와 대화의 제공, 건설공사 계약관리 및 정부 및 지자체의 규정을 준수하게 하는 것이다.

※ 건설사업 성공의 열쇠는 팀 간의 협조적 관계와 신뢰를 구축하고, 안전하고 경제적이고 보안을 유지하면서 시기적 절한 방법으로 시행될 수 있는 건설관리계획이다.

3. 여객터미널 Complex 계획 고려사항

여객터미널 계획은 터미널 주변을 포함한 기술적·운영적 여건을 이해하고, 이와 관련된 공항마스터플랜, 토지이용 양립성, 지상접근교통, 터미널 배치계획, 공항보안, 정보기술 및 통신, 환경보호, 지속가능성Sustainability, 영업계획Business Planning 등이 고려되어야 한다.

(1) 공항마스터플랜

공항마스터플랜은 장래의 수요에 부합되는 단기, 중기, 장기 개발계획이며, 이는 비행장 구성, 터미널, 화물, 정비 및 기타 지원시설의 배치를 보여주는 토지이용계획이다.

a. 수요예측

20~30년의 장기수요를 추정하고, 운항 횟수, 설계기준 항공기, 항공기 혼합률, 여객 수요 등이 포함되며, 설계에 적용할 수 있도록 연간, 피크일, 피크시간 수요를 추정한다. 30년 후의 장기수요는 공항의 최종 목표용량이 아니며, 이는 공항을 30년만 사용하는 것이 아니기 때문이다.

b. 비행장시설 구성

비행장시설 구성의 핵심은 공항부지 내 활주로와 유도로의 배치이며, 활주로의 방향과 규모에 영향을 주는 주요 인자는 설계기준 항공기의 크기와 type, 관제절차, 자연 및 인공 장애물, 공역 및 주변 공항, 바람 및 기타 기상조건, 정부규정 및 설계기준 등이다. 설계기준 항공기는 그 공항에서 연간 500회 이상 운항예정인 항공기 중 가장 큰 항공기로 정의되며FAA, 이는 활주로, 유도로 등 비행장시설의 규격과 분리간격 등을 결정한다.

특정지역의 공역구성은 활주로의 배치, 방향 및 길이에 영향을 주며, 공역제한은 항공교통패턴을 변경시키고, 항공기의 공역이용성을 감소시킨다. 현재 및 계획된 계기진입표면에 장애물이 없도록 공항 주변 공역 내 인공 및 자연 장애물을 고려하여 활주로 방향을 결정한다.

비행장시설 구성 이전에 환경영향을 조사하여 비행장 구성이 기존 및 장래의 토지이용, 주변지역소음, 공기 및 수질, 야생동물, 역사적·고고학적 유물에 미치는 영향 등을 고려한다.

그리고 활주로의 방향, 경사도, 배수, 건설비 등을 고려한 표고 및 지형을 검토한다. 활주로 방향은 Wind coverage가 최대가 되도록 우세풍향을 고려하고, 95% 이상이 되지 않으면 교차활주로 또는 open V 활주로를 계획한다. 활주로 구성 시 조류충돌 위험성을 고려한다.

관제탑과 비행장시설의 모든 부분 간에 명확한 가시성을 확보하는 것이 활주로 및 유도로 시스템 배치에 최우선이다. 계류장관제탑이 별도로 없는 경우는 관제탑에서 항공기 주기지역의 가시성도 중요하다. 교차활주로가 있는 경우는 활주로 양단간의 명확한 가시성이 필요하며, 경사가 급한 활주로에서는 활주로상의 항공기 간 가시성이 확보되어야 한다.

c. 공항 내부 토지이용

여객터미널 계류장은 가급적 주 활주로의 중간지점에 배치하고, 그 주변에 가장 편리한 지상접근시설을 배치한다. 정비시설은 활주로 횡단 및 소음피해가 최소화되도록 고려한다.

구조 및 소방 시설은 경보 후 3분 이내에 사고현장에 도착할 수 있도록 배치하고, 항공기 제빙시설은 터미널 인근 또는 출발활주로 인근에 항공기 유도시간을 고려하여 배치하며, 위치결정에는 제빙계류장, 우회유도로, 제빙액 회수시설, 이동식 야간조명, 직원휴게실(화장실, 주방), 제빙·방빙액 저장탱크, 장비대기소 등을 고려한다. 기내식시설은 터미널계류장에 신속히 접근할 수 있는 위치에 배치하며, 기내식 재료공급에 필요한 지상접근시설도 필요하다.

공항관리시설에는 공항 운영사무실, 항공사 사무실, 정부기관 사무실 등이 있으며, 필요에 따라 터미널에 수용하거나 분리된 관리동을 이용할 수 있다. 분리된 경우는 대중교통시설에 근접하고, 공항 운영지역에 신속히 접근할 수 있는 위치여야 한다.

d. 공항 외부 토지이용

공항마스터플랜의 주요 목적 중 하나는 공항 주변의 토지이용 관련 장래 공항개발 가능성을 평가하는 것이며, 터미널이 주변토지이용에 영향을 받는지 또는 주는지 관심을 가져야 한다.

:: **공항 주변의 토지이용계획**: 공항 주변의 토지이용계획을 검토하는 데 터미널계획과 가장 관련이 큰 것은 기간도로, 철도(경전철 포함), 교통센터 등으로서 지역의 이런 교통계획과 상충이 없는지 검토해야 한다. 공항 내 또는 인근에 공원, 골프장, 하이킹코스 등 휴양시설을 공항 및 지자체가 개발하는 사례가 많으며, 이런 시설은 공항 인근 지역사회에 휴식, 보행자 연결성, 운동의 기회를 제공한다. 공항터미널 위치는 호텔, 렌터카, 식당, 주유소, 공항 외부 주차장과 같은 2차 개발과 밀접한 관계가 있으므로 지역계획과 긴밀히 협조하여 이런 2차 개발이 가능해야 한다.

:: **토지이용 양립성**: 야생동물의 서식과 홍수조절에 중요한 저습지의 훼손을 최소화한다. 개발은 불투수표면이 증가하여 유출량이 증가하고, 수질이 오염되므로 유출량을 통제하고 수질을 개선하기 위한 유수지가 필요하다. 대형 공항에서는 터미널 주변을 개발하여 수익을 증대하며, 터미널에 가까울수록 수익성이 크다. 최선의 토지이용계획은 배후도시 및 철도역과 관련된 주요 쇼핑몰 등이며, 교통센터와 상업시설을 터미널과 복합 개발한 홍교 공항의 예는 옆의 그림과 같다.

(2) 지상 접근 교통(터미널계획 고려사항)

공항 접근 교통은 공항터미널과 주변지역을 연결하는 것이므로 관계기관과 협의가 필요하며, 장기수요에 대비한 접근교통계획을 공항마스터플랜에 반영하고 또한 공항시설 간의 연결교통도 계획해야 한다. 지상교통계획의 주요 구성요소는 다음과 같다.

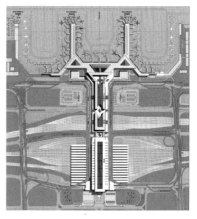

a. 지역 공항 시스템 플랜:

공항 접근 교통시설은 지역의 교통계획에 반영되어야 하므로 공항과 지자체는 정보를 공유해야 하며, 이는 항공 수요, 용량, 공항의 환경영향, 항공 수요 증가가 지역교통에 미치는 영향, 공항개발을 지원하는 데 필요한 지상접근교통 개선사항 등이 포함된다.

b. 공항 지상접근 시스템

이 계획에서 고려해야 할 주요 사항은 다음과 같다.

- 공항교통이 아닌 다른 교통이 공항도로를 이용함에 따른 유리한 점이 없도록 계획한다.
- 안내표지: 공항에 가는 운전자에게 항공사, 터미널별 항공편, 비어 있는 주차장 등 많은 정보제공이 필요하다. 대다수 여객과 방문객은 공항을 자주 이용하지 않기 때문에 한 지점에서 결정할 사항을 최소화하고, 결심지점에 충분히 앞서 적절한 정보를 제공한다. 표지판은 내용을 한정하여 운전자가 신속히 이해할 수 있도록 단순하고 간결해야 한다.
- 철도는 접근성을 개선하고 접근도로의 혼잡을 억제하며, 철도계획의 요점은 다음과 같다.
  - 수요가 많은 지역에 가깝게 배치
  - 철도역, 괘도는 장래 확장에 지장이 없도록 배치
  - 상주직원이 많은 주요지점까지 연결
  - 철도역은 터미널과 병설하거나 근접 배치

c. 교통수단 간 연결

　　대형 공항은 도로, 철도, 때로는 선박을 포함한 여러 교통수단이 집합되며, 공항 접근에 대중교통 이용을 장려함으로써 도로혼잡 방지, 승용차 주차장 감소, 상주직원의 출퇴근 편의를 도모하고 있다. 이런 점에서 공항터미널과 대중교통의 양호한 연결은 필수적이다.

　　교통센터는 여러 다른 교통수단을 연결하며, 승용차, 택시, 리무진, 공항 내외 셔틀버스, 지역 및 지방 버스, 철도 등을 수용하고, 주요 고려사항은 안내표지이다. 교통센터가 터미널에서 멀리 떨어진 경우도 있으며, 터미널까지 셔틀버스나 APM을 이용해야 하는 경우에는 불편하지만 장래 확장을 위한 유연성은 크다. 교통센터가 원격 배치되고 교통센터~터미널 간 수요가 있는 경우는 APM으로 연결하는 것이 바람직하다.

(3) 터미널 배치(터미널계획 고려사항)

a. 터미널 배치를 위한 Airside 고려사항

　　터미널복합체의 배치와 설계는 기존 및 장래의 비행장시설 배치요건에 큰 영향을 받으며, 주요 인자는 장애물제한요건, 유도로·유도선 요건, 관제탑의 시인성, 활주로 출구 위치 및 기타의 비행장시설 설계기준 등이며, 이들은 그 공항에 운항 예정인 설계항공기에 좌우된다.

- 유도로·유도선 요건: 비행장시설 및 터미널복합체를 설계하는 데는 항공기가 유연성 있게 이동할 수 있도록 적절한 유도로·유도선을 제공하며, 이의 배치는 ICAO 설계기준(FAA 기준 참고)을 따라야 한다.
- 장애물 제한표면: 터미널복합체는 기존 및 장래의 장애물제한표면에 저촉되지 않도록 고려한다. 터미널 등이 이런 제한표면에 돌출되는 경우는 장애물 마킹 및 등화를 설치해야 한다.
- 활주로 가시조건: 교차활주로가 있는 경우 활주로의 양단간에 명확한 시선이 확보되어야 한다. 영구물체는 관제탑의 이런 시선을 가리지 않도록 배치되어야 한다.
- 관제탑 시선: 관제탑과 활주로 진입로(path) 및 항공기 지상이동지역(활주로 및 유도로) 간에는 명확한 시선을 확보해야 하며, 이런 요건은 터미널 배치 및 설계기간 중에 보장되어야 한다. 터미널구조 이외에 항공기 주기구성, 꼬리날개 높이, 계류장조명등은 시선을 가리지 않도록 하며, 비행장시설 내에서 운영하는 모든 항공기의 동체를 볼 수 있어야 한다.

b. 터미널 배치를 위한 Landside 고려사항

터미널 배치 및 설계에 중요한 Landside 요소는 교통센터, 도로, 커브 및 주차시설 등이며, 이들은 터미널에 가깝게 배치될 필요가 있기 때문에 터미널의 배치와 기능에 큰 영향을 준다.

- 교통센터(Intermodal Facilities): 철도(경전철 포함)와 공항 내 상용차량 대기소가 포함되며, 철도 연결의 주요 고려사항은 철도선로와 철도역의 배치 및 철도역과 터미널 간의 연결이다. 터미널과 역이 가까우면 Moving walk ways, 에스컬레이터, 엘리베이터 등을 이용할 수 있지만 400m 이상인 경우는 APM 등 별도의 교통수단이 필요할 수도 있다.
- 도로: 공항의 규모에 따라 여러 형태가 있으나 중요한 것은 터미널 접근도로, 커브도로 및 재순환도로 등이다. 접근도로는 터미널에 접근하면서 차선수가 많아지며, 커브지역은 차선수가 가장 많다. 커브가 복층인 경우의 상층 높이는 하층의 공기흐름을 고려한다. 재순환도로는 동일터미널(동일 또는 다른 커브) 및 다른 터미널로 연결되는 도로이다.
- 보도: 커브지역 보도가 중요하다. 커브차선 사이에 보도를 두어 복 또는 복/복 커브를 구성하는 경우도 있으며, 이런 경우는 폭이 증가되므로 터미널 배치에 영향을 준다.
- 주차시설: 일반적으로 여객주차시설만 터미널에 근접 배치되고, 기타 주차장(상주직원, 렌터카, 핸드폰 주차장)은 터미널에서 원격 배치된다. 여객주차장은 평면주차장, 주차건물 또는 양자 복합으로 할 수 있으며, 터미널의 전면 또는 양 측면에 배치될 수 있다.

c. 터미널 배치를 위한 공급처리시설(Utilities) 고려사항

공급처리시설의 범주는 상수, 하수, 가스, 전력, 항공유 등이며, 터미널 신설 또는 확장 계획 및 설계에 이런 시설이 영향을 줄 수도 있다. 터미널계획 초기에 이런 시설의 충분한 용량 확보가 가능한지 검토해야 하며, 주요 공급선 위치를 확인해야 한다. 이런 시설의 효율적 유지보수와 운영을 위해 적절한 접근방법 및 지속가능성 원칙이 고려되어야 한다.

- 상수: 공급에는 분기패턴과 석쇠패턴이 있는바, 터미널지역은 신뢰성 있는 소방용수 공급을 위해 석쇠패턴이 선호되며, 파이프직경 및 공급 수량도 소방요건에 따라 결정된다. 지속가능한 시행방안으로 우수를 집수하여 조경에 사용하거나 중수를 화장실 등에 사용할 수 있다.
- 하수: 집수방법은 중력식이 선호되며, 이는 적절한 하향경사가 필요하기 때문에 지형에 따라 다양한 하수관 깊이가 필요하다. 중력식 대신 펌프를 이용할 수 있지만 에너지경비와 펌프고장의 부담이 있다. 중수도를 활용함으로써 하수량을 줄일 수 있고, 배설물과 음식물 쓰레기가 포함되지 않은 Gray

water(싱크 수, 샤워 수 등)를 별도로 모아 중수를 생산하기도 한다. 제빙·방빙액은 화학품이기 때문에 우수와 분리하여 별도로 수집 및 처리해야 한다.

- 전력: 고압으로 송전된 것을 변전소에서 저압으로 전환되며, 전선은 닥트를 이용함으로써 이설, 재이용 및 굴착 없이 선로를 추가할 수 있다. 변압기 및 스위치 장치는 보통 건물지하실에 설치되며, 계획 초기에 이를 위한 적절한 공간을 확보해야 한다. 전력수요를 줄이기 위한 지속가능한 건물인 경우 추가공간이 필요할 수 있다.
- 태양에너지: 능동·수동 시스템이 있으며, 능동 시스템은 경사 및 이동식 패널을 이용하고, 수동 시스템은 겨울철 동안 태양열의 재사용, 냉방철의 환기, 낮에는 인공조명의 감소를 위해 이용된다. 동-서로 긴 터미널은 아침과 저녁시간에는 태양각도가 낮아서 동-서축의 노출이 제한된다. 남향은 겨울철에 태양열을 받는 데 유리하고, 우세 풍을 이용한 환기에도 유리하다. 동-서로 긴 건물도 낮에는 태양광을 최대한 활용할 수 있지만 눈부심이 없어야 한다.

(4) 공항 보안(터미널계획 고려사항)

공항 및 터미널 보안계획은 기본설계 과정에서 조기에 시작되며, SWOT를 분석한다. 이를 조기에 검토하면 공사 중 벽을 이전하는 등 변경에 따른 경비와 시간을 절약할 수 있다.

터미널 보안은 테러 및 하이재킹 방지뿐 아니라 대중을 도둑, 물리적 공격, 주차장에서 기물파괴 및 차량 훼손 등을 방지할 수 있는 대책을 강구한다. 9.11 사건 이후 터미널 complex 계획의 모든 분야에 보안이슈가 강화되고 있다. 보안계획에는 여객과 수하물 검색, 보안지역에 대한 접근통제와 CCTV가 포함된다. 터미널의 보안이슈는 적절히 떨어져 있고 자동차 방벽을 갖춘 접근도로, 폭발저항성 있는 터미널 전면 및 유리, 제한된 은폐지역, 구조, 터미널 내외 다수의 보안운영 통로 및 복도, 엘리베이터 등이 포함된다.

공항보안은 경계선에서 시작되며, 다음의 3개 구역으로 구분할 수 있다.

- Airside 보안: 차량 및 보행자 출입문, 자동차 체크포인트, 계류장지역 등
- 터미널 보안: 터미널 대합실(일반 및 격리), 여객 및 수하물 검색, 상주직원 검색 등
- Landside 보안: 접근도로 및 터미널커브, 교통센터, 터미널 간 연결 등

(5) 정보기술(IT) 및 통신(터미널계획 고려사항)

통신을 이용하여 정보가 전달되며, IT 시스템은 건물안전, 빌딩서비스, 건물유지관리,

Gate 배정, 공항보안 및 환경통제 등 주요 관리기능을 보충한다. IT는 보안 및 안전과 같이 초기부터 검토하며, 유선·무선, 사용 주파수 폭, 기반시설 및 보안, 공동이용 터미널장비, 공용인터넷 및 항공사·영업자 지원 등은 터미널시설을 위해 제공되는 IT의 주요 부분이다.

이들이 충분히 기능적이지 못하면 공항은 효과적 역할을 할 수 없다. IT 시스템은 체크인, 발권, 방송, BHS/APM, 내부통신, 보안, 행정기능을 지원하고, 비상 시스템과 난방, 환기, 공조, 전력관리, 조명통제 등 자동 시스템을 지원해야 한다.

(6) 환경 보호(터미널계획 고려사항)

a. 계획단계

다음 분야가 터미널건설에 따라 영향을 받을 것이므로 환경영향이 최소화되도록 노력한다.

- 공기오염: 공항의 공기오염은 항공기 운항, GSE, 냉난방기구, 연료저장시설, 자동차, 건설현장 등에서 발생하며, 터미널계획에서 공기오염을 최소화 할 수 있는 방안은 다음과 같다.
  - 커브지역: 공용차량 대기소 원격배치, 렌터카시설 원격배치, 커브에서 자유흐름이 되도록 교통통제, 대중교통으로 교통수단 간 연결, 녹색연료사용(공용 및 Airside 자동차 등)
  - 계류장: 하이드런트 연료공급 시스템 설치, Gate에서 400HZ 전력을 항공기에 공급
  - 설계 및 건설: 저 배출 설비 및 건설장비, 에너지 효율적 건설, 효율적 건설단계 등
- 위험물질은 가연성, 유독성, 침식성, 반응성을 보이는 것이며, 공항에는 항공연료, 압축가스, 배터리, 제빙액과 같은 위험물질을 사용, 운송 및 저장한다. 또한 기존 구조물을 철거 또는 개수할 때는 석면이나 납이 발생할 수 있다. 위험물질이 있거나 매립지역에는 터미널 배치를 피하며, 부득이 한 경우는 영향의 크기를 조사하고, 영향완화계획을 조기에 개발한다.
- 고체쓰레기는 터미널건설 중에 많고, 개관 후는 상업시설, Gate, 항공사 공간이 증가할수록 많아지며, 처리대책을 강구한다(자체 처리 또는 지자체에 위탁). 재활용계획을 도입하여 입주자와 계약을 맺게 한다. 국제선의 고체쓰레기는 위험물질로 간주될 수 있다.
- 기타
  - 터미널 절수계획
  - 에너지효율이 높은 제품 이용
  - 유·수 분리 및 제빙액 회수시설

- 유출량 증가에 대비한 유수지
- 저습지 훼손억제 및 영향최소화 대책 수립

b. 설계단계

최근 지속가능한 설계 개념이 큰 주목을 받고 있으며, 이는 에너지소비와 유지보수가 적고, 때로는 실제로 에너지를 돌려주는 재료, 시스템, 절차의 결합이다. 이런 개념은 계획단계에서 조사하고, 프로젝트에 이를 반영하는 결정은 설계단계이다.

c. 환경검토단계

환경영향평가 및 협의는 장기간이 소요되므로 이를 효율적으로 시행하기 위해 기본계획이 완료되고 환경영향의 윤곽이 나오면 관계기관과 조기에 협의하며, 조기협의 목적은 예상되는 소요기간 및 관련 지역을 알리는 것이고, 필요한 환경영향평가의 수준을 얻기 위한 것이다. 사업시행자는 도면, 공정(착수로부터 개관까지, 환경영향평가시기 포함), 환경자원의 요약, 환경영향의 정도 등을 가지고 협의하며, 협의 후에는 환경기관의 관심사, 환경영향평가 수준에 대한 결정사항 등이 서류로 작성하여 모든 관련 기관에 배포해야 한다.

d. 건설단계

건설 관련 환경영향은 공기오염, 소음발생, 유출 및 침식, 교통패턴의 변화, 위험물질 발생 등이며, 최선의 관리기법을 이용하여 영향을 최소화한다. 기존건물 철거에서 석면, 솔벤트, 납 등이 발생할 수 있으며, 이런 경우 적절한 처리대책을 강구한다.

(7) 환경피해 없는 지속가능성(Sustainability)

a. 개요

지속가능성은 다음 세대의 자연 또는 생활의 질을 손상시키지 않고 현재 필요한 것을 얻는 데 최적인 환경적, 사회적, 재정적으로 책임 있는 실행방안으로 정의된다. 이런 개념은 인류가 현재 수준으로 자원을 고갈시키고 오염을 발생시킨다면 지구촌의 장기적 안영이 심각하게 위협받는다는 신념이 커지면서 나온 것이다. 지속가능성을 위한 핵심전략은 모든 형태의 환경오염을 감소시켜서 환경영향을 최소화시키는 노력이며, 오염유발 천연자원을 절약하여 개발영향을 최소화하고, 사업의 재정적, 운영적 이익을 창출하고자 하는 것이다.

이와 관련 최근 Green Building 운동이 확산되어 정부 및 개인의 모든 차원에서 지속가능성 있는 설계기법을 장려하고 있으며, 미국에서 모든 신축건물은 녹색기준에 맞추도록 요구되고 있다. 이는 홍수유출, 수질보존, 에너지효율성, 재료원, 실내공기질, 기타 건물이용자의 건강과 복지를 확실하게 하는 기타 수단을 다룬다. 재정목표의 하나는 초기건설비 영향을 최소화시키는 것이며, 어떤 부분에서 증가하면 다른 부분에서 감소시키는 방법이 주로 사용된다(예: 외관개선에 경비가 증가된다면 규모와 냉난방 시스템을 줄여서 운영경비를 줄인다).

b. 계획 및 설계 과정의 Sustainability

개념계획단계에서 터미널 성능이 최대화되도록 다음의 인자를 고려한다.

- 인공조명과 냉난방을 줄이기 위해 터미널 방향은 태양 광 및 열의 최대이용을 고려한다.
- 에너지 및 급수목표를 설정한다.
- 신제품 및 시스템의 시험프로그램에 참여한다.
- 시험적으로 사용할 신제품, 시스템 기술 및 재료는 효과를 인근의 터미널에서 확인한다.

기본설계^{SD} 단계는 다음의 인자를 고려한다.

- 설계팀의 주요멤버로 구성된 집단토론회를 촉진하며, 초기설계 토론회에서 사업의 지속가능성 목표를 결정하고 이를 모든 관련자의 지침으로 이용하게 한다.
- 건물기계 시스템을 위한 설계대안의 효율성 평가에 착수한다. 예를 들어, 건물에 중앙냉난방 또는 지열 시스템 이용 중 가장 효율적 대안을 찾기 위해 건설비, 운영비, 교체비 등을 비교하여 수명기간(20년 또는 30년)의 경비를 현재가치로 환산하여 비교한다.
- 터미널의 LEED 면허를 목표로 한다면 홍수유출, 열도효과 감소, 절수, 폐기물 및 기타 재료의 재활용, 인근의 생산재료 활용, 일광이용 등이 포함되어야 한다.
  (LEED = Leadership in Energy and Environmental Design, 미국 친환경건축물인증제도)

설계개발^{DD} 단계는 다음의 인자를 고려한다.

- 건물 시스템 시운전절차 임무를 시작하며, 이 절차를 선도, 관리할 기관을 선정한다.
- 주 건물의 기계 시스템이 선정되면 에너지모델링을 시작한다.
- 시스템의 성능을 향상시키기 위해 대안에 대한 에너지효율을 평가한다.
- 기계·조명의 통제, 건물재료 최적화, 피크부하 감소, 에너지효율제고 전략을 고려한다.
- 최적의 성능을 위해 제품선택 대안을 평가하고, 시방개요를 검토한다.

실시설계CD 단계에서는 다음의 주요 인자가 최적화되도록 고려한다.

- 입찰도면 내에 적절한 설계인자를 포함한다(자전거 랙, 샤워시설, 재활용 위치 등).
- 환경기준에 맞춰(예: 휘발성 유기물제한, 금지 화합물) 제품의 시방기준을 검토 한다.
- 실내 공기질 관리 및 건설, 철거 쓰레기관리를 위한 절차기준을 포함한다.

건설단계에서는 건설단계 전반에 걸쳐 감시 및 사진파일 진행을 확인한다. 시설의 지속가능성 목표와 관련된 모든 계약자 제출물을 검토한다.

c. 터미널 계획 및 설계 단계의 지속가능성 주요 인자

위치선정과 부지 조성은 생물다양성, 수질, 기후, 에너지소비, 광공해 등에 영향을 미친다.

- 지속가능성은 적절한 터미널 방향으로 시작되며, 이는 태양이용과 자연환기에 유리하다.
- 저습지의 개발을 억제한다. 침식과 홍수 억제 조경방법을 적용하며, 이에는 경사완화, 생태 습지대, 투수성 포장 등이 있으며, 4계절 기후는 투수성포장이 적합하지 않을 수 있다.
- 조경 및 고반사 재료를 이용하여 열섬효과를 감소시키며, 이는 에너지 절감에 유리하다.

공항의 물 수요는 화장실, 주방 등이며, 물을 절약하면 전반적 유지비, LCC를 절감한다.

- 화장실에서 저수압, 자동 정지센서, 이중 변기밸브 등은 상당한 절수효과가 있다.
- 우수를 저장하여 조경수, 유지보수, 화장실세척 수 등으로 사용할 수 있다.
- 건조에 강한 잔디, 깎지 않는 잔디, 토박이 종은 관수 및 관비 소요가 적다.

에너지 절약은 신중한 설계와 운영기법으로 가능하다. 에너지 효율적 건물설계를 위해 HAVC 시스템에 대한 에너지 모델링을 시행하고, 중앙집중식의 경우 조명, 건물외장, 환기 등에 초점을 맞춘다. 에너지효율 평가에는 다음사항을 고려한다.

- 조명: 효율적 등구선정, 표면반사성 증대(벽, 바닥, 천정), 점유센서, 자동 일광콘트롤 등
- 일광: 일광조절장치를 갖추어 에너지를 절약할 수 있으며, 전구발생 열을 감소시켜 냉방비도 절감된다. 보스턴 로건공항은 일광을 이용하여 연간 10만 달러를 절감한다.
- 환기·냉난방: 열병합 발전, 냉수·온수·스팀을 공급하는 중앙냉난방설비, 외기를 이용한 환기, 높은 공간 상층부의 더운 공기 배출 또는 재활용, 쓰레기 소각장의 폐열이용 등은 에너지 효율적 방안이다. 또한 비효율적이고 낡은 냉난방 기기를 개선하는 것은 효율을 높이고 방출을 줄인다. 프레온가스를 냉매로 사용하는 것은 제거한다.

:: **재료 구입**: 지속가능한 건자재는 건물주 및 거주자에게 에너지 및 유지보수비 절감, 이용자 보건개선의 효과가 있으며, 다음을 목표로 한다.

- 가급적 많은 양의 재생재료를 사용
- 지속가능하도록 관리된 지역의 목재 사용(간벌)
- 근처 생산, 가공, 제조 재료 사용
- 제조과정에서 오염 또는 유독한 재료 사용 제한
- 시멘트 1톤 생산에 0.5톤의 이산화물이 발생하고 많은 열에너지를 사용하므로 시멘트 콘크리트 배합설계 시 최소한 20% 이상의 fly ash 또는 포졸란을 사용한다.

:: **실내 환경질**: 주로 실내 공기질, 양호한 공기순환, 먼지·곰팡이 및 기타 오염물질 억제, 양호한 온도 및 습도 등이며, 이는 여객 및 상주직원의 위생과 복지에 관련된다.

- 공항터미널의 특징은 하루 중 이용자가 거의 없는 시간도 있고, 여객이 집중되는 시간도 있으며, 악기상 조건에서는 대기여객으로 과부하가 걸리므로 이에 적절히 대비한다.
- 휘발성 유기화합물(VOC)은 재래식 페인트, 코팅, 프라이머, 접착제, 건물재료 및 마감재료 등 수많은 제품에서 나오는 물질이며, VOC는 호흡기 자극물질이고 발암물질이다. 실내 VOC는 실외의 2~5배로 나타나며, VOC가 없는 재료를 사용하도록 규정한다.

:: **건설폐기물 관리계획**: 다음과 같이 환경목표에 부합되는 절차를 시행하도록 시방 규정한다. 폐기물 발생을 줄이고, 재사용, 고철 회수 또는 폐기물 재생, 폐기물매립 최소화 등이다. 건설폐기물 관리계획은 사업기간 전반에 걸쳐 시행되어야 하며, 첫 단계로서 재활용 및 재생 폐기물의 목록을 작성하는 것이며, 다음 재료는 재생할 수 있는 재료이다.

> 판지, 종이, 포장지, 깨끗한 목재, 표토제거, 토사, 콘크리트, 벽돌, 콘크리트제품, 아스팔트, 금속(관로, 강봉, 함석, 알루미늄, 구리, 아연, 납, 놋쇠, 청동), 카펫, 패드, 유리, 플라스틱 등

:: **공기질 관리계획**

- 건설로 인한 실내공기질의 악화가 최소화되도록 실내 공기질(IAQ) 관리계획을 수립한다. 실내공기를 오염시키는 요인(HVAC 시스템 내로 먼지 유입, 재료의 부적절한 저장, 불량한 청소 등)은 최소화되어야 한다. 건설에 IAQ 관리계획이 시행되도록 과업지시서에 반영하며, 주요 내용은 다음과 같다 (HVAC = heating, ventilation, air conditioning).
  - HVAC 보호(장비 및 여과기 교체, 닥트 청소)
  - 원점관리(제품교체, 작업 기법 변경)
  - 경로차단(건설지역에 장벽설치, 오염원 제거)
  - 용직전 여과기 교체 등
- 터미널계획에는 Airside 및 Landside의 배출량을 줄이기 위한 목표를 설정하고, 탄소배출이 적은 교통수단을 이용한다.
  ※ FAA의 Sustainability Pilot Program

(8) 경영계획(Business Planning, 터미널계획 고려사항)

a. 경영 고려사항

신터미널경영 대안을 개발하는 데 세 가지 주요 고려사항은 ① 전략적 배치, ② 불확실한 장래 여건에 대응하기 위한 적응성Adaptability, ③ 비용 감당성Affordability이다.

:: **전략적 배치(Strategic Positioning)**: 공항 운영자는 건전한 재정확보를 위한 책임이 있으며, 이런 책임에는 선견지명과 전문지식이 요구된다. 신터미널의 대안분석에는 서비스 수준과

성능은 물론 경영철학을 완전 이해해야 하고 또한 항공시장, 성장 가능성, 장래 경쟁요인과 포화 등을 포함한 위험성을 이해해야 한다. 공항 운영자는 계획팀에게 경영 대안을 제시하고 여러 경영이슈에 대한 지침을 제공하며, 예로서 상업시설면적 수요는 물론 장래 경향에 대한 정보를 가지고 상업시설위치, 시설 규모, 바람직한 접근성 등에 대한 도움을 준다. 터미널의 물리적 변수(면적, Gate 수, 공간기능, 보행거리, 대기시간, 피크특성, 서비스 수준, 상업시설의 타입 등)는 ① O/D여객, 연결여객 및 혼합, ② FSC, LCC 및 혼합, ③ 국제선, 국내선 및 혼합 등에 따라 상당히 다르며, 건설비, 운영비, 수입 등에 큰 영향을 미친다. 공항 운영자와 계획자 간의 견해조정을 위해 SWOT 분석을 이용한다.

:: **적응성(Adaptability)**: 공항경영 책임자는 경험을 바탕으로 한 전략적 배치와 더불어 공항이 장래 직면할 수요의 다양성(여객의 타입, 산업의 동향, 고객의 요구사항 등)에 유의해야 하며, 적응 가능한 핵심 시스템의 준비에 대비 현재의 기술, 환경, 보안, 기타 해법의 선정 및 다음과 같은 경쟁요인 간에 합리적인 균형 유지가 보장되어야 한다.

- 서비스제공자의 실제요건 대 여객흐름, 고객서비스, 경비, 미학 등과 같은 기타 계획기준
- 계획의 모듈성 또는 유연성 대 설계수요에 가격 효과적으로 조화된 배치계획

:: **비용 감당성(Affordability)**: 개발사업 초기단계에 중요한 것은 공항의 이용 가능한 재원으로 시행할 수 있는지 여부를 결정하는 것이다. Affordability와 변화하는 여건에 대한 민감도 예측은 그 공항 특유의 재정 및 여건이 고려된 장래 재정계획이다. 항공사 부담액 및 여객당 매출액과 같은 재무지표는 유익한 자료이다. 건설비, 수명기간의 수익 및 유지보수비를 현재가치로 환산한 B/C 또는 내부수익률Internal rate of return과 같은 경제성 검토방안을 터미널 대안개발 평가에 도입한다.

b. 구내 상업시설계획

터미널 구내상업시설은 비항공수입 증대를 위한 것으로서 유럽, 아시아, 최근에는 중동에서도 활성화되고 있으며, 이는 지역의 특산품, 기념품, 선물류와 조합된 유명 디자이너 제품(양품점)에 중점을 둔 고급 면세품에 초점을 맞추어 왔다. 공항구내상업시설에 대한 관심이

커지고 있는 사유는 공항의 폭 넓은 상품과 서비스제공을 바라는 여객의 기대수준 향상, 대다수 항공사의 기내 식음료 및 기타 무료서비스 감소, 터미널 Airside의 체류시간 증가, 비항공수입을 증대하도록 공항 운영자에 대한 압력의 증가 등이다.

수요가 많은 공항은 여객과 직원을 위해 광범한 상업시설과 식음료를 제공하며, 상업시설 수입 최대화와 여객서비스 최대화의 적절한 균형을 유지하고 있다. 또한 대형 쇼핑지역을 여객의 주 동선에 가깝고 발견하기 쉬우며, 이런 상업시설이 Gate로 향하는 여객에게 혼란을 주지 않도록 배치한다. 사실상 공항상업시설의 품질은 공항의 대 여객서비스 수준에 상당히 기여할 수 있다.

터미널 내 대표적인 상업시설의 타입은 다음의 여섯 가지 범주이다.

- 면세점: 화장품, 귀금속, 술, 담배, 핸드백, 초콜릿, 의류 등
- 특산품: 의류, 기념품, 선물, 보석, 미용·건강 제품, 오락물(영화, 음악), 포장식품, 와인
- 뉴스·선물: 신문 잡지, 편의제품 등
- 식음료: 식당군집, 풀 서비스식당, 칵테일라운지 및 바, 커피 점, 자동판매기 등
- 서비스: 마사지, 온천, 오락물, 유료라운지, 업무센터, 미용실·이발소, 의료서비스 등
- 광고: 자동차 전시, 회사 및 유명브랜드 광고 등

터미널 상업시설의 경향은 다음과 같다.

:: **일반적 경향**: 공항상업시설계획은 계속 성숙되고 공항의 수입원으로서 중요성이 증대되고 있으며, 다음과 같은 일반적 경향이 공항상업시설계획에 영향을 주고 있다.

- 보안문제가 상업판매에 직간접으로 영향을 주고 있다. 보안검사가 강화됨으로써 상업시설 이용시간이 감소되었으며, 액체, 젤 등의 제한으로 특정상품의 판매가 제약된다. 향수, 화장품, 캔디, 의류 및 액세서리, 사치품 등은 지난 수년간 큰 성장세를 보였다.
- 판매 전략이 다음에 중점을 두고 있다.
  - 선물(가족 및 친구를 위한 면세품)
  - 출세 지향적 수요(여객의 사회적 지위를 나타내는 상품)
  - 유일성, 차이점(그 지역에만 있는 상품)

- 서비스(편안, 행복, 스트레스해소)
- 인터넷 및 우편주문 면세점 운영 등
• 다음과 같은 수단으로 쇼핑의 오락적 가치를 증대한다.
- 사전홍보고객을 상업시설에 남아 있게 고무시키는 여흥
- 상업시설, 순환, 대합실 간의 경계선을 모호하게 배치 등

:: **식음료 경향**: 식음료 상업시설은 공항수입의 상당부분을 분담하며, 여객을 상업지역으로 유인하는 데 도움이 된다. 다음과 같은 경향이 식음료 상업시설에 영향을 주고 있다.

• 여객은 국제적으로 인지된 유명브랜드의 이용 가능성을 예상한다.
• 여객은 여행경험의 일부로서 성공한 현지 브랜드를 경험하기 바란다(Mc Donald 등).

:: **면세품 경향**: 면세품 중 상향세는 향수 및 화장품, 패션 및 사치품, 캔디 및 기타 화려한 포장식품 등이고, 하향세는 술 및 와인, 담배 등이다. 면세품과 비면세품 간의 가격차이가 클수록 면세품의 수요는 증가하지만 담배는 하향세가 지속될 것이다. 공항면세점 은 인터넷 운영자 및 암시장을 포함한 공항 외부와 경쟁이 증가되고 있으므로 이들보다 경쟁력을 유지하기 위한 부가가치서비스를 제공할 필요가 있다. 면세품 판매의 성공은 국제선 여객의 크기 및 여객의 구매특성에 좌우된다. 면세품의 수요가 큰 것은 보통 다음과 같은 사유가 있다.

• 목적지 및 자국에서 세금부담이 큰 경우
• 암시장 및 모조품의 경쟁력이 낮은 경우
• 가족, 친구에게 주는 선물 수준 및 문화규범
• 여객의 높은 소득 수준
• 공항에서 구매가능한 제품의 많은 수
• 경쟁력 있는 면세품가격
• 도착지의 도착면세점이 없는 경우
• O/D 여객의 비율이 큰 경우 등

:: **터미널 상업시설계획**: 상업시설계획은 공항의 수입과 고객의 서비스 수준을 최대한 높게 하며, 포괄적인 공항상업시설 마스터플랜을 개발하기 위한 일반적 접근방법은 다음과 같다.

- 지원 가능한 공간분석, 공간 수익성분석 및 벤치마킹을 이용하여 단기 및 장기 상업시설의 최적 공간 크기를 계산한다. 이에는 출발여객당 상업시설면적 및 판매액, 면적당 판매액 등이며, 면적당 판매액 이 비교적 큰 것은 잠재 수요에 대비한 추가공간이 필요하다.
- 상업시설의 수익성을 평가하기 위해 상세 재정분석을 하며, 이에는 공항수익 관련 터미널계획자의 터미널 및 탑승동 배치대안 영향평가를 지원하기 위한 B/C 분석을 포함한다.
- 공항 운영, 수익성 및 여객만족도에 따라 최적의 터미널 및 탑승동 구성을 찾아낸다. 여객흐름의 통합, 상업지역을 터미널 중앙에 배치 및 클러스터에 집중, 상업시설지역의 시인성 등은 모두 상업시설계획에 중요하다. 매점클러스터를 여객의 주동선 및 터미널 내 교통절점(예: 수직순환지점, APM 접근지점, 화장실 및 항공사라운지와 같은 편의시설)에 통합시킨다.
- 보행거리 최소화 및 수속시간 최소화는 여객만족 및 공항수입 모두에 영향을 주며, 상업시설클러스터에 가까운 Gate수를 최대화하면 분산된 경우보다 판매고가 많다.
- 공항 운영수입 관련 재정 및 개발단계 영향을 평가한다. 예를 들어, 어떤 터미널을 여객 수요에 앞서 개발할 경우에 개발 및 운영비를 초과하는 수입이 발생할 수도 있다.
- 상업 활동별(매점, 식음료점, 서비스 등) 적절한 상업시설의 크기와 위치를 결정한다.
- 고객 수요 변화에 최소경비로 적응할 수 있도록 상업시설 배치계획은 유연성이 있어야 한다. 상업시설수요가 보장된다면 장기적 상업시설공간은 단기적 창고, 사무실 등 타 용도로 사용한다.
- 건설에 따른 영향을 최소화하도록 개발단계를 고려한다. 최적 상업시설 마스터플랜은 상업시설운영자 및 공항의 재정과 여객의 서비스 수준에 대한 영향을 최소화하도록 작성한다.
- 상업시설운영을 세계적으로 선도하는 공항의 성공적 특성을 평가한다.

4. 여객터미널 건물계획 고려사항

터미널 계획자는 기능성과 유연성뿐 아니라 최고의 여객서비스를 지원하고, 건물규모와 가용 예산이 조화되도록 고려한다. 터미널건설 사업은 직접비용 및 간접비용(계획 오류로 인한 활용도 저하, 운영비 증가 등) 모두 부담이 되며, 계획자는 상업수입을 최대화하도록 공간을 창출하는 데 혁신적이어야 한다. 이는 여객이 이용할 것으로 예상되는 지역(상점, 식음료점 등)뿐만 아니라 여객이 Gate에 오고 가기 위해 신속히 이동하고, 구매시간이 제한되는 지역의 공간계획을 포함한다. 이런 다양한 필요성을 다루기 위해 터미널계획자는 공항당국, 항공사, 고객, 기타 이해당사자와 밀접하고 효과적으로 협의하며, 또한 건축가, 기술자, 광범한 기술분야(IT, 보안, BHS, PMS, 지상교통계획 등)의 전문가 팀 안에서 확실하고 세심한 지도력을 발휘해야 한다. 터미널 계획 및 설계와 관련하여 공항당국 및 주요 이해당사자와 면밀히 협의해야 할 수많은 고려사항이 있으며, 이에는 ① 터미널의 임무, ② 용량의 균형 유지, ③ 서비스 수준, ④ 여객편의성, ⑤ 유연성, ⑥ 보안, ⑦ 방향성 및 안내표지, ⑧ 접근성, ⑨ 유지보수 등이 있다.

(1) 터미널의 임무(터미널 건물계획 고려사항)

여객터미널은 지상교통과 항공교통을 연결하는 시설로서 지상교통의 접속, 여객 및 수하물의 수속 및 항공기접속 시설로 구성되며, 이를 관리·운영·유지보수하기 위한 시설과 편의시설을 포함한다. 여객은 업무여행자와 휴가여행자의 두 가지 유형이 있으며, 특성의 차이가 커서 이런 여객의 비율은 터미널 면적 및 직원배치 요건에 영향을 미친다. 업무여행자는 공항시설 및 절차에 익숙하므로 출발시간에 가깝게 공항에 도착하고, 터미널서비스 및 상업시설 이용이 적다. 반면 휴가여행자는 출발시간에 상당히 앞서 공항에 도착하고, 광범한 터미널시설을 이용하며, 많은 송영객을 동반하고, 휴가철에 여객이 집중되므로 업무여객 위주의 공항보다 피크 월의 수요가 크다. 국제선항공기는 도착지의 시간대에 따른 스케줄비행을 해야 하기 때문에 피크시간 집중률^{PHF}이 크고, 장거리 노선일수록 지상대기시간$^{Turn\ around\ time}$이 길다. 연결여객이 많은 허브공항은 커브, 체크인, 수하물수취 시설의 수요가 적은 대신 상업시설, 비행정보, 티켓 변경, 수하물환적 시설 등의 수요가 크며, 탑승률이 커서 대합실 면적소요가 크고 또한 연결여객의 편의를 위해 도착피크 및 출발피크가 크다. 항공기혼합률, 최대항공기의 물리적 크기와 여객용량은 터미널계획에 영향이 크며, 항공기 혼합이 다양할수록 더 유연성 있고 복잡한 탑승동 및 Gate 구성이 필요하다. 대형기의 탑승·하기 때 발생하는 여객집중에 대비해야 한다.

a. 운영임무

터미널 구성 대안 개발에 앞서 터미널을 어떻게 운영할 것인가를 이해해야 하며, 마스터플랜을 세심히 조사함으로써 터미널 운영과 처리량을 규명할 수 있다. 이런 조사는 터미널을 주로 허브환승터미널, O/D 터미널, 소형기 위주 터미널로 운영할 것인지를 알 수 있으며, 이런 터미널 운영특성을 이해하는 것은 대안개발의 수 및 형식 결정에 필요하다.

터미널을 이용할 여객의 국내선, 국제선 및 혼합 용도를 감안하여 계획하되 혼합운영의 경우는 피크시간이 다르기 때문에 Swing Gate를 이용하면 Gate 이용효율을 높일 수 있다.

O/D 여객 위주인 경우 Landside 기능(체크인, 보안검색, 수하물환수)과 Airside 기능(탑승동, Gate 라운지, Gate 수) 사이에 용량의 균형을 유지하고, 커브에서 Gate까지 보행거리를 최소화 시켜야 하며, 피어 또는 선형 터미널이 위성 또는 무빌라운지 터미널보다 여객흐름이 이해하기 쉽고 이동거리 및 방향변경이 최소화되기 때문에 더 좋은 구성이다.

환승여객은 Landside를 거의 이용하지 않고 Airside에 계속 남아 있기 때문에 Airside 이용이 증가하고 이런 Landside/Airside 용량의 불균형은 전반적인 터미널 구성에 영향을 미친다. 환승여객 흐름은 가급적 쉽고 방향변경이 적어야 한다. Linear 터미널 및 Linear 위성 구성이 허브 기능에 유리하며, 이는 대부분의 이동이 단일 탑승동 내에서 이루어지기 때문에 Gate 변경이 신속하여 항공사는 연결시간을 타이트하게 할 수 있으며, 터미널은 별도로 분리할 수 있고, 규모도 적절하게 배치할 수 있기 때문이다. ATL, DEN과 같은 대형 허브는 APM으로 연결된 복수의 Linear 탑승동이 있으며, 단일 피어형 탑승동이 허브 기능에 효과적이지만 피어가 길어져서 부지 폭의 소요가 커진다. 복수 피어형 탑승동은 보행거리가 증가하고 방향 감각이 혼란해진다.

소형 운송기Commuter 위주의 운항도 터미널 구성 및 면적에 상당한 영향을 미치며, 허브공항에서 많은 수의 Commuter가 예상되면 Linear 구성이 적절하며, 이는 항공기 간 환승이 쉽기 때문이다. O&D 여객위주 공항에서 소형기가 하나의 피어 또는 피어의 한쪽을 이용한다면 피어구성이 더 효과적이지만 대형기의 후폭풍 영향을 고려해야 한다. 소형기의 경우는 출입문의 높이, 터미널 층고 및 탑승교의 허용경사도 간의 관계를 유의해야 한다.

b. 저가 항공사(Low Cost Carrier, LCC)

LCC는 전통적으로 휴가여행자에게 서브해왔지만 업무여행자에게도 매력이 증가하고 있다. LCC는 운영효율을 높이기 위해 고빈도 및 point to point 운항을 하며, 사용료가 저렴한 제2 공항을 이용하고, 대형 공항에서는 LCC에 적합한 단순한 터미널을 이용하고 있다. LCC는 단순한 운영을 위해(정비, 훈련, Gate 활용, 운영편의성 등) 1~2개 기종만 이용하며, 일반 항공사와 독립적으로 운영할 경우는 자동으로 수하물환적이 되지 않는다.

LCC가 터미널 및 공항에 미치는 영향은 다음과 같다.

- 저가구조: 주차요금, 공간임대료, 운영 및 유지보수 경비, 착륙료 등에 대한 합리적인 저가대안을 공항이 제공하는 것이 중요하며, 다양하고 합리적인 가격의 식음료 제공 또한 여객서비스 및 공항수익 증대를 위해 바람직하다.
- 고빈도: 고빈도 운항 및 하루 중 운항분산으로 Gate 활용도가 높다. 커브, 로비, 체크인, 탑승동, Gate, 수하물수취 등 모든 시설은 많은 교통량에 적응할 수 있어야 한다.
- 도착-출발 시격: Turnaround 시간이 감소함에 따라 출발항공기 간 시격도 감소하여 정상보다 약간 넓은 대합실이 필요하며, 주기, GSE, 수하물 선적 및 하역, 청소, 급유 등이 Turnaround 시간을 단축하도록 지원되어야 한다.
- 항공기 Type: 항공기종은 단순하여 Gate 배치가 쉽고, 한 기종만 이용한다면 급유 시스템, 제빙시설 및 행가 등의 계획이 쉽다.
- 제2 공항 이용: LCC는 혼잡하고 고가인 대형 공항보다 제2 공항을 선호한다. 도심에 가까운 제2 공항은 대형 공항으로부터 여객을 흡수할 수 있지만 증가하는 수요에 적응할 용량이 부족하거나 확장이 불가할 수도 있고, 소음피해가 발생할 수도 있다.
- 성장대비: LCC는 저 경비로 시장을 자극하여 수요 성장을 촉진하므로 이에 대비하여 마스터플랜에서 비행장시설, 터미널 및 접근교통 시설 등의 확장계획을 수립해야 한다.

c. 원격 여객 수속

보안요건이 강화됨으로써 여객의 편의성과 체감서비스가 침식되고 있으므로 차세대 공항은 혁신적인 여객 수속기술을 이용할 필요가 있으며, 공항터미널의 기능과 유연성을 근본적으로 재설계하는 것은 여객 수속 통합 시스템을 최적화하고 기존터미널의 처리용량을 원격위치에서 보충하는 현재 및 신기술의 이점을 활용하는 것이다.

공동이용 터미널설비CUTE 및 여객 수속 시스템CUPPS의 기술발전은 인터넷 또는 공항 외부(철도역, 호텔)에서 셀프서비스장치Kiosk에 의거 더 많은 여객을 체크인하게 할 수 있으며, 이런 경향은 재래식 절차에 필요한 터미널 면적을 점진적으로 감소시킬 것이다.

오늘날 항공사의 대다수 티켓팅 설비는 여객을 항공사의 호스트 시스템에 연결하여 예약 확인, 티켓 발권, 항공편 재예약 및 좌석변경 등을 할 수 있어 여행 빈도가 높은 여객에게 긴 줄서기를 피할 수 있는 방안이 되었다.

주차장, 커브사이드, 철도환승역 및 호텔과 같은 원격위치에서 Kiosk는 수요를 분산시킴으로써 터미널의 주 용량을 보충하고 경비를 절감하는 효과가 있다. 어떤 항공사는 인터넷으로 공항에서 출발 24시간 전에 수하물을 체크인할 수 있는 시스템을 개발했다.

(2) 균형 유지(터미널 건물계획 고려사항)

터미널의 임무가 정의되면 터미널 운영자 및 계획자는 터미널의 모든 기능이 적절히 균형을 유지하는지 확인해야 한다. 주요 터미널 구성 간에 정밀한 균형을 이루는 것은 필수적이다.

- Airside, 터미널, Landside의 용량은 균형을 유지해야 한다. 주요 인자는 항공기 Gates 및 순환체계, 여객 및 수하물 처리 시스템, 접근교통·공항순환도로·커브사이드·주차장 등이다.
- 국가 내 공항 시스템, 국제항공 네트워크, 항공관제 시스템, 국내 및 주변 국가로부터의 항공 수요, 지역 및 배후도시 교통계획 등과 관련 공항의 역할이 거시적으로 균형을 유지한다.
- 터미널임무의 균형: 여객이 기대하는 서비스 수준과 항공사의 목표(최소경비로 효율적 운영) 간에 균형이 유지되어야 한다는 것을 모든 이해당사자가 이해하는 것이 중요하다. 장래의 여객처리 해법은 고객의 서비스기준에 부합되고 경비를 절감할 수 있어야 한다.
- 사업의 균형 유지: 터미널의 계획, 설계 및 건설 사업을 성공시키기 위해서는 초기에 규모, 예산, 품질, 공정의 네 가지 인자를 조화시키고, 이 균형을 사업 전반에 걸쳐 유지하는 것이 필요하며, 이 네 가지 인자는 모두 사업균형을 위해 개별적 또는 집합적으로 조사할 필요가 있다.
- 터미널의 주요 기능(체크인, BHS, 보안검색, CIQ 검사, Gate 등) 간에 용량이 균형을 유지해야 하며, 컴퓨터 시뮬레이션이 이런 기능의 조화를 체크하는 기구로 이용된다. 복수의 단위터미널을 운영하는 공항은 수요와 터미널 용량이 조화되도록 배정한다. 옆 그림은 IAH의 터미널별 용량과 수요의 불균형을 보여준다.

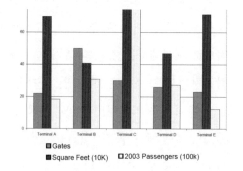

이런 균형 유지는 계획 및 설계 단계에 시행하고 건설기간에도 유지한다.

(3) 서비스 수준(LOS, 터미널 건물계획 고려사항)

LOS 개념은 자주 이용되지만 실제적인 LOS 측정 및 설계에 어떻게 적용할 것인지 등은 모호한 점이 있다. LOS는 질적 또는 수적으로 터미널 내 여러 지점에서 여객에게 제공되는 서비스를 설명하는 포괄적 용어로서 이는 터미널 내 여객 및 수하물 수속시설에서 여객이 경험하는 혼잡 및 과밀의 정도, 대기시간, 수속시간 또는 줄서기 길이와 관련이 있다.

a. 배경

LOS 개념은 1970년대에 캐나다에서 공항터미널 설계에 처음 도입되었으며, 사유는 당시의 용량에 대한 정의가 부적합한 것을 개선하기 위한 것이었다. 공항은 다양한 등급의 혼잡 및 지연 상태에서 운영할 수 있기 때문에 용량은 항상 제공되는 LOS와 관련되어야 한다는 것이다. 예로서 어떤 시스템은 양호환 LOS로는 1,000명을 처리할 수 있지만 혼잡해진 Poor LOS로는 1,500명을 처리할 수 있기 때문이다. Transport Canada의 LOS 개념이 ACI 및 IATA에 도입되어 1996년 IATA의 ADRM(9th) 제시되었으며, 이는 표 4.7-3과 같다. IATA의 LOS도 최대 줄서기 시간을 15분 이내로 체한한 것 이외는 줄서기 지연시간에 대한 구체적 언급이 없다. 이는 ADRM(10th)에 보강되었다.

표 4.7-3 IATA ADRM(9th)의 터미널 LOS 최소기준 (m²/PH 여객)

터미널지역	서비스 수준(LOS)					
	A	B	C	D	E	F
체크인 줄서기 지역	1.8	1.6	1.4	1.2	1.0	
대기 순환	2.7	2.3	1.9	1.5	1.0	
Hold Room	1.4	1.2	1.0	0.8	0.6	
수하물 수취지역	2.0	1.8	1.6	1.4	1.2	
정부 검색서비스	1.4	1.2	1.0	0.8	0.6	

LOS 등급				
A:	Excellent	자유로운 흐름	지연 없음	탁월한 수준의 편안
B:	High	안정된 흐름	아주 조금의 지연	상위 수준의 편안
C:	Good	안정된 흐름	용인되는 짧은 지연	좋은 수준의 편안
D:	Adequate	불안정 흐름	용인되는 단시간 지연	적절한 수준의 편안
E:	Inadequate	불안정 흐름	용인되는 않는 지연	부적절한 수준의 편안
F:	Unacceptable	시스템 마비	용인되는 않는 지연	수용할 수 없는 수준의 편안

b. 시설 규모 결정에 LOS 이용

기존시설을 개조 또는 확장하는 경우는 기존 터미널의 주요 요소에 대한 현재의 LOS를 분석하여 부족한 지역을 수용 가능한 수준으로 개선하기 위해 무엇이 필요한가를 판단한다. 신터미널은 비교적 계획하기가 쉬우며, 위에 언급된 바와 같이 LOS C는 합리적인 가격으로 양호한good 서비스를 할 수 있기 때문에 설계목표로 권고된다. 실질적인 터미널 설계관점에서 보면 피크시간에 면적당 수용인원과 수용 가능한 처리시간을 설정하는 것이다. 그러나 면적, 줄서는 길이 또는 대기시간 등의 기준은 이해당사자에 따라 상당한 차이가 있을 수 있다. 적절한 LOS는 ① 경비최소화를 위한 높은 활용도, ② 높은 서비스 질, ③ 유연성 간에 균형을 유지한다.

c. 기존 터미널의 LOS 평가

기존 터미널의 LOS 평가에는 다음과 같은 세 가지 형식의 자료가 필요하다.

- 연 면적 및 처리량
- 처리 중 또는 대기 중인 여객 수
- 여객당 LOS 면적에 부족한 여객밀도의 시간 또는 목표를 초과하는 대기시간 비율

터미널에 들어가는 모든 이용자에게 카드를 지참하게 하여 여러 체크포인트에서 시간을 기재해줌으로써 여러 지점(예: 체크인, 보안검색, Hold room)의 접속시간 및 여러 지역을 통과하는 여객흐름과 더불어 도착 및 출발여객의 분산을 계산할 수 있다. 설계 일에 95% 이상의 여객이 X분을 기다린다는 것과 같은 더 상세한 자료를 얻기 위해서는 시뮬레이션을 이용해야 하며, 이는 추정치보다 상세한 결과를 주지만 결과는 그 모델을 개발하기 위해 사용된 자료만큼만 정밀하다. LOS C를 선정하는 데 공항당국은 어떤 LOS가 그 공항의 여객 및 입주자에게 적합한지를 결정해야 한다. 여객터미널 LOS 평가 사례는 그림 4.7-5와 같다.

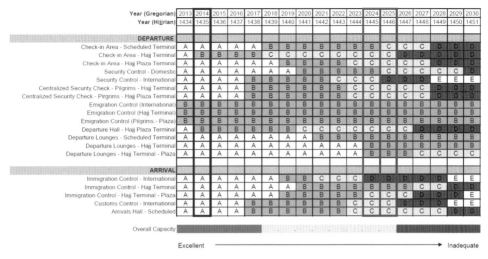

그림 4.7-5 여객터미널 LOS 평가 사례(사우디 메디나 공항)

(4) 여객 편의성(터미널 건물계획 고려사항)

여객터미널 LOS의 주요 구성인자는 여객의 공항이용 경험이 편안 및 편리의 면에서 어떻게 느끼느냐 하는 것이며, 여객의 편리성 감지인자의 중요한 세 가지는 ① 여객의 보행거리 및 이동 편의성, ② 터미널 시설 및 분위기에 대한 여객의 느낌, ③ 터미널통과 소요시간 등이다.

a. 보행거리 및 이동 편의성

공항터미널 내 보행거리는 가급적 단거리이어야 하며, 보행거리가 300m를 초과하면 PMS와 같은 운송설비를 갖추어야 한다. 보행거리 및 여객이 경험하는 스트레스와 노력의 최소화가 필요하지만 보행거리(커브~항공기) 한계가 얼마인가는 조사된 것이 없으며, 이와 관련된 에너지보다는 상황과 관련이 크다는 것이다. 커브~항공기 간 보행거리는 대다수 여객에게 5~7분이 소요되지만 스케줄에 맞춘 여행 및 익숙하지 않은 건물의 통과와 관련된 불안은 이 거리를 더 멀게 느끼게 한다. 상황 관련 견딜 만한 보행거리는 에너지소모라기보다는 개인의 여행목적, 이용 가능한 시간, 보행환경 등과 관련이 있다. 보행이동 관련 여객이 불편을 느끼는 것은 목적지에 도달하기 위해 필요한 노력의 정도 및 이동통로의 복잡성이다. 노력의 인지도는 방향 찾기 편리성 및 통로를 따라 층변경 및 방향전환점을 쉽게 찾을 수 있는 노력 등이 포함되고, 또한 수하물 지참 여부도 영향을 받는다. 여객의 이동거리 편의성 인지도는 적절한 운송설비(PMS, Es, El 등) 이용성의 영향을 받는다.

공항터미널에서 여객이 휴대하는 수하물의 양에 따라 단계별로 보행거리 난이도 인지에 영향을 줄 수 있다(예: 출발여객 체크인수하물 → 지상교통~체크인로비, 출발여객 휴대용수하물 → 지상교통~항공기까지). 따라서 체크인할 수하물을 가진 여객에게는 가급적 짧고 층 변경이 없는 노선이 유리하며, 여객의 수하물을 사전 체크인할수록 LOS는 높아진다(공항 내외). 대다수 여객이 휴대수하물이 있으므로 수하물을 가지고 이동하는 긴 거리의 영향도 고려해야 한다.

b. 여객의 인식

터미널의 LOS에 대한 여객의 인식은 유형·무형 인자가 있으며, 유형 인자는 터미널의 쾌적한 온도, 화장실 및 유아실의 이용성 및 청결도, 일반대합실의 적절한 좌석, 상점·식음료점의 다양성 및 합리적 가격 등이며, 무형 인자는 직원의 도움·친절, 주변의 소음도 및 여러 수속절차를 통과하는 데 따른 스트레스 등이며, 계획 및 설계 견지에서 다음의 인자를 고려해야 한다. 방향성은 여객이 갈 길을 쉽게 찾을 수 있는 가능성은 중요한 요건이며, 이에 기여하는 요소는 다음과 같다.

- 여러 수속이 직선을 이루는 터미널 배치
- 여객이 앞에 무엇이 있는지 명확하게 볼 수 있는 터미널 설계
- 방향을 찾기 위한 안내표지, 방향표지, 기타 지원시설 등

여객편의시설은 Wi-Fi 및 전력 연결성, 여객서비스시설 및 상업적 편의시설 등을 말하며, 시설설계는 양호한 건축 및 내장 설계는 빛과 공간의 감각 창출, 녹색식물 및 적절한 테마의 재료 및 색상을 이용하여 여객의 이용체험을 향상시킬 수 있다.

c. 시간 가치

계획자 및 설계자에게는 여객이 Curbside → 항공기, 항공기 → Curbside, 항공기 → 항공기 간 신속하고 직접적인 이동을 촉진하는 터미널시설을 만드는 것이 중요하다. 여객에게 추가로

작용되는 스트레스는 9.11 테러 이후 강화된 보안검색이며, 편의성 결정의 주요 인자로서 터미널을 신속히 통과할 수 있는 능력을 여객은 중요하다고 생각한다.

(5) 유연성(터미널 건물계획 고려사항)

공항터미널은 특히 노후화되는 경향이 있는 현대식 건물이며, 주요 리스크는 터미널의 운영기능을 제대로 발휘할 수 없고, 바람직한 LOS를 제공할 수 없으며, 용인되는 경비로 또는 물리적으로 개선할 수 없는 기능적 노후화이다. 건축가가 기념비적 건축물의 영구성을 갈망할지라도 여객터미널은 여객처리 및 터미널 효율에 영향을 미치는 기술, 운영, 항공산업 및 경영요소의 신속한 변화에 영향을 받기 쉽다. 터미널기능의 효율성을 악화시킬 수 있는 인자는 수요 성장의 예상치 못한 변화, 기술 및 건물 서비스 혁신 속도, 신경영전략의 출현 등이다. 계획자 및 설계자가 모든 것을 예측할 수 있는 것은 아니지만 노후화 가능성이 있는 지역을 개선하여 건물의 이용수명을 연장할 수 있도록 유연성 있는 설계를 할 수 있다.

a. 수요 성장에 예상치 못한 변화

항공교통은 공항계획자의 상상을 초월하는 놀라운 성장을 해왔으며, 초기에는 항공교통이 엘리트계층의 특권이라고 여겼으나 지금은 대다수 국민이 이용 가능하게 됨으로써 터미널설계에 엄청난 영향을 주게 되었다. 지난 20여 년에 걸쳐 수요 추정기술(연간, 피크시간)은 상당히 발전했지만 다른 예상치 못한 요인이 터미널설계의 기저를 이루는 가정을 크게 훼손했으며, 이런 요인에는 저가항공사 출현, 허브 기능 증대, 항공사 동맹, 유가파동, 국제여행의 큰 성장 및 지역항공사의 소형기 위주 운항 등이며, 이는 터미널 설계에 영향을 미치고 있다.

b. 기술변화

1950년대에는 아무도 기술혁신이 터미널설계에 영향이 미칠 것을 예견하지 못하고 100석 프로펠러기에 적응하도록 설계되었지만 1960년대에 400석의 점보기가 출현함으로써 즉각적인 확장이 필요했고, 어떤 터미널은 철거 후 재건축이 불가피했다. 터미널 계획에 가장 큰 영향을 미치는 신기술은 항공기의 혁신적인 설계와 항속거리이며, 여객 수와 운항빈도의 증가에 보조를 맞추기 위해 BHS도 혁신되고 있다. 초기에 수하물처리는 손수레나 간단한 컨베이어를 이용했지만 현재는 완전 자동화된 설비를 이용하며, 이런 설비는 이전에 예기치 못한 상당한 공간이 필요하다(터미널 면적의 약 20% 및 6m의 층고 등).

IT는 터미널의 다음 단계 변화를 예고한다. 여객처리의 모든 면에서 관리도구로 이용이 증가되고 있으며, 가장 큰 영향은 전자티켓으로 집에서 보딩패스 출력이 증가함에 따라 공항 티켓팅홀의 공간소요 및 기하구조에 영향을 미치기 시작했다. 유사한 예로서 신용카드가 은행사무면적을 줄이듯이 e-티켓팅 및 원격 체크인은 터미널 설계에 유사한 영향을 미칠 것이다.

c. 신운영조건

운영요건의 혁신 또한 전통적인 터미널 설계에 영향을 주고 있다. 전에는 보안요건이 터미널 설계에 주요 요인이 아니었지만 1970년대 스카이재킹 위협이 고조되었을 때에 보안이 주요변수가 되었으며, 터미널설계의 기조를 이루는 전반적 순환패턴이 변화되었다. 9.11 테러는 터미널의 여객처리 및 운영관리에 영향을 주고 있으며, 여객 및 수하물의 검색이 강화되고 있다. 보안 관련 면적을 어떻게 계획할 것인가가 관건이지만 장기적으로 보안위협이 증가할지, 감소할지 또한 그런 변화가 터미널계획에 어떤 영향을 줄지 현재로서는 정확히 알 수 없다.

d. 신경영전략

1970년대 미국의 항공사 규제철폐 조치는 항공사에게 신경영전략을 도입하게 했으며, 터미널 계획에 큰 영향을 미쳤다. DFW 터미널 개념은 O/D 여객 위주의 운영을 전제했지만 허빙운영(연결여객)에는 큰 불편을 초래하고 있다. 1990년대 후반 항공사는 동맹을 맺기 시작했으며, 이는 터미널이 그룹 항공사의 서비스를 통합 운영할 수 있도록 요구한다. 동맹항공사의 Gates는 서로 근접해야 하고 체크인카운터 또한 가까울 필요가 있다. 터미널을 여객(업무, 휴가) 및 상주직원의 구미에 맞게 상업적 부동산 개발처럼 취급하는 터미널운영자의 관심이 고조되고 있다. 이는 여객 및 항공사의 필요한 시설에 추가하여 광범한 상업시설이 요구된다. 이런 상용터미널의 면적이 얼마나 될 것인가는 예측하기 어렵다. 장래 터미널 운영의 주 수입원은 터미널 내 상업시설이 될 것이며, 항공사의 서비스는 고객의 타이프에 맞추게 될 것이다.

e. 불확실성에 대한 조치

신터미널 계획은 가장 정밀한 장기수요에 근거해야 하며, 이는 건물의 수명기간 동안 수요가 증가하고 경제변화 및 테러위협과 같은 예기치 못한 충격에 대응하는 흐름에 따라 세심히 검토되고 조정할 필요가 있다. 이런 자세로 터미널 계획 및 설계자는 터미널을 이용할 여객 및 항공교통 수준 및 형태의 잠재성·가변성을 인정하는 것이 신중한 것이다. 터미널 개념 개발 중에는 어떤 터미널이든 어떤 단계에서는 최초 계획과는 다른 여객부하와 운영양상에 적응해야 한다는 것이 기본전제가 되어야 하며, 따라서 계획자 및 건축가는 장래 조건의 범주에 적응할 수 있도록 수정될 수 있는 설계를 창출해야 한다.

터미널 개념 개발에 계획자는 다음과 같이 불확실성을 체크해야 한다.

터미널 시설이 서브해야 할 다른 부하범위를 고려한다. 즉, 가장 있음직한 하나가 아니라 수요 추정의 범주를 잡는 것이며, 이런 범주는 과거 수요 추정과 실제 수요의 차이를 조사하거나 그 지역의 가변성 패턴을 조사하여 결정한다.

다른 부하상태 하에서 설계 성능을 체크한다. 설계과정에서 다른 수요를 기준 설계의 성능을 비교하는 민감도 분석은 매우 중요하다. 대표적으로 항공기 혼합률 변화, 다른 형태의 교통량 변화$_{O/D, transit}$ 및 이런 변화 등이 PH 수요에 미치는 영향을 평가해야 하며, 결점이 발견되면 장기적으로 유연성 있고 장래의 잠재적 문제를 완화시키기 위해 설계를 수정한다.

f. 유연성 확보(면적, 기능, 시간)

유연성은 장래 예상치 못한 성장, 기술, 운영, 경영에 터미널이 적응할 수 있는 인자이다. 유연성을 확보하기 위해 고려할 사항은 다음과 같다.

- 유연성확보를 위해 공간을 어떻게 계획할 것인가? 즉, 주요 기능 또는 연결시설의 배치에서 장래 유연성을 확보하기 위해 다른 용도로 쉽게 조정할 수 있는 방안은 무엇인가?
- 어떤 기능이 장래 유연성을 보충하는 데 조합될 수 있는가?(예: 공항 운영자는 장래 CUTE 시스템을 얼마나 이용할 수 있는가?)
- 터미널의 각 부분이 시간이 흐르면서 어떻게 변화될 것인가? 그리고 쉽게 확장할 수 있는가?(모듈식 설계, 여유공간 확보, 변화 대비 다른 용도로 재구성할 수 있는가? 칸막이 이용)

터미널 개념이 어느 정도는 유연성을 결정한다. JFK, DFW 등의 단위터미널은 환승여객이 증가하자 불편해 졌으며 각 항공사의 서비스 확대가 어렵고 국내선~국제선 환승도 어렵다. 단일 대형 터미널 또는 효과적으로 연결되는 단위터미널은 유연성을 크게 향상시킨다. 예를 들어, AMS 공항의 터미널은 피어를 늘리고 기능을 변경함으로써 상황 변화에 대응하기 위한 공간을 쉽게 조정할 수 있다. 이와 유사하게 고용량 APM으로 연결되는 원격탑승동을 가진 ATL 및 DEN 공항은 수요 증가에 쉽게 대응할 수 있는 유연성이 있다.

공동이용 또는 다기능 공간은 본질적으로 터미널 성능에 유연성을 더해주며, 필요에 따라 다른 기능으로 공간을 할당할 수 있다. 다른 기능의 피크시간이 다르기 때문에 공동이용 및 다기능 공간은 총 소요면적을 줄일 가능성이 있다. 예를 들어, 여러 Gates가 공동 사용하는 대합실은 Gate별 대합실보다 작은 면적이 소요된다. Swing Gates 및 대형기 2대 주기 공간에 소형기 3대를 주기하는 방안도 같은 개념이다.

캐나다 Edmoton 공항터미널은 필요에 따라 여객의 흐름을 통제하는 Access Point를 가진 복도와 접이식 벽을 이용하여 국내선, 국제선 여객 및 Trans boarder(양국 협정에 의거 캐나다에서 미국의 입국 및 세관검사를 받은 여객)를 분리한다. 유리 또는 쉽게 이전할 수 있는 칸막이는 필요에 따라 항공기 배치를 바꿀 수 있다.

g. 불확실한 미래에 유연성을 확보하기 위한 고려사항

다음 사항은 단순 개념에 관한 것이며, 이는 터미널 배치로부터 구조 시스템까지 미친다.

- 터미널을 직선형으로 설계한다. 부지여건이 허용되면 직선형은 다른 타입보다 확장이 용이하다. 방사형 또는 원형은 비효율적이고 확장이 어렵다. 직선형 터미널은 측면에 이설하기 어렵고 고가인 기계, 전기, 설비, 변전소, 기타 영구시설이 없으면 가장 쉽게 확장할 수 있다.
- 터미널은 단순한 직사각형이고 기둥없는 장 스판으로 계획하며, 이는 넓은 공간이 필요한 티켓 로비에 이상적이고 줄서기 및 순환이 쉽다. PC구조는 강구조보다 유연성이 부족하며, 철골 및 커튼월은 터미널 설계 및 개수에 유연성이 크다.
- 설계에 반복적인 구조 시스템, 즉 모듈을 적용한다. 충분한 층고를 확보하며, 이는 기계실의 개선 등에 유연성이 크다. 충분한 순환공간을 확보하며, 이는 예기치 못한 변화에 적응할 수 있는 시설을 허용한다. 순환패턴을 직선으로 하고, 네트워크 순환 가능성을 제공한다.

- 직선 및 교차점 순환의 제약을 피한다. 층 변경을 최소화한다. 가로지르는 Transition Zone을 제공한다. Curb를 직선으로 배치한다.
- 건물서비스시설을 기능지역 외부에 배치하여 제약 가능성을 피한다. 전기·통신실, 기계실 등은 터미널 확장에 제약이 되므로 기능지역 외부에 배치하고 확장이 가능하도록 설계한다. 이는 초기비용을 증가시키지만 상당한 유연성을 제공한다.
- 계류장을 침범하는 계획을 피한다. 계류장을 보호하는 것이 유연성을 위해 절대적이다.
- 모든 방향으로 확장 가능한 여유를 확보한다.

h. 운영적 고려사항

:: **공동이용시설(Common-Use Facilities)**: 공항의 혼잡과(특히 혼잡한 체크인 지역) 항공사 운영경비를 낮추고자 공동이용시설의 이용이 증가하고 있으며, 이는 값비싼 공항시설과 공간을 여러 항공사가 공동 이용함으로써 공간의 최적 이용과 운영경비 절감을 도모한다. 공동이용 Gates에도 같은 효과가 있다. 공동이용을 위한 기술 시스템으로서 CUTE는 항공사의 IT 네트워크를 이용하여 예약, 체크인, 탑승수속을 항공사 공동으로 하며, CUSS는 셀프서비스장치Kiosks를 이용하여 체크인할 수 있고, 이 장치는 주차장, 임대차 시설, 철도, 호텔, 컨벤션센터 등과 같은 공항 외부에도 설치 가능하다. 이런 공동이용시설의 기본 전제는 공간과 장비의 공동이용을 도모하여 터미널시설의 유연성과 경제효율을 향상시키는 것이다.

:: **Bus Gates**: 피크시간의 Gates 수요가 산발적으로 또는 일시적으로 많을 경우는 원격 주기장으로(에서) 버스를 이용하는 것이 최선의 방안일 수 있으며, 추가 Gates가 필요한 특별행사 또는 건설기간 중에는 더욱 그렇다. 버스이용은 탑승교 이용보다 서비스가 낮지만 원격주기장에서 터미널까지 너무 원거리가 아니라면 서비스에 큰 문제는 없다. 버스 승하차 위치는 가급적 터미널빌딩의 코어에 가까이 배치하여 보행거리를 단축해야 한다. 버스 이용의 단점은 항공기 흐름에 지장을 주고, 탑승·하기 시간이 증가되며, 기상의 영향을 받는 것이다.

(6) 터미널 보안(터미널 건물계획 고려사항)

여객터미널 로비와 같이 인원이 집중되는 곳은 테러의 목표가 되기 쉬우며, 공항배치와 터미널 설계가 보안계획을 보완하고, 도로, 주차장 및 터미널이 보안을 지향함으로써 보안이 개선된다. 초기 설계 시에 폭발방지기능을 반영하는 것이 사후조치보다 저렴하다. 공항은 어떤 사람인지 또는 무엇을 가지고 다니는지 모르는 수천의 비검색 여객 및 대중이 이동한다. 터미널 공중지역에서 배회하거나 의심스러운 행동을 하거나 무언가를 남겨두고 떠나는 사람에게 보안 경고를 할 수 있는 기술이 필요하다.

a. 터미널 보안

일반 대중이 접근할 수 있는 일반대합실은 매우 혼잡하고 빠르게 이동하는 지역으로서 보안 관련 설계 및 기술 적용이 어렵다. 주요 적용기술은 버려진 물건 또는 여객 및 그룹의 행동에 대한 잠재적 위협을 규명하는 비디오 분석능력을 갖춘 카메라를 이용하며, 현재는 감도에 문제가 있지만 장래에는 화학·생물분석 센서의 도입 가능성이 있다. 대합실지역의 CCTV 시거가 확보되도록 상점, 티켓 카운터, FIDS, 광고, 표지판 등의 배치가 필요하다. 주요 보안 이슈는 다음과 같다.

- 사전 보안계획: 약점 평가, 비상계획, 규제요건, 보안기관 협의, IT와 조합된 CCTV
- 기능지역: 접근도로, 주차시설, 커브 및 출입문 등의 감시 시스템(CCTV), 폭파저항 기능 및 둔턱(Berm), 터미널 내 및 근접방지 차량방호벽, 차량 검색지역
- 폭발물 대비: 폭발 저항 외관 및 유리, 은익 장소 및 구조의 제한
- 운영통로: 복도 및 직원순환 보안, 보안출입문 최소화, 비상대응 공간, 폭발물 폐기
- 공공지역: 테러 및 범죄 방지조치, 로비지역 구성 및 시거, 수하물수취지역, 비상출구, 방화문(보안문), 주차장, CCTV 감시 등
- 비공공지역: 복도·계단·엘리베이터, 행정 및 입주사무실, 보안운영센터, 공항 운영센터, 비상운영센터, 접근통제 CCTV 등
- 화학·생물·방사능 위협: HAVAC 시스템 특성, 성능, 물리적 보안 등
- 보안지역: 매점지역 이동, 비상대응 루트

b. 여객 검색

보안검색은 미 교통보안청TSA의 보안검색설계지침2006. 2.에 규정된 운영지역 및 장비에 부합되도록 설계해야 하므로 일반대합실, 전 지역의 통로, 티켓카운터 등의 공간, 매점 배치, 보안검색 줄서기 공간, 처리용량 등에 영향을 미친다.

검색 위치는 사고 또는 검색실패 후에 콘코스 폐쇄 및 검색 받은 수천의 여객이 비검색지역으로 나와서 재검색해야 하는 등 공항 운영에 심각한 영향을 미치므로 검색에 실패한 콘코스 또는 일부 구간만 분리하여 재검색할 수 있도록 계획 초기에 조치하는 것이 바람직하다.

여객검색 설계는 터미널의 타입과 여객 수요에 부합되고, 공간의 최적화, 변동하는 수요와 긴급한 상황에 맞추기 위한 유연성 확보, 장비의 타입, 사이즈, 수, 설치간격, 전력·통신과 더불어 인접한 공간, 좌석지역, 감독 및 직원지역, 개인검색지역 등을 고려한다.

c. 상주직원 검색

상주직원 출입문 보안을 개선하기 위한 여러 수단이 향상된 기술을 이용하여 터미널설계에 적용되어야 하며, 이런 수단에는 다음의 내용을 포함한다.

- 감시 없는 보호구역 출입문 최소화
- 접근통제 시스템을 통한 생체측정 등
- 편승(Piggy-backing) 또는 Tailgating을 방지하기 위한 회전식 출입문

비디오분석 능력을 갖춘 CCTV는 편승 등의 탐지가능성이 있다.

d. 수하물 검색

수하물검색 시스템의 설계는 규정에 따라 공항과 미 교통보안청TSA의 협조로 시행되며, 아주 소형 공항을 제외하고는 in-line 시스템이고, 상당한 공간이 소요된다. 전력·IT 등을 포함한 지원시설이 필요하며, 이런 공간은 터미널설계 초기에 결정하는 것이 최선이다.

수하물 검색 대안은 직렬식 시스템, 티켓 카운터 시스템, 원격 시스템, Stand-alone 폭발물 탐지 시스템 및 추적 시스템 등이 있으며, 수하물 검색 관련 주요 이슈는 다음과 같다.

- 신기술·신 위협·직원 증가·교통량 증가 등에 적응하기 위한 유연성 및 확장성
- 줄서기 용량·재순환·초과규격·선발된 것·의심스러운 것·경보 백 제거 등을 위한 시설
- EDS에서 제거된 것에 대한 작업 공간
- 국내선/국제선 연결 백

- 유지보수 접근성
- Life-cyle 교체
- CCTV 및 통신
- 차량접근(Tug, Pickup)
- HAVC·전력·조명

(7) 안내표지(터미널 건물계획 고려사항)

공항터미널 Complex의 주요 목적 중 하나는 차량과 터미널 이용자가 도로 및 건물을 명료하고 간결한 방법으로 통과하는 것이다. 공항여객의 시간 긴박성 때문에 효과적이고 알기 쉬운 흐름을 제공하기 위해 안내표지는 가급적 직관적으로 인식될 필요가 있다.

터미널을 계획할 때 모든 이용자가 직관적으로 이해할 수 있도록 시설을 배치한다. 기능의 논리적 배치, 결심지점에서 다음 방향으로의 명확한 시선, 앞에 무엇이 있는지를 이해하기 위한 시각개방 등은 방향 찾기에 도움을 주며, 효과적인 안내표지로 보충되어야 한다.

안내표지는 통상 대다수 이용자가 이해하기 쉽게 간결하고 정보를 주는 비언어적 메시지를 제공하며, 안내표지는 방향, 정보, 규정, 광고 및 확인을 포함하는 주요 범주로 분류된다. 공항마다 특유의 안내표지를 이용하지만 어떤 경우도 시각적 신호는 단순하고, 난잡하지 않고, 세계적으로 인식되는 심벌을 이용해야 한다(ICAO, FAA, IATA 등의 기준).

공항 안내표지에 관한 참고자료는 다음과 같다.

- Guidelines for airport signing and graphics, terminal and landside, 3rd edition

(8) 접근성(터미널 건물계획 고려사항)

ADA는 미국 장애인의 평등권을 보호하기 위해 법률에 정한 시설의 건설 및 변경에 법으로 정한 기준을 따르도록 요구하며, 이는 Access Board가 개발한 ADA 접근성 지침이다. 터미널 계획 및 설계자는 장애 여객 및 상주직원이 공항 및 터미널을 쉽게 찾아갈 수 있도록 고려해야 하며, 장애인은 시각장애, 청각장애 및 이동성 장애의 세 가지 범주로 분류된다.

시각장애인을 터미널 내 여러 곳으로 안내할 수 있도록 적절한 크기의 점자표지를 갖추고, 신속히 이해할 수 있도록 표지에 큰 활자를 이용하며, 이에 추가하여 FIDS에 나타나는 최근 도착 및 출발 정보를 디지털 음성메시지로 제공한다. 이런 음성메시지 시스템은 ES, EL 및 체어리프트와 같은 이동장치의 출구 및 입구와 교통센터의 여객에게도 알려줘야 한다.

청각장애인을 위해 디지털 음성메시지가 영상표지와 같은 정보를 제공해야 한다. 안내방송은 명확하고 이해하기 쉬워야 하며, 공공지역, 근무지역 등에 적절히 스피커를 배치한다. 공중전화는 장애인을 위해 음량조절장치 또는 음성 배력 장치를 갖추고, 명확히 식별되게 한다.

이동성 장애인를 위해 장애인이 접근할 수 있는 출입문과 계단에는 1/12 이하의 경사로를 제공한다. 터미널의 주요 기능 간 원거리에는 휠체어 및 모터카를 제공하며, ADA가 접근할 수 있는 화장실을 제공하되 쉽게 식별할 수 있게 한다. 휠체어에 탄 여객을 위해 체크인카운터 및 공중전화의 높이를 낮추고, 보안검색지역은 휠체어 통과에 적절한 공간을 확보하며, 층 변경이 필요한 Gates에는 무거운 전기모터 휠체어의 수송수단을 갖추어야 한다.

(9) 유지보수(터미널 건물계획 고려사항)

터미널 설계팀은 전반적 유지보수전략을 개발하는 것이 중요하며, 이에는 건물을 청소 및 유지보수하기 위한 장기 영향평가를 포함한다. 터미널 시설의 운영 및 유지보수를 위한 기능성, 용량, 효율성 및 유연성을 제공하기 위해 여러 기능의 운영지역 및 그런 공간을 이용하는 다양한 이해당사자(공항소유자, 운영자, 관련 정부기관, 항공사, 매점운영자, 렌터카운영자, 지상교통제공자 등)를 확인할 필요가 있다.

터미널에는 수많은 입주자 및 이해당사자가 있으며(유지보수업체 포함), 각각은 그들의 시설 및 시스템을 능률적이고 효과적으로 운영 및 관리할 필요가 있으므로 각자가 수행하는 다양한 활동을 조기에 평가하고 이해할 필요가 있다. 이런 조기평가는 전반적으로 만족하는 수준의 적절한 유지보수 공간과 사업비를 얻어낸다. 유지보수 관련 FAA 백서인 『터미널 계획 및 설계 시 유지보수 고려사항』by Norman D, Witteveen을 참고할 수 있다.

5. 여객터미널 개념 개발

공항터미널 Complex의 개념 대안을 개발하기 위해서는 Airside, 터미널빌딩, Landside의 구성인자를 철저히 이해해야 한다. 터미널은 고도로 특수화된 건물로서 많은 여객, 보안,

항공기 간 연결, 형태가 다른 여객 등에 서비스한다. 역사적으로 보면 특히 국내선은 터미널에서 보내는 시간을 최소화하고 신속히 탑승하는 것이 목표이었지만 테러위협에 따른 보안체크가 엄격해져 시간이 더 소요되고 스트레스가 증가한다. 바쁜 허브공항의 터미널빌딩은 복잡하고 다양한 역할이 요구되므로 터미널계획자가 직면하는 도전이 되고 있다.

피크시간에 대비한 공간 중에서 Airside가 가장 크며, 터미널은 비교적 작은 편이다. 기술계획 면에서 보면 Airside 구성인자의 유연성이 가장 적은데 이는 항공기의 고정된 규격, 날개 끝 간격 및 제한되는 조작성 때문이다. 이와 대조적으로 여객은 이동성, 적응성 관련 공간소요에 유연성이 있으며, 낮아진 LOS로 기술되는 여객의 편안한 수준이 감소될지라도 여객은 일시적으로 제약된 공간을 비좁게 이용할 수 있다.

터미널 Complex의 물리적 배치계획에서 항공기가 가장 융통성이 없고 규제된 요건을 갖고 있으며, 터미널 Complex의 구성에서 주요 역할을 하는 경향이 있다는 것을 계획자는 유의해야 한다. 이런 사유로 터미널 Complex의 개념 개발 과정은 일반적으로 비행장시설과 적절히 통합되는 항공기 주기장을 개발하는 것부터 시작된다. 여객터미널의 위치와 배치는 주로 항공기의 활주로 이용에 지장이 없고, 여러 지상교통으로부터 편리한 여객의 접근성에 의존한다. 기존 공항에서는 철도 또는 기존 도로가 터미널의 개념 개발에 영향을 줄 수도 있다.

터미널 방향은 주기된 항공기와 지상교통 간에 연결이 가장 쉬운 통로를 제공하도록 설정되어 왔으며, 이는 아직도 터미널의 가장 바람직한 목적이고, 여객에게 단순한 방향과 보행거리를 제공하기 때문이다. 최근에는 지속가능한 목표를 실현하기 위해 태양광을 최대한 받을 수 있는 터미널방향도 고려되고 있다. 터미널 위치와 방향에 대한 다른 고려사항은 지하철, 철도, 고속도로 및 페리와 같은 다양한 교통수단과의 연결이며, 또한 중요한 것은 터미널 배치의 이점을 활용할 수 있는 터미널 바로 인근의 토지를 상업적으로 이용할 수 있는 가능성이다.

Gates 수와 항공기 혼합률이 결정되면 터미널 Complex의 초기 개념 개발을 시작할 수 있으며, 개념 개발에 앞서 최소한 ① 항공기 Stands 소요, ② 여객의 수속절차와 항공기 접면 길이를 고려한 터미널빌딩의 대략적인 폭과 길이, ③ 커브 길이와 주차장 등 Landside 소요를 명확히 이해하는 것이 최선이다. 이런 제한된 정보에 근거하여 단순하고 대략적인 터미널 Complex 배치를 계획할 수 있다. 이런 초기 계획에서는 시설소요가 너무 작아지는 것을 방지하기 위해 주요 구성인자의 시설 규모를 넉넉하게 가정하는 것이 중요하다. 시설소요 관련

정보가 더 많고 상세할수록 더 정밀한 개념 개발이 가능하다

일반적으로 터미널 개념에는 두 가지 범주가 있는데, 첫째는 집중식·분산식 개념이고, 두 번째는 터미널의 형태로 구분되는 개념이다.

(1) 집중식·분산식(터미널 개념 개발)

계획자가 초기에 결정해야 할 가장 중요한 것은 터미널을 집중식 또는 여러 동의 분산식으로 계획할 것인가? 하는 것이다. 이런 결정에는 수요(여객 및 운항), 터미널의 역할 및 공한지에 건설되는 신공항인가, 기존 공항 확장인가 등 여러 인자가 관련된다.

집중식 터미널은 단일 터미널이기 때문에 분산식 터미널에 비해 다음과 같은 장점이 있다.

- 시설 및 직원 활용을 최대화한다. 즉, 단위면적당 여객처리용량을 최대화하고, 불필요한 시설 중복을 방지한다. 직원소요를 최소화한다. CUTE 등 공동이용시설을 활용할 수 있다.
- 단일 터미널이기 때문에 항공사 간 여객 및 수하물의 연결이 가깝고 덜 복잡하다.
- 매점을 집중 배치하여 여객에게 최대한 전시할 수 있어 매점수익을 최대화할 수 있다.
- 단일 철도역이어서 방향성이 좋고, 시설중복 및 터미널 간 연결필요성이 최소화된다.
- 항공사 동맹 및 합병 등 변화되는 상황에 적응할 수 있어 항공사운영에 유연성이 있다.
- Swing Gates로 국내선/국제선의 서비스가 가능하므로 Gates의 이용성이 증대한다.
- 주 항공사와 기타 경쟁항공사에 대한 서비스 수준 및 시설을 비슷하게 제공할 수 있다.

분산식 터미널은 여러 동의 터미널로 구성되고, 각 터미널별로 독립적으로 운영되기 때문에 진입도로, 커브 등이 중복 배치되며, 분산식 터미널은 각 터미널의 피크시간 수요를 처리할 수 있어야 하기 때문에 각 터미널의 용량 합계는 공항전체의 여객피크보다 상당히 크다.

어떤 관점에서 보면 집중식 터미널의 규모가 너무 크다. 예를 들어, O&D 여객의 보행거리를 바람직한 수준으로 유지하기 위해 보안 검문소를 복수로 하며, 이런 복수통로는 모든 여객에게 잘 보이도록 매점 및 기타 서비스의 복수화가 필요할 수 있으며, 이는 집중식 터미널 내 분산식 터미널의 특성을 갖게 된다(표 4.7-4 참고).

항공사의 서비스에 따라 다른 형식의 터미널이 필요할 수 있으며, 국내선, 저가항공사, 국제선터미널은 서로 특성이 다르며, 이런 특성은 터미널 개념을 가정할 때 고려되어야 한다.

공항의 초창기에는 여객 수요가 크지 않았으므로 500~1,000만 명을 수용할 수 있는 터미널을 건설하기 마련이다. 여객 수요가 증가함에 따라 이런 소형(용량: 500~1,000만 명) 터미널을 여러 동 건설하는 경우가 있고, 터미널의 규모를 대폭 확대하여 건설하는 경우도 있으며(용량: 3,000~6,000만 명), 전자를 분산식 터미널 후자를 집중식 터미널이라 부른다. 집중식 터미널은 기존 공항을 이전하는 경우에 주로 채택하며(HKG, KUL, BKK, ICN 등), 기존 공항을 개선하는 경우도 있다(ATL, LHR, ORD 등). 분산식 터미널과 집중식 터미널은 각기 장단점이 있으므로 공항의 여건에 따라 선호하는 개념을 채택하며, 각 터미널 개념의 장단점을 정리하면 표 4.7-4와 같다. 집중식 터미널은 규모가 대형화되어 여객이 걷기에는 너무 원거리이므로 Landside 터미널~탑승동 및 터미널~원격주차장 간에 APM이 여객을 수송한다.

표 4.7-4 집중식 터미널과 분산식 터미널의 장단점

구분	집중식 터미널	분산식 터미널
장점	1. 터미널접근의 방향성 양호 2. 시설 및 직원의 활용효율 최대화 3. 상업시설 집중화 – 수익 증대 4. 상대적으로 간편한 비행정보 시스템 5. PHF 감소로 분산식보다 터미널 면적, Gate 소요 등을 약 20% 축소 가능 6. 환승여객 편리 7. 항공사의 환경변화에 유연성이 있음	1. 걷는 거리 최소화 2. 집중도 감소로 커브, 주차장 혼잡 완화 3. 늦은 시간까지 체크인 가능 4. 터미널 내 방향성 양호 5. 운영 중인 터미널에 지장 없이 확장 가능 6. 수하물 운송·분류에 경비 절감 7. 단계별 투자 용이 8. 항공사별 특화 가능
단점	1. 걷는 거리 증가 2. 집중도가 커서 커브 및 주차장 혼잡 3. 조기 체크인 및 클로즈아웃 필요 4. 여객운송 및 수하물 처리에 고비용이고, 오분류 가능성이 큼 5. 터미널 내 방향성 불량 6. 확장 시 운영에 지장	1. 터미널을 찾는 방향성 불량 2. 상주직원의 분산배치로 인력소요 증가 3. 편의시설분산으로 경제적 손실 4. 복잡한 비행정보 시스템 5. 환승불편(보행거리, 방향성, 환승방법) 6. 대중교통이용 불편 7. 터미널 면적과 Gate 소요 약 20% 증가

위에서 각 공항의 여건이라 함은 연간 총 여객, 환승여객비율, 항공기 혼합률, 국제선 위주인가 또는 국내선 위주인가? 등을 말한다. 환승여객이 많은 대규모 허브공항은 집중식 터미널을 선호하고, 소규모공항은 초창기에는 분산식 터미널을 건설하다가 수요가 커지면 집중식 터미널로 바꾸는 것이 일반적이다. 주요 공항의 터미널 개념을 분류하면 그림 4.7-6과 같다.

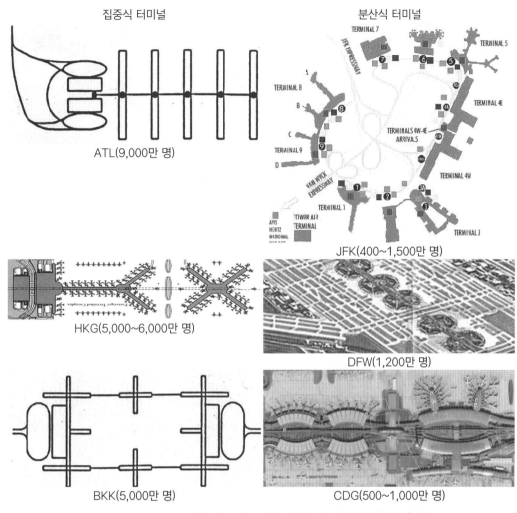

집중식 터미널

ATL(9,000만 명)

분산식 터미널

JFK(400~1,500만 명)

HKG(5,000~6,000만 명)

DFW(1,200만 명)

BKK(5,000만 명)

CDG(500~1,000만 명)

그림 4.7-6 주요 공항의 집중식·분산식 터미널 개념(단위터미널당 용량)

공항 운영자는 인력과 시설 규모를 줄여서 경제적으로 운영할 수 있는 집중식을 선호하고, 항공사는 항공사별 단독터미널을 가지고 항공사 특유의 서비스를 제공하기 원한다. 여객의 입장에서는 편리하고, 편안하고, 오래 기다리지 않고, 다른 항공편으로 갈아탈 때도 수하물의 자동 환적, 걷는 거리 최소화, 환승시간 최소화 등을 원한다. 따라서 바람직한 터미널 개념은 장점은 채택하고, 단점을 해결할 수 있으면 가장 이상적이다. 집중식의 단점을 보안하기 위해 APM 및 BHS의 자동화가 도입되어 여러 대형 공항에서 활용되고 있다.

여객용량별 터미널 Concept은 연간용량이 2,000만 명이 되기까지는 분산식 단위터미널이 단계별 확장 면에서 유리하고, 2,000만 명을 초과하면 집중식 터미널이 운영효율 면에서 유리하다. 따라서 2,000만 명 이상의 수요를 가지고 신공항으로 이전하는 공항은 대부분 집중식을 채택 한다(ICN, HKG, BKK, KUL, KIX, DEN 등). 그러나 수요가 2,000만 명이 되기 전에 개발된 터미널 개념을 수요가 5,000만 명을 초과된 후에도 계속 사용하는 공항이 있으나 이는 운영효율이 매우 불량하므로 집중식으로 재건축하는 것이 바람직하다(JFK, LHR, CDG 등).

(2) 터미널의 형태별 개념(터미널 개념 개발)

분산식·집중식 개념이 일단 결정되면 형태별 개념과 운영방법을 조사함으로써 초기 개념 조사가 시작된다. 터미널의 형태별 개념은 항공기와 여객처리 및 본터미널-탑승동 간의 관계로 구분되며, 각 개념은 커브에서 항공기 Gate까지 여객처리방법이 다르다. 각 공항은 이런 개념 중 하나 또는 여러 개념을 복합하여 사용하며, 형태별 개념은 그림 4.7-7을 참고할 수 있다.

a. 단순 개념(Simple Concept)

가장 단순한 개념으로서 수요가 적은 공항에 이용되고, 터미널은 사각형에 가깝다(예: 울진공항 터미널).

b. 확장된 선형 개념(Expanded linear concept)

단순 개념이 선형으로 확장된 개념이며, 수요가 적은 O/D 여객 위주의 공항에 적합하다. 이 선형은 직선형인 경우도 있고(MUC T1), 원형·반원형인 경우도 있다DFW(캔자스시티). 이런 선형 개념이 처음 도입되었을 때는 Landside~항공기 간 보행거리 단축의 본보기이었으나 도로 및 커브와 직원의 중복 배치, 여객을 집중시킬 수 없어 터미널의 상업시설 수입이 감소하고, 보안요건이 강화됨에 따른 검문소 추가로 운영비가 증가되고, 기계화 및 자동화에 불리하여 최근 건설되는 대형 공항에서는 거의 채택되지 않고 있다.

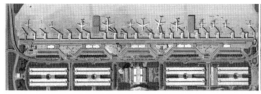 

직선형 개념: 뮌헨공항 T1   원형 개념: MCI 공항

c. 표준 개념(Standard concept)

표준 개념은 확장된 직선형 개념과 유사하지만 여객 수속, 보안검색 등을 중앙에 집중시킨 개념으로서 장점은 Airside, 터미널, Landside 구성인자를 독립적으로 또는 동시에 확장할 수 있으며, 터미널 내 보안구역과 비보안구역의 구별이 쉽고, 탑승동은 양측에 주기할 수 있으며, 걷는 거리가 다소 멀지만 보안검색을 집중할 수 있고, 매점을 집중시켜 수익을 증대할 수도 있다. 김포공항 터미널, KIX T1, NRT T2, MUC T2 등이 이에 해당된다.

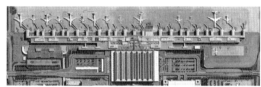 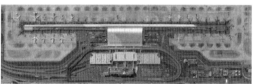

표준 개념: MUC T2   표준 개념: KIX T1

d. 피어 개념(Pier Concept)

터미널에서 돌출된 피어의 양측에 항공기가 주기하므로 보행거리가 단축된다. 확장은 기존 피어를 연장하거나 신피어를 건설하며, 피어간격은 피어길이와 주기할 항공기의 크기로 결정된다. 피어길이가 길어지면 복수의 유도선이 필요하기 때문에 간격이 증가되고, 여객의 LOS를 개선하기 위해 여객운송설비가 필요할 수도 있다. 피어를 따라 치밀한 주기계획을 수립하면 항공기 서비스효율을 증가시켜 운영경비를 절감할 수 있다. 이 개념은 운항수요가 많은 O/D 및 허브공항에 적합하며, 주요 단점은 대형 공항에서 보행거리가 멀다는 것이다.

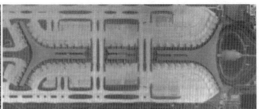

| 복 피어 개념: 토론토공항 | 단 피어 개념: PEK T3 |

e. 위성 개념(Satellite Concept)

위성 개념의 탑승동은 Airside에 멀리 배치되어 항공기가 그 주위에 모두 주기할 수 있고, 터미널에서 지하, 지상 및 고가의 통로를 이용하여 연결되며, 대합실과 서비스 및 편의시설을 갖추고 있다. 이 탑승동은 터미널과 거리가 멀기 때문에 여객을 수송하기 위해 이동보도, 버스, APM과 같은 기계화된 여객운송설비가 필요하다.

위성 개념의 장점은 여객 및 항공기 처리기능이 완전 분리되어 독립적으로 개발할 수 있다는 것이며, 단점은 터미널과 위성동을 연결하기 위한 APM용 지하터널 또는 고가교량을 건설하기 위한 초기투자비와 APM 등 운송설비의 운영비가 크며, 커브에서 항공기까지 소요시간이 증가하고, 보행거리도 증가하는 것이다. O/D 및 연결여객이 많고 운항수요가 큰 공항에 적합하다. 소규모 확장은 위성동을 확장하는 것이며, 위성동은 양측을 연장할 수 있고, 대규모 확장은 위성동을 신설하여 주 터미널과 연결하는 것이다. 위성동은 소형기/대형기, 국내선/국제선 등 그 공항의 필요에 따라 구분하여 개발할 수 있다.

위성 개념의 탑승동은 형태에 따라 직선형과 문자형(예: X자형, Y자형, O자형, +자형 등)이 있으며, ATL, DEN, ORD(T1) 등은 직선형이고, BKK, KUL 등은 문자형이다.

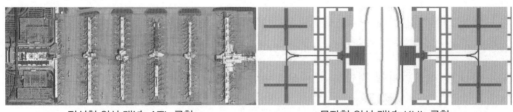

| 직선형 위성 개념: ATL 공항 | 문자형 위성 개념: KUL 공항 |

f. 모빌라운지 개념(Mobile Lounge Concept＝Transporter Concept)

위성 개념은 터미널에서 탑승동까지 APM을 이용하고 APM에서 항공기까지는 도보 또는 이동식보도를 이용하지만 모빌라운지 개념은 주 터미널에서 항공기까지 직접 대형 모빌라운지가 여객을 수송한다. 이는 터미널에서 항공기까지 버스를 이용하는 것과 비슷하지만 모빌라운지는 승강기능이 있어 로딩브리지에서 항공기까지 직접 연결할 수 있다.

이 개념의 주요 장점은 각 공항의 필요에 따라 개발할 수 있는 유연성이 크다는 것이며, 주기장은 터미널의 위치나 형상과 관련이 없고, 최대한의 운영효율이 있도록 배치될 수 있다. 이 개념을 도입한 공항은 워싱턴 덜레스, 몬트리올 미러벨공항 등이었다.

덜레스공항의 모빌라운지(16×5m)는 특수 제작된 것이며, 102명을 수송할 수 있고, 항공기 출입문 및 로딩브리지 입구까지 들어 올리는 scissor truck의 기능이 있다.

모빌라운지 개념의 단점은 모빌라운지를 운영하는 항공사의 부담이 커서 항공사가 이용을 기피한다. 따라서 덜레스공항은 1986년에 직선형 위성 콘코스를 건설하여 APM이 Mobile Lounge를 대체했으며, 최근에는 모빌라운지 개념을 도입하는 공항이 없다.

g. 복합 개념

공항터미널은 토지이용효율을 높이도록 조밀하게 구성하기 위해 여러 개념을 복합하여 사용할 수 있으며, 대표적 복합 개념의 예는 다음의 공항과 그림 4.7-7을 참고할 수 있다.

- HKG: 표준 개념+Y자형 피어 개념+직선형 위성 개념+단순 개념 위성동
- BKK: 표준 개념+피어 개념+문자형 위성 개념

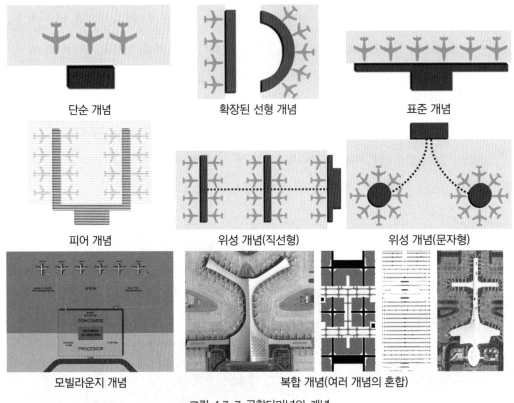

| 단순 개념 | 확장된 선형 개념 | 표준 개념 |

| 피어 개념 | 위성 개념(직선형) | 위성 개념(문자형) |

| 모빌라운지 개념 | 복합 개념(여러 개념의 혼합) |

그림 4.7-7 공항터미널의 개념

(3) 최근의 계획경향(터미널 개념 개발)

a. 유니트 터미널

유니트 터미널은 터미널 자체에는 APM이 없으며, 터미널과 다른 터미널(환승 등), 장기주차장, 철도역 및 렌터카 지역을 연결하는 경우만 APM을 이용한다. 이 형태는 토지이용효율이 낮고, APM의 궤도가 너무 길며, 환승여객이 이용하기에 불편하고, 초행자에게 너무 복잡하다. 따라서 DFW, CDG 공항 등에 도입된 후 단위터미널을 채택하는 공항은 거의 없다.

b. 위성 탑승동의 직선형·문자형

위성 탑승동의 형태는 직선형과 문자형을 여러 공항에서 사용해 왔으나 문자형 계획을

공항	당초 계획 또는 기존터미널	변경 계획 또는 신터미널
HKG		
BKK		
TPA	T1	T2
KUL	T1, T2	T2, T3

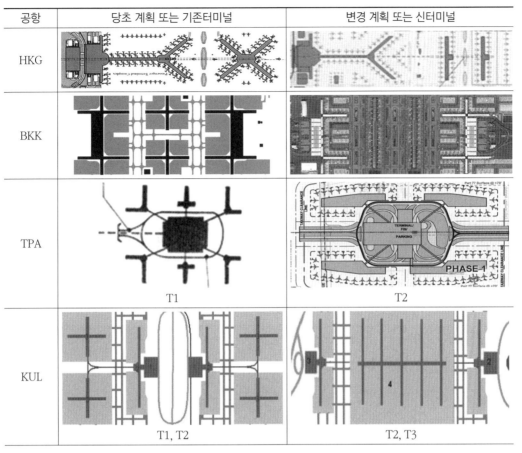

그림 4.7-8 문자형 또는 피어형 탑승동이 직선형으로 변경되는 사례

직선형으로 바꾸는 공항이 증가하고 있으며(그림 4.7-8 참고), 이는 문자형의 운영상 애로(항공기 순환 및 기계화 불편)를 반영한 것으로 보인다.

c. APM 노선

위성 탑승동을 연결하는 APM 노선이 지하에 설치되면 층 변경이 많아서 불편하므로 APM 노선을 지상 및 고가교량으로 계획하는 공항이 늘어나고 있다.

d. 모빌라운지 개념

버스는 기상에 노출되기 때문에 모빌라운지를 이용하는 것이지만 이 개념은 항공기 탑승 및 하기 시간이 증가하고, 초기 투자비와 운영비가 증가되어 항공사 부담이 과중하고, 허브

운영에 부적합하여 모빌라운지를 도입했던 공항은 위성 개념으로 수정되었고, 모빌라운지 기능을 APM이 대체했다. 모빌라운지 개념은 사라지고, Remote stands에 버스를 활용하고 있다.

(4) 터미널의 층별 개념(터미널 개념 개발)

a. 1층식 터미널(Single Level)

수요가 적은 공항에서는 터미널 기능을 모두 단일층에 두어 여객이 커브에서 Gate까지 층 변경 없이 이동할 수 있으며, 비행기에 탑승할 때만 층 변경을 한다. 단일층 터미널에서는 커브의 시작 부분에 출발을 그 다음에 도착을 배치하거나(그림 4.7-9의 a), 출발·도착을 터미널의 양측에 배치하고 각각 커브를 배치하는 경우도 있다(4.7-9의 b).

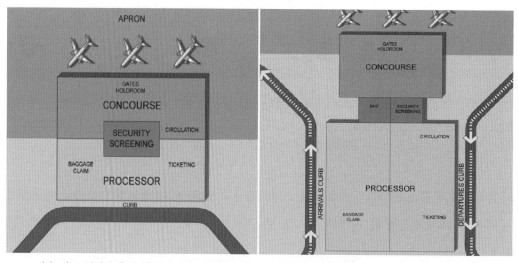

(a) 커브 전반에 출발, 후반에 도착 배치   (b) 터미널의 양측에 도착, 출발 분리 배치

그림 4.7-9 일층식 터미널 개념

b. 2층식 터미널(Two-Level)

수요가 증가하면 토지를 효율적으로 이용하고 여객의 보행거리를 단축하기 위해 터미널 기능을 수직으로 분리하며, 수직배치는 2층식 또는 3층식이 있다. 2층식에서는 출발은 2층에 도착은 1층에 배치하며, 커브도 2층으로 구성하여 상층에 출발을, 바로 밑에는 도착을 배치한다.

c. 3층식 터미널(Three-Level)

3층식 터미널 또는 콘코스는 보통 보안검색을 받은 출발여객을 도착여객과 분리하기 위해 이용되며, 이 분리 층을 3층에 두거나 대합실을 3층에 두고 대합실과 계류장 층 사이에 배치한다. 항공기에서 내린 도착여객은 출발여객이 대합실에서 대기하는 동안 경사진 로딩 브리지를 이용하여 분리된 층에 도착하며, 입국 검사지역으로 이동한다. 정부 검사지역의 배치는 다양하여 출발 층의 상부 또는 하부에 단일 층 또는 2개 층에 분리하여 배치한다. 입국심사는 수하물 환수지역 및 2차 검사지역(세관, 동식물 검역)과 분리되기도 한다.

(5) APM 개념(제4장 4.10절 참고)

참고자료

1. Airport Passenger Terminal Planning and Design(TRB 2010)
2. 주요공항 Master Plan 및 Review
3. FAA Regional Air Service Demand Study OF NY & NJ, May 2007
4. Guidebook for Planning and Implementing APM Systems at Airports(TRB 2010)
5. Airport Development Reference Manual, 9th edition, IATA(2004).
6. Plannind and Design Guidelines for Airport Terminal Facilities, AC150/5360-13, FAA(1988)
7. Airport Master Plans. AC 150/5070-6B, FAA(2007)
8. Airport Design. AC 150/5300-13. FAA(1989)

4.8 철도 등 공항 접근 대중교통

1. 공항철도 도입 배경

공항 접근 교통수단으로서 철도가 도입된 역사는 1958년 London Gatwick 공항에 국철이 처음 연결되었으며, 1960년대는 하네다공항(모노레일), 미국 홉킨즈공항, 1970년대는 유럽의 여러 공항에서 본격적으로 도입되었고, 미국에서는 워싱턴 덜레스 및 내셔널, 보스턴 로간, 시카고 오헤어, 애틀랜타공항 등에 도입되었다. 철도가 공항 접근 교통으로 도입된 배경은 전국 및 대륙에 전개되는 철도망을 연결하여 지방의 접근성을 개선하고, 한편으로는 도시철도망을 연결하여 공항 접근 도로의 혼잡을 완화하기 위한 것이었다.

공항 접근 교통으로 이용되는 교통수단은 공항과 도시권의 규모 및 도심에서의 거리 등에 따라 다양하므로 공항 접근 교통의 발전단계는 다음과 같이 분류된다.

- A단계: 택시, 자가용 승용차 위주(개인 수송수단 단계)
- B단계: A단계+노선버스+공항연결 전용버스(중급 수송수단 단계)
- C단계: B단계+철도(대량 수송수단 단계)

C단계의 철도도입에는 다음의 요건과 동기가 있어야 한다.

- 도로혼잡으로 접근시간이 1시간을 초과거나 정시성 확보가 곤란한 경우
- 신공항이 도심에서 원거리인 경우
- 장래의 수요 증가에 대처하기 위한 경우
- 전국에 분포된 접근여객이 기존철도망을 이용하여 공항에 접근할 수 있는 경우

2. 공항철도 도입상황

(1) 1980년대 유럽공항의 철도도입

유럽 각국의 수도권 공항은 거의 철도가 연결되었으며, 히스로공항을 비롯하여 14개 공항에 철도가 연결되었다. 유럽의 공항에 철도가 접근교통으로 도입될 당시의 여객 규모는 1일 2~7만 명(연간 700~2,500만 명)이었으며, 철도분담률은 1~40%이었다. 하네다공항에는 1일 2만 명일 때 모노레일이 도입되었고, 분담률은 55%에 달했다. 운영주체는 대부분 국철이다. 공항역은 대부분 터미널과 직접 연결되어 있으나 샤를드골 및 오를리 공항은 버스 환승이 필요하며, 이런 공항은 이용률이 저조하다. 도심에서 공항까지 철도거리는 10~43km로서 대부분이 30km 이하이며, 접근시간은 10~45분, 운행간격은 4~20분이고, 심야는 1시간 간격이다. 광역적으로 직결수송을 하는 Gatwick과 Zurich 공항은 국내 주요 도시와 직통으로 서비스를 제공한다. 도심 철도역에서 체크인하는 공항도 있고, 스위스의 주요 역에서는 Zurich 공항으로 가는 수하물 수탁서비스를 하고 있다.

- 공항부근의 재래노선을 활용하는 경우(Gatwick, Orly)
- 공항 주변의 재래노선을 공항터미널을 경유하도록 노선을 변경하는 경우
- 재래노선에서 분기선을 신설하는 경우(히스로, 샤를드골)
- 공항전용철도를 도심까지 연결하는 경우(하네다, 홍콩, 히스로, 인천공항 등) 등이 있으며, 전용철도는 수요가 많은 공항에 그런 사례가 많다.

투자비가 많아 국가, 지방자치단체, 운영주체, 국철 간에 비용을 분담하며, CDG 공항의 경우는 사업비의 37%를 공항이 분담하고 잔여금액은 국가, 지방자치단체, 국철이 3: 3: 4의 비율로 분담했고, FRA 공항은 국철의 부담이 없는 경우이다. 1981년 기준 유럽공항 접근철도 현황을 요약하면 표 4.8-1과 같다.

표 4.8-1 유럽 주요 공항의 공항철도 현황(1981. 12. 기준)

도시	공항	여객 수요		이용객 (만 명/일)	분담 (%)	개통 연도	거리 (km)	소요시간 (분)
		백만 명/년	만 명/일					
런던	히스로	26.5	7.3	2.2	30	1977	24	40~50
	개트윅	8.0	2.2	0.7	32	1958	43	30
파리	오를리	14.5	4.0	0.14	4	1972	17 + α	33 + α
	샤를드골	9.7	2.7	0.7	26	1976	27 + α	29 + α
FRA	마인	14.9	4.1	1.1	27	1972	27 + α	29 + α
AMS	스키폴	9.1	2.5	0.16	6	1978	11 + α	10 + α
스위스	쥬리히	7.3	2.0	0.4	20	1980	10	10~12
도쿄	하네다	20.5	5.7	3.1	55	1964	13	
	나리타	8.1	2.2	0.4	18	1978	70	

주: 2000년대 자료는 표 4.8-4 참고

(2) 1990~2000년대 공항철도 도입

a. 간사이공항

간사이공항의 접근철도는 1994년 공항의 개항과 함께 개통되었으며, 노선은 일본철도JR와 남해전철선이 있다. JR은 교토 → 신오사카 → 오사카 → 공항을 특급과 일반으로 나누어 운영하며, 특급의 경우에 교토까지 75분(100km), 신오사카까지 45분(60km), 천왕사까지 29분(45km)이 소요된다. 남해전철은 난파까지 29분(40km)이 소요되며, 공항 철도역사는 Ground Level에 두었다. 1995년 12월 특정일의 접근교통수단별 분담률은 표 4.8-2와 같다.

표 4.8-2 간사이공항 접근교통수단별 수송실적 및 분담률

구분		1995. 12. 4. (일)			1995. 12. 7. (수)		
		이용객(명)	비율(%)		이용객(명)	비율(%)	
도로	버스	14,865	40.1		10,064	47.0	
	택시	683	1.8		579	2.7	
	승용차	19,531	52.7		7,353	34.4	
	화물차 등	1,995	5.4		3,399	15.9	
	계	37,074	100.0	57.2	21,395	00.0	48.8
철도	JR	12,752	–		10,661	–	
	남해전철	12,679	–		10,624	–	
	계	25,431		39.2	21,285		48.5
해상		2,298		3.6	1,181		2.7
합계(출발기준)		64,803		100.0	43,861		100.0

b. 홍콩공항

홍콩공항은 접근교통을 중시하여 공항전용 철도와 고속도로를 건설했다. 철도는 출발여객의 40~50%가 이용할 것으로 계획했고, 1998년 개항과 동시에 2개 노선의 철도를 개통했다.

홍콩도심~공항 간 32km에 Airport Express가 8분마다 최고 135km/hr로 운행되며, 23분이 소요되고, Kowloon과 TsingYi에만 역이 있는 급행철도로서 서비스 수준이 매우 좋다(속도, 의자, 공간 등, 그림 4.8-1). 역에서 호텔까지 셔틀버스를 무료로 이용할 수 있다.

그림 4.8-1 홍콩 Airport Express   그림 4.8-2 나리타공항 철도노선

홍콩도와 Tung Chung을 연결하는 Lantau선은 Kowloon, Tai Kok Tsui, Lai King, Tsing Yi 등을 경유하며, 이를 이용한 종업원은 Tung Chung역에서 공항까지는 버스를 이용한다.

공항 철도역사는 고가교량을 이용하여 도착 및 출발커브의 중간층에 두고 도착 및 출발 대합실과는 경사진 접근로에 의거 연결되었다.

c. 나리타공항

JR Narita Express가 2010년 7월 개통했으며, 도쿄역에서 2개 노선으로 나뉜다(일부는 Shinjuku, Takao 등에 정차, 일부는 Shinagawa, Yokohama 등에 정차). 도쿄역까지 Non-stop이며 출근시간대만 Narita 등에 정차한다. JR 일반철도는 동일노선에 도쿄역까지 15개 역에 정차한다. Keisei 열차가 공항에서 도쿄 중심지역까지 2개 노선을 운영한다.

d. 히스로공항

Heathrow Express 철도가 Peddington 역까지 직접 연결하며, 15분 간격으로 운행하고, 15분이 소요된다(T5까지는 21분). 출발역에서 수하물을 탁송할 수 있다. Heathrow 철도가 5개역에 서브하며, 30분 간격으로 운행하고, 27분이 소요된다. 지하철Piccadilly Line이 런던도심과 연결되며, 공항에는 4개의 역이 있고(중심지역, T4, T5, 정비지역), 공항에서 Piccadilly Circus역까지는 40~50분이 소요된다.

e. 샤를드골공항

유럽 전역을 연결하는 고속철도TGV와 파리 전역을 연결하는 지하전철 역이 T2 지역에 있으며, 철도역에서 T1 및 업무지역 등에 자동여객 수송 시스템APM이 연결되어 있다.

f. 인천공항

인천공항철도는 2010년 3월 인천공항~서울역을 개통했으나 개항 9년이 지난 후에 개통되었고 노선도 서울역까지만 연결됨으로써 인천공항의 철도 접근성은 경쟁공항에 비해 불리하며, 이를 개선하기 위해서는 철도노선이 간사이공항과 같이 서울역까지가 아니라 강남 및 분당까지 연결하고, 서비스 수준도 홍콩 및 나리타 못지않게 개선되어야 한다. 인천공항의 대중교통은 버스가 선점했으며, 버스는 목적지까지 가까운 장점이 있어 이용비율이 높다. 버스는 서울행 30노선/인천 및 부천행 8노선/지방도시 24노선에 운행되고 있다.

인천공항의 접근성을 개선하기 위해 방화대교~공항 간 40.2km의 공항전용 고속도로를 개항과 동시에 개통했으며, 송도~공항 간 인천대교를 2009년 개통하여 서울외곽순환도로 및 경인고속도로에 직결됨으로써 영동, 서해안, 경부 고속도로 등과 연결된다. 다소 시간이 걸리겠지만 정부의 승인이 나면 제3 연육교도 건설 예정이므로 도로교통은 도심교통과 고속도로 상습지체구간을 제외하고는 양호한 편이다.

공항에서 도심까지 소요시간은 1시간 이내여야 여객이 불편하지 않고 공항 운영에도 지장이 적다는 것인바, 이런 요건을 충족시키기 위해서는 서울도심교통과 고속도로 지체구간이 문제이다. 도로가 혼잡해지면 여객은 이런 점을 고려하여 공항에 일찍 출발하게 되고 따라서 공항에는 필요한 여유시간보다 일찍 도착한 여객이 많아져서 혼잡하게 된다.

3. 공항철도의 구비요건

(1) 이용자에 대한 서비스

공항을 이용하는 여객은 총소요시간, 편리성, 쾌적성 및 운임 등 여러 요소를 고려하여 접근교통수단을 선택한다. 소요시간에서 고속성은 철도의 특성 중 가장 중요한 것이며, 접근 여객이 집중되는 도심지역에 복수의 철도역이 있고 그 역에 도시권 및 전국연결망이 직결되어야 하며, 공항 역은 공항터미널과 병축하거나 근접하여 시간 단축 등의 필요조건을 배려해야 한다.

편리성은 운행횟수, 환승의 유무와 용이성, 수하물 이동설비의 충실성 등, 쾌적성은 속도, 점용공간의 넓이, 공항역~터미널 접근성 등에 좌우된다. 공항철도는 Nonstop 운행이 유리하다.

(2) 철도역 배치

공항철도 역은 도심과 도시권의 주요지점에 복수로 설치하여 1회의 환승으로 각 방면에 연결되어야 한다. 기존 철도망을 활용하는 경우는 다소의 투자가 따라야 이를 실현할 수 있다. 지방여객과 연결되는 철도가 공항철도에 직결되어야 한다. 각 철도역에는 열차의 환승이 편리해야 하고, 버스·택시·승용차 등 환승기능이 충실해야 한다. 공항의 철도역은 공항터미널과 일체가 되어야 하고, 그렇지 못한 경우에도 터미널과 근접해야 하며, 플랫폼에서 체크인 카운터 사이의 거리와 고저차가 최소화되어야 하고, 철도역과 터미널 사이에 버스 등 다른 교통수단이 필요치 않아야 한다. 공항 내에서는 공항시설과의 관계상 지하역과 지하노선이 많으나 여객서비스(층 변경 최소화)를 위해 최근에 건설되는 공항은 지상역이 많으며 (간사이, 홍콩, 북경, 주부 등), 홍콩 및 주부공항은 고가교량 위에 공항역을 배치하고 교량으로 터미널과 연결했다.

(3) 운행 서비스

현재 운영되고 있는 공항철도의 운행빈도는 철도 10~30분, 지하철 3~10분 간격이며, 대부분 15~20 분이다. 수송량에 상관없이 1시간에 3~4회 운행하여 이용객에 대한 최저한도의 서비스는 보장되어야 하며, 환승이 편리하고, 항공여객이 휴대하는 수하물취급도 편리해야 한다.

4. 공항철도 도입의 유의점

(1) 수송수요의 확인

철도가 공항 접근 교통으로서 효율적으로 운영되기 위해서 여객은 1일 2만 명 이상이어야 하고, 송영객, 종업원 및 기타 이용자를 같은 정도로 보아 1일 총 이용자는 3~4만 명이어야 한다.

(2) 통근자 및 여객 수송의 조화

통근자와 여객의 공항 접근은 이질적인 목적이지만 일정 수준 이상의 서비스와 효율적인 수송이 필요하다. 각 수송수요에 대하여 질과 양의 양자를 조정하는 것이 곤란한 과제이다. 유럽의 각국에서는 기존시설을 적절하게 개량하여 통근피크시간에 10~20분 간격의 쾌속열차를 공항연결용으로 운행하도록 노력하고 있다.

(3) 철도계획의 유의점

기존의 공항 접근 철도는 투자효율상 기존시설을 활용한 경우가 많으며, 앞으로도 수요가 적거나 재원이 불충분한 경우는 기존시설을 활용하는 것이 유리하다. 노선을 신설할 경우에는 도심철도역과 공항역의 입지조건을 최대한 고려할 필요가 있다. 공항내의 철도건설비를 절감하고, 서비스를 개선하기 위해 노선을 고가로 하거나 지상에 건설하면 좋겠으나 지하화가 불가피한 경우에는 지표면에 가까운 노선종단을 채택하여 지하구간을 단축시키는 노력이 필요하다. 터미널이 복수인 공항은 역을 복수로 계획하고, 공항시설계획에 철도계획을 사전에 반영하여 불필요한 이중 투자를 예방하고, 이용객의 편리성을 고려해야 한다.

(4) 건설재원과 운영수지

공항 접근 교통으로서 철도는 수송량에 비하여 고가의 투자비가 소요되기 때문에 경영적 문제가 많다. 투자비가 운영수지에 큰 영향을 미치므로 유럽 주요 공항에서 공항철도의 운영 주체인 국철의 투자비 분담비율은 0~60% 정도이다. 공항당국은 국가와 지방자치단체가 비용을 분담하는 배경을 명확히 해야 하며, 불란서와 독일은 도시교통시설의 건설에 관한 규정을 적용하고, 특히 독일에서는 공항철도운영에 따른 결손을 국가가 90% 보상한다. 일본은 국영·사영 모두 공항 접근 목적의 철도건설비는 국가와 지방자치단체가 분담한다. 항공 수요 증가로 인한 공항 접근의 중요성을 고려할 때 효율적 접근시설로서 철도도입이 기대된다.

5. 공항철도 연결 type

철도를 공항에 연결하는 type은 다음과 같으며, 각 type별 해당공항은 표 4.8-3과 같다.

- 철도를 도심에서 공항터미널까지 직접 연결하는 type
- 지역철도에서 공항철도로 환승하는 type
- 공항 주변의 철도역에서 공항 APM으로 환승하는 type
- 공항 주변의 철도역에서 공항버스로 환승하는 type

표 4.8-3 공항철도 연결 type 및 해당공항

① 철도를 도심에서 공항터미 널까지 직접 연결한 공항	Bangkok 공항–Express Kuala Lumpur 공항–Express 인천 및 김포공항–공항철도 Haneda 공항–Monorail LHR 공항–Express FRA 공항–고속/시내/지역 철도 CDG 공항–TGV 및 지역철도 Anchorage 공항–Alaska Railroad Toronto Pearson 공항–Express	Hong Kong 공항–Express Kansai 공항철도–Express + 일반 Pudong 공항–Maglev Train Narita 공항–Express Schiphol 공항–국철 Gatwick 공항–Express Rome 공항–Express Denver 공항–East Rail Line
② 지역철도에서 공항철도로 환승하는 공항	김포공항–지하철 5: 9 김해공항–BGLRT CAN 공항–Line 3 Naha 공항–Okinawa Monorail Pudong 공항–Metro Line 2 FRA 공항–MRT Madrid Barajas 공항–Line 8 CDG 공항–RER B ORD 공항–Blue Line San Francisco 공항–Bay Area Rapid Transit	PEK 공항–Subway Airport Line Dubai 공항–Metro Red Line KUL 공항–KLIA Transit Osaka Itami 공항–Monorail BKK 공항–City Line LHR 공항–지하철 Munich 공항– S–Bahn Vienna 공항–S–Bahn DFW 공항–Orange Line
③ 주변 철도역에서 공항 APM 으로 환승하는 공항	Paris Orly 공항, Birmingham 공항, JFK 공항, Miami 공항 Newark Liberty 공항, PHX 공항, San Francisco 공항	
④ 주변 철도역에서 공항버스 로 환승하는 공항	청주공항　　　　　대구공항　　　　　HKG 공항 Lantau선 Tung Chung역 Taoyuan 공항　　Glasgow 공항　Liverpool 공항　　Luton 공항 ORD 공항　　　　DFW 공항　　　LGA 공항　　　　LAX 공항 MIA 공항　　　　 PHX 공항　　　　YYZ 공항	

6. 대중교통이 성공한 공항

공항의 항공 수요가 늘어나고 이에 따라 송영객과 상주직원이 증가하여 접근교통이 혼잡하게 되는 공항이 많아 졌으며, 접근교통이 혼잡해지면 여객이 불편할 뿐 아니라 공항을 정상적으로 운영할 수 없게 된다. 공항의 O/D 여객은 배후도시에 대다수가 분포되어 있지만 허브공항일 경우는 지방에도 상당한 여객이 분포되어 있는바, 배후도심 및 지방을 공항과 연결하기 위한 고속철도 및 고속도로 망을 이용한 대중교통의 필요성이 가중되고 있다. 여기서 대중교통이라 함은 출발지에서 공항까지 여객을 수송하는 데 승용차 및 택시(렌터카 포함)를 제외한 철도 및 버스(van 및 호텔여객 수송차량 포함) 등을 말하며, 이하는 공항의 접근교통 혼잡 방지를 위한 미국교통연구원TRB의 조사내용을 소개하는 것이다.

'공항 접근 대중교통의 성공전략'을 알아보기 위해 대중접근교통이 성공적인 유럽 및 아시아 주요 공항이 조사되었으며, 세계 제1의 철도(속도, 편의성)보다는 여객의 필요성에 부합되는 대중교통서비스를 제공코자하는 것이 이 조사의 목적이다. 여기서는 주로 철도이용률이 높은 공항을 조사했으며, 주요 인자는 ① 속도, ② 공항역과 터미널의 연결성, ③ 다른 대중교통 시스템과의 연결성, ④ 철도노선, ⑤ 운항빈도 등이며, 이를 요약하면 표 4.8-4와 같다.

표 4.8-4 대중교통 이용비율이 높은 공항 및 관련 인자(2006)

순위	공항	대중교통 분담비(%)			여객 (백만)	CBD 거리 (km)	도로 시간 (분)Ⓐ	철도 시간 (분)Ⓑ	도로/철도 시간 비율 Ⓐ/Ⓑ	철도 속도 km/h	전용 철도	공항 역수
		계	철도	버스								
①	OSL	64	39	25	16	48	50	19	2.6	150	yes	1
②	HKG	63	28	35	44	34	35	23	1.5	88	yes	1
③	NRT	59	36	23	31	64	90	55	1.6	70	yes	2
④	PVG	51	6	45	21	29	50	8	6.2	216	yes	1
⑤	ZRH	47	42	5	19	11	20	10	2.0	67	no	1
⑥	VIE	41	30	11	17	19	17	16	1.0	72	yes	1
⑦	STN	40	29	11	21	56	70	40	1.7	85	yes	1
⑧	CDG	40	27	13	56	24	45	35	1.3	42	no	1
⑨	AMS	37	35	2	44	19	30	17	1.8	67	no	1
⑩	CPH	37	33	4	20	11	13	13	1.0	51	no	1
⑪	MUC	36	28	8	31	27	40	35	1.1	42	no	1
⑫	LHR	36	Exp 9	12	67	24	45	15	3.0	96	yes	3
⑬			Tu 14					45	1.0	32	no	3
⑭	ARN	34	18	16	15	40	41	20	2.0	120	yes	1
⑮	FRA	33	27	6	52	10	20	12	1.7	49	no	2
	LGW	31	24	7	34	48	80	30	2.7	96	yes	1

주: ① OSL 열차의 50%가 도심 외곽까지 운행한다. ② HKG 철도는 도심 3개 역만 운행한다. ③ NRT는 고속철도, 전용철도, 일반철도가 운행된다. ④ PVG 고속철도는 도시 외곽까지만 연결되었다. ⑤ ZRH 여객의 40%는 zurich/60%는 원격도시이며, 철도분담은 zurich 8%/원격도시는 50% 이상이다. ⑧ CDG 택시-$50, RER 철도-$10, 버스-$10 ⑨ AMS 택시-$30, 도시철도-$5, 고속철도 연결 ⑫ LHR 택시-$80, 철도: Picadilly 선-$10, Express 선-$30. LHR 버스역은 영국에서 두 번째로 복잡하며, 이는 런던 주변의 환승이 편리하기 때문이다. ⑮ LGW 도심방향 교통분담: 전용철도 60%, 일반철도 7%, 버스 15%, 택시 8%, 승용차 10%이다.

(1) 성공적인 철도 접근 교통은 공항의 여객 규모가 클수록 유리한가?

철도이용비율이 높은 주요 공항의 조사에 의하면 공항의 크기와 위치만으로 설명하기 어렵다. 일반적으로 철도가 필요할 정도의 여객 수요는 필요하지만 공항의 크기 하나만으로 철도이용률이 비례하는 것은 아니고, 공항까지 거리가 먼 것은 유리한 조건이긴 하나 도로교통여건과 관련이 있다. 조사에 의하면 여객 수요가 가장 큰 LHR과 FRA는 철도이용 비율이 중간 정도이고(거리＝17,25km), 이보다 더 작은 공항 중에서 더 높은 이용비율도 있다.

(2) 도심(CBD)까지 거리가 대중교통 이용률에 영향이 큰가?

가까운 공항은 택시 이용비율이 높고 먼 공항은 택시의 경쟁력이 없다. 그러나 예외적인 공항도 있는바, Zurich와 Copenhagen 공항은 가까운 공항인데도 철도이용률이 높으며, 이런 공항은 국가적으로 또는 여러 나라에 걸친 Feeder 철도 시스템과 연결되어 있다. 예를 들어, Zurich 도심으로의 비율은 낮지만 스위스 전역으로는 높은 비율이다. 일반적으로 도심까지 멀수록 택시와 가족이 승용차로 공항까지 데려다 주는 것은 경쟁력이 떨어진다.

(3) 공항철도역에서 터미널까지 연결성이 이용률에 영향을 주는가?

유럽 및 아시아의 주요 공항은 대부분 터미널까지 철도가 연결되며, CDG 터미널은 분산식이기 때문에 철도역에서 T1까지는 APM이 연결하고 T2는 위치에 따라 장거리 보행이 필요하다. 터미널과 철도의 직접 연결은 환승이 필요한 경우보다 이용률이 높은 것은 확실하나 이런 연결성만으로 철도이용비율의 큰 차이는 설명하기 어렵다. 터미널(도착)에서 철도역까지는 직선적이고 층 변경이 없어야 편리하며, 이런 면에서 HKG의 철도역이 이상적이다.

(4) 철도의 속도가 철도이용률에 영향을 주는가?

철도 접근이 성공적인 4개 공항은 자동차보다 두 배나 빠르다. 그러나 도심까지 철도탑승시간이 분담률에 꼭 비례하는 것은 아니고 door to door 소요시간이 교통수단 선정에 영향을 준다. HKG에서 버스는 공항특급철도보다 느리지만 철도보다 여러 지점을 연결하기 때문에 철도보다 분담률이 높다. 오슬로공항 Express 열차는(150km/h) 철도 분담률이 세계 두 번째로 높고(39%), 이를 50%까지 올리는 것이 공항당국의 목표이다. 상하이 푸동공항에서 버스 60분, 택시 50분이 걸리지만 자기부상열차Maglev는 8분밖에 걸리지 않고(216km/h), 운행간격은 15분이며, APM 없이 공항 역에서 터미널에 연결되지만 도심까지 연결되지 않고 도시변두리까지만 연결되었다. 반면에 공항전용버스는 7개 노선을 15~30분 간격으로 주요철도역과 City Terminal을 연결하며, Maglev 요금($7)의 절반 가격으로서 버스이용률은 매우 높고(45%), 철도

이용률은 매우 저조하다(6%). Maglev를 가장 많이 이용하는 것은 관광객 및 방문자그룹이다. Pudong 공항에서 얻은 교훈은 최고속도보다는 집까지 가는 시간^{Door-to-door travel time} 및 대중교통의 연결성(거주지 및 공항)이 우선 고려되어야 한다는 것이다. 이런 논리는 홍콩공항에서도 유사하다.

(5) 고속 또는 직접 연결성 중 더 중요한 서비스는 무엇인가?

공항여객에게는 서비스의 직접연결성^{Directness}이 가격최소화 또는 속도보다 더 중요시 되는 것 같다. 직접 터미널에 연결되는 버스승객에 대한 설문조사결과 버스를 선택한 사유가 저렴한 경비 55%, 서비스의 직접성(환승 불필요) 51%이었다. 공항 Express 철도 이용자에 대한 설문조사결과 철도를 선정한 사유는 속도 63%, 요금 13%이었으며 이는 철도요금이 택시 또는 문전에서 문전까지^{Door-to-door} 이용할 수 있는 버스보다 저렴하다는 뜻이다. 홍콩공항에서 조사결과 공항철도가 잘 설계되고, 서비스가 좋을지라도 한 번에 연결되는 버스보다 특별한 이점이 없다는 것이다.

(6) 공항까지 소요되는 시간이 중요한가?

철도이용률이 높은 여러 공항에서 보여주는 현상은 도로보다 철도의 소요시간이 현저히 적으나 도로·철도 이용시간 비율이 큰 만큼 철도이용비율이 선형적으로 비례하여 큰 것은 아니며, Door-to-door 소요시간이 교통수단 선정에 더 큰 영향을 주는 것으로 보인다. 또한 철도의 CBD까지 소요시간이 적다고 해서 최종 목적지까지 소요시간이 적은 것은 아니다. 철도이용률이 높은 오슬로공항의 Door-to-door 소요시간은 ① 택시-철도는 35분, ② 승용차는 45분, ③ 택시-버스는 56분으로 조사되었다.

(7) 공항전용철도가 철도이용률을 높이는가?

유럽 및 아시아의 주요 공항은 공항전용철도가 많다. 19개의 샘플공항 중 9개 공항에 공항전용철도가 있다. 런던에는 Gatwick Express와 Heathrow Express가 공항전용철도이고 여객에게 적합하도록 설계되었다. 히스로공항의 지하철^{Piccadilly Line} 및 Gatwick 공항의 통근철도편^{Commuter rail service}은 공항여객과 일반여객을 모두 수용하는 공용서비스의 예이다. 전용철도는 대부분 고속으로 고품질의 서비스를 제공하고 도심터미널에 서브하는 반면, 대다수 공용서비스는 저속이지만 도심의 여러 역에 서브한다. 여러 경우에 전용철도는 탁송한 수하물을 수용할 수 있도록 차량이 설계되어 있다. 그러나 표 4.8-4에서 보는 바와 같이 전용철도가 철도이용비율을 높이는 것은 아니다. 기존 일반철도노선에 공항전용철도를 운영하면 철도이용비율은 증가할 것인가? 이에 대한 답은 히스로공항에서 얻을 수 있으며, 철도이용비율이 약 33% 증가할 것으로 예측된다(거주 업무여행자 60% 중, 거주 비업무여행자 13% 중, 비거주자 40% 중).

(8) 도심 수하물 check-in이 철도이용비율을 높이는가?

과거에 도심터미널에서 수하물 check-in을 하던 여러 공항이 중단하는 경향이며, 이는 2001년 9.11 테러 이후 미국항공사는 보안상 도심에서 체크인을 하지 않으며, 연간 10만 건 이상의 도심체크인이 있어야 경제성이 있으나 이용자의 감소로 경제성이 없다는 것이 주된 사유이다. 도심체크인을 중단한 공항은 히스로, 개트윅, Munich, 간사이 등이며, Madrid 및 Hong Kong은 도심체크인 서비스의 중단을 검토하고 있다. 수하물의 도심체크인이 중단된 여러 공항에서 이로 인하여 철도이용률이 감소했다는 징후는 찾아보기 어렵다.

(9) 여객과 상주직원의 지리적 분포

유럽, 아시아의 주요 공항과는 달리 미국의 주요 공항에서는 공항여객 중 최종목적지가 도심인 여객이 많은 경우가 있는 반면 (보스턴, 시카고, 뉴욕, 샌프란시스코 등) 대다수 공항은 15% 이하이며, 이는 철도분담비율에 큰 영향을 준다.

(10) 여객의 특성

체크인할 수하물이 없거나 적을수록 철도를 많이 이용하는 경향이며, 가족집단여객은 철도를 이용하지 않는 경향이다. 따라서 업무여행자 비율이 40% 이상인 공항(예: ATL)은 업무여행자가 적은 공항(예: LAS, Orlando)보다 철도이용에 매력을 갖는다. 지역교통 시스템 (schedule, 발권방법 등)에 익숙한 여객의 비율도 중요하다.

(11) 교통시간

공항과 도심 또는 주요 지점 간에 환승 및 여러 번 정차가 없는 직접 연결성이 중요하다. 철도이용자의 관심사는 ① 접근도로를 이용할 경우 교통체증 또는 신뢰할 수 없는 도착시간, ② 공항에서의 주차 불편(편리한 주차장 부족, 주차 공간 찾기 불편 등)이다.

(12) Door-to-door 소요시간

철도역과 목적지(터미널 등) 간을 걸을 수 있는 거리이면 철도에 매력을 느끼지만 환승을 해야 한다면(택시, 버스, APM 등) 덜 매력적이다. 철도이용자가 역에서 기다리는 시간 및 환승 하는 데 걸리는 시간은 Door-to-door 소요시간과 관련된다.

(13) 여객분포(Coverage)의 크기

넓은 지역을 서브하는 재래식 철도망은 공항과 도심만을 연결하는 Single Link보다는 더 큰 시장에 서브할 것이다.

(14) 공항 내 연결성

집중식 단일터미널 공항은(예: ATL) 터미널이 여럿이고, 버스 또는 APM을 이용하여 환승 해야 하는 공항보다는(예: JFK, CDG, Boston) 철도이용이 편리하다.

7. 시장조사 및 활용

(1) 여객의 주거지 및 여행목적별 특성

여객은 주거지와 여행목적에 따라 그림 4.8-3과 같이 네 가지로 분류되며, 이는 지상접근 교통의 선호도에 영향을 미친다. 따라서 시장조사의 목적은 목표그룹의 특성을 파악하고 이에 적절한 서비스를 규명하기 위한 것이다.

거주 업무여객은 여객의 가장 큰 그룹인 경우가 많고, 피크시간대에 공항에 오고 가는 경향이다. 이들은 자주 여행하기 때문에 가장 효과적이고 신뢰성 있고, 가격 효율적인 공항 접근 수단을 알고 있으며, 비업무 여행자보다 공항에 짧게 머무르며, 수하물이 적으므로 이런 특성은 대중교통에 적합하지만 접근시간의 신뢰성에 민감하다. 따라서 거주업무여행자를 대중교통에 끌어드리기 위해서는 대중교통의 schedule 신뢰성에 문제가 없어야 한다. 또한 거주업무여행자는 더 편리하고(가깝고) 비싼 공항주차장을 이용하는 그룹이다.

그림 4.8-3 여객의 거주지 및 여행목적별 분류

거주 비업무여객은 대다수가 집에서 공항으로 출발하며, 거주 업무여객보다 공항에 오래 머무르고, 집단으로 여행하고, 수하물이 많은 경향이다. 또한 접근교통비에 민감하며, 수하물처리에 지원이 필요할 수도 있다. 이들은 거주 업무여행자보다는 적게 여행하지만 그들 지역공항에 대한 접근정보를 알고 있으므로 그들이 선호하는 접근방법을 찾을 것이다. 이들은 비피크시간에 여행하는 경향이며, 항공사의 여행판촉 때문에 1주간의 다양한 날에 여행하며, 그들의 여행특성 때문에 친구 또는 가족이 공항에 데려다 줄 것이고, 그들이 직접 운전한다면 저렴한 주차장에 주차할 것이다. 대중접근교통의 탑승위치가 공항으로 가는 노선에 적합하다면 이들은 대중교통의 후보자이다.

비거주 업무여객은 공항으로 출발하는 지점이 그들의 업무지역 또는 호텔일 것이며, 위치는 도심지, 지역상권 인근, 공항부근, 지역고속도로 인접지역이 될 것이다. 이들의 여행특성에 따라(예: 여러 고객과의 만남) 렌터카 또는 택시이용이 많다. 대중교통이 신속하고 환승 또는 정차 없이 목적지에 갈 수 있다면 대중교통을 이용할 수도 있다.

비거주 비업무여객은 이용 가능한 접근교통을 가장 알지 못하고, 익숙하지 못하다. 이들은 호텔이나 주거지역에 머무를 가능성이 크며, 접근교통에 대해 잘 알지 못하기 때문에 택시, 합승Shared ride, door-to-door 밴과 같은 가장 쉽게 이용할 수 있는 교통수단을 이용할 것이다. 친구나 가족의 집에 머문다면 그들이 공항에서(으로) 데려다줄 수도 있다. 이들은 지역교통을 잘 모르기 때문에 그들의 지역 Hosts가 대중교통이 편리하고 신뢰성 있다고 보장하지 않는 한 대중교통을 덜 이용할 것으로 보인다.

(2) 공항지상접근 시장조사

접근여객에 대한 자료수집방법은 여러 가지가 있지만 공항에서 조사하는 것이 지상접근 패턴과 공항으로 출발하는 여객 및 공항상주직원의 선택에 대한 최선의 정보를 얻을 수 있다. 시장조사에 앞서 공항관리자는 문제점에 대한 명확한 질문서를 개발해야 하며, 이는 시장조사 목적을 정의하는 것이다. 예를 들어, 다음의 질문서는 대체접근모드의 조사를 시작하는 데 필요한 기본정보를 말한다. "이 공항 지상접근의 지리적 분포는 어떠하며, 여러 시장 분야에서 이용되는 현재의 접근교통수단은 어떠한가?"

위와 같은 문제점이 정의되면 다음과 같은 5단계의 시장조사가 진행된다.

- 1단계: 수집할 정보의 결정
- 2단계: 자료수집방법 선정
- 3단계: 표본추출의 틀(Sampling frame) 및 방법 작성
- 4단계: 질문서 작성 및 조사
- 5단계: 질문서 조사결과 요약 및 분석

a. 여객 조사자료

- 여객의 인적사항: 주소, 성, 연령, 최종학력, 가족 수
- 여행계획: 여행목적, 목적지 공항, 여행기간, 출발일자 및 시간
- 공항까지 오는 데 이용한 교통수단
  - 승용차(하차 후 귀가, 하차 후 주차 및 귀가, 직접운전 및 여행 중 공항 내외 주차)
  - 버스(특급, 일반), 주문 및 예약 리무진, 전세 버스 or van
  - 렌터카, 택시, 합승 승합차,
- 공항으로 출발한 장소(origin) 및 origin의 type
- 여행 party 크기
- 여객을 환송하기 위해 터미널에 들어온 인원 수
- 비행기 출발시간, 터미널에 들어온 시간 및 지역출발지 출발시간
- 여객이 가지고 온 수하물 수(checked/carry on)
- 조사 전 이 공항을 통하여 여행한 연간 횟수, 세금 전 여행자세대의 연간수입
- 항공사 및 항공편 번호(Flight number)

b. 상주직원 조사자료

- 상주직원의 인적사항: 주소, 성, 연령, 최종학력, 가족 수
- 공항까지 오는 데 이용한 교통수단
  - 승용차(Drop-off, 작업장 인근 주차, 원격주차 및 셔틀버스이용)
  - 렌터카 또는 합승, 택시, 철도, 버스(특급, 일반), 기타(도보 또는 자전거)
- 출퇴근에 소요되는 시간
- 공항 내 작업장 위치
- 작업 schedule(일간 또는 주간)
- 고용주
- 조사 전년도의 상주직원세대의 세금 전 수입
- 오버타임 작업을 위한 요건 등
- 주차위치 및 무료주차 또는 보조금 지원 여부

(3) 시장조사자료의 활용

조사된 자료는 지상접근교통 환경을 두 가지로 분류하는바 하나는 수량적인 것이고(지상접근자의 수) 다른 하나는 지리적 위치(출발지)이다. 이 두 가지 요소를 결합한 통행단Trip end 밀도의 크기는 시장특성을 설명하는 표준방법을 제공하고 또한 특정 지상교통서비스의 가능성을 평가하고 다른 유사 공항의 서비스에 대하여 비교하는 수단을 제공한다.

미국의 주요 13개 공항을 조사한 결과 항공여객의 대다수가 평방마일당 5명 이상의 통행단Trip ends을 갖는 지역에서 공항 접근을 시작하고, 지상교통시장 내 대다수 면적은 평방마일당 5명 이하의 여객이 있는 지역으로 구성되며, 이는 그림 4.8-4 및 4.8-5에서 보여준다.

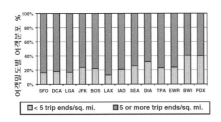

그림 4.8-4 항공여객 Trip end 분포

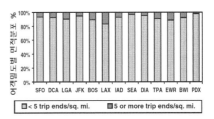

그림 4.8-5 접근시장 면적 분포

a. 지상교통 주 시장(Primary market)의 중요성

평방마일당 여객 밀도가 5명 이상인 지역을 주 시장主市場, Primary market이라고 말할 수 있으며, 주 시장은 지상교통을 이용하는 항공여객이 60% 이상인 지역으로 정의된다. 어디에 대다수 고객이 있는지를 이해하는 것이 특정 지상교통서비스의 성공에 매우 중요하다. 접근교통수단을 이용하는 여객의 비율은 여러 요인이 있지만 가장 중요한 것은 접근교통의 출발지이며, 주 시장을 규명하는 것이 여러 대중교통의 시장을 정의하는 첫 번째 단계이다.

그림 4.8-4 및 그림 4.8-5에서 보여주는 바와 같이 미국의 주요 공항에서 주 시장은 모든 지상접근 교통의 59~87%를 차지하며, 그 공항의 지상교통 서비스면적의 2~7%에 해당한다. Newark($3,701km^2$) 및 LA($4,017km^2$)를 제외하고는 대다수 공항의 주 시장 면적은 1,300~2,300km^2이다(cf: 서울시=605km^2, 서울시+주변도시≒1,800km^2).

주 시장 개념은 공항지상교통망의 운영과 서비스를 이해하고 각 지상교통수단의 역할을 평가하는 데 주요 개념이며, 또한 신잠재수요를 평가하고 기존 및 신서비스의 특성을 비교할 수 있게 한다. 미국의 주요 공항에 대한 조사결과 주 시장의 대중교통 이용비율은 주 시장의 특성에 따라 매우 다르게 나타나고 있으므로 각 공항별로 주 시장의 특성을 조사하여 접근교통계획을 수립하는 것이 바람직하다. 미국 주요 공항에 대한 주 시장의 크기 및 여객 수는 표 4.8-5에, 대중교통수단별 主 市場의 크기 및 연간여객 수는 표 4.8-6에 제시되었다.

표 4.8-5 지상접근교통의 주 시장 조사(1999)(Primary markets, PM)

공항	PM 면적 (mi^2)	PM 면적/ 총 시장면적(%)	PM 항공여객 (Trip end 수)	PM 여객/ 총 여객(%)	PM 인구 (백만 명)
LGA	744	10	19,850	84	9.2
JFK	622	6	18,200	76	9.5
SFO	760	7	26,200	83	3.9
BOS	944	11	20,400	78	2.9
EWR	1,429	13	21,500	75	8.3
SEA	637	3	12,100	72	2.5
DIA	886	7	20,500	69	1.8
LAX	1,551	17	34,000	87	10.1
TPA	484	9	9,325	77	1.3
PDX	425	2	5,765	60	1.3
평균	848	8.5	18,794	76	5.1

표 4.8-6 대중교통 서비스와 관련된 Primary markets

교통수단	대중교통수단별 PM 크기 (평방마일)	총 연간 여객 (출발＋도착) (백만 명)
철도, 지하철	60~90	6.6~8.2
Shared Door-to-Door	60~450	2.0~4.9
Express(Regional)	275~550	1.2~1.6
Express(Downtown)	4	1.3
Multi stop Bus	75	1.0

지상교통 시장조사 자료의 활용계획은 다음과 같다.

- 여객 및 직원의 도착 및 출발 시간 분포: 대중교통 Schedule 개발
- 여행자 주소지 및 목적지: 대체 대중교통 서비스의 가능성 규명
- 여객 및 직원의 출발위치: 대중교통 탑승지역 결정
- 여객 및 직원의 거리 및 집중도: 적합한 대중교통 Type의 선정
- 대중교통 이용여객의 평가: 대중교통 서비스 수준 및 특징 결정

8. 공항의 지상교통 관리계획

어떤 차량이든 공항에 여객을 태워다 주는 것은 허용되지만 대다수 공항에서 여객을 태우는 상용차는 공항당국의 허가를 받아야 하고, 또한 공항당국이 정하는 규정에 따라야 한다. 이런 상용차량을 대상으로 공항의 지상접근교통을 관리할 수 있으며, 주요 내용은 다음과 같다.

(1) 공항사용료(Airport Fees)

공항사용료를 면제하거나 감면함으로써 대중교통이용을 장려한다. 대다수 공항에서 정기 대중버스 및 철도에 사용료를 부과하지 않는다.

대중교통 운영자 및 이용자가 편리하도록 시설을 건설함으로써 대중교통을 지원한다.

(2) 대중교통 이용의 장려수단

여러 공항에서 상용차량을 위해 커브사이드를 따라 분리된 도로 또는 상용차량 전용차선을

갖고 있으며, 이 도로입구에 Gate가 있어 면허받은 차량만 여객을 태우기 위해 들어갈 수 있도록 관리한다.

수하물 claim 지역, 여객대합실 또는 Shelters에 직원이 있는 카운터등 편의시설을 제공함으로써 대중교통고객에 대한 서비스 수준을 향상시킬 수 있다.

도착지역의 교통카운터는 여객에게 ① 사용 가능한 대중교통서비스를 알리고, ② 최적의 루트, 스케줄 및 요금을 쉽게 결정하게 하고, ③ 차에 타기 전 발권하도록 도울 수 있다.

고객에 대한 서비스를 향상시키기 위해 커브사이드에 인접하여 냉난방, 좌석 및 기타 편의시설을 갖춘 여객대기실을 제공하는 공항도 있다. 어떤 공항은 이런 시설을 갖춘 원격 교통센터Ground Transportation Center, GTC를 운영하기도 한다.

고빈도 차량 접근차선으로 대중교통의 운행속도 및 시간신뢰성을 개선하기 위해 다인승 차량 또는 버스의 전용차선을 도심 및 기타 주요 목적지까지 이용하게 할 수 있다.

교통센터는 터미널에서 다소 떨어진 곳에 지붕 있는 버스탑승지역, 냉난방 되는 대기실, 화장실, 지상교통발권, 안내카운터, 식음료 및 기타 편의시설을 갖추고, 렌터카지역에 접근이 용이한 것 등의 서비스를 제공할 수 있으며, 교통센터는 터미널에 가까운 단일위치에서 지상교통서비스를 통합함으로써 다음과 같은 방법으로 대중교통 이용을 장려할 수 있다.

- 차량의 정차수를 줄여서 교통시간 감소(복수터미널, 복수 승하차지역이 있는 공항)
- 터미널 커브사이드 소요 감소, 터미널지역 도로교통량과 차량통행거리 감소
- 교통편 인식이 쉬워 이용할 서비스, 요금 및 여행시간 비교가 용이함
- 상용차량 주차 및 대기에 편리한 위치 제공, 대중교통 운영경비 절감(복수의 터미널)
- 교통센터는 통합된 렌터카 서비스센터를 지원하거나 통합운영 가능

교통센터에서 대중교통의 이용을 고무시키는 데 필요한 주요 인자는 다음과 같다.

- 항공기 탑승 Gates로 오고 가는 걷는 거리를 짧게 하거나 APM과 같은 신뢰성 있고, 편안한 연결교통을 갖추어야 한다(APM = Automatic People Mover).
- 여객터미널에 뒤지지 않는 여객서비스이며, 이 서비스 수준은 여객이 교통센터에서 체크인 및 수하물수취를 할 수 있고, 수하물을 장거리 운반할 필요가 없고, APM 또는 셔틀버스를 타고 내리는 것이 필요 없는 것을 의미한다.

마이애미공항은 교통센터에서 여객이 철도 시스템, 정기버스, 임대차, 승용차, 택시 등으로 환승할 수 있으며, 최종적으로는 발권 및 BHS 시설을 갖출 계획이다. 가장 좋은 서비스는 터미널에 가까운 지역에 커브사이드와 주차장을 제공하는 것이며, 이 지역이 혼잡할 경우에 교통센터를 이용하게 하여 개선할 수 있다는 의미이다.

(3) 자동화된 교통감시 및 관리 프로그램

미국의 25개 공항은 자동차량식별 시스템AVI을 이용하여 상용차량 관리를 개선하고 있다. AVI 시스템은 일시, 위치 및 운영자별 차량 수에 관한 신뢰성 있는 자료를 제공하며, 상용차량활동 감시, 제한지역 접근통제, 셔틀버스 및 택시의 배차관리 및 셔틀버스 여객에게 도착시간 및 정차위치 등의 정보를 제공한다. AVI는 다음과 같은 조치로 공항시설의 효율적 이용을 증진할 수 있다Automated Vehicle Identification, AVI.

- 통행(Trips)수의 제한: AVI는 각 지상교통차량의 통행수를 기록할 수 있으므로 공항 운영자는 시간당, 일당, 월간 특정차량의 과도한 출입수를 제한할 수 있다.
- 통합운영 권장수단: 출입횟수에 따라 통행료를 할인하여 호텔버스 등의 통합된 무료 우대버스(courtesy) 운영을 증진함으로써 개별적 차량운영보다 교통량을 감소시킬 수 있다.
- 대기시간 제한: 차량의 대기시간을 제한함으로써 커브사이드지역의 효율적 이용을 개선할 수 있다(커브사이드지역 및 공항경계선 내부).
- 순환횟수 감시: 상용차량의 광고나 여객을 태우기 위한 수단으로 터미널지역을 일정 시간 내 여러 번 순환하는 것을 감시 및 제한할 수 있다(벌과금 부과 등).
- 공항의 규정을 지키지 않거나 면허가 없는 상용차량의 상용차선 접근을 제한할 수 있다.
- 시간표 준수통제: 운행시격 및 시간당 또는 일당 운행횟수 등을 지키는지 감시할 수 있다.
- 효율적 차량 배치: 택시 및 버스에 대한 AVI 송신기가 설치된 공항에서는 상황에 적절하게 택시 및 버스를 대기지역으로부터 커브지역으로 배치시킬 수 있다.

(4) 버스 및 승합차(Van)의 운영에 영향을 주는 주요 인자

항공여객은 상주직원(출퇴근교통)과는 달리 시간에 민감하고, 경비에는 덜 민감하다. 수하물이 많으며, 따라서 환승 시스템을 덜 이용한다. 출퇴근시간이 아닌 시간에 많이 이용한다. 버스 및 승합차VAN 서비스에 영향을 주는 주요 인자는 다음과 같다.

- 많은 여행자는 문 앞에서 문 앞까지 제공되는 서비스의 편리함 때문에 기꺼이 추가요금을 지불한다. 공항 접근에 환승을 피할 수 있고, 교통시간을 줄이며, 지역의 가까운 도로를 이용하는 특급버스는 이를 이용할 수 있는 여객에게는 매우 매력적이다.

- 공항에 내려서 터미널까지 소요되는 시간 및 거리가 중요하며, 여러 터미널보다는 철도와 같이 단일 터미널이 유리하다. 최선으로 서브하기 위해 하차위치는 티켓카운터 바로 앞에, 승차위치는 도착지역 바로 앞에 버스, 승합차 및 기타 상용차의 대기소가 있어야 한다. 버스는 운행간격이 중요하며, 비피크시간, 심야, 주말서비스도 중요하다.

- 공항에서 CBD까지 및 door to door 운행시간이 중요하다. 공항 접근 도로에 버스전용차선이 있으면 승용차에 비해 시간을 절약할 수 있다. 또한 주요 Activity center에 정차함으로써 환승 필요성을 줄일 수 있다.

- 여행종착지가 버스 정류장에 가까운 여객의 비율이 중요하며, 인구밀도 및 자동차보유 비율도 door-to-door 서비스이용에 영향을 준다. 예를 들어, 샌프란시스코 공항은 Oakland 공항보다 공유승합차(Shared-ride vans) 이용비율이 높은바 이는 샌프란시스코가 높은 인구밀도와 낮은 자동차 보유비율이기 때문이다.

(5) 공항 접근 교통량 밀도에 따른 적절한 mode 개발

- 평방마일당 500명 이상의 배후도심지역은 철도 및 전용버스가 유리하다.
- 평방마일당 125~150명인 배후도시 변두리 지역은 노선버스 또는 철도가 유리하고, 평방마일당 15~30명은 door to door van이 유리하다.
- 평방마일당 10명 이하인 지방도시는 지정된 공항버스가 유리하다(공항에 장기주차시설 제공 필요).

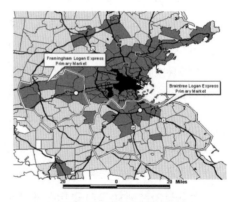

접근교통량 밀도조사 사례

(6) 대중교통 이용 유도전략

- 이용률이 높은 교통수단에 편리한 커브 배정
- 대중교통 서비스의 모든 불편 해소
- 철도와 버스 환승시설 완비
- 대중교통 발권의 불편 해소
- 대중교통 이용자에게 편의시설 제공(악천후 대비시설 등)

참고자료

1. Ground Access to Major Airports by Public Transportation. Airport Cooperative Research Program, Report 4. 2008. TRB(FAA)

2. Strategies for Improving Public Transportation Access to Large Airports Transport Cooperative Research Report 83(2002), TRB(FAA)

3. Airport Rail Link, Wikipedia.

4. Airport Engineering, Airport Operations(Norman Ashford)

4.9 공항의 경쟁요인

공항의 경쟁요인은 수요요인(노선수, 운항편수), 공항의 마켓팅 정책(서비스 수준 및 혼잡도, 환승체계, 사용료) 및 제도적 요인(항공정책, 공항 건설 및 운영제도) 등으로 분류될 수 있으며, 이 중에서 수요요인이 가장 중요하고, 지방의 국제선 여객이 수도권 공항을 이용하는 것도 수요요인 때문이다. 주요 경쟁요인은 다음과 같고, 이를 사안별로 정리하면 표 4.9-1과 같다.

- 다양한 노선과 빈번한 운항이 있어야 하고, 노선 개발에 적절한 운수권이 필요하다.
- 지리적으로 주요 항로상에 위치해야 한다(방콕, 두바이, 애틀랜타).
- 지역적, 국가적으로 건전한 경제성장이 있어야 한다.
- 공항 운영에 안전과 보안이 확보되어야 한다(치안, 테러방지 등).
- 공항 운영에 정책적 제약이 없어야 한다(항공사 규제 등).
- 운항에 환경적 제약이 없어야 한다(소음피해, 심야운항 금지 등).
- 공역 제약이 없어야 한다(DMZ, 장애구릉, 인접한 다른 공항 등 운항금지 및 제한).
- PH 운항용량이 항공사의 Hub 운영을 지원할 수 있어야 한다(활주로 용량 등).
- 터미널 편의성을 확보한다(방향성, 쾌적성, 보행거리·층 변경 최소화, 환승편의 등).
- 이용자의 경제성을 제고한다(여객, 항공사 등).
- 접근교통의 정시성, 편리성을 확보한다(전용도로, 철도 등).
- 장기적 확장성, 상황 변화에 대비한 유연성을 확보한다(활주로, Stands 등).
- 용량의 균형을 유지하고, 용량의 변화에 대비한다(Airside, 터미널, Landside).

- 전천후 운항이 가능한 공항이어야 한다(시정, Wind Coverage, 무 장애물).

- 항 운영에 시장 메커니즘을 도입할 수 있는 재량권이 있어야 한다.

- 재원확보, 비항공수입 증대, 수요창출을 위한 상업개발이 필요하다(IBC, 공항도시 등).

- 동맹 항공사의 운영에 편리하도록 터미널 및 주기장을 배치한다(터미널 Concept 등).

- 정부기관의 Check Point에서 지연을 방지한다(CIQ 및 보안검사).

- 항공사의 영업성을 확보한다(사무실, CIP라운지, 신형기 수용성 등).

- 항공산업의 자유화는 경쟁에 유리하다.

> 항공산업의 자유화(운수권, 운영 및 소유권 등)는 여객에게 저렴한 가격, 대규모 노선망, 향상된 서비스를 제공하며, 항공사에게는 더 많은 상업적 자유로 인해 자금시장에 대한 접근이 좋아지고, 자원 할당이 좋아지며, 마켓수요에 더 적절하게 대응을 할 수 있다.
>
> 자료원: Inter VISTAS(항공, 교통 및 관광 분야 전문 Consulting group)

표 4.9-1 공항의 경쟁성을 확보하기 위한 인자

1. 이용자 편리성 및 경제성(여객, 항공사 등)	
a. 접근교통 편리성	① 공항 접근성-지연·혼잡 방지, 정시성 확보(철도, 전용도로) ② 공항교통-혼잡 방지, 터미널접근 편의성(커브, 주차장, 철도역)
b. 터미널이용 편리성	① 터미널의 방향성　　　　　　② 걷는 거리, 층 변경 최소화 ③ 지연·혼잡 방지-긴 줄서기 억제, 수하물 대기시간 단축 ④ 환승편리성-연결시간 최소화, 편의성
c. 항공기 이용편리성	① 다양한 항공노선 ② 빈번한 운항(업무여객)-활주로, Stands, 터미널 등의 용량 확보
d. 이용자의 경제성	① 과도한 사용료억제(경제적 건설)　③ 공항 내 물류비용 절감 ② 다양한 항공운임 체계(관광여객)　④ 수익사업개발(사용료 인하)
e. 공항이용 안전성	① 테러 및 치안사고 방지　　　　② 항공기 안전운항 확보
2. 항공사의 영업성 및 발전성	
a. 여객(화물)흐름 최적화	상기 1항(이용자 편리성)과 동일
b. 항공사 발전성	① 시설, 운항, 노선의 확장용량　　② 공항과 항공사의 공동이익 추구
c. 허빙 운영성	① 다양한 노선, 빈번한 운항을 요하는 O/D 수요 및 주변여건 ② 피크 환승파동을 허용할 수 있는 용량(활주로, Stands, 터미널) ③ 항공사 규제 완화(항공자유화)　　④ 공항이 주요 항로상에 위치
d. 항공사 경제성	① 과도한 사용료 억제(비항공수입 증대) ② 공항 내 물류비용 절감-항공기 지상이동거리 최소화 등

표 4.9-1 공항의 경쟁성을 확보하기 위한 인자(계속)

3. 공항 운영성		
a. 기업적 운영재량	① 정부기관의 지나친 간섭 배제	② 공항 운영 재량권 부여
b. 지역사회와 공생	① 소음피해 방지 등	② 공항 주변의 적절한 토지이용계획
c. 정부 및 지자체의 협조	① 항공정책(항공자유화, 항공협정) ② 주변 토지이용계획 및 Aeropolis 개발 ③ 접근교통 대책(도시계획 반영)	 ④ 각종 인허가 협조

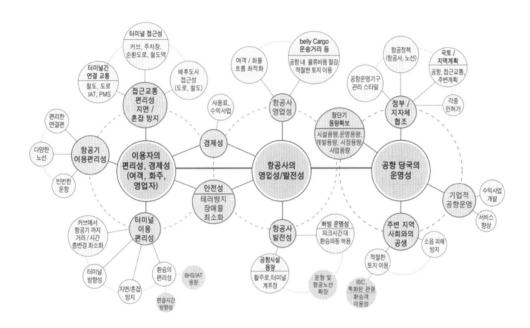

4.10 공항의 APM

1. 공항 APM의 도입 배경

APM^{Automatic People Mover}은 운전자가 없는 자동 여객운송 열차로서 각 공항별로 APM, IAT, PMS, TTS 등 명칭은 다르지만 같은 개념이고, 각 공항별 명칭은 4.10절 6항을 참고할 수 있다. 이런 운송수단 개념의 시초는 1500년대 Austria의 Salzburg에서 언덕위의 사원에 음식물을 수송하기 위해 케이블로 연결된 2대의 Car와 도르래를 이용하여 아래쪽 Car가 올라갈 때까지 위쪽 Car의 물탱크에 물을 부어 운송했다.

현대 개념의 APM은 1950년대 General Moters가 개발했으며, APM이 공항에 처음 도입된 것은 Airside는 1971년 Tampa 공항, Landside는 1970년대 후반 DFW 공항이었다. APM은 철도나 콘크리트패도 위를 달리는 단수 또는 복수의 열차이며, 전력을 이용하고, 승차감이 우수하며, 가감속이 유연하다. 1970-1980년대에 미국의 주요 공항에 도입되었으며, 1990년대에는 NRT, HKG, FRA, MUC 등 유럽 및 아시아의 주요 공항에 도입되었다. 국내에서는 인천공항에 2008년 처음 도입되었고(터미널~탑승동 연결), 최근에는 도시교통용으로 부산 Metro 4호선2011, 신분당선2011, 의정부경전철2012 등에 도입되었다.

공항에 APM을 도입하게 된 경위는 다음과 같다.

- 터미널이 대형화됨에 따른 터미널~탑승구 간 원거리 이동시간을 단축한다. 터미널 내 보행거리는 180m 이하가 이상적이고, 360~400m 이내가 바람직하다.
- 수요 증가에 따라 Curbside가 혼잡하므로 터미널 양면을 Curbside로 사용하기 위해 탑승동을 주 터미널과 분리할 경우 주 터미널~탑승동을 편리하게 연결한다.
- 터미널과 장기주차장 및 렌터카지역 간의 거리가 걷기에는 너무 먼 경우, 철도역이 터미널에서 먼 경우, 공항 주변의 공항도시와 터미널을 편리하게 연결하기 위한 경우 등이다.
- 터미널이 복수인 경우에 터미널 간 환승여객 및 업무직원을 연결한다.

2. 공항 APM의 개념

APM 시스템은 선형식(단일·복수)과 루프식이 있으며, 그 예는 그림 4.10-1과 같다. 단일 선형식은 단일 선형 트랙을 따라 Airside에서 터미널과 탑승동 간에 이용되거나 Landside에서 터미널과 주차장, IBC, 철도역 등을 연결한다. 루프식은 일방향 또는 양방향으로 순환하며, 선형식보다 길이가 길어서 용량이 크다(예: 서울지하철 2호선).

복수선형 APM 시스템은 여러 노선을 이용하여 터미널과 탑승동을 연결하며, 각 노선은 독립적으로 운영되고, 탑승동의 수요에 맞게 규모와 운행횟수를 결정한다. 이 복수 시스템의 장점은 터미널의 각 요소를 공항의 최적 위치에 수요에 맞게 개발가능, 여객의 보행거리 단축, 변화되는 여건에 적응 용이, 수요 증가에 대비 독립적 시설확보 가능 등이며, 단점은 건설비와 운영비가 고가이므로 시스템 용량과 유연성의 증대를 비교하여 결정되어야 한다.

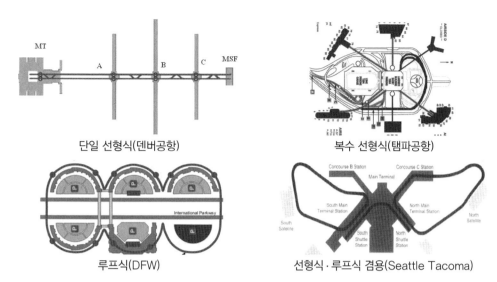

단일 선형식(덴버공항)

복수 선형식(탬파공항)

루프식(DFW)

선형식·루프식 겸용(Seattle Tacoma)

그림 4.10-1 APM의 노선 형식

APM 운영노선은 필요에 따라 다음과 같은 몇 가지 구성이 있다(그림 4.10-2 참고).

- 단선 Shuttle 및 복선 Shuttle(By-pass가 있는 것, 없는 것)
- Loop(단선, 복선 및 Pinched Loop)

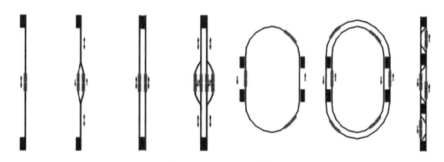

그림 4.10-2 APM 노선의 종류

APM의 Type에는 Personal Rapid Transit[PRT], Monorails, Cable이 끌어주는 APM, 자체 추진하는 APM 등이 있으며(그림 4.10-3 참고), 각각의 특성은 다음과 같다.

Personal Rapid Transit(PRT)

Monorails

Cable-Propelled APM

Self-Propelled APM

그림 4.10-3 APM의 종류

- PRT는 4~6인승 소형이고, 분산된 여러 곳에 연결하며, 출발지-목적지간을 Non stop으로 운행하도록 고안된 것이기 때문에 정차장 수가 적고 이용자가 많은 경우에는 적합하지 않다. 이는 히스로공항에서 터미널과 여러 주차장을 연결하는 데 이용되고 있다.

- Monorail은 도시교통에 많이 이용되고 있지만 공항에는 이용이 많지 않다. 공항에서 이용되는 Monorail은 소형 및 중형급이며, 저속이고(20~30mph), 한정된 구역에서 적정여객을 수송하도록 고안된 것이다. 대형 고용량 모노레일은 차량길이가 길어서 platform 길이가 크게 소요되는 등 공항 여건에 부적합한 경우가 많다.

- Cable Propelled APM은 케이블로 끄는 형태이고, 철 rail 위의 고무타이어, 공기부양 또는 철 바퀴 등 다양하다. 이 기술은 1km 이내의 상대적으로 곧은 노선으로 2~3개 역에 셔틀로 운영하기에 적정하다. Otis Transit System이 신시내티, 나리타, 미니아폴리스, 쥬리히 공항 등에 설치되었으며, Dopplemayer Cable Company의 APM이 멕시코시티, 버밍험, 토론토, 도화 및 오크랜드 공항 등에 설치되었다.

- Self Propelled APM은 자체 추진하는 APM으로서 가장 많이 이용되고 있으며, 1~4량 편성이고, Loop 또는 Pinched loop에서 셔틀로 운영한다. 제작사는 Mitsubish Crystal Mover, Bombardier Innovia, 표준일본 APM, Simens AirVal 등이 있다.

APM은 제작기술 및 업체가 다양하기 때문에 APM 도입은 기술의 성숙도, 안전성, 신뢰성, 통행요건, 운영요건 적응성, 용량 및 경쟁구매의 가능성 등을 면밀히 검토해야 한다. APM 공급자(제작사)의 사양을 조사하여 공항 운영에 적합하고, 공급자의 경쟁을 유도할 수 있도록 다음과 같은 운영기준(제작기준)을 결정한다.

표 4.10-1 APM 제작기준의 예(탬파공항)

구분	기준	구분	기준
PH 운행간격	90초	커브 간 최소 Tangent	1 차량 길이
운영속도	50km/hr	최소 곡선반경(역)	76m
최대 열차길이	36.6 m	최소곡선반경(운영구간)	107m: desirable
차량길이	12.5~13.00 m		46m: 최소치
차량폭	2.74~3.00 m	최대 경사	4%: desirable
차량높이	3.81 m		6%: 최대치
Platform 길이	varies	최소 종단곡선 반경	46m
Platform 폭	varies	최소 종단 Tangent 길이	1차량 길이
최대 가속, 감속	0.1g	최소 종단 Clearance	4.72 m(차량상 0.9m)
열차구성	최대 4량 편성		

• 운행표면에서 플랫폼 표면까지: 43″	• 최대 종단 가속, 감속: 1g datum에 따라 0.05g
• 플랫폼 표면~Guideway 구조슬래브표면: 5′	• 플랫폼에서 종단경사까지 최소: 1차량 길이
• 중심선 Guideway~장애물: 6.25′	• Platform 구성: Single Center Platform
• 역에서 Guideway의 Tangent 길이: 1차량 길이	• Guideway의 Switch Section: 최소반경 40m
	• 중심선 Guideway에서 Platform edge까지: 13.1m

3. Airside APM의 효과(플로리다대학 교수 David Shen)

플로리다대학 교수 David Shen이 APM을 도입한 터미널을 평가한 결과는 다음과 같다.

수요 증가에 따라 대규모 여객터미널에서 APM을 도입하지 않으면 여객의 과도한 보행거리가 발생하며, 이에 따른 혼잡과 지연은 여객의 환승 실수와 초조감 및 항공사의 운영효율을 저하시킨다. 공항의 APM은 지상교통으로부터 탑승구까지 멀고 지루한 보행시간을 단축

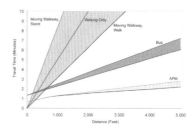

시킨다. APM을 갖춘 두 종류의 터미널 개념이 사용될 수 있으며, 각 개념의 장단점은 다음과 같다.

- 문자형 위성탑승동은 환승여객 비율이 비교적 낮고, 토지이용의 문제가 없을 때에 지상 APM을 이용할 수 있어 유리하다.
- 직선형 위성탑승동은 환승여객의 비율이 높고(연간여객 3,000만 명 기준, 환승비율 60% 이상), 협소한 부지를 효과적으로 사용하고자 할 때에 유리하다. ATL 공항은 부지면적이 19km²에 불과하지만 이런 타입의 터미널로 1억 2,000만 명에 대비하고 있다
- APM을 갖춘 unit 터미널은 초행자의 환승이 어려워서 불편한 것으로 평가되었다.

4. Airside APM의 통행노선

APM의 통행노선(지하·지상)에 따라 공항 운영에 상당한 영향을 미친다. 통로가 지하인 공항이 많지만 여객의 층 변경이 많고 방향성이 부족하여 최근에 건설하는 공항은 지상통로를 채택하는 공항이 증가하고 있다. 지상통로는 고가교량, 터미널옥상, 지상－지하－지상 등 다양한 노선이 개발되고 있으며, 통행 위치별 장단점은 표 4.10-2와 같다.

표 4.10-2 Airside APM의 통행노선 및 장단점

구분	해당공항	장점	단점
① 지하	ATL, DEN ICN, HKG	▲ 항공기이동에 지장 없음	▼ 여객의 층 변경이 많음 ▼ 여객의 방향성 불량
② 고가교량 (차량통과)	TMP MCO NRT	▲ 여객의 층 변경 감소 ▲ 여객의 방향성 양호 ▲ 공항 조감 가능	▼ 항공기 순환 제한
③ 고가교량 (항공기통과)	LGT PHX	▲ 여객의 층 변경 감소 ▲ 여객의 방향성 양호 ▲ 항공기 순환 지장 없음	
④ 지상(터미널)→ 지하 (유도로) → 지상(탑승동)	KUL T1 PEK T3	▲ 여객의 층 변경 감소 ▲ 여객의 방향성 양호	▼ 승차감 다소 불량
⑤ 터미널 및 탑승동 옥상	KIX	▲ 여객의 층 변경 감소 ▲ 여객의 방향성 양호 ▲ 항공기이동 지장 없음	▼ 항공기 순환 제한

APM의 통로가 지상이면 여객이 편리한 반면 항공기순환이 불편하고, 지하이면 항공기순환이 편리한 반면 여객이 불편하다. 시간당 항공기 순환횟수가 많은 국내선 위주공항에서는 항공기 순환이 우선이고, 국제선 위주 공항에서는 여객의 언어소통이 원활하지 못하고 항공기 주기시간이 비교적 길어 항공기순환교통이 적음으로 여객서비스가 우선이다.

위와 같은 여객의 층 변경 및 항공기순환 불편을 해소하고자 최근에는 APM이 항공기가 통과할 수 있는 고가교량을 이용하여 터미널에서 탑승동에 가는 개념이 개발되고 있다. LGW의 고가교량에는 Moving Walk Way가 설치되어 있고(H=25m), 2013. 4월 설치된 PHX 공항의 고가교량에는 APM이 운행하며, 이는 그림 4.10-4를 참고할 수 있다.

H=30m(A380=24.4m, B747=19.6m)

그림 4.10-4 PHX 공항의 항공기 통과 고가교량 및 APM 자료원: Wikipedia)

APM을 이용하여 메인터미널과 탑승동을 연결하는 터미널 개념에서 메인터미널과 탑승동의 접속 형태에 따라 다음과 같은 세 가지 타입이 있다.

접속형태	완전 분리	일부접속, 일부분리	완전 접속
해당공항	탬파, 오란도	ICN, HKG, BKK, KUL	간사이
개념도			
APM 노선	고가교량	지하터널	터미널 옥상

5. 공항에 도입된 APM의 사례

공항이 대형화됨에 따라 분산된 터미널 간의 연결, 터미널과 장기주차장 및 철도역이 원격 배치된 경우에 편리한 교통수단이 필요하게 됨에 따라 이를 연결하는 데 Landside APM 이 활용되고 있다. 공항에 도입된 APM의 사례는 표 4.10-3 및 그림 4.10-4를 참고할 수 있다.

표 4.10-3 공항에 도입된 APM

Airside APM				Landside APM			
공항	도입 연도	길이 (km)	용량 (pphpd)	공항	도입 연도	길이 (km)	용량 (pphpd)
Tampa	1971	1.2	5,745/6,429	Houston	1981	3.2	720
Seattle	1973	2.7	7,500	LGW	1987	1.2	4,200
DFW	74/05	7.9	5,000	Tampa	1990	1.0	700
Atlanta	1980	1.6	10,000	SIN	1990, 2006	1.3	1,900
LAS	85/98	0.4/1.0	6,600	Orly	1991	7.3	1,500
SIN	90/06	2.4	982/1,117	ORD	1993	4.3	2,400
NRT	1992	0.3	9,800	EWR	1996	5.1	2,100
KIX	1994	2.2	14,400	Minneapolis	2001	0.4	5,200
Denver	1995	1.9	8,300	Dusseldorf	2002	2.5	2,000
KUL	1998	1.3	3,000	JFK	2003	13.0	3,780
HKG	1998	0.6/0.6	6,000/3,000	Birmingham	2003	0.6	1,608
Rome	1999	0.6	5,300	SFO	2003	4.5	3,400
Taipei	2003	1.3	6,000	Toronto	2006	1.5	2,150
Madrid	2006	2.2	6,500	CDG	2007	3.3	1,900
LHR	2008	0.7	6,500	PEK	2008	28.1	3,780
ICN	2008	0.9	5,184	ATL	2009	2.3	2,700
PEK	2008	2.0	4,100	PHX	2013	4.8	2,900

6. 공항별 APM의 개요-1

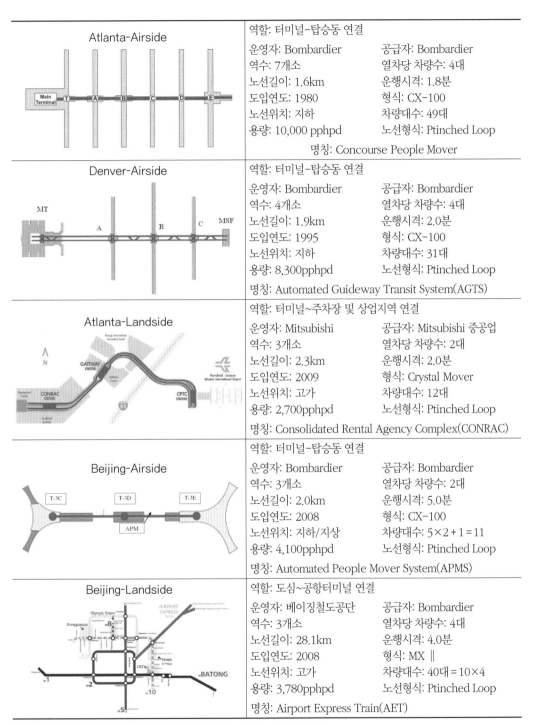

Atlanta-Airside	역할: 터미널-탑승동 연결	
	운영자: Bombardier	공급자: Bombardier
	역수: 7개소	열차당 차량수: 4대
	노선길이: 1.6km	운행시격: 1.8분
	도입연도: 1980	형식: CX-100
	노선위치: 지하	차량대수: 49대
	용량: 10,000 pphpd	노선형식: Ptinched Loop
	명칭: Concourse People Mover	
Denver-Airside	역할: 터미널-탑승동 연결	
	운영자: Bombardier	공급자: Bombardier
	역수: 4개소	열차당 차량수: 4대
	노선길이: 1.9km	운행시격: 2.0분
	도입연도: 1995	형식: CX-100
	노선위치: 지하	차량대수: 31대
	용량: 8,300pphpd	노선형식: Ptinched Loop
	명칭: Automated Guideway Transit System(AGTS)	
Atlanta-Landside	역할: 터미널~주차장 및 상업지역 연결	
	운영자: Mitsubishi	공급자: Mitsubishi 중공업
	역수: 3개소	열차당 차량수: 2대
	노선길이: 2.3km	운행시격: 2.0분
	도입연도: 2009	형식: Crystal Mover
	노선위치: 고가	차량대수: 12대
	용량: 2,700pphpd	노선형식: Ptinched Loop
	명칭: Consolidated Rental Agency Complex(CONRAC)	
Beijing-Airside	역할: 터미널-탑승동 연결	
	운영자: Bombardier	공급자: Bombardier
	역수: 3개소	열차당 차량수: 2대
	노선길이: 2.0km	운행시격: 5.0분
	도입연도: 2008	형식: CX-100
	노선위치: 지하/지상	차량대수: 5×2+1=11
	용량: 4,100pphpd	노선형식: Ptinched Loop
	명칭: Automated People Mover System(APMS)	
Beijing-Landside	역할: 도심~공항터미널 연결	
	운영자: 베이징철도공단	공급자: Bombardier
	역수: 3개소	열차당 차량수: 4대
	노선길이: 28.1km	운행시격: 4.0분
	도입연도: 2008	형식: MX‖
	노선위치: 고가	차량대수: 40대=10×4
	용량: 3,780pphpd	노선형식: Ptinched Loop
	명칭: Airport Express Train(AET)	

주: phppd=Peak Hour Passenger per Hour per Direction

6. 공항별 APM의 개요-2

Birmingham-Landside 	역할: 터미널~철도역 및 전시장 연결 운영자: DCC Doppelmayr 공급자: DCC Doppelmayr 역수: 7개소 열차당 차량 수: 2대 노선길이: 0.6km 운행시격: 2분 도입연도: 2003 형식: Cable Linear Shuttle 노선위치: 고가 차량대수: 2×2=4대 용량: 1,608pphpd 노선형식: Shuttle 명칭: Air-Rail Link
Chicago-Landside 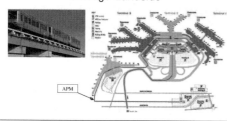	역할: 터미널~터미널~장기주차장 연결 운영자: 공항 교통부서 공급자: Simens 역수: 5개소 열차당 차량수: 1~3대 노선길이: 4.3km 운행시격: 3.0분 도입연도: 1993 형식: VAL256 노선위치: 고가 차량대수: 15대 용량: 2,400pphpd 노선형식: Ptinched Loop 명칭: Airport Transit System(ATS)
Hongkong-Airside 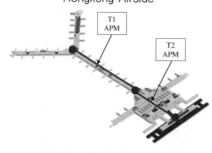	역할: 터미널-탑승동 연결 형식: T1-Crystal Move 공급자: T1-Sumitomo/Mitsubishi 　　　T2-일본 표준기술 　　　T2-IAM/Nigata 역수: 3개소 열차구성: T1-4대, T2-2대 노선: T1-0.6/T2-0.6km 시격: T1-2분, T2-4.5분 도입: T1-1998, T2-2008 운영자: Mass Transit Rail 노선위치: 지하 차량대수: 28대=5×4+4×2 용량: T1-6,000pphpd 형식: T1-Ptinched Loop 　　　T2-3,000pphpd 　　　T2-복선 Shuttle 명칭: The shuttle
Dallas/Fort Worth-Airside 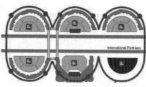	역할: 터미널 간 환승여객 연결 운영자: Bombardier 공급자: Bombardier 역수: 10개소 열차당 차량수: 2대 노선길이: 7.9km 운행시격: 5.0분 도입연도: 2005 형식: Innovia 노선위치: 고가 차량대수: 64대 용량: 5,000 pphpd 노선형식: Dual Lane Loop 명칭: Skylink
London Stansted-Airside 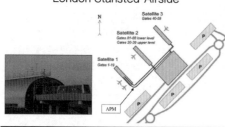	역할: 터미널-탑승동 연결 운영자: Bombardier 교통 공급자: Bombardier 역수: 8개소(4노선×2) 열차당 차량수: 2대 노선길이: 1.2km 운행시격: 1.3~1.7분 도입연도: 1991 형식: 노선위치: 고가 차량대수=84대=14×6 용량: 6,000~7,000 노선형식: Pinched Loop 명칭: Airport Transit System(ATS)

6. 공항별 APM의 개요-3

San Francisco-Landside	역할: 터미널-렌터카-주차장-철도역 연결	
	운영자: Bombardia 교통	공급자: Bombardia
	역수: 9개소	열차당 차량수: 3대
	노선길이: 4.5km	운행시격: 2.5분
	도입연도: 2003	형식: CX-100
	노선위치: 고가	차량대수: 38대
	용량: 3,400pphpd	노선형식: 2-Single lane
	명칭: AirTrain	loops
Frankfurt-Airside	역할: 터미널-터미널-탑승동 연결	
	운영자: Bombardia 교통	공급자: Bombardia
	역수: 4개소	열차당 차량수: 2대
	노선길이: 1.6km	운행시격: 2.0~3.0분
	도입연도: 1994	형식: CX-100
	노선위치: 고가	차량대수: 15대
	용량: 4,500pphpd	노선타입: Pinched Loop
	명칭: Sky Line	
Las Vegas-Airside	역할: 터미널-탑승동 C, D 연결	
	운영자: Bombardia 교통	공급자: Bombardia
	역수: 3개소	열차구성: C-2대, D-3대
	노선: T1-0.4, T2-1.0km	시격: T1-2분, T2-4.5분
	도입: C-1985, D-1998	형식: C/CX-100
	노선위치: 고가	차량대수: 10대(2×2+3×2)
	용량: C-7,200 pphpd	노선타입: 복선 Shuttles
	D-6,600 pphpd	
	명칭: Gates Tram(전차)	
Gatwick-Landside	역할: 터미널-터미널-철도 및 버스역 연결	
	운영자: Bombardier 교통	공급자: Bombardier
	역수: 2개소	열차당 차량수: 3대
	노선길이: 1.2km	운행시격: 2.6분
	도입연도: 1987	형식: C-100
	노선위치: 고가	차량대수: 6대＝2×3
	용량: 4,200pphpd	노선형식: 복선 Shuttles
	명칭: Airport Transit	
Heathrow-Airside	역할: 터미널-탑승동 연결	
	운영자: Bombardier 교통	공급자: Bombardier
	역수: 3개소	열차당 차량수: 3대
	노선길이: 0.7km	운행시격: 1.5분
	도입연도: 2008	형식: Innovia
	노선위치: 지하	차량대수＝6대＝2×3
	용량: 6,500pphpd	노선형식: 복선 Shuttles
	명칭: Tracked Transit System(TTS)	

6. 공항별 APM의 개요-4

JFK-Landside 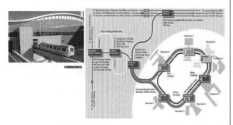	역할: 터미널-터미널-주차장-철도역 연결 운영자: Bombardia 교통 / 공급자: Bombardia 역수: 10개소 / 열차당 차량수: 1대/2대 노선길이: 13.0km / 운행시격: 2분/4분 도입연도: 2003 / 차량대수: 32대 형식 및 노선: Advanced Rapid Transit Mt ‖, 고가 용량: 3,780 pphpd / 노선형식: Pinched Loop 명칭: AirTrain JFK
Kansai-Airside 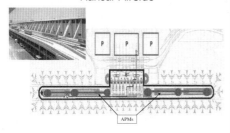	역할: 터미널-탑승동 연결 운영자: 간사이공항 / 공급자: Niigata Kuwasaki 역수: 각 3개소 / 열차당 차량수: 3대 노선길이: 2.2km / 운행시격: 2.0~2.5분 도입연도: 1994 / 용량: 14,400pphpd 노선위치: 옥상 / 차량대수: 15대 노선타입: 4 Single Lane Shuttles 형식: 일본 Standard Technology 명칭: Wing Shuttle
CDG-Landside/Airside 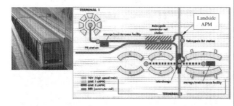	역할: 터미널-터미널-원격주차장-철도역 연결 공급 및 운영자: Simens, Keolis/Simens TS 합작 역수: 5개소 / 열차구성: 2대 노선: 3.3km / 시격: 4.0분 도입: 2007 / 형식: VAL 2008 노선위치: 고가 / 차량대수: 14대=7×2 용량: 1,900pphpd / 노선타입: Pinched Loop 명칭: LISA
Inchon-Airside 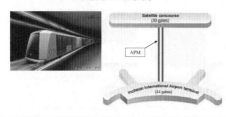	역할: 터미널-탑승동 연결 운영자: 공항공사 / 공급자: Mitsubish 중공업 역수: 2개소 / 열차당 차량수: 3대 노선길이: 0.9km / 운행시격: 2.5분 도입연도: 2008 / 형식: Crystal Mover 노선위치: 지하 / 차량대수: 9대=3×3 용량: 5,184pphpd / 노선형식: 복선 Shuttles 명칭: Intra Airport Transit System(IAT): Starline
Tampa-Airside 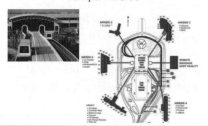	역할: 터미널-탑승동(4동) 연결 운영자: Bombardier 교통 / 공급자: Bombardier 역수: 8개소(4노선×2) / 열차당 차량수: 2대 노선길이: 1.2km / 운행시격: 1.3~1.7분 도입연도: 1971 / 형식: C/CX-100 노선위치: 고가 / 차량대수=14대=7×2 용량: 6,000~7,000pphpd / 노선형식: 복선 Shuttles 명칭: Airport People Mover(APM)

6. 공항별 APM의 개요-5

Seattle Tacoma-Airside 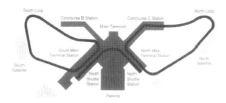	역할: 터미널-탑승동 연결 운영자: Port of Seattle 공급자: Bombardia 역수: 10개소 열차당 차량수: 3대/1대 노선길이: 13.0km 운행시격: 1.7분/2분 도입연도: 1973, 2004 차량대수: 21대 형식 및 노선: CX-100, 지하 용량: 7,5000/1,200 노선형식: Loop/Shuttle 명칭: Satellite Transit System(STS)
Pittsburgh-Airside 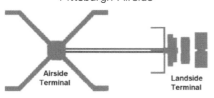	역할: 터미널-탑승동 연결 운영자: Bombardia 공급자: Bombardia 역수: 2개소 열차당 차량수: 3대 노선길이: 0.7km 운행시격: 1.6분 도입연도: 1992 용량: 8,500 pphpd 노선위치: 지하 차량대수: 6대 노선타입: 복선 Shuttle 형식: CX-100 명칭: People Mover
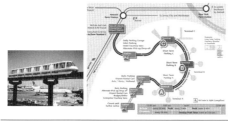	Orando-Airside 역할: 터미널-탑승동 연결 공급/운영자: Bombardia 열차구성: 3대×8=24대 역수: 5개소 시격: 2.1분 노선: 2.4km 형식: CX-100 노선위치: 고가 도입: 1981 용량: 6,000pphpd 노선타입: 복선 Shuttles 명칭: Automated People Mover System
Newark-Landside 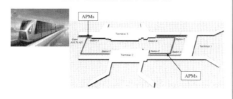	역할: 터미널-터미널-원격주차장-철도역 연결 운영자: Bombardia 공급자: Bombardia 역수: 8개소 열차당 차량수: 6대 노선길이: 5.1km 운행시격: 2.1분 도입연도: 1996 형식: Type IIIa Monorail 노선위치: 고가 차량대수: 84대=14×6 용량: 2,100 pphpd 노선형식: Pinched Loop 명칭: AirTrain Newark
SIN-Landside/Airside	역할: T1-T2-T3 연결(Airside 및 Landside) 공급 및 운영자: Mitsubishi Heavy Industries 역수: 6개소 열차구성: 1~2 량 노선: 2.5km 시격: 노선별 1.5_3.4분 도입: 2006 형식: Crystal Mover 노선위치: 고가 차량대수: 16량 용량: 771-1,940pphpd 노선타입: Shuttles 명칭: Sky Train

6. 공항별 APM의 개요-6

MAD-Airside	역할: T4-T4S(탑승동) 간 연결
	운영자: Bombardia 교통 공급자: Bombardia 역수: 2개소 열차당 차량수: 3대/4대 노선길이: 2.2km 운행시격: PH 2분 도입연도: 2006 차량대수: 6×3+1=19대
	형식 및 노선: CX-100, 지하
	용량: 6,500pphpd 노선형식: Pinched Loop
	명칭: Airport People Mover

Minneapolis-Airside	역할: 메인터미널-탑승동 A, B, C 연결
	운영자: Schwager Davis 공급자: Poma-Otis 역수: 4개소 열차당 차량수: 2대 노선길이: 0.8km 운행시격: 3.1분 도입연도: 2004 용량: 1,700pphpd 노선위치: 고가도로 차량대수: 15대
	노선타입: Pinched Loop 형식: Poma 2000, Cable-propelled 명칭: Concourse Tram

Taipei-Airside/Landside	역할: T1-T2 연결(Airside 및 Landside)
	운영자: Taoyuan 공항 공급자: Niggata 역수: 4개소 열차당 차량수: 1~2량 노선길이: 1.3km 운행시격: 2분 도입연도: 2003 형식: New Transportation System 노선위치: 지하 차량대수: 6량 용량: 6,000pphpd 노선형식: 복선 Shuttles
	명칭: Sky Train

Toronto-Landrside	역할: 터미널-호텔-주차장(철도) 연결 공급자 및 운영자: Doppelmayr GmbH
	역수: 4개소 열차당 차량수: 6량 노선길이: 1.5km 운행시격: 4분 도입연도: 2006 형식: Cable Linear Shuttle 노선위치: 고가 차량대수: 12대=6×2 용량: 2,150pphpd 노선형식: 복선 Shuttles
	명칭: The Link

참고자료

1. Guidebook for Planning and Implementing Automatea People Mover Systems at Airports ACRP Report 37(2010), TRB.
2. David Shen(플로리다 대학교수)의『Airside에 APM 도입 효과』

4.11 공항 터미널지역 도로 및 커브

1. 공항도로의 구성

- 공항 접근 도로는 지역도로망과 공항터미널 및 기타지역을 연결하는 도로이며, 대형 공항은 교차점
  이 입체화되고, 소형 공항은 평면 교차인 경우가 많다.
- 커브사이드도로(Curbside)는 터미널 바로 앞에서 여객이 하차 및 승차하기 위한 도로이며, 공항에
  따라 1층(single level), 2층(double level), 3층(triple level)으로 구성된다.
- 순환도로는 터미널지역도로를 이용했던 차량이 터미널지역으로 재순환하기 위한 도로이며, 주로
  터미널-주차장 또는 터미널-렌터카지역을 순환하기 위한 것이다.
- 서비스도로는 공항 접근 도로와 서비스지역(호텔, 기내식, 정비 등)을 연결하는 도로이다.
- Airfield 도로는 항공기운영지역 내로 분리된 도로망이며, 지상조업장비, 활주로 등의 유지보수차
  량, 구조 및 소방차량이 이용한다.
- 공항도로 및 커브사이드 구성은 그림 4.11-1 및 2와 같으며, 3중 level을 도입한 공항은 Denver,
  Orlando, Toronto 등이다.

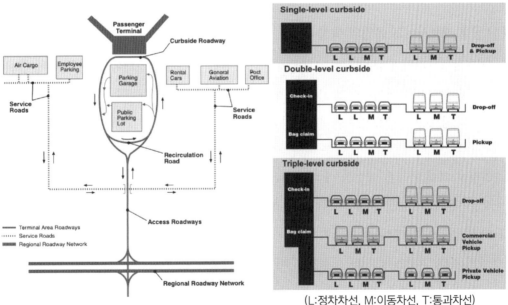

그림 4.11-1 공항도로의 분류　　　　　　그림 4.11-2 공항 커브사이드 구성

2. 공항터미널지역 도로의 특성

공항교통량의 50% 정도가 터미널지역으로 집중된다. 공항터미널지역의 도로, 엇갈림구간 및 커브사이드지역이 일반 공용도로와 다른 특성은 다음과 같다.

(1) 공항도로의 특성

공항에 익숙하지 못한 운전자(연간 4회 이하 이용)의 비율이 높다. 방향 표지판이 많고, 복잡하다. 스트레스가 많은 조건이다. 대형차량의 비율이 높다. 경험이 있는/없는 운전자가 혼합된다. 재순환 교통이 있다.

(2) 공항도로 위빙구간의 특성

공항도로에서의 엇갈림 및 합류는 고속도로 및 주요 도로보다 속도가 낮지만 1마일 이상 분리되는 고속도로의 결심지점과는 달리 공항에서는 이어지는 결심지점의 간격이 150m 이하이므로 55km 이하로 운전하더라도 운전자가 반응하기에 충분하지 못하다.

(3) 공항 커브사이드 운영의 특성

커브사이드지역의 길이(용량)는 통과차선의 용량과 균형을 유지해야 한다. 도시에서와는 달리 커브안쪽으로 들어가지 않고 차선에 주차하는 경향이다. 2중, 3중 정차하는 경우는 통과차선의 용량이 제약을 받는다. 다른 지역이 비어 있는데도 해당 항공사에 가까운 두 번째 차선에 주차한다. 즉, 커브 길이를 따라서 차량이 골고루 분포되지 않는다. 수하물 핸들링을 고려하여 차의 간격을 여유 있게 정차하는 경향이다. 상용차량을 위한 커브공간 배정에는 소요공간은 물론 고객에 대한 서비스, 운영에 필요한 것, 공항정책, 공항수입, 지상교통수단 간의 경쟁 등을 고려해야 한다. 커브공간에는 장애인주차, 경찰차량, 공항차량, 주차대행 인계·인수지역, 견인트럭, 기타 이용자에 대한 공간이 필요할 수도 있다. 내측 및 외측 커브사이드가 있는 공항에서 하나는 승용차, 다른 하나는 상용차를 배정하는 경우가 일반적이며, 내측·외측 모두 상용차량이 이용하는 것은 일반적이나 승용차용으로 모두 배정하는 경우는 예비커브의 이용이 매우 저조한 것으로 나타나고 있다.

여러 개의 횡단보도는 통과교통량 및 가용 커브 길이를 감소시키며, 다수의 횡단보도가 편리하지만 단일횡단보도는 통과교통량 및 가용커브 길이에 대한 영향을 감소시킨다. 커브 사이드 차선폭은 시내와 같으며(3~3.6m), 어떤 공항에서는 2중 주차하는 운전자의 경향을 고려하여 2개의 차선 대신 폭이 2배인(6~7.2m) 한 차선으로 운영하기도 한다. 저렴하고 이용하기 편리한 단기주차장이 있으면 커브이용자를 감소시킨다. 공항에 따라 재순환 또는 우회 교통량이 많은 경우가 있으며, 도착여객을 기다리기 위한 것, 다른 커브를 이용하기 위한 것, 상주직원차량, 공항서비스 또는 유지보수 차량 등이 있다. 공항에 따라 다음과 같이 비표준 커브사이드를 이용하는 경우도 있다. Pull-through 주차(45o 주차: Atlanta, Newark, Orlando 등), Driver-side loading, Brief parking zones[Pay for curbside use], 추가 커브사이드 등(라가디아 공항 등에서 주차건물 내 및 인접지역 또는 원격 위치에 보충 커브사이드를 갖추었다).

3. 터미널지역 도로의 서비스 수준과 용량

여기서는 공항도로에 적용되는 서비스 수준을 정의하고, 용량과 서비스 수준의 관계를 설명한다. 터미널지역 도로 및 엇갈림구간 운영을 분석하는 방법으로는 신속평가[Quick-estimation], 거시적[Macroscopic] 및 미시적[Microsimulation] 방법 등이 이용되고, 프로젝트가 개념단계에서 최종설계로 진행되면서 적절한 방법을 사용하게 된다.

(1) 공항터미널지역 도로의 서비스 수준을 정의하는 주요 수단

운행시간을 결정하는 평균속도, 운행차선으로 운전자가 쉽게 출입할 수 있는 능력을 나타내는 교통밀도, 줄서는 길이 및 기간 등이며, 이는 도로가 언제 포화될 것인가를 나타내는 최대교통량/용량의 비율, 줄서기 길이 및 지연과 같은 다른 성능수단을 결정하는 데도 유용하다.

(2) 공항도로의 운영분석을 위한 Quick-Estimation Methods

Quick-estimation 방법은 계획초기단계 및 도로의 상세가 결정되기 전의 설계과정에 적절하다. 또한 공항마스터플랜, 도로의 크기를 결정하고 평가하는 터미널지역계획 및 현재 및 미래의 제약을 규명하는 데 석설하다. 표 4.11-1은 최대서비스 교통량 및 흐름이 방해받지 않는 다 차선으로 조정된 교통량을 나타내며, 이 교통량은 표준적인 공항 접근 도로 및 순환 도로의 최대 교통량을 나타내며, 다음 사항을 가정하여 산출되었다.

- 대형 트럭 및 버스는 접근도로 교통량의 5% 미만이다.
- 무료셔틀차량 및 미니버스는 접근도로 교통량의 약 10%이다.
- 대다수 운전자는 공항도로에 익숙하지 못하다.

이 자유흐름 속도는 대략 그 구간의 제한속도와 같을 것이고, 제약받지 않는 경우의 평균 속도와 같을 것이다. 이 조정된 교통량 또한 다음의 가정에 근거한 것이다.

- 차선폭은 3.6m 이상이다.
- 횡측 장애물 안전간격은 양측 모두 1.8m 이상이다.
- 종단경사는 3% 이하이다.
- 도로는 일 방향으로 운영되며, 양방향 운영인 경우는 양방향 모두 2차선 이상이고 중앙분리대로 분리된다.

위 가정과 다르다면 표 4.11-1의 교통량은 정확치 않으므로 상세 거시적 분석이 필요하다. 위의 가정을 적용할 수 있다면 표 4.11-1은 다음 절차에 따라 적용된다.

- 그 도로에 대한 자유흐름(free-flow) 속도를 결정한다. 이 속도는 교통량이 적은 경우의 평균속도로 통상 결정되며, 교통제한속도를 자유흐름 속도의 근사치로 사용할 수 있다.
- 서비스 수준의 목표치를 결정한다. 이는 공항의 정책으로 정할 수 있으며, 이에 대한 기준이 없으면 도시도로에서는 LOS D가 일반기준이고, 신공항계획에는 LOS C가 일반기준이다.
- 표 4.11-2를 이용하여 적절한 자유흐름 속도와 바람직한 서비스 수준을 선정한다.

이 최대교통량은 그 도로가 일 방향으로 서비스할 수 있는 차선당 시간당 최대 교통량이다. 예를 들어, 자유흐름 속도가 50mph(80km/h)이고, 서비스 레벨 목표가 LOS D라면 2차선 일방향 도로의 바람직한 최대 교통량은 시간당 2,760이다(1,380×2).

표 4.11-1 공항 접근 및 순환도로의 속도, LOS 및 최대 서비스교통량/차선

자유흐름 속도	구분	서비스 수준				
		A	B	C	D	E
50mph (80km/h)	최소 속도(mph)	50.0	50.0	50.0	48.9	47.5
	최대교통량/용량 비율	0.28	0.45	0.65	0.86	1.00
	최대 교통량(대/h/차선)	550	900	1,300	1,710	2,000
	최대 서비스 교통량(대/h/차선)★	440	730	1,050	1,380	1,620
45mph (72km/h)	최소 속도(mph)	45.0	45.0	45.0	44.4	42.2
	최대교통량/용량 비	0.26	0.43	0.62	0.82	1.00
	최대 교통량(대/h/차선)	490	810	1,170	1,550	1,900
	최대 서비스 교통량(대/h/차선)★	400	650	940	1,250	1,530
40mph (64km/h)	최소 속도(mph)	40.0	40.0	40.0	39.0	38.0
	최대교통량/용량 비	0.26	0.42	0.61	0.82	1.00
	최대 교통량(대/h/차선)	450	740	1,060	1,400	1,750
	최대 서비스 교통량(대/h/차선)★	360	600	860	1,130	1,410
35mph (56km/h)	최소 속도(mph)	35.0	35.0	34.0	34.0	33.0
	최대교통량/용량 비	0.26	0.42	0.61	0.80	1.00
	최대 교통량(대/h/차선)	410	670	980	1,280	1,600
	최대 서비스 교통량(대/h/차선)★	330	540	790	1,030	1,290
30mph (48km/h)	최소 속도(mph)	30.0	30.0	30.0	29.6	29.0
	최대교통량/용량 비	0.26	0.41	0.60	0.79	1.00
	최대 교통량(대/h/차선)	370	600	870	1,150	1,450
	최대 서비스 교통량(대/h/차선)★	300	480	700	930	1,170
25mph (40km/h)	최소 속도(mph)	25.0	25.0	25.0	24.8	24.0
	최대교통량/용량 비	0.25	0.40	0.59	0.79	1.00
	최대 교통량(대/h/차선)	310	500	740	990	1,250
	최대 서비스 교통량(대/h/차선)★	250	400	600	800	1,010

주: ★ 중 차량 factor 0.95, 운전자의 공항도로에 대한 미숙도 0.85를 적용한다.

(3) 공항도로 위빙구간에 대한 Quick-Estimation Methods

표 4.11-2는 공항도로 엇갈림구간(한쪽 또는 양쪽 엇갈림)에 대한 최대 서비스용량을 신속히 계산하기 위한 표본 자료이며, 이 서비스 용량은 다음 절의 거시적 방법을 이용하여 개발되었다.

표 4.11-2 공항 커브사이드 도로의 서비스 수준 및 최대 서비스용량

구분		공항 커브사이드 서비스 수준별 용량					
		A	B	C	D	E	F
〈커브에서 2중, 3중 정차허용〉							
a. 커브 길이 최대수요·유효길이		0.9	1.1	1.3	1.7	2.0	〉2.0
b. 최대서비스 용량 (vph)	5차선 커브	3,400	3,280	3,100	2,710	2,400	〈2,400
	4차선 커브	2,800	2,790	2,680	2,220	1,800	〈1,800
	3차선 커브	2,230	1,950	1,580	860	750	〈750
〈커브에서 2중 정차 금지〉							
a. 커브 길이 최대수요·유효길이		0.70	0.85	1.00	1.20	1.35	〉1.35
b. 최대서비스 용량 (vph)	4차선 커브	2,830	2,830	2,800	2,730	2,600	〈2,600
	3차선 커브	2,350	2,250	2,000	1,760	1,600	〈1,600
c. 최대통과 교통량/용량 ratio		0.25	0.40	0.60	0.80	1.00	1.00

주: 도로 및 커브사이드의 PH 교통량은 피크 월 주간 피크일의 피크시간 평균교통량을 적용한다.

4. 터미널 커브의 용량과 서비스 수준

(1) 공항 커브사이드 도로의 서비스 수준

공항 커브사이드 도로의 서비스 수준을 정의하는 기본요소는 운전자가 선호하는 커브공간(해당 항공사 카운터 인근)에 출입할 수 있는 가능성이며, 수요가 증가하여 혼잡해지면 그들이 선호하는 장소로부터 먼 곳에 정차하거나(상류 또는 하류) 2중 정차하거나 심한 경우는 빈 공간을 찾을 동안 커브지역을 선회한다.

커브사이드 유효길이는 실제의 커브사이드 길이에서 횡단보도, 기둥 등 차량이 정차할 수 없는 구간을 제외한 사용 가능한 커브 길이를 말하며, 커브사이드 소요길이·유효길이의 비를 커브사이드 이용률Utilization ratio이라 한다.

커브사이드 도로의 서비스 수준은 2중, 3중 정차 또는 인접 차선의 통행을 방해하는 위치에 정차한 차량 수, 커브지역 입구에서 줄서는 길이 및 시간, 커브사이드에 출입하는 차량의 평균 지연시간, 커브사이드의 이용률 등이며, 이의 대부분은 미시적 시뮬레이션 모델을 이용하여 얻을 수 있고, 커브사이드 이용률에 의한 서비스 수준은 그림 4.11-3과 같다.

그림 4.11-3 커브사이드의 서비스 레벨

(2) 공항 커브사이드 도로의 교통량 추정

공항 커브사이드에 정차한 차량수와 통과교통량을 분리하여 추정한다. 소형 단일터미널만 있는 경우는 정차수와 통과수가 같지만 여러 개의 터미널이 있거나 중간지점에 출입구가 있는 경우는 차이가 날 수 있다.

출발과 도착은 피크시간이 다르고, 수요 및 대기시간도 다르기 때문에 분리·검토하며, 각 차종별로도 분리검토 한다. 승용차, 택시. 리무진, 호텔 픽업차량, 승합차는 각기 다른 대기시간, 주차길이 및 조작능력이 다르기 때문이다.

각 터미널건물별로 교통량을 분리하여 추정하며, 이는 항공사별로 하루 중의 피크시간이 다르고, 운전자는 항공사서브지역에 가까운 커브지역을 선호하기 때문에 수요는 커브사이드의 길이를 따라 골고루 분포되지 않는다. 따라서 여러 개의 터미널이 있는 공항은 각 터미널별로 교통량 및 커브사이드길이가 결정되어야 한다.

(3) 공항 커브사이드도로의 용량산정 방법

커브사이드용량은 ① 커브사이드에 정차할 수 있는 차량 수, ② 통과차선에서 통과할 수 있는 차량 수 중 적은 것으로 정의된다. 커브사이드 차선의 용량은 정차중인 차량이 점유할 선형 길이인 커브의 유효 길이로 표현된다.

실제로 사용 가능한 커브 길이로 정의되는 유효 길이는 횡단보도, 장애인 공간, 터미널빌딩의 끝을 지난 공간, 기둥주변 및 기타 물리적 장애물로 인하여 여객의 승하차가 지장되는 길이를 제외한 길이이다(IKA는 70% 적용).

2중 주차가 금지되는 공항의 커브용량은 단일차선의 유효길이와 같다. 이는 3차선 커브사이드 도로에 적용될 수 있으며, 3차선인 경우에 2중주차를 허용하면 하나의 통과차선만 남게 되어 수시로 병목현상이 발생한다. 2중 주차가 허용되면 커브사이드용량은 유효길이의 2배와 같다. 2중 주차 허용 시에 최대용량으로 운영하는 경우는 차량이 전 길이에 걸쳐 분산되지 않고 선호지역에 3중 주차가 발생할 수도 있다.

추가 고려사항으로서 2중, 3중 커브사이드를 승용차와 상용차로 나누어 사용하는 경우는 용량을 감소시킬 필요가 없으나 Salt Lake City 공항의 예로 볼 때 승용차용으로 주차장 커브사이드, 터미널 외측 커브사이드, 내측 커브사이드가 있다면 주차장 커브사이드는 50%, 터미널 외측 커브사이드는 70~80%의 용량을 적용하는 것이 바람직하며, 터미널커브사이드가 혼잡한 경우도 가까운 커브를 선호하기 때문이다.

(4) 공항 커브사이드 소요길이 산정 간이방법

간이방법은 초기 계획단계 및 커브사이드에 대한 상세정보가 부족한 경우에 신커브사이드 소요길이를 산정하는 데 적절하지만 평균 지연, 줄서기 가능성과 같은 운영성의 예측이 불가하다. 커브사이드 소요길이는 다음 공식으로 산정한다.

$$Ra = V \times (Di/60) \times L$$

여기서, Ra: 소요차량을 정차시키는 데 필요한 유효 커브 길이

V: 커브에 정차할 시간당 차량 수

Di: 평균 정차시간(분)

L: 차량당 평균 정차길이

피크시간 중 피크 구간(15분 또는 20분), 특정 항공사의 입구 또는 매력적인 지점에 교통량이 집중됨에 따라 커브사이드 차선을 따라 불균등한 수요분포를 고려함으로써 정밀도를 향상시킬 수 있다. 표 4.11-2는 미국의 주요 공항에서 모은 자료를 커브사이드 소요길이를 산정하기 위해 사용된 것이며, 차량 종류별로 위치분배 및 조정계수를 적용한 것이다. 이 간이 산출방법에 적용된 절차는 다음과 같다.

- 피크시간 교통량 결정(현장조사 또는 미래 교통량 추정)
- 자동차 혼합비 결정
- 차량당 평균 정차길이 결정
- 자동차 정차시간 결정
- 커브사이드 동시 정차대수 소요 계산
- 커브사이드 설계 정차대수 소요 결정(커브사이드 정차대수에 확률계수 적용)
- 설계 정차대수에 평균 정차길이를 곱하여 커브사이드 설계길이 결정
- 커브사이드 설계길이를 기존 커브의 유효 길이로 나누어 이용률을 구함. 이용률은 신설계는 1.3 이하, 기존커브는 1.7 이하를 적용

통과 차선 수 결정은 서브하는 지역에 따라 다르며, 그 커브를 이용하지 않고 통과만 하는 차량 수, 커브활동과 관계없는 주차장 출입, 렌터카지역 출입 등이 고려되어야 하고, 횡단보도가 있는 경우는 신호등으로 통제되는 시간만큼 감소시켜야 한다.

상용차량에 대한 고려사항으로서 그 공간을 이용할 차량 수, 운영자 수, 빈도, 허용되는 대기시간 및 차량의 크기 등이 고려되어야 하고, 수하물적재함 이용에 불편한 기둥이나 Sign poles와 같은 장애물이 없어야 하고, 높이제한이 없어야 한다(4.0m). 대중교통이용을 장려하기 위한 정책의 일환으로 가장 편리하고 잘 보이는 커브공간을 대중교통에 배정하고, 공항의 수익성을 고려하여 수익성이 큰 차량에 우선순위가 주어질 수도 있다.

호텔차량 및 노선버스는 커브에서 두 번 이상 정차할 수 있으므로 이런 경우에는 정류장의 수를 고려하여 조정해야 한다.

커브사이드의 사전 운영분석(소요길이 산정 등)을 위하여 마이크로-시뮬레이션 모델을 이용할 경우에 다음과 같은 소프트웨어의 능력이 확인되어야 한다.

- 2중, 3중 정차가 허용되는 경우 피크시간 동안 2중, 3중 평균 정차수를 정확히 예측할 수 있는가를 확인한다.
- 커브사이드 도로에서 줄서기가 발생한다면 그런 조건하에서 통과차선의 통행량과 커브사이드의 시간당 정확한 정차수를 계산할 수 있어야 한다.
- 시뮬레이션 모델에 수요를 입력하고 모델에 의거 예측된 PH 교통량이 현장조사 교통량과 유사한지 확인하여 그 차이가 5~10% 이내면 수용할 수 있고, 더 크면 시뮬레이션 모델에 의거 얻어진 용량이 현장조사와 조화될 때까지 평균 대기시간을 조정한다.

5. 공항터미널지역 도로의 문제점 및 개선방안

(1) 터미널지역 도로의 문제점

공항 운영상 발생할 수 있는 10가지 주요 문제점이 다음과 같이 제시되었으며, 여러 공항에서는 다음에 제시된 문제점을 하나 이상 갖고 있다.

- 불충분한 도로용량은 서비스 수준이 D 이하일 때이며, 상류도로로 연장되는 줄서기, 혼잡과 심각한 지연을 자주 경험하는 경우, 일반적으로 만족스럽지 못한 경험 등의 증상을 보인다.
- 불충분한 합류용량은 2개 이상의 교통흐름이 단일흐름으로 합쳐지는 지점에서 도로가 충분한 용량을 제공하지 못하여 발생한다. 이런 문제는 지연, 줄서기, 혼잡을 초래한다.
- 부적절한 엇갈림거리는 차량의 지연, 줄서기, 높은 교통사고비율, 낮은 속도와 통행량 감소를 초래하며, 주요 인자는 운행속도, 교통량, 방향전환을 완성하기 위해 통과하는 차선 수 등이다.
- 차선 불균형은 들어가고 나오는 구간의 연합된 총 차선보다 분기 전 또는 합류 후 구간이 2차선 이상 작을 때이며, 이는 지연, 갑작스러운 분기, 엇갈림거리 증가, 사고다발을 초래한다.
- 방향정보 과부하는 운전자가 허용시간 및 거리 내에서 읽고, 이해하고, 반응할 수 있는 것보다 더 많은 정보가 제시될 때에 발생하며, 이는 갑작스러운 위빙, Miss exits, 갑작스러운 또는 오 방향 이동의 원인이 될 수 있고, 심한 경우는 도로 또는 갓길에서 표지판을 읽기 위해 정차하는 경우도 있다. 방향표지판에는 3가지 이상의 결심사항 또는 5줄 이상의 문구를 피해야 하며, 사용이 불가피하다면 생소하거나 조화되지 않는 용어의 사용을 피해야 한다.

- 불충분한 결심거리는 결정할 사항에 대해 운전자가 읽고, 이해하고, 반응할 수 있는 것보다 거리 또는 시간이 불충분한 것을 말하며, 이런 경우는 갑작스러운 엇갈림, 출구 놓침, 잘못된 회전, 심한 경우는 도로상에 정차하거나 결심지점으로 교통체증을 일으킨다. 이와 관련된 인자는 운행속도, 메시지 내용, 결심지점의 가시성 및 표지판의 가시성 등이다.
- 불충분한 줄서기 길이는 주차장 또는 다른 시설의 입구 또는 출구, 교통신호, 회전차로 등에서 줄서는 자동차가 인접도로 또는 차선의 교통흐름을 방해하게 된다. 예를 들어, 주차장입구 발권기 앞에 줄서는 공간이 불충분하면 그 줄이 인접도로에까지 영향을 주게 된다.
- 예상치 못한 차선 Drop 및 부적합한 Taper 길이는 직통차선이 예기치 못하게 갑자기 끝나거나 인접 차선으로 급하게 합류할 때 발생하며, 이는 도로용량과 운행속도를 감소시킨다.
- 갑작스러운 고속 → 저속 전환은 고속도로가 터미널지역 도로와 바로 연결될 때 발생한다. 접근도로 (90km/h)를 벗어나 터미널지역으로 진입하기 위해 감속(50km/h)해야 한다는 것을 터미널 입구의 커브 또는 정차한 차량을 만날 때까지 인식하지 못하는 경우도 있다.
- 길잃음(Missing movement)은 공항도로망에서 바람직한 통로 또는 안내표지 등이 제공되지 않은 것을 말하며, 대다수 공항에서 운전자는 출발커브에서 단기주차장으로, 단기주차장에서 도착커브 사이드로 직접 진행할 수 있지만 이것이 불가하거나 진입에 실패한다면 멀리 돌아야 하기 때문에 운행거리 증가는 물론 터미널 진입 교통수요가 증가한다.

(2) 터미널지역 도로 개선방안

개선방안은 물리적·운영적·정책적 개선이 있으며, 공항도로의 일반적 계획원리는 항공여객교통(방문객 포함)을 기타 교통(상주직원, 화물, 서비스 등)과 분리하는 것이다. 복수출입구가 있는 공항에서 하나는 여객, 다른 하나는 비여객이 사용할 수 있고, 하나의 접근도로만 있는 경우는 터미널지역의 상당한 전방에서 별도의 서비스도로를 만들어 비여객교통을 분리할 수 있다.

a. 도로 운영개선을 위한 물리적 방안

:: 도로확장

- 신차선 건설: 용지 확보가 가능하거나 장애물제거가 확실한 경우에 추가 차선이 건설될 수 있다. 여기서 장애물이라 함은 기존 및 계획된 것으로서 건물, 지하공급시설, Airside 보호를 위한 제한범위 기타 고정 장애물 등이다.

- 차선 재구성: 기존차선의 폭을 감소하여 추가 차선을 만들 수 있다. 예를 들어, 기존 4차선 도로에서 차선폭을 줄이고(예: 3.6~3.9m → 3.0~3.3m) 동시에 갓길 폭을 줄이거나 포장된 수로를 교통차선으로 전환하여 5차선을 만들 수 있다. 기존 배수구조물을 이설하지 않는다면 매우 저렴한 가격으로 가능하다.
- Tapers 길이 연장, 차선 불균형 교정: 도로에서는 부적절한 Tapers 또는 차선 불균형을 방지해야 한다. Tapers 길이는 관련 속도에 좌우된다.
- 좌우 회전차선 추가: 같은 평면 내에 있는 교차점 특히 신호화된 교차점의 용량은 배타적인 좌회전 또는 우회전 차선을 추가 제공함으로써 개선될 수 있다.

:: 도로 재구성

- 3방향 결심지점 제거: 주요 도로의 재건설을 하지 않고 하나의 결심지점 상류를 이전함으로써 3방향 결심지점을 2방향 결심지점으로 전환할 수 있다.
- 엇갈림거리 연장: 엇갈림지역에서 하나의 출구를 막아서 하류출구로 교통을 돌림으로써 바람직하지 못한 엇갈림을 개선할 수 있다. LA 공항에서는 연중 가장 바쁜 날에 터미널로 바로 순환하는 도로를 이동성 Gate arm을 이용하여 막아 자동차를 약간 멀리 우회시킴으로써 엇갈림문제를 해소하며, 이런 방법은 최소한의 경비로 시행할 수 있다(장애물 설치 등).
- 줄서기 공간 개선: 줄서기 공간을 추가로 확보하거나 제약지점의 통과용량을 증가시켜 개선할 수 있다. 신용카드를 이용한 주차장 출입은 현금보다 통과 량을 증가시킬 수 있다.

:: 방향 표지판 개선

기존 표지판을 쉽게 이해할 수 있도록 단순하게 개선할 수 있다. 이는 문자구성 및 글씨체를 단순화할 수 있고, 메시지에 우선순위를 두는 방법도 있다. 기능적인 메시지가 유용하다.

:: 교통센터

복잡한 도로망과 복수 주차시설이 있는 공항은 교통센터를 이용하여 교통흐름을 개선할 수 있다. 카메라, 탐지기, 기타 기술을 이용 공항전반에 관한 교통을 감시하여 혼잡지점을 해결하도록 지시하고 주차시설 또는 도로의 개폐, Sign 변경 등 흐름을 개선하기 위한 운영이 가능하다.

b. 도로 운영개선을 위한 운영적 방안

:: 속도 감속

터미널지역에 접근할 때 '특히 고속도로에서 터미널지역으로 진입할 때' 필요하며, 감속을 유도하는 수단은 다음과 같다.

- 포장조직: 감속지역에 접근할 때 덜거덕 거리는 경고음을 만들기 위해 이질의 포장 띠를 사용할 수 있고(벽돌, 조약돌, Cut 등), 이어지는 띠 간격을 감소하여 경고신호의 빈도와 양을 증가시키는 것이 가능하다.
- 기능성 경고 Sign: 레이더활성 속도제한표지를 이용하여 자동차의 속도를 탐지하고, 속도제한을 초과하면 Display에 적색이 번득이게 한다.
- 자동작동 보행자신호: 보행자가 도로를 횡단할 때 포장 내 매설된 센서가 신호를 작동하게 하는 방법이다.
- 강제수단: 경찰의 단속, 경찰차량 주차, 과속차량 촬영카메라 등을 이용하여 제한 속도를 지키도록 강요할 수 있다.

:: 교통수요 관리

상주직원의 합승 권장, 피크시간 이용억제 등의 방법이 있으며, 대중교통의 편리성 향상(고속, 정시성, 빈도 등), 상주직원의 출퇴근시간 조정 및 대중교통 할인승차권 제공 등의 방법으로 대중교통 이용을 유도함으로써 승용차 교통을 감소시켜 혼잡을 완화하는 방법이다.

:: 정보처리기능이 있는 교통 시스템

교통시설의 효율적 이용을 위해 여러 지능 교통 시스템의 이용이 가능하다. 교통량을 감시하기 위한 GPS 기술, 도착운전자에게 여행자 정보를 제공하기 위한 다양한 시스템을 포함하며(예: 항공사 schedule, 주차 공간 이용성 등), 정보를 전달하는 수단은 인터넷, 이동통신, 도로안내방송, 비행정보 안내 시스템(도착커브 또는 핸드폰 주차장 지역) 등이다.

c. 도로운영 개선을 위한 정책적 방안

:: 대중교통장려

공항 운영자가 철도의 건설 및 운영을 지원한다. 여객 및 상주직원의 버스이용을 장려하며, 이를 유도하는 방안으로서 가장 편리한 커브에 버스 정류장 배치, 버스안내표지판 설치(시간표 및 예상 대기시간), 편리한 장소에 발권기 설치, 비상시 상주직원에게 보장된 귀가교통편 제공, 여객에 대한 특정교통수단의 경비보조 등이 있다.

:: 직통버스 서비스를 갖춘 원격주차장 이용 장려

접근교통으로(특히 승용차) 터미널 주변이 혼잡한 여러 공항에서 원격 주차장 및 버스 서비스에 경비를 보조하여 터미널 주변의 승용차 교통량을 억제시키고 있다(LA, JFK, Newark, San Francisco, La Guardia 등).

:: 렌터카 셔틀버스 또는 무료셔틀

여러 렌터카회사가 운영하는 렌터카 셔틀버스를 통합 운영함으로써 교통량을 감소시킬 수 있고, 이는 렌터카회사 컨소시움 또는 공항 운영자가 운영할 수 있다. 어떤 공항은 호텔·모텔이 연합하여 공동 무료셔틀을 운영하여 성공한 사례도 있다.

:: 상용차량 운영통제

이는 주로 커브사이드 운영개선에 활용할 수 있고 또한 다른 도로운영도 개선할 수 있다(커브사이드 위치배정, 정차시간 제한 등).

위에서 언급된 터미널지역 도로의 문제점과 개선방안은 표 4.11-3과 같다.

표 4.11-3 터미널지역 도로의 대표적 문제점 및 개선방안

개선방안	대표적인 문제점									
	도로용량부족	엇갈림용량부족	부적절한엇갈림거리	차선불균형	방향정보과잉	결정거리부족	줄서기길이부족	Taper길이부족	돌연속도전환	이동실수
1. 물리적 방안										
• 도로 확폭	●	●	◑	●	◑	◑	●	●	●	○
• 도로 재구성	●	●	◑	◑	◑	●	●	●	●	●
• 표지판 개선	○	◑	◑	○	●	◑	○	○	○	○
• 교통센터	◑	○	○	○	●	◑	○	○	○	○
2. 운영적 방안										
• 감속	◑	◑	◑	○	○	◑	◑	◑	●	○
• 교통수요관리	◑	◑	○	○	○	○	○	○	○	○
• 지능교통 시스템	◑	○	○	○	●	○	○	○	○	○
3. 정책적 방안										
• 환승수요창출	◑	○	○	○	○	○	○	○	○	○
• 교통센터	◑	◑	○	○	○	○	○	○	○	○
• 버스이용장려	○	○	○	○	○	○	○	○	○	○
• 상용차량통제	○	○	◑	○	○	○	○	○	○	○

주: ① ●=뚜렷한 효과, ◑=다소의 효과, ○=제한적 효과
  ② 개선방안에 의한 상대적 효과는 각 공항의 특성에 따라 상당히 다르다.

6. 커브사이드 도로의 문제점 및 개선방안

(1) 커브사이드 도로의 문제점

불충분한 커브사이드 용량은 필요한 커브사이드 길이가 사용할 수 있는 커브사이드 길이의 1.3배 이상 크거나 통과차선의 LOS가 C급 이하일 때를 말한다. 커브사이드 수요가 용량을 초과하면 지연과 줄서기가 발생하며, 전 커브 길이에 걸쳐 2~3중 정차 및 통과차선의 속도 감소 등을 초래한다. 커브사이드 도로는 적절한 길이와 더불어 적절한 통과용량이 있어야 하며, 한 지점의 약점은 다른 지점에 악 영향을 미친다. 커브사이드 용량 부족의 주요 요인은 다음과 같다.

a. 수요 불균형

사용 가능한 총 커브사이드 길이는 수요를 수용하기에 충분하지만 커브의 한 구간에 과부하가 있을 때 수요 불균형이 발생한다. 어떤 항공사가 피크시간 여객의 대다수를 서브한다면

그 항공사가 점유하고 있는 부분으로 교통이 집중되고 잔여지역은 충분히 활용되지 못할 것이다. 커브사이드의 수요균형을 유지하기 위해 지정된 항공사의 체크인카운터 또는 수하물 Claim 지역을 재배치하는 것은 일반적으로 타당하지 않은 것으로 알려지고 있다.

b. 불충분한 차선 수

현재 및 장래에 LOS C 이상의 시설소요에 용량이 부족한 커브사이드 도로는 전형적으로 차선수가 불충분하다. 일반적으로 4차선 이상의 커브사이드 도로는 충분한 용량을 제공하며, 이는 2중 정차가 발생해도 잔여 2차선을 통행차선으로 사용할 수 있기 때문이다. 3차선 이하는 2중 정차가 통행을 제한하므로 통행차선에 혼잡과 지연이 자주 발생한다. 4차선에서 내측 및 외측 차선에 정차하고 중앙 2차선을 통행차선으로 사용하는 경우에도 이와 유사한 제한이 발생한다.

c. 보행자 횡단보도

보행자가 횡단보도를 통과하는 것은 커브용량을 감소시킨다. 횡단보도로 인한 지연은 횡단보행자의 수, 점유시간 비율 및 횡단보도의 수와 관련된다.

d. 인접한 토지이용을 서브하는 도로

인접시설을 출입하는 데 사용되는 도로는(예: 주차장, 렌터카지역) 커브사이드의 교통흐름을 방해할 수도 있다. 주차장으로 출입하는 차량이 감속하거나 가속하기 때문에 통과교통에 영향을 주며, 이런 시설 입구에 줄서기 길이는 커브사이드 도로까지 연장될 수도 있다.

e. 불충분한 커브 길이

사용 가능한 커브 길이보다 필요한 커브 길이가 1.3배 이상 클 때 또는 상당한 2중 정차 Double parking가 있을 때 발생한다.

f. 비효율적 커브공간 배정

총 가용공간은 수요를 수용할 수 있지만 이 공간이 여러 범주의 교통으로 배정될 때 어떤 것은 소요보다 크고, 어떤 것은 소요보다 적을 때 발생한다. 이런 상황은 공항을 드물게 서브하는 차량에 커브공간이 배정될 때(예: charter bus 등), 신서비스의 출현으로 수요가 변경 될 때, 또는 해당 교통수단의 운영 또는 가동요건에 부합되지 않는 작은 단편으로 배정될 때 발생할 수 있다. 또한 특정 항공사에 배정된 커브크기가 해당 교통량에 조화되지 않을 때도 발생한다.

g. 사용할 수 없는 커브사이드 도로의 기하구조

곡선구간, 협소한 보도, 기타 물리적 장애물 때문에 여객이 승하차 할 수 없는 경우이다. 일반적으로 출입에 지장을 줄 정도의 작은 곡선반경은 문제이며, 도로에 접한 기둥이나 사고 방지용 말뚝Bollards도 출입문 개폐에 지장을 줄 수 있다. 협소한 보도 또한 기둥, 벤치, 줄서기 등을 우회하기 위해 수하물을 가지고 도로에 들어오게 할 수 있다.

h. 과도한 대기시간

과도한 대기시간은 비여객의 승하차가 있을 때, 커브사이드에 장시간 남아 있는 것을 허용할 때 발생하며, 어떤 상용차량의 경우는 공항의 방침에 의거 장시간 대기를 허용하는 경우도 있다. 과도한 대기시간은 불충분한 경찰활동, 자유방임의 공항정책일 수도 있다. 대 다수 차량이 합리적 대기시간을 지키는 경우에도 10%의 차량은 과도한 시간 동안 남아 있는 경우가 많다.

(2) 커브사이드 도로의 개선방안

a. 커브사이드 용량 증대를 위한 물리적 개선방안

:: 커브사이드 도로 확장

- 기존 커브사이드 도로에 차선 추가: 예를 들어 4차선을 5차선으로 확장하면 통과차선 용량이 증가할 뿐 아니라 2~3중 정차를 더 잘 수용할 수 있고, 커브사이드 차선으로 출입하는 차량 때문에 발생하는 통과 교통의 지체도 감소시킬 수 있다.
- 신 커브사이드 도로건설 및 제2 커브사이드(Island) 건설: 기존 커브사이드 도로에 평행한 제2 또는 제3의 커브사이드 도로를 건설하면 커브사이드 용량을 증가시킨다. 터미널에 바로 인접해 있지 않는 커브사이드에는 기상보호시설을 갖추어 고객에 대한 매력을 향상시킬 수 있다. 벤치를 갖춘 대기 소 또한 정기교통편 또는 셔틀차량을 기다리는 고객의 서비스를 개선할 수 있다.

- 신 우회도로 건설: 여러 개의 터미널이 있는 공항에서는 우회도로가 있으면 커브사이드 도로의 교통량을 감소시킬 수 있다.

:: **커브사이드 도로 길이 연장(Lengthening)**: 연장된 커브를 이용하는 데 편리하게 이용할 수 있는 출입구가 있다면 터미널 건물 정면을 좀 지난 지점까지 커브사이드 길이를 연장하는 것이 가능할 수도 있다. 공항을 자주 이용하지 않는 상용차량을 연장된 커브사이드 지역에 배정할 수 있다. 승용차는 터미널 전면에 정차하는 것을 선호하며, 연장된 커브지역의 이용이 편리하다고 인식되지 않으면 이용하지 않을 것이다.

:: **추가 커브사이드 레벨 건설**: 단일 레벨의 커브사이드 도로만 있는 터미널은 고가커브를 건설하여 용량을 증대할 수 있다. 일반적으로 단층 터미널에 2층 커브사이드 도로를 건설하거나, 2층 터미널에 3층 커브사이드 도로를 건설하여 용량을 증대하는 것은 비현실적인 것으로 인식되며, 커브사이드 도로가 터미널 건물의 층높이에 맞지 않는다면 커브도로와 터미널 간의 여객통행을 위해 별도의 수직순환 시설이 필요하다. 결과적으로 2~3층 커브사이드 도로건설은 신터미널 건설과 기존터미널 확장 설계에 의거 수행된다.

:: **보행자 횡단보도 이전**: 횡단보도 합병으로 자동차 정차위치의 수를 줄일 수 있다. 단, 여객은 더 원거리를 보행해야 한다.
보행자통로 재배치, 즉 고가도로 또는 지하터널을 이용하여 평면횡단보도를 이전하면 도로운행이 개선되고 또한 보행자의 서비스 수준도 개선될 수 있다(예: LA 공항). 위의 층변경 방법은 수하물을 운반하기에는 불편하므로 평면횡단보다 더 매력적인 대안이 필요하다.

:: **여객 승하차 대체지역 제공**
- 주차장 내 커브 배치: 상용차 또는 승용차를 위해 주차장 내에 배치된 커브, 또는 터미널에 직접 접근할 수 없는 주차장 인접지역에 커브사이드를 둘 수 있으며, 터미널과 주차구조물 사이에 층 변경 보행자 접근로가 있으면 매력적이다.

- 상용차량 Court Yards: 지상 교통센터 또는 교통수단 간 환승센터와 같은 개념으로 사용되며 터미널에서 다소 떨어진 곳에 승용차를 주차시키고, 이 지역에 배치된 상용차량 커브사이드에서 버스에 의거 Pick-up 또는 Drop-off된다. 이 Court Yards는 추가로 여객 승하차지역을 제공함으로써 커브용량 증대 또는 커브혼잡을 경감할 수 있다. 상용차량 Court Yards를 갖춘 공항은 Atlanta, New York, San Francisco, Singapore 및 탬파공항 등이다. Denver, Nashville, Orando, San Francisco, Toronto 공항 등은 3층 커브사이드를 갖추었으며, 한층은 모두 상용차량을 위해 사용되고 있다. 3층 커브사이드는 터미널과 연결통로가 적절해야 한다.
- 원격 커브사이드: ORD 공항에는 공항호텔과 중앙주차장 사이에 상용차량의 승하차지역이 배치되었으며, 터미널로 연결되는 지하터널이 있다. 또한 교통센터는 여객대합실을 갖추고 있다(좌석, 난방, 공기조화). San Francisco 공항에는 도착여객을 기다리는 승용차를 서브할 수 있는 원격 커브사이드가 있으며, 이는 원격 통합 배치된 렌터카시설 및 APM 역에 인접해 있다. 이 지역은 렌터카 고객과 접근시설을 공유함으로써 원격 커브사이드에 쉽게 접근할 수 있다.

b. 커브사이드 용량 증대를 위한 운영적 개선방안

:: **커브사이드 수요 축소**: 이는 어떤 교통수단의 커브사이드 수요를 감소시킴으로써 다른 교통수단의 필요한 커브용량을 확대하기 위한 것으로서 이용 제한, 핸드폰주차장·무료주차장·대중교통의 이용 장려 등이 있다.

- 이용 제한: 공인된 차량만 커브를 사용하게 하고 일부 차량의 커브 이용을 제한한다.
- 핸드폰 주차장: 터미널에서 멀리 떨어진 곳에 있는 무료 주차장이며, 도착여객을 태울 운전자는 여객이 커브사이드에서 기다리고 있다는 전화가 올 때까지 대기할 수 있다. 핸드폰 주차장은 커브지역을 효율적으로 이용할 수 있으며, 이는 운전자가 여객이 어디서 대기하는지 정확히 알 수 있고, 커브지역이 혼잡하다면 다른 대체 Pick up 위치를 이용할 수 있으며, 여객이 커브에 도착하기 전에 운전자가 먼저 도착하면 커브에 장기 정차하거나 터미널지역을 여러 번 순환해야 하는 문제를 해소할 수 있다. Phoenix, Salt Lake City 등의 공항에서는 핸드폰 주차장에 대기하는 운전자에게 정보를 제공하기 위해 비행정보 안내판을 설치했고, Tampa 공항 등에서는 비행기가 지연될 때 이를 도착커브 표지판에 표시하여 운전자가 커브에서 대기하지 않고 떠나도록 유도하고 있다. 여러 공항에서 Cell phone 주차장에 편의점을 운영하고 있다.
- 무료 단기주차장: 단기주차장의 빈 곳을 쉽게 찾을 수 있고, 가격이 합리적이라면, 운전자는 커브에 정차하는 대신 단기주차장에 주차하고 여객을 터미널까지 배웅한 다음 공항을 떠날 것이다. 단기주

차장 이용을 유도하기 위해 30분까지 무료주차를 제공하는 공항도 있으나 시애틀~공항에서 30분 무료주차 전후를 비교한 결과 커브사이드 수요변화는 무시할 정도이었다.

- 대중교통이용 장려: 여객과 상주직원의 대중교통이용을 장려함으로써 공항도로 및 커브사이드 교통량을 감소시킬 수 있다. 대중교통에 커브공간을 우선적으로 배정하는 등 대중교통 이용을 장려하는 여러 가지 방안을 사용할 수 있다.

:: **커브사이드 도로교통의 속도감속**: 운전자로 하여금 커브사이드 도로에서 안전운행, 저속운행, 보행자주의를 하도록 과속방지턱, Speed platforms 또는 Tables를 이용할 수 있다. 좁은 차선은 운전자에게 천천히 운전하게 하며, 이를 위해 도로 폭을 제한하는 방안도 있다.

:: **커브사이드 통제에 의한 개선**: 공항 커브사이드를 통제하기 위해 경찰을 이용할 수 있다. 커브사이드 도로에서 장기대기 억제, 운전사 없는 정차금지 등이 속도 제한보다 더 주목을 받는다. 어떤 공항은 커브사이드 입구에 견인차를 배치하여 운전자가 차를 두고 떠나는 것, 커브사이드에 너무 오래 정차하는 것, 기타 부적절한 행동을 통제한다. 어떤 공항은 경찰대신 교통통제요원을 고용하며, 임금도 저렴하다.

:: **커브 배정 개선**: 여객 및 커브사이드 수요를 고려하여 신교통서비스 도입 또는 기타 공항 정책을 수행하기 위해 할당된 커브공간의 위치와 크기를 변경, 증가, 감소시킬 수 있다.

- 공간의 합병 또는 분리: 다른 범주의 교통수단에 할당된 커브공간을 합병 또는 분리할 수 있다. 예로 셔틀차량(호텔, 렌터카)별로 분리 사용하던 것을 공동 커브사이드를 이용하게 할 수 있다.
- 단일 정차지역 운영: 상용차량이 상층 하차·하층 승차 하던 것을 한곳에서 승하차함으로써 필요로 하는 정차장의 수 및 공간의 크기를 감소시킬 수 있으나, 여객은 더 많은 층 변경과 보행을 해야 하므로 여객서비스는 감소한다. 한 층에서 두 번 정차를 한 번 정차하는 방법도 있다.
- 비피크지역 이용: 상용차량으로 하여금 터미널의 저 활용부분에서 승하차 하도록 유도함으로써 기존 커브공간의 활용도를 개선할 수 있다. 예로서 출발피크시간에는 도착지역에 여객을 하차시키고, 도착 피크시간에는 출발지역에서 여객을 승차시킨다.

:: 상용차량 운영방안 수정

공항 운영자는 언제, 어디서 지상교통차량이 공항도로를 이용하도록 허용할 것인가를 통제하는 지상교통 통제규정을 제정할 수 있으며, 이는 다음의 정책 방안에서 논의된다.

c. 커브사이드 운영개선을 위한 정책적 방안

:: **통제규정**: 공항 운영자는 공항여객을 수송하는 상용차량 운영자에게 다음과 같은 것을 통제하는 공항의 통제규정에 따르도록 요청함으로써 공항의 운영을 개선할 수 있다. 이용할 수 있는 도로, 여객의 승하차(정차) 위치, 허용되는 최대 대기시간, 속도제한, 공항에 지불해야 할 요금 등

:: **요금징수**: 공항의 수요를 관리하고 투자비를 회수하기 위해 공항 운영자는 여러 가지 요금을 징수할 수 있으며, 이런 요금은 회사, 차종, 차량 수 ,업무량 등에 근거할 수 있다. 수요관리 요금에는 규정된 대기시간을 초과한 커브사이드에 체류 ,월간 또는 일간 운항 횟수 제한 초과, 통제하는 차량 간의 최소 시격을 위반하는 운영자에 대한 벌과금을 포함한다. 공항 운영자는 이런 요금을"커브사이드 운영개선, 불필요한 차량 억제, 대체연료 차량이용의 장려, 할인된 통합 셔틀서비스 등 공기 질 개선과 기타 공항의 목표 달성을 위해 사용할 수 있다.

상기 4.11.4절에서 언급된 공항 커브사이드 도로의 대표적 문제점 및 개선방안을 정리하면 표 4.11-4와 같다.

표 4.11-4 커브사이드 도로의 대표적 문제점 및 개선방안

개선방안	대표적인 문제점								
	커브 용량 부족	수요 분포 불균형	차선수 부족	횡단 보도	인접 시설 통행	커브 길이 부족	커브 공간 배정 불균형	커브 기하구조 불량	정차 시간 과도
1.물리적 방안									
• 커브도로 확폭	●	●	●	◐	●	◐	●	●	◐
• 커브도로 연장	●	●	◐	◐	●	●	●	●	◐
• 커브레벨 추가 건설	●	●	●	●	●	●	●	●	◐
• 횡단보도 제거	◐	○	◐	●	○	●	●	●	○
• 여객 승하차 대체지역 제공	◐	◐	◐	●	◐	○	◐	○	○
2. 운영적 방안									
• 커브 수요 감축	●	●	●	●	◐	●	●	●	●
• 커브 속도 감속	◐	◐	○	●	◐	○	◐	○	○
• 커브 통제	●	◐	●	●	●	●	●	◐	●
• 커브 배정 개선	◐	●	◐	◐	●	◐	●	●	◐
• 상용차 운영 수정	◐	●	◐	◐	◐	●	●	●	●
3. 정책적 방안									
• 규제 및 단속	◐	○	○	◐	◐	○	◐	○	◐
• 요금징수	◐	◐	○	○	○	◐	◐	○	●

주: ① ●=뚜렷한 효과, ◐=다소의 효과, ○=제한적 효과
　　② 개선방안에 의한 상대적 효과는 각 공항의 특성에 따라 상당히 다르다.

참고자료

1. Airport Curbside and Terminal Area Roadway Operations. Airport Cooperative Reach Program. Report 40 (2010). TRB(FAA)

4.12 포화된 공항주차장 개선대책

1. 공항주차장 운영배경

(1) 주차장 이용자

a. 장기주차 이용자

여행기간 동안 그들의 승용차를 공항에 주차하는 여객을 말한다. 여행기간은 여객의 출발~도착기간으로서 같은 날일 수도 있고, 수일 또는 수주일일 수도 있다.

b. 단기주차 이용자

공용주차장에 6시간 이내로 주차하며, 여객이 아닌 송영객, 공항을 업무 또는 관광 목적으로 방문한 자, 수시고용인 등이며, 터미널 가까이 주차하는 성향이 있다.

c. 상주직원

공항 운영자, 항공사, 기타 공항 내 회사에 고용된 자를 말하며, 다음의 주차장 중 하나에 주차하거나 대중교통을 이용하기도 한다.

(2) 주차장의 분류

a. 운영자별 분류

공항 운영자가 운영하는 주차장, 공항 운영자를 대신하여 계약된 주차관리회사가 운영하는 주차장, 공항 외곽 인근에 개인이 운영하는 주차장 등으로 분류된다.

b. 위치별 분류

터미널지역주차장과 원격주차장으로 분류된다. 터미널지역주차장은 터미널에 바로 인접한 주차장과 셔틀버스 등 기타 교통수단을 이용할 수도 있는 중거리주차장을 말한다. 원격주차장은 공항이 운영하는 주차장과 공항 외부에 개인운영 주차장을 포함한다.

c. 주차장 선정

이용자는 주차시간, 주차비, 각 주차장에서 제공되는 서비스 및 안전 등을 고려하여 여러 주차장 중에서 선정한다. 단기주차장은 가장 편리한 서비스를 원하는 자가 이용하는 반면 장기주차장 이용자는 주차비와 편리성을 고려한다. 상주직원은 작업위치에 따른다. 주차장 위치에 따라 주차장과 목적지를 연결하기 위한 교통수단이 필요할 수도 있다.

위에 설명된 주차장의 종류별 운영자, 위치 및 이용자 등을 정리하면 표 4.12-1과 같다.

표 4.12-1 공항주차장의 분류

주차장	운영자		위치		주차장 고객			교통수단 필요성
	공항	개인	터미널지역	원격	여객	송영객	상주직원	
단기 또는 시간	●		●		●	●	●	
장기 또는 일간	●		●		●	●	●	1●
Economy	●			●	●		●	●
개인운영		●		●	●			●
Valet(대리주차)	●	2●	●	2●	●			
Premium(좋은 공간)	●	2●	●	2●	●			
핸드폰 주차장	●			●				
상주직원 전용	●		●	●			●	●
상주직원근무처	●						●	

주: ① 거리에 따라 여객 또는 상주직원을 운송하기 위해 셔틀버스 등이 필요할 수도 있다.
 ② Valet 또는 Premium 주차장이 외부사업자인 경우 주차장에서 커브까지 여객을 수송할 필요가 있다. 공항당국이 허용하면 커브에서 사업자에게 차를 인도할 수도 있다.

(3) 공용주차장(Public Parking)

주차장별로 서비스 수준이 다양하며, 주차요금에 가장 관계가 큰 것은 터미널 접근성과 서비스 수준이다(예: 대리주차, 고정노선셔틀버스, Bumper-to-door 셔틀버스, 예약 주차장, 지붕 있는 주차장, 보안수준 등). 이런 여러 서비스는 주차장의 특성에 영향을 주지만 주차요금에 가장 큰 영향을 미치는 것은 터미널에 대한 상대적 위치이다.

그림 4.12-1은 여러 주차장의 터미널에 대한 상대적 위치와 이용자에 대한 상대적 주차요금을 보여준다. 예를 들어, 주차장은 터미널지역 주차장과 원격주차장으로 구분되며, 여객 및 방문객 주차장(공용주차장)과 상주직원 주차장으로 분류된다.

터미널지역 주차장은 터미널에 인접해 있거나 걸을 수 있는 거리에 있는 주차장으로서 일반적으로 터미널지역 내에 공항 운영자가 제공하는 것이며, 다음과 같이 분류된다.

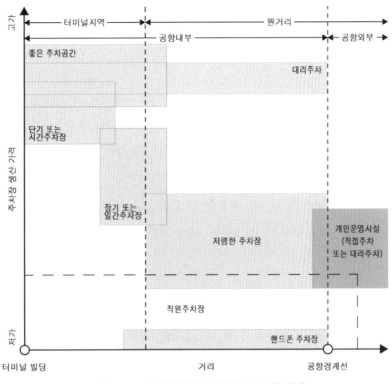

그림 4.12-1 공항주차장의 위치와 요금의 관계

a. 단기주차장

때로는 시간주차장Hourly parking이라고도 하며, 터미널로 걸어가기에 가장 편리한 주차장이고, 이는 단기주차 자에 제공하기 위한 것이다. 장기주차 자의 일부는 터미널 접근성 때문에 비싼 주차요금을 감수하고 단기주차장을 이용하는 경우도 있다.

b. 장기주차장

단기주차장보다는 멀지만 터미널지역 내에 있는 주차장이다. 이는 통상 걸을 수 있는 거리지만 셔틀버스 또는 운송설비가 제공되기도 한다. 이는 단기주차장에 비하여 요금이 저렴하며, 주차 자에게 편리함보다는 경제적 주차를 제공하기 위한 것이다.

c. 대리주차장

주차공간을 찾을 필요 없이 터미널 가까이 차량을 주차하고자 하는 여객에게 편리한 서비스를 제공하기 위한 것으로서 차량인계는 보통 터미널 커브사이드이거나 터미널에서 걸어 가기 쉬운 주차지역이다. 대리주차장 운영자는 차를 가까운 곳에 주차하거나 원격위치에 주차할 수도 있다. 대리주차는 장기주차자가 주로 이용한다.

d. 프리미엄 주차장

고가의 요금을 지불하는 고객에게 편리한 서비스를 제공하기 위한 것으로서 공항 운영자 는 여러 타이프의 프리미엄 주차장을 제공할 수 있으며, 이는 시간에 민감한 고객에게 보증 된 주차공간이나 가장 편리한 공간을 제공할 수 있다. 이는 공항의 수입을 증대하고, 고객의 필요성에 대응하며, 공항 외부의 주차장에 비해 경쟁성이 있다.

Premium 주차장의 예(Seattle-Tacoma 공항)

14일간 요금을 월정요금으로 판매하며, 이 패스를 매일 이용한다면 55% 할인된 요금과 같다. 이 패스는 회사명으로 구입하여 직원 누구나 이용할 수 있다.

---

e. 핸드폰(Cell phone) 주차장

환영객이 도착여객을 태우기 위해 기다리는 동안 무료로 주차할 수 있도록 제공되는 주차 장으로서 터미널외곽에 있지만 공항도로망 및 커브사이드에 쉽게 접근할 수 있는 위치이며, 여객이 기다리고 있다는 전화가 오면 커브사이드에 가서 여객을 만날 수 있다. 도착항공기에 대한 정보를 운전자에게 알리기 위해 비행정보 안내 시스템[FIDS]을 갖춘 곳도 있으며, 터미널 지역 도로 및 커브의 혼잡을 완화시킨다.

(4) 상주직원 주차장

공항 운영자는 다음과 같은 상주직원 주차장을 제공할 수 있다.

• 상주직원 전용주차장: 터미널지역 내 또는 터미널 외부에 배치할 수도 있으며, 단일회사주차장, 여 러 회사 공동주차장 또는 공항 특정지역 내 상주직원을 위해 제공될 수 있다.

- 공용주차장 내 상주직원 주차장: 공용주차장 내 일부를 상주직원용으로 배정할 수도 있고, 여객이 이용하는 공용주차장 어디든 상주직원이 이용하게 할 수도 있다.
- 상주직원 작업용 주차장: 이런 타이프의 주차장은 화물지역, 항공기정비행가, 임대차주차장, 기내식공장, 공항시설정비지역 또는 중앙공급시설 등의 작업장 인근에 제공될 수 있다.

(5) 기타 주차장

공항의 공용 또는 상주직원 주차장이라기보다는 다른 목적의 주차장이 필요할 수 있으며, 이들은 때로는 공용주차장으로 간주될 수도 있다. 이런 주차장에는 렌터카 대기 또는 보관주차장, 공항서비스차량 주차장, 상용차량 대기주차장 등이 포함될 수 있다.

2. 공항주차장 이용자 구분

주차장 이용자의 특성과 요구Needs는 주차장 운영과 관리에 주요 고려사항이며, 이런 특성과 니즈를 잘 아는 것은 주차장의 제약조건을 이해하고 해결하거나 방지하는 데 중요하다.

(1) 여객의 구분

여객은 기점여객, 종점여객 및 연결여객으로 구분되며, 기·종점O&D여객은 공항에 와서 항공기에 탑승하는 여객·항공기에서 내려서 돌아가는 여객으로서 공항에 오고 가기 위해 지상교통을 이용하지만 연결여객은 항공기만 갈아탈 뿐 지상교통은 이용하지 않으므로 O&D 여객만 주차장 등 Landside에 영향을 준다.

O&D 여객의 다음 두 가지 특성은 공항주차장의 필요한 형태와 크기에 큰 영향을 미친다.

- O&D 여객의 거주위치(거주자/비거주자)
- O&D 여객의 여행목적(업무/비업무)

거주 여행자(업무/비업무)의 특성을 이해하는 것이 공항주차장을 이용하는 여객의 요구에 근거하여 공항주차장이 제약되는 것을 방지하고 개선하기 위한 최적의 대책을 결정하는 데 도움이 된다. 거주 업무여행자 및 거주 비업무여행자의 특성은 공항마다 매우 다양하므로 공항 운영자는 이런 특성을 이해하는 것이 중요하다.

a. 거주상 태별 여객의 영향

공항의 영향권Catchment area 내에 거주하는 여객을 거주여객, 그 공항이 있는 지역을 방문한 여객을 비거주여객이라 한다. 비거주여객의 자동차는 거주 지역에 있으므로 장기주차장은 거의 거주여객이 이용하고, 단기주차장은 공항 인근에 거주하는 환송객, 환영객, 공항 내 영업자, 공항방문자 등이 이용한다. 표 4.11-2에 의하면 연간여객은 많을 지라도 공항별 O&D 여객의 거주자비율에 따라 공항주차장을 이용하는 O&D 여객 거주자 수는 적은 경우가 있으므로 O&D 여객 및 거주자 비율을 고려하여 주차장을 계획하는 것이 중요하다.

표 4.11-2 공항별 여객, 거주 O&D 여객, 주차대수 비교(2007)

공항	여객 (백만 명)	O/D 여객 비율(%)	O/D 여객 (백만 명)	거주 O/D 여객비(%)	거주 O/D 여객 (백만 명)	주차 수요	
						단기(대)	장기(대)
LAS	47.0	87	40.9	15	6.1	900	11,500
IAD	24.5	52	12.8	72	9.2	1,920	21,550

b. 여행목적별 여객구분

여객의 여행목적은 주차장이용 여부와 주차장 선정에 영향을 주며, 접근교통수단의 선정에 영향을 주는 가장 큰 요인은 업무목적 또는 비업무목적 이다. 업무목적 여행자의 특성은 비업무여행자보다 더 많이 비행기를 타고, 공항에 오고 가는 시간에는 민감하지만 교통비에는 덜 민감하며(출장비 이용), 평균 여행기간이 짧고, 때로는 회의에 참석하고 당일에 돌아오기도 한다. 따라서 업무여객은 단기주차 여객의 높은 비율을 차지한다.

(2) 상주직원의 구분

공항상주직원의 수와 출퇴근 패턴은 상주직원 주차장 소요에 가장 큰 영향을 미친다. 공항 운영기관의 직원 수는 총 상주직원의 10% 미만이므로 운영기관의 상주직원은 전체 상주직원 주차장에 큰 영향을 미치지 않는다. 주요 공항에 대하여 조사한바 다음의 범주가 영향이 크다.

- 비행승무원: 스케줄에 따라 수일이 걸리기도 하고, 보통 개인승용차로 공항에 출근하며, 여객과 같이 하루 이상을 주차하지만 다른 상주직원에 비해 월간 근무일수는 적다.

- 교대근무자: 고용주는 공항 운영자, 항공사, 렌터카회사, 공항매점, 항공화물회사 등이며, 공항기능을 유지하기 위해 근무교대는 중복되어야 하므로 교대근무자에 대한 주차문제를 고려하는 것이 중요하다. 즉, 평시보다 교대 시에 많은 주차장소요가 발생한다.
- 관리직원: 항공사 등 여러 고용주는 공항에 관리직원을 유지하며, 이런 상주직원을 고려하는 것이 주차장의 제약배경을 이해하는 데 중요하고, 관리직원의 근무시간은 교대근무자보다 더 동적이거나 우선 주차권이 제공되기 때문이다. 이런 관리직원의 수 및 비율은 근무교대시간 동안 상주직원 주차장 수요의 급증(Surge) 정도에 영향을 줄 수도 있다.

상주직원 주차 수요에 영향을 미치는 추가요인은 Full time 및 Part time 상주직원 수, 주차장을 필요로 하는 비행승무원 수, 고용위치 등이다.

3. 공용주차장 포화 예측

언제 공항의 공용주차장이 포화될 것인가를 예측하는 방법은 다음의 세 가지 범주에 속한다.

- 과거의 주차 패턴
- 항공여객 예측
- 주차장 패턴의 운영경험 및 특성 고려

공항 운영자 및 기타 분석자(예: 용역사)는 장래의 주차장 포화예측을 위해 위의 3가지 방법론을 조합하여 사용한다.

(1) 과거의 주차 패턴

공항의 주차장포화는 다음과 같은 특정 고객의 증가로 발생한다.

- 주간 특정일의 업무여객(예: 월요일)
- 연휴(예: 추석, 구정 등) 기간의 비업무여객
- 방학 기간의 비업무여객
- 주말(특히 공휴일과 연결된 주말)의 비업무여객

위와 같은 기간, 위치 및 이용 현황이 분석될 수 있으며, 이는 장래 포화의 기간, 위치 및 주차 수요를 예측하는 데 활용될 수 있다. 이런 과거의 자료는 여객 수요와 주차 수요 간의 관련성을 분석할 수 있으며, 공항 운영자는 그 공항 특유의 주차 수요 특성을 이해해야 한다.

장래 공항주차장의 포화를 예측하기 위해 사용되는 주요 방법론은 다음과 같다.

a. 주차장별 주차장 점유자료 조사

야간주차 대수와 같은 주차장 점유 자료는 주차장포화와 관련된 경향을 이해하는 지표로 사용할 수 있다. 예를 들어, 야간주차 대수가 용량의 일정 비율에 도달하면 다음 날 주차장이 포화될 것이라는 것은 좋은 지표가 될 것이다

주차장포화 예측 사례(Portland 공항)

2007년에 Overnight 주차 대수와 포화관계를 조사한 결과 Overnight 주차대수가 주차장 용량의 50%를 초과하면 다음 날 주차장이 포화되는 것으로 나타났다.

---

b. 주차시설별 출구조사

시설별, 주차시간별, 차량 출구조사 자료는 주차장 평균주차시간의 변화정보를 제공하며, 주차장이 포화조건으로 향하는 경향을 분석하는 데 이용될 수 있다. 수요가 크게 증가하지 않을 지라도 보통 회전율보다 낮으면 주차장포화의 한 요인이 된다. 즉, 평시보다 더 오래 주차하기 때문에 주차장이 포화될 수도 있다.

c. 과거 주차장 포화자료의 수집 및 분석

포화주차장을 관리하기 위해 사용된 수단 또는 Toll gate의 자료를 이용함으로써 전에 포화된 시간 동안의 주차자료를 추적 및 검토하는 것은 장래의 포화에 대한 빈도, 특성 및 결과를 예견하는 데 활용할 수 있으며, 수집 및 검토 자료는 다음의 내용을 포함한다.

- 포화일 수
- 각 포화 발생기간
- 주차장별 입구봉쇄(closure) 기간
- 개인용 주차장으로 보낸 자동차 수
- 직원의 overtime 시간 및 일수
- Overflow 셔틀 서비스 시간
- Overflow 주차장의 운영시간 및 대다수 차량이 나갈 때까지의 일수
- 정상적 주차용량을 초과하여 주차한 자동차의 수 및 하루의 시간대별 분포

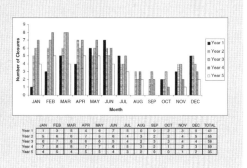

연도별, 월별 주차장 포화자료(ORD 공항)

과거의 주차장 폐쇄 횟수 및 기간에 대한 자료를 연도별, 월별로 분석하여 이를 항공 수요 또는 항공기예약 자료와 비교하여 주차장의 포화시기 및 기간 등을 예측하는 자료로 활용한다.

(2) 여객 수요 추정

향후 항공기 예약정보 또는 여객 수요 예측은 주차장이 포화될 시기와 주차 수요를 예측하는 데 사용될 수 있으며, 이 정보는 전항에서 언급된 바 있는 바쁜 주차기간에 대한 과거의 정보와 관련하여 고려하면 매우 유용하다. 이 예약정보는 항공사로부터 얻을 수 있지만 사적 자료이기 때문에 쉽게 얻을 수 있는 것은 아니다.

(3) 운영경험 및 지식

공항의 공용주차장을 관리 및 운영했던 직원은 경험에 근거하여 주차장 이용패턴의 일반적 특성을 이해한다. 이런 지식은 주차장의 포화를 예측하고 계획하는 직원에게 도움이 되고, 장래 포화를 예측하는 수요를 추정하고 과거 자료를 해석할 때 매우 귀중하다.

4. 포화된 공용주차장 개선대책

(1) 진행 중인 포화를 해소하기 위한 대책

이 대책은 진행 중인 주차장 포화를 해결 및 방지하고 관리하기 위한 것이며, 진보된 계획이 필요하고, 투자가 필요할 수도 있으며, 시행승인이 필요할 수도 있다. 필요시에는 여러 대책을 동시에 적용할 수 있으며, 이 범주에 속하는 일반적 대책은 다음과 같다.

- 공용주차장 확장 및 새로운 주차상품 도입
- 공용주차장 내 재배치
- 주차요금조정
- 기술적 개선
- 대중교통 이용의 증진

a. 공용주차장 확장

:: 용량 확충: 공항 운영자는 신주차장 건설, 기존 주차장 확장, 다른 주차장을 공용주차장으로 사용하도록 재배치 등의 방법으로 공용주차장의 용량을 증대하는 것이며, 전에 상주직원 주차장 또는 렌터카주차장으로 사용하던 것을 공용주차장으로 전환하는 것이 대표적이다.

:: Overflow 주차장: 평상시는 주차장으로 사용하지 않으나 주차장이 부족한 기간에만 공용 주차장으로 사용하는 것을 말하며, 이 Overflow 주차장은 공항 운영자의 소유일 수도, 아닐 수도 있고, 포장된 것, 자갈 및 잔디·기타 주차할 수 있는 적절한 토지 등을 포함한다. 대형 공항의 Overflow 주차장은 통상 터미널에서 원거리이므로 셔틀서비스가 필요하며, 공항 운영자는 이에 대한 요금을 받거나 받지 않을 수도 있다. 공항 운영자는 영구주차장이 포화되면 모든 차량을 Overflow 주차장으로 보낼 수도 있고, 영구주차장이 포화되기 전에 주차자로 하여금 Overflow 주차장 또는 영구주차장을 선택하게 할 수도 있으며, 또는 특정 고객만(예: 장기 주차자) Overflow 주차장으로 보낼 수도 있다.

b. 새로운 주차상품 도입

새로운 주차상품은 공항에서 포화되는 주차여건을 해결 또는 개선하고, 또한 ① 모든 공용주차장 고객, ② 특정 주차시설을 이용하는 고객, ③ 특정그룹의 고객에게 바람직한 서비스를 제공하기 위해 도입될 수 있다. 새로운 주차상품은 기존 주차장을 이용하거나 추가의 주차장을 건설하여 제공될 수 있으며, 주차장포화를 해소하기 위한 적절한 신상품은 공항별로 다양하지만 다음과 같은 예를 포함한다.

:: **대리주차(Valet Parking)**: 원격 주차했다가 여객이 돌아오는 시간대에 맞추어 가까운 주차장에 주차시킬 수 있으므로 터미널지역 주차 수요를 감소시킬 수 있다. 터미널지역에 주차할 수 있으면 차를 이동시킬 필요가 없으므로 운영에 효율적이다.

- 핸드폰 주차장: 커브사이드에서의 정차시간을 줄이기 때문에 커브사이드의 혼잡을 경감하고 또한 단기주차장의 수요를 감소시키는 데도 활용될 수 있다.
- 프리미엄 주차장: 공항의 수입을 증대할 수 있고, 공항을 자주 이용하는 여객에게 서비스를 향상시킬 수 있다.
- 단기 주차장: 장기주차장은 단기주차장보다 회전율이 낮으며, 장단기 주차 자에게 동일한 주차장을 이용하게 하면 장기주차가 점유한 공간은 단기주차가 이용할 수 없다. 터미널지역주차장에 단기주차장을 전용으로 구획하고 장기주차가 이용하기에 부담이 되도록 요금을 책정하면 단기주차장의 수요에 적응할 수 있으며, 또한 커브사이드운영을 개선하고 터미널지역 도로상의 순환교통을 감소시킨다(특히 핸드폰주차장이 없는 경우). 이를 성공적으로 시행하기 위해 다른 주차시설에 장기 주차를 위한 추가 용량이 필요하다.

c. 공항주차장 내 재배치

각 주차장수요에 용량을 맞추기 위해 기존 주차장 내 공간을 재배치하는 것이며, 터미널지역에서 단기·장기 주차장 간에 적정한 균형을 맞추는 것이 연중 시간대 및 주중 일자별로 수요가 매우 다르기 때문에 일반적 문제이다. 때로는 대부분의 시간 동안에 주차고객의 욕구에 맞추고 주차장 간의 균형을 유지하도록 공간 재배치를 통하여 해결할 수 있다. 다른 해결책은 수요변화에 따라 주차공간을 다양하게 배정하는 것이며, 이동식 차단벽을 이용하여 장기 또는 단기용으로 사용할 수 있는 Swing spaces의 지정 및 다양한 표지시설을 이용할 수 있다.

d. 주차요금 조정

시설 간 수요의 균형 유지, 특정 주차시설에 대한 수요의 감소 또는 총 주차시설에 대한 수요의 감소를 위해 주차요금을 조정할 수 있다. 커브사이드 이용료는 주차 수요에 영향을 줄 수 있다.

:: **주차요금 조정**: 단기 주차장 내 장기주차를 억제하기 위해 장기주차장의 일간주차요금에 비해 단기주차장의 일간 주차요금을 더 높게 조정한다. 장기 주차장 내 단기주차를 억제하기 위해 단기주차장의 시간당 주차요금에 비해 장기주차장의 시간당 주차요금을 더 높게 조정한다. 단기주차장은 시간당 주차요금을 부과하고, 장기주차장은 수 시간 주차하더라도 일당 주차요금을 부과한다. 요금에 민감한 주차자를 원격 주차장으로 유도하기 위해 원격주차장의 일간요금과 터미널지역의 일간 요금차이를 크게 한다. 대리주차가 터미널지역 내 편리한 장기주차 수요를 수용하기 위한 것이라면 터미널지역 장기주차장의 제약을 해소하기 위해 주차시간에 상관없이 일간주차요금을 부과하면 단기 대리주차를 억제할 것이다. 대리주차의 일간 요금은 희망하는 목적에 따라 터미널지역의 일간요금보다 낮거나, 같거나, 높게 할 수 있다.

:: **차등 주차요금**: 주차장 수요에 영향을 주거나 주차시설 간 수요의 균형을 유지하기 위해 같은 주차시설에 대해 다른 주차요금을 부과할 수도 있다. 즉, Economy 주차장이 주말에 포화되고, 터미널지역주차장은 주중에는 바쁘지만 주말에는 충분히 활용하지 못한다면 터미널지역 주차장에 금요일에 들어와서 월요일 아침 전에 나가는 고객에게는 Economy 주차장과 같은 요금을 부과할 수 있다. 터미널지역 주차장이 한계일수를 초과하여 주차하는 차량의 비율 때문에 포화된다면 이 한계일수를 초과하는 차량에게는 현저히 높은 주차

요금을 부과할 수 있다(예: 3일 초과 주차차량). 또한 한계일수를 초과하는 주차는 Economy 주차장 이용을 장려하도록 Economy 주차장요금을 결정할 수 있다.

주차 수요를 변화시키기 위한 요금조정 사례(Huntsville 공항)

단기주차장의 포화를 해소하기 위해 주차요금을 조정했던바 2004년 조정에는 큰 변화가 없었으나 2006년 조정에는 장기주차장으로 많은 전이가 있었다.

구분	당초 요금(달러)	2004(달러)	2006(달러)
단기 주차장	12	18	24
장기 주차장	6	7	7

:: **다양한 주차요금**: 요일마다 요금을 다르게 하는 것은 항공사나 호텔이 이용하는 관리방법과 유사하다. 같은 주차장 내에서도 주차요금은 주차시간, 시즌 및 예약시기 등에 따라 다양하게 할 수 있다. 주차요금은 주차 수요 및 주차 빈도에 의거하며, 주중의 일별, 연간 시즌별 또는 복잡한 수요 추정에 근거하여 결정될 수도 있다. 예약주차는 선불이고, 환불이 불가하거나 취소 수수료를 부담해야 할 것이다. 예약 자료를 이용하면 주차 수요를 예측할 수 있으며, 다양한 주차요금대책을 시행하기 위해서는 공항 운영자가 다양한 요금체계를 평가할 수 있어야 한다.

커브사이드 사용료Drop-off fee는 주차장 및 커브를 이용하는 교통수단의 분담률을 완화시키고자 하는 것이다.

e. 신기술 도입

신기술을 도입하여 포화된 주차장을 효율적으로 관리할 수 있으며, 이는 더 좋은 시설을 이용하게 하거나 주차고객이 공항에 도착하기 전에 공항주차장의 이용에 관한 정보를 제공한다.

:: **자동화된 주차안내 시스템**: 주차장이 적정용량(85~95%)에 도달하면 공항 운영자는 직원으로 하여금 고객이 주차공간을 찾도록 도와주거나 주차장입구를 막아서 다른 주차장으로

보냄으로써 과도한 순환을 피할 수 있다. 그러나 이는 주차장을 100% 활용할 수 없고, 직원을 추가로 고용하거나 다른 업무에 지장을 줄 수도 있다. 자동화된 주차안내 시스템을 이용하여 주차가능 공간을 층별, 구역별 또는 주차공간별로 안내할 수 있으며, 이는 직원이 주차안내를 하지 않아도 주차용량의 100%에 가깝게 이용할 수 있음이 입증되었다.

자동화된 주차안내 시스템 사례(Portland 공항)

2008년 자동주차안내 시스템 설치, 주차가능 공간의 수와 위치 안내 → 주차장 활용도제고, 주차가능공간을 찾기 위한 시간감소, 주차안내직원 감소 등의 효과가 있었다.

:: **실시간 주차정보**: 공항주차장이 포화되면 고객이 주차장에 도착하기 전에 주차가능성 및 어디에 주차할 것인가를 결정하게 할 수 있는 실시간 정보를 제공하는 기술이 이용될 수 있다. 주차장의 폐쇄, 이용가능 공간 또는 주차시설 정보 등의 자료는 공항의 Website 보기, 전화하기, 대 여객 안내방송듣기 또는 E-mail/mobile devices 상의 메시지 받기 등으로 얻을 수 있고, 또한 접근 및 순환도로를 따라 설치된 안내정보 표지에 의거 제공될 수도 있다.

실시간 주차정보 제공 사례(Chcago O'Hare 공항)

ORD 공항의 website에 실시간 주차정보가 제공되며, 주차장 상황의 개요가 나타난다. 주차고객은 이용자모바일 매체, e-mail로 통보되는 실시간 주차상태를 구독할 수 있다.

---

f. 신대중교통수단 이용 증대

포화되는 주차상황을 완화시키기 위해 공항 운영자는 대중교통 이용을 장려할 수도 있으며, 장려하는 방법은 대중교통을 이용하도록 고객에게 권장하는 정보의 배포, 대중교통 제공자 및 운영자에게 서비스 향상 및 신서비스를 제공하도록 유도하는 것 등이다.

주차장고객에게 다음사항을 포함하여 대중교통이 실용적인 대안임이 인식되어야 한다.

- 항공사 비행 스케줄에 조화되는 시간대
- 공항까지 소요시간 관련 합리적 운행 빈도
- 출발지로부터 터미널까지 총 소요 시간(다수 정차장 또는 환승은 총소요시간 증가)
- 고객 출발지에서 합리적인 접근성
- 합리적인 수하물 보관
- 가격의 합리성

주차장고객은 견해가 각기 다르며, 시간에 민감한 여객은 가격에 민감한 여객보다 승용차에서 대중교통으로 전환이 적을 것이다. 공항에 주차하는 고객은 출발지에서 도착지까지 직접 연결하는 교통수단Door-to door mode에 익숙해져 있고, 직접 운전하는 편리성을 소중히 생각하며, 대체교통수단의 가격과 소요시간이 합리적 대안이라는 것을 느끼지 못한다.

(2) 주차장포화 단기적 해소대책

포화되는 주차장을 단기적으로 관리하기 위해 고려되는 일반적 단기대책은 다음과 같다.

a. 직원이 직접 관리하는 방법

주차용량을 최대화하기 위해 안내직원이 운전자에게 이용 가능한 공간을 안내할 수 있다.

b. 임시방편으로 주차요금 조정

주차시설 간 수요조화를 위해 임시로 요금을 변경할 수 있으며, 다음과 같은 방법이 있다.

- 주차장선택에 영향을 주도록 예상되는 주차장 포화 전에 주차요금 인상계획을 광고한다.
- 주차장 수요가 용량에 가까워 질 때 다른 이용가능한 주차시설의 할인계획을 제시한다.

이런 일시적 요금변경은 때로는 고객서비스수단 또는 공항이 운영하는 주차시설을 고객이 계속 사용하게 하기 위한 서비스수단으로 시도될 수 있다. 그렇지 않으면 공항 외곽의 개인주차장으로 수요가 전이될 경우에 대비하는 것이다.

c. 대중정보 제공

공항 운영자는 주차장이 포화되기 전 또는 포화되는 동안에 대중에게 여러 형태의 Media 및 공항 Website를 이용하여 정보를 제공할 수 있으며, 메시지는 주로 주차장에 예상되는 문제점을 알리고 공항에 오는 데 더 많은 시간을 할애하도록 충고한다. 이런 정보는 여객이 대중교통의 이용을 고려하도록 고무시킬 수도 있다.

d. 일시적 Overflow 주차장 제공

다른 목적으로 사용하던 지역을 공용주차장으로 사용할 수 있으며, 예를 들면 상주직원 주차장을 임시로 공용주차장으로 사용하거나, Valet 주차장을 일시적으로 Self 주차장으로 이용할 수도 있다. 이런 공간이 터미널에서 원거리에 있는 경우에는 터미널까지 셔틀버스가 필요하다.

또한 Overflow 주차장은 공용주차장보다 불편한 지역에 위치할 수도 있으며, 이런 경우 공항 운영자는 요금을 받을 수도, 받지 않을 수도 있다. 요금을 받는다면 불편한 정도에 따라 기존 주차장 중에서 가장 저렴한 주차장요금과 같거나 더 저렴하게 부과한다.

e. 주차고객을 개인주차장으로 안내

공항주차장이 포화에 가까우면 운영자는 공항 외곽의 개인용 주차장으로 안내할 수도 있으며, 개인용 주차장도 포화될 수 있으므로 어떤 주차장이 여유가 있는지 계속 확인이 필요하다.

5. 포화된 상주직원 주차장 개선대책

상주직원 주차장의 포화는 공용주차장의 포화보다 해결하기 쉬우며, 용량을 증대하면 대다수 문제가 해결되고, 더 많은 해결대안을 갖고 있다.

(1) 상주직원의 출퇴근 환경

공항의 대중교통은 공항상주직원의 근무시간에 맞게 서브하지 못한다. 대중교통은 정상적인 출퇴근시간과 여객의 집중도에 맞추어 운영되지만(7AM~7PM) 공항상주직원의 피크시간과는 잘 맞지 않는다. 대중교통의 서비스지역은 도심 및 터미널 위주이므로 상주직원의 거주지 및 작업장과는 별도의 환승이 필요한 경우가 많다.

(2) 포화된 상주직원 주차장 개선대책

포화된 상주직원 주차장의 문제를 해결하거나 관리하는 대책에는 용량 증대, 기존시설의 활용도개선, 합승Carpool 등이 있으며, 이를 검토하기 위해 투자비, 자동차 교통량 변화, 환경변화(배출량), 고객에 대한 서비스 관련 사항 등이 고려되어야 한다.

a. 용량 증대

수요에 대비하여 주차장 확장, 일시적 재배지, 다른 주차장과의 조정, 사용 가능한 토지의 활용 등으로 용량을 증대한다.

b. 집중배치

상주직원 주차장이 여러 곳으로 분산되어 있다면 이를 집중 배치함으로써 이용성 개선 및 운영비 절감을 도모할 수 있다.

c. 주차요금 조정

수요균형 유지를 위해 주차장별 요금을 조정할 수 있다.

상주직원 주차장 요금 조정사례(Tulsa 공항)

A, B주차장이 있는데, B주차장이 작업장에 가까워 포화되고 A주차장은 여유가 있었다. A주차장 -$15.00, B주차장-$22.50로 조정했더니 수요가 균형을 유지했다.

---

d. 1인 승용차교통 감소 등 상주직원 주차 수요를 줄이기 위한 방법

:: **교통관리조합(TMA)**: 공항 운영자 또는 공항 내 다른 고용주는 승용차 출퇴근 대신 대중교통 이용을 유도하는 장려대책과 정보를 제공하기 위해 서로 협조하는 고용주조합인 TMA를 설립할 수도 있다. TMA는 통근차합승Ride-sharing 및 대중교통 대안에 대한 정보를 제공할 수 있는 상주직원 commute store와 같은 승차권을 판매 및 배포할 수 있다.

:: **출퇴근대안 알리기**: 공항 운영자 또는 TMA는 교통프로그램 대안, 신입사원에 대한 정보 데이터 또는 소개서에 대해 website에 정보를 제공할 수도 있다.

:: **Carpool Program**: 공항상주직원에게 자가용 합승통근을 장려하고 정보를 제공할 수도 있으며, 장려대책으로는 선호하는 주차장배정, 무료 또는 감면된 주차료, ride-matching services, carpooling 상주직원을 돕기 위한 정보와 프로그램 등을 포함시킬 수 있다.

:: **Van 합승 Program**: Vans 준비, 연료보조금, 무료주차, 선호하는 주차장배정 및 vanpool matching 등을 포함하는 van 합승 상주직원에게 장려대책을 제공할 수도 있다.

:: **대중교통 보조금**: 상주직원의 대중교통이용을 증대하기 위해 고용주는 직원에게 대중교통 승차권 구입을 보조할 수도 있고, 환승대안에 대한 정보를 제공할 수도 있다.

:: **스케줄 개선**: 공항 운영자 등은 대중교통운영자와 함께 상주직원의 작업스케줄에 더 잘 맞게 대중교통 시스템의 스케줄을 개선하도록 협조할 수 있다. 대안으로 공항 운영자 등은 상주직원을 위해 대중교통 출퇴근의 실현 가능성을 개선하는 교통서비스를 제공할 수도 있다.

:: **Shuttle Service**: 공항 운영자 등은 위치상 또는 작업스케줄 상 대중교통의 서비스를 받지 못하는 상당한 상주직원에게 셔틀서비스를 제공할 수도 있다.

:: **대중교통 요금할인**: 공항 운영자와 대중교통운영자는 협의하여 상주직원에 대한 대중교통운임을 할인해줄 수 있으며, 할인은 탈 때마다 월정패스 구입 시 또는 승차권을 여러 개 구입할 때마다 등 다양하다.

:: **비상시 퇴근대책**: 1인 승용차 대안으로 대중교통을 이용하여 공항에 출퇴근하는 상주직원을 위해 상주직원이 늦게까지 근무해야 하는 경우에 고용주는 택시비, 렌터카 이용 등을 보장할 수 있다. 상주직원의 비상시 퇴근 대책 횟수는 제한될 수도 있다.

:: **집중근무시간**: 공항 운영자 등은 상주직원의 출퇴근 횟수를 줄이기 위해 집중근무시간을 활용할 수 있으며, 표준 작업스케줄은 4일간 40시간 근무, 또는 9일간 80시간 근무 등이다.

:: **합승**: 1인 승용차 출퇴근 대신 대중교통을 이용하는 상주직원이 필요한 경우에 사용할 수 있도록 공항 운영자 등은 임대차를 무료 또는 저렴하게 제공할 수 있다.

:: **자전거 도로**: 공항 인근 거주 직원의 자전거이용을 권장하기 위해 자전거도로를 제공할 수도 있으나 공항도로의 구성이나 중 차량 때문에 안전상 대안이 되지 못할 수도 있다.

6. 공항주차장 서비스 개선방안

공항주차장의 서비스를 개선하기 위해 여러 가지 주차정책 및 기술을 도입할 수 있으며, 이는 고객에 대한 서비스를 개선하고 공항수입을 증대할 수도 있다. 서비스 관련 요소는 걷는 거리 최소화(터미널 또는 셔틀버스 정차장까지), 기상에 대한 보호(차량 및 고객, 주차위치 및 걷는 노선), 주차 편의성(순환 편리성, 주차 소요시간, 출입소요시간, 층 변경횟수 등), 고객 및 차량의 보안 확보, 청결도, 사전정보 확보 가능성, 추가 서비스 가능성, 수하물 체크인 및 운송 가능성 등이며, 이 중 일부는 포화개선대책과 중복된다. 서비스 내용의 구분 및 그 효과를 요약하면 이하의 내용과 같다.

(1) 주차장 서비스 다양화(이용시간, 위치, 요금수준 등)

서비스 내용	효과	적용공항
① 단기주차장	• 커브 및 순환교통 혼잡 방지	• 다수 공항
② 장기주차장1(1~3일) ③ 장기주차장2(3일 이상)	• 다양한 서비스(편리성, 요금) • 요금관리로 수요 조절 가능	• 다수 공항
④ 단기 무료주차(10분 이내)	• 단기주차장 이용률 증대 • 커브지역 혼잡 방지	• CDG T2 • MUC T2
⑤ 무료 30분 주차	• 커브 및 순환교통 혼잡 방지 • 고객서비스 향상 • 커브관리, 민원 예방 효과	• Kansas City • Memphis • Salt Lake City
⑥ 휴대폰 주차장 – 대기 중 휴대폰 이용 – 도착여객 Pick up – FIDS 설치	• 커브 및 순환교통 혼잡 방지 • 차량 배출가스 감소 • 커브관리 용이 • 진입로주변 노견주차 방지	• 40개 이상공항(Denver, Phoenix 등) • 공항 입구 매점과 통합 추세 • 새로운 수익원
⑦ 휴가용 주차장(장기주차 및 요금저가)	• 공항수입 증대 • 다양한 서비스 제공	• Brussels • CDG • Munich
⑧ Over-flow 주차장(최고 PH 연 2~3회 이용)	• 서비스 향상 • 수익 증대 • 순환교통 혼잡 방지	• 다수 공항
⑨ 주차 콘도미니엄 – 수개월 공항 인근 주차 – 공항 내 및 주변	• 수익 증대 • 주차안전 확보	• Denver • Phoenix • Salt Lake City

(2) 부가가치별 서비스다양화

서비스 내용	효과	사례
① 대리주차 - 커브지역승하차(체크인 유무) - 공항 인근 승하차 - 셔틀버스 이용 대리주차	• 서비스 향상(업무여행자 등) • 효율적 주차(주차면적 감소) • 공항수익 증대 • 주차 공간 부족 시 효율적	• DFW, DEN, LAS, GMP • 항공사와 공동(뮌헨 T2, 아부다비) • 공항 인근 주차사업자
② 업무용 주차(인터넷, 편의시설, 셔틀버스 등)	• 공항수익 증대 • 고객서비스 향상	Indianapolis
③ 월부주차장(잦은 업무여행자 – 월1회 정산)	• 서비스 향상, 공항수익 증대 • 주차장 운영효율 증대	• San Francisco • Seattle Tacoma
④ 예약 주차구역	• 서비스 향상(업무여행자) • 공항 수익 증대	• Atlanta, Boston, Houston • 기타 개인사업자
⑤ 주차공간 보장서비스	• 수익 증대 • 서비스 향상	CDG, Boston Logan
⑥ 주차할인(공항매점이용자)	• 매점운영자의 경쟁성 확보 • 공항매점 방향성 개선	Brussels
⑦ 숙박 – 주차 연계제도(숙박자 주차요금 면제 등)	• 서비스 향상(지방출발여객) • 공항호텔이용자 증가	• DFW • Orlando • Tronto
⑧ 초대형 주차공간 제공	• 고객 서비스 향상(다양성) • 공항수익 증대	• Munich • FRA
⑨ 여자 및 가족전용 주차장	안전 및 편리성 향상(특히 주차건물)	Miami
⑩ 보안강화 주차장	• 서비스 향상(고급차) • 공항수익 증대	• Brussels • FRA • Munich • Paris

(3) 기타 서비스

구분	서비스 내용	효과
부수적 고객서비스 및 시설	① 세차 및 기타 서비스(Denver, 미니아폴리스) ② 세탁, 꽃배달, 기타(Vancouver) ③ 자주이용자 우대제도(St.Louis, Cincinnati) ④ 여객체크인 Kiosks(체크인수화물 없는 여객) ⑤ 수화물체크인(San Francisco, Vancouver, LAX) ⑥ 애완동물사육장(Atlanta, Houston, Olando)	• 고객서비스 향상 • 공항수익 증대 • 체크인지역 혼잡 완화
주차 공간 안내서비스	① 주차 공간 안내(인터넷, 전화, 안내판) ② 층별 주차 공간 안내(다수 공항) ③ 주차 공간 크기안내(Baltimore, Portland) ④ 주차가능 공간 안내 및 셔틀버스서비스 ⑤ 주차위치 확인안내	• 주차 운행거리 감소(배출가스 감소) • 고객 서비스 향상
주차요금무인정산	카드 및 자동인식기 등(대다수 공항)	• 출구 지연 감소 • 인원 감소, 부정행위 방지

참고자료

1. Handbook to Access the Impacts of Constrained Parking at Airports. Airport Cooperative Research Program. Report 34(2010). TRB(FAA)

4.13 차세대 항공교통 시스템(안전 향상, 용량 증대)

1. 뉴욕지역의 비행절차 개선계획

뉴욕 포트공단은 세계에서 가장 큰 뉴욕 공항 시스템, 즉 JFK, LGA, EWR 및 TEB 공항을 운영하고 있으며, 1999년에 여객 8,900만 명, 운항 120만 회, 화물 280만 톤을 처리했고, 이들은 이 지역에 연간 38만 명의 직장과 390억 달러를 기여한다. 이 4개 공항은 모두 세계무역센터에서 16km 반경 이내에 있어 서로 다른 공항의 운항을 제한하며, 2000년 한 해 동안 4개 공항의 지연손실(연료, 승무원, 유지보수비)은 3억 5,000만 달러에 달했다. 포트당국은 컨설턴트Leigh Fisher Associates로 하여금 지연손실을 해소할 수 있는 신비행절차를 조사하게 했다.

포트공단의 조사목적은 항공교통의 상충을 최소화하고, 활주로 이용 제약을 감소시키며, 동부지역 공역을 재설계하고자 하는 FAA의 과업에 이를 반영하게 하고, 항공사가 발전된 항행기술을 조기에 사용하도록 지원하기 위한 것이다. 각 공항의 2015년 개요는 표 4.13-1과 같다.

표 4.13-1 뉴욕지역 4개 공항 개요(2015)

공항	운항(천 회)	여객(백만 명)	R/W 방향	거리(km)
① JFK	439	56.8	04/22, 13/31	①-②: 16
② LGA	360	31.4	04/22, 13/31	①-③: 33
③ EWA	416	37.5	04/22, 11/29	①-④: 32
④ TEB	171	경비행장	01/19, 06/24	②-③: 27
계	1,386	125.7		②-④: 19
				③-④: 20

주: ① 2015년 ICN+GMP의 운항=448,000회, 여객=7,250.0만 명, ICN-GMP 거리=33km
　　② 2015년 서울 수도권의 항공여객은 뉴욕 도시권의 58%

이런 목적 달성은 위성에 의한 위치확인 시스템Global Positioning System, GPS과 지정된 비행루트를 항공기가 따라가도록 작동하는 조종석의 비행관리 시스템Flight Management System, FMS 등 더욱 정밀한 항행기술을 이용하는 비행절차와 관제규정의 개선에 달려 있다. 또한 관제의 복잡성과 관제사 및 조종사의 업무를 감소함으로써 이런 신절차와 기술이 이 지역의 공역을 재설계하고 항공기간 분리와 장애물 제한요건을 완화시킬 수 있다.

항공기 운항에 필요한 공역의 조정 가능성은 현재 터미널지역 공역에서 넓게 분산되는 항공기의 비행노선과 항공기 항법장치의 정밀도 개선에 달려 있다.

신 비행절차는 FMS와 GPS 항법기술을 이용하여 더 정밀하게 되었으므로 항로의 분산이 매우 감소되어 보호공역의 크기를 축소시킬 수 있다. 그림 4.13-1은 뉴욕 도시권의 4개 공항에서 도착 및 출발하는 항공기의 항적이며, 현재 레이더 유도誘導 절차는 바람직한 항적의 중심에서 ±2NM(3.7km)의 오차를 보이고 있다.

그림 4.13-1 뉴욕 4개 공항의 항적

현재의 레이더상 항적은 특히 비행기가 선회할 때 더 넓으며, 이는 최종진입단계를 제외하고는 정밀 비행로에 대한 안내를 받지 못하기 때문이다. FMS와 GPS를 개선하면 시스템의 오차는 ±0.01NM(18.5m)로 개선될 것이며, 현재의 ILS보다 더 정밀한 항행 정밀도를 제공할 것이고, 최종진입단계뿐 아니라 터미널공역 전반에 걸쳐 제공될 것이다.

항공기는 더 정밀한 항법장치를 갖출 것이지만 현재의 항공관제 분리간격기준, 장애물제한요건, 소음방지절차 등은 전과 같은 조건으로 시뮬레이션을 시행한 결과 새로 설계된 비행절차가 시행되면 연간 1억 2,000만 달러의 항공기지연 경비를 절감할 수 있다. 케네디와 뉴어크는 항공기 지연 감소, 라가디아는 비행시간 감소에 의한 것이다.

새로 설계된 비행절차는 현재보다 교통관제에 필요한 공역을 축소시키는 기술로 가능하게 된 것이며, 현재의 운항용량을 증가시킬 것이다. 항공기 운항에 필요한 소요공역의 크기를 축소시키는 것은 공역의 용량 증대와 소음피해 방지대책 모두에 큰 효과가 있다. 포트당국은 항공사와 함께 이런 비행절차의 시행방안을 조속히 결정하도록 FAA에 요청했다. 제안된 절차를 수행하기 위해서는 이 지역의 공역을 재구성하고, 항공교통관제 및 절차요건을 개선해야 하며, 추가로 장착할 항법장치의 투자비에 대한 타당성이 입증되어야 한다.

또한 이런 운항용량 증대의 이점을 충분히 활용하려면 항공교통관제, 조종석통신, 탐색기능의 개선도 필요하다. 이런 개선은 현재 FAA 및 NASA에 의거 개발되고 있다. 이에는 관제사가 최종진입단계의 항공기를 더 정밀하게 줄을 세우고 분리시킬 수 있는 최종진입 분리기술, 자동감시 방송모드, 항공기위치 데이터를 현재의 레이더보다 더 정밀하게 관제사 및 조종사에게 제공하는 GPS 기술, 교통정보에 대한 조종석의 계기, 항공교통관제사와 같이 조종사도 정밀한 교통상황을 파악할 수 있는 GPS 기술 등이 포함된다.

뉴욕 및 뉴저지주의 경제는 심각하게 항공서비스에 의존하고 있으며, 미국 100대 기업 중 29개의 본부가 뉴욕-뉴저지 지역에 있다. 포트당국에 의하면 이들의 서비스 및 재정적 섹터는 이 지역 여객의 60%를 발생시킨다. 이 지역 공역과 공항 시스템의 용량개선은 21세기에 예상되는 새로운 항공 수요 성장에 대비하여 필수적이다.

2. GPS를 이용한 RNP 시스템(Required Navigation Performance, RNP)

미국에서는 모든 항로가 도로와 같이 혼잡하게 되었으므로 FAA는 증가하는 항공 수요에 대비하여 이런 문제를 완화하기 위한 방안을 조사했으며, GPS를 이용하여 더 좁은 공역 내에서 조종을 가능하게 하면 동시에 비행 가능한 수를 늘리고 연료와 경비를 절감하며, 장애물이나 소음지역을 피하여 운항하는 것이 가능하다는 것이다.

항공기가 공역을 이용하는 기술은 혁신단계에 들어서고 있으며, 이런 변화는 신기술이 효율성, 신뢰성 및 안전성을 동시에 개선할 때 발생한다. 항공에서 첫 번째 혁신은 1930년대 초에 항공기를 모두 금속으로 제작할 수 있게 된 것이며, 두 번째 혁신은 제트엔진을 개발한 것이고, 세 번째 혁신은 1980년대 중반에 시작된 것으로서 항공기 자동화 및 항행 시스템에 컴퓨터기술이 도입되고, GPS 및 유럽의 Galileo 시스템과 같이 위성을 이용한 항행기술을 도입한 것이며, 이 시스템은 항공기가 전례 없는 정밀도로 비행 가능한 공역을 따라 항로를 자동으로 구성할 수 있다.

RNP는 특정 공역에서 운항에 필요한 자동항법장치로서 이를 장착한 항공기는 지상에 설치된 무선송신기를 이용하는 대신 GPS 수신기와 항행을 위해 설치된 중간지점의 정보를 이용하여 계획된 루트를 따라 갈 수 있다. 항공기에 장착된 항법 시스템은 RNP 시스템을 이용하여 항공기의 실제 위치를 감시한다. RNP는 미리 지정된 공중의 가상 터널 내에서 항공기가 비행하는 지를 계속 감시하며, 지정 항로를 벗어나면 경고음이 발생되고, 조종사는 미리 지정된 항로로 코스를 바꿀 수 있다.

지상의 재래식 항법시설은 ① 지상의 송신기에서 방출되는 전자신호를 이용하는 계기착륙시설[15], ② 지상의 레이더를 이용하는 항공기 관제 시스템이며, 이는 산악지형과 대양의 상공에서 몇 가지 약점이 있다. RNP를 이용하면 GPS, 항공기에 장착된 항법 시스템 및 지상 항법 시스템 등 여러 자료를 이용하여 정밀도를 향상시킬 수 있으며, 이 높은 정밀도는 항로폭을 0.2NM(370m)로 감소시킬 수 있다. 더욱이 단일 각도를 따라가는 종단 경로가 FMS에서 규명될 수 있어 항공기가 이착륙 시 따를 수 있는 3차원적 횡단 및 종단 비행로를 제공하도록 설계할 수 있다. 이 절차는 FMS가 항공기를 자동조정 상태로 비행할 수 있게 해주며, 또한 FMS는 곡선 비행로를 이용할 수 있어 장애물이나 제한된 공역을 피하여 더 작은 항적으로 낮은 운고 상태에서 착륙할 수 있도록 비행로를 설계할 수 있다.

그림 4.13-2는 RNP를 이용한 비행로를 예시한 것으로서 RNP 절차에 필요한 장애물 제한구역이 재래식 접근방법보다 상당히 작다. 항공기가 레이더에 의거하여 감시되는 경우 같은 고도의 비행로에서 항공기의 횡단 분리기준은 대부분 4NM(9.3km)이며, 이 기준은 항공기 위치 시스템의 비정밀성과 지상레이더 시스템의 제한성에 의한 것으로서 없는 것보다는 안전도를 향상시키지만 공역의 이용에는 비효율적이다. 항공기 FMS에 GPS 정보를 도입하면 터미널지역 접근 및 출발 절차를 설계하는 데 상당한 효과가 있으며, 특히 산악지형 또는 지상 항행보조시설이 부족한 경우에 효과가 크다.

미국 내 항공여객은 2007년 7.7억 명에서 2020년 12억 명으로 증가할 것이며, 이런 성장에 대비하여 신활주로 건설, 신항공전자공학 및 기술의 도입, 신항공교통관제 시스템의 이용이 필요하다. 공항용량은 에어사이드에서 회항과 혼잡의 감소, 활주로 이용효율 향상 등에 의거 증가시킬 수 있으며, 터미널공역에서 공항 간의 복잡하고 혼잡한 공역을 개선하는 것도 효과가 있다. 용량은 효율이 향상될 때 증가하고, 효율은 출발·도착 항공기가 최적으로 배치되고 기상이 용량을 감소시키지 않을 때 증가하며, RNP는 이런 목표를 달성시킬 수 있다.

RNP 절차의 주된 성능은 항공기가 지형, 장애물 및 제한된 공역의 주변을 정밀하게 곡선 비행할 수 있는 항로를 미리 선정할 수 있다는 것이다. 재래의 방법으로는 제한되고 이용할 수 없었던 공항 접근이 RNP를 이용하여 신설 또는 추가적으로 실현될 수 있다. FAA는 이 신기술을 활용하기 위해 수년간 연구해왔으며, 안전도 향상, 공항 및 공역 접근 개선, 용량

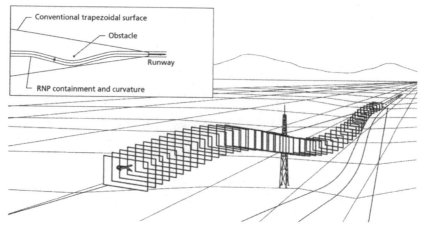

그림 4.13-2 RNP를 이용한 접근 비행로의 예

증대, 정시성 개선, 지연 감소 등을 기대하고 있다. FAA는 RNP 도입을 위해 단계별 계획을 수립했으며, 단기계획은 2006~2010, 중기계획은 2011~2015, 장기계획은 2016~2025이다. 결국 RNP가 터미널공역 및 항로상 가장 복잡한 곳에 주종을 이룰 것이며, 이 전략과 연계하여 FAA는 '차세대 항공교통 시스템'을 개발하고 있다.

공항계획에 이런 정보와 신기술이 어떤 영향을 미칠 것인가? RNP기술은 용량을 증대하는 데 과거에 이용되지 않았던 기회를 줄 것이다. 재래 시스템으로는 간격이 너무 좁아서 동시운항이 불가하던 비독립 평행활주로에서 동시운항을 가능하게 한다. FAA와 MITRE(항공연구기관)는 새로운 용량분석모델을 개발했으며(2006년 5월), RNP는 항공교통용량 평가수단에 새로운 항목으로 추가된다. 예를 들어, 소음피해가 심한 지역의 영향을 감소시키거나 장애물을 회피하기 위해 과거에는 넓게 벌어지는 장애물제한표면 때문에 불가능했던 지역 내에서 항공기가 지정된 트랙을 따라 갈수 있으므로 과거보다 좁고 집중된 항적으로 운항할 수 있다.

서로 근접한 공항의 공역이용을 재구성하고 최적화하여 용량을 증가시킬 수 있으며, 이는 RNP에 지정된 항로를 따라가는 항공기는 충돌을 방지하고, 인근공항의 공역에 대한 영향을 감소하기 때문이다. RNP를 이용하는 조건으로 케네디와 라가디아 공역의 상호 영향이 평가되었고, 상당한 예산절감이 가능함을 입증했다. 항공기 분리기준이 더 정밀한 기술에 의거 재정립될 수 있으며, RNP 시스템이 더 광범위하게 이용되면 활주로의 위치와 방향에 대한 제약이 감소되고, 인근 공항이나 지형에 적응하기 위해 활주로 방향이 최적화될 수 있다.

재래식 공역구조에 비해 RNP를 이용하는 공역구조의 효과는 총체적 시스템 용량 증가, 허브공항 간 연료절감, 전체적 비행안전도 향상 등이다. 용량증가는 RNP 분리기준을 통해 악 기상조건에서 공항의 이착륙 용량증가, 공역이용도 증가 등으로 실현된다.

재래식 지상 항행안전무선시설(ILS 및 레이더)을 이용하는 계기비행절차는 여러 마일을 가로지르는 장애물 제한구역을 이용하고 또한 직선항로를 이용해야 하므로 이런 제한은 높은 최저고도와 장애물을 피하기에 적절하지 못한 항공기 위치를 초래한다. 예를 들어, 구름이 낮아서 조종사가 공항에 접근하면서 활주로나 주변상황을 볼 수 없다면 지정된 최저고도 이하로 하강할 수 없으며, 산이 많은 지역에서 직선항로는 공항표고보다 수백 미터 높은 장애구릉과 만나게 되므로 최저 하강고도는 우세한 운고보다 높아서 이상적인 기상조건을 제외하고는 심각한 용량 제약을 초래하게 된다. 여러 경우에 항로는 장애물뿐만 아니라 제한된 공역(예: 다른 공항, 다른 출발·도착 항로, 군사시설, 야생동물 보호구역, 소음피해지역, 비행금지구역 등)을 피해야 한다. RNP 절차는 명확한 횡단 및 종단 안내를 진입항로를 따라 활주로까지 제공하므로 재래식 항법 시스템보다 공항 접근에 상당한 이점이 있다.

접근절차와 마찬가지로 재래식 계기시설을 이용하는 출발절차는 장애물 제한구역 내에 장애물이 있는 경우 최저고도를 높게 유지해야 하며, 항공기의 상승능력은 중량에 의존하므로 항공기 운영자는 소요고도를 확보할 수 있도록 항공기 중량을 제한해야 한다. 산악지형에서는 초기 항로에서 높은 고도를 유지하기 위해 이륙중량이 상당히 제한되며, 이런 중량제한은 유상탑재중량을 제한하므로 용량을 감소시킨다. RNP 절차는 출발항로를 따라 명확한 횡단 및 종단 안내를 제공하므로 악 기상조건에서도 더 큰 유상탑재 중량으로 이륙할 수 있다.

좀 더 직선적인 항로를 이용하여 도시 간 비행거리를 단축시키고, 접근 절차에서 감소된 출력으로 계속적인 하강항로를 이용할 수 있는 능력 및 악 기상 조건에서 회항하거나 대기해야 하는 횟수의 감소에 의거 연료절감과 그 결과로 온실가스 감소가 가능하다. IATA에 의하면 항공기 1편당 1분마다 평균 100달러의 운영경비가 소요된다(Air transport world, 2005).

항공교통에서 안전에 대한 가장 큰 위협 중 하나는 착륙허용고도(장애고＋일정한 안전고도) 조건에서 비행 중 발생하는 사고이며, 이런 사고의 대다수는 계기접근 비행 중에 우연하게 항공기가 너무 낮은 고도까지 내려올 때 발생하고, 이런 사고의 주요 원인은 조정 승무원의 상황적 인식부족에 기인한다. RNP 절차는 엔진실속과 같은 비상조건 중에 이용할 수 있는 미리 지정된 트랙안내를 포함시킬 수 있으며, 이 엔진실속트랙은 모든 장애물을 회피할 수 있는 감소된 상승각도와 항로를 따라간다. 조종사가 FMS로부터 엔진실속 절차를 선정하면 모든 관심이 실속된 엔진과 관제탑 통신 추구에 집중된다.

RNP를 도입한 최초 항공사는 Alaska Airlines이며, 이 항공사가 모기지로 사용하는 Juneau 공항은 산으로 둘러 싸여 있어 재래식 접근절차로는 전천후 용량 확보가 불가하고 착륙 활주로의 노선도 불량하여 악 기상 조건에서는 수 일 동안 운항이 중지되므로 항공사는 물론 지역사회에 경제적 손실이 컸다. 1994년 RNP 절차가 실행됨으로써 항공사는 연간 수백만 달러의 손실을 절감할 수 있게 되었다. 항공기에 장착된 RNP를 이용하여 장애물을 피해 공항에 접근하는 개념도는 그림 4.13-3을 참고할 수 있다. RNP를 조기에 도입한 또 다른 항공사는 Calgary에 기지를 둔 West Jet이며, 이 항공사는 RNP 절차를 캐나다의 대부분 공항에 적용하고 있다. Calgary 에서 비행마다 15NM(28km)의 비행거리를 단축하고, 이로 인해 연간 150만 달러를 절감한다.

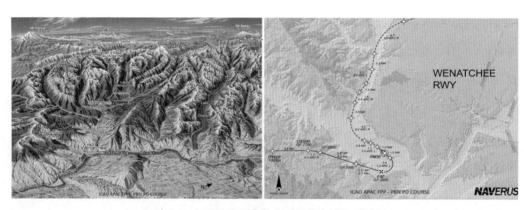

그림 4.13-3 RNP를 이용한 장애물회피 접근 개념도

재래식 항법시설에 비해 RNP 이용 시의 주요 효과는 다음과 같고, 항적축소 효과는 그림 4.13-4, 위성항법의 개념은 그림 4.13-5를 참고할 수 있다.

- 비행거리가 단축된다. 특히 ILS 접근은 LOC 신호를 활주로 전방 10NM(18.5km)에서 받지만 RNP 접근은 6NM(11km)에서 받으므로 4NM(7.4km)를 단축한다.
- 악 기상조건에서 접근성, 안전성 및 용량의 증대로 회항과 지연을 감소시킨다.

- 좁은 항적사용이 가능하여 소음피해 완화 및 제한공역을 효과적으로 사용할 수 있다.
- 공역제한의 경우, 공항 주변에 장애물이 많은 경우, 공항이 인접한 경우, 교통량이 포화된 경우 등에 활용하여 용량 증대, 안전성 향상 및 경제적 운항을 도모할 수 있다.

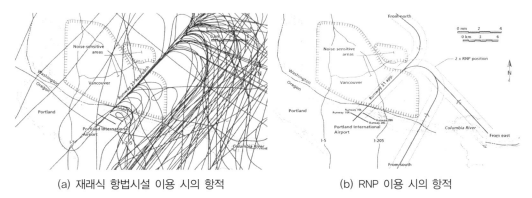

(a) 재래식 항법시설 이용 시의 항적   (b) RNP 이용 시의 항적

그림 4.13-4 재래식 항적과 RNP 이용 항적의 비교(캐나다 Portland 공항)

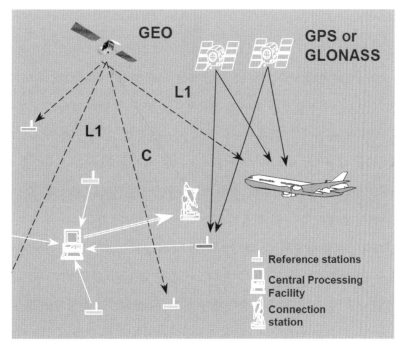

① 각 RS는 GPS 및 GEO 위성에서 신호를 받아 오류가 있는지 정밀 조사한다.
② Networks 내 각 RS는 Master Station(CPF)와 자료를 교환하며, CPF는 자료를 교정 및 통합하여 항법메시지 신호로 이를 추가한다.
③ 수정된 메시지는 CS를 경유하여 지상에서 정지궤도위성(GEO)으로 전송된다.
④ GEO는 그 메시지를 항공기에 장착된 GPS 수신기와 같은 주파수로 방송한다.

그림 4.13-5 위성항법 개념도(ICAO)

용어 설명

FMS(Flight Management System): 디스플레이와 자동 비행통제 시스템에 의거 지역항법 유도 성능을 제공하는 것. 항법 및 항공기 성능 데이터베이스를 갖추었으며, 이는 항공기에 장착되고 컴퓨터, 센서, 수신기 등으로 구성된다.

GPS(Global Positioning System): 세계 모든 곳에서 위치서비스를 제공하는 미국 위성에 의한 위치확인 시스템

RNP(Required Navigation Performance): 특정 공역에서 운항에 필요한 자동항법장치

3. FAA의 당면 목표

미국연방항공청FAA은 2008년 창립 50주년을 맞이하여 운송용 항공기에 대한 당면한 업무 목표를 발표했으며, 이를 요약하면 다음과 같다. 주요 용어는 끝에 정리되었다.

(1) 서문

1958년 미국에서는 3주마다 항공기사고가 발생하여 연간 260여 명이 사망했으나 2008년 항공여객은 연간 8억에 달하지만 지난번 주요 사고 이후 2년이 넘게 15억 명이 치명적 사고 없이 비행했다. FAA는 안전유지를 과업의 제1 목표로 한다. 공중과 지상에서 혼잡과 지연을 해결하는 것 또한 탑 순위이다. 뉴욕지역은 미국 항공교통의 1/3이 집중되어 있으므로 미국 항공관제 시스템을 재정비하기 위한 차세대 항공교통 시스템 'NextGen' 개발을 위해 FAA가 전력을 다해야 할 지역도 이 지역이다. 이는 이미 상당히 진전되고 있으며, 지상기술(레이더, ILS 등)에 의존하던 항행이 최신의 위성기술로 대체되고 있다. 지금보다 운항수요가 증가하면 사소한 변화로 수요를 감당할 수 없기 때문에 NextGen을 도입하게된 것이다. 'NextGen'은 조종사와 관제사에게 동일 영상을 보여주며, 더 높은 효율과 연료절약 루트를 제공한다.

FAA는 또한 바쁜 공항의 용량을 증대해야 하며, NextGen 및 공항 확장을 추진하는 데 안전에 중점을 둘 것이다. Airfield 관련 '문제해결대책위원회'를 만들어 신훈련기술과 운영 절차를 만들었으며, 그 결과 활주로 침범 횟수는 감소되기 시작했고, 그 이후 5,800만 이상의 운항에서 심각한 활주로침범은 10회 미만이었다.

(2) 차세대 항공교통 시스템(Next Generation Air Transportation System, NextGen)

FAA가 이미 착수한 NextGen은 미국에서 예상되는 2배의 공역수요를 지원하기 위해 FAA가 제공할 항행서비스Air navigation services를 개조하는 것이다. FAA는 항공교통관제로부터 항공교통관리로 전환시킬 것이며, NextGen에서는 대다수 통신이 디지털데이터를 이용하고, 컴퓨터에서 컴퓨터로 직접 이동할 것이다. 관련 정보는 정보전달이 가능한 Network를 통해 시스템 이용자 간에 쉽게 분배될 것이다. 즉, 정확한 정보가 정확한 시간에 적정한 인원에게 전달될 것이다. FAA는 통신, 항행, 항공교통의 관리방법을 근본적으로 바꿀 5개의 NextGen 프로그램을 확정했으며, 이에 대한 개요는 다음과 같다.

a. 방송형 자동종속 감시 시스템(Automatic Dependent Surveillance-Broadcast, ADS-B)

ADS-B를 탑재한 항공기는 항공기정보(위치, 고도, 속도, 목적지, 기체 등)와 주변정보(날씨, 지형, 장애물 등)를 위성의 송수신기를 통하여 디지털신호로 관제사뿐만 아니라 주변을 비행하는 다른 항공기에 일괄 송신함으로써 종전의 조종사-관제사 질의응답 방식에 비해 전파이용 효율성이 비약적으로 향상되고, 레이더 대신 위성을 이용함으로써 더 정밀하며, 레이더로 감지 못하는 산악지대의 감시를 통하여 더 효율적으로 항공기를 분리할 수 있다.

이는 관제사와 조종사가 항공기정보(위치, 속도 등)를 공유하는 차세대 감시 시스템으로서 위성항행 시스템CNS/ATM에 적합하므로 세계 각국이 앞 다투어 이에 대한 기술개발을 추진하고 있다. ADS-B는 기상정보, 비행제한 등 각종 운항정보를 데이터 송수신을 위한 Datalink를 통해 관제소에서 조종사에게 알려주는 기능도 있다.

b. 글로벌 항공데이터 종합관리망(System-Wide Information Management, SWIM)

기존의 점－점 통신방식에서 인터넷을 이용 수요자가 항공정보를 활용할 수 있는 차세대 항공통신서비스로서 향후 대용량 정보소통이 가능한 이 서비스가 실현되면 항공종사자는 그래픽·동영상 등으로 다양한 항공정보를 실시간 접할 수 있게 되어 항공안전에 기여할 것으로 전망된다. ICAO는 이를 미국, 일본 등 아태지역 주요 국가 간에 2017~2020년에 걸쳐 구축하고 이를 점차 확대할 계획이다.

SWIM은 NAS systems 간에 상호 이용성을 보장하기 위한 정보기술프로그램이며, 시스템 간 데이터 분배를 쉽게 함으로써 운영을 개선할 것이다. 이 프로그램은 비행, 흐름관리, 항행 정보관리 및 기상자료 배포에 집중할 것이다.

♣ NAS → Network Attached Storage = 네트워크접속 저장장치

c. 차세대 정보통신(NextGen Data Communications)

NextGen 정보통신은 관제사와 조종사 간에 현재의 음성통신 대신 주요 정보와(항공교통 분리 및 지시) 일상적 정보(예: 참고사항, 비행승무원 요구사항, 보고사항)를 디지털로 전달하도록 개선해줄 것이다. 오늘 날 음성만의 통신은 정보접근, 교환 및 항공기 궤적에 기반을 둔 운영을 가능하게 하는 Network의 차세대 항공교통 시스템 실행을 지원하지 못할 것이다.

d. 네트워크를 이용한 차세대 항공 기상정보(NextGen Network Enabled Weather, NNEW)

항공기상정보를 4차원으로(위치, 시간별) 수집 가공하여 제공함으로써 공역의 용량 증대, 효율성 향상 및 안전증진을 위한 것으로서 이를 통해 국가 공역내의 4차원 날씨정보를 제공하고자 한다. NNEW는 Network를 이용함으로써 복수기관으로 부터 항공기상정보를 수집할 수 있다. Database는 광대한 지상안테나, 항공기 및 공중에 기조하고 필요에 따라 실시간 갱신된 기상조사 및 예보를 하나로 결국은 전국적인 전역의 기압도로 통합 정리될 것이다.

e. 전국공역 시스템 음성전환(National Airspace System Voice Switch, NVS)

NVS는 지역별로 유동적인 항공교통량에 효율적으로 대응하기 위해 미국 전체공역을 아우를 수 있는 난조가 생기지 않는 단일음성 전환을 위한 것으로서 한가한 지역의 관제사는 이 시스템을 통해 혼잡한 공역의 교통량을 나누어 관제할 수도 있다. 아날로그 통신방식에서 인터넷 전화방식의 통신으로 변경을 검토하고 있다.

NVS는 현재의 Voice switches를 대체할 프로그램으로서 FAA의 항공교통관제가 Network 에 기반을 둔 기간시설이 될 뿐 아니라 동적인 재분할, 자원 재분배, 공역 재설계 및 차세대 비전을 지원하는 더 유연성 있는 통신 시스템으로 발전하게 할 것이다.

(3) 안전 향상(FAA의 당면 목표)

FAA의 첫 번째 임무는 안전이며, 안전에 역점을 두기 위해 안전에 대한 일화 같은 접근에서 벗어나 사고가 발생하기 전에 이를 방지하기 위해 자료 분석결과를 이용하고자 한다. 안전관리 시스템SMS은 실제로 무엇이 발생하고 있는지에 대한 조사를 할 수 있게 해준다.

FAA는 북서부 산악지역 공항의 안전 향상을 위해 알라스카에 위성기조 최신항법 및 지형의식 항공전자기기와 같은 신기술을 이용할 것이다. 이 지역에 221개의 추가 기상카메라를 설치하여 가치가 있는 영상을 제공하고, 이 지역에 무슨 일이 일어나고 있는지에 대한 실시간 영상을 제공한다. 이에 추가하여 FAA는 알라스카에서 ADS-B(자동종속위성－방송)를 이용하려 한다. 이 지역의 지리적 여건은 레이더이용이 불가하지만 위성은 지형에 의거 방해받지 않는다. 개선된 감시, 방송서비스 및 항공전자공학은 매우 성공적임이 입증되었다. 임시자료에 의하면 남서 알라스카에서 ADS-B를 장착한 항공기의 사망사고는 47% 감소했다. FAA는 알라스카에서 얻은 PBN 등의 성과를 시코의 Gulf 및 레이더 적용범위가 제한되는 기타 지역에 활용하려 한다.

지난 10년간 미국 상용항공기 사고는 57%까지 감소했으며, 동시에 항공교통 시스템의 용량과 복잡성은 급격히 증가했고, 2016년까지 연간 항공기여객은 10억 명이 될 것으로 예상된다. 이런 성장에 보조를 맞추어 현재의 안전 시스템을 개선하기 위해 더 효율적이고 효과가 큰 운영방법이 필요하다. 이렇게 점증하는 복잡한 시스템에서 안전을 유지하고 개선하는 것은 FAA가 진취적이고 혁신적일 것을 요구하며, 그 답은 FAA에 안전관리 시스템을 설립하고 이런 역량이 확대되도록 지렛대 역할을 함으로써 이를 시행할 수 있다. FAA는 안전관리 시스템 지침서SMS Guidance Order를 발간했다. ICAO는 SMS에 대한 골격과 최소한의 요건을 제정했으며, SMS는 세계적 항공안전을 위한 기준이 되어가고 있다.

안전 향상 목표는 2025년까지 탑승자 1억 명당 사망자 수를 절반으로 줄인다.

- 시행계획 1: FAA의 감시 시스템 및 절차를 개선한다.
- 시행계획 2: 위성항행 시스템과 장착기술을 이용 첨단항법 시스템을 계속 혁신한다.
- 시행계획 3: 안전 감독 및 감시를 확대하며, 사고원인이 되는 인자를 계속 연구한다.
- 시행계획 4: 사고 전 리스크 규명을 위해 데이터구동방식의 안전프로그램을 확대한다.

(4) 용량 증대(FAA의 당면 목표)

FAA의 목표는 환경 친화적 방법으로 예상되는 수요에 대비하고, 혼잡을 감소시키도록 미국공역 시스템의 용량을 증대하고, 더 좋은 운영성능을 이용자에게 제공하고자 한다.

FAA는 시스템에 가장 큰 영향을 주는 공항에서 용량문제를 완화하고 관리하는 것을 돕는 혼잡대책팀을 운영하고 있다. 좀 더 장기대책으로 FAA는 기술 및 항공교통 관제절차의 개선과 공항시설의 확장으로 용량을 증대하는 종합적인 접근을 도모한다.

:: **용량 증대 목표 1**: 예상수요에 맞추어 용량 증대 및 혼잡을 완화한다(35 OEP 공항).
- 시행계획 1: 항공교통의 수요 성장에 부응한다(NextGen 시행계획 확장 등).
- 시행계획 2: 공역용량 증대와 효율향상을 위해 공역접근과 분리기준을 개선한다.
- 시행계획 3: 신기술 및 절차로 악 기상조건의 출발 및 도착 용량을 증대시킨다.

:: **용량 증대 목표 2**: 정기항공기의 신뢰성과 정시 운항성을 제고한다.
- 시행계획 1: 더 정밀하고 시기적절한 정보를 제공하는 자동 시스템 이용을 증진한다.
- 시행계획 2: 대양과 국내공역 사이의 효율적인 교통흐름을 위해 공역을 재구성한다.

:: **용량 증대 목표 3**: 용량 증대와 관련된 환경문제를 최소화한다.
- 시행계획: 항공기 소음 및 방출을 평가하고 환경관리를 확실히 하기 위해 더 개선된 시스템, 기술 및 분석기법을 개발한다.

용어 설명

TFM(Traffic Flow Management, 항공교통 흐름관리 시스템): 도착 항공기에 자동으로 항로의 기상과 운항성능 정보(최적의 운항경로와 분리간격 정보 등)를 제공하는 시스템으로서 항공기가 착륙 전 공중에 머무는 시간을 줄이고, 출발 항공기도 항로·목적지 등의 요소를 종합적으로 고려하여 시간이 지연되지 않도록 자동 관리하는 시스템이다.

ATOP(Advanced Technologies and Oceanic Procedures): 대양횡단 항공기 관제 시스템의 개선 프로그램으로서 위성 데이터통신과 감시성능을 제공한다.

ASIAS: Aviation Safety Information Analysis and Sharing: 항공안전 정보분석 및 공유 시스템이며, 총 185개 자료원을 이용한다(FAA, Boeing 등).

TAER: Terminal Arrival Effiency Rate: 실제 도착항공기 수를 도착 가능 횟수로 나눈 비율로서 도착용량 대비 실적 비율을 의미한다.

SAER: System Airport Effiency Rate: 도착·출발 Effiency Rate를 가중 평균한 것이며, 공항의 용량대비 실적을 나타내는 지표이다.

SIDs: Standard Instrument Departures: 표준계기 출발절차로서 이륙 직후 IFR 비행계획 상 비행기가 따라야 하는 비행절차이며, 출발 시 조종사에게 세부사항이 제공된다.

STARs: Standard Terminal Arrivals: 표준계기도착절차로서 항공기가 항로에서 터미널지역으로 원활하게 접근할 수 있도록 항로와 고도정보를 제공하도록 설정된 항법절차로서 교통량이 많은 혼잡한 공항에서 조종사와 관제사 간 업무부하를 줄일 목적으로 개발되었다.

ADS: Automatic Dependent Surveillance: 항공기의 송수신기를 통해 항공기의 식별부호, 4차원 위치정보 및 기타 부가적인 데이터를 지상 레이더관제국에 자동 송신하여 관제의 편의를 도모하는 것이다.

CPDLC: Digital: 통신과 위성을 이용하여 관제사와 조종사 간의 통신이 문서전달방식으로 이루어지는 정확하고 진보된 통신방법이다.

PBN: Performance Based Navigation: 위성기반 첨단항법으로서 신비행로 및 절차를 가능하게 한다. 이는 자동화된 비행로, 공역재설계 및 장애물회피를 가능하게 한다. PBN의 효과는 더 짧고 직접적인 비행로, 공항도착용량 증대, 관제사의 생산성 향상, 반복적이고 예견 가능한 비행로 때문에 안전성 향상, 연료절감 및 환경영향 감소 등의 효과가 있다.

4. 위성기반 항법(PBN)

(1) PBN

항공기가 목적지를 찾아가기 위해서는 ① 지상에 설치된 항행보조시설이 제공하는 전파를 따라가는 방법과 ② 항공기에 장착된 전자장비에 목적지와 경유 지점의 좌표를 입력하면 시스템이 GPS^{인공위성}와 교신하여 현재 위치를 계산하면서 입력된 지점으로 비행하게 하는 지역

항법RNAV: Area navigation을 이용할 수 있다(그림 4.13-6 참고). 이런 지역항법 성능을 갖춘 전자장비를 항공기에 장착하고 이에 따라 비행하는 것을 PBN위성기반항법, Performance Based-Navigation이라 한다.

(2) 지역항법(RNAV)으로 비행 시 항공기위치 확인방법

인공위성, 관성항법장비Inertial Navigational System 및 지상 항행보조시설을 이용한다.

- 인공위성: 4~6개의 위성에서 받은 정보를 RNAV 시스템이 계산하여 항공기위치를 파악할 수 있으며, 대표적 위성은 GPS(미국), Galileo(유럽), GLONASS(러시아)가 있다.
- 관성항법장비: 비행기의 가속도를 측정, 최초위치 대비 비행거리를 계산함으로써 현재의 항공기 위치를 파악할 수 있다.
- 항행안전무선시설: 전방향무선표지시설(VOR/DME) 또는 2개 이상의 거리측정장치(DME)의 위치와 방위 및 거리정보를 계산하여 항공기위치를 확인한다(그림 4.13-7). 이를 이용하기 위해서는 이런 시설의 좌표가 항공기의 항법데이터베이스에 사전 입력되어 있어야 한다.

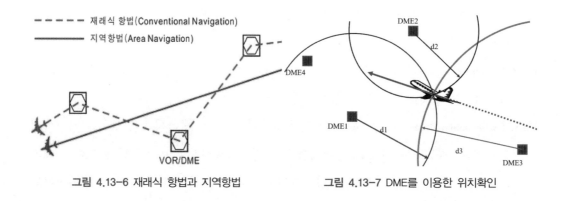

그림 4.13-6 재래식 항법과 지역항법   그림 4.13-7 DME를 이용한 위치확인

(3) PBN을 이용한 비행로의 종류

기능에 따른 구분은 항공기가 스스로 비행로 이탈 여부를 감시하고, 이탈 시 조종사에게 경보 하는 '성능감시 및 경보기능OPMA'의 유무에 따라 RNAV와 RNP로 구분한다. OPMA가 요구되는 경우는 RNP 비행로, 그렇지 않은 경우는 RNAV 비행로라고 부른다. 즉, RNP 비행로는 항공기가 RNAV 시스템과 OPMA의 기능을 갖추어야 사용할 수 있는 비행로이며, RNAV 비행로는 RNAV만 갖추면 사용할 수 있는 비행로를 의미한다.

- OPMA: On board Performance Monitoring: Alerting: 비행로 이탈 감시 및 경보 장치
- RNP: Required Navigation Performance 필수항행성능

항행정밀도에 따른 구분은 RNAV 및 RNP 비행로 명칭에는 항행정밀도를 의미하는 숫자(마일 단위)가 추가된다. 즉, RNP 2는 비행경로를 중심으로 좌우 2마일 이내로 비행할 수 있는 항행정밀도와 더불어 OPMA 기능이 요구되는 비행로를 의미한다. 비행로 명칭이 RNAV 2인 경우는 비행경로를 중심으로 좌우 2마일 이내로 비행할 수 있는 항행정밀도가 요구되나 OPMA 기능은 요구되지 않는 비행로를 의미한다.

(4) APV(Approach Procedure with Vertical guidance)

항공기가 일정한 접근각도(약 3도)로 착륙하기 위해 과거에는 계기착륙시설ILS의 전파를 이용했으나 최근에는 인공위성과 항공기탑재장비를 이용하여 일정한 각도로 착륙이 가능하며, 이런 성능을 이용한 비행절차가 APV이다.

계기착륙시설이 없는 활주로(비정밀활주로)에 APV를 도입하면 단계적 강하에 따른 문제점(안전성, 경제성 등)을 개선할 수 있으며, 계기착륙시설을 운용중인 활주로(정밀활주로)에는 ILS에 대한 예비절차로 활용될 수 있다(그림 4.13-8).

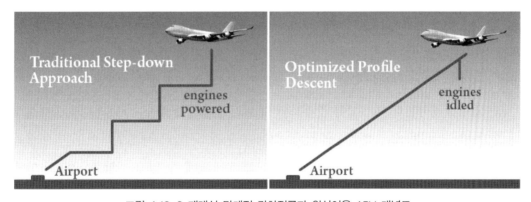

그림 4.13-8 재래식 단계적 강하접근과 위성이용 APV 개념도

(5) PBN 도입의 이점

환경친화적이다. 더 짧고, 최적화된 PBN 항로설정이 가능하여 도착당 200~400lbs 연료를

절감할 수 있다(IATA 추정). 항공기가 높은 고도에서 공항으로 내려가면서 최소한의 추진력만 이용할 수 있도록 최적 종단경사를 제공할 수 있다(그림 4.13-9). 정밀항로를 구성할 수 있어 소음에 민감한 지역 및 장애물을 피하여 운항할 수 있다(그림 4.13-10).

그림 4.13-9 최적 종단경사

그림 4.13-10 장애물회피 접근

안전을 향상시키며 장애물충돌 사고위험을 감소시킨다. 매우 정밀한 횡적 및 종적 비행로를 제공함으로써 항공기가 일관되고, 예견할 수 있고, 안정된 접근으로 활주로에 도착하게 하며, 시정 감소 등 악 기상조건에서 회항을 감소시킨다.

운영수익을 개선한다. 직선항로(단거리), 최적화된 종단경사, 회항의 감소 등을 통해 연료소모를 줄인다. 평행항로를 가능하게 한다. 지형 및 기상의 문제가 있는 목적지에 대한 안전 접근을 제공함으로써 신시장을 개발할 가능성이 있다. 배출상한Emissions caps이 세계적으로 시행될 것이므로 항공사 성장을 위한 활로를 제공할 것이다. 고가의 지상 항행보조시설ILS등 없이 정밀접근이 가능하다. 일관된 공항 접근이 가능하여 정시성을 개선한다.

공역용량을 증대한다. 효율성이 큰 루트와 더 매끈한 흐름을 통하여 교통용량을 증대시킨다. 인접공항 및 금지 또는 특수 공역 간에 공역상충을 감소시킨다. 비행로 폭이 좁고, 비행로 간 분리간격도 감소되어 가용 공역을 보다 효율적으로 활용할 수 있고, 비행로신설이 용이하여 교통체증 해소 및 수요 증가에 대처할 수 있으며, 항공기 간 충돌위험도 감소한다.

조종사와 관제사 간 통신업무량 감소로 업무환경을 개선한다.

용어 설명

GBAS(Ground-Based Augmentation System): 인공위성의 신호를 보정하기 위해 지상에 설치된 시스템으로서, ILS와 같이 항공기가 정밀접근으로 착륙할 수 있도록 지원하는 시설이다.

WAAS(Wide Area Augmentation System): 민간항공을 위해 개발 된 매우 정밀한 내비게이션 시스템으로서 WAAS 이전에는 미국 NAS[National Airspace System] 내의 모든 사용자에게 접근 운항을 위한 수평 및 수직 탐색 기능을 제공하지 못했으나 WAAS를 사용하여 이 기능이 실현되었다. 항로항행, 공항출발 및 공항도착을 포함한 모든 비행단계와 모든 클래스의 항공기에 서비스를 제공한다.

AILS(Automatic Instrument Landing System)

TCAS(Traffic Alert and Collision Avoidance System)

CDTI(Cockpit Display of Traffic Information)

CTAS(Center-TRACON Automation System)

참고자료

1. William J. Dunlay, Jr
2. Civil engineering, 2007년 12월호
3. FAA Advisory Circular ACNO: 90-101
4. FAA Roadmap for Performance based Navigation
5. FAA의 당면 목표(창립 50주년)
6. 한국의 PBN 계획
7. PBN에 대한 ICAO 교육자료

4.14 항공교통의 경제, 사회적 효과

1. 항공교통의 효과분석(Air Transport Action Group)

(1) 2006년 분석자료

항공교통산업은 네 가지 유형의 경제 및 사회적 효과, 즉 직접효과, 간접효과, 유발효과, 촉매효과가 있다. 항공교통은 세계적으로 550만 명을 직접고용하며, 총 3,200만의 일자리를 발생시킨다(직접고용의 5.8배). 직접고용을 세분하면 항공기제작 14%, 항공사 및 조업사 37%, 공항 운영 및 유지관리 7%, 공항 내 서비스업(매점, 식당, 호텔 등) 42%이다.

항공교통의 간접효과는 항공기연료공급, 공항 건설, 항공기부속품공급, 공항매점의 상품제조, 여러 형태의 서비스(IT, 콜센터, 회계 등) 등의 고용과 활동을 포함한다. 항공교통산업에 직접 및 간접 고용된 자의 지출은 은행, 식당 등과 같은 상품과 서비스 분야 산업의 고용을 지원하는 유발효과가 있다.

항공교통의 중요한 경제적 효과는 다른 산업의 성과에 대한 기여, 즉 촉매역할이다. 항공교통은 판매, 생산, 고객서비스 등의 회사운영을 개선하고, 국제시장의 접근성을 증진하고, 상품을 세계화함으로써 세계무역을 촉진한다. 항공교통은 투자와 혁신에 영향을 주며, 양호한 항공교통의 연결은 투자위치를 결정하는 데 영향을 준다. 유럽에서 다국적기업의 위치를 결정하는 고려한 인자는 국제적 연결교통이 52%인 것으로 조사되었다.

기업의 활동과 효율에 대한 항공교통의 영향은 신시장의 연결, 고객에 대한 서비스 및 미팅, 생산효율 개선, 고부가상품의 신속하고 신뢰성 있는 배달, 세계로부터 고급인력을 유치할 수 있는 경쟁성 향상 등이며, 지난 10년간 항공업계의 확장으로 인한 투자 및 생산성의 촉매효과는 GDP에 4%를 기여했다. 국제무역 금액의 35%는 항공교통이 수송했다.

관광업은 세계경제에 크게 기여하며, 2007년에 직접적으로 세계 GDP에 USD 1조 8,300억을 기여했으며(세계 GDP의 3.4%), 총 고용의 2.8%에 해당되는 7,900만을 직접 고용했다. 관광업은 경제개발정책의 주요 인자가 되고 있으며, 항공교통은 관광업에서 1,700만의 일자리를 기여하며, 국제관광객의 40% 이상을 수송한다(2014년 기준은 54%).

항공교통은 인프라(활주로, 터미널 등) 건설비를 사용료의 형태로 이용자가 직접 지불하며, 여객이 다른 나라를 방문하고 새로운 문화를 경험할 기회를 제공하고, 국제관광을 지원하고 증진함으로써 지속가능한 개발에 기여한다. 관광은 저개발국가의 경제에 도움을 준다.

항공교통의 계속적인 생산성 향상과 자유화로 1975년 대비 1998년의 항공요금은 40% 인하되었으며, 가격구조도 다양한 요금체계 등으로 크게 변화되고 있다(보잉사조사).

항공교통은 교통수단 중에서 인·km당 사망자수는 가장 적으며, 1960년대 이후 현저히 개선되어 현재는 승용차의 1/25에 불과하다. 여행당 사망자는 항공교통이 많다. 도로나 철도 가 연결되지 않는 원거리 접근을 개선하고 어떤 지역에는 항공교통만이 합리적 시간 내에 여행할 수 있는 유일한 대안이다. 세계적으로 2,000여 개의 항공사가 총 23,000여 대의 항공 기를 운영하며, 세계적 네트워크를 통해 3,750여 개의 공항에 서브한다.

항공교통은 중간시설이 필요 없기 때문에 토지소요는 도로·철도의 1/3~1/8 정도이다.

(2) 2014년 분석자료

항공교통의 세계적 경제효과는 2조 6,720억 달러(직접 6,640, 간접 7,610, 유발 3,550, 촉매 8,920)으로서 세계 GDP에 3.5%를 기여한다. 고용효과는 6,270만 명(직접 9.9, 간접 11.2, 유발 5.2, 촉매 36.4)이며, 항공 분야 직업은 다른 분야보다 3.8배 더 생산적이다.

2014년 항공기로 수송된 화물량은 5,000만 톤으로서 무게는 세계무역의 0.5%에 불과하지 만 항공화물의 가치는 6조 4,000억 달러로서 34.6%이다.

2. 주요 공항의 경제 및 사회적 효과

세계적으로 공항의 효과가 부각됨에 따라 주요 공항의 경제, 사회적 효과가 매년 발표되 고 있으며, 2013년의 공항별 경제 및 고용 효과를 요약하면 표 4.14-1과 같다.

표 4.14-1 주요 공항의 경제 및 고용 효과(2013년 기준)

구분	공항	여객 (백만 명)	국제선여객 (%)	화물 (백만 톤)	Workload (백만)	①경제효과 (억 us$)	①고용효과 (천 명)
국제선 위주 공항	LHR	72.4	92	1.42	86.6	162	217
	CDG	62.1	92	2.15	83.6	290	251
	HKG	60.0	100	4.06	100.6	283	316
	AMS	52.5	100	1.53	67.8	273	204
	FRA	58.0	87	2.10	79.0	223	237
	소계	305.0	평균 94	11.26	417.6	1,231	1,225
	Workload(백만)당 평균 경제효과＝2.95억 달러, 고용효과＝2,930명						
국내선 위주 공항	ATL	95.5	11	0.95	105.0	237	197
	ORD	66.9	14	1.43	81.2	② 141	131
	HND	66.8	17	0.85	75.3	185	193
	LAX	66.7	27	1.85	85.2	149	134
	DFW	60.5	12	–	60.5	168	157
	DEN	52.6	4	–	52.6	130	147
	소계	409.0	평균 14	5.08	459.8	1,010	959
	Workload(백만)당 평균 경제효과＝2.20억 달러, 고용효과＝2,080명						

주: ① 공항별 경제 및 사회적 효과는 각 공항이 발표한 자료이다(Wikipedia).
　② ORD 경제효과 분석: 직접 39%, 간접 16%, 유발(induced) 17%, 촉매(catalytic) 28%

인천공항의 경제·사회적 효과는 발표된 자료가 없으므로 표 4.14-1에 제시된 국제선 위주 공항의 Workload당 평균효과를 2016년 실적에 적용하여 산출하면 다음과 같다.

인천공항 2016년 실적 및 효과	여객 (백만 명)	국제선여객 (%)	화물 (백만 톤)	Workload (백만)	경제효과 (억 us$)	고용효과 (천 명)
	57.8	99%	2.71	84.9	250	249

3. 항공자유화 효과(2005, Inter VISTAS)

국가 간 항공자유화는 소비자, 선적자 및 수많은 직간접 관계자에게 상당한 추가기회를 발생시킨다는 많은 증거가 이번 조사에서 나타났다. 이와 반대로 국가 간 제한적인 항공협정은 항공교통, 관광 및 사업을 억눌러서 결과적으로 경제성장과 고용창출을 침체시킨다는 것도 확실하다. 중요한 조사결과는 다음과 같다.

국가 간 항공자유화에 따른 교통성장은 평균 12~35%로서 자유화 이전보다 상당히 크며, 많은 경우에 자유화 이전보다 50% 이상 성장하고, 어떤 경우는 100%에 달하기도 한다.

현재 규제철폐Open skies가 되지 않은 320개 국가 간 시장이 자유화되면 교통성장은 대략 63% 이상이 될 것이며, 이는 세계의 표준성장인 6~8%보다 상당히 크다. 이 320 국가 간 쌍무협정이 자유화되면 2,400만 명의 상근 고용을 창출하고, GDP에 4,900억 달러를 추가시킬 것이며, 이는 브라질 경제 규모와 거의 같다.

1993년에 유럽항공시장이 자유화됨으로써 1995~2004년간 연평균 교통성장은 1990~1994년간 성장보다 거의 두 배였으며, 이는 140만의 일자리와 850억 달러의 GDP를 증대시켰다.

1995년 이후부터 미국－영국 간 제한적인 항공협정이 부분적으로 완화되어 미국 및 영국 항공사들은 LHR과 LGW 공항을 제외하고는 어느 공항이든 운항할 수 있게 되었다. UA는 Chicago－London 간 운수권을 얻게 되었고, 이는 운항과 여객의 급성장을 초래했으며, 1995년 이후 Chicago와 London 간 교통량은 배가되었다. Manchester, Birmingham 및 Glasgow의 서비스가 확대되었고, Bristol, Edinburgh 및 Belfast는 대서양 횡단 관문으로 부상했다. 이에 따른 효과로서 2004년까지 미국에 9,197개, 영국에 16,700개 이상의 일자리를 만들어냈고, 미국에는 7억 4,700만 달러, 영국에는 9억 7,000만 달러의 GDP가 증가되었다.

영국과 미국 시장이 완전 자유화되는 것으로 모의실험을 해보면 교통량은 약 29% 성장할 것이며, 이런 성장은 저가운임과 미국 도시에서 런던의 LHR 또는 LGW 공항으로 논스톱 운항에서 비롯된다. 자유화의 경제효과는 매우 커서 117,000명의 추가 일자리를 제공하고, 증가되는 GDP는 미국과 영국 모두에 대략 78억 달러가 될 것이다.

190개 국가 및 2,000개의 쌍무협정을 조사해보면 대승적인 공공의 이익을 향상시키기보다는 국적항공사 보호에 중점을 두는 국가가 아직도 많은 것으로 나타났다. 항공자유화와 경제성장 간 인과관계는 4.14-1과 같다.

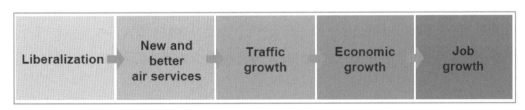

그림 4.14-1 항공자유화와 경제성장 간 인과관계

4. 경제성장을 위한 연결(Frontier Economics, 2011)

히스로는 영국 유일의 국제 허브공항으로서 세계 82개 장거리 목적지에 서브하며, 이는 히스로가 허브공항으로서 성공할 수 있도록 환승수요를 발생시키기 때문에 이 장거리 노선만이 경제적으로 독자생존이 가능하다. 그러나 히스로의 용량은 완전 소진되고 있기 때문에 경제성장에 도움을 줄 수 있는 신흥시장과의 연결을 놓치고 있으며, 이는 영국경제를 악화시킨다. 여기서는 국제 허브로서 히스로의 역할과 히스로가 국제연결의 면에서 현재의 지위유지에 실패한다면 장래에 어떤 변화와 영향이 있는지에 대하여 논하는 것이다.

(1) 왜 영국에 국제 허브공항이 필요한가?

히스로는 세계경제에 대한 영국의 관문으로서 연간 6,500만 명 이상이 이용하는 유럽 제1의 공항이며, 히스로가 영국경제에 기여하는 효과는 다음과 같다.

업무상 직접효과는 £3.4billion, 항공 분야 직접고용인원은 5만 명이다. 외국방문객의 지불이 영국경제에 미치는 효과는 연간 400만 이상의 장거리 여객이 영국을 방문하기 위해 히스로에 도착하며, 이는 영국에 입국하는 장거리여객의 80%로서 이들이 지불하는 £4.4billion은 영국관광산업에 필수적이며, 이 분야 총비용의 5%를 넘는다.

영국과 세계시장 간의 교역효과에 대해 표 4.14-2는 히스로의 항공 분야가 GDP 및 고용에 미치는 영향과, 영국을 방문하기 위해 히스로의 장거리노선을 이용하는 외국방문객의 지불이 경제에 미치는 영향을 추정한 것이다. 이에 추가하여 히스로에 취항하는 항공사는 영국과 외국 실업 간에 맞대면을 촉진하며, 이들은 연간 £590billion의 업무를 처리하고, 영국 GDP에 연간 £150billion을 기여한다. 환승여객도 경제에 기여하며, 매년 히스로를 통과하는 환승여객은 800만 명이고, 이들이 히스로를 선정함으로써 장거리 노선을 유지시킨다. 영국경제에 대한 히스로공항의 기여는 항공 분야에 기여하는 직접기여보다 매우 크며, 영국을 세계경제에 연결시킴으로써 전반적으로 이 나라의 경제에 필수적 역할을 한다.

표 4.14-2 히스로 항공 및 방문객이 영국경제에 주는 효과

	GDP 기여	고용(명)
히스로 항공	£3.4billion	① 5만
장거리 방문객 지출	②£6.1billion	13만
단기체류여객 지출	£1.6billion	4만
합계	£11.1billion	22만

주: ① 항공 분야 직접고용. 항공 관련 호텔, 기내식, 기타 교통을 포함하면 약 76,000명이다.
 ② 단거리 항공노선으로 도착하는 방문객의 지출 비용은 제외된 것이다.

(2) 히스로의 노선망 손상

최근에 히스로공항의 용량 부족으로 히스로에서 단거리노선이 밀려나고 있으며, 이는 환승여객의 수를 줄여서 장거리노선을 위태롭게 할 수 있다.

히스로 장거리노선의 2/3는 환승여객이 필수적은 아니지만 일부노선의 환승여객비율은 매우 높으며(80% 이상), 환승여객이 감소할 가능성이 가장 큰 노선이 표 4.14-3에 제시되었고, 이는 환승여객이 감소되면 히스로에서 없어질 가능성이 있는 노선의 예를 보여준다. 이 노선을 이용하는 여객은 다른 허브공항을 이용하여 환승하거나 여행을 포기해야 할 것이다.

표 4.14-3 히스로에서 단거리노선이 더 침식되면 위험해질 장거리노선

	환승여객(%)	환승여객 분담비(히스로/유럽허브)(%)
Hyderabad	80	39
Edmonton	73	100
Chennai	72	30
Mexico City	61	8
Montreal	56	16
Calgary	56	37
Vancouver	52	46

(3) 영국의 국제적 연결기회 상실

신흥경제국과의 통상관계 개발은 영국경제에 매우 중요하지만 영국은 현재 이런 시장과의 필수적인 항공연결 기회를 상실하고 있으며, 그럴 가능성은 더 커질 것 같다. 히스로의 용량 제약으로 성장하는 시장과 국제노선망을 확장할 수 없으며, 유럽에서 경쟁하는 다른 허브공항은 그렇지 않으므로 다음 10년 이내에 히스로는 유럽에서 3위로 밀려날 것으로 예견된다.

히스로에 제약이 없다면 현재보다 상당히 많은 노선에 서브할 수 있으며, 이는 신흥시장에 15개 노선을 포함하여 45개 장거리노선을 더 연결할 수 있고, 또한 기존노선의 빈도를 증대할 수 있다. 이런 제약은 히스로에서 항공사 운영상의 단순한 제약이 아니고 세계에서 가장 빠르게 성장하는 신흥시장과 영국 간 기업거래를 제약하는 것이다.

그림 4.14-2는 2021까지 히스로의 장거리노선 여객 수요 추정을 보여주며, 적은 수요는 현재의 용량으로 제약되는 경우이고, 많은 수요는 히스로의 용량이 제약되지 않는 경우이다.

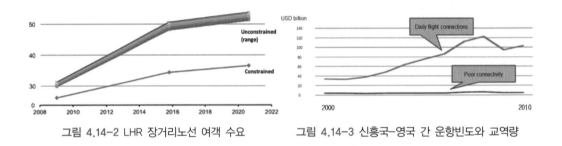

그림 4.14-2 LHR 장거리노선 여객 수요   그림 4.14-3 신흥국-영국 간 운항빈도와 교역량

(4) 연결성 부족으로 인한 영국의 신흥시장 교역제한

영국과 세계 간 교역은 지난 10년간 빠르게 성장했으며, 이런 성장의 절반은 신흥경제국과의 교역증대에 의한 것이고, IMF는 다음 10년에 걸쳐 8대 성장국은 세계 GDP 성장의 절반 이상을 차지할 것이라고 예측했다. 영국기업은 빠르게 성장하는 이들 국가와 교역함으로써 수입을 증대할 수 있으나 히스로에서 이런 시장과 잘 연결하지 못하면 영국은 세계적 성장에서 소외될 위험이 있다. 장래 이런 성장시장과의 연결성을 개선할 기회도 없으며, 이는 용량 제약 때문에 기존노선을 폐쇄할 경우만 신노선에 연결할 수 있기 때문이다.

연결성과 교역량 간에는 확실한 상호관계가 있으며, 그림 4.14-3은 8대 성장국과 영국의 교역현황을 보여준다. 매일 운항이 있는 국가는 운항빈도가 낮거나 직행서비스가 없는 국가에 비해 영국의 교역이 20배나 많으며, 성장도 빠르다. 이런 연결성은 교역국가로서 영국의 성공원인은 아니지만 활력소가 되고 불가피한 공헌요소이다.

국가 및 지역의 경제 규모는 히스로에 현재보다 상당히 큰 노선망이 있어야 한다는 것을 시사한다. 성장시장에 적용할 용량이 히스로에 있다면 영국교역량은 연간 약 £1.2billion 증가할 것으로 추정된다. 런던이 다른 유럽 허브에 비하여 사업하기에 덜 경쟁적인 장소가 됨으로써 2021까지 매년 약 £0.25~1.6billion씩 이런 갭이 커질 것으로 예상된다.

(5) 연결성 확보를 위한 경쟁

히스로에서는 잘 서브되지 못하지만 다른 유럽허브에서는 매일 서브되는 25개 신흥시장 목적지가 있으며, 일주일에 한 번 이상 연결하는 곳은 15개 이상이다. 그러나 히스로에 용량이 확보되면 이런 장소에 직접 서브할 수 있을 것이다. 또한 다음 수년에 걸쳐 경제성장 잠재력이 있고 거대한 인구에도 불구하고 유럽허브와 아직 연결되지 않은 신흥경제국의 많은 도시들이 있다. 그런 예로서 표 4.14-4는 중국 10대 도시의 인구, 인구성장 및 서유럽과의 연결성을 보여준다. 서유럽 허브공항과 아직 연결되지 않은 중국 5개 도시의 합계 인구는 3,000만 명 이상으로서 아직도 영국으로 길을 틀 수 있는 많은 목적지와 교역루트가 있다.

표 4.14-4 중국 주요 도시와 유럽 허브공항의 연결

도시	인구(백만)		연결(연간 출발운항)				
	2007	2025	LHR	AMS	FRA	CDG	MAD
Shanghai	15.0	19.4	621	589	1,110	1,323	–
Beijing	11.1	14.5	698	658	1,032	964	104
Guangzhou	8.8	11.8	–	311	211	290	–
Hong Kong	7.2	8.3	3,539	720	778	1,145	–
Shenyang	4.8	6.2	–	–	364	–	–

히스로의 용량 제약이 해소된다면 8대 성장국가에 대한 Euro 5대 공항 중 히스로 분담비는 2021년 31%로 개선될 수 있으나 용량 제약이 계속된다면 22%로 더 악화될 것이다.

표 4.14-5 유럽 5대 허브공항-8대 성장국 간 공급좌석의 히스로 분담비

2009(000s)		2021 용량 제약(000s)		2021비 제약(000s)	
공급좌석	LHR 분담비	공급좌석	LHR 분담비	공급좌석	LHR 분담비
3,830	25%	6,000	22%	9,000	31%

주: 8대 성장국＝중국, 브라질, 러시아, 인디아, 멕시코, 코리아, 터키, 인도네시아

(6) 히스로의 역할

히스로 항공 분야에 상근 약 5만 명을 포함하여 76,000명이 일하며, 히스로에 장거리비행으로 도착하는 해외거주자가 지불하는 비용(£4.4billion)으로 영국 전역에 걸쳐 추가로 18만의 일자리가 지원된다. 런던은 히스로에서 82개 장거리노선에 매일 연결된다.

히스로를 통해 영국으로 들어오는 장거리 여객 중 20%는 업무 목적이며, 히스로의 항공사 노선망은 영국과 세계 여러 나라 간에 연간 £600billion의 교역을 지원한다.

히스로는 연간 약 800만의 환승객을 발생시키는 허브역할을 한다. 이런 환승객이 없으면 히스로의 대다수 장거리노선은 빈도감소 또는 요금인상에 직면할 것이며, 어떤 노선은 전혀 살아남지 못할 것이다. 또한 히스로를 통해 런던에 단기 체류하는 환승여객은 약 250만 명이며, 이들은 방문 중 1인당 £500 이상을 지불한다.

용량 제약 때문에 히스로공항에서 단거리노선을 몰아내고 있다. 프랑크푸르트 및 파리의 70개가 넘는 단거리노선과 비교해 히스로는 현재 46개만 서브한다. 더욱이 히스로를 모기지로 하는 항공사는 다른 허브공항을 모기지로 하는 항공사에게 환승여객을 잃고 있으며, 이런 여객이 영국을 경유한다면 영국경제에 도움이 될 것이다. 히스로에 충분한 용량이 있다면 히스로의 유럽환승여객 분담 비를 16%에서 21%로 증가시킬 수 있고, 히스로에 신흥시장 15개 노선을 포함하여 45개 목적지를 추가시킬 수 있다.

용량 제약으로 히스로는 충분히 또는 전혀 서브하지 못하는 신흥시장에 다른 유럽허브공항은 빈번히 서브하는 25개와 주간 1회 이상 서브하는 13개 목적지가 있다. 이런 신흥시장은 장래 세계경제성장을 주도할 것이며, 영국기업은 연간 £1.2billion의 손실이 예상되고, 신흥시장의 경제가 계속 성장한다면 이런 손실은 연간 £1.6billion 이상으로 커질 것이다.

히스로의 용량이 계속 제약된다면 2021년까지 히스로는 유럽 제1의 공항 지위를 잃고, 프랑크푸르트 및 파리에 뒤지고 암스테르담 스키폴보다는 역간 앞선 제3위 공항이 될 것이다.

(7) 결론

히스로의 항공연결은 국제교역을 증진함으로써 영국경제를 지원하는 데 중대역할을 하며, 장래에는 더 중요한 역할을 할 수도 있지만 이를 실현하기 위해서는 정책이 선행되어야 하기 때문에 정부가 항공정책을 분명히 하고 중요하게 다뤄야 할 긴급한 현안이다.

이 보고서는 허브공항을 통한 연결과 영국의 신흥시장 교역실적 간에 직접적인 관련이 있다는 것을 강조하며, 이는 허브를 증진하고 보호할 중요성뿐만 아니라 그렇게 하는 것이 수출주도형 경제회복을 기하고 영국의 지속적인 경제성장을 지원한다는 것을 보여준다.

히스로공항은 현재 유럽에서 가장 큰 허브공항으로서 영국과 세계 간에 높은 연결성을 제공하며, 매일 82개의 장거리노선과 하루 3번 46개 단거리노선에 서브하고, 이런 빈번한 연결은 통상국가로서 영국의 성공에 필수적이다. 영국에서 유일한 허브공항의 용량이 부족하다는 것은 영국이 세계와의 경제적 연결을 놓치고 있다는 것을 의미한다. 히스로는 현재 유럽에서 제일가는 허브공항이지만 유럽의 다른 허브공항에 뒤질 위험이 있으며, 이미 국가적 경제 규모는 현재보다 상당히 더 많은 노선망을 필요로 한다. 현재 히스로는 다른 유럽허브보다 더 많은 장거리노선에 서브하지만 이는 용량 부족으로 단거리노선을 줄인 대가이며, 히스로는 그림 4.14-4에서 보는 바와 같이 다른 유럽허브공항보다 매우 적은 단거리 노선망을 갖고 있으며, 이는 히스로의 용량 제약으로 인하여 이미 영국의 경제적 연결과 여객의 여행계획Travel choices에 상당한 영향을 미치고 있다는 것을 암시한다.

더욱이 히스로공항은 장거리노선 서브에 현재는 우수하지만 최근 베트남항공의 히스로 신규노선 취항이 좌절되듯이 신규시장과 연결할 용량이 없으며, 인도네시아, 멕시코, 칠레, 콜롬비아와 같은 신흥시장에 유럽의 다른 허브공항과 같은 정도로 연결하지 못한다. 히스로는 22개의 신흥시장 및 성장시장 국가에 매일 연결하지만 CDG는 25개, FRA는 27개 국가에 매일 연결한다(그림 4.14-5). 히스로는 이미 용량이 소진되었기 때문에 서비스를 확대하는 것은 제한된다. 현재 히스로의 성장 가능성은 항공기 대형화에 한정되며, 이는 그리 대단치 못하다. 이런 사실로 있음직한 결과는 히스로가 다음 10년에 걸쳐 가장 성장 가능성이 있는 장거리노선의 수요 성장에 대비할 수 없다는 것이다.

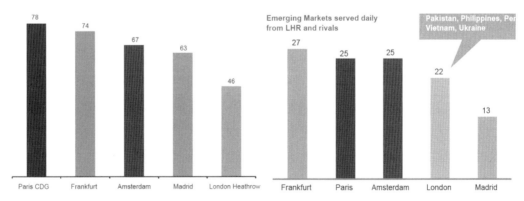

그림 4.14-4 유럽 허브공항에서 일 3회 이상 서브되는 단거리 노선 수

그림 4.14-5 유럽 허브공항에서 매일 연결되는 신흥시장 및 성장시장 국가 수

(8) 결론에 대한 참고자료

a. 영국 서비스무역과 항공연결의 관계

영국이 효율적으로 경쟁하는 서비스부문은 금융 및 사업서비스, 석유, 제조업, 기술, 건설, 소매, 대학교육, 보건 및 미디어 등이며, 이는 국제고객에 서브하기 위해 고도로 세계화되어 항공의존도가 높다. 세계의 총 수출에서 영국이 분담하는 상위 10개 부문과 영국의 항공비용에서 상위 10개 부문을 비교하면 이 두 개 목록이 꼭 같지는 않지만 금융서비스, 보험업 및 교통 등을 포함한 많은 동일 부문이 양쪽에 나타나고 있다.

또한 이런 부문은 교통비용 중 항공의 비율이 높다. 예를 들면 금융회계는 70% 이상이고, 보험업은 40% 이상이며, 창의산업Creative industries도 매우 높다(2/3). 영국서비스무역에 대한 항공연결의 중요성은 히스로공항에서 특정국가로 제공되는 공급좌석 수와 서비스부문 수출액 간에도 명백한 연관성이 있으며, 이는 그림 4.14-6의 a에서 보여준다.

b. 영국 상품무역과 항공연결의 관계

2011년에 영국과 비 EU 국가 간에 £116billion 상당의 물품이 항공화물로 선적되었으며, 이는 가격으로 영국과 비 EU 간 교역의 35%에 해당한다. 광학(안경 등), 사진(카메라 등), 의료 및 외과용 기기 및 장치 등의 2/3가 항공화물로 수출된다. 항공화물은 영국이 경쟁력을 강화하려는 첨단 제조부문의 주요 공급체이다. 히스로에서 출발하는 항공편마다 BRIC 행은 £40만, 중국행은 £100만 상당의 물품을 수출한다. 항공화물은 대부분이 여객기의 화물칸에 선적되며, 화물전용기로는 30%(부피)를 운송한다. 화물전용기는 우편과 긴급배송물품이 주류를 이루며, 이의 대다수는 야간비행의 제한이 없고 접근교통이 양호한 다른 공항, 주로 Stansted 및 East Midlands를 이용한다.

그림 4.14-7의 b는 2010년 히스로공급좌석 - 영국물품수출액의 상호관계를 보여준다. 영국에 가까운 프랑스 및 독일은 수출비율이 높으며, 이는 육상접근 편리성이 반영된 것이다.

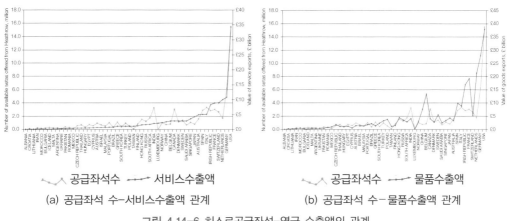

(a) 공급좌석 수-서비스수출액 관계   (b) 공급좌석 수-물품수출액 관계

그림 4.14-6 히스로공급좌석-영국 수출액의 관계

c. 영국의 관광과 항공연결의 관계

대다수 외국방문객은 공항을 통해 영국에 도착하며, 프랑스, 벨기에, 독일, 아일랜드 및 네덜란드는 비항공교통의 비율이 높으며 이는 철도 및 해운교통이 항공교통을 대체할 수 있기 때문이다.

항공은 영국에 출입하는 관광객 모두에 필수적이며, 2011년에 해외에서 영국을 방문한 3,100만 명의 3/4이 공항을 이용했다. 외국방문객으로부터의 수입은 £18billion이며, 이 중 84%는 항공 부문이다. 동일 연도에 영국국민은 5,700만 명이 해외를 방문하여 £32billion을 지출했으며, 출국자도 여행 및 항공 산업에서 영국의 일자리를 지원하고 여행 전 높은 소비자 수요를(연간 £27billion) 발생시킨다. 신흥시장으로부터의 영국관광객 비율은 얼마 되지 않으나 관광객 1인당 지출 비용은 평균보다 많다.

연간 히스로를 통한 관광객은 약 900만이며, 1인당 평균 £1,600을 지불한다(영국방문객 평균지불액 £600). 영국 관광객 수요 추정은 표 4.14-6과 같으며, 2011과 2020을 비교하면 중국과 인디아는 약 2배에 달하며, 이는 공항의 용량 제약이나 여행에 대한 제약(비자 등)이 없는 것으로 가정한 것이다. 관광객은 목적지를 선정할 때 직접 연결되는 곳을 선호하므로 영국과 신흥경제국 간에 직접노선이 개발되면 입국관광이 늘어날 것이다.

표 4.14-6 주요 시장의 관광수요 추정(비제약)   (단위: 천 명)

구분	인디아	중국	프랑스	독일	러시아	브라질	미국
2011	380	132	3,703	3,044	172	203	2,856
2020	797	292	5,122	3,934	177	228	4,787
증가율(%)	110	121	38	29	3	12	68

d. 영국의 사업투자 및 기술혁신과 항공연결의 관계

항공기로 인한 연결성은 국제사업본부와 영국에 대한 외국투자를 유치하는 데 중요하며, 런던의 연결성은 지식집약형이고 운영이 점차 세계화되는 재정, 법무, IT 상담, 경영관리 및 화학 분야와 같은 특수화된 고부가가치 서비스 분야의 유지에 도움을 준다.

연결성은 사업운영의 새로운 방안을 장려함으로써 복합적 이익, job matching, 결국에는 생산성에 긍정적 영향을 준다. 연결성은 회사가 위치를 정할 때에 영향을 주는 주요 인자이다. 예를 들어, European Cities Monitor 의 조사에 의하면 유럽 내에 회사위치를 결정할 때에 필수요인이 국제교통 연결이라고 생각하는 회사가 52%이다.

e. 장기 생산성과 항공연결의 관계

항공연결이 경제성장을 가능하게 하거나 경제를 지원하는 환경에서 특정 투자결정 또는 신교역기회뿐만 아니라 영국 생산성에 더 많은 긍정적 효과가 있다. 더 지구화된 세계에서 더 좋은 연결성은 고부가 서비스 및 제조부문에서 영국의 경쟁적 지위를 향상시킬 수도 있는 특화추세를 촉진할 수 있으며, 연결성은 더 많은 경비 절감이나 장기생산성을 증대함으로써 재래 공급체인보다 더 효과적인 세계적 공급체인을 부양시킬 수도 있다.

국제연결의 개선 및 특화증대는 주요부문에서 경제활동 클러스터의 개발 및 성장을 지원할 수 있으며, 이는 런던 시 커내리 워프의 금융서비스업무 집중, 동부 런던의 미디어 및 기술 집중, 테임스밸리 및 캠브리지 주변의 IT 및 과학 클러스터와 같은 집락의 예를 보여준다. 관련업무가 이와 같이 서로 가깝게 위치하면 업무 상호작용 및 아이디어의 공유를 가능하게 하며, 이는 혁신과 경쟁을 조장함으로써 생산성이 향상될 수 있다. 또한 그런 업무활동 클러스터는 그 것이 제공하는 기회와 잡 매칭이 쉬워져서 노동시장개선을 촉진할 수 있다. 강력한 국제연결성은 세계에 걸쳐 있는 고급인력이 일하기에 매력적인 곳으로 만들 수 있다.

참고자료

1. ATAG의 Aviation Benefits(2014), The Economic and Social Benefits of Air Transport(2008)
2. 주요 공항의 경제 및 사회적 효과 발표자료(2013)
3. InterVISTAS: 항공, 교통, 관광분야 전문 컨설팅 회사
4. Connection for Growth, 2011, Frontier Economics Ltd, London

4.15 대도시의 복수공항 운영현황

대도시권에는 복수공항이 있으며, 복수 화된 사유는 ① 항공 수요는 계속 성장된 반면 공항 주변에 도시가 개발되어 소음피해 발생 및 기존 공항의 확장이 불가하여 신공항을 건설한 경우, ② 대도시권에 하나의 공항만 있으면 공항 운영 혼잡 및 공항 반대편의 접근교통 불편 등을 고려하여 복수공항을 운영하는 경우가 있으며, 대다수 복수공항은 ①의 사유로 복수공항이 되었다. 조기에 복수화된 뉴욕, 런던, 파리의 공항들은 국내선과 국제선을 모두 취급하지만 도쿄, 서울, 오사카, 방콕 등의 공항은 기존 공항은 국내선 위주로, 신공항은 국제선 위주로 운영하되 국제선 환승을 위한 일부 국내선만 취급했으나 최근에는 기존 공항에도 근거리 장점을 활용하여 차타 등 국제선 수요 일부를 분담하는 경향이다. 세계 주요 도시의 복수공항 운영현황은 다음과 같다.

1. 뉴욕 도시권 공항

뉴욕 도시권에는 국제선 위주의 Kennedy[JFK] ①와 국내선 위주의 LaGuardia[LGA] ② 및 Newark[EWR] ③ 공항이 있으며, 3개 공항 모두 국내선과 국제선을 취급하지만 비행거리와 노선에는 차이가 있다. 이 3개 공항은 모두 Port Authority[PA]가 운영한다.

라과디아[LGA]는 맨해튼 도심에서 가까워 여객에게 편리하고 또한 JFK와 EWR 공항에 항공편이 집중되는 것을 억제하는 효과가 있으며, 활주로 길이가 부족하여(2,313m) 국제노선은

비행거리 2,400km 이내의 캐나다(몬트리올, 토론토 등), 카리브해, 버뮤다 등으로 국한된다. 또한 부지 및 시설이 협소하여 LGA의 CIQ 시설을 출발지 공항에 두고 있다.

JFK 및 LGA 공항은 뉴욕시, 뉴어크EWR공항은 뉴저지주 소속이므로 균등한 이익 분배가 요구됨에 따라 PA는 공항을 차별할 수 없으므로 항공사가 선호하는 공항을 택하여 운영하도록 시장원리를 도입한 결과 케네디JFK에는 비교적 원거리 국제노선과 일부 국내노선에 EWR 및 LGA는 비교적 근거리 국제노선과 다수의 국내노선에 운항이 집중되고 있다.

뉴욕지역의 50여 개 공항은 연간 210만 회의 운항수요가 발생하여 공역이 포화되었으므로 4.13절에 언급된 바와 같이 차세대 항공교통 시스템Next Gen을 이용하여 개선하고자 한다. 3개 공항의 개요는 표 4.15-1과 같고, 여객 수요는 2001년부터 2016년까지 50% 성장했다.

표 4.15-1 뉴욕 도시권 3개 공항의 개요 및 수요분담 현황(2016년 12월 기준)

구분		JFK	EWR	LGA	합계
공용 개시/표고 도심에서 거리 부지면적		1948/EL = 4m 동남 24km 19.95km²	1928/EL = 5m 남서 25.6km 8.20km²	1939/EL = 6m 북동 12.8km 2.75km²	30.90km²
활주로 수 및 길이		원 간격 평행 2 교차 2 2,560~4,400m	근 간격 평행 2 교차 1 2,073~3,048m	교차 2 각 2,133 m	9개
Stands 수 터미널 면적(2010)		118 556,000m²	111 323,000m²	74 174,000m²	273 1,053,000m²
여객 수요 (백만)	2016	59.0	40.4	29.8	129.2
	2001	(2000) 32.8	31.1	22.5	86.4
운항 횟수(천)	2016	449	432	370	1,251
국제선 여객 비율(2015)(%)		53	31	6	평균 35

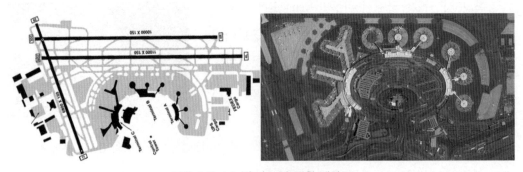

그림 4.15-1 뉴어크(EWR) 공항 배치도

2. 시카고 도시권 공항

시카고 도시권에는 Midway^{MDW}와 O'Hare^{ORD} 공항이 있으며, ORD가 77%를 분담한다. 미드에이 공항의 당초 명칭은 Chicago Municipal Airport이었으나 1943년의 미드웨이 전투를 기념하여 개명했다.

MDW 공항은 1931~1955년에 시카고의 주 공항이었고, 수요가 급증하여 세계 Busiest 공항이었으나 초창기의 항공기에 맞추어 활주로가 건설되었고(1,988m), 주변에 도시가 개발됨으로써 늘어나는 수요에 대비 확장할 수 없었으므로 ORD 공항을 시카고의 주 공항으로 개발했다. MDW는 활주로 길이 부족으로 국제노선이 캐나다와 멕시코로 한정된다.

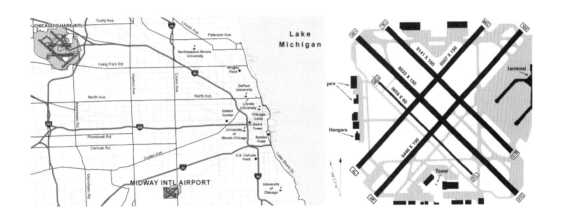

ORD 공항은 2차 대전 중 전투기(Douglas C-54s) 제작기지로 1942~1943년에 건설되었고, 1955년부터 정기운항이 시작되었다. 초기에는 항공사들이 ORD로 이전하는 것을 꺼려했지만 1960년 고속도로와 터미널 등 시설을 완비한 후에는 항공사들이 대거 ORD로 이전함으로써 MDW는 거의 포기상태이었으나 ORD의 혼잡완화를 위해 일부 항공사를 MDW로 유도함으로써 MDW는 다시 활기를 찾게 되었고, 양 공항의 운항수요는 다음과 같다.

	1956	1960	1976	2006	2016	비고
MDW(천 회)	312	299	2	299	253	MDW 운항은 LCC 주종
ORD(천 회)	37	163	594	959	868	운항수요 감소는 정부의 지연축소 지침

시카고는 교통요충지이므로 ORD 공항은 수요가 급증하여 1990년대 중반까지 수요는 세계 1위였고, UA 항공, American 항공 등이 Hub 공항으로 이용하며, 2017년 현재 208 개 노선에 취항하고 있다(국내선 153, 국제선 55). 또한 뉴욕의 공항과 함께 지연도 많아서 현대화 사업이 진행되고 있다. 시카고의 2개 공항 개요 및 수요분담 현황은 표 4.15-2와 같다.

표 4.15-2 시카고 도시권 2개 공항의 개요 및 수요분담 현황(2017년 말 기준)

구분		ORD	MDW	비고
운영자/개항		시카고 시/1955	시카고 시/1927	
도심거리/표고		북서 27km/EL=204m	남서 13km/EL=189m	
부지면적		28.4km²	3.5km²	
활주로 수 및 길이		원 간격 평행 4 근 간격 평행 1, 교차 3 계 8개, 2,286~3,962m	근 간격 평행 2 교차 3, 계 5개 1,176~1,988m	ORD 공항
Stands 수		182	43	
터미널 면적(2010)		50만m²	84,000m²	
2017 수요	여객(백만)	79.8(78%)	22.5(22%)	계 102.3
	운항(천)	867(78%)	251(22%)	계 1,118
국제선 여객비율(2015)(%)		15	4	평균 12

3. 워싱턴 도시권 공항

워싱턴은 1791년부터 미국의 수도로서 입법, 행정, 사법 3부와 176개국 대사관이 주재하며, 도시권 인구는 580만 명이다(뉴욕 도시권의 29%). 워싱턴에는 1941년 개항한 내셔널공항과 1962년 개항한 덜레스공항 및 인근의 볼티모어공항이 수요를 분담한다.

(1) 워싱턴-National 공항(DCA)

Washington 내셔널공항은 여의도와 같은 섬에 건설됨으로써 활주로 길이가 부족하여 (2,094m) 논스톱 2,300km 이하의 노선으로 제한되며, 연간 30만의 운항 횟수 중에는 20% 정도의 소형기^{Commuter} 운항이 포함된다. 국제노선은 캐나다의 동부 도시와 중미의 1~2 도시로 한정되며, 내셔널공항의 시설협소로 출발지 공항에서 미국의 입국심사와 세관검사를 받는다. 1998년 명칭을 Ronald Reagan Airport로 개칭했다.

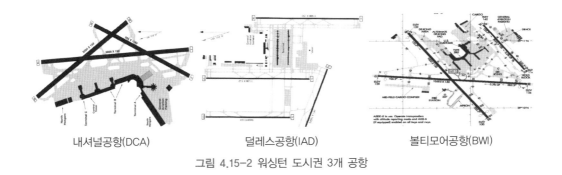

내셔널공항(DCA)   덜레스공항(IAD)   볼티모어공항(BWI)

그림 4.15-2 워싱턴 도시권 3개 공항

(2) 워싱턴-Dulles 공항(IAD)

덜레스공항은 제트기시대에 대비하여 버지니아주에 44.5km²의 대규모 공항을 건설했으며, 시내로 연결되는 고속도로에는 덜레스공항 전용차선이 확보되어 40분에 접근이 가능하다. 초기에 Mobile Lounge Concept를 도입했으나 항공사의 부담이 커서 1986년에 직선형 위성 콘코스(그림 4.15-3)와 APM이 Mobile Lounge를 대체했다.

그림 4.15-3 덜레스공항 터미널 배치 및 메인터미널 전경

(3) 볼티모어-워싱턴공항

볼티모어에서 14km, 워싱턴에서 51km 위치에 있으며, 볼티모어(도시권 인구＝280만 명)를 주로 서브하지만 워싱턴 도시권도 공동 이용하는 공항이다.

워싱턴 도시권의 3개 공항 개요와 수요분담 현황은 표 4.15-3과 같으며, 덜레스공항은 대규모 시설에도 불구하고 거리가 먼 단점 때문에 수요가 내셔널을 앞서지 못하고 있다.

표 4.15-3 워싱턴 도시권 2개 공항 개요 및 수요분담 현황(2016년 12월 기준)

구분		내셔널(DCA)	덜레스(IAD)	볼티모어(BWI)
공용 개시/도심거리		1941/남 7km	1962/서 42km	1950/14 및 51km
부지면적/표고		3.5km²/5m	44.5km²/95m	3.0km²/45m
활주로 길이(m)		주: 2,094 교차: 1,586/1,497	평행: 3,505/3,505/2,865 교차: 3,200	평행: 2,896/1,524 교차:3,201
Stands 수		44	Con 123 + Rem 16 = 139	74
터미널 Concept		Frontal Finger 콘코스	Midfield Linear 콘코스	Finger
터미널 면적(2010)		198,000m²	248,000m²	184,000m²
노선 특성		국내선 및 근거리 국제선	국내선 및 중장거리 국제선	국내선 및 근거리 국제선
수요 (여객-운항)	2017	2,390만~293,000회	22.9~265	26.4~262
	2001	1,330만~244,000회	18.0~397	2006: 20.7~267
국제선 여객(%)	2015	2	33	2.4

4. 런던 수도권 공항

런던 수도권에는 히스로LHR, 개트윅LGW, 스탠스테드STN, 루턴LTN 및 시티LCY 공항 등이 있으며, 이들의 위치는 그림 4.15-4와 같고, 공항의 개요 및 수요분담 현황은 표 4.15-4와 같다. 이들 이외도 Southamton, Norwich 공항과 경비행장 13개가 있다.

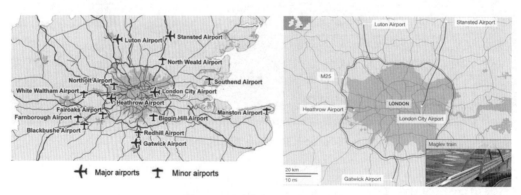

그림 4.15-4 런던 수도권 공항의 위치

표 4.15-4 런던 도시권 5개 공항 개요 및 수요분담 현황(2017년 말 기준)

구분		히스로 LHR	개트윅 LGW	스탠스테드 STN	루턴 LTN	런던시티 LCY	계/평균
공용 개시		1929 간이비행장 1946 개항	1930 사설비행장 1958 개항	1942 군용 1991 민항 개항	1938 항공기 제작 1972 차타기 개항	1987 개항	
위치		서 22km	남 48km	북동 64km	북서 57km	동 11km	
공항 부지면적		11.4km^2	7.6km^2	4.1km^2	2.2km^2	0.4km^2	26km^2
활주로(m)		3,902×46 3,660×46	3,316×46	3,048×61	2,160×46	1,199×30	6개
Stands 수		199	108	99	26	10	340
터미널 면적2010		632,000m^2	195,000m^2		46,000m^2		
운항(2016)(천)		478	281	180	129	85	1,153
여객 (분담비)	1999	6,200만(56%)	31(28%)	10(9%)	6(6%)	1.4(1%)	110
	2017	7,800만(46%)	46(27%)	24(14%)	16(9%)	5(3%)	169
국제선 여객비율 2015(%)		93	91	92	92	74	92
항공사 수		90개	102	23	8	16	
노선 수		170개	280	85	60	22	

- 히스로공항(LHR)은 런던 수도권 항공여객의 60% 이상을 분담했지만 용량 제약으로 런던 제1 공항 및 유럽 제1 국제 Hub 공항의 기능이 저하되고 있다. 2010년 시설용량은 48만 회, 8,700만 명이고, 시설개선과 대형기 위주로 운항하여 9,500만 명까지 수용할 계획이다.
- 개트윅 공항(LGW)은 런던 제2 공항으로서 유럽, 중동 등 중단거리 노선위주로 운영된다.
- 스탠스테드 공항(STN)은 1991년 런던 제3 공항으로 개항하여 LCC가 주로 이용한다. 국제선 여객의 95%가 유럽이며, LHR와 LGW의 보완기능을 수행한다(그림 4.15-5).

그림 4.15-5 STN 공항 활주로 및 터미널

- 루턴 공항(LTN)은 1972년 차타 위주로 개항했으며, 1999년에는 정기편이 75%에 달했고, 임대회의실 등을 갖춘 비즈니스 공항이 되었다. 터미널에는 탑승교가 없다.
- 런던시티 공항(LCY)은 1987년 토건회사인 Mowlem이 개발했으며, 런던도심에 가까운 이점을 활용하여 유럽 주요 도시와 연결된다. 주택가의 소음 경감을 위해 착륙활주로 선단을 300m 이설하고, 5.5° 착륙을 면허받은 2개 엔진의 고정익 및 조종사로 운항이 제한된다. 위치는 서울의 여의도와 유사하며, 활주로와 터미널 배치는 그림 4.15-6과 같으며, 터미널 1층/2층 배치도는 소형 국제선터미널의 예를 보여준다. 터미널에는 탑승교가 없다.

런던 수도권의 항공여객은 1999년부터 2016년까지 47% 성장했으며(1억 1,000만→1억 6,200만 명), 국내선 여객 비율은 12%에서 8%로 감소했다. LHR와 LGW의 활주로 용량은 한계에 달했고 공역도 매우 복잡하며, 항공기는 도심의 상공을 통과한다(그림 4.15-7). 근년에 소형기 운항을 줄이고 중·대형기를 증가시킨 결과 양 공항의 여객은 신장하고 있다. 런던 수도권의 부족한 활주로 용량을 확보하기 위해 템스강 하구의 신공항 및 기존 공항 확장을 검토한 결과 히스로공항을 확장하는 것으로 방향을 잡았다(4.6절 참고). 영국 LCC의 분담비율은 2000년대 이후 급격히 증가하여 2014년 현재는 30% 이상을 분담한다(그림 4.15-8).

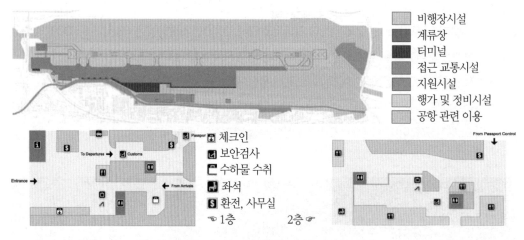

그림 4.18-6 LCY 공항 Master Plan

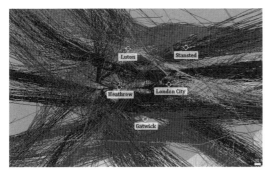

그림 4.15-7 런던 5개 공항의 항적

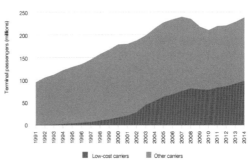

그림 4.15-8 영국 항공 수요 및 LCC 분담비

:: 향후의 전개

- 런던 수도권의 항공여객은 2016년에 1억 6,200만 명이며, 2030년에 2억 명을 예상한다.
- LHR는 3rd 평행활주로 및 T6를 건설, 용량을 74만 회, 1억 4,900만 명으로 증대할 계획이다.
- LGW는 평행활주로 건설방안(용량: 56만 회, 9,500만 명)이 있지만 실현은 부정적이다.
- STN은 활주로 용량이 여유 있고, 확장용지가 확보되어 수요 증가에 따른 확장이 가능하다.
- LTN은 수요 증가 대비 평행유도로, 고정 spot, 터미널, 장기주차장 등을 확장 중에 있다.
- LCY는 도크와 부두의 일부를 활용하는 공항으로서 지리적 제약 때문에 확장이 어렵다.

5. 파리 수도권 공항

(1) 오를리공항(ORY)

오를리공항은 1918년 군용비행장으로 발족하여 1946년에 민항전용 공항으로 개항했다. 터미널(2동)과 철도 RER-B선을 APM^Orlyval으로 연결시켜 안토니 역에서 환승하는 방법으로 시내 중심부까지 약 30분, 샤를드골공항까지 1시간에 연결된다. Orlyval은 남터미널과 서터미널 간의 이동에도 사용하며, 터미널 간에는 무료이다. 시내에 가깝게 위치함에 따라 소음문제로 야간운항, 엔진테스트 및 연간 운항 횟수 등이 제한된다. 서터미널에서 Air France의 국내선과 국제선의 접속성을 개선했다. 오를리공항 배치도는 그림 4.15-9와 같으며, T1/T2 배치는 김포공항의 국내선/국제선터미널의 배치와 유사한 ㄱ자 형태의 배치이다.

그림 4.15-9 오를리공항 배치도

(2) 샤를드골공항(CDG)

파리의 루불제공항과 오를리공항의 용량이 한 계에 달함에 따라 항공 수요 증가에 대응하여 1957 년 신공항 후보지 조사에 착수, 북동 25km 위치에 CDG 공항을 1974년에 개항했으며, 루불제공항은 소형기 중심으로 운용하다가 1981년에 경항공기[G.A] 전용공항이 되었다.

(3) CDG/ORY 공항의 역할분담과 운영상황

파리 도시권 2개 공항의 개요 및 수요분담현황은 표 4.15-5와 같다. 2000부터 2015까지 여객 수요는 28% 성장했으며, 공항별로는 CDG＝37%, ORY＝11% 성장했고, 국내선 여객은 29% 감소, 국제선 여객은 51% 성장했다(표 4.15-6 참고).

CDG 공항 개항 시에 CDG는 장거리 국제노선, ORY는 국내선과 근거리 국제선으로 역할을 분담했으나 그 이후 ORY는 터미널 개량 및 확장을 통해 장거리 국제선 수요에 대응했으며, CDG도 장거리 국제노선의 환승편의를 도모한다는 관점에서 국내선과 근거리 국제노선에도 취항하게 됨에 따라 양 공항이 기능상 명확한 구분이 없게 되었으므로 CDG는 전 세계로의 국제선 기능, ORY는 국내선을 중심으로 근거리 국제선 기능을 병용하도록 방향을 잡았다. Air France는 ORY공항 운항의 40%, CDG 공항 운항의 35%를 분담하고 있다. ORY와 CDG의 노선을 합하여 파리는 세계의 230개 공항과 연결되며, Air France는 165개 공항을 커버하고, ORY와 CDG 양 공항 모두에 연결된 공항은 50개 공항이다.

표 4.15-5 파리 도시권 2개 공항 개요(2016년 12월 기준)

구분	샤를드골(CDG)	오를리(ORY)	계
공용 개시 위치(도심기준) 공항부지 면적 공항관리자	1974 북동 25km 31.0km² ADP	1918(군), 1946(민) 남 14km 15.3km² ADP	46.3km²
활주로 구성	독립평행 2 비독립 평행 2	Open V 2 교차 1	2016 운항: 473+234 =707,000회
활주로 규격 길이×폭(m)	독립 평행: 3600×45 비독립 평행: 2500×60	Open V: 3650×45, 3320×45 교차: 2400×45	
spot 수 터미널 면적(2010)	224	104 318,000m²	328
항로구성	-장거리 국제선 위주 -국내선 여객: 8%	-국내선 위주(65%) -일부 근거리 국제선	-양 공항 공동연결은 50 공항
2017여객(백만)	69.5(68.5%)	32.0(31.5%)	101.5
2017운항(천)	476(67%)	234(33%)	710

표 4.15-6 파리 도시권 2개 공항의 항공여객 수요 분담현황

여객 구분		샤를드골(CDG)			오를리(ORY)			계	
		수요	공항 내 분담비 (%)	도시권 분담비 (%)	수요	공항 내 분담비 (%)	도시권 분담비 (%)	수요	국내선/국 제선 분담비 (%)
2000년 여객 수 (백만 명)	국내선	4.5	9	22	16.5	65	78	21.0	29
	국제선	43.7	91	83	8.9	35	17	52.6	71
	계	48.2	100	65	25.4	100	35	73.6	
2015년 여객 수	국내선	5.4	8	36	9.5	34	64	14.9	16
	국제선	60.4	92	76	18.8	66	24	79.2	84
	계	65.8	100	70	28.3	100	30	94.1	

주: ① 파리 수도권의 국내선 여객 비율은 감소되고 있다(2000년 29% → 2015년 16%).
　② 항공기당 탑승인원: 07년 기준 CDG=92, ORY=103명 → 나리타=192, 인천=178명

(4) 향후 역할분담 전망

CDG는 장거리 국제선을 중심으로 하되 유럽 내 국제선 및 국내선과의 접속성을 높여서 세계 주요 도시와 유럽 각 도시 간을 연결시키는 국제 허브공항으로서 LHR, FRA, AMS와의 치열한 경쟁이 계속될 것이다. ORY는 확장이 곤란하여 CDG로 수요가 집중되고 있으며, 파리 시내와의 접근성을 활용하여 프랑스 국내도시, 아프리카, 중동, 유럽 주요 도시를 연결함으로써 CDG의 노선을 보완하는 역할을 하게 될 것이다.

6. 몬트리올 도시권 공항

몬트리올은 캐나다의 제2 도시로서 도시권 인구는 410만, 면적은 4,259km²(서울시=605km²)로서 상업, 재정, 기술, 문화의 중심도시이며, 68%가 불어를 말한다. 몬트리올에는 1941년 개항한 Dorval 공항과 1975년 개항한 Mirabel 공항이 수요를 분담한다.

(1) 도발공항, 미러벨공항

기존 Dorval 공항이 도심에서 가까워 편리하지만 시가지에 근접되어 소음피해가 발생함으로써 장래의 항공 수요에 대비한 확장이 불가했으므로 캐나다 정부는 미러벨공항을 건설하여 아메리카 노선을 제외한 장거리 국제노선을 미러벨공항으로 이전하고, 2개 공항의 발전을 기대했다. 2개 공항의 위치 및 상대적 크기는 옆의 그림과 같다.

(2) 미러벨공항 개발

도발공항의 소음피해를 고려하여 미러벨공항은 소음문제가 발생하지 않도록 소음피해 예상지역을 포함하여 총 360km²(약 1.1억 평)의 부지를 매입했고, 이 중에서 공항용지는 70km² 이다. 여객터미널은 보행거리 단축을 고려하여 무벌 라운지 Concept을 채택했다. 2개 공항의 배치도는 그림 4.15-10과 같다.

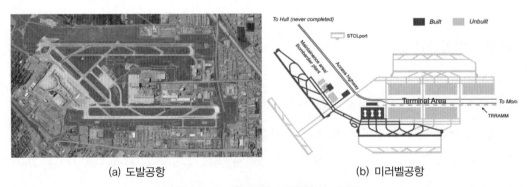

(a) 도발공항   (b) 미러벨공항

그림 4.15-10 몬트리올 2개 공항의 배치도

(3) 도발과 미러벨공항의 기능 분담

a. 미러벨 개항(1975)부터 1996년까지

미러벨은 인프라가 정비되지 않았고, 55km의 원거리로서 접근에 1시간이 넘게 소요되었으며, 무벌 라운지의 운영코스트가 높은 것 등 단점은 많고 장점은 적어서 미러벨로 이전한 항공사는 불만이 컸다. 또한 유럽 항공사는 미러벨로 이전하지 않고, 국제~국내의 환승이 편리한 피어슨공항(토론토)으로 이전한 결과 미러벨의 여객 수요는 매년 감소하여 개항 7년 후인 1982년에는 228만 명이 이용함으로써 개항 다음연도의 306만보다 수요가 크게 감소되어 2개 공항의 기능분담계획은 실패했고, 캐나다 정부는 이에 대비하여 근본적인 대책을 찾아야 했으며, 대책의 일환으로 몬트리올 2개 공항 운영을 공항공단으로 이관했다.

b. 1997년 방침의 대전환

공항공단으로 운영이 이관된 후에도 미러벨의 수요부진은 개선되지 않았으므로 공항공단은 1997년 9월 미러벨의 운영방침을 대전환하여 국제선 여객은 모두 도발로 이전하고, 미러벨은 화물과 여객차타 전용으로 변경했다. 미러벨공항은 캐나다 정부의 야심찬 계획이었으나 접근교통 불편과 항공사가 공항을 외면하면 어떻게 되는지 좋은 교훈이 되었으며, 늦게나마 미러벨의 접근교통 개선이 추진되고 있다. 양 공항의 개요는 표 4.15-7과 같다.

표 4.15-7 몬트리올 도시권 2개 공항 개요 및 수요분담 현황(2015년 12월 기준)

구분		Doval(YUL)	Mirabel(YMX)	계/비고
공용 개시 위치(도심기준) 공항부지 면적		1941 남서 20km 14.8km^2	1975 북서 55km 70.0km^2	84.8km^2
활주로(운항 횟수: 천 회)		독립 평행 2, 비독립 1	open V 2	2016 운항: 225＋39＝264
Stands 수		Cont 28, 리모트 16	Cont 6, 리모트 18	Cont 34, 리모트 34
여객 수요 분담현황 (백만 명)	1976 1997 2017	5.5 6.8 18.2	3.1 2.3 화물 64,000톤	8.6, 미라벨 개항 익년도 9.1, 방침변경 연도
국제선 여객비율(2015)(%)		62	–	62

7. 도쿄 수도권 공항

도쿄 수도권에는 1931년 개항한 하네다공항과 1978년 개항한 나리타공항이 수요를 분담하고 있으며, 국내선은 하네다, 국제선은 나리타의 역할분담 원칙하에 20 여 연간 운영해왔으나 나리타공항은 주변의 소음피해로 밤 11시부터 아침 6시까지 항공기 발착이 제한되고, 공항 건설 반대 민원으로 추가용량 확보가 어려워 국제선 수요의 침체요인이 되고 있으며, 또한 하네다-나리타 간 국내선~국제선 환승이 불편하다.

이런 여건을 고려하여 하네다공항의 D 활주로를 건설했으며, 연간 6만 회를 하네다의 국제선 수요에 배정하여 국제선 수요의 일부를 하네다가 분담하고 있다. 도쿄 2개 공항의 개요 및 수요분담현황은 표 4.15-8과 같다. 1999년부터 2015년까지 도쿄 수도권의 항공여객은 36% 성장했고(81 → 110mn), 국내선 여객은 26%, 국제선 여객은 56% 성장했다(참고: 표 4.15-8 및 3.4절).

표 4.15-8 도쿄 수도권 2개 공항 개요 및 수요분담 현황(2015년 12월 기준)

구분		Haneda(HND)		Narita(NRT)		계/평균	
공용 개시 위치(도심기준) 공항부지 면적		1941 남 14km 14.7km^2		1978 동 60km 10.65km^2		25.4km^2	
활주로		평행: 3,360/3,000 교차: 2,500/2,500		평행: 4,000/2,500		2016 운항: 439 + 234 = 673,000회	
터미널 Concept		T1/T2- 피어타이프 국제선터미널- 피어타이프		T1-위성형 T2-직선형			
터미널 면적(2010) Stands 수		657,000m^2 54		79만m^2 134		1,447,000m^2 188	
2015 여객 수요 (백만)	국내선 국제선 계	62.6 12.7 75.3	83% 17%	6.7 28.0 34.7	19% 81%	69.3 40.7 110.0	63% 37%

주: 하네다공항의 국제선 여객 비율 증가: 2001년 3.6% → 2015년 17%

도쿄 수도권은 장기수요에 대비한 활주로 용량이 부족하여 도쿄만을 중심으로 제3 신공항 후보지를 조사 중에 있으나 도쿄만의 깊은 수심, 선박통행과의 상충, 막대한 건설비 등으로 쉽게 결론을 내리지 못하고 있다.

8. 오사카 도시권 공항

오사카 도시권은 기존 공항인 이타미공항, 1994년 개항한 간사이공항, 2006년 개항한 고베공항이 수요를 분담하고 있으며, 간사이 공항은 국제선 여객과 관광 위주의 국내선 여객·이타미공항은 업무 위주의 국내선 여객·고베공항은 고베지역의 국내선 수요를 분담하고 있으며, 각 공항의 위치는 옆의 그림과 같다.

오사카 Itami 공항은 1969년 개최된 만국박람회를 계기로 제트기가 취항할 수 있는 3,000m 활주로와 터미널 등 시설을 정비했으나 이때부터 항공기 대형화와 운항편수 증가로 소음피해가 발생했으며, 주민의 반발로 공항의 존폐가 불확실하게 되었다.

(1) 간사이공항 계획과 이타미공항의 존폐

제트기 취항으로 심화된 소음문제를 해결하고자 신공항 후보지를 조사하여 1974년 간사이공항이 건설된 천주충으로 결정되었으나 재원문제 등으로 건설이 지연되는 중에 이타미공항의 소음문제는 더욱 심화되어 1973~1978년 공항 인근 주민 2만여 명이 '공해 등 조정위원회'에 이타미공항의 사용금지와 보상을 요구했다. 1980년에 화해가 성립되어 공항의 존폐를 결정하기 위한 조사결과[1983~1988] 이타미 공항의 수요 일부를 존속키로 1990년에 결정되었다. 1994년 9월 간사이공항 개항 이후 이타미공항은 국내선 전용공항으로 재출발했으며, 소음피해를 고려하여 1일 제트기 운항을 200회 이하로 제한하고, B747등 대형기도 제한했다.

a. 간사이공항 개항 이후 이타미공항

1993년 2,300만 명이던 여객(국제선+국내선)이 간사이공항 개항 후 1995년에는 1,300만 명(국내선)으로 감소되고, 종업원 수도 16,000명에서 8,000명으로 감소되어 버스, 택시를 비롯한 관련 업계가 타격을 받았으며, 지자체의 세수도 대폭 감소되었다. 공항을 철거하라고 주장하던 11개 시협은 공항의 활성화를 요구하고 있다.

b. 고베공항 건설

관서 신공항은 활주로 6개를 건설할 수 있는 입지를 조사했던바 고베 시는 소음피해가 우려되어 공항 유치를 반대했으나 간사이공항 주변이 발전되자 고베지역 유치를 반대했던 시장은 낙선되고, 새 시장이 고베신공항을 건설하여 2006년 개항했다.

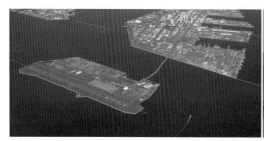 

그림 4.15-11 고베공항(공항도 및 터미널)

관서 항공 수요를 3개 공항이 분담함으로써 운영효율이 저하되고, 간사이공항은 막대한 투자비를 회수하기 위해 착륙료를 인상해야 하지만 국내선은 이타미, 국제선은 인천공항과 경쟁하기 위해 인상할 수 없어 적자만 누적되고 있으므로(KIX 부채=1.2조 엔). 2013년 12월 3개 공항 운영을 '간사이공항공단'으로 통합했다. 관서 3개 공항의 개요는 표 4.15-9와 같다.

관서 3개 공항 및 도쿄 2개 공항의 여객 수요 추이는 표 4.15-10과 같이 수도권 및 관서권 모두 국내선 수요가 침체하고 있다. 관서 3공항의 여객 수요는 1999년부터 2015년까지 11% 성장했으며(36.2→40.1), 국내선 여객은 4% 감소되고 국제선 여객은 38% 증가했다.

표 4.15-9 대판도시권 3개 공항 개요 및 수요분담 현황(2015년 12월 기준)

구분	Itami(ITM)	Kansai(KIX)	Kobe(UKB)	계
공용 개시	1939	1994	2006	
위치(도심기준)	16km	43km	26km	
부지면적/EL	3.2km²/12m	5.1km²/5m	2.8km²/7m	11.1km²
활주로(m)	3,000	3,500/4,000	2,500	2016 운항: 344,000회
Stands 수	27	1단계 77	11	115
여객터미널	구국제선 124,000m²	303,000m²		427,000m²
접근교통	모노레일(1997.4.)	철도(JR, 남해)	도심과 APM 연결	
2015여객(백만)	14.5	23.2(16.3+6.9)	2.4	40.1

표 4.15-10 대판 3개 공항 및 도쿄 2개 공항 여객 수요 추이 (단위: 백만 명)

구분		1999①	2015②	비율(%) ②/①	국제선·국내선 분담비(%) 1999	국제선·국내선 분담비(%) 2015
대판 3공항	국제선	11.8	16.3	138	33	41
	국내선	24.4	23.8	96	67	59
	계	36.2	40.1	110		
도쿄 2공항	국제선	26.1	40.7	156	32	43
	국내선	54.9	69.3	126	68	57
	계	81.0	110.0	136		

9. 상해 도시권 공항

상해 도시권에는 기존의 홍교공항과 1999년 개항한 푸동공항이 수요를 분담하고 있으며, 푸동공항은 대다수 국제선 여객과 절반의 국내선 여객을 분담하고, 홍교공항은 일부 근거리 국제선과 절반의 국내선 수요를 분담하고 있다. 2개 공항의 개요는 표 4.15-11과 같으며, 상해지역 항공 수요는 2001년부터 2016년까지 15년간 약 400% 성장했다.

표 4.15-11 상해 도시권 공항 개요 및 여객 수요 분담현황(2016년 12월 기준)

구분	홍교공항(SHA)	푸동공항(PVG)	계/비고
공용 개시	1964(1923)	1999	
관리자	상해공항공사	상해공항공사	상해공항공사
위치(도심기준)	서 13km	남동 30km	
부지면적/EL	16km²/3m	40km²/4m	56km²
활주로	2개, 3,400/3,300m 간격: 360m	5개/3,400~4,000m 간격: 2,250/1,740m 440/460m	2016 운항: SHA 262 + PVG 480 = 계 742,000회
Stands 수	159(45 bridge)	218(70 bridge)	377(115 bridge)
여객터미널	445,000m²	T1 = 280, T2-540	1,265,000m²
접근교통	지하철 2호선/10호선	고속철도, 고속도로 지하철 2호선	
2016년 실적 ①	4,050만 명~43만 톤	6,600만 명~344만 톤	106.5mn~387만 톤
2001 실적 ②	1,380만 명~45만 톤	690만 명~35만 톤	20.7mn~80만 톤
국제선 여객비율 2015(%)	4	39	25

10. 이스탄불 도시권 공항

이스탄불에는 Ataturk 및 Sabiha 공항이 국제선·국내선 수요를 분담하며(표 4.15-12), 항공 수요는 급증하고 있으나 기존 공항의 확장 제약으로 신공항을 건설 중에 있다.

표 4.15-12 이스탄불 도시권 공항 개요 및 수요분담 현황(2016년 12월 기준)

구분	Ataturk(IST)	Sabiha(SAW)	신공항 계획
위치	남서 24km	남동 35km	북서 35km
개항 시기	1924	2007	2019 예정
부지면적	10km^2	10km^2	76.5km^2
활주로	근 간격 평행 3,000m Open V: 3,000m	단일 활주로 3,000m	6개(평행 5, 직각 1) 여객용량: 200mppa
Stands	62(39bridge)	67(8bridge)	301
터미널	35만m^2		150만m^2

공항별 여객 수요 분담현황

여객 구분		Ataturk(IST)			Sabiha(SAW)			계	
		수요	공항 내 분담비(%)	도시권 분담비(%)	수요	공항 내 분담비(%)	도시권 분담비(%)	수요	국내선/국제선 분담비(%)
2006년 여객 수 (백만 명)	국내선	9.1	43	81	2.1	72	19	11.2	46
	국제선	12.2	57	94	0.8	28	6	13.0	54
	계	21.3	100	88	2.9	100	12	24.2	100
2016년 여객 수 (백만 명)	국내선	19.1	32	49	20.1	68	51	39.2	44
	국제선	41.0	68	81	9.5	32	19	50.5	56
	계	60.1	100	67	29.6	100	33	89.7	100

주: 2016 운항=IST 465＋SAW 206＝계 671,000회

11. 서울 도시권 공항

서울 수도권의 항공 수요는 2001년부터 김포공항과 인천공항이 분담하며(표 4.15-13), 2000 년부터 2017년까지 138% 성장했다(36.6→87.2). 국내선 여객은 16% 성장에 그쳤고(18.7→ 21.7), 국제선 여객은 266% 성장했다(17.9→65.5). 따라서 수도권의 국내선 여객비율은 2000년 51%에서 2016년 26%로 감소되었으며, 국내선 여객 비율이 감소하는 경향은 런던, 파리, 도쿄, 오사카 등의 대도시에서 공통적으로 발생하고 있다.

표 4.15-13 서울 수도권 2개 공항 수요분담 현황

구분		김포공항(GMP)			인천공항(ICN)			계	
		수요	공항내수요 분담비(%)	도시권 수요 분담비(%)	수요	공항내수요 분담비(%)	도시권 수요 분담비(%)	수요	분담비 (%)
2000년 (백만 명)	국내선	18.7	51	100	0	–	0	18.7	51
	국제선	17.9	49	100	0	–	0	17.9	49
	계	36.6	100	100	0	–	0	36.6	100
2017년 (백만 명)	국내선	21.1	84	97	0.6	1	3	21.7	26
	국제선	4.0	16	6	61.5	99	94	65.5	74
	계	25.1	100	29	62.1	100	71	87.2	100

주: 2017 운항 횟수: 김포 146+인천 360=계 506,000회(김포 29%/인천 71%)

4.16 항공기 사고예방 및 피해최소화 대책

1. 사고다발 위치 및 피해내용

　보잉사가 발표한 항공기 사고위치별 분포는 그림 4.16-1과 같이 활주로 주변지역에서 발생하는 사고가 가장 많으며(66%), 활주로 주변 사고는 설계자의 노력으로 피해를 상당히 감소시킬 수 있다. 미국 조종사협회가 발표한 활주로 주변 사고의 위치별 분포는 활주로 말단 과주가 41%, 활주로 포장구역 이탈 35%, 활주로 전에 착륙하는 사고가 24%이다.

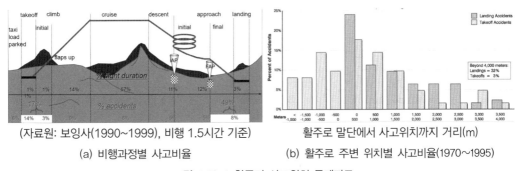

(자료원: 보잉사(1990~1999), 비행 1.5시간 기준)	활주로 말단에서 사고위치까지 거리(m)
(a) 비행과정별 사고비율	(b) 활주로 주변 위치별 사고비율(1970~1995)

그림 4.16-1 항공기 사고위치 통계자료

　활주로 주변 사고는 활주로 중심선에서 횡방향 150m와 활주로 말단에서 종방향 900m 범위에서 주로 발생하며, 미국 화재방지협회NFPA는 이 구역을 소방 및 구조구역으로 관리한

다(그림 4.16-2). 사고 시 피해를 가중시키는 것은 전주, 가로등, 둑, 언덕, 급경사의 성토 및 절토면, 울타리, 덮개 없는 배수구조물, 수목, 기타(자동차, 건물, 철도 등) 등이므로 장애물제한 표면에 저촉되지 않는다 하더라도 이런 물체가 사고다발지역 내에 없도록 계획 및 관리함으로써 사고 시 피해를 최소화하고, 소방 및 구조 활동을 원활히 할 수 있다.

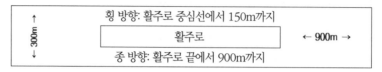

그림 4.16-2 활주로 주변의 구조 및 소방구역(미국 NFPA)

국내공항의 항공기 사고개요는 표 4.16-1, 미국공항의 사고개요는 표 4.16-2와 같다

표 4.16-1 국내공항의 항공기 사고개요

일시	공항	기종	사고 및 피해 내용	사고 후 조치내용
1980. 11.	김포	B747	전 착지, 화재 발생, 16명 사망	말단착륙대 및 착륙대 확장
1993. 07.	목포	B737	장애구릉에 충돌, 66명 사망	무안공항으로 이전
1994. 08.	제주	B747	Overrun, 배수로와 충돌, 화재 발생	착륙대 확장, 배수로 복개
1998. 08.	김포	B747	착륙 중 활주로이탈, 65명 부상	배수로 복개
1999. 03.	포항	B737	Overrun, 항공기 대파, 65명 부상	장애구릉(인덕산) 절토
2002. 04.	김해	B737	구릉에 충돌, 128명 사망	신공항 건설, 활주로신설 등 검토 중

표 4.16-2 미국 공항의 항공기 사고개요

일시	공항	항공기	사고내용
2013. 07.	San Francisco	B777-200	활주로 전 착륙, 제방에 충돌
2007. 02.	Cleveland Hopkins	Embraer ERJ-170	LLZ 등과 충돌
2006. 12.	Chicago Midway	B773-7H4	착륙, Overrun, 울타리 등과 충돌
2006. 08.	Blue Grass	Bombardier CL600	이륙, Overrun, 수목, 웅덩이 충돌
2005. 02.	Teterboro	Bombardier CL600	이륙, Overrun, 도로, 자동차 충돌
2004. 10.	Kir Ksville	BAEj3201	활주로 전 착륙, 수목에 충돌
2003. 12.	Memphis	Boeing MD-10	착륙, 활주로 이탈, 메인기어 파손
2002. 07.	Florida Tallahassee	B727-232F	활주로 전 착륙, 수목에 충돌
2002. 06.	California Burbank	B737-500	착륙, Overrun, 공항 울타리와 충돌

주: San Francisco 공항은 사고 후 활주로말단 착륙대 길이를 확장했다.

활주로 주변에서 발생한 항공기 사고 내용 및 피해 상황의 예는 다음과 같다.

① AAR, B777-200
2013. 7.
San Francisco 공항
활주로 전 착륙
제방에 충돌
항공기 대파 및 전소, 3명 사망

② JAL, DC-8
1968. 11.
San Francisco 공항
활주로 전 얕은 해상에 불시착
107 명 모두 구조
하중감소 목적: 짐과 연료 제거
항공기는 수리 후 재사용

③ 싱가포르 항공사 006편
2000. 10.: 타이페이 도원공항, 활주로 상의 건설장비와 충돌, 탑승자 179명 중 83명 사망

2. 항공기 사고에 대비한 안전시설

(1) 착륙대 폭(ICAO)

구분		ICAO Aerodrome Reference Code Number			
		1	2	3	4
활주로 길이(AFRL)(m)		L⟨800	800≤L⟨1,200	1,200≤L⟨1,800	1,800≤L
착륙대 폭(m)	계기	150	150	300	300
	비계기	60	80	150	150
착륙대 정지폭(m)	정밀계기	150~210			
	비정밀계기	80	80	150	150
	비계기	–	60	80	150

주: 착륙대를 ICAO는 Strip, FAA는 Safety Area로 표현하며, 사고에 대비한 안전시설이다.

(2) 활주로 종단안전구역 규격(ICAO)

구분			ICAO Aerodrome Reference Code Number			
			1	2	3	4
활주로 종단안전 구역 규격(m)	길이	최소	90	90	90	90
		권고	120	120	240	240
	폭	최소	활주로 폭의 2배 이상			
		권고	착륙대 정지구역의 폭과 동일			

주: ① 설치 대상: 코드번호가 3, 4인 계기·비계기 활주로 및 코드번호가 1, 2인 계기 활주로
② 종단안전구역 길이는 착륙대 끝(R/W 끝에서 60m 지점)부터의 길이이다.

(3) 활주로 보호구역(RPZ)의 규격(FAA)

구분	RPZ 규격❖
내측 폭(U)	300m(1,000피트)
외측 폭(V)	530m(1,750피트)
길이(L)	760m(2,500피트)

① RPZ는 항공기 안전운항과 지상의 인명과 재산을 보호하기 위한 것이다.
② RPZ 내부폭은 착륙대 말단폭 및 진입구역의 시점 폭과 같은 위치이다.
③ RPZ 내는 모든 물체의 제한이 바람직하며, 특히 주거지역, 공공집회장소, 연료취급 및 저장, 연기 및 먼지발생활동, 오인을 유발할 수 있는 등화, 눈부심 및 야생동물을 유인하는 등화는 금지한다. 이런 금지요인이 없는 토지이용은 공항당국이 판단 허용할 수 있다.

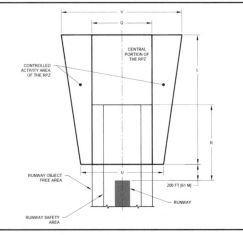

주: FAA 활주로 설계코드 C/D/E-I/II/III/IV/V/VI 및 시정 3/4 마일 미만, 즉 정밀접근활주로를 기준한 규격이다.

3. 항공기 사고방지 및 사고 시 피해최소화에 대비한 설계

활주로 경사도는 안전운항을 위해 ICAO 및 FAA 기준의 최고 또는 최저 제한치보다는 더 엄격한 기준으로 설계하는 것이 바람직하다. 활주로종단경사를 1% 이내로 하고(ICAO 기준: 활주로 양단 1/4구간은 0.8%, 중앙 1/2구간은 1.25%), 전 길이에 걸쳐 경사도변화가 없으며, 부득이한 경우는 경사도변화를 1% 이내로 하면(기준: 1.5% 이하) 활주로에서 허상을 줄일 수 있다. 활주로횡단 경사는 1~1.5%의 경사를 주어 강우 시 물이 고이거나 마찰력감소, 수막현상 등을 방지한다. 또한 Grooving하여 배수를 촉진한다.

착륙대 및 종단안전구역은 항공기가 활주로를 이탈하는 경우에 대비하여 종단경사 기준

(1.5% 이하)을 준수하며(특히 연결유도로 주변), 항공기와 충돌 시 손상을 줄 수 있는 지상의 모든 물체와 푹 꺼진 곳 등을 제거하여 항공기에 대한 충격을 최소화한다. 또한 배수로는 복개하고, 지하구조물은 지표상에 7cm 이상 노출되지 않도록 하며, 모서리는 모따기하여 완충구조로 한다. 착륙대에는 양질의 성토재료를 사용하고 배수기능을 촉진하여 바퀴가 흙 속에 깊이 빠지지 않도록 한다. 흙속에 깊이 빠지면 항공기를 끌어내는 동안 활주로를 폐쇄해야 하고, 구조 및 소방RFF 차량도 출입에 제약을 받는다.

항행안전시설을 제외하고는 항공기에 손상을 줄 수 있는 모든 물체는 제거해야 하며, 항행안전시설도 항공기와 충돌 시 항공기의 손상이 최소화되도록 부러지기 쉬운 구조로 설치되어야 한다(ICAO 설계매뉴얼 그림4-1 및 FAA-G-2100 table III 참고).

(1) 구조 및 소방 대응지역

대부분의 활주로 주변 사고는 활주로중심선에서 150m, 활주로 말단에서 900m까지 범위 내에서 발생하므로 이 지역을 소방 및 구조 특별대응지역으로 지정하여 제한표면에 저촉되지 않더라도 위험요인을 제거함으로써 사고 시 피해를 최소화할 수 있는 방안을 강구한다(울타리, 수목, 전주, 언덕, 덮개 없는 배수로, 웅덩이 등).

(2) 배수로 및 하천

착륙대 및 활주로 말단 착륙대를 통과하는 덮개 없는 배수로는 사고 시에 착륙기어 파괴와 더불어 동체를 파손시키는 요인이 되고 있으므로 덮개를 씌우거나 노선을 바꾸는 방법으로 개선하며, 방향전환이 불가능한 대형배수로나 하천이 인접한 경우에는 공항부지에서 하천의 둑까지 완만한 경사를 유지하고, 바닥은 견고하게하며, 물의 최대 깊이는 60cm 이내로 하여 구조 및 소방장비의 통행이 가능하게 한다.

(3) 종단안전구역의 표면정지 및 충돌 가능한 물체제거

항공기사고(과주, 전 착륙)에 대비하여 지형을 평탄하게 정지하고, 항공기와 충돌 시 피해를 가중시킬 수 있는 물체를 제거하며(수목, 둔덕, 큰 돌, 전주 등), 공항의 기능상 필요한 시설도 항공기와 충돌 시 항공기에 구조적 피해 없이 부서지는 구조로 설치해야 한다. 종단안전구역을 벗어난 지점도 활주로보호구역을 확보하고 정지하며, 위험한 토지이용을 억제한다. 그림 4.16-1의 b에서 보면 사고는 활주로 끝에서 수 km까지 발생하므로 전주, 수목 등 충돌 가능한 물체는 제거하는 것이 바람직하다.

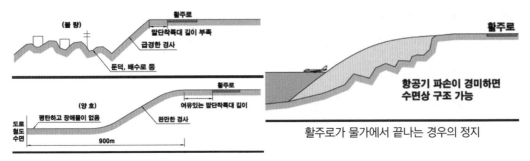

그림 4.16-3 활주로 말단 주변 정지 및 장애물 제거

(4) 활주로가 물가에서 끝나는 경우

호수, 바다, 강과 같은 수면에 인접한 공항은 활주로말단착륙대 끝이 콘크리트옹벽으로 설치된 경우가 많다. 이런 장애물은 제거하고 경사식 부두처럼 물속으로 완만하게 경사를 두어 overrun하는 항공기가 구조적 피해 없이 물속으로 미끄러져 들어갈 수 있게 함으로써 기체가 떠 있는 동안 구조를 가능하게 한다(그림 4.16-3).또한 완만한 경사는 항공기 전 착륙의 경우에도 피해를 최소화한다. 간만의 차이가 큰 해변에서는 활주로 끝으로부터 900m까지 연장하여 부서지기 쉬운 ALS 설치를 가능하게 하고, 저 시정상태에서 접근할 때에 고도탐지를 위한 안정된 지표면을 제공하는 것이 바람직하다.

(5) 활주로가 도로 및 철도와 인접한 경우

도로 및 철도는 활주로보호구역 내에서 일반적인 장애물이다. 진입표면에 자동차나 열차가 저촉되지 않도록 도로 및 철도를 낮추거나 지하도를 건설해야 한다. 도로 및 철도를 낮추기만 한 경우에 진입표면에는 저촉되지 않지만 Overrun하는 항공기에게는 대전차 장애물과 같이 작용하므로 주변지형을 완만하게 정지하고, 전주·표지판 등 장애물을 제거하며, 움푹 폐인 배수로나 도랑을 제거하고, 철도는 말단착륙대의 폭만큼 포장하여 항공기가 손상 없이 지나가고 구조 및 소방 장비가 우회 없이 통과할 수 있게 한다.

:: 구조 및 소방시설: 활주로는 2분, 말단착륙대지역은 2.5분 이내에 구조차량이 도달할 수 있도록 구조·소방시설 및 훈련시설을 배치하고, 착륙대 및 말단착륙대는 어느 지역이든지 포장지역에서 100m 이내로 접근할 수 있도록 포장된 접근시설을 갖추며, 말단착륙대지역에서 공항경계선외부의 활주로보호구역으로 쉽게 접근할 수 있는 도로 및 출입문을 갖춘다.

:: 조경 및 유수지

:: 제빙·제설: 항공기 및 공항시설을 위해 현지여건에 적절한 제빙·제설시설을 갖춘다.

:: 격리 Stand 확보: 유사 시에 대비한 격리 Stands를 갖추고, 보안에 필요한 시설을 갖춘다(울타리, 조명등, CCTV, 초소, 비상통신 등).

　활주로 침범 등 사고의 가능성을 줄이기 위해 조종사의 혼돈을 초래할 수 있는 유도로설계를 억제한다. 즉, 계류장에서 활주로와 직선적으로 연결되는 유도로는 피하며(그림 4.16-4 참고), 활주로, 평행유도로, 고속출구유도로 등이 한 곳에서 여러 개가 교차하는 것을 방지함으로써 조종사의 혼돈을 억제한다(그림 4.16-5 참고, AC 150/5300-13A 참고).

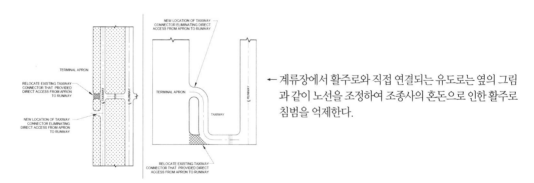

← 계류장에서 활주로와 직접 연결되는 유도로는 옆의 그림과 같이 노선을 조정하여 조종사의 혼돈으로 인한 활주로 침범을 억제한다.

그림 4.16-4 계류장-활주로 직접 연결유도로의 개선

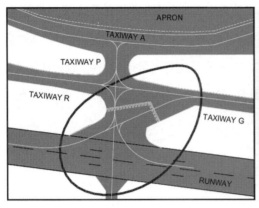 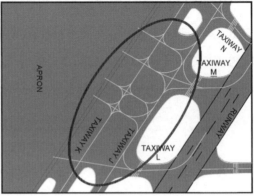

(a) 고속출구유도로와 횡단유도로 교차 　　　(b) 계류장에서 평행유도로, 활주로와 직접 연결

그림 4.16-5 혼돈을 초래할 수 있는 유도로 노선의 방지

4. 부러지기 쉬운 구조물(ICAO ADM part 6)

ICAO Aerodrome Design Manual Part 6, Frangibility(First Edition, 2006)에는 다음과 같이 언급되었다. 즉, 기능상 운영지역에 배치되어야 하는 어떤 장비나 설비가 있는바, 이런 장비나 설비는 물론 이들의 지지대는 항공기와 충돌 시 항공기의 조종기능이 상실될 정도의 충격이 없도록 경량이고 부서지기 쉬워야 한다. 이런 장비나 시설의 예는 다음과 같다.

(1) ILS glide path 장비

기존의 Non-frangible ILS glide path antenna와 같이 Frangibility 요건에 부합되지 않는 구조물이 착륙대의 정지지역 내에 있는 경우는 Frangible 구조로 교체하거나, 착륙대의 비정지지역으로 이설되어야 한다.

(2) ILS localizer 장비

Frangibility 요건에 부합되지 않는 기존 ILS localizer antenna 구조물은 활주로 끝으로부터 300m 내에 있는 경우는 Frangible 구조로 교체하거나 활주로 끝으로부터 300m 외측으로 이설되어야 하며, 또한 300m 외측으로 이설되더라도 다음의 Frangible ALS 지지대 요건에 언급된 바와 같이 상부 12m는 Frangible해야 한다.

| (a) 부러지기 쉬운 구조 | (b) 부러지기 어려운 강구조 |

그림 4.16-6 Localizer Antenna 지지대

(3) Frangible ALS 지지대

부러지기 쉬운 ALS 구조물은 정하중, 운영하중, 풍하중에는 적정 안전율을 갖고 지지할 수 있으나 어느 방향으로든 140km/h의 속도로 비행하는 항공기가 3,000kg의 힘으로 갑자기 충돌하는 경우에는 쉽게 부러지거나 비틀어지거나 휘어져야 한다(부속서14 제1권 5장).

세워진 접근등화 및 그 지지대는 Frangible 해야 한다. ALS가 활주로시단Threshold으로부터 300m를 넘어선 부분은 ① 지지구조물이 12m를 초과하는 경우의 frangible 요건은 상부 12m 에만 적용되고, ② 지지구조물이 Non-frangible한 물체로 둘러싸인 곳에는 그런 물체 위로 올라온 부분만 Frangible하게 한다. 이 구조물은 항공기와 충돌하는 순간에도 항공기에 가해 지는 최대 에너지가 55kj을 초과하지 않아야 한다.

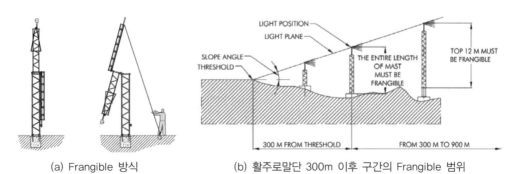

| (a) Frangible 방식 | (b) 활주로말단 300m 이후 구간의 Frangible 범위 |

그림 4.16-7 Frangible ALS 지지대

(4) Frangible 공항 울타리(ADM part 6)

울타리가 Frangible 등화탑 사이에 위치하거나 ILS critical 및 Sensitive 지역을 보호하기 위해 설치되는 울타리는 경량의 부서지기 쉬운 울타리이어야 한다.

5. 종단안전구역이 부족한 공항의 EMAS

활주로 종단안전구역은 항공기사고(활주로 전 착륙, 활주로 과주 등) 시 피해를 최소화하고, 소방 및 구조장비의 사고현장 접근성을 좋게 한다. 그러나 주변의 여건(도로, 하천 등) 때문에 이를 충분히 확보하기 어려운 경우도 있는바, 활주로 종단안전구역의 길이가 부족한 경우는 아래와 같은 EMAS를 도입하여 사고 시 피해를 최소화할 수 있다. 이는 미국의 JFK 공항 등 27개 공항에 40개소가 설치되었고, 여러 공항에 설치 중에 있다(AC150/5220-22A, 9/30/2005 참고). JFK공항에 Overrun 사고가 있었으나 EMAS의 효과로 피해가 경미했다.

EMAS\ Engineered Material Arresting System는 활주로를 벗어나 과주하는 항공기를 정지시키기 위한 것이며, EMAS 재료가 부서지면서 착륙기어에 감속저항이 작용한다. Engineered Material은 선정된 강도를 갖고, 고도의 에너지 흡수력이 있는 재료이며, 항공기 하중 하에서는 신뢰할 수 있고, 예견할 수 있게 부서진다. EMAS는 활주로 종단을 조금 지난 지점부터 설치하며(그림 4.16-8). 그림 4.16-9와 같이 EMAS가 부서지면서 항공기 기어에 제동력을 가하여 단거리 내에서 항공기를 정지시킨다.

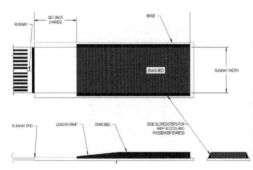

그림 4.16-8 EMAS 포장 평면, 단면

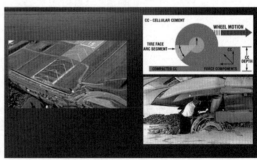

그림 4.16-9 EMAS의 제동원리

6. 조류충돌 방지대책

(1) ICAO 조류충돌 방지대책

조류충돌사고는 공항경계선 내에서 79%, 외부에서 21% 발생하며, 공항 내 사고는 항공기의 높이가 0~150m 범위에서 주로 발생한다(착륙: 0~60m, 이륙: 0~150m).

조류 서식을 유인하는 공항 주변의 토지이용은 인공 및 자연 호수(저습지, 표면수 등 포함), 골프 및 Polo 코스, 경작지 및 가축사육지, 생선가공공장 및 도살장, 극장, 음식제조공장, 쓰레기 적치장 및 매립장, 조경지역(유실수, 벌레가 있는 초지) 등이다.

:: **조류서식 방지를 위한 환경개선 방안**: 유수지는 작을수록, 물가 경사면은 급할수록, 낚시·사냥·수상스포츠 등을 금지할수록 조류서식은 감소한다. 표면수를 최소화하고, 물이 고인 웅덩이는 배수시키고, 잡초나 퇴적된 토사가 배수를 막지 않도록 관리하며, 배수로는 가급적 매설된 관로로 대체한다. R/W 및 T/W 중심선에서 150m 이내는 수목을 제거하고, 공항 주변에는 새에게 먹이를 제공하는 수종의 식재를 억제한다(씨앗 류 등). 착륙대의 잔디높이는 새들이 싫어하는 높이(20cm 정도)로 관리하고, 법령이 허용하는 범위 내에서 약품(농약)을 살포하여 새들의 먹이가 되는 벌레와 곤충을 최소화시킨다. 충돌위험이 큰 대부분의 조류는 짧은 풀을 선호하며, 꿩, 자고새 등 일부 조류만 긴 풀을 선호한다.

그림 4.16-10 착륙 중인 항공기와 이동 중인 조류

(2) FAA 조류충돌 방지대책(AC150/5200-33A)

a. 홍수 관리시설(유수지, 배수로 등)

가급적 공항 내에는 유수지를 두지 않고, 유수지를 공항 외부로 이전할 수 없으면 물가 경사면은 급하게, 폭은 좁게, 형태는 선형 식으로 하되 그물망 등으로 유수지를 덮어서 조류가 물에 접근하는 것을 억제한다. 홍수량은 48시간 내에 완전 배수시키고, 비가 오지 않는 기간에는 건조 상태로 유지한다. 유수지 내 및 인근의 모든 초목은 먹이나 은신처가 되지 않도록 제거한다. 유수지 또는 배수로에 물이 계속 흐르거나 바닥이 습한 상태로 남아 있을 것이 예상되면 유수지(배수로) 바닥은 콘크리트 또는 포장된 패드로 하여 조류가 둥지를 트는 초목의 식생을 방지한다.

b. 기타 조류유인 요인

쓰레기 처리장은 공항경계선에서 6마일 이상 이격시킨다. 골프코스는 넓은 초지와 수목 및 연못 등 때문에 조류를 유인한다. 따라서 골프코스에서는 조류서식을 계속 감시하며, 조류가 탐지되면 개선대책을 시행한다. 모든 조경계획은 조류전문가와 상의하여 새를 유인하는 수목식재는 금지한다. 조경지역은 계속 감시하여 조류가 탐지되면 즉시 개선한다. 가축사육장, 양식어업 및 경작 등의 토지이용은 제한한다.

7. 미국 산악지대 공항의 안전대책(FAA)

- 착륙대를 규정에 맞게 개선하고, 착륙대 내의 항행보조시설은 이전하거나 부러지기 쉽게 개선하며, 이에는 LOC, GS 안테나와 이를 위한 전력용기 및 장비 쉘터 등이 포함된다.
- 산악지대 공항의 장애물 회피 비행절차를 신항법기술(PBN)을 이용하여 개발함으로써 안전을 향상시키고, 용량을 증대한다.
- 활주로 침범이나 혼돈을 초래하는 유도로를 개선한다(AC150/5300-13A: 2012 참고).
- 구조 및 소방 장비는 수명(10~15년)이 만료되기 전에 교체하며, 최적의 상태를 유지한다.
- 야생동물과 항공기가 충돌한 경험이 있는 공항은 위험성을 평가하여 대책을 수립한다.

8. 국내 대형교통사고의 예방 및 피해최소화대책

국내에서 어이없는 대형 교통사고가 종종 발생하며, 그 대표적인 사례는 지하철 화재사고와 세월호 침몰사고이다. 사고의 특징은 도저히 발생할 수 없는 후진국형 사고이고, 많은 인명피해를 초래했으며, 승무원이 잘 대처했으면 피해를 최소화할 수 있었으나 그렇지 못했다는 것이다. 사고는 예방하는 것이 최선이지만 '부득이 발생하는 사고 시에 어떻게 대처해야 하는가?'에 대한 시나리오를 준비하고 정기적인 구조훈련을 해야 한다.

항공 분야는 외국항공기도 국내에 운항하므로 모든 규정이 국제화되어 있고, 사고예방은 물론 사고 시 행동요령이 잘 갖추어져 있으며, 이에 따라 정기적인 소방 및 구조 훈련을 하고 있다. 철도 및 해운교통은 공항과 같이 사고에 대비한 안전교육과 소방 및 구조 훈련을 정기적으로 시행함으로써 사고 시 피해를 최소화할 수 있다. 국산자동차에 안전벨트가 없던 시절에 항공기 안전벨트를 참고한 것처럼 선진화된 항공 분야의 운영기준과 구조 및 소방기준을 활용하면 사고발생을 예방하고, 사고 시의 피해를 최소화할 수 있을 것으로 기대한다.

항공기 사고 시에 어떻게 대처했는가? 1980년 11월 김포공항에 착륙하던 KAL기가 활주로 전에 착륙하여 기어파손, 동체착륙, 화재 발생으로 16명이 사망했다. 사고가 발생하자 공항의 구조 및 소방대가 2분 내에 사고현장에 도착하여 구조 및 소방 활동을 개시했으며, 이와 더불어 기장을 비롯한 모든 승무원은 항공기가 불타고 있음에도 끝까지 남아 거의 모든 승객을 구조했으며, 사망자 16명 중 기장을 비롯한 승무원이 12명인 것을 보면 승무원은 최선을 다해 여객을 구조했다고 볼 수 있다.

참고자료

1. ICAO 부속서 제14권 Volume 1, Aerodrome Design and Operations
2. ICAO Aerodrome Design Manual Part 6, Frangibility
3. FAA의 2015 업무계획
4. ICAO 서비스매뉴얼 제3권 조류통제
5. FAA AC150/5300-13 Airport Design
6. FAA AC 150/5220-22B Engineered Materials Arresting Systems
7. Boeing: 제트 상용 항공기 사고위치별 통계

4.17 지방공항의 국제선 수요 분담

1. 유사국가 제1 지방공항의 국제선 수요 분담

인천공항이 성공적으로 운영되자 수도권에만 국제선 수요를 몰아줄 것이 아니라 지방에 국제선 수요를 분담시키는 것이 수도권의 과밀 억제와 지역의 균형발전을 위해 필요하므로 동남권 신공항을 개발하는 것이 좋겠다는 것이 여론화되어 대통령공약으로 채택되었다가 타당성이 없는 것으로 결론이 났으며(2011년 및 2016년), 주된 사유는 충분한 수요가 없고, 수요에 비해 너무 많은 경비가 소요되며, 산이 많아 안전운항에 지장이 많다는 것 등이었다.

4.1절에서 언급된 바와 같이 지방에 큰 국제공항을 건설하면 과연 국제선 여객이 몰려올 것인가? 하는 것은 이미 선진국에서 검토된바 있으며(영국, 일본 등), 성공적이지 못한 것으로 알려지고 있다. 여객이 어떤 공항을 선택할 때에는 공항까지의 접근성은 물론 목적지까지의 접근성을 우선적으로 고려하기 때문에 목적지까지 많은 운항편수가 있고 다양한 운항노선 이 있는 공항으로 여객이 몰리는 것은 어쩔 수 없다. 국내 지방공항개발에 참고하고자 한국 과 여건이 유사한 유럽 주요국가의 제1 및 제2 지방공항은 어떻게 운영되고 있으며, 국제선 수요가 어떠한지를 검토하고자 한다.

한국과 여건이 비슷한 국가의 지방공항 중에서 국제선 여객이 가장 많은 제1 지방공항이 분담하는 국제선 여객의 비율은 2015년 기준 터키 안탈리아공항 25%, 스페인 바르셀로나공 항 20%, 독일 뮌헨공항 17%, 이탈리아 밀라노공항 16%, 영국 맨체스터공항 9.5%, 프랑스 니스공항 6.3% 순이다. 이런 외국공항의 사례와 김해공항의 분담률 11%를 감안할 때 동남권 신공항을 개발하더라도 20% 이상의 국제선 수요를 기대하기 어려우므로 이에 상응하는 투 자를 하는 것이 바람직하며, 성급하게 공약사업으로 추진할 것이 아니라 철저한 타당성과 기술검토를 거쳐 결정되어야 한다. 인천공항도 1969년부터 4차례의 타당성조사를 거쳐 선정 된 것이다.

1970년대 말에 일본과 대만은 수도권에 신국제공항을 건설했으며(일본-나리타, 대만-도 원) 한국은 신공항 건설을 검토했으나 경제적 여건이 허용되지 않아 계속 김포공항을 이용하 다가 일본이나 대만보다 20년 늦게 인천공항을 건설했지만 이들 공항보다 최종단계 용량, 터미널 Concept, 접근교통, 서비스 수준 등 여러 면에서 경쟁력이 있으며, 오히려 그들의 벤치마킹대상이 되고 있다. 한국과 여건이 비슷한 국가의 항공 수요 및 제1 지방공항의 개요는 표 4.17-1 및 표 4.17-2를 참고할 수 있다.

표 4.17-1 한국과 유사한 국가의 인구 및 항공 수요(2015)

인구/면적			총 여객(I+D)		인구당 총여객		국제선 여객		인구당 국제선 여객		국제선 여객(%)	
국가	백만①	천km²	국가	백만②	국가	②/①	국가	백만③	국가	③/①	국가	③/②
터키	82	783	영국	256	스페인	4.3	영국	211	영국	3.3	독일	79
독일	81	357	독일	217	영국	4.0	독일	171	스페인	3.0	영국	75
프랑스	66	644	스페인	207	독일	2.7	스페인	144	독일	2.1	프랑스	71
영국	64	242	터키	182	이탈리아	2.6	프랑스	116	프랑스	1.8	스페인	70
이탈리아	62	301	프랑스	163	프랑스	2.5	이탈리아	98	이탈리아	1.6	이탈리아	62
한국	52	100	이탈리아	158	한국	2.3	터키	84	한국	1.2	한국	52ⓐ
스페인	48	506	한국	119	터키	2.2	한국	62	터키	1.0	터키	46

주: 한국 국제선 여객 비율은 유럽 선진국과 같이 증가될 것으로 전망(1997년 25% → 2016년 54%)

표 4.17-2 한국과 유사한 국가의 제1 지방공항 개요(2015)

국가	독일	스페인	터키	영국	이탈리아	한국 2016	프랑스
제1 지방공항	뮌헨 MUC	바르셀로나 BCN	안탈리아 AYT	맨체스터 MAN	밀라노 MXP	김해 PUS	니스 NCE
수도에서 직선거리(km)	FRA 305	510	480	280	510	330	690
도시권 인구	261만 명	470만 명	120만 명	250만 명	137만 명	353만 명	100만 명
2016 여객(mn)	42.3	44.2	27.7	25.6	19.3	14.9	12.4
국제선 여객 비율(%)	76	73	75	87	79	52①	59
국가 총국제선 여객ⓑ 국제선 여객분담비ⓐ/ⓑ(%)	1억 7,100만 17	144 20	84 25	211 9.5	98 16	73 11	116 6.3
2016 운항수요(천) 운항당 여객	394 107	308 144	165 168	192 133	167 116	99 151	170 73
활주로 구성 및 수	평행 2	평행 2	평행 3	평행 2	평행 2	평행 2	평행 2
활주로 배치	‖	‖	‖			‖	
활주로 최장 길이(m) 고도(EL)(0)m 고도 4m 기준 보정길이	4,000 453 3,581	3,743 4 3,743	3,400 54 3,360	3,500 78 3,440	3,920 305 3,645	3,200 4 3,200	2,960 4 2,960

표 4.17-2 한국과 유사한 국가의 제1 지방공항 개요(2015)(계속)

국가	독일	스페인	터키	영국	이탈리아	한국 2016	프랑스
활주로 간격(m)	2,300	1,530	1,500	390	810	214	310
Stands(Jet Bridge)	206(50)	149(65)	87(20)	68(43)	124(27)	22(11)	49 21)
A380 대비 여부	×	○	×	○	×	×	×
여객터미널(만m²)	47	67	?	21	34	9	10
부지면적(km²)	15.7	15	11	6.1	15	3.9	3.7

주: ① 김해공항의 여객 중 국제선 여객 비율은 1997년 12% → 2016년 52%로 계속 증가되고 있다.
　　② 서울수도권 공항 여객 중 국제선 여객 비율은 1997년 42% → 2016년 74%로 증가되고 있다.
　　③ 외국 수도권의 2015년 국제선 여객 비율은 런던=92%, FRA=89%, 파리=84%, 마드리드/로마=72%, 이스탄불=58%로
　　　서 선진국일수록 국제선 여객의 비율이 높다.
　　④ 김해공항을 제외한 제1 지방공항의 최장 활주로 길이(EL=4m기준) 평균은 3,455m

2. 수도권과 지방의 국제선 여객 수요 분담

(1) 영국 수도권 공항과 지방공항의 국제선 여객 분담 추세

영국 국제선 항공여객의 지방공항 분담비율은 계속 증가하고 있으나, 제1 지방공항인
맨체스터MAN 공항의 분담비율은 감소하는 추세이다(표 4.17-3 참고).

표 4.17-3 영국 국제선 항공여객의 수도권·지방 분담비(자료원: UK Airport Statistics)

연도	국제선 여객(백만)				국제선 여객 분담비(%)			
	영국 계	수도권 공항	지방공항	MAN공항	수도권 공항	지방공항	MAN공항
1990	77.3	58.7	18.6	9.8	76	24	12.7
2010	172.6	115.6	57.0	16.1	67	33	9.3

(2) 한국 수도권 공항과 지방공항의 국제선 여객 분담 추세

한국 국제선항공여객의 지방공항 분담비율은 표 4.17-4와 같이 1971년 16%에서 2001년
10%까지 감소했다가 2016년 16%로 증가하는 추세에 있다. 제1 지방공항인 김해공항의 국제
선 여객 분담비율은 2001년까지 감소했다가 최근 5년간은 증가하는 추세이다.

표 4.17-4 한국 국제선 항공여객 실적 및 지방공항 분담비율

연도	국제선 여객(백만)				국제선 여객 분담비(%)		
	한국계	수도권 공항	지방공항	김해공항	수도권 공항	지방공항	김해공항
1981	3.23	2.72	0.51	0.47	84	16	15
2016	73.50	61.39	12.11	7.78	84	16	11

(3) 유사국가 지방공항(합계)의 국제선 여객 분담비율(2015)

지방공항의 국제선 여객 분담비①(%)	프랑스	영국	터키	이탈리아	스페인	독일 FRA	대만	태국	한국	일본	중국 상해 외	미국 뉴욕 외
	28	33	39	66	77	67	13	17	15	43	69	78
인구(백만)	66	64	82	62	48	81	23	68	52	127	1,356	319
면적(천km²)	644	244	784	301	505	367	37	513	100	378	9,597	9,827

주: ① 수도권 이외 지방공항의 합계(독일은 FRA, 중국은 상해, 미국은 뉴욕을 수도권으로 간주)

3. 한국 지방공항

(1) 동남권 신공항

신공항 건설의 타당성은 적어도 다음 세 가지 요건을 충족시켜야 한다. ① 항공기 안전운항, ② 경제성, ③ 공항과 주변지역사회의 공존. 첫째, 항공기의 안전운항 면에서 보면 불행이도 동남권은 대부분 산악지대로서 공항개발 적지가 없으며, 공항 주변의 산을 다수 잘라낸다 해도 인천공항과 같은 정도의 안전성을 확보하기 어렵다. 둘째, 경제성 면에서 보면 이용자 부담 원칙에 따라 공항 건설 및 운영비를 공항이용자에게 사용료를 징수하여 상환할 수 있어야 하므로 경제성이 있으려면 건설비는 크지 않고 수요는 많아야 하나 해상공항(가덕도) 또는 내륙공항(밀양) 모두 개항에 필요한 1단계 사업비만도 10조 원이 넘는 막대한 건설비가 소요되지만 국제선 여객 수요는 수도권의 1/4 이상 기대하기가 어려우므로 경제성이 미흡하다. 셋째 공항이 주변지역사회와 공존하려면 활주로 양측 이착륙 지역의 토지이용이 제한되어야 하므로 내륙공항은 상당한 보상을 하더라도 다소의 소음피해가 발생하며, 해상공항은 장애구릉 절토와 선박항로와 공역상충을 방지해야 한다.

2016년 말 현재 동남권 신공항은 경제성이 없는 것으로 결론이 났고, 김해공항을 확장하는 것으로 방향을 잡았다. 김해공항 확장계획은 ① 4.1절에서 논의된 바와 같이 30년 후의 수요를 근거로 기본계획을 수립할 것이 아니라 좀 더 여유 있는 계획을 하는 것이 장기적으로 경제적이고, 공항발전에 유리하다. ② 신활주로 계획과 더불어 GPS를 이용한 RNP 시스템을 이용하여 안전성을 제고하고 용량을 증대할 수 있는 방안을 병행하는 것이 효과적이다. ③ 김해공항은 군용이어서 확장과 운영이 제한된다. 한국과 여건이 유사한 선진국의 제1 지방공항과 같이 김해공항을 개발하려면 민항주도형 공항이 되어야 한다.

간사이공항 후보지를 결정할 때 고베시의 반대로 현재 위치에 건설되었고, 간사이공항 주변이 발전되자 고베시는 자체 공항을 건설했으며, 이타미공항은 소음피해 때문에 공항을 나가라고 해놓고 간사이공항을 건설하니(20조 원) 수요의 일부를 잡아 놓았다. 수요를 간사이 공항으로 몰아주어야 신공항 건설효과를 최대화할 수 있으나 3개 공항이 분담하고 있으니 3개 공항 모두 적자가 날 수밖에 없다. 국내공항 개발에서는 이런 사례를 적극 방지해야 한다.

(2) 기타 지방공항

향후 증가되는 국제선 수요를 지방공항이 분담할 수 있겠지만 수도권 공항과 경쟁이 될 것이며(접근성, 운항스케줄, 운임 등), 영국 지방공항 중 런던에서 비교적 가까운 공항의 국제선 수요를 고려하면 대구, 광주의 국제선 수요도 다소 기대할 수 있을 것으로 보인다.

공항	런던에서 거리	2016년 여객(국제선 %)	비고	서울에서 거리
맨체스터	280km	2,560만 명(87)	국제선 제1 지방공항	대구 235km 광주 267km 부산 328km
버밍엄	163km	1,160만 명(87)	국제선 제2 지방공항	

지방도시의 국내선 항공 수요 성장 가능성을 알아보기 위해 독일의 국내항공노선을 조사 해보면 옆의 그림과 같고, 연간 1만 회 이상의 운항수요가 있는 노선은 다음과 같으며, 이를 고려하면 노선거리 300km 이하는 국내선 수요가 크지 않을 것으로 보인다.

도시(인구: 만 명)	거리km	도시(인구: 만 명)
Frankfurt(232)	-305-	Munchen(261)
Frankfurt(232)	-390-	Hamburg(179)
Frankfurt(232)	-430-	Berin(352)
Bonn(33)	-474-	Berin(352)
Munchen(261)	-510-	Berin(352)

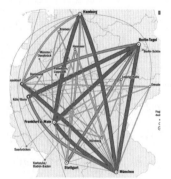

독일의 국내항공 노선망

부 록

공항시설
소요 산출

부록 1. 공항 시설소요 산출방법

공항시설의 개략적인 규모를 산출하기 위해 **ADPI**가 테헤란의 호메이니공항^{IKA} 기본계획에 사용한 방법이며, 이는 타당성조사 및 기본계획 단계에서 사용할 수 있다.

1-1. 항공 수요 추정 요약(2008)

구분			26.5 Mppa①	50 Mppa	90 Mppa
연간여객 (백만 명)	계		(100%) 26.5	(100%) 50.0	(100%) 90.0
	국내선		(70%) 18.6	(53%) 26.5	(42%) 37.8
	국제선		(30%) 7.9	(47%) 23.5	(58%) 52.2
O-D 여객(백만 명)	(비율 %) 여객		(95) 25.2	(78) 39.1	(58) 52.3
연간 운항 횟수 (천 회)	운송기(여객, 화물)		210	385	620
	여객기(여객기 비율 %)		200(95)	370(96)	590(95)
연간 운항 횟수 (천 회)	계		210	385	620
	국내선(비율 %)		174(83)	273(71)	378(61)
	국제선(비율 %)		36(13)	112(29)	242(39)
환승여객 비율(%)	국내선		5	10	10
	국제선		5	35	65
	평균		5	22	42
Peak Hour 운항 횟수	A+D	Opn	42	77	121
		PHF(%)	0.02	0.02	0.0195
	A or D	Opn	26	53	87
		DF②(%)	62	69	72
운항당 여객 수	국내선		116	119	122
	국제선		165	175	186
	평균		131	140	156
Peak Hour 여객 (A+D)	국내선	명	8,370	10,600	13,230
		PHF(%)	0.045	0.04	0.035
	국제선	명	3,950	9,400	18,270
		PHF(%)	0.05	0.04	0.035
Peak Hour 여객 (A or D)	국내선	명	5,106	6,580	7,938
		DF(%)	61	60	60
	국제선	명	2,291	7,710	12,789
		DF(%)	58	70	70
연간 화물(천 톤)			200	600	2,000

주: ① Mppa＝Million passenger per annual, 연간여객 수
　② DF＝direction factor(방향계수)

1-2. 공항 시설규모 산출

1. 활주로 및 유도로

여객 수요 Mppa	운항수요			활주로 구성	활주로 운영방식	활주로	
	연간(천 회)	PH ①	PHF ①(%)			구성	FAA 용량 ②
26.5	210	42 (55)	0.0200 (0.0262)	독립평행 R/W 2개	혼합운영	|□|	45만 회
50.0	385	77 (87)	0.0200 (0.0226)	독립평행 R/W 2개	혼합운영	|□|	45만 회
90.0	620	121 (123)	0.0195 (0.0198)	근접평행 R/W ×2	분리운영	||□||	701,000회

주: ① ( ) 내의 PH 운항, PHF는 UK 기준이며, 이와 비교하면 다소 적게 추정되었다.
　　② 활주로 구성별 용량은 제4장 참고

- 각 근 간격 평행활주로는 내측은 출발, 외측은 도착으로 분리하여 운영하며, 이는 ILS 간섭을 방지하고, 출발항공기의 착륙 활주로 횡단을 방지하는 효과가 있다. 근접평행활주로 간에는 Wake turbulence를 피하기 위해 활주로 끝을 어긋나게(Staggering) 하지 않는다.
- 독립평행활주로 간격은 터미널 배치공간을 고려하여 2,600m로 한다. 최근 계획공항의 간격은 MUC-2300m, KIX-2300m, DWC-2400m, BKK-2200m, KUL-2540m 등이다.
- 활주로 길이는 장거리 노선의 항공기 중량을 최대이륙중량의 90% 이하로 제한하지 않도록 4,200 m를 적용한다. F급 대비 활주로 폭은 60m, 노견폭은 7.5×2 = 15m로 하되 F급 운항이 적은 점과 경제성을 고려하여 하나의 근접평행활주로는 E급 기준 45m로 한다.
- 모든 활주로에 CAT Ⅲ ALS 및 ILS를 갖춘다.
- 평행유도로는 터미널 측에는 2열, 근접평행활주로 사이는 1열을 배치하고, 고속출구유도로는 항공기 혼합률을 고려하되, 450m 이상의 간격으로 한 방향당 2개소 이상 배치한다.
- 계류장 횡단 유도로는 일반원칙(rule of thumb)으로 활주로 하나당 1개소를 배치한다.

2. 여객기 계류장

(1) 적용인자

여객기 계류장 규모 산출을 위해 계류장 Stand당 연간 여객 수, 운항 횟수당 여객 수, Stand 평균 이용효율 등을 다음과 같이 적용한다.

구분		26.5 Mppa	50 Mppa	90 Mppa
연간 여객 수요 Mppa	국내선	18.6	26.5	37.8
	국제선	7.9	23.5	52.2
	계	26.5	50.0	90.0
Active Stand당 연간 여객 수 (천 명)	국내선	**440**	**482**	**510**
	국제선	**382**	**424**	**470**
	평균	420	450	486
운항 횟수당 여객 수	국내선	116	119	122
	국제선	165	175	186
	평균	131	140	156
Stands 이용 효율 증가 ①(%)		5.0	10.0	15.0

주: 운항수요가 증가할수록 하루당 Stand 이용횟수가 증가하여 Stand 이용효율이 증가한다.

(2) 주기 Stand 수 산정을 위한 가정

- 연간여객의 90~95%가 Contact stands(탑승교)를 이용하게 한다(IATA 권고사항).
- Contact stands 비율은 Rule of thumb으로 여객이용스탠드(Active stand)의 75%로 한다.
- 장기대기스탠드는 Active stands의 10%를 적용하며, 이는 출발 및 도착활동을 위해 사용되지 않고, 반복적인 출발 지연 또는 Contact stands의 장기주기가 운영효율을 저하시킬 때에 필요하다. 위의 가정을 적용하여 Stands 소요를 산정하면 다음과 같다.

여객 수 ①		26.5 Mppa	50.0 Mppa	90.0 Mppa		
				국내선 37.8	국제선 52.2	계 90.0
여객이용 스탠드 (Active Stand)	dom	42	55	74	111	4
	int	21	56			111
	계	63	111			185
장기대기 스탠드(10%)		6	11	7.4 → 8	11	19
Total stands ②		69	122	82	122	204
스탠드당 여객 수 ①/②		평균 384	평균 410	③ 461 (EQA Index = 1.48)	④ 428 (EQA Index = 1.79)	평균 441

주: ① EQA Index = 2.0 기준, ② 국내선 Stand당 62만 명, ③ 국제선 Stand당 48만 명

(3) Contact Stands와 Remote Stands 구분

Contact 와 Remote 구분		26.5 Mppa	50.0 Mppa	90.0 Mppa
Contact stands (Active의 75%)	Dom	$0.75X_1 = 31$	41	56
	Int	$0.75X_2 = 16$	42	83
	소계①	$0.75X = 47$	83	139
	비율 ①/③(%)	68	68	68
Remote stands (Active의 25% + 10%)	Active	$0.25X = 16$	28	46
	장기	$0.1X = 6$	11	19
	소계②	$0.35X = 22$	39	65
	비율 ②/③(%)	32	32	32
합계 ③		69	122	204

주: 총 Stands 대비 Contact Stands 비율= 0.75X/1.1X=68%, 원격 Stands 비율=0.35X/1.1X=32%.
원격 Stands 중 71%(25/35)는 여객이 이용하는 Active stands, 29%는 장기 대기 Stands이다.

(4) 항공기 혼합률 추정

항공기 code		항공기 혼합률			
		현재(2008)(%)	26.5 Mppa(%)	50.0 Mppa(%)	90.0 Mppa(%)
국내선	F	0	0	0	0
	E	0	12	19	27
	D	37	20	10	0
	C	63	68	71	73
국제선	F	0	1	2	3
	E	21	30	40	39
	D	38	20	0	0
	C	41	49	58	58

주: ① 항공기 평균 좌석수와 여객 수는 증가하고, LF는 현상유지로 가정한다.
② 국내선: 고밀도 루트에 대형기비율이 증가하고, 셔틀운영 가능지역에 C급이 증가한다.
③ 국제선: 신노선의 개발과 환승(단거리/장거리노선)의 증가로 C급 및 E급이 증가한다.

(5) 항공기 등급별 Stands 규모

항공기 code		26.5(18.6+7.9)			50.0(26.5+23.5)			90.0(37.8+52.2)		
		계	Contact	Remote	계	Cont	Rem	계	Cont	Rem
국내선	계	46	31	15	60	41	19	① 82	56	26
	F	0	0	0	0	0	0	0	0	0
	E	6	4	2	11	8	3	22	15	7
	D	9	6	3	6	4	2	0	0	0
	C	31	21	10	43	29	14	60	41	19
국제선	계	23	15	8	62	42	20	② 122	83	39
	F	0	0	0	1	1	0	4	3	1
	E	7	5	2	25	17	8	47	32	15
	D	5	3	2	0	0	0	0	0	0
	C	11	7	4	36	24	12	71	48	23
합계		69	46	23	122	83	39	204	139	65

주: ① 국내선 Stands의 평균 EQA Index = (22×2.8+60×1.0)/82 = 1.483
　　② 국제선 Stands의 평균 EQA Index = (4×3.8+47×2.8+71×1.0)/122 = 1.785

(6) 터미널빌딩의 Airside 접면길이 소요

• 계류장운영에 필요한 공간(항공기주기 및 GSE 운영 공간)을 확보할 수 있도록 터미널빌딩의 Airside 접면 길이를 확보해야 한다. 항공기 Wingspan과 횡적 마진은 다음과 같다.

항공기 Code	Wingspan(m)	Lateral margin(m)	계(m)
F	80	7.5	87.5
E	65	7.5	72.5
D	52	7.5	59.5
C	36	6.0	42.0

• GSE 도로 폭은 6 Stands마다 12m(왕복차선)를 확보한다.

• 항공기의 직각주기와 Contact Stands를 기준한 터미널 빌딩의 Airside 접면길이

구분			26.5 Mppa	50.0 Mppa	90.0 Mppa
주기폭 (m)	dom	E	4×72.5=290.0	8×72.5=580.0	15×72.5=1,087.5
		D	6×59.5=357.0	4×59.5=238.0	0
		C	21×42.0=882.0	29×42.0=1,218	41×42.0=1,722
		소계	31×평균49.3=1,529	41×평균49.7=2,036	56×평균50.2=2,810
	int	F	0	1×87.5=87.5	3×87.5=262.5
		E	5×72.5=362.5	17×72.5=1,232.5	32×72.5=2,320
		D	3×59.5=178.5	0	0
		C	7×42.0=294.0	24×42.0=1,008	48×42.0=2,016
		소계	15×평균55.7=835	42×평균55.4=2,328	83×평균55.4=4,599
	계		46×평균51.4=2,364	83×평균52.6=4,364	139×평균53.3=7,409
GSE 도로 폭 (m)	dom		31÷6×12=62.0	41÷6×12=82.0	56÷6×12=112.0
	int		15÷6×12=30.0	42÷6×12=84.0	83÷6×12=166.0
	계		92	166.0	278
Airside 접면길이(m)			2,364+92=2,456	4,364+166=4,530	7,409+278=7,687

(7) Stands 면적

- 장애물까지의 유도안전거리를 고려한 Stand당 IATA의 면적기준을 Stand 수에 적용하여 계류장 단위면적을 산출하면 다음과 같다.

구분		Stand당 소요면적 (ha) ①	Stands 수			Stands 단위면적(ha)		
			26.5 Mppa	50.0 Mppa	90.0 Mppa	26.5 Mppa	50.0 Mppa	90.0 Mppa
Contact	F	1.50	0	1	3	0	1.5	4.5
	E	1.14	9	25	47	10.3	28.5	53.6
	D	0.75	9	4	0	6.8	3.0	0
	C	0.41	28	53	89	11.5	21.7	36.5
	소계	–	46	83	139	28.6	54.7	94.6
Remote	F	1.42	0	0	1	0	0	1.4
	E	1.07	4	11	22	4.3	11.8	23.5
	D	0.69	5	2	0	3.5	1.4	0
	C	0.37	14	26	42	5.2	9.6	15.5
	소계	–	23	39	65	13.0	22.8	40.4
합계		–	69	122	204	41.6	77.5	135.0

주: IATA ADRM에 제시된 것과 같으며, B급은 Contact=0.22, Remote=0.19a이다.

(8) GSE 대기소 면적(Stands 소요면적의 7% 적용)

(9) Remote stands 지역의 Ramp office 면적(Remote stands 면적의 2.3% 적용)

- 90.0Mppa의 Remote Stands 면적(41.6 ha)×2.3% = 0.957ha = 9,570m^2

(10) 계류장 계획 고려사항

- 모든 스탠드에는 급유, 전력, 공조, 도킹가이던스(레이저 이용) 시스템 등을 최대한 갖춘다.
- 설계 시 항공기등급 간 및 국내/국제선 간 운영을 최적화시킴으로써 하루 중 다른 시간대에 다양한 항공기 타이프에 대응할 수 있게 하여(예: F급 1대 주기공간에 C급 2대 주기 등) Stands 소요를 다소 줄일 수 있다(MARS, Multiple Apron Ramp System).
- PH에 임시 Stands를 사용할 수 없다면 대기계류장을 설계에 반영한다.
- 계류장 설계는 막다른 골목(Cul de sac)을 피하고, 유도시간을 최소화시킨다.
- Bomb alert에 대비하여 Isolated Remote stand를 배치한다.
- GSE 도로(폭 12m)는 Stands의 지연과 사고(항공기와 후면의 장비 간) 방지를 위하여 주기 항공기의 전방에 배치한다(IATA 권고).
- 터미널 운영자는 IT gate 및 Stands assignment policy를 포함한 Stands assignment system을 갖춘다.
- Run-up 지역을 갖추어야 하며, 현 위치 유지 또는 재배치될 수도 있다.
- 서비스도로망은 조업을 위해 항공기에 접근이 용이하고, 여객기까지 Belly cargo를 신속히 운송할 수 있도록 화물 - 여객 계류장을 효율적으로 연결한다.

3. 여객터미널

여객터미널 면적은 PH 수요로 산출하며, 복수터미널 시스템에서 특정 터미널의 필요면적 및 처리 units는 각 터미널이 분담하는 교통량에 따른다. 각 터미널의 피크시간 용량의 합계는 공항 전체 피크시간 여객 수보다 크며, 이는 터미널분산에 따른 효율 감소 영향이다.

연간여객 1,000명당 국내선 10m^2, 국제선 16m^{2}를 적용하여 터미널 필요면적을 산정한 결과는 다음의 표와 같으며, 이는 ADP가 1990년 인천공항에 적용한 국제선터미널의 12.7m^{2}보다 상향 조정된 것이다. 산출된 터미널 T3 면적을 PH 여객당 면적으로 환산하면 국내선터미널은 22m^2, 국제선터미널은 40m^{2}이며, 산출근거는 다음 표의 주 ① 및 ②를 참고할 수 있다.

구분	T$_1$=20 Mppa 교통량 Mpax	T$_1$=20 Mppa 연면적 천m^2	T$_2$=30.0 Mppa 교통량 Mpax	T$_2$=30.0 Mppa 연면적 천m^2	누계 교통량 Mpax	누계 연면적 천m^2	T$_3$=40 Mppa 교통량 Mpax	T$_3$=40 Mppa 연면적 천m^2	누계 교통량 Mpax	누계 연면적 천m^2
국내선	12.0	120	14.5	145	26.5	265	11.3	① 113	37.8	378
국제선	8.0	128	15.5	248	23.5	376	28.7	② 460	52.2	836
계	20.0	248	30.0	393	50.0	641	40.0	573	90.0	1,214

주: ① 국내선 연간여객 11.3 Mpax의 PH 여객=11.3 Mpax×0.045%=5,085명(FAA TPHP)
국내선 PH 여객(양방향)당 터미널 면적=113,000/5,085=22m^2
② 국제선 연간여객 28.7 Mpax의 PH 여객=28.7 Mpax×0.04%=11,480명(FAA TPHP)
국제선 PH 여객(양방향)당 터미널 면적=460,000/11,480=40m^2

4. Landside 시설

(1) Curbside 길이 등

- 터미널 커브사이드 길이 산정에는 다음의 인자에 근거한다(Airport Engineering).
  - 피크시간 출발여객 또는 도착여객 수
  - 교통수단별 분담률(car, taxi, bus, rail)
  - 평균 탑승인원(car, taxi, bus)
  - 타이프별 평균 커브 길이 및 평균 점유시간
- 1m 커브 길이의 이론용량은 시간당 3,600 초 · m이지만 실용용량은 이론용량의 약 70%만 적용하며, 이는 보행자 통과시간, 기둥 등 커브역할을 할 수 없는 요인을 고려한 것이다.
- 철도, 버스, 승용차, 택시의 교통 분담 비는 다음과 같이 가정한다.

교통수단	26.5 Mppa(%)	50.0 Mppa(%)	90.0 Mppa(%)
철도	10	30	33
버스	10	10	10
승용차	40	30	25
택시	40	30	30
렌터카	0	0	2
합계	100	100	100

주: 철도는 26.5 Mppa일 때 지하철 도입, 50.0 Mpax일 때에 공항 Express 도입 가정

- 차량 타이프별 평균 커브 점유시간(분) 및 점유길이(m)는 다음과 같이 가정한다.

교통수단	점유시간(분) 출발	점유시간(분) 도착	커브소요 길이(m)	점유시간 · 길이(m · min) 출발	점유시간 · 길이(m · min) 도착
버스	7	10	22	154	220
승용차	3	3	6	18	18
택시	2	2	6	12	12

- 출발커브에서는 주차 없이 100% 환송객 차량이 내려주고, 도착커브에서는 33%가 여객을 기다리고, 환영객/환송객이 승용차 수요의 80%를 분담하는 것으로 가정한다.
- 어떤 경우에도 사고 등 유사시에 대비하여 예비차선이 필요하며, 보행자의 안전을 도모하고, 방향결정 및 항공사 식별 등에 효율적 안내가 필요하다.
- 위 가정을 전제로 Curb side 소요길이를 산정하면 다음과 같다.

연간여객	교통수단	국내선		국제선		total	
		출발	도착	출발	도착	출발	도착
90 Mppa	버스	84	119	100	143	184	262
	승용차	195	65	233	77	428	142
	택시	195	195	233	233	428	428
	합 계	474	379	566	453	1,040	832

주: ① ADP는 Curb 길이를 인천공항에는 Mpax당 50m를 적용했다(1990).
　② 호메이니공항에는 90 Mppa 시 1,880 m를 적용했으므로 총여객 Mppa당 21 m를 적용했으며, O/D 여객 Mppa당 커브 길이는 21/0.58＝36m이다.
　③ 이 36m를 위에서 설명된 커브의 운영효율을 고려하면 36/0.7＝51m이다.

(2) 버스 및 택시 원격 대기소

- 교통수단별 대기수요, 평균 점유시간, 단위면적 등을 다음과 같이 가정한다.

구분	주차 수요(%)	평균 점유시간(분)	1대당 면적(m²)
버스	90	60	100
택시	50	120	20

주: 택시 원격 대기소는 Flow capa의 70%만 반영한다.

- 90 Mpax 시 대중교통 수단별 대기대수 및 대기소 면적을 산정하면 다음과 같다.

연간여객	구분	국내선(대)		국제선(대)		합계(대)		면적 (m²)
		출발	도착	출발	도착	출발	도착	
90 Mppa	버스	23	23	28	28	51	51	4,600 ①
	택시	681	681	815	815	1,496	1,496	21,000 ②

주: ① 51대×90%×100m²≒4,600m²
　② 1,496×50%×120/60×20m²/대×70%≒21,000m²

(3) 승용차 주차장

a. 승용차 공용주차장

　단기주차장 이용자는 주로 단기에 여객을 태워가거나 내려주는 환영객 및 환송객meeters 및greeters이며, 주차장은 터미널에 가깝게 배치한다. 장기주차장은 주로 차량을 공항에 두고 비행기를 타는 여객이 이용하며, 주차장이 원거리에 있고, 거리가 멀면 셔틀서비스를 고려한다. 규모 결정은 피크일 출발교통을 이용한다.

공용주차장 규모를 결정하기 위한 가정 및 산정결과는 다음과 같다.

- 승용차 분담비는 다음과 같고, 단기주차장이 80%, 장기주차장이 20% 분담한다.

연간여객	26.5 Mppa	50.0 Mppa	90.0 Mppa
승용차 분담률(%)	40	30	25

- 환송객 승용차는 여객 2명 탑승, 주차시간은 국내선 1.5, 국제선 2.0시간으로 가정한다.
- 승용차를 공항에 두고 떠나는 장기주차 자는 ① 국내선 여객은 1.5일 주차, 80%는 근접주차장 이용, 20%는 원격 주차장 이용, ② 국제선 여객은 2.0일 주차, 70%는 근접 주차장, 30%는 원격 주차장을 이용하는 것으로 가정한다.
- 공용주차장 소요 주차대수

연간여객		소요 주차면	단기(contact)	장기(remote)	O/D 여객
90.0 Mpax	국내선 37.8	9,750	8,072	1,678	
	국제선 52.2	10,182	7,779	2,403	52.3
	계 90.0	19,932 ①	15,851	4,081	

주: ① O+D 여객 Mpax당 평균 383 lot 비율이다(19,932/52.3).
    ② 2007년 인천공항 MP 검토: OD 여객 Mpax당 승용차는 국내선 400대, 국제선 200 대, 버스는 25대를 적용한다.

b. 승용차 상주직원 주차장

상주직원 주차장은 여객용 원격주차장보다 터미널에서 더 원거리에 배치될 수 있으며, 원거리 보행일 경우 셔틀서비스가 고려되어야 한다. 개략적 산출방식으로서 여객공용주차장 규모의 35%를 적용하며, 이를 적용하여 산출한 결과는 다음과 같다.

26.5 Mppa		50.0 Mppa		90.0 Mppa	
대수	면적(천m^2)	대수	면적(천m^2)	대수	면적(천m^2)
3,687	103.3	5,655	158.4	6,976	195.4
Mpax당 139대		Mpax당 113대		Mpax당 78대	

(4) 도로망

도로망은 공항을 정상적으로 운영하는 데 필수적이며, 교통흐름을 최적으로 분배하도록 기본계획을 수립하는 것이 필요하다. 가장 중요한 것 중 하나는 여객교통과 기타 교통(상주직원, 화물지역, 기술지역 및 정비지역)을 분리하여 피크시간대에 터미널 접근에 문제가 없도록 별도의 도로망을 이용할 수 있도록 한다. 호메이니공항의 메인 접근도로인 동측 및 서측 highway는 편도 3차선으로서 공항 접근에 적절하며, 재순환도로는 편도 2차선＋비상시 대기차선이다.

(5) 철도

테헤란 도심에서 40km 떨어진 공항의 접근성을 개선하기 위해 지하철 1호선이 공항까지 연결되고, 개발계획에 제시된 바와 같이 공항전용 특급이 실현된다면 자동차 이용률이 감소하여 환경, 서비스 및 용량 제약 문제 등이 개선될 것이다. 철도건설 및 운영과 관련한 IATA의 권고는 다음과 같다.

- 철도역사는 여객터미널과 합축 하거나 터미널에 가깝게 배치한다.
- 양질의 정보를 제공하고, 잦은 빈도로 운영한다(10~15분).

(6) Landside APM(Airport People Mover)

Landside APM을 실현하기 위해서는 터미널, 주차장 및 기타 시설 등 주요 기능간의 노선 구성, 거리, 이동인원 수 및 서비스 수준 등을 고려하여 기본계획에 반영한다. 효율적·경제적 APM 구성이 공항 배치의 타당성을 결정하는 데 주요 인자가 될 수 있다. APM의 선정에는 가격 분석 및 다른 교통수단에 대한 대안평가를 필요로 한다.

5. 화물지역 시설규모

(1) 화물터미널 및 주변시설

화물터미널지역에는 화물지역에 직접 연결되고 전용인 접근도로가 계획되고, 화물계류장은 화물터미널에 바로 인접하며, 화물지역의 확장이 용이하고, Belly cargo의 수송에 지장이 없도록 여객터미널지역 계류장과 접근성을 확보한다. 그리고 순환, 주차, 배달 등을 위해 다음 필요공간을 확보한다.

- 12m 서비스도로 및 6m Unit area
- 화물터미널 양측에 화물취급을 위해 35m Depth 확보
- 화물터미널 Depth는 80m(ETV 설치 시는 +20m)
- 7m 공용접근도로, 22m 깊이 주차, Curbs 등

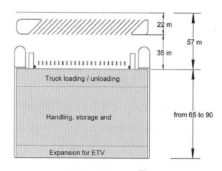

IATA ADRM 표준도

유사 공항의 사례를 감안하여 화물터미널 단위면적(m²)당 10톤과 부지 ha당 화물 1,500톤 처리를 가정하여 화물터미널 면적과 부지면적을 산출하면 다음과 같다.

연간화물	m²당 처리량	화물터미널 면적(천m²)	부지 면적(ha)
2,00만 톤	10톤/m²	200	133

주: ① ICN 2010년 실적은 국적항공사는 15톤/m², 외국항공사는 10톤/m²을 처리했다.
　② IATA Manual(10th)에 제시된 화물터미널 면적(m²)당 화물처리량
　　- 비 자동화(거의 수작업)=5톤, - 자동화 평균=10톤, - 높은 자동화=17톤
　③ 인천공항 MP 검토 시 화물대리점지역 필요면적은 화물지역의 45%를 적용했다.

(2) 화물기 stands

화물계류장에 대한 계획은 IATA의 Airport Development Reference Manual(10th)을 참고하여 화물기 혼합률Fleet mix 및 기당 평균 화물을 다음과 같이 가정한다.

항공기 등급	E	D	C
항공기 혼합률(%)	70~75	20~25	5
기당 평균화물(톤)	60	30	10

화물시설 운영시간은 1일 20시간 이상, 화물기의 표준 주기시간은 4~7시간으로 가정하고, 항공기 대형화에 대비 계획기간 중 1~2대의 F급에 대비한다(A380F).

화물기 stands 소요는 다음과 같다(7시간 주기 기준).

연간 화물(만 톤)	20	60	2,00
하루당 화물기 운항	23	51	133
하루당 화물기 도착	11.5	26	67
화물기 Stands 수	4 ①	10 ②	23
Stands 등급	1F, 2E, 1D	2F, 6E, 2D	–

주: ① 11.5×7÷20＝4.025≒4
    ② 26×7÷20＝9.1≒10
    ③ 인천공항 최종단계 연간 화물기운항＝114,800회, 1도착＝190회 기준 위와 같은 방법으로 산출된 스탠드 수는 67대이다
      (190×7/20＝66.5).

6. 지원시설 규모

(1) 측후소(Meteorological station)

- 토지면적: 2,000m²(건물, 주차장 등)
- 건물: 500m²

(2) 상하수(Water network)

상수 등의 자료가 부족하여 몇 개의 Parisian 공항에 대하여 조사를 시행하였으며, 상수, 하수 및 우수 관련 시설의 소요부지면적은 다음과 같다.

연간여객		26.5 Mppa	50.0 Mppa	90.0 Mppa
수요	여객당 상수수요(ℓ)	50	50	50
	1일 평균여객(천 명)	73	137	247
	1일 상수소요(m³)	3,650	6,850	12,330
부지소요 (천m²)	급수탱크 부지	10	15	20
	하수처리장	20	40	80
	강수 및 제빙액 처리시설	0	40	50

주: 1990년 ADP는 인천공항 최종단계의 급수탱크부지 1만, 하수처리부지 3만m²을 제시한다.

(3) 기내식(Catering)

- 기내식 수요는 출발항공기 편당 평균 기내식수 및 연간 최고일의 교통량에 의거 산정된다.
- 기내식은 여건에 따라 외부에서 반입될 수도 있지만 모든 기내식시설은 계류장에 가까운 Airside 경계선 가까이 배치하는 것으로 계획한다.

- 여객당 평균 기내식수는 국내선 여객은 0.25식(점신시간대만 제공), 국제선 여객은 1.50식을 제공한다(중거리 1식, 장거리 2식).
- 기내식 수요 및 이와 관련된 소요시설은 다음과 같다.

연간여객	26.5 Mppa	50.0 Mppa	90.0 Mppa
피크 일 집중률(%)	0.42	0.38	0.36
피크일 출발여객 수(천 명)	55	95	160
출발여객당 기내식수	0.63식	0.84식	0.98식
1일 소요 기내식수(천식)	34.0	79.6	156.0
기내식건물 면적(천m^2)	35	80	156
기내식시설 토지소요(ha)	11	24	47

(4) 항공기 정비시설

항공기정비는 항공사의 모기지에서 시행되고, 일상적인 서빙은 계류장지역 또는 지정된 항공기 행거에서 시행된다. 정비시설지역의 부지 규모는 항공기 정비 Bays의 수와 Type에 따라 좌우되며, 주요 공항의 세계적 추세(항공기 정비시설부지 1ha당 연간여객 0.55 Mpax)를 적용하여 단계별 정비지역시설 부지를 산정하면 다음과 같다.

- 26.5 Mppa: 48ha
- 50.0 Mppa: 91ha
- 90.0 Mppa: 164ha
★인천공항 110 Mppa 기준 174ha 적용

2007년 인천공항 MP 검토는 모기지 국적항공사의 항공기보유대수를 구하고, 행거 Bay 하나당 연간 12대의 항공기 정비를 기준하여 Bay 수 산정, Unit bay 면적＝항공기 길이×폭×1.7, 부지면적＝Bay 수×Unit bay 면적×5로 산정한다.

(5) 동력시설

연간여객	26.5 Mppa	50.0 Mppa	90.0 Mppa
동력시설	• CDG 공항 자료에 근거 26.5 Mpax 기준 1만m^2이고, 최종단계에 지점용으로 5,000m^2 추가, 계 = 15,000m^2 • Network 계획에 좌우됨		
냉난방시설 (Heating & Cooling)	• 중앙 집중도 및 기술 Concept 에 따라 크게 좌우됨 • Heating & Cooling 생산 및 분배시설에 15,000m^2 토지 소요		
계	3만m^2 ①		

주: ① 1990년 ADP는 ICN의 최종 동력시설 부지 2만m^2 및 변전소부지 2만m^2를 제시한다.

(6) 구조 및 소방(ARFF)

호메이니공항의 항공기 혼합률을 고려할 때 1단계(26.5 Mpax)는 Category 9로 분류되고 Code F(동체 폭 7m 초과) 항공기 운항이 증가함에 따라 Category 10으로 상향된다.

구조 및 소방대는 활주로, 계류장 및 유도로의 어느 곳이나 3분 내 대응해야 하며, 여기서 3분은 Initial Call로부터 첫 번째 차량의 Foam 분사량이 50%에 달할 때까지를 말한다.

각 쌍의 근접 평행 R/W에는 직접 연결되고 시계가 양호하며 회전부가 최소화된 별도의 구조 및 소방대를 갖추도록 권고한다. 각 ARFF Station에는 약 1ha의 부지가 소요된다. Training center는 공항 여건에 맞는 화재에 적응할 수 있어야 하며(지표면 Fuel spread, Gear fire, Cabin fire, Engine fire 등), 약 7만m^2의 부지가 소요되고, 이는 Fire Spot, 차량운영, Spot field 등으로 구성된다. 2007년 인천공항 MP 검토는 본소 1개소(15,000m^2), 분소 2개소(2×1만m^2), 훈련장 1만m^2 계 45,000m^2를 제시했다.

항공기 운항 관련 ARFF Category 판정과 이에 따른 급수 및 차량구성계획은 다음과 같다.

연간여객	26.5 Mppa	50.0 Mppa	90.0 Mppa
연간 항공기 운항	205,000	360,000	595,000
% of code F	1	2	3
Annual code F opns	2,050	7,200	17,850
가장 바쁜 3개월간 F급 운항①	570	1980	4910
ARFF Category	CAT 9	CAT 10	CAT 10

분당 급수능력 (천ℓ)	급수	24.3	32.3	32.3
	B type foam 용액	9.0	11.2	11.2
	계	33.3	43.3	43.3

차량구성(3대 이상) ■ =천 리터	3량× 6 ■ = 18 ■	2량× 6 ■ = 12 ■	50.0 Mpax와 동
	1량×15 ■ = 15 ■	2량×15 ■ = 30 ■	
	계 33 ■	42 ■	

주: ① 최대항공기의 운항 횟수가 가장 바쁜 3개월 간 700회 미만이면 1등급 하향 조정될 수 있다.

(7) 제빙시설(Deicing facilities)

제빙은 Airside 시설 제빙과 항공기 제빙으로 구분되며, Airside 시설 제빙은 활주로, 유도로, 유도선, stands 및 GSE 도로 등의 제빙 및 제설을 말한다.

Airside 시설 제빙은 제설차 및 방빙제 살포기로 시행하며, 필요한 차량 수는 특정 강설 및 ice condition일 때 제빙우선지역을 얼마의 시간 내에 제빙할 것인지에 대한 공항당국의 방침에 달려 있다. Airside 제빙조건과 제빙범위를 가정하여 제빙차량 및 제빙시설(부지 및 창고)을 산정하면 다음과 같다.

제빙조건	제빙범위	제빙차량 조합	제빙시설 규모
제설 량: 10kg/m² 제빙시간: 45분	2개 독립활주로 및 관련 유도로	6 High flow 제설기 6 방빙제 살포기 30 Displacement	부지: 37,500m² 창고: 12,500m²
	53 stands 및 관련 T/L, GSE 도로	9 Snow sweeper 4 방빙제 살포기	

항공기 제빙시설 규모는 어느 정도의 Snow 및 Ice 조건이 활주로 시스템의 이륙용량에 영향을 주지 않는지에 대한 공항당국의 방침에 좌우된다. 더 이상의 악조건은 제빙패드의 용량 제약 때문에 이륙지연이 발생되는 한계를 의미한다. 공항은 연평균 Snow, Ice 및 Freezing rain의 일수로 분류되며, Winter category 또한 Snow 및 Ice 조건과 항공기 제빙에 필요한 평균 시간과 관련된다.

IKA의 Fleet mix 고려, 1대의 제빙차량으로 1대의 항공기 제빙에 필요한 시간은 다음과 같다.

연간여객	제빙차량 1대가 항공기 1대를 제빙하는 데 소요되는 시간(분)					
	Freezing	Weak snow < 5 cm/h	Medium snow < 10 cm/h	High snow > 10 cm/h	Icing weak	Icing 1 cm
26.5 Mppa	19	28	33	45	29	52
50 Mppa	20	29	34	46	30	53
90 Mppa	20	30	35	47	30	53

제빙 pad당 제빙차량 3대를 조합시킬 경우 소요 패드 수는 다음과 같다.

연간여객	동절기 상황별 제빙패드 필요규모					
	Freezing	Weak snow < 5cm/h	Medium snow < 10cm/h	High snow > 10cm/h	Icing weak	Icing 1 cm
26.5 Mpax	2	3	4	5	3	6
50 Mpax	6	9	10	14	9	15
90 Mpax	10	14	16	22	14	26

호메이니공항의 제빙차량 관리에 소요되는 창고 및 토지면적 규모는 다음과 같다.

연간여객	창고 면적(m²)	부지면적(m²)	비고
26.5 Mpax	2,100	6,400	표준 동절기조건을 weak snow 라고 가정
50 Mpax	6,400	19,200	
90 Mpax	10,000	29,900	

주: 제빙액 사용량 및 제빙폐액 저장량(snow 포함)을 고려한 탱크를 설치한다.

(8) GSE 정비시설

GSE 차량수요 및 이에 따른 정비시설 부지규모는 다음과 같다.

Target	26.5 Mpax	50.0 Mpax	90.0 Mpax
GSE 차량 수 ①	1,100	2,000	3,400
정비시설 부지(천m²) ②	25	45	77

주: ①② GSE는 Push-back tugs, Baggage handling, Mobile air conditioning 장비 등이 있으며, 부지는 Repair, Cleaning, Painting, Controling 등이 포함된다.
　③ICN 2007 MP 검토: 운영될 총 장비 수=피크시간 여객 수의 14%, 정비할 장비 수=총 장비수의 10%, 입고장비 1대당 75m²의 연면적, 부지는 연면적의 4배 등을 적용한다.

(9) 항공기 청소 및 상수공급시설

항공기가 주기하는 동안 청소, 상수공급, 하수처리 등을 위한 기자재 및 직원의 공간이 필요하고, 연간운항 횟수 10만 회당 1ha의 토지가 필요하며, 면적을 산정하면 다음과 같다.

Target	26.5 Mpax	50.0 Mpax	90.0 Mpax
연간여객	26.5 Mpax	50.0 Mpax	90.0 Mpax
연간 운항	205,000	360,000	595,000
토지 소요(ha)	2	4	6

(10) 연료 저장시설(Fuel farm facilities)

Fuel farm 용량은 저장일수, 운항 횟수당 평균 운항거리(국내선/국제선 구분), 평균 연료소모량 및 비율 등에 관계되며, 이를 정리하면 다음과 같다.

호메이니공항 적용		
평균 Trip length (km)	Dom	700
	Int	5,000
피크 월 운항 Factor		20%
항공연료 저장일수		7일
운항당 급유비율(%)	Dom	80
	Int	100

일본 중장기계획		
항공기 type	연료 소모량(kl)=Y	비고
LJ(B747):	$Y = 0.0130\,X + 4.80$	X=운항거리
LJ(Airbus):	$Y = 0.0098\,X + 3.70$	X=3,000km일 경우
MJ:	$Y = 0.0076\,X + 3.20$	B747의 연료소모량
SJ:	$Y = 0.0041\,X + 0.75$	$Y = 0.0130 \times 3000$
Prop:	$Y = 0.0010\,X + 0.60$	$+ 4.80$
STOL:	$Y = 0.0002\,X + 0.12$	$= 43.8\ kl$ 가 된다.

저장용량과 보안을 고려한(탱크에서 반경 100m 부지 확보) 토지면적은 다음과 같다.

목표 수요	26.5 Mpax	50.0 Mpax	90.0 Mpax
연간 항공기 운항 평균 운항거리(km)	205,000 1,400	360,000 1,950	595,000 2,350
평균 연료소모량(km당) 운항당 급유비율(%)	4.0 ℓ 83	3.5 ℓ 86	3.0 ℓ 88
연료 저장량(천m³) 급유저장소 면적(ha) ①	10.7 3	33.7 8	64.1 14

주: ① 사무실, 주차장, 시험실, 여과시설, 계량 및 연료 분배지역 등을 포함한다.

급유관로는 보호되는 Airside 도로에 의거 연료저장시설에 접근한다. Hydrant system이 운영된다면 Stands 등급별로 다음과 같은 Hydrant plug가 필요하다.

- Code E & F: 6 개, Code D: 4 개, Code C: 2 개

(11) 관리사무실

Rule of thumb으로 여객 Mpax당 1.5ha이 소요되며, 이에는 공항관리직원, 정부직원, 항공사직원(모기지 항공사가 전체의 50%), 상업서비스 직원(식당, 약국 등)이 포함된다. 이를 적용하여 단계별 토지규모를 산정하면 다음과 같다.

- 26.5 Mpax: 40ha
- 50.0 Mpax: 75ha
- 90.0 Mpax: 135ha

a. Airside 접근을 위한 보안대책

- ICAO 보안기준에 따라 공항보안조직을 구성하고, 보안구역은 ICAO 규정에 따라 울타리로 보호되어야 한다(2.44m 높이와 일반지역을 향하여 경사진 가시 달린 top section 철조망).
- 울타리 양측은 약 7m를 평탄하게 정지하여 순찰을 지원하고, 접근(잠복)을 어렵게 한다.
- 보안구역의 출입을 통제하고자 차량체크포인트와 보행자와 운전자를 체크하기 위한 건물이 필요하며, 차량체크포인트에는 약 2,500m²가 필요하다.
- 주요 공항의 사례를 감안하여 차량체크포인트당 시간당 60대 차량이 통과하는 것으로 가정하면 26.5 Mpax → 2개소, 50.0 Mpax → 4개소, 90.0 Mpax → 6개소가 필요하다.

(12) 기타 시설

a. 공항정비시설

작업장, 차고(장비 포함), 창고로 구성되고, 각 시설의 소요기준은 여객 백만 명당 $150m^2 +$ 화물 십만 톤당 $50m^2$이며, 건물 연면적/부지의 비율은 작업장 및 차고는 0.4, 창고는 0.6(2층 기준)을 적용하여 산출된 시설 및 부지 면적은 다음과 같다.

구분	2000	2010	2020	최종	비고
작업장(천㎡)	① 3.3	7.65	13.25	18.75	
차고(천㎡)	3.3	7.65	13.25	18.75	① = [(10 + 4)×150 + 12×50]/1,000 + α
창고(천㎡)	3.3	7.65	13.25	18.75	
부지면적(천㎡)	② 22	50	90	125	
부지면적 조정	30	50	80	100	② = 3.3/0.4 + 3.3/0.4 + 3.3/0.6

b. 자동차 주유소 부지

남북 2개 접근도로의 양쪽에 설치하며(2×2 = 4개소), 각 주유소 부지면적은 100×30m이고, 따라서 총 부지 규모는 $12,000m^2$이다.

ADPI가 최근(2016)에 사용한 여객 100만당 개략적인 부지 규모 산출방안은 다음과 같다.

시설	단위면적(m^2/mppa)
터미널지역(계류장, 주차장 등 포함)	40,000
접근 Landside(원격 주차장 등 포함)	6,000
화물지역(트럭주차장 포함)	2.1t/m^2
공익시설(Utilities)	5,000
기술 지원시설(경정비, GSE 등)	4,000
관리지원시설(공항 운영, 항공사 관리 등)	2,500
기내식	2,500
V VIP 1식	500
보안, 경찰, 관제탑	Lump sum 각 20,000

1-3. 시설 배치계획

산출된 소요시설을 현지여건 부합, 시설 간 용량 조화, 운영이 최적화되도록 배치하는 것이다.

1. 활주로

활주로 길이는 4,200m(표준온도＝32.2℃, 표고＝1,007m), 폭은 F급 대비 75m로 한다. 근접 평행활주로 간격은 F급 평행유도로를 고려하여 400m로 하며, 독립 평행활주로 간격은 2,600m로 한다. 항공보안시설은 모든 활주로에 ILS 및 진입등화 시스템을 CATIII로 설치한다.

2. 유도로 시스템

계류장횡단유도로는 양방향 순환이 가능하도록 2쌍으로 구성되며, 계류장지역이 활주로와 원활하게 연결되도록 최종단계는 3쌍으로 구성한다. 서측터미널 위성동 사이의 Taxilane은 공항의 북단과 남단이 연결되도록 구성한다. 활주로출구유도로의 위치결정 인자는 다음과 같다.

활주로 출구속도(m/sec) 및 건/습 확률은 다음과 같다.

Exit	Runway Exit Speed(m/sec)		활주로 건/습 확률
	dry	wet	
고속 출구유도로	15	10	습윤: 50%
직각 출구유도로	10	10	건조: 50%

항공기 혼합률(장래의 추세를 반영)은 다음과 같다.

구분		항공기 혼합률		종합 혼합률 (%)
접근등급	기종	국내선(%)	국제선(%)	
B	ATR 42-72	5	-	3
C	F100, TU154, MD80, A330, A300, A 318/319/320/321, B 737	95	84	91
D	B747, A340	-	16	6
계		100	100	100
분담비		61	39	100

고속출구유도로는 활주로선단에서 1,525m, 2,150m, 2,550m 또는 1,650m, 2,125m, 2,525m에 배치하며, 유도로는 출구에서 Stand까지 Smooth한 순환이 되어야 하므로 이런 관점에서 계산된 고속출구유도로의 위치가 다소 조정될 수 있다. 출구유도로를 지나친 항공기가 활주로 말단 이전에 벗어날 수 있도록 선단에서 3,350m 지점에 하나의 직각 출구유도로가 필요하다.

3. 계류장

여객이동이 최소화되도록 대형기는 각 터미널빌딩의 중심부에 가깝게 배치하며, 모든 Contact stands는 code F의 주기를 허용하도록 depth를 확보한다.

보행로 폭	서비스도로 폭	Nose 안전간격	항공기 주기깊이	계	비고
5.0m	12.0m	10.0m	75.4m ①	102.4m	① 주요 공항은 80m 적용

- 항공기 Stands 이용의 유연성을 확보하기 위해 한 대의 F급 Stand에 두 대의 C급 Stands를 배치할 수 있으며, 이 경우 한 대의 고정탑승교와 두 대의 mobile 탑승교를 이용한다.
- 국내선/국제선 항공기 간 Stands 전환을 쉽게 하는 터미널 및 탑승동 구조로 배치한다.
- Taxilane 하나가 서브하는 Stands 한계는 6개이므로 대부분 2개의 Taxilane이 제공된다.
- 각 Taxilane은 F급에 맞추며, 이는 2개의 C급 Taxilane으로도 활용할 수 있다.
- Stands는 유연성 확보를 위해 계산된 것보다 Stands 수 및 대형기 비율을 상향 조정한다.

단계	구분	산출 stands 수					적용 stands 수					조정				
		F	E	D	C	계	F	E	D	C	계	F	E	D	C	계
26.5 Mppa	국제선 cont	-	5	3	7	15	-	5	3	7	15	0	0	0	0	0
	국내선 cont	-	4	6	21	31	-	5	5	21	31	0	+1	-1	0	0
	Remote	-	4	5	14	23	-	4	5	14	23	0	0	0	0	0
	계	-	13	14	42	69	-	14	13	42	69	0	+1	-1	0	0
50.0 Mppa	국제선 cont	1	17	-	24	42	1	17	-	26	44	0	0	0	+2	+2
	국내선 cont	-	8	4	29	41	-	13	4	28	45	0	+5	0	-1	+4
	Remote	-	8	2	29	39	-	12	2	33	47	0	+4	0	+4	+8
	계	1	33	6	82	122	1	42	6	87	136	0	+9	0	+5	+14
90.0 Mppa	국제선 cont	3	32	-	48	83	4	32	-	50	86	+1	0	0	+2	+3
	국내선 cont	-	15	-	41	56	-	15	-	40	55	0	0	0	-1	-1
	Remote	1	16	-	48	65	1	18	-	51	70	0	+2	0	+3	+5
	계	4	63	-	137	204	5	65	-	141	211	+1	+2	0	+4	+7

Remote Stand 배치계획은 기존터미널지역을 제외하고는 모두 Pier 끝에 가깝게 배치했으며, 이에 따라 Bus Gate 이용여객 및 RON 항공기 이동거리가 단축되었다.

Remote Stands

4. 여객터미널

터미널 설계는 국내선/국제선을 구분하여 단계별 개발이 용이하게 하며, APM은 50 Mpax 단계에 대비하여 위성동과 연결하기 위한 것이므로 1단계에는 도입되지 않지만 메인터미널 내의 역과 유도로 밑을 통과하는 지하도는 1단계에 건설한다.

최종단계 90 MPPA 일 때의 여객터미널 구성 및 PH 여객당 터미널 면적은 다음과 같다.

터미널	연간 여객 MPPA			터미널 면적(천m²)			PH 여객 ①		PH 여객당 터미널 면적(m²)	
	국내선	국제선	계	국내선	국제선	계	국내선	국제선	국내선	국제선
T1	12.0	8.0	20.0	120	128	248	5,400	②4,000	22	32
T2	14.5	15.5	30.0	145	248	393	6,525	③6,975	22	36
T3	11.3	28.7	40.0	113	460	573	5,085	11,480	22	40
계	37.8	52.2	90.0	378	836	1,214	7,010	22,455		

주: ① PH 여객은 연간여객에 FAA의 TPHPF를 적용하여 산출한 것이다.

MPPA	1~10	10~20	20~30	30~50
FAA TPHPF(%)	0.05	0.045	0.040	0.035%

② 8,000,000×0.05%=4,000명
③ 15,500,000×0.045%=6,975명

5. 화물시설

공항 내의 모든 시설이 스무드하게 분배되도록 화물시설은 가능한 한 그룹 짓는다. 제1단계(26.5Mpax) 화물시설은 북측만 개발되며, 제2단계(50.0Mpax)는 위성동의 남측에 추가되고, 이는 Belly cargo만 처리하므로 화물계류장은 없다. 이 지역에는 G1XL 화물터미널이 개발될 것이며, 이는 최신장비를 이용한 화물터미널로서 효율이 높고 통과시간이 양호하다. 이런 화물터미널은 CDG 공항에도 있다. 제3단계(90Mpax) 화물시설은 부지 남측에 개발되며, 남측 R/W와 직접 연결되어 유도시간을 절약하고 전용접근도로가 건설된다.

6. 지원시설

(1) ARFF

활주로 말단까지 3분 내 대응할 수 있는 위치이며, Station 중 하나는 여객터미널의 대응시간을 고려하여 터미널에 가깝게 배치한다. ARFF 훈련시설도 3분 내 대응시간에 적합해야 하며, 이는 ARFF 훈련 중에 비상사태가 발생하는 경우를 대비하기 위한 것이다.

(2) Airside 출입구

최종단계에 6개 출입구를 설치한다. 4개소의 비상접근로가 근접 평행활 주로 양단에 별도로 설치되며, 이는 울타리 외곽에서 사고발생 시 Airside 내부로부터의 접근성과 Airside 내 사고 시 외부 소방서로부터의 접근에 신속히 대응하기 위한 것이다.

(3) 기내식 시설

캐터링 시설은 여객터미널 계류장에 가깝게 배치하되, 주요 터미널별로 분산된다(남측 위성터미널지역, 동측터미널지역, 북측 순례자 터미널지역 등).

(4) GSE 시설

GSE 정비시설은 해당 서비스구역에 가깝게 몇 개소로 분산 배치된다. GSE 도로는 순환이 원활하도록 도로망을 구성하고, 위성동과 터미널 사이는 지하도를 이용하며, 지하도 경사는 이용에 불편이 없도록 4% 이내의 경사를 유지한다.

(5) 항공기 deicing 시설

항공기 제빙패드가 각 활주로 말단 가까이에 설치되며, 남측 활주로에는 각 활주로 말단마다 2개의 패드를 설치한다.

(6) 항공기 정비시설

항공기정비시설도 그룹을 지으며 90Mpax 이전은 남측 개발을 억제한다.

(7) 기타 공항지원시설

공항정비(제설 등), 상주직원식당, 경비시설 등 공항지원시설도 몇 개소에 분산 배치하며, 주로 북측지역(순례자 터미널 주변), 중앙지역(공항 접근로 주변), 남측지역(남측 활주로 남단의 화물 및 정비지역)에 분산 배치한다.

7. 공급 및 처리시설

산업폐수플랜트의 하나는 동측에 다른 하나는 북측에 배치하며, 산업폐수는 요건에 따라 하수플랜트와 혼합될 수 있지만 하수처리장 유입 전에 처리되어야 한다. 하수처리장은 터미널지역의 냄새를 방지하기 위해 터미널부터 일정 거리를 유지한다.

냉난방 플랜트는 메인터미널 동측, Hub building의 남측 등 터미널 인근에 배치한다.

1-4. 단계별 개발계획

1. 단계별 시설규모 요약(1)

목표 여객 Mppa		26.5(18.6+7.9)				50.0(26.5+23.5)					90.0(37.8+52.2)				
O/D 여객		25.2				39.1					52.3				
활주로 시스템		2독립 평행 R/W				←					근접평행 R/W 2쌍				
		계	E	D	C	계	F	E	D	C	계	F	E	D	C
Stands*	Contact ①	42	10	8	24	89	1	30	4	54	141	4	47	–	90
	Remote ②	27	3	8	16	47	–	12	2	33	70	1	18	–	51
	계③	69	13	16	40	136	1	42	6	87	211	5	65	–	141
	Remote 비율(②/③)%	39	23	50	40	35	0	29	33	38	33	20	28	–	36
	EQA Index 평균	1.606				1.680					1.688				
	Stand당 여객(천 명)	384				368					427				
계류장 면적 (ha)	Contact ④	24.7(5881m²/대)				54.7(6146m²/대)					94.6(6709m²/대)				
	Remote ⑤	15.4(5704m²/대)				22.8(4852m²/대)					40.4(5771m²/대)				
	계 ⑥	40.1(5811m²/대)				77.5(5699m²/대)					135.0(6398m²/대)				
GSE 보관소 (ha)	Close	1.7				3.8					6.6				
	Remote	1.1				1.6					2.8				
	계⑦	2.8				5.4					9.4				
	면적비((⑦/⑥)%	7				7					7				
Ramp Office	부지(천m²) ⑧	3.6				5.3					9.3				
	면적비(⑧/⑤)%	2.3				2.3					2.3				
여객 터미널	용량(Mpax)	18.6+7.9=26.5				26.5+23.5=50.0					37.8+52.2=90.0				
	연면적(천m²)	312				641					1,214				
	−Dom	186				265					378				
	−Int	126				376					836				
	Kpax 당 면적(m²) 국내선	10				10					10				
	국제선	16				16					16				
	PH여객당 면적(m²) 국내선★	22				25					28				
	국제선★	32				40					45				
	연면적/건축면적	2.0				2.0					2.0				
Curb side 길이 (m)	도착 Bus	119				218					262				
	Car	103				142					142				
	taxi	258				356					428				
	소계	480				716					832				
	출발 bus	83				153					184				
	car	310				427					428				
	Taxi	258				356					428				
	소계	651				936					1,048				
	합계	1,131				1,652					1,880				
OD Mppa당 커브 유효길이(m)		45				42					36				
Coach station(천m²)		2.2				3.9					4.6				
택시 원격대기소(천m²)		12.7				17.5					21.0				

주: * 계산으로 산출된 Stands 수를 배치계획에서 조정한 수이다(최종단계 204 → 211).
　　★ 터미널 면적은 연간여객당 면적을 적용했으므로 PH 여객당 면적은 여객 규모가 커질수록 커진다.

1. 단계별 시설규모 요약(2)

목표 여객		26.5 Mppa	50.0 Mppa	90.0 Mppa
여객터미널지역 공용주차장	대수 ⓐ	10,533	16,158	19,932
	OD Mppa당 주차대수	418	413	381
여객터미널지역 상주직원 주차장	대수 ⓑ	3,687	5,655	6,976
	비율 ⓑ/ⓐ%	35	35	35
화물지역 시설	연간수요(천 톤)	200	600	2,000
	Cargo면적(천m²)	40	100	200
	m²당 화물처리(톤)	5	6	10
	부지/터미널 면적	3.25	5.33	6.65
	토지소요(ha)	13	53	133
	Stand당 화물(천 톤)	50	60	100
	항공기 stand 수	4	10	20
Airside 접근지점 수		2	4	6
기상대(천m²)		2	2	2
구조 및 소방 (천m²)	소방대	2개소×10 = 20	20	20
	훈련장	70	70	70
제빙시설 부지(천m²)		6.4	19.2	29.9
제빙 패드 수(약설기준)		3	9	14
연료저장	저장량(천m³)	10.7	33.7	64.1
	토지(ha)	3	8	14
1일 상수수요(m³)		3,650	6,850	12,330
상수 및 하수 시설부지 (천m²)	상수	10	15	20
	하수	20	40	80
	우수/제빙액 처리	30	40	50
동력시설 부지(천m²)		10	10	15
냉난방시설 부지(천m²)		15	15	15
기내식	일 기내식수요(천식)	34.0	79.6	156.0
	건물(천m²)	35	80	156
	부지(ha)	11	24	47
항공기 정비지역(ha)		36	91	164
지상조업장비 정비지역(천m²)		25	45	77
항공기청소 및 상수공급(ha)		2	4	6
행정관리지역(ha)		30	75	135

2. Master Plan 배치계획

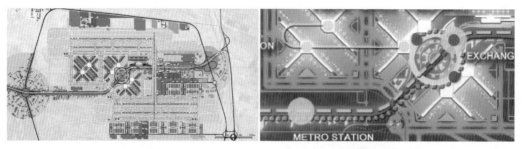

최종단계 배치계획(90 Mppa)　　　　최종단계 터미널지역 배치계획(철도/APM 노선)

3. Stands 및 터미널 배치계획

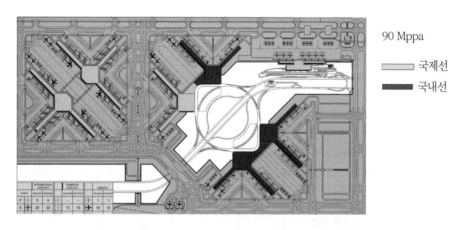

4. Radio Electrical Clearance

(1) ILS Critical Area

ILS 운영 중에 자동차 및 항공기 등이 신호를 교란시키기 때문에 이런 물체의 통행이 금지되는 localizer 및 glide path 안테나 보호구역을 말한다.

(2) ILS Sensitive Area

ILS 운영 중에 ILS 안테나의 신호를 교란시킬 우려가 있기 때문에 자동차 및 항공기의 이동 및 주차가 제한되는 critical area가 외부로 연장된 구역이다.

이를 호메이니공항의 계획과 FAA(Order 6750-6C) 기준을 비교하면 다음과 같다.

장비	접근등급	구분	Critical area(단위=m)		Sensitive area(호메이니)		
			호메이니	FAA	B747 (14조) ①	B747 (8조)	B727 (8조)
Localizer ②	CAT 1	X	X=3000m 이상	600	600	600	300
		Y		60	60	110	60
	CAT 2	X	~R/W말단까지	1,200	1,220	2,750	300
		Y	Y=60m,	75	90	210	60
	CAT 3	X	안테나주변은 반경	2100	2,750	2,750	300
		Y	75m	75	90	210	60
구분			호메이니	FAA	B747	B727	중·소형기
Glide path ③	CAT 1	X		240~930	915	730	250
		Y		30~60	60	30	30
	CAT 2	X	X=250m	230~960	975	825	250
		Y	Y=30m	30~60	60	60	30
	CAT 3	X		230~960	975	825	250
		Y		30~60	90	60	30

주: ① 장비 type에 따라 안테나 조합 수 및 성능이 다르다.
　② X=안테나-경계선 종 방향 거리, Y=R/W 중심선~경계선까지 거리
　③ R/W 중심선-GP 안테나 거리: FAA=75~196m이고, 호메이니공항 계획=135m

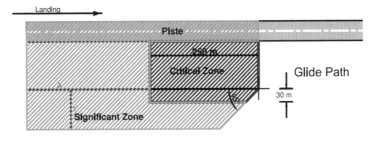

부록 2. 계류장 시설규모 산출

2-1. 계류장 시설규모 개요

1. 여객기 도착 PH의 스탠드 규모를 산출하는 일반적 방법

항공기 도착 1st PH의 도착 항공기 수를 그룹별로 구분하고, 장기적 변화추세를 예측한다. 그룹별 도착항공기에 그룹별 평균주기시간을 곱하여 그룹별 스탠드 이용시간을 구한다. 항공기 연결, 기상, 기타의 문제로 인한 출발지연 등 스탠드의 이용효율(U)을 적용하여 운항피크 시간의 필요한 스탠드 수를 산출한다.

상기 내용을 계산식으로 표현하면 다음과 같다.

$$Si = Vi \times Ti/U$$

여기서 Si = 1st 도착 PH의 여객이용 총 스탠드 수

Si = 1st 도착 PH에 항공기그룹 i의 여객이용 스탠드 수

Vi = 1st 도착 PH에 항공기그룹 i의 도착 항공기 수

Ti = 항공기그룹 i의 평균 주기시간

U = 스탠드 이용률(Utilization)

스탠드 이용률 U는 설계목표 연도의 피크시간에 항공기가 점유하고 있는 스탠드 수를 실제의 스탠드 수로 나눈 값을 의미하며, 항공기 Code별 또는 목적별(국내선, 국제선)로 차이를 두는 것이 관례이고, 일반적으로 해당 공항의 운영특성에 따라 0.6~0.8을 적용한다. 모기지 항공기가 지배적인 경우는 항공기 출발 1st PH 직전의 Stands 규모가 도착 PH의 Stands 규모보다 더 많을 수도 있으므로 다음 2항을 참고하여 조정되어야 한다.

2. 도착 PH의 스탠드 규모를 장기주기를 고려하여 조정

모기지 항공사의 비중이 큰 공항은 계산식으로 산출된 도착 PH의 스탠드 규모보다 아침 출발 PH 직전의 스탠드 규모가 더 크며, 이는 심야에 도착항공기는 있으나 출발항공기는

아직 대기 중인 상태로서 최다 주기 규모는 ∑(도착항공기 수－출발항공기 수)가 최대일 때이다. 따라서 도착 PH 운항 횟수에 근거하여 산출된 스탠드 수와 실제 최대 스탠드 규모를 비교하여 계산으로 산출된 스탠드 수를 조정함으로써 총 스탠드 규모를 산정한다. 케네디공항에서 조사한 결과 PH의 Active Stands 규모보다 아침 출발 PH 직전에 야간대기를 포함한 총 Stands 규모가 약 30% 더 크며, 인천공항의 경우도 이와 유사하다.

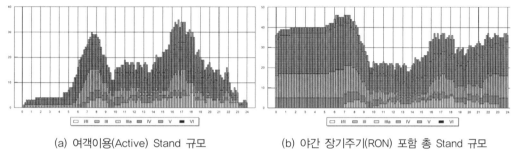

(a) 여객이용(Active) Stand 규모   (b) 야간 장기주기(RON) 포함 총 Stand 규모

부록 그림 2-1 케네디공항 T8의 2015 설계일 기준 Stand 규모

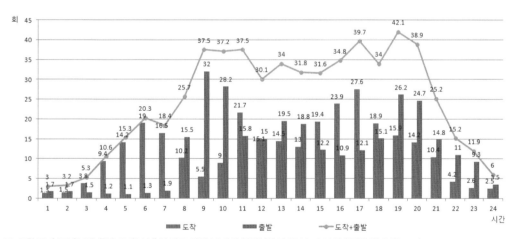

주: 도착 PH(17시)보다 출발 PH(09시)의 바로 전인 08시의 주기실적이 2003~2011년 평균 약 21% 크다.

부록 그림 2-2 ICN 피크월 평균일의 운항 분포(2010)

3. 총 스탠드 규모 조정 및 배정 방법

산출된 스탠드 규모를 장기적 유연성을 고려하여 조정한다(스탠드 수 증가 또는 대형화). 야간주기 등 대기용으로만 사용하는 스탠드를 구분하여 Remote 스탠드에 배치한다. 여객이용 스탠드를 Contact(탑승교 이용)와 Remote(버스 이용)로 구분하여 배치한다. Contact 스탠드를 이용하는 연간 여객의 비율은 90% 이상으로 하는 것이 여객서비스 면에서 바람직하다 IATA.

2-2. 스탠드 규모 산출 및 구성에 적용 인자

1. 도착 PH 운항 횟수(1st PH 또는 30th PH)

여객터미널 설계에는 30th 또는 ADPM PH 여객을 기준하지만 Stands 규모 산출에는 1st 도착 PH 운항 횟수를 적용하는 것이 원칙이다. 영국 CAB 자료에 의하면 1st/30th PH 운항 횟수 비율은 연간운항수가 10만 회일 때 118%, 20만 회일 때 111% 정도이며, ICN의 자료도 유사하다. 피크월 평균일(ADPM)의 PH 운항 횟수≒30th PH 운항 횟수이므로 ADPM 도착 PH 운항을 기준하면 1st 도착 PH 운항과의 차이를 보정해주어야 한다(예: 일본설계기준: 30th 도착PH 운항 횟수를 적용하면 1st와 30th PH의 차이를 보충하기 위해 10%를 추가한다.).

2. 스탠드 점유시간

점유시간은 기종별로 차이가 있으며, 또한 시간대에 따라 기종에 관계없이 차이가 있다. ICN에서 일방향 운항(출발)이 가장 많은 아침피크시간에는 3시간 이상 주기 및 over night 비율이 60% 이상이며, 정오 및 저녁 피크시간대는 이 비율이 30% 이하로 감소된다.

3. PH 운항(출발+도착)의 출발 또는 도착 방향계수

2010년 ICN ADPM의 시간대별 방향계수는 다음과 같다.

ADPM PH 운항 횟수(출발+도착)	42회		
일방향 운항 횟수	9시 출발=32	10시 출발=28	17시 도착=27
방향계수(%)	76	67	64

ICN의 여객기 PH의 방향계수는 다음과 같이 점차 증가하는 경향이다.

구분	여객기 1st PH 방향계수(%)	여객기 30th PH 방향계수(%)
1998~2000 평균	69	67
2003~2006 평균	73	69
2007~2011 평균	76	73

PH의 방향계수는 운항수요가 증가함에 따라 점차 감소하는 것이 일반적이나 꼭 그런 것은 아니며, 이는 ICN 및 호메이니공항과 같이 수요가 증가하면서 PH 방향계수도 증가하는 경우가 있으며, 그 사유는 심야시간 도착항공기 증가 및 허브 기능 증대로 도착피크와 출발 피크가 발생하는 것 등이다.

호메이니공항 Master Plan(2008)에 적용된 방향계수

연간운항(천 회)	210	385	620	비고
1st 운항 PH 방향계수(%)	62	69	72	ADP 추정

4. Remote Stand 비율, 용도, 위치 등

Contact Stands를 이용하는 여객의 비율에 대한 IATA 권고사항은 다음과 같다.

- 서비스 A 등급: 여객의 90~100%(평균 95%)는 Contact Stands를 이용한다.
- 허브공항: 여객의 85~100%(평균 93%)는 Contact Stands를 이용한다.

Remote Stands의 위치는 Contact stands에 가깝게 골고루 분산 배치하여 여객이용성, 항공기이동성, 보안관리성 등을 향상시킨다(ICAO Design Manual Part 2).

최근 계획하는 터미널에는 Remote Stands 비율이 현저히 감소되고 있다(CDG, JFK T8, DXB 등). 주요 Hub 공항 및 포화된 공항은 Remote Stand가 거의 없다. 서비스가 좋은 공항 및 최신공항은 Remote Stand의 비율이 매우 낮다.

5. Stand당 연간 여객용량

Stand당 연간 여객용량은 ① Turn-around time이 적을수록 크고(국내선>단거리 국제선>

장거리 국제선), ② Stands 평균크기가 대형일수록 크며, ③ 단위터미널의 용량이 클수록 크고, ④ PHF가 적을수록 크며, ⑤ RON 및 장기대기 항공기 비율이 낮을수록 크다.

6. 터미널 운영방법(단위터미널의 용량)이 Stands 규모에 미치는 영향

인천공항을 예로 들면 ① T1은 국적항공사, C_A는 외국항공사로 구분하여 사용하는 경우 ② T1과 C_A의 Stands를 공동 사용하는 경우에 Stands 규모는 다르게 평가해야 한다.

구분	공동사용①	분리사용			비고
	$T1+C_A$	T1	C_A	계②	②/①
연간 여객용량(백만 명)	44	26	18	44	1
연간운항(천 회)	247	148	99	247	1
1st PH 운항 횟수	68	48	37	85	1.25

7. 활주로 용량 증가에 대비한 Stands 계획

유럽 허브공항의 활주로 용량이 20년 전에 비해 상당히 증가한 것을 고려하면(예: LHR 활주로 용량: 1990년=36만 회, 2005년 용량=48만 회) ICN이 포화되는 20~30년 후에는 국내의 활주로 용량이 현재보다는 상당히 증가할 것이 확실하며, 이는 관제기술 발전과 관제사 및 조종사의 숙련도 향상 등에 기인한다. 세계 주요 공항의 최종단계 용량계획을 고려할 때 포화용량, 즉 최종단계의 용량계획에 대비한 Stands 계획이 필요하다. 주요 공항의 최종단계 용량계획은 LHR 149, ORD 152, 베이징(신) 200, 이스탄불(신) 2억 명 등이다.

따라서 수요 추정에 의한 시설계획은 단기계획에 적용하고, 장기적 시설계획은 그 공항의 잠재적 용량에 맞게 계획하며, 이에 따른 토지이용계획을 지킨다면 확장성과 개발유연성이 커져서 장기적으로 경제적이고 효율적인 공항 건설이 가능하게 될 것이지만 현재의 상황(활주로 용량, 항공기 Mix 등)에 맞추고, 상황 변화에 대비하지 않는다면 상황이 공항에 유리하게 변화하더라도(예: 활주로 용량 증대 등) 계류장(Stands), 터미널 및 접근교통 등의 용량을 동시에 증대할 수 없다면 활주로 용량 증대효과를 이용할 수 없을 것이다.

2-3. 항공기 소형화 대비 Stands 용량 검토

ICN의 T1은 계획 당시(1992)를 기준하여 대형기 위주로 Stands를 계획했으나 최근(2011년 이후) 항공기 Mix가 다음과 같이 대폭 변경되었으며, 또한 이런 Mix가 하루 중 일정하지 않고 오전/오후가 크게 달라서 부록 그림 2-3와 같은 MARS 주기방안이 필요하다.

구분		C	D	E	F	계
T1 Stand Mix	1992 계획(%)	3	24	66	7	100
	2011 운영(%)	47	0	49	4	100

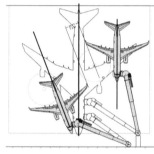
(a) F급 1대/C급 2대 주기

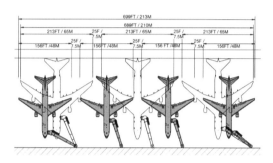
(b) B747급 3대 또는 B757급 4대 주기

부록 그림 2-3 대형기, 소형기 교체 주기방안(MARS)

위 표와 같이 항공기가 소형화되면 항공기의 주기 폭이 감소되어 항공기 주기대수가 증가되는 반면, 항공기 소형화에 따라 항공기당 여객이 감소하기 때문에 이런 비율을 비교하여 Stands의 총 용량이 어떻게 변화되었는지를 검토하면 다음과 같다.

항공기 Stands 소형화에 따른 T1의 Stands 수 증가비율

구분		NBEG Index					평균 NBEG Index
		C	D	E	F	계(%)	
		1.0(%)	1.5(%)	1.9(%)	2.3(%)		
계획	Mix	3	24	66	7	100	$1.0 \times 3\% + 1.5 \times 24\% + 1.9 \times 66\% + 2.3 \times 7\% = 1.805$
변경	Mix	47	0	49	4	100	$1.0 \times 47\% + 1.5 \times 0\% + 1.9 \times 49\% + 2.3 \times 4\% = 1.493$
항공기 소형화에 따른 Stands 수 증가비율 $= 1.805 / 1.493 = $ **1.209**							

항공기 Stands 소형화에 따른 T1의 Stand당 여객용량 감소비율

구분		EQA Index					평균 EQA Index
		C 1.0(%)	D 1.9(%)	E 2.8(%)	F 3.8(%)	계	
계획	Mix	3	24	66	7	100	1.0×3% + 1.9×24% + 2.8×66% + 3.8×7% = 2.600
변경	Mix	47	0	49	4	100	1.0×47% + 1.9×0% + 2.8×49% + 3.8×4% = 1.994
항공기 소형화에 따른 Stand당 여객용량 감소비율 = 1.994/2.600 = 0.767							

항공기가 소형화되면 소형화에 따라 늘어나는 주기대수 비율보다 항공기당 평균 여객용량 감소비율이 더 커서 결과적으로 계류장 여객용량은 감소한다. 따라서 Stands를 대형기 위주로 계획할 때에는 항공기 소형화를 고려하여 약간의 여유가 필요하다. 위 표에서 항공기 소형화에 따른 주기대수 증가비율 = 1.209이고, Stand당 좌석용량 감소비율 = 0.767이며, 여객용량 비율 = 1.209×0.767 = 0.927로서 7.3% 감소한다.

항공기 소형화 이외에 Stands의 여객용량이 감소할 수 있는 다른 요인은 항공기의 탑승률 (Load Factor = 평균탑승인원/평균좌석공급수)이다. 항공자유화 및 항공사 간 경쟁이 심화되면 LF 는 감소하며, 구미 등 선진국의 LF는 아시아지역보다는 낮으므로 아시아지역도 LF가 현재보다 저하될 가능성을 배제할 수 없다.

NBEG Index(=Narrow Body Equivalent Gate Index): 항공기 등급별 날개폭 비율

FAA 항공기 설계그룹	최대 날개폭(m)	대표 기종	NBEG Index
I. Small Regional	15	Metro	0.4
II. Medium Regional	24	SF340, CRJ	0.7
III. Narrow body / Large Regional	34.5	A320, B737, MD-80	1.0
IIIa. B757	38	B757	1.1
IV. Wide body	52	DC-10, MD-11, B767	1.5
V. Jumbo	65	B747, B777, A330, A340	1.9
VI. A380	80	A380	2.3

출처: FAA Regional Air Service Demand Study OF NY & NJ, May 2007

EQA Index(=Equivalent Aircraft Index): 항공기 등급별 좌석수 비율

FAA 항공기 설계그룹	좌석 수	대표 기종	EQA Index
I. Small Regional	25	Metro	0.2
II. Medium Regional	50	SF340, CRJ	0.4
III. Large Regional	70	ATR, EMB-170	0.5
III. Narrow body	145	A320, B737, MD-80, ATR	1.0
IIIa. B757	185	B757	1.3
IV. Wide body	280	DC-10, MD-11, B767	1.9
V. Jumbo	400	B747, B777, A330, 340	2.8
VI. A380	550	A380	3.8

2-4. 여객기 스탠드 225개의 Contact/Remote 구분

1. Remote Stands 계획의 동향

여객이 이용하는 Active Stands의 일부를 Remote Stands(버스 이용)로 계획함으로써 경제성을 도모하는 것이 관례였으나 바쁜 공항 및 포화된 공항은 Remote Stands 비율이 현저히 감소되고 있다(ATL 등). Remote Stands는 다음의 그림과 같이 Contact Stands 주변에 가깝게 배치함으로써 여객 및 항공기의 이동편의를 도모하고 있다. LCCT는 대부분 탑승교 없이 운영했으나 최근에는 탑승교를 설치하는 공항도 있다(SIN, KUL 등).

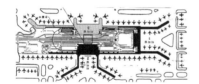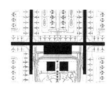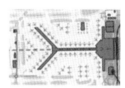

부록 그림 2-4 주요 공항의 Remote Stands 배치 사례

공항(항공사)의 전략이 회송시간 단축, 양질의 서비스, 최소연결시간의 단축 및 신뢰성 증진, 악기상조건의 운영효율 증대 등이라면 높은 비율의 Contact Stand가 필요하다[IATA].

서비스 레벨		A	B	C	D	허브공항
Contact Stand 이용 여객비율(%)	범위	90~100	70~90	60~70	50~60	85~100
	평균	95	80	65	55	93

2. Stands 구성방안

(1) Stands 구성: Active Stand(여객 이용)+대기용 Stand(여객 불이용)

- Active Stand: Contact Stand(탑승교 이용)+버스 Stand(버스 이용)
- 대기용 Stand: RON+장기대기 → 야간 주기가 지배적이므로 RON으로 표기
- Remote Stand: 버스 Stand+RON(야간 및 장기대기), ☆ RON=Remain Over Night

(2) Active에 대한 RON의 비율(RON/Active)

RON은 아침 출발 PH 직전에 최대치가 되고, 저녁 PH는 도착항공기의 최대치가 되며, RON을 포함한 아침 PH의 Stands 소요가 저녁 Active PH의 소요보다 더 크므로(아침 주기 PH Stand 소요/저녁 운항 PH Stand 소요-1)을 RON/Active 비율로 설정한다. RON/Active 비율은 2003~2011 평균치인 21%를 적용한다.

(3) Active Stands의 버스 Stands 비율(버스 Stands/Active Stands)

- 대안 A: 0%
- 대안 B: 9%
- 대안 C: 17%
- 대안 D: 25%

(4) 대안별 Stands 구성(총 Stand 소요=Y, Active Stand 소요=X)

- 총 스탠드 구성=Contact Stands+버스 Stands+RON Stands
- 구성 대안: 대안 A: $Y=X+0+0.21X$ 대안 B: $Y=0.91X+0.09X+0.21X$

  대안 C: $Y=0.83X+0.17X+0.21X$ 대안 D: $Y=0.75X+0.25X+0.21X$

3. 스탠드구성 대안 검토(탑승교, Bus, RON 구분)(T1 및 T2 구분)

대안	구분	총 Stand①	Active＝X			Remote			Remote 비율(%)		
			탑승교②	Bus③	계④	Bus③	대기⑤	계⑥	③/④	⑤/④	⑥/①
대안 A	T1	110	91	0	91	0	19	19	0	21	17
	T2	115	95	0	95	0	20	20	0	21	17
	계	225	186	0	186	0	39	39	0	21	17
대안 B	T1	110	83	8	91	8	19	27	9	21	25
	T2	115	86	9	95	9	20	29	9	21	25
	계	225	169	17	186	17	39	56	9	21	25
대안 C	T1	110	76	15	91	15	19	34	16	21	31
	T2	115	79	16	95	16	20	36	17	21	31
	계	225	155	31	186	31	39	70	17	21	31
대안 D	T1	110	68	23	91	23	19	42	25	21	38
	T2	115	71	24	95	24	20	44	25	21	38
	계	225	139	47	186	47	39	86	25	21	38

4. Stands 구성

현재 Stands 구성은 대안 C와 유사하며, 주요 공항의 Remote Stands 비율을 고려하면 서비스 향상을 위해 대안 B가 바람직하다. 탑승교당 연간여객은 대안 C＝58만 명이며(58만 명＝9,000만 명/155), 2016년 탑승교당 연간여객 이용실적은 78만 명(57.8/74)이지만 기본계획상 T1의 용량 4,400만 명을 적용하면 44mn/74＝59만 명으로서 대안 C와 유사하다.

주요 공항의 Contact/Remote Stands 구성 계획 및 현황

국제선 위주공항	여객 Mppa	Stands 수			Remote 비율(%)	
		Cont①	Rem②	계③	②/③	②/①
KUL 계획	100	188	100	288	35	53
호메이니 계획	52.2	83	39	122	31	47
TPE T3 및 탑승동 계획	43	72	24	96	25	33
NGO 국제선 계획	7	13	3	16	19	23
SIN	66	120	26	146	18	22
KIX 1단계 계획	30.7	41	7	48	15	17
LHR 2015 계획	87	170	19	189	10	11
JFK T8 계획	12.8	29	0	29	0	0
Al Maktoum(두바이 신공항)	95.0	196	44 버스 24 소산 20	240	19	22
평균					19	25

2-5. 여객기 스탠드 관련 자료

1. PH 운항자료

Stands 소요 산출에는 1st PH 운항 횟수를 적용하며, 연간운항수요에 따라 1st는 30th보다 3~20%가 크다. UK의 1st PH 대 30th PH 운항 횟수 비율은 다음과 같다.

연간 운항(만 회)	10	20	30	40	50
1st/30th PH 운항(%)	118.8	113.2	108.3	104.4	102.8

PH 운항 횟수는 60분간의 가장 많은 횟수이며, 이는 시격(예: 3~4시)보다 5~8% 크다. ICN의 2003~2011년 1st PH 운항 횟수(분격) 평균은 UK의 1st PH 운항 횟수와 거의 같다.

PH 방향계수는 일반적으로 운항수요가 증가할수록 감소하는 경향이지만 증가하는 경우도 있으며, ICN은 과거(65%)보다 상당히 증가했고, 호메이니공항도 증가하는 것으로 계획했으며, 이는 심야 도착항공기 증가 및 도착/출발의 파동이 발생하는 것 등에 기인한다.

- 인천공항(2007~2011 평균): PMAD 9~10시 출발비율＝73%, 17~18시 도착비율＝66%
- 호메이니공항 방향계수 계획: 21만 회 시－62%, 62만 회 시－72%
- ICN의 여객/운항 PHF 관계(2003~2011)－1st 여객/운항 PHF 비율: 117~119%
  30th 여객/운항 PHF 비율: 108~112%
- ICN의 2003~2011년 1st 주기실적/1st PH 운항 횟수: 1.27~1.72(평균 1.54)

2. ICN의 Stands 이용자료

총 Stand당 연간 여객 수는 2003~2011년 평균 334,000명(260~401)이고, 최대 주기실적/Stands 용량＝이용률은 다음과 같으며, Contact Stands가 부족하다.

구분		2003	2005	2007	2009	2011
총 Stand 이용률(%)	제빙패드 제외	102	84	78	83	90
	제빙패드 포함	85	72	68	70	76
Contact Stands 이용률		95	100	100	85	93

(1) 피크일(PD) 주기패턴

- 오전 PH: RON 포함 최대주기, 오후 PH: 운항 PH 주기
- 2003~2011 평균 최대주기/운항 PH 주기 = 1.21
- 상기 21%를 RON/Active의 비율로 간주하고 총 Stands 수 = 1.21X에서 X = Active 산출

(2) ADPM PH의 출발여객기 혼합률(%) 추이

피크시간	2009. 8. 17.				2010. 8. 15.				2011. 7. 31.			
	F	E	D	C	F	E	D	C	F	E	D	C
09~10	0	52	9	39	0	44	6	50	3	31	13	53
13~14	0	67	6	27	0	58	8	37	0	35	6	59
19~20	0	54	4	42	0	65	8	27	0	56	4	40

주: 09~14 시는 C급 우세, 19~20시는 E급 우세로 변화

2-6. Stand당 여객용량 계획 및 실적 자료

1. Stand당 용량계획 사례

(1) 히스로공항 스탠드계획 및 EQA Index

Stand size		Stand 계획 (8,700만)	좌석 수	EQA Index 표준		LHR EQA Index		주요 기종
				표준좌석	Index	평균좌석	Index	
F	Jumbo Extra	35	525	550	3.8	550	3.8	A380
E	Jumbo Wide	84	253~416	400	2.8	371	2.60	B747, B777, A330
D	Large	31	253~304	280	1.9	243	1.65	B767, MD11, DC10
C2	Medium	37	134~215	185	1.3	149	1.05	B737, A319, A320
C1	Small	–	82~134	145	1.0			B737, BAE146
Total		187	–			평균 2.360		

주: Stand당 여객 수: EQA Index = 2.360 기준 465,000명, EQA Index = 2.0 기준 394,000명

(2) 호메이니공항 스탠드계획 및 EQA Index

국제선 여객기 Stands 계획: Stand당 376~458,000명

여객	Stands 계획					Stand당 여객 수 (평균 EQA Index)	EQA Index = 2.0 기준 Stand당 여객 수
	F	E	D	C	계		
7.9 Mppa	–	7	6	10	23	343,000명(1.826)	376
52.2 Mppa	5	44	–	78	127	411,000명(1.795)	458

국내선 여객기 Stands 계획: Stand당 540~59만 명

여객	Stands 계획					Stand당 여객 수 (평균 EQA Index)	EQA Index=2.0 기준 Stand당 여객 수
	F	E	D	C	계		
18.6 Mppa	–	6	10	30	46	404,000명(1.496)	540
37.8 Mppa	–	21	–	63	84	45만 명(1.525)	590

(3) 미국 휴스턴공항 계획(국제선 여객=25%)

구분		2005	2015	2025	비고
여객(백만 명) (Carr-Com 구분)		37.8 (30.3-7.5)	51.8 (40.5-11.3)	68.4 (53.4-15.0)	Carrier 대표기종=B757
Stand 계획	Carr	87	103	116	EQA Index=1.3
	Com	67	76	95	EQA Index=0.4~0.5
Stand 당 연간여객(천)	Carr	348	393	460	EQA Index=2.0기준 환산
	Com	112	149	158	348→535, 460→708,000명

주: EQA Index=2.0 기준 Carrier Stand당 연간 여객용량 계획=535~708,000명
 - 2005년(여객 3,030만): 535,000명←348×(2/1.3)
 - 2015년(여객 4,050만): 605,000명
 - 2025 년(여객 5,340만): 708,000명

2. EQA Index=2.0 기준 Stand당 연간여객 계획 및 이용실적 요약

구분		여객(백만 명)	Stands 수	Stand당 여객(천 명)	비고
국제선	히스로공항 계획	87	221	394	위 1항 a
	호메이니공항 계획	7.9~52.2	21~114	376~458	위 1항 b
	국제선 위주 공항 실적	35~70		310~620	다음 3항
국내선	휴스턴 공항 계획	30.3~53.4	56.6~75.4	535~708	위 1항 c
	호메이니공항 계획	18.6~37.8	34.4~64.1	540~590	위 1항 b
	국내선 위주 공항 실적	50~95		560~1060	다음 4항

3. 국제선 위주 공항 Stand(Active + 대기)당 여객이용 실적(2014)

① 순위	공항	② 여객 (백만)	③ Gate 수	④ EQA Index (평균)	⑤ EQA Index =2.0 기준 환산계수 ④/2.0	⑥ EQA Index =2.0 환산 Gate수 ③×⑤	⑦ 환산 Gate당 연간 여객 수 (천 명) ②/⑥	국제선 여객 비율(%)
1	DXB	70.5	189	2.114	1.057	200	353	100
2	LHR	68.0	166	1.820	0.910	151	450	92
3	CDG	63.8	224	1.711	0.856	192	310	92
4	HKG	63.1	98	2.139	1.070	105	601	100
5	FRA	59.6	150	1.555	0.778	117	509	87
6	AMS	55.0	2015 119	1.501	0.751	89	618	100
7	SIN	54.1	102	2.049	1.025	105	515	100
8	BKK	46.4	120	1.876	0.938	113	411	73
9	ICN	45.5	110	2.041	1.021	112	406	98
10	MAD	49.8	224	1.431	0.716	160	311	62
11	LGW	38.1	115	1.211	0.606	70	544	87
12	MUC	39.7	206	1.340	0.670	138	288	73
13	NRT	35.6	96	2.200	1.100	106	336	95
14	KUL	48.9	135	1.988	0.994	134	365	69
평균							430	

4. 국내선 위주 공항 Stand(Active + 대기소)당 여객이용 실적(2014)

공항	① 여객 (백만)	② Stands 수	③ 평균 좌석	④ EQA지수 1.3 기준 좌석	⑤ EQA지수 1.3 기준 보정계수 ③/④	⑥ EQA지수 1.3 기준 Gate수 ②×⑤	⑦ Stand당 여객 수(천) EQA=1.3	⑦ Stand당 여객 수(천) EQA=2.0	기준 연도
ATL	95.5	199	161	185	0.870	173	552	849	2014
HND	72.8	150	244	185	1.319	198	368	566	2005
DFW	60.5	156	131	185	0.708	110	550	846	2014
DEN	52.6	142	121	185	0.654	93	566	871	2014
ORD	70.1	182	121	185	0.654	119	589	906	2014
PVG	51.7	90	199	185	1.076	97	533	820	2014
PEK	86.1	178	223	185	1.205	214	402	618	2014
CAN	54.8	96	200	185	1.081	104	527	811	2014
SFO	51.7	77	180	185	0.973	75	689	1,060	2014
IAH	53.4	116	185	185	1.000	116	460	708	계획
평균							524	806	

주: Stands 수는 Remote 포함

2-7. 계류장 및 Stands 계획 고려사항

1. 일반사항

- 계류장은 활주로횡단 필요성이 없도록 배치하며, 활주로 양단 사이에는 활주로를 이용하는 여객기/화물기의 계류장을 배치하는 것이 활주로를 효율적으로 이용하는 방안이다. 활주로 양단을 벗어난 지역의 계류장은 항공기의 이동거리를 증가시킨다.

- 여객기까지 Belly cargo를 신속히 운송할 수 있도록 화물터미널 - 여객 계류장을 효율적으로 연결한다(활주로 횡단 및 원거리 방지).

- 계류장계획은 상황 변화 대비 유연성이 있어야 한다. 항공기 혼합률 변화, 단기/장기 주기소요 변화, Hubbing 운영, 대체공항 역할, 항공기 혼합률 및 PH 변화, 항공사 변경 등

- Contact Stands에 대비한 터미널빌딩의 계류장 접면길이를 터미널설계에 반영하며, 이에는 GSE 도로 및 Staging Area를 감안한다.

- 현실적인 Stands 배정과 Push back 절차를 포함한 계류장의 항공기 흐름 시뮬레이션을 하는 것이 Bottle Neck를 규명 및 제거하여 지연을 줄이는 효과적 방안이다.

- 계류장에 추가 Space 또는 Clearance가 요구되는 경우는 ① 터미널-Remote Stands 간 여객을 수송하는 경우(Bus 등), ② 연료공급 Hydrant가 없어 Mobile Tanks를 이용하는 경우, ③ 큰 장비 또는 다루기 불편한 장비를 이용하는 경우, ④ 다량의 수하물/카고/우편물을 취급하는 경우, ⑤ 수하물분류지역, Staging Area가 필요한 경우 등이다.

- 항공기 엔진 바로 밑에 Hydrant Pit가 배치되지 않도록 한다.

- 연료누출과 유수분리 및 제빙액 회수를 고려한다. 터미널 외측 방향으로 0.5~1.0%의 하향경사를 두는 것이 유출된 연료처리, Push-back Load 및 강풍에 의한 우수의 터미널 유입 방지 등에 유리하다. 계류장의 경사도는 1% 이내로 한다(연료공급, 동결 시 미끄럼 방지).

- 계류장의 Taxi-in/Push-back 운영은 Taxi-in/Taxi-out보다 ① 안전간격 축소(인접 항공기, 고정물체, 지상조업장비 등), ② 주기 안내 시스템의 단순화, ③ 인원/장비/터미널시설에 대한 후풍영향 감소, ④ 소음 및 방출 감소, ⑤ 계류장 포장면적 감소 등의 효과가 있는 반면 고가의 Tow Tractor와 운전요원이 필요한바 소요경비와 이용효율을 감안하여 결정한다.

- Isolated Stand는 운영에 영향이 없도록 공급시설(Hydrant, 급수, 전기/통신, 가스)이 지하에 없고, 이착륙 노선을 피하여 배치한다(건물, 계류장, 공공지역에서 100m 이상 이격).

- 탑승교는 Buses나 Steps을 이용하는 경우보다 ① 탑승/하기 시간을 25% 단축, ② 여객의 안전성 향상, ③ 장애인의 접근성 향상, ④ 악 기상조건에서 여객의 편의를 향상시킨다.

- GSE 도로는 항공기 전면에 배치하는 것이 사고위험을 줄일 수 있으며, GSE 이동지역과 항공기 이동 지역은 안전상 가급적 분리한다. 6 Stands마다 왕복차선의 GSE 도로를 배치한다. GSE 대기소 면적 은 Stands 필요면적의 약 7%를 반영한다.
- 제빙패드에는 항공기 주변으로 제빙차량의 작업공간 및 제빙차량 대기공간을 확보한다.
- 출발지연이 발생하면 활주로말단 주변에 Remote Stands 및 By-pass 유도로가 필요하다.

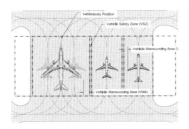
활주로 말단주변 제빙패드

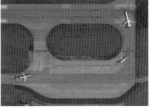
말단주변 대기 계류장(ATL)

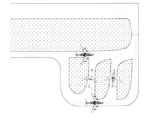
By-pass 유도로(FAA)

부록 그림 2-5 활주로 말단주변 제빙패드, 대기계류장, By-pass 유도로

2. Stand당 용량 및 Stands 총 용량

- Stand당 연간 여객용량은 항공기 혼합률, PH 집중률, 주기시간, 모기지 항공기 수, 국내선/국제선 구분, LCC 비율, 단위터미널의 용량 등 공항의 운영여건에 따라 다르다.
- 단위터미널의 용량이 클수록 Stand당 연간 여객용량은 증가한다. 이는 하루당 Stand 이용회횟수 가 증가하고, PHF가 감소하므로 Stand 이용효율이 증가하기 때문이다.
- Turn-around Time이 적을수록 Stand당 연간 여객용량은 크다. LCC는 Turn-around Time이 적 어서 Stand당 연간 여객용량이 크다. 국제선은 국내선보다 Stand당 연간 여객용량이 적으며, 이는 국제선의 Turn-around Time이 국내선보다 길고, 국제선의 운항스케줄 상 장기대기가 많아서 Stands의 회전율이 적기 때문이다.
- 모기지 항공사가 있는 공항은 없는 공항보다 장기대기 및 야간주기가 많아서 Stand당 연간 여객용 량이 적다. 모기지 항공사가 있는 공항은 운항피크시간보다 야간주기 및 장기대기 항공기의 누적대 수가 가장 큰 시간대에 Stands 소요가 가장 크다(오전 7~8시).
- PH 운항 횟수 집중률이 클수록 Stand당 여객용량은 적다. 즉, 관광객 위주 공항은 업무여객 위주 공 항보다 소규모 공항 및 터미널은 대규모인 경우보다 Stand 용량이 적다.
- 대체공항의 역할상 해당공항의 수요에 상관없이 총 Stands 소요가 증가할 수 있다.
- 공항별 Stand당 여객용량을 비교하기 위해서는 각 공항의 평균 Stand 크기를 동일 규모로 환산하 기 위해 EQA Index(항공기 평균 좌석비율)를 이용한다.

- 항공기가 소형화되면 소형화에 따른 항공기 주기대수 증가율보다 좌석 감소율이 더 커서 총 Stands 용량은 감소한다. 따라서 다소 여유 있는 Stands 계획이 필요하다. 또한 항공기가 대형화되면 계류장 Depth와 유도선의 폭이 증가하므로 장기적 유연성을 고려한다.
- 최종단계 총 Stands 용량은 활주로의 최종단계 용량과 조화되어야 한다. 활주로 용량은 유도로 시스템의 보강, 항공기 접근간격 축소 등 관제기술의 발전, 조종사 및 관제사의 숙련, 허용지연시간의 증가 등에 따라 증가하므로 이런 활주로 용량 증가에 조화되도록 Stands 용량을 증대할 수 있어야 한다. 히스로공항의 활주로 용량은 1980년대 대비 2014년 기준 약 30% 증가했다. 또한 Stands 계획에는 장기대기 및 야간주기 Stands를 고려해야 한다.

3. Remte Stands 고려사항

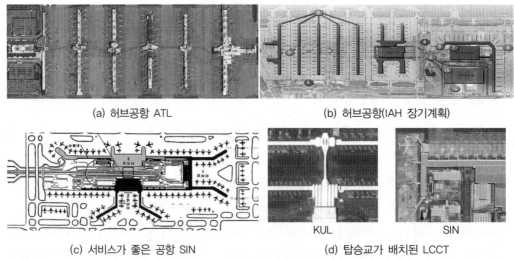

(a) 허브공항 ATL	(b) 허브공항(IAH 장기계획)
(c) 서비스가 좋은 공항 SIN	KUL SIN (d) 탑승교가 배치된 LCCT

그림 B2-5 허브공항 및 서비스가 좋은 공항의 Remote Stands 배치

- Contact Stands(탑승교) 대신 Remote Stands(버스)를 배치하는 것이 경제적이라는 것이 입증되어야 한다(버스운영비, 하루 및 연간 평균 이용시간 등 고려).
- Remote Stands는 장기주기, 밤샘주기, 기술적 지연 및 특수 보안요건 항공기 등의 Stands 배정에 유연성이 있어야 한다.
- Remote Stands가 원격 배치되는 경우는 운영효율성이 고려되어야 한다. GSE 운영효율, 직원대기소, 연료공급, 전력, 에어컨디션, 조명, 유류 및 제빙 액 처리 등.
- Remote Stands는 Taxilane에 간섭되지 않고, 항공기 조작 및 이동이 편리해야 하며, Active 유도로에 가깝게 배치되는 경우는 출입절차 및 엔진후풍의 영향을 고려한다.

- Remote Stands 지역에는 Ramp Office를 제공한다(Stands 면적의 2.3%).
- 버스 Stands 이용여객은 총 여객의 10% 이하가 서비스 면에서 바람직하며, 버스 Stands 포함 Remote Stands는 Contact Stands에 가깝게 골고루 분산 배치한다.
- 허브공항 및 서비스가 좋은 공항은 Remote Stands가 거의 없거나 적다.

부록 3. 여객터미널 시설규모 산출

3-1. 설계기준

1. FAA 기준

PH 여객당 터미널 면적 개략기준(Rule-of-Thumb): AC150/5360-13(88.4.22)

터미널	출발/도착 여객 혼합의 경우			출발/도착 여객 분리의 경우	
	PH 1방향 여객당 면적(m²)	PH 방향계수	PH 양방향 여객당 면적(m²)	면적 할증(%)	PH 양방향 여객당 면적(m²)
국내선	23	0.6~0.7	14~16	20	17~19
국제선	37.3	0.6~0.7	22~26	20	26~31

주: ① 일 방향 PH 여객은 양방향 PH여객의 60~70%를 적용한다.
　② 출발/도착 여객을 분리하는 경우는 20%를 할증한다(Airport Engineering).

2. 일본 기준

피크시간 양 방향 여객당 국내선터미널 면적은 15~18m²를 적용하고, 피크시간 수요가 적을수록 크게 적용된다.

PH 여객 수(명)	50	100	500	1,500
양방향 1인당 면적(m²)	18	17.5	16	15

3. 한국 공항중장기계획(3차)의 터미널 면적기준

피크시간 양방향 여객 1인당 터미널 면적(m²)

	서비스 수준				
	I	II	III	IV	V
국내선	12.7	10.9	9.3	7.9	6.5
국제선	30.9	26.9	23.1	19.7	17.0

4. 공항중장기계획(3차) 터미널 면적기준의 문제점

중장기계획에서 FAA 기준을 서비스 I등급으로 보거나(국제선) FAA 기준보다 현저히 작게 적용했으나(국내선) FAA의 면적기준은 Reasonable 또는 Tolerable이라고 표현한 점으로 보아 I등급Excellent으로 볼 수 없다. 이는 미국의 개략적인 설계자료일 뿐 구속력이 없어 덴버공항, 휴스턴 등 미국공항의 설계에서도 이를 따르지 않고 있다. 또한 FAA 기준은 일방향 여객당 면적이므로 출발 또는 도착 PH 여객을 적용하거나 양방향 PH 여객을 이용할 경우는 해당공항의 PH 방향계수(0.6~0.7)를 적용해야 하며, 또한 FAA 기준은 출발/도착 여객을 분리하지 않은 기준이므로 분리하는 경우는 면적을 할증해야 한다.

세계의 주요 수도권 공항(최근건설)의 계획 사례를 평균하면 피크시간 양방향 여객당 국내선 터미널은 27m², 국제선 터미널은 40m²로서 중장기계획(3차)과 너무 차이가 크다.

3-2. 세계 주요 공항의 터미널 면적 계획

공항 터미널		① 터미널 연면적(m²)	② 여객용량 (백만 명)	③ TPHP	④ TPHP당 면적(m²)	⑤ TPHPF (%)	비고
국내선 위주 11개 공항	북경 T3	986,000	63.0	22,050	52.2	0.035	2015 국내선 79%
	덴버	750,000	50.0	17,500	42.9	0.035	2015 국내선 96%
	충칭(T1~T3)	1,019000	70.0	24,500	41.6	0.035	장기 국내선 80%
	광조우 T2	531,000	45.0	15,750	33.7	0.035	
	마닐라 T3★	150,000	10.0	5,000	30.0	0.050	
	북경 T2★	320,000	27.0	10,800	29.6	0.040	2015 국내선 79%
	휴스턴	577,000	68.4	23,940	24.1	0.035	국내선 80%
	IKA 국내선 T	113,000	11.3	5,085	22.2	0.045	국내선 100%
	탬파	110,000	10.0	5,000	22.0	0.050	국내선 95%
	NGO 국내선 T	103,000	10.0	5,000	20.6	0.050	국내선 54%
	하네다 T1	292,700	43.0	15,050	19.4	0.035	국내선 100%

주: ④ TPHP당 면적 평균: 전체 평균＝31, 최대 최소 제외 평균＝30m²

공항 터미널		① 터미널 연면적(m²)	② 여객용량 (백만 명)	③ TPHP	④ TPHP당 면적(m²)	⑤ TPHPF (%)	비고
국제선 위주 16개 공항	두바이 T3	1,713,000	43.0	15,050	113.8	0.035	국제선 99%
	나리타 T2	400,000	20.0	9,000	44.4	0.045	국제선 95%
	창이 T3	380,000	22.0	8,800	43.2	0.040	국제선 100%
	인천 T1/Ca	661,000	44.0	15,400	42.9	0.035	국제선 99%
	충칭(T1~T3)	1,019000	70.0	24,500	41.6	0.035	
	타이페이 T3	640,000	45.0	15,750	40.6	0.035	
	IKA 국제선 T	460,000	28.7	11,480	40.1	0.040	국제선 100%
	쿠알라룸푸 T1★	480,000	35.0	12,250	39.2	0.035	국제선 66%
	창이 T2★	358,000	23.0	9,200	38.9	0.040	국제선 100%
	MAD T4★	470,000	35.0	12,250	38.4	0.035	국제선 100%
	방콕 T1★	560,000	45.0	15,750	35.6	0.035	국제선 75%
	DFW 국제선T	186,000	11.7	5,265	35.3	0.045	국제선 100%
	홍콩 2020★	1,035,700	87.0	30,450	34.0	0.035	국제선 100%
	주부 국제선 T	116,000	7.0	3,500	33.1	0.050	국제선 100%
	케네디 T8	176,500	12.8	5,760	30.6	0.045	국제선 100%
	히스로 T5+Cb	360,000	30.0	12,000	30.0	0.040	국제선 100%

주: ④ TPHP당 면적 평균: 전체 평균=43, 최대 최소 제외 평균=39m²
주: ③ FAA의 TPHPF를 적용한 것임.(♣ TPHPF=피크월 평균일 피크시간여객/연간여객)

연간여객(백만 명)	1~10	10~20	20~30	30 초과
TPHPF(%)	0.05	0.045	0.040	0.035

★표 공항은 IATA 매뉴얼(2004), 기타 공항은 공항별 계획 자료를 인용한 것이다.

3-3. ADP의 터미널 면적 개산

1. 수도권 신공항 타당성조사(1991)

구분		2000	2010	2020
국제선터미널	연간여객(천)	10,000	29,000	50,000
	TPHPF(%)	0.05	0.040	0.035
	TPH 여객	5,000	10,800	17,500
	터미널 면적m²	191,000	392,000	635,000
	TPH 여객당 면적m²	38.2	36.3	36.3
국내선터미널	연간여객(천)	4,000	13,000	20,000
	TPHPF(%)	0.05	0.045	0.040
	TPH 여객	2,000	5,850	8,000
	터미널 면적m²	40,000	100,300	137,200
	TPH 여객당 면적m²	20.0	17.2	17.2

주: ① Curb에서 Gate Lounge까지 걷는 거리가 450m 이하일 때는 Moving walkway가 적절하고, 그 이상이면 IAT 등 별도의 교통
시스템이 필요하다.
② CIQ 검사에 소요되는 시간 및 검사비율이 터미널 면적에 영향을 미친다.
③ 보안검사 개념이 터미널 면적에 영향을 미친다(예: 집중식·분산식, 강화·완화).
④ 항공사별 별도의 터미널 사용 여부, 항공사별 별도의 체크인카운터/Gate Lounge 배정 또는 공동 사용 여부가 터미널 면적에
영향을 미친다.

2. 호메이니공항 기본계획(2008)

구분		T3	T1+T2+T3	비고
국제선터미널	연간여객(천)	28,700	52,300	터미널은 단계별로 T1, T2, T3를 건설하며, 각 터미널은 국제선 및 국내선 여객이 공동 이용한다.
	TPHPF(%)	0.04	0.04-0.05	
	TPH 여객	11,480	22,455	
	터미널 면적m²	460,000	836,000	
	TPH 여객당 면적m²	① 40	② 37	
국내선터미널	연간여객(천)	11,300	31,400	
	TPHPF(%)	0.045	0.045	
	TPH 여객	5,085	17,010	
	터미널 면적m²	113,000	378,000	
	TPH 여객당 면적m²	① 22	② 22	

주: ① ADP의 PH 여객당 터미널 면적은 과거보다 크며, 이는 세계적 추세이다. 1991년 ICN/2008년 IKA = 국제선터미널: 36/40, 국내선터미널: 17/22m²
　　② T1+T2+T3 합계 터미널 면적을 총 여객의 TPH 여객당 면적으로 계산하면 상당히 증가하며, 이는 터미널을 T1, T2, T3로 분산 운영함에 따른 손실이다.

3-4. 터미널 면적계획 고려사항

터미널 면적 설계기준 및 설계사례를 비교하면 다음과 같다.

기관		피크시간 양방향 여객당 터미널 단위면적(m²)		비고
		국내선터미널	국제선터미널	
주요 공항 설계 평균(범위)		31(19~52)	39(30~44)	주요 국제공항 기준
ADP 설계	1991 수도권타당성조사	17	36	
	2008 호메이니공항 기본계획	22	37~40	
FAA		17~19	26~31	Reasonable, Tolerable
한국 중장기계획(3차)		12.7	30.9	서비스 수준 1등급

국내설계 관례상 FAA의 터미널 면적 기준을 서비스 수준이 높은 것으로 이해하고 있으나 FAA 설계기준의 서비스 수준은 Reasonable 또는 Tolerable 이라고 표현한 점으로 보아 서비스 수준 상중하 중 중간에 해당되는 것으로 이해함이 타당하다. 또한 FAA의 터미널 면적 기준은 참고사항일 뿐 구속력이 없고 미국의 공항도 이를 적용하지 않으며, 터미널 면적은 공항의 특성과 정책에 따라 상당한 차이가 발생할 수 있다(관광객 위주/업무여객 위주, 일반항

공사/LCC, 출발/도착 분리 여부, 보안 및 기타 정부검색의 정도, 서비스 수준, 터미널 매점의 수입 정도, 집중식·분산식 터미널, 주변의 공항과 경쟁 여부 등). 또한 미국과 다른 국가 간 공항 운영방식 및 여객의 터미널 이용 패턴에 차이가 있는 것을 고려해야 한다.

여객터미널은 건설 후 상당기간이 지나면 취항항공사의 증가 및 상황 변경 등으로 사무실 등 일부구간의 확장이 필요하게 되므로 이에 대비하여 사전에 확장성을 설계에 반영하는 것이 터미널의 장기 운영상 필요하다(open공간의 복개, 수직증축 등).

소형 공항 개발 초기에 여객터미널 주변에 동력동, 화물터미널, 관리동(사무실) 및 관제탑 등을 별동으로 건설하는 사례가 많으나 수요 증가로 터미널을 확장하려면 이런 건물들은 지장이 되므로 터미널과 합축하거나 터미널 상층부 이용 등을 초기에 강구한다.

여객당 터미널 단위면적이 증가하는 요인은 다음과 같다.

- 보안 및 정부의 검색 강화(출발/도착 여객을 분리하면 혼합하는 경우보다 20% 증가)
- 수익 증대를 위한 매점의 증가, 항공사의 영업성을 개선하기 위한 CIP Lounge 등의 증가
- 주변 공항과의 경쟁을 위한 서비스 강화(예: 관광객 유치, 싱가포르 창이공항)
- 관광여객 및 단체여객 비율의 증가(장시간 대기), 여객당 체크인 수하물의 증가
- 시설 및 장비의 항공사별 독립 사용의 증가, 도서공항 등 대체교통수단이 없는 공항
- 터미널 관련 사무실을 모두 터미널 내에 배치하는 경우
- 확장성을 고려하여 동력동 등 부대시설을 터미널에 포함하는 경우
- 터미널 건축면적 전체에 지하실을 두는 경우(지하실 및 지하피트의 배치가 복잡하고, 면적이 건축면적의 일정비율 이상이면 건축면적 전체에 지하실을 두는 것이 경제적이다)

부록 4. 오헤어공항 확장 기본계획

부록 4는 시카고 오헤어공항 확장 Master Plan(2004)의 일부를 소개하는 것이며, 배치대안 분석을 통해 최적 개발계획을 수립하는 절차는 국내에 조속히 도입되어야 한다.

4-1. 기본계획 목차

7. 시행계획

    7.1 단계별 계획   7.2 시행스케줄

    7.3 자금개발 Program Costs   7.4 경제/재정 타당성

8. 공항배치계획

    8.1 기존의 공항배치계획   8.2 장래 공항배치계획   8.3 공항 Data Sheet

    8.4 터미널지역 계획   8.5 단계별 시행계획   8.6 장래 활주로 공시거리

    8.7 공항공역 도면(장애물제한표면)   8.8 토지이용계획

4-2. 수요 추정

1. 출발 여객 수요

구분			2001	2018
국내선	연간 출발여객(천)	⑤	29,079	43,567
	국내선 여객 비율(%)	⑤/①	86.1	82.2
	연간 연결여객(천)	⑥	17,123	22,004
	연결여객비율(연간)(%)	⑥/⑤	58.9	50.5
	피크월 출발여객(천)	⑦	10.5%-3,062	9.4%-4,115
	피크월 연결여객(천)	⑧	1,561	1,980
국제선	연간 출발여객(천)	ⓐ	4,229	9,427
	국제선 여객 비율(%)	ⓐ/①	13.9	17.8
	연간 연결여객(천)	ⓑ	2,293	5,774
	연결여객비율(연간)(%)	ⓑ/ⓐ	54.2	61.3
	피크월 출발여객(천)	ⓒ	9.5%-401	12%-1,125
	피크월 연결여객(천)	ⓓ	187	660
계	연간 출발여객(천)	①	33,308	52,994
	연간 연결여객(천)	②	58%-19,416	52%-27,778
	피크월 출발여객(천)	③	10.4%-3,463	9.9%-5,240
	피크월 연결여객(천)	④	1,748	2,640

2. Design Day(PMAD) Fleet Mix

좌석 수	대표기종 ①	2001		2018	
		PMAD②	%	PMAD②	%
350석 이상	B747, B777, A310, A330 등	29	1.1	70	2.2
150~249	MD11, B767, A321, B757 등	563	21.8	1,223	38.7
100~149	DC9, A319, MD80, B737, A320 등	1,088	42.2	783	24.7
51~99	CRJ1700, CRJ1900, F100	148	5.7	95	3.0
50석 이하	CRJ, E145, ERJ, E146, D328 등	677	26.3	642	20.3
계	여객기 이외 기종은 제외	2,578	100	3,164	100

3. 피크 수요(PM, PMAD, PH)-1

구분		2001	2018	비고
국내선 여객 (도착 + 출발)	PH 여객 ①	15,397	⑤ 21,195	⑤ PHF = 2.43×10^{-4}
	PH 시간	1900~1909	1900~1909	
	PH/PMAD ①/②(%)	7.8	7.9	
	PMAD 여객 ②	198,436	268,411	
	PH O&D 여객	8.398	10,698	
	O&D 여객 PH 시간	830~839	830~839	
국제선 여객 (도착 + 출발)	PH 여객 ③	4,563	⑥ 9,126	⑥ PHF = 4.84×10^{-4}
	PH 시간	1640~1649	1720~1729	
	PH/PMAD ③/④(%)	17.4	12.5	
	PMAD 여객 ④	26,233	72,977	
	PH O&D 여객	1,875	3,665	
	O&D 여객 PH 시간	1750~1759	1729~1729	

주: ⑤ PHF = 21,195/(43,567,000×2) = 2.43×10^{-4}
⑥ PHF = 9,126/(9,427,000×2) = 4.84×10^{-4}

4. 피크 수요(PM, PMAD, PH)-2

구분			2001	2018	비고
여객기 운항	연간 출발	국내선 국제선 계 ①	400,748 26,086 426,834	492,206 55,273 547,479	②③ = 국내선 + 국제선 ④ 야간: 200~0659 ⑤ PHF = (2.76~2.43) ×10⁻⁴
	PM 출발	출발 횟수 ② -PM/연간 ②/①(%)	39,980 9.37	49,034 8.96	
	PMAD 출발	출발 횟수 ③ -AD/PM ③/②(%) -야간 출발비율 ④(%)	1,289 3.22 6.4	1,582 3.23 6.6	
	PH 출발	출발 횟수 ⑤ -PH -PH/PMAD ④/③(%) -출발 방향계수 ⑤/⑧(%)	118 740~749 9.2 62	133 1,720~1,729 8.4 57	
	PMAD 도착	도착 횟수 ⑥ -야간 도착비율 ④(%)	1,289 7.8	1,581 7.5	
	PH 도착	도착 횟수 ⑦ -PH 시간 -PH/PMAD ⑦/⑥(%) -도착 방향계수 ⑦/⑧(%)	114 2,050~2,059 8.8 60	133 2,050~2,059 8.4 57	
	PH 운항 (발＋착)	운항 횟수 ⑧ -PH 시간 -PH/PMAD ⑧/⑨(%)	**191** 1,910~1,919 7.4	**235** 1,900~1,909 7.4	
	PMAD 운항 횟수(발＋착) ⑨		2,578	3,163	

4-3. Airfield 시설소요

1. 수요/용량 분석

Hub 공항의 특성상 출발 PH의 도착/출발 비율 및 도착 PH의 출발/도착 비율은 60~80%이며, 이는 다음의 그림을 참고할 수 있다.

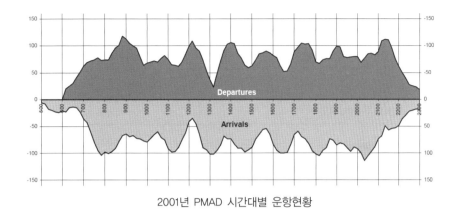

2001년 PMAD 시간대별 운항현황

2001년에도 IFR 용량 부족으로 운항의 6%가 15분 이상 지연되고 있으며, 2018년에는 VFR 용량도 부족하다(부록 그림 4-1 참고).

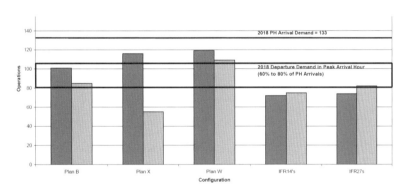

(a) 기존활주로 용량 대비 2018년 도착 PH 수요

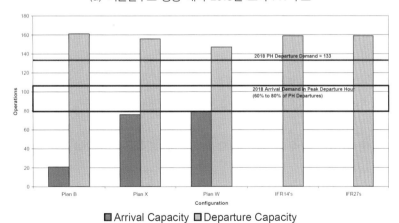

■ Arrival Capacity ■ Departure Capacity

(b) 기존활주로 용량 대비 2018년 출발 PH 수요

부록 그림 4-1 ORD 기존활주로 용량대비 2018년 PH 운항수요

2. 풍향과 활주로방향

항공기 등급별 허용측풍은 부록 표 4-1과 같다.

부록 표 4-1 항공기 등급별 허용측풍(FAA)

	AAC	I	II	III	IV	V	VI	비고
허용 측풍속 (Knots)	A	10.5	13	16	20	–	–	10.5 knot = 5.4m/sec
	B	10.5	13	16	20	–	–	13 knot = 6.7m/sec
	C	16	16	16	20	20	20	16 knot = 8.2m/sec
	D	16	16	16	20	20	20	20 knot = 10.3m/sec
	E	20	20	20	20	20	20	

활주로 방향별 풍극 범위風克範圍, Wind Coverage를 분석한 결과 9-27과 4-22 방향의 조합이 최고의 Wind Coverage를 보인다(부록 그림 4-2 참고).

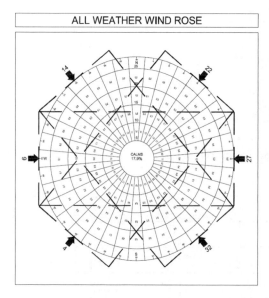

부록 그림 4-2 ORD 활주로 방향별 및 방향조합별 풍극 범위(Wind Coverage)

3. 활주로 길이/폭

활주로 길이는 AC150/5325-4A에 의거 분석하고, 항공사가 제시한 항공기 성능자료를 조사 분석한 결과 모든 항공기는 3,700m이면 충분하다(부록 표 4-2 참고).

기존 활주로 중 최장 길이는 3,960m이며, 이를 보존하도록 항공사의 건의가 있었다.

대다수 기존 항공기의 최장 착륙활주로 길이는 dry-1,830m, wet-2,130m이며, 기존 활주로 중 가장 짧은 활주로 길이는 2,286m이다.

활주로 길이 2,286m는 ORD 국내선 항공기의 95%가 이륙 가능하며(최대 여객 payload 및 90°F 기준), 운영효율 및 유연성을 최대화하고, 출발 항공기를 활주로 별로 배정하는 관제 필요성을 최소화하기 위해 운송용 항공기의 활주로 최소길이는 2,286m로 한다.

활주로 및 노견 폭 소요: 항공기설계그룹 V급＝45m/10.5m, VI급＝60m/12m

부록 표 4-2 ORD 공항 활주로 소요길이 산출

구분	항공기	항공기 최대중량(톤)		활주로 길이(m) ☆		항공기 엔진
		이륙중량	착륙중량	이륙	wet 착륙	
①	A320	73.6	64.5	2,469	1,783	IAE V2500
	B737-800	79.0	63.8	2,560	1,920	CFM 56-7B26
	MD87	67.8	59.0	2,499	1,707	JT8D-15
②	B757-200	115.7	95.3	2,240	1,753	RB211-535E4B
③	B767-300ER	184.6	145.9	3,018	1,852	CF6-80C2-B6
	B777-200기본	242.7	201.8	2,438	1,814	Pratt & Whitney 엔진
	B777-200고중량	286.9	208.7	3,322	1,859	Pratt & Whitney 엔진
④	B747-400	397.2	285.7	3,353	2,438	RB211-524G2
⑤	A380-800	560.0	386.0	3.139	⑥1,951	TRENT 970/GP 7270
	A380-800F	590.0	427.0	2,896	⑥2,103	TRENT 970/GP 7277

주: ① Small Narrow-body , ② Medium Narrow-body, ③ Medium Wide-body
　　④ Large Wide-body, ⑤ 신대형기, ⑥ A380 착륙 소요길이는 dry 조건

4. 평행활주로 분리간격

동시 운항을 위한 평행활주로의 분리간격은 활주로 수, 운항 독립성 여부, 기상조건에 따라 다르며, 이를 FAA 기준에 따라 정리하면 부록 표 4-3과 같다.

부록 표 4-3 FAA 평행활주로 분리간격 기준

운영조건		활주로 중심선 최소간격(m)	
		권고	최소
시계 기상조건(VMC)	동시 접근/출발 ①	360	210
계기 기상조건(IMC)	동시 2중 정밀접근 ②	1,300	900
	동시 3중 정밀접근 ②	1,500	1,300
	동시 4중 정밀접근 ③	1,500	1,500
	동시 출발 ④	1,050	760
	동시 접근/출발 ⑤	760	Stagger 정도에 따라 300

주: ① 활주로 간격 760m 미만은 후풍소용돌이의 영향이 있는 경우 관제 제약을 받는다.
　② 간격이 권고이하로 내려가면 경우별로 FAA가 검토하며, 최신 레이더 및 감시 장비가 필요하다.
　③ 4중 접근은 경우별로 FAA가 검토하며, 최신 레이더 및 감시 장비가 필요하다.
　④ 무레이더 동시출발은 1,050m 분리가 필요하며, 레이더를 갖추면 760m로 감소될 수 있다.
　⑤ 레이더 관제 동시 접근·출발은 착륙 시단이 어긋나지 않으면 760m 분리로 가능, 착륙 시단을 어긋나게 배치하여 간격을 300m까지 축소 가능, ADG V&VI는 최소치가 210m 대신 360 권고(활주로에 있는 항공기가 사용 중인 다른 활주로의 OFZ에 저촉되지 않기 위한 것)

　　IFR 도착 및 출발 용량뿐 아니라 장기적 VFR 용량을 증대하기 위해 각 활주로의 예상되는 운영 타이프에 따라 다음의 간격을 유지한다.

- IMC 동시 도착/도착을 위한 평행활주로 간격은 최소 1,300m, 권고 1,500m
- IMC 동시 출발/도착, 출발/출발을 위한 평행활주로 간격은 최소 760m
- VMC 동시 도착/도착, 출발/출발을 위한 평행활주로 간격은 최소 760m, 동시 도착/출발을 위한 평행활주로 간격은 최소 360m

5. 유도로 시스템

　　유도로 시스템은 항공기가 주기장에서 활주로까지 오고 가는 데 자유로운 흐름을 유지하고, 항공기 속도를 변경할 필요가 있는 지점을 최소화하며, 매끄러운 흐름을 유지한다.

　　유도로 설계원칙은, ① 가능한 한 직선으로 한다. ② 활주로 말단에는 우회유도로 또는 복수의 접근로를 제공한다. ③ 활주로와의 교차는 최소화한다. ④ 중심선 곡선 및 필레트의 충분한 반경을 확보한다. ⑤ 관제탑과의 시선을 확보한다. ⑥ 교통 병목현상을 방지한다.

6. 안전구역(Safety Area = 착륙대)

　　착륙대는 건조 상태에서 항공기에 구조적 손상을 주지 않고 지지할 수 있도록 강도를 확보하고, 정지grade/장애물 제거/체수 방지(배수)하며, 기능상 필요한 것 이외는 제거한다.

물체제한지역OFA, 장애물제한구역OFZ, RPZ, Blast Pad, Clearway 등을 확보하고, 유도로에도 Safety Area 및 OFA를 확보한다.

부록 표 4-4 ORD 공항 비행장시설 설계기준 요약 (단위: m)

시설	구성요소	ADG V	ADG VI
활주로 규격	최소 길이	2,286	3,140
	폭/노견 폭	45/10.5	60/12
	Blast 폭/길이	66/120	84/120
	Clearway 폭	45	60
	활주로 OFA 폭/활주로 말단부터 연장길이	240/300	240/300
	활주로 OFZ 폭/활주로 말단부터 연장길이	120/60	120/60
	활주로 안전구역 폭/활주로 말단부터 연장길이	150/300	150/300
평행 활주로 간격	독립도착/독립도착(권고/최소)	1,500/1,300	1,500/1,300
	출발활주로/다른 활주로(권고/최소)	760/360	760/360
활주로-유도로 간격 등	활주로중심선-항공기 주기장 간격	150	150
	활주로중심선-유도로 중심선 간격	120	180
유도로 규격	폭/노견 폭	23.0/10.5	30.0/12.0
	유도로 OFA 폭	98.0	118.0
	유도로 안전구역 폭	65.0	80.0
유도로-평행유도로 간격 등	유도로-평행유도로/유도선 간격	81.0	99.0
	유도선-평행유도선 간격	74.5	91.0
	유도로-고정 또는 이동 물체 간격 ①	48.5	59.0
	유도선-고정 또는 이동 물체 간격	42.0	51.0

주: ① 도로의 변까지도 적용되며, 항공기가 회전하는 지역은 물체에 대한 blast 영향을 고려한다.

7. 활주로 배치대안 검토 및 확장계획 수립

ORD의 장기수요에 대비 활주로를 현대화하기 위해 부록 그림 4-3과 같이 배치대안 5개를 작성하고, 1안과 5안을 Simulation 등 집중 분석하여 5안을 선정했다.

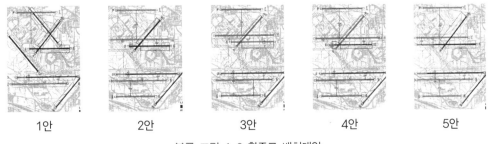

| 1안 | 2안 | 3안 | 4안 | 5안 |

부록 그림 4-3 활주로 배치대안

개선계획(5안)은 주방향으로 독립평행활주로 2개와 비독립평행활주로 2개 신설, 기존 활주로 2개의 길이 연장, 3개는 폐쇄하여 8개로 구성한다(독립평행 4, 비독립평행 2, 교차 2).

- 활주로 9L/27R 신설(2,286×45m): 기존 활주로에서 북측으로 2,103m 이격
- 활주로 10C/28C 신설(3,230×60m): 기존 활주로에서 남측으로 365m 이격
- 활주로 9C/27C 신설(3,427×60m): 기존 활주로에서 북측으로 490m 이격
- 활주로 10R/28L 신설(2,286×45m): 기존 활주로에서 남측으로 1,310m 이격
- 활주로 10L/28R 연장(3,090 → 3,962m)
- 활주로 9R/27L 연장(2,428 → 3,432m)

개선안은 VMC에서 4대의 동시 접근이 가능하며, FAA의 승인이 나면 IMC에서도 4대의 동시접근이 가능하다. 모든 기상조건에서 출발 및 도착 용량이 균형을 유지하고, 활주로 횡단이 최소화된다. 2005년 운항 횟수(1일 2,700회)부터 2030년 예상 운항 횟수(1일 3,800회)를 기존활주로 및 개선안으로 운영할 경우의 지연시간을 비교한 결과는 다음과 같다.

연도	일 운항수요	항공기 평균지연(분/대)		
		기존시설	개선안	
2005	2,745	8.9	2.6	
2010	3,020	13.8	3.2	
2015	3,243	그래프 한계 초과	4.1	
2030	3,864	그래프 한계 초과	10.2	

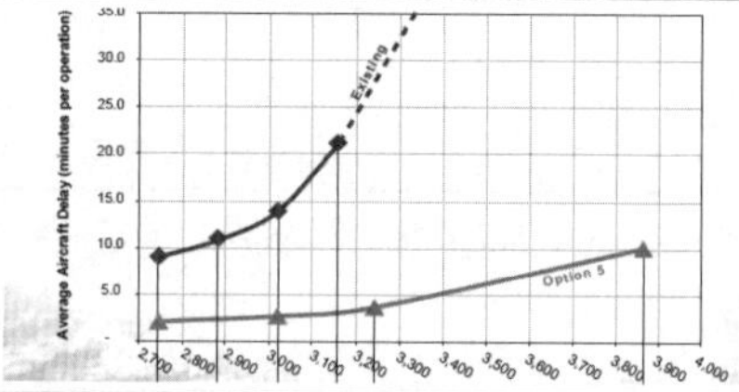

비행장시설 현대화계획 및 2016년 12월 말 기준 추진현황은 부록 그림 4-4와 같다.

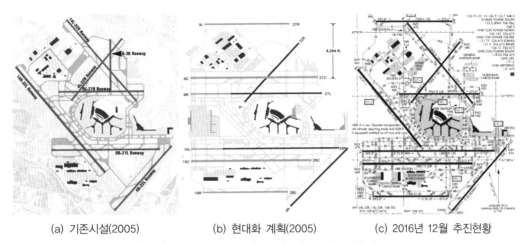

| (a) 기존시설(2005) | (b) 현대화 계획(2005) | (c) 2016년 12월 추진현황 |

부록 그림 4-4 ORD 공항 비행장시설 현대화계획 및 추진현황

4-4. 여객터미널지역 시설소요

1. 항공기 Stands 소요

Stands 소요를 먼저 검토하는 목적은 터미널 Concept 개발에 활용하기 위한 것이며, 기존의 Fleet Mix를 기준하여 Stand당 연간 출발여객 20만을 2018년 출발여객 5억 3,000만 명에 적용하면 Stands 소요는 265개이며, 상세 검토는 다음과 같다.

구분		Commuter	Regional Jet	Narrow Body	LNB	Wide Body	Jumbo	NLA	소계
T1 개선계획		0	0	3	26	9	7	0	45
T2 개선계획		0	0	10	16	0	0	0	26
T3 개선계획		0	20	0	29	6	1	0	56
T4 개선계획		0	0	0	5	2	5	0	12
T5 개선계획		0	0	0	3	4	10	0	17
T6 개선계획		0	1	0	3	7	5	0	16
T7/위성동 개선계획		0	24	5	1	14	14	2	60
합계	기존	13	32	87	10	27	20	0	189
	개선계획	0	45	18	83	42	42	2	232
	증-감	-13	13	-69	73	15	22	2	43

2. 터미널의 계류장 접면길이 및 면적 소요

터미널의 계류장 접면길이는 터미널 구성에 활용되며, AC150/5360-13에 의거 B757 대표기종의 항공기당 접면길이＝날개폭(125)＋간격(25)＝150′이고, 265 Stands의 총 접면길이＝39,750feet＝12,116m이다.

터미널 Concept 개발을 위해 개략적인 터미널 필요면적을 산출하며, 다음 단계 설계에서 더 상세한 터미널 면적이 산출될 것이다. FAA 터미널 면적 기준은 연간 출발여객 1,000명당 7.4~11.1m²이며, 기존 터미널 면적을 분석하면 연간 출발여객 1,000명당 국내선터미널은 10.2m², 국제선터미널은 26.0m²이다.

수요 대비 기존 터미널의 면적이 적정하다고 보고 이를 2018년 수요에 적용하면 국내선터미널 면적＝43,567,000×10.2＝444,000m², 국제선터미널 면적＝9,427,000×26.0＝245,000m², 계 689,000m²이며, 이를 PH 여객(출발＋도착)당 단위면적으로 환산하면 다음과 같다.

구분	2018 여객	PHF(%)	PH 여객①	터미널 면적②(m²)	PH 여객당 면적 ③＝②/①(m²)
국내선	43,567,000×2	0.0243	21,195	444,000	21.0
국제선	9,427,000×2	0.0484	9,126	245,000	26.8

터미널 면적 및 터미널의 계류장접면길이 소요를 요약하면 다음과 같다.

구분		기존 시설		산출된 시설소요		개선계획	
		면적,000(m²)	접면길이(m)	면적,000(m²)	접면길이(m)	면적,000(m²)	접면길이(m)
중심 터미널 지역	T1	147	2,213	147	2,213	147	2,213
	T2	60	1,352	63	1,352	63	1,352
	T3	121	3,007	117	2,621	117	2,621
	T4	N/A	N/A	56	884	56	884
	소계	328	6,571	383	7,070	383	7,070
동측 터미널 지역	T5	114	1,210	119	1,142	119	1,142
	T6	N/A	N/A	53	859	53	859
	소계	114	1,210	172	2,001	172	2,001
서측 터미널 지역	위성동 터미널	N/A	N/A	N/A	N/A	57	914
		N/A	N/A	N/A	N/A	85	1,737
	소계	N/A	N/A	N/A	N/A	142	2,652
합계		442	7,781	555	9,071	697	11,723

3. 터미널 배치대안 검토 및 배치계획 작성

터미널 배치대안 15개를 비교·분석하여 최적 배치계획을 그림 B4-5와 같이 작성했다. 활주로 건설에 따라 기내식공장, 정비행가, 화물지역건물 및 공급시설 등을 이전한다.

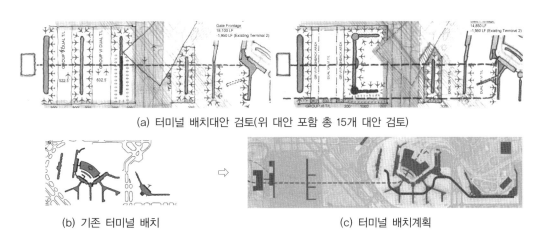

(a) 터미널 배치대안 검토(위 대안 포함 총 15개 대안 검토)

(b) 기존 터미널 배치　　　　　　　　　　　(c) 터미널 배치계획

부록 그림 4-5 ORD 공항 터미널 배치대안검토 및 배치계획 수립

4-5. 지상접근교통 시설소요

1. 공항도로

도로평가에는 다음 사항이 고려된다.

- 건설, 운영, 유지보수 견지에서 가격 효과적이어야 한다.
- 인접지역에 대한 통행권, 건설영향 및 접근/순환 등의 영향을 최소화한다.
- 지역 장기교통계획의 도로망에 적응할 수 있도록 확장성을 확보한다.

서측 터미널 건설에 따라 접근도로/순환도로 및 서비스도로를 건설하고, 신터미널－기존 터미널 간에 APM을 연결하고, 활주로 및 터미널 건설에 따라 철도노선을 이설한다. APM 노선 2개, 접근도로노선 4개 등의 배치대안을 검토했다.

2. 공용 주차장

현재의 피크 월(2001년 8월) 현지거주 출발여객과 공용주차장의 상호관계는 피크 월 출발여객 1,000명당 13.4대이며, 이를 목표연도의 피크 월 출발여객에 적용하여 목표연도의 공용주차장 소요를 산출했으며, 현재 공용주차장 구성은 단기 55%, 장기 45%이다.

주차 1면당 단위면적은 주차건물은 32.5m², 평면주차장은 30m²로 계획한다. 현재(2001) 공용주차장 시설현황 및 목표연도(2018) 공용주차장 시설소요는 다음과 같다.

	2001 현황	목표연도(2018) 소요
피크 월 출발여객(Origination)	1,715,000명	2,60만 명
원위	13.4대	13.4대
총 주차 소요	22,980대	34,840대
단기/장기 주차 소요	12,640/10,340대	19,160/15,680대

3. 터미널지역 직원 주차장

직원주차장은 연간 출발여객(연결여객 포함) 백만 명당 228대를 기준으로 한다.

4. 터미널 커브 길이

터미널의 계류장Gate(항공기) 접면길이와 커브 길이의 관계를 이용하여 커브 길이를 결정할 수 있으며, ORD 공항의 커브 길이 소요는 다음과 같다.

	Gate 접면길이 ① (m)	상층 커브 길이 ② (m)	하층 커브 길이 ③ (m)	상층커브/ 접면길이 ②/①	하층 커브/ 접면길이 ③/①
UA 터미널	3,092	259	247	0.084	0.080
서 터미널	2,652	207	207	0.078	0.078

4-6. 확장계획의 효과

- 용량 증대: 운항용량 70 → 160만 회, 여객용량 7,000 → 1억 5,200만 명
- 지연 감소: 악 기상 지연 95% 감소, 총 지연 79% 감소, 평균지연 14 → 4분

- 지연경비 절감: 7억 5,000만 달러(운항 370, 여객 380)
- 경제 성장 효과: 500 → 680억 달러(+180)
- 고용 증대 효과: 450 → 645,000명(+195)

저자 소개

양승신   충남 서천에서 태어나 대전고등학교와 연세대학교에서 수학했으며, 1968년부터 23년간 건설부 및 교통부에서 공항 계획, 건설 및 운영업무에 종사했고, 1992년부터 6년간 인천국제공항공사에서 인천국제공항 설계 및 건설에 참여하였다. 1998년부터는 포스코엔지니어링 등에서 근무하면서 국내외 다수 공항의 계획 및 설계 업무를 지원하였다.

고인이 되시기 전 (사)대한토목학회에서 기획한 『더 나은 세상을 디자인하다_대한민국 토목기술의 역사』 집필에 참여하시어 유작을 남기셨으며, 이 책을 동시에 집필하시다 2018년 8월 타계하셨다.

도움을 주신 분들

(주)포스코건설 부장 **양태영, 온호종**

초판 발행 ｜ 2020년 10월 21일
초판 2쇄 ｜ 2020년 12월 23일
초판 3쇄 ｜ 2021년 10월 15일

저   자 ｜ 故양승신
편집장 ｜ 김준기
발행인 ｜ 전지연
발행처 ｜ KSCE PRESS
등록번호 ｜ 제2017-000040호
등록일 ｜ 2017년 3월 10일
주 소 ｜ (05661) 서울 송파구 중대로25길 3-16, 대한토목학회
전화번호 ｜ 02-407-4115
홈페이지 ｜ www.kscepress.com
인쇄 및 보급처 ｜ 도서출판 씨아이알(Tel. 02-2275-8603)

ISBN ｜ 979-11-960900-8-1 (93530)
정 가 ｜ 38,000원